与本书配套的数字课程资源使用说明

与本书配套的数字课程资源发布在高等教育出版社易课程网站，请登录网站后开始课程学习。

一、网站登录

1. 注册/登录 http://abook.hep.com.cn/1232976，点击"注册"。在注册页面输入用户名、密码及常用的邮箱进行注册。已注册的用户直接输入用户名和密码登录即可进入"我的课程"界面。

2. 课程绑定 点击"我的课程"页面右上方"绑定课程"，按网站提示输入教材封底防伪标签上的数字，点击"确定"完成课程绑定。

3. 访问课程 在"正在学习"列表中选择已绑定的课程，点击"进入课程"即可浏览或下载与本书配套的课程资源。刚绑定的课程请在"申请学习"列表中选择相应课程并点击"进入课程"。

账号自登录之日起一年内有效，过期作废。

使用本账号如有任何问题，请发邮件至：abook@hep.com.cn

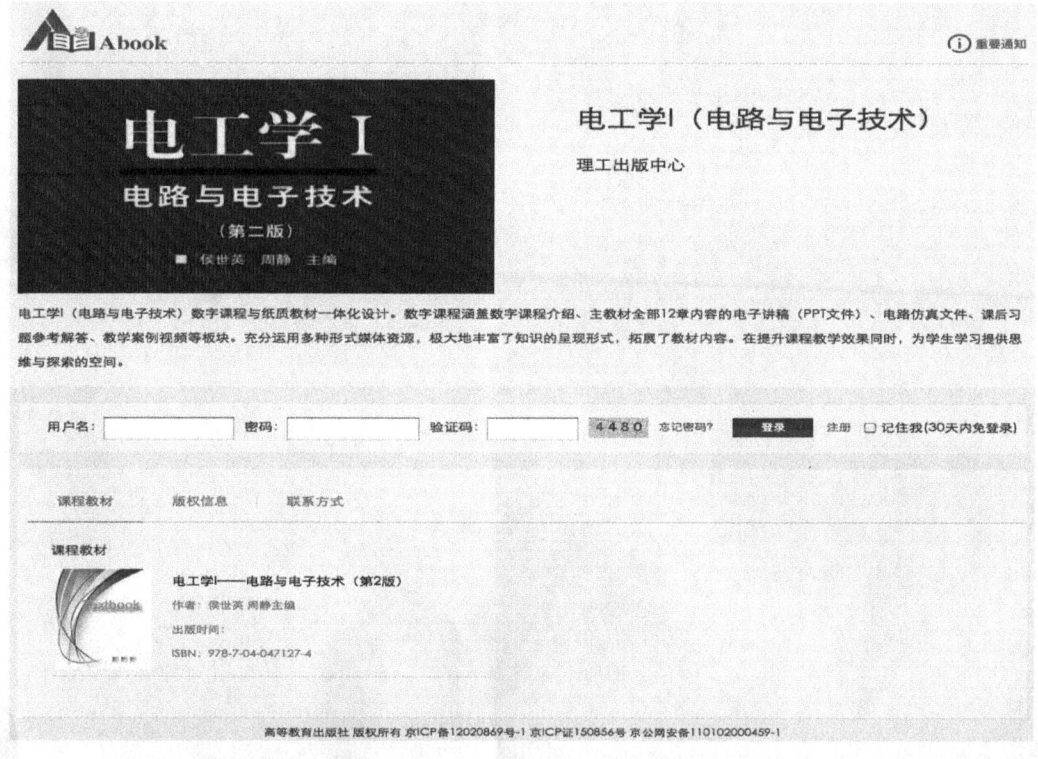

http://abook.hep.com.cn/1232976

二、配套教学资源包含的文件内容及使用说明：

1. PPT 电子讲稿
书中全部教学内容的电子讲稿（PPT 文件），可供教师授课使用，或学生学习复习课程使用。

2. Multisim 电路仿真文件
书中各章主要例题的 Multisim 电路仿真文件。

3. 课后习题参考解答
各章课后所有习题的参考解答（PDF 文件）。

4. 教学案例视频
部分与日常生活相关的应用教学案例视频短片（mp4 文件）。

"十二五"普通高等教育本科国家级规划教材

电工学 Ⅰ

电路与电子技术

（第二版）

■ 侯世英　周静　主编

内容提要

"电工学"课程是高等学校非电类专业重要的技术基础课,《电工学Ⅰ(电路与电子技术)》(第二版)为系列教材的第1册,全书包括三个部分:电路分析基础(第1~4章)、模拟电子技术基础(第5~8章)和数字电子技术基础(第9~12章)。教材内容尽可能全面地涵盖电路分析基础、模拟电子技术、数字电子技术三个部分的基本概念、基本定律和基本原理,以及应用所需的基本方法和基本技术,各章节中部分内容以"*"号标示,便于针对不同的教学需求进行选择。教材中每一章的起始部分给出了基本教学要求,结束部分编写了学习指导,进行重点、难点及典型例题讲解,同时给出了每一章节对应的英文标题以及重要术语的英文名词,供使用者参考,希望有助于提高在有限学时内的学习效果。教材附有 Multisim 仿真软件的简单使用说明,并将其应用贯穿于各章节的例题和习题中,使读者能在应用中增强分析问题和解决问题的能力。教材有配套数字课程,内容有多媒体电子教案、各章主要例题的 Multisim 电路仿真、课后习题参考解答、应用教学案例视频等。

本书内容兼顾了基础性和应用型,其编写力求同时满足教和学的双向需求,符合高校理工科非电类专业本专科学生学习使用,也可作为自学考试和各种成人教育的教材或参考书。本书对于相关工程技术人员也是一本实用的参考书。

图书在版编目(CIP)数据

电工学.Ⅰ,电路与电子技术/侯世英,周静主编
.—2版.—北京:高等教育出版社,2017.2(2025.5重印)
ISBN 978-7-04-047127-4

Ⅰ.①电⋯ Ⅱ.①侯⋯ ②周⋯ Ⅲ.①电工学—高等学校—教材②电路理论—高等学校—教材③电子技术—高等学校—教材 Ⅳ.①TM②TN

中国版本图书馆 CIP 数据核字(2016)第 321279 号

电工学Ⅰ——电路与电子技术(第二版)
Diangongxue Ⅰ——Dianlu yu Dianzi Jishu(Di-er Ban)

策划编辑	金春英	责任编辑	王莉莉	封面设计	于文燕	版式设计	王艳红
插图绘制	杜晓丹	责任校对	张小镝	责任印制	高 峰		

出版发行	高等教育出版社	网 址	http://www.hep.edu.cn
社 址	北京市西城区德外大街4号		http://www.hep.com.cn
邮政编码	100120	网上订购	http://www.hepmall.com.cn
印 刷	固安县铭成印刷有限公司		http://www.hepmall.com
开 本	787mm×1092mm 1/16		http://www.hepmall.cn
印 张	29.25	版 次	2007年8月第1版
字 数	710千字		2017年2月第2版
购书热线	010-58581118	印 次	2025年5月第9次印刷
咨询电话	400-810-0598	定 价	50.00元

本书如有缺页、倒页、脱页等质量问题,请到所购图书销售部门联系调换
版权所有 侵权必究
物 料 号 47127-A0

第二版前言

"电工学"课程是高等院校为各类理工科专业学生开设的一门技术类基础课程。随着信息时代的蓬勃发展,电工电子技术已经成为理工科专业人才培养体系中最重要的技术基础之一。作为技术基础课程,理论与实践并重是"电工学"课程最为典型的特征。首先,作为基础课,课程教学需强调其基础性作用,不仅要系统学习基本理论,而且要具备在一定的范畴内对基本理论进行转换、延伸的能力;其次,作为技术课,不仅要具备基本知识、基本技能的应用能力,更多地还要强调为学科交叉应用提供必要的接口,为适应新技术的发展奠定基础。

现有的大部分技术类基础课程教学均是以盖全为目标,即希望把所有认为有用的基础理论、基本方法以及基本技术完全教授给学生,并在理论与实践教学两个方面实现"厚基础"和"强能力"的目标。但是,在现有的学分制体制下,在有限的学时内,要妥善地完成这两方面的任务是非常困难的。在国外,类似的工程技术类课程中工程实验所占学时远远大于我国同类课程,大部分技术基础课程是通过工程实验和设计性实验环节进行学习的。这不仅有利于解决课程"内容多,学时少"的矛盾,而且更符合能力培养的教学目标。为此,在重庆市精品课程建设和重庆大学大平台课程建设项目的支持下,本课程组提出"强化实验教学,精品化理论教学"的课程教学改革思路,并把该改革理论贯彻于教材建设中,对原有教材进行了大幅修订,从而编写了该套新的《电工学》教材。

在教材的编写过程中,编者主要体现了以下几个思想:

1. 基础性原则。"电工学"课程作为技术基础课,其本质上还是基础课,不能违背基础性的原则,所以在内容上采纳几十年来形成的经典内容模块,力求包括基本概念、基本定律和基本原理,以及应用所需的基本方法和基本技术,在语言上尽量删繁就简,便于阅读学习。

2. 应用性原则。教材内容上将弱化部分经典理论的推导和分析,更加注重基本器件和基本电路的构成、外特性及应用;教材的举例分析、案例阐述尽量与生活、生产相联系;通过必要的例题、习题,对仿真分析和应用加以强调。

3. 适应性原则。考虑到"电工学"课程的教学对象包括各类理工专业的学生,则存在"授课对象的专业不同、人才培养目标不同"等实际情况,以及多数院校都对"电工学"课程的教学学时进行了较大幅度的压缩,课程教学面临"内容多,学时少"的矛盾,本教材内容上尽可能全面地涵盖电路分析基础、模拟电子技术、数字电子技术三个模块的基本内容,但在各章节中部分选修内容以"*"标示,便于针对不同的需求进行教学内容选择,使教材具有更广泛的适应性。

具体来说,教材做了如下改进:

1. 教材内容共12章,第1~4章(孙韬、侯世英执笔)为电路分析基础部分内容,第5~8章(周静执笔)为模拟电子技术基础部分内容,第9~12章(熊兰执笔)为数字电子技术基础部分内容。与之前版本的教材相比,电路分析基础部分在保持原有知识结构体系的基础上,将三相电路单列为一章,增加了安全用电的内容,以突出其在日常生活中的重要性;在行文中引入了诸多

I

"小故事"，介绍元件、理论的来龙去脉或实际生产、生活中的应用等，使教材在纯粹的理论分析中增添了生动的色彩。模拟电子技术基础部分以器件的外特性为基础、以基本电路为中心，介绍各种常见的应用电子电路，并把模拟电子电路的基本分析方法贯穿其中；弱化了器件内部的工作原理及理论分析，降低了对分立元件电路的理论要求，强调了集成运放的特性及其各种运用电路，包括运算电路、信号转换电路、有源滤波电路、比较电路、信号发生电路等。数字电子技术基础部分，考虑到与工程实践更紧密的结合，补充了关于各种常见集成块及其应用的内容，在组合逻辑电路的设计中增加了关于竞争-冒险现象的阐述。在数模和模数转换部分，不仅介绍了DAC和ADC的基本原理，还增加了集成DAC和ADC及其应用的内容。这些内容不仅使教材更加丰满，而且更有益于与实践教学相结合。考虑到不同的开课对象对内容有不同的教学要求，以"*"号标示选修内容。

2. 教材编写上，也做了众多有益改进。首先，结合高等教育国际化的趋势，教材中给出了每一章节对应的英文标题，以及重要术语的英文名词，有利于有需要的学生参看外文教材；其次，教材中每一章的起始部分，给出了本章的教学基本要求，供教学人员和学生参考；教材中，在每一章的结束部分编写了学习指导，通过重点、难点及典型例题讲解，尽可能地给学生更多指导，希望有助于提高在有限教学学时的教学效果；最后，每一章的习题按基本概念题、简单计算题和综合应用题三个类型编写，基本概念题可做课前预习题目，而部分综合应用题则可做课后讨论题目，便于实施教学安排。

本教材有配套数字课程，访问 http://abook.hep.com.cn/1232976 即可浏览或下载与本书配套的课程资源进行学习。

本教材是重庆大学电工学课程组教学研究和教学改革成果的体现，是集体智慧的结晶，参与教材编写和提出修改建议的均是长期从事"电工学"课程教学的一线教师，经过大家孜孜不倦的辛苦劳动，几度修改，才使得教材成功地呈现在读者的面前，在此向课程组所有教师致敬。整个教材最后由侯世英和周静负责统稿与修改，实验室的张立群、李利、串禾、巫宣文和肖馨为教材交稿前做了最后的检查，在此表示真诚的感谢。本教材由华南理工大学的殷瑞祥教授审稿，殷教授不仅在审稿中，而且在整个教材建设过程中都对教材提出了诸多的宝贵意见，在此对殷教授长期以来的支持表示由衷的感谢！

重庆大学《电工学》教材编写组

2016.7.30　于重庆

课程宣传片

授课视频-
课程绪论

第一版前言

"电工学"是高等学校非电类专业重要的技术基础课,随着科学技术的不断发展,课程教学内容在不断扩大;而由于各学校教学计划和培养计划的调整,课程的学时在不断压缩,造成了内容多与学时少之间矛盾的加剧。另一方面,由于"电工学"课程教学对象的多样化,各个专业在教学中的要求也不尽相同。为了规范教学,教育部 2003 年开始重新对基础课程制定教学基本要求,2004 年 8 月教学指导委员会提出了新的"电工学"教学基本要求草案。

按照新的教学基本要求,"电工学"课程教学基本要求分为最低基本要求和可选基本要求两部分。最低基本要求是各专业、学科都必须达到的教学合格标准,而可选部分则应根据专业培养计划的要求,选择适当模块组织课程教学大纲。

随着科学技术的不断发展,各学科之间的相互联系进一步加强,"电工学"课程已经不再只是非电类工科学生的技术基础课,而成为不少理科专业的必修课程。所以,各高校开设"电工学"课程的专业和学科也就越来越多,只是根据学科的不同,选择不同的部分学习。目前,主要的课程类别有既包含电路理论和电子技术,又包含电机控制与应用的"电工学"或"电工电子技术"和只含电路理论和电子技术的"电路与电子技术"或"电路与模拟电子技术"。虽然都是根据同一个教学基本要求进行教学,但由于课程内容有差异,学时上有区分,给开设"电工学"课程带来很多困难。

针对新的教学基本要求,结合不同专业开设课程的内容选择,我们将"电工学"课程内容按模块分类编写教材。将电路和电子技术内容放在第 1 册,这样不仅方便了开设"电路与电子技术"课程的学生,也适用于开设"电工电子技术"课程的学生;将电力电子技术基础、变压器、电机及传动控制、电工测量、安全用电等内容放在第 2 册,以满足不同专业的需要。编写中,将 EDA 的应用穿插在各章节中,使学生边学边用,学以致用,既可节省学时,又可提高学习效率。另外,在可选内容章节前加"*"号,方便教学和自学时区分与取舍。

全套教材共 3 册:《电工学Ⅰ——电路与电子技术》、《电工学Ⅱ——电机及电气控制》、《电工学实验》。本书为第 1 册:《电工学Ⅰ——电路与电子技术》,全书共 10 章。第 1 章 电路的基本概念和基本分析方法;第 2 章 正弦交流电路;第 3 章 一阶电路的瞬态分析;第 4 章 半导体电路基础;第 5 章 集成运算放大器及应用;第 6 章 直流稳压电源;第 7 章 信号产生电路;第 8 章 门电路与组合逻辑电路;第 9 章 触发器和时序逻辑电路;第 10 章 数模和模数转换。主要针对"电路理论和电子技术"部分课程的最低教学基本要求组织内容,满足各专业电工学基础教学的需要,适合于针对理科专业开设的"电路与电子技术"课程教学。也是构成工科非电类专业"电工学"课程的一部分。

本书是普通高等教育"十一五"国家级规划教材;教材编写大纲在多所学校老师共同讨论的基础上制定,由重庆大学侯世英担任主编。侯世英编写第 1、2、5 章;重庆大学李昌春编写第 3 章,熊兰编写第 6、7 章,彭文雄编写第 9 章;重庆邮电大学何丰编写第 4 章;昆明理工大学谢实编

I

写第 8 章;四川大学雷勇编写第 10 章。全书的 EDA 内容由清华大学段玉生编写。

在编写过程中,编者认真总结多年教学经验,学习参考了国内外同类和相关教材及著作,以培养学生分析问题和解决问题能力、提高学生素质为目标,注重基本概念、基本原理、基本方法的论述,使学生既能掌握好基础,又能启发思考、开阔视野。文字叙述力求简明扼要,便于自学。

在教材的编写与试用工作中,重庆大学吕厚余教授对教材初稿进行了仔细地阅读,提出了很多宝贵的修改意见;重庆大学全体电工学教研室的老师在试用中也对教材进行了认真的讨论,并提出了很多建设性的建议。在此一并表示衷心感谢。

本书由华南理工大学殷瑞祥教授主审,殷教授在百忙中仔细审阅了全部书稿,提出了很多宝贵意见,并为书稿的错漏之处作了具体修正。在此向殷教授表示深深的谢意。

由于编者水平有限,书中难免存在缺点和错误,恳请广大读者批评指正。

编者
2007 年 3 月于重庆

目 录

第1章 电路的基本概念和基本分析方法 ... 1
1.1 电路的基本概念 ... 3
1.1.1 电路的功能及组成 ... 3
1.1.2 电路的基本物理量及参考方向 ... 5
1.2 电路的基本定律 ... 9
1.2.1 常用名词介绍 ... 10
1.2.2 基尔霍夫电流定律 ... 10
1.2.3 基尔霍夫电压定律 ... 11
1.3 理想电路元件 ... 12
1.3.1 电阻元件 ... 12
1.3.2 电容元件 ... 13
1.3.3 电感元件 ... 15
1.3.4 电压源 ... 17
1.3.5 电流源 ... 18
1.3.6 受控电源 ... 19
1.3.7 简单电路的分析计算 ... 20
1.4 电路的等效化简分析方法 ... 22
1.4.1 电阻串并联的等效变换 ... 22
1.4.2 电源的等效变换 ... 24
1.4.3 等效电源定理 ... 30
1.5 电路的其他分析方法 ... 35
1.5.1 支路电流分析法 ... 35
1.5.2 弥尔曼定理 ... 36
1.5.3 叠加定理 ... 38
学习指导 ... 39
习题 ... 44

第2章 正弦交流电路 ... 51
2.1 正弦交流电的基本概念 ... 52
2.1.1 正弦量的三要素 ... 53
2.1.2 正弦量的相量表示 ... 55
2.2 单一元件的正弦交流电路 ... 56
2.2.1 电阻元件的正弦交流电路 ... 56
2.2.2 电感元件的正弦交流电路 ... 58
2.2.3 电容元件的正弦交流电路 ... 60
2.3 复杂正弦交流电路的分析 ... 62
2.3.1 电路基本定律的相量形式 ... 62
2.3.2 RLC 串联交流电路 ... 63
2.3.3 电路谐振 ... 66
2.4 功率因数及其提高 ... 71
2.4.1 提高功率因数的意义 ... 71
2.4.2 提高功率因数的措施 ... 72
2.5 非正弦周期交流电路简介 ... 73
2.5.1 非正弦周期量的大小与功率 ... 74
*2.5.2 非正弦周期交流线性电路的分析计算 ... 78
学习指导 ... 82
习题 ... 86

第3章 三相交流电路 ... 93
3.1 三相电源 ... 93
3.1.1 三相电源的产生 ... 93
3.1.2 三相电源的连接 ... 95
3.2 三相电路的分析 ... 96
3.2.1 三相电路负载的连接 ... 96
3.2.2 三相电路的功率 ... 101
3.3 安全用电 ... 102
3.3.1 三相五线制供电 ... 102
3.3.2 触电的方式 ... 103
3.3.3 触电对人体的伤害 ... 104
3.3.4 触电急救及预防 ... 105
学习指导 ... 106
习题 ... 108

第4章 电路的暂态分析 ... 110
4.1 电路的稳态与暂态 ... 110
4.1.1 电路中暂态与稳态的概念 ... 110
4.1.2 电路中暂态产生的原因 ... 111
4.1.3 换路定则 ... 112
4.1.4 电路中初始值与稳态值的确定 ... 112
4.2 一阶线性电路的暂态响应 ... 114
4.2.1 三要素法 ... 114

I

4.2.2　例题讲解 ……………………… 117
4.3　一阶电路的矩形波响应 ………………… 120
*4.4　一阶电路的正弦响应 …………………… 123
*4.5　二阶线性电路的暂态响应 ……………… 124
　　4.5.1　二阶电路的微分方程 …………… 124
　　4.5.2　二阶微分方程的解 ……………… 125
学习指导 ………………………………………… 128
习题 ……………………………………………… 134

第5章　半导体器件基础　140
5.1　半导体与PN结 …………………………… 142
　　5.1.1　本征半导体 ……………………… 142
　　5.1.2　杂质半导体 ……………………… 142
　　5.1.3　PN结 …………………………… 143
5.2　二极管及其应用 …………………………… 145
　　5.2.1　二极管的结构、伏安特性及参数 … 145
　　5.2.2　二极管的应用 …………………… 147
　　5.2.3　特殊二极管简介 ………………… 151
5.3　双极型晶体三极管 ………………………… 153
　　5.3.1　晶体三极管的结构、符号 ……… 153
　　5.3.2　三极管的伏安特性 ……………… 154
　　5.3.3　三极管的主要参数 ……………… 157
　　5.3.4　三极管构成放大电路 …………… 159
5.4　场效应管 …………………………………… 160
学习指导 ………………………………………… 165
习题 ……………………………………………… 168

第6章　放大电路分析　172
6.1　放大电路的基本概念 ……………………… 172
　　6.1.1　放大电路的基本概念 …………… 172
　　6.1.2　放大电路的性能指标 …………… 172
6.2　三极管放大电路 …………………………… 174
　　6.2.1　共发射极放大电路 ……………… 174
　　6.2.2　静态工作点稳定的共发射极
　　　　　　放大电路 …………………………… 180
　　6.2.3　共集电极放大电路（射极
　　　　　　输出器） …………………………… 182
6.3　场效应管放大电路 ………………………… 185
　　6.3.1　场效应管放大电路的偏置电路 … 186
　　6.3.2　场效应管放大电路的分析 ……… 187
　　6.3.3　场效应管放大与三极管放大的
　　　　　　比较 ………………………………… 191
6.4　多级放大电路 ……………………………… 191

　　6.4.1　多级放大电路及级间耦合方式 …… 191
　　6.4.2　多级放大电路的性能分析 ……… 192
　　6.4.3　多级放大电路的工作点稳定
　　　　　　问题 ………………………………… 193
6.5　差分放大电路 ……………………………… 194
　　6.5.1　差分放大电路的基本结构和工作
　　　　　　原理 ………………………………… 194
　*6.5.2　具有恒流源的差分放大电路 …… 197
6.6　功率放大电路 ……………………………… 198
　　6.6.1　功率放大电路的基本概念 ……… 198
　　6.6.2　互补对称功率放大电路 ………… 199
　　6.6.3　复合管 …………………………… 201
学习指导 ………………………………………… 202
习题 ……………………………………………… 208

第7章　集成运算放大器及其应用　213
7.1　集成运算放大器简介 ……………………… 213
　　7.1.1　运放的主要参数 ………………… 214
　　7.1.2　运放的特性 ……………………… 215
7.2　负反馈及其对运放的影响 ………………… 216
　　7.2.1　负反馈的概念及作用 …………… 216
　　7.2.2　负反馈对运放特性的影响 ……… 220
7.3　运放构成的线性运算电路 ………………… 221
　　7.3.1　比例运算电路 …………………… 222
　　7.3.2　加减法运算电路 ………………… 224
　　7.3.3　信号转换电路 …………………… 227
　　7.3.4　微分、积分运算电路 …………… 228
7.4　有源滤波器 ………………………………… 231
　　7.4.1　滤波器的传递函数 ……………… 231
　　7.4.2　无源滤波器 ……………………… 232
　　7.4.3　有源滤波器 ……………………… 234
7.5　运放的非线性应用 ………………………… 237
　　7.5.1　单门限电压比较器 ……………… 237
　　7.5.2　滞回比较器 ……………………… 239
7.6　信号产生电路 ……………………………… 241
　　7.6.1　方波产生电路 …………………… 241
　　7.6.2　锯齿波产生电路 ………………… 243
　　7.6.3　正弦波产生电路 ………………… 244
学习指导 ………………………………………… 254
习题 ……………………………………………… 260

第8章　直流稳压电源　270
8.1　直流稳压电源简介 ………………………… 270

8.2 整流电路 ……………………… 271
   8.2.1 单相整流电路 ………………… 271
   8.2.2 三相整流电路 ………………… 275
8.3 滤波电路 ……………………… 276
   8.3.1 电容滤波电路 ………………… 276
   8.3.2 其他滤波电路 ………………… 279
8.4 稳压电路 ……………………… 280
   8.4.1 稳压二极管稳压电路 ………… 280
   8.4.2 串联线性稳压电路 …………… 282
   8.4.3 三端集成稳压器 ……………… 283
*8.5 开关电源 ………………………… 287
学习指导 …………………………… 289
习题 ………………………………… 293

第9章 门电路与组合逻辑电路 298
9.1 数字电路基础 ………………… 298
   9.1.1 数字逻辑基础 ………………… 298
   9.1.2 逻辑运算与逻辑门电路 ……… 303
   9.1.3 逻辑代数的公式与定理 ……… 312
   9.1.4 逻辑函数的表示与化简 ……… 315
9.2 组合逻辑电路的分析和设计 … 319
   9.2.1 组合逻辑电路的分析 ………… 319
   9.2.2 组合逻辑电路的设计 ………… 320
   *9.2.3 竞争-冒险现象 ……………… 322
9.3 常用的组合逻辑电路 ………… 323
   9.3.1 加法器 ………………………… 323
   9.3.2 编码器 ………………………… 325
   9.3.3 译码器 ………………………… 329
   *9.3.4 数据选择器 …………………… 336
学习指导 …………………………… 338
习题 ………………………………… 345

第10章 触发器和时序逻辑电路 354
10.1 双稳态触发器 ……………… 354
   10.1.1 不同触发方式的触发器 …… 355
   10.1.2 不同功能的触发器 ………… 360
   10.1.3 触发器的逻辑转换 ………… 365
10.2 时序逻辑电路的分析 ……… 366
   10.2.1 时序逻辑电路的分析方法 … 367
   10.2.2 分析同步时序逻辑电路 …… 367
   10.2.3 分析异步时序逻辑电路 …… 369
10.3 计数器 ……………………… 371
   10.3.1 同步计数器 ………………… 371
   10.3.2 异步计数器 ………………… 373
   10.3.3 集成计数器 ………………… 375
   10.3.4 任意进制计数器 …………… 376
10.4 寄存器 ……………………… 378
   10.4.1 数码寄存器 ………………… 378
   10.4.2 移位寄存器 ………………… 380
10.5 集成555定时器 …………… 382
   10.5.1 电路结构及工作原理 ……… 382
   10.5.2 用555定时器构成施密特触发器 …………………… 383
   10.5.3 用555定时器构成单稳态触发器 …………………… 385
   10.5.4 用555定时器构成多谐振荡器 …………………… 387
学习指导 …………………………… 389
习题 ………………………………… 394

第11章 可编程逻辑器件 403
11.1 PLD 简介 …………………… 403
   11.1.1 PLD 的发展史 ……………… 403
   11.1.2 电路表示法 ………………… 404
11.2 低密度可编程逻辑器件 …… 405
   11.2.1 可编程只读存储器 PROM … 405
   11.2.2 可编程逻辑阵列 PLA ……… 405
   11.2.3 可编程阵列逻辑 PAL 和通用阵列逻辑 GAL ……………… 406
11.3 高密度可编程逻辑器件 …… 409
   11.3.1 CPLD 的结构特点 ………… 409
   11.3.2 FPGA 的结构特点 ………… 410
11.4 可编程逻辑器件的编程 …… 412
   11.4.1 软件设计流程 ……………… 412
   11.4.2 硬件描述语言 ……………… 413
学习指导 …………………………… 414
习题 ………………………………… 415

第12章 数模和模数转换 416
12.1 数模转换器 ………………… 417
   12.1.1 倒T型电阻网络 DAC ……… 417
   12.1.2 集成 DAC 及其应用 ……… 418
   12.1.3 转换精度与转换速度 ……… 419
12.2 模数转换器 ………………… 421
   12.2.1 采样和保持 ………………… 421
   12.2.2 量化和编码 ………………… 422

12.2.3 逐次比较 ADC …………… 423	学习指导 …………………………… 430
*12.2.4 双积分 ADC ………………… 425	习题 ………………………………… 432
*12.2.5 集成 ADC 及其应用 ………… 428	**附录 Multisim 使用说明** …………… 434
12.2.6 转换精度与转换速度 ……… 429	**主要参考书目** ……………………… 455

第1章 电路的基本概念和基本分析方法

Chapter 1 Basic Concepts and Analysis Methods of Circuits

本章内容	基本要求：理解电压、电流、功率等基本电量，理解参考方向的意义；理解基尔霍夫定律；理解电路模型及理想电路元件（电阻、电压源和电流源）的电压-电流关系；理解电源的两种模型及其等效变换，理解戴维宁定理和最大功率传输原理，了解额定值的意义；理解支路电流法、弥尔曼定理和叠加定理。
1.1 电路的基本概念 1.2 电路的基本定律 1.3 理想电路元件 1.4 电路的等效化简分析方法 1.5 电路的其他分析方法 学习指导 习题	

  电是一种静止或移动的电荷所产生的物理现象，电的发现和应用极大地节省了人类的体力劳动和脑力劳动。电对人类生活的影响有两方面：能量的获取、转化和传输，电子信息技术的应用。

  早在两千五百多年以前，古希腊人泰勒斯（640—546）发现琥珀的摩擦会吸引绒毛或木屑，他将这种现象称为静电（Static Electricity），并第一个提出了"电"这个词。而英文中的电（Electricity）在古希腊文的意思就是"琥珀"（Amber），希腊文的静电为 Elektron。泰勒斯对电现象进行了深入研究，将电解释为阴阳两极现象。

  公元 1600 年，英国人吉尔伯特（1544—1603）对电现象做了多年实验，他发明了验电器（如图 1.0.1 所示），这为后来人们对电进行更科学的研究提供了试验基础，并以希腊语"electron"定义"电子"一词。他发现了"电力"、"电吸引"等许多科学现象，并最先使用了"电力""电吸引"等专用术语。吉尔伯特是世界上第一个从系统的科学原理上来研究电现象的人，因此许多人称他是电学研究之父。在吉尔伯特之后的 200 年中，又有很多人做过多次试验，不断地积累对电的现象的认识。

  18 世纪中叶，在大洋彼岸的美国，科学家富兰克林（1706—1790）又做了多次实验，进一步揭示了电的性质，并提出了电流这一术语。富兰克林对电学的另一重大贡献，就是通过 1752 年著名的风筝实验（如图 1.0.2 所示）"捕捉天电"证明了天空的闪电和地面上的电是一回事。他用金属丝把一个很大的风筝放到云层里去。金属丝的下端接了一段绳子，另在金属丝上挂了一串钥匙。当时富兰克林一只手拉住绳子，另一只手轻轻触及钥匙，于是他立即感到一阵猛烈的冲击（电击），同时还看到手指和钥匙之间产生了小火花。这个实验表明：被雨水湿透了的风筝的金属线变成了导体,把空中闪电的电荷引到手指与钥匙之间。这在当时是一件轰动一时的大事。一年后富兰克林制造出了世界上第一个避雷针。

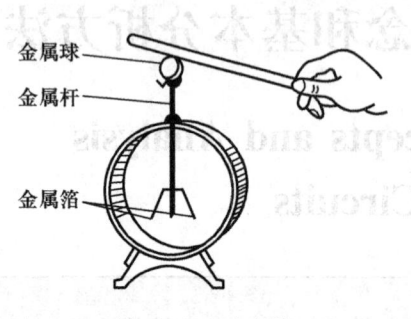

图1.0.1 验电器

图1.0.2 富兰克林的风筝实验

电流现象的研究对于人们深入研究电学和电磁现象有着重要的意义。最早开始电流研究的是意大利的解剖学教授伽伐尼(1737—1798)。伽伐尼的发现源自于1780年的一次极为普通的闪电现象。闪电使伽伐尼解剖室内桌子上与钳子和镊子连环接触的一只青蛙腿发生痉挛现象。严谨的科学态度,使他没有放弃对这个"偶然"的奇怪现象的研究。他花费了整整12年的时间,研究像青蛙腿这种肌肉运动中的电气作用。最后,他发现如果使青蛙腿的神经和肌肉同两种不同的金属(例如铜丝和铁丝)接触,青蛙腿就会发生痉挛。这种现象是在一种电流回路中产生的现象。但是,伽伐尼对这种电流现象的产生原因仍然未能回答,他认为青蛙腿的痉挛现象是"动物电"的表现,由金属丝构成的回路只是一个放电回路。

伽伐尼的看法在当时的科学界中引起了巨大的反响,但是,另一位意大利科学家伏打(1745—1827)不同意伽伐尼的看法,他认为电存在于金属之中,而不是存在于肌肉中,两种明显不同的意见引起了科学界的争论,并使科学界分成两大派。

1800年春,有关电流起因的争论有了进一步的突破。意大利人伏打发明了著名的"伏打电池"(如图1.0.3所示)。这种电池是由一系列圆形锌片和银片相互交叠而成的装置,在每一对银片和锌片之间,用一种在盐水或其他导电溶液中浸过的纸板隔开。银片和锌片是两种不同的金属,盐水或其他导电溶液作为电解液,它们构成了电流回路。这是一种比较原始的电池,是由很多银锌电池连接而成的电池组。但在当时,伏打能发明这种电池确是很不容易的。

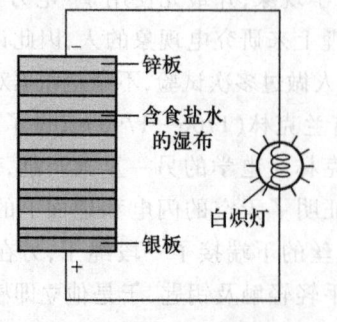 

图1.0.3 伏打电池

伏打电池的发明使人们第一次获得了可以人为控制的持续电流,为今后电流现象的研究提供了物质基础,也为电流效应的应用打开了前景,并很快成为进行电磁学和化学研究的有力工具。

1821年英国人法拉第(1791—1867)完成了一项重大的电发明。在这两年之前,奥斯特已发现如果电路中有电流通过,它附近的普通罗盘的磁针就会发生偏移。法拉第从中得到启发,认为假如磁铁固定,电线圈就可能会运动。根据这种设想,他成功地发明了一种简单的装置。在装置内,只要有电流通过线路,线路就会绕着一块磁铁不停地转动。事实上法拉第发明的是第一台电动机,是第一台使用电流将物体运动的装置。虽然装置简陋,但它却是今天世界上使用的所有电动机的祖先。

1831年,法拉第制出了世界上最早的一台发电机。他发现一块磁铁穿过一个闭合线路时,线路内就会有电流产生,这个效应叫电磁感应。一般认为法拉第的电磁感应定律是他的一项最伟大的贡献。

电的发现可以说是人类历史的革命,由它产生的动能每天都在源源不断的释放,如果没有电,人类的文明还会在黑暗中探索。

本章将以直流电路为例,逐一介绍电路的基本概念、基本定律和基本分析方法。

1.1 电路的基本概念
1.1 Basic Concepts of Circuits

授课视频-电路的定义

1.1.1 电路的功能及组成

1. 电路的功能

电路(Circuit)就是电流(Current)的通路,是一种由导线将各种电气设备或元件连接而成的、以实现某些特定功能的电流的通路。实际的电气或电子系统由各种不同结构和形式的电路构成,电路的功能决定了系统的功能。电气电子领域的工程师设计电气电子系统的时候,希望解决的问题主要分为两个方面:

(1)完成电能与各种形式的能量之间的转换、传输和分配。例如,如图1.1.1所示车灯电路,蓄电池(电源)和车灯(负载)经过开关和导线连接起来完成了将电能经导线传输转换成光能进行照明的功能(能量的转换、传输和分配)。

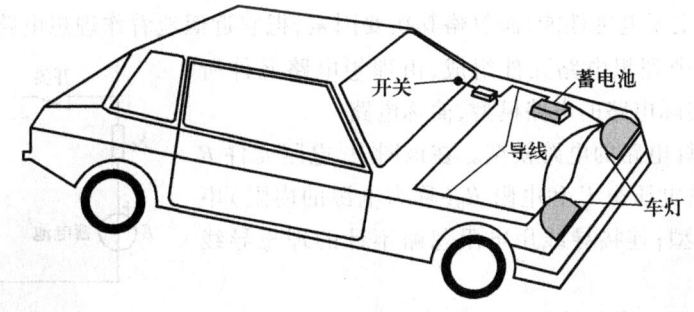

图1.1.1 车灯电路

（2）完成信息的收集、存储、传递和处理。例如，如图 1.1.2 所示的地理信息系统示意图，该系统由收集信息——空间数据获取，即将非电信号转换成电信号并存储（信号源）；存储、处理与传输信息——空间数据输入、分类和空间数据管理，即传递信息（中间环节）；显示信息——在用户系统中带有软件的数据处理设备和"控制/显示"装置的设备上显示（负载）等部分组成。该系统完成将非电信息转换成电信息，通过存储、处理、传输，在用户端还原并显示的功能。

2. 电路的组成

在车灯电路中，电池将其内部的化学能转换成电能，在开关的控制下，经过导线送到车灯，然后由车灯将电能转换成光能。因此，其组成可分为：电池（电源）、车灯（负载）和开关与导线（中间环节）。

在地理信息系统中，空间数据库通过空间数据输入将信息转换成电信息（信号源）并进行存储与管理，用户根据需要通过 Internet 在计算机上接受并显示该信息。因此，该系统组成可分为：空间数据库（信号源）、用户电脑显示（负载）和空间数据管理与传送（中间环节）。

虽然电路的种类很多，但无论电路的复杂程度如何，都由三大部分组成：
① 电源、信号源——将非电能转换成电能或将非电量转换成电量的部分；
② 负载——将电能转换成其他形式的能量或将电信号转换成其他信息的部分；
③ 中间环节——连接电源与负载的导线、开关及其他控制保护元件。
电路的组成框图如图 1.1.3 所示。

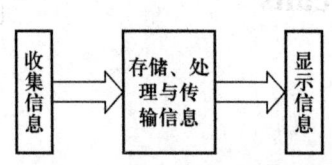

图 1.1.2　地理信息系统示意图

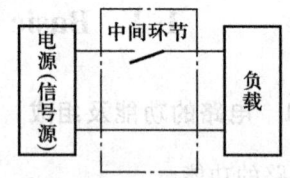

图 1.1.3　电路的组成框图

3. 电路模型（circuit model）

根据电路实现的功能不同，实际电路都是由一些起不同作用的实际电路元件或器件组成的，如电池、白炽灯、发电机、变压器、话筒、扬声器等，这些实际元器件的电磁性能较为复杂，例如白炽灯，它除了具有消耗电能的性质（电阻性）外，当电流通过时也会产生磁场，即它具有电感性，但由于它的电感很微小，为简化分析，可以忽略电感，将白炽灯看作是一个纯电阻性的元件。为了便于对实际电路进行分析计算，我们将实际电路元器件理想化（或称模型化），即在一定条件下只考虑元器件的主要电磁性能，而忽略其次要因素，把它近似地看作理想电路元件。复杂的实际电气元件可由多个理想电路元件组成，由理想电路元件所组成的电路，称为实际电路的电路模型，简称电路。

图 1.1.4 为车灯电路的电路模型。在该图中，电阻元件 R 是车灯的电路模型；电压源 E 和电阻 R_0（称为电源的内阻）串联作为蓄电池的模型；连接导线用电阻忽略不计的理想导线表示。

理想电路元件是组成电路模型的最小单元，是具有某种

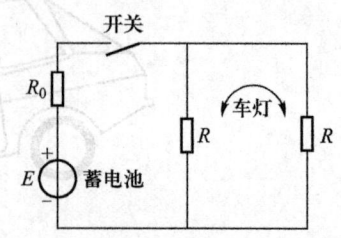

图 1.1.4　车灯电路的电路模型

确定的电磁性质的假想元件,它是一种理想化的模型,并具有精确的数学定义。本章所讨论的电路均不是实际电路,而是它们的电路模型。今后本书所说电路一般均指由理想电路元件构成的电路模型,并将理想电路元件简称为电路元件。在电路图中,各电路元件用规定的图形符号和文字符号表示。

通常,对电路进行讨论,主要包括两个方面内容:① 对已知结构的电路,分析电路中电源(负载)对负载(电源)的作用和影响,了解电路的工作状态和工作性能,通常称为电路的分析;② 对已知电源和负载,通过分析电源与负载的关系,确定一种最佳结构,完成所要求的功能,通常称为电路的综合设计。

1.1.2 电路的基本物理量及参考方向

既然电路的作用是进行电能与其他形式能量之间的相互转换,那么,就必须用一些物理量来表示电路的状态和电路各部分之间能量转换的相互关系,以便于分析、计算。电路的基本物理量包括:电流、电压、电动势和电功率等。

1. 电流

电路类似于液体流动系统。对于车灯电路而言,蓄电池好比一个水泵,导线则对应于液体流过的管道,电荷类似于液体,则电压相当于液体环路中各个点之间的压力差,电流相当于液体的流动,电流的大小相当于液体的流动速度。因此在电路中电流是衡量电荷通过导线或元件横截面的流速,在数值上等于单位时间内通过某一导体横截面的电荷量。

"电流"一词有两个含义:

(1) 电流表示了一种物理现象,即电荷有规则的运动形成电流。

(2) 电流的大小等于单位时间内通过某一导体横截面的电荷量。

设在时间 dt 内通过导体横截面 S 的电荷量为 dq,则电流 i 为

$$i = \frac{dq}{dt} \tag{1.1.1}$$

如果电流不随时间变化,即 $\frac{dq}{dt}$ = 常数,则这种电流称为直流电流。直流电流用大写字母 I 表示,则上式可以写为

$$I = \frac{Q}{t} \tag{1.1.2}$$

式中,Q 是时间 t 内流过导体横截面 S 的电荷量。

本书以后均用大写字母表示直流量,用小写字母表示随时间变化的交流量。

在国际单位制(SI)中,电流的单位是安培(A)。在计量小电流时,常以毫安(mA)或微安(μA)为单位,各单位之间的关系为

$$1 \text{ A} = 10^3 \text{ mA} = 10^6 \text{ μA}$$

电流的方向:电荷的有规则运动形成了电流,而形成电流的电荷可能是正电荷(如正离子),也可能是负电荷(如电子或负离子)。规定正电荷的运动方向为电流的实际方向。电流的方向是客观存在的,当一个电路的元件参数和电路结构确定以后,流过各元件的电流大小和方向也就确定了。但在电路分析中,尤其是复杂电路的分析中,我们事先往往很难判断某支路中电流的实

际方向,而且电流的方向还可能随时间变化,如在交流电路中。为了便于分析与计算,我们事先选择一个方向作为电流的方向,称为参考方向,也称为正方向。在电路的分析与计算中,所选参考方向并不一定与实际方向相同,当电流的实际方向与参考方向相同时,电流为正值;反之,当电流的实际方向与参考方向相反时,则电流为负值。

图 1.1.5 表示了一段电路上的电流,虚线表示电流的实际方向,其值为 2 A,实线表示参考方向。图(a)中,电流的参考方向与实际方向相同,$I = 2$ A>0;图(b)中,电流的参考方向与实际方向相反,$I = -2$ A<0;因此,只有在选定了参考方向以后,电流的值才有正负之分。

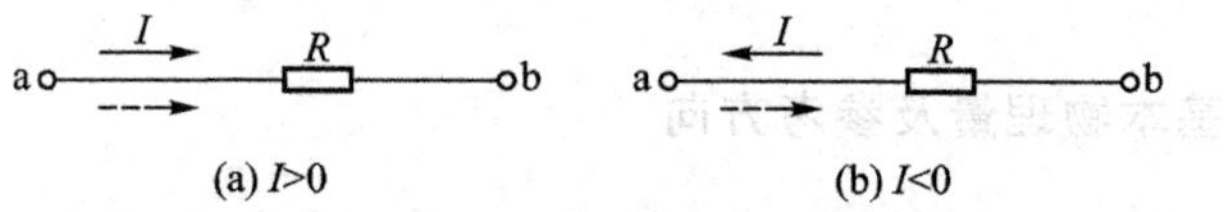

图 1.1.5 电流的参考方向

电流的参考方向可以任意指定,一般用箭头表示,也可以用双下标表示,例如在图(a)中 $I = I_{ab}$ 表示参考方向是由 a 指向 b,图(b)中电流的参考方向如用双下标表示,则应该为 I_{ba}。

2. 电位、电压(电位差)与电动势

(1) 电位与电压(Potential and Voltage)

电场中某点的电位(例如 a 点)在数值上等于电场力将单位正电荷沿任意路径从该点移动到参考点(零电位点)所做的功,a 点的电位记作 V_a。为了衡量电场力对电荷做功的本领,我们引入了"电压"这个物理量,为了与电位区别,用符号 U 表示电压。

a、b 两点间的电压在数值上等于电场力把单位正电荷从 a 点移到 b 点所做的功,也就是两点之间的电位差,即

$$U_{ab} = V_a - V_b \tag{1.1.3}$$

式中,V_a 为 a 点的电位,V_b 为 b 点的电位,U_{ab} 为 a、b 间的电压。

电压、电位的单位都是伏特(V)。如果电场力把 1 C(库伦)正电荷从 a 点移到 b 点所做的功为 1 J(焦耳),则两点之间的电压为 1 V(伏特)。除此之外,电压的单位还有千伏(kV)或毫伏(mV),它们之间的关系为

$$1 \text{ kV} = 10^3 \text{ V} = 10^6 \text{ mV}$$

电压的实际方向(极性)规定为从高电位点指向低电位点,即电位降的方向。

与电流类似,在复杂电路中,两点间电压的实际方向往往很难预测,所以我们事先设定一个参考方向(参考极性)。如果参考方向与实际方向相同,电压为正;参考方向与实际方向相反,则电压为负。图 1.1.6 中,虚线表示电压的实际方向,其值为 3V,实线表示参考方向。电压的参考方向可以用"箭头"或"双下标"表示,也可以用"+"(高电位端)和"-"(低电位端)表示。在图(a)中,$U_{ab} = 3$ V>0;在图(b)中,$U_{ab} = -3$ V<0。

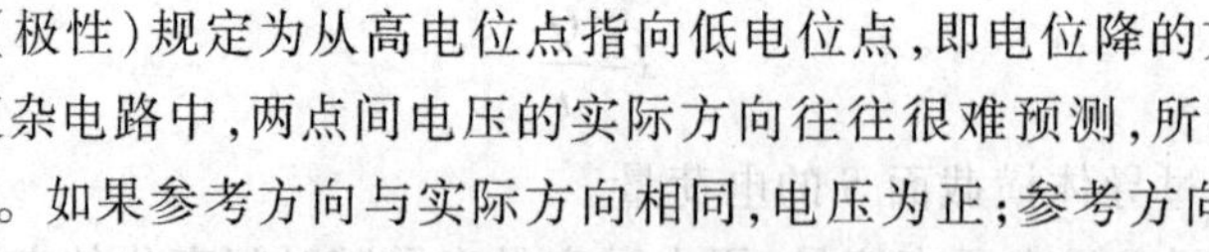

图 1.1.6 电压的参考方向

电路中同一元件的电压和电流都存在设定参考方向的问题,为了方便分析,常将电压、电流取一致的参考方向,称为关联参考方向。即在同一元件上,电流的参考方向从电压参考极性的"+"极指向"-"极。这样,在一个元件上只要设定一个参考方向(电压或电流),另一个就自然确定了,今后如果未加特别声明,都采用关联参考方向。

比较电位与电压的概念可见,电路中任意一点的电位,就是该点与参考点之间的电压,且规定参考点的电位为零,所以参考点又是零电位点,这就是电压与电位两者之间的联系。但电位与电压又是有区别的:电位的计算特别强调参考点的选择,并规定参考点的电位为零,电路中某点的电位会因所选参考点不同而不同;而电压却与参考点的选择无关,不会因所选参考点的不同而改变。

(2)电动势(Electromotive Force)

电动势是表示电源性质的物理量。它表征了电源内部非电场力对正电荷做功的能力或者说电源将其他形式能量转换成为电能的本领。电动势在数值上等于非电场力将单位正电荷从负极经电源内部移动到正极时所做的功。电动势的单位也是伏特。电动势的实际方向规定在电源内部是从低电位端指向高电位端,即电位升的方向。电动势用 E(或 e)表示。在图 1.1.7 中,设 $E=2$ V,那么,在图(a)中 $U_{ab}=E=2$ V;图(b)中,$U_{ba}=-E=-2$ V。与电压、电流一样,在分析计算电路时,也要事先规定电动势的参考方向。

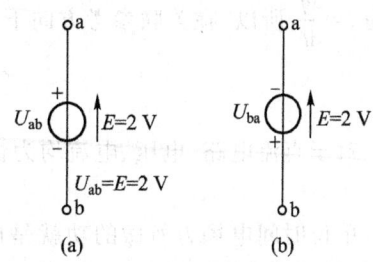

图 1.1.7 电动势的方向

例 1.1.1 电路如图 1.1.8 所示,已知:$E_1=3$ V,$E_2=1.5$ V。在下列两种情况下求各点电位以及 U_{ab} 和 U_{bc}:

(1)取 a 点为参考点;

(2)取 b 点为参考点。

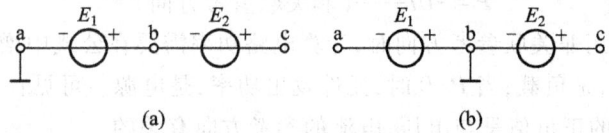

图 1.1.8 例 1.1.1 的图

解:(1)取 a 点为参考点,如图 1.1.8(a)所示,可得

$$V_a = 0 \text{ V}, \quad V_b = E_1 = 3 \text{ V}$$

$$V_c = V_c - V_a = V_c - V_b + V_b - V_a = E_1 + E_2 = (3+1.5) \text{ V} = 4.5 \text{ V}$$

$$U_{ab} = V_a - V_b = (0-3) \text{ V} = -3 \text{ V}$$

$$U_{bc} = V_b - V_c = (3-4.5) \text{ V} = -1.5 \text{ V}$$

(2)取 b 点为参考点,如图 1.1.8(b)所示,得

$$V_a = -E_1 = -3 \text{ V}, \quad V_b = 0 \text{ V}, \quad V_c = E_2 = 1.5 \text{ V}$$

$$U_{ab} = V_a - V_b = (-3-0) \text{ V} = -3 \text{ V}$$

$$U_{bc} = V_b - V_c = (0-1.5) \text{ V} = -1.5 \text{ V}$$

通过上述计算可以看出:

① 电位与参考点的选取有关,参考点不同,电路中各点电位值不同。
② 电路中任意两点间的电压大小与参考点的选择无关。参考点不同,两点之间的电压不变。
③ 原则上参考点可以任意选取,但在电气工程中,通常选大地为参考点,在电路中用符号"⏚"表示;在电工电子技术中则常选公共点或机壳作为参考点,电路中用符号"⊥"表示。

（3）电功率（Electric Power）

电路的目的之一就是为了进行电能与其他形式能量之间的转换,所以在电路的分析与计算中还经常用到另外一个物理量——电功率。

根据电压的定义很容易得到从 t_0 到 t_1 这段时间内,电场力移动电荷 q 所做的功为

$$W = \int_{q(t_0)}^{q(t_1)} u \cdot dq$$

因为 $i = \dfrac{dq}{dt}$,所以,在关联参考方向下

$$W = \int_{t_0}^{t_1} ui \cdot dt \tag{1.1.4}$$

对于直流电路,电压、电流均为恒定值,则

$$W = UI \cdot (t_1 - t_0) \tag{1.1.5}$$

单位时间电场力所做的功就是电功率,用 $P(p)$ 表示。也就是说,功率是能量对时间的导数,能量是功率对时间的积分,所以

关联参考方向:
$$p = \frac{dW}{dt} = ui \tag{1.1.6a}$$

非关联参考方向:
$$p = \frac{dW}{dt} = -ui \tag{1.1.6b}$$

在直流电路中
$$P = UI \quad \text{——（关联参考方向）} \tag{1.1.6c}$$

$$P = -UI \quad \text{——（非关联参考方向）} \tag{1.1.6d}$$

值得注意的是,采用非关联参考方向时,计算电路功率需要在公式中增加一个负号!当 $P>0$ 时,表示元件吸收功率,是负载;当 $P<0$ 时,元件发出功率,是电源。可见:

① 一段电路功率的正负值是与电压、电流的参考方向有关的。
② 在式(1.1.6a)~(1.1.6d)前提之下,一段电路功率的正或负说明了它们的物理意义——吸收还是发出电功率。这个结论是普遍适用的,不仅对于负载,对于电源也同样适用。

在国际单位制中,电压的单位是伏特,电流的单位是安培,则功率的单位是瓦特,简称瓦(W)。1 瓦特功率等于每秒消耗(或产生)1 焦耳的功。除了瓦特之外,也可用千瓦(kW)或毫瓦(mW)。它们之间的关系是

$$1 \text{ kW} = 10^3 \text{ W} = 10^6 \text{ mW}$$

一段时间内电路所消耗(或产生)的电能 W 为

$$W = Pt \tag{1.1.7}$$

工程上,电功(电能)的单位经常不是用焦耳,而用"千瓦时(kW·h)"(俗称"度")表示,这是供电部门计算用电量的常用单位。通常所说的 1 度电可以这样理解:额定功率是 1 kW 的电器(如 1 kW 的白炽灯)在额定状态下工作 1 小时所消耗的电能。

例 1.1.2 计算如图 1.1.9 所示电路元件的功率,并判断它们是发出功率还是吸收功率。

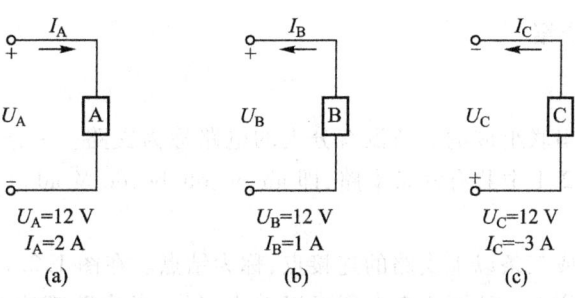

图 1.1.9 例 1.1.2 图

解：元件 A：电压与电流的参考方向关联，所以

$$P = U_A I_A = 12 \times 2 \text{ W} = 24 \text{ W} > 0, \quad 吸收功率。$$

元件 B：电压与电流的参考方向非关联，所以

$$P = -U_B I_B = -12 \times 1 \text{ W} = -12 \text{ W} < 0, \quad 发出功率。$$

元件 C：电压与电流的参考方向关联，所以

$$P = U_C I_C = 12 \times (-3) \text{ W} = -36 \text{ W} < 0, \quad 发出功率。$$

通过上例，结合电流的实际方向和电压的实际极性，我们还可以得到另一种判断元件发出功率或是吸收功率的方法：当实际电流从元件的实际电压的"+"端流进去，元件吸收功率；当实际电流从元件的实际电压的"+"端流出来，元件发出功率。

在实际电路分析中，尤其是在电子线路和电力电子线路中，我们常采用这种确定元件实际电流方向和电压实际极性关系的方法判断一个电路元件是处于发出功率还是吸收功率的状态。

1.2 电路的基本定律
1.2 Basic Laws of Circuits

授课视频-
基尔霍夫定律

电路中各元件的电压与电流除受自身的伏安关系约束外，还要受元件之间连接方式的制约。这种由电路结构所形成的约束关系，可用基尔霍夫定律(Kirchhoff's Law)来描述，它是求解复杂电路的电学基本定律。从 19 世纪 40 年代起，由于电气技术发展的十分迅速，电路变得愈来愈复杂。某些电路呈现出网络形状，并且网络中还存在一些由 3 条或 3 条以上支路形成的交点(结点)。这种复杂电路不是串、并联电路的公式所能解决的。

刚从德国哥尼斯堡大学毕业，年仅 21 岁的基尔霍夫(1824—1887)在他的第 1 篇论文中提出了适用于这种网络状电路计算的两个定律，即著名的基尔霍夫定律。该定律能够迅速地求解任何复杂电路，从而成功地解决了这个阻碍电气技术发展的难题。在介绍基尔霍夫定律之前，结合图 1.2.1 所示电路，介绍几个有关电路结构的名词。

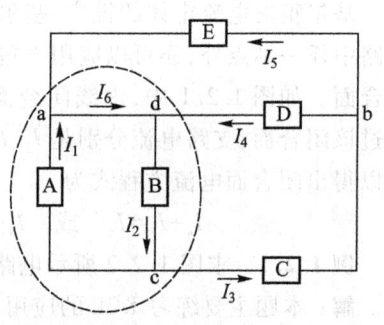

图 1.2.1 名词介绍电路

1.2.1 常用名词介绍

1. 支路（Branch）

由一个或多个元件串联组成的一条没有分支的电路称为支路。一条支路流过同一个电流，称为支路电流。在图 1.2.1 中共有六条支路，即 ab、ac、db、bc、dc 及 ad。

2. 结点（Node）

在电路中具有三条或三条以上支路的连接点，称为结点。在图 1.2.1 中共有四个结点：a、b、c、d，其中 a 和 d 为等电位点。从图 1.2.1 还可以看出，每一条支路都连接在两个结点之间。两个结点之间的电压称为结点电压。

3. 回路（Loop）

电路中由一条或多条支路所组成的任一闭合路径，称为回路。在图 1.2.1 中共有七个回路，如 adbca 等。任一回路可列出一个电压方程，但并非所有回路列出的方程都是独立的电压方程。

4. 网孔（Mesh）

在平面电路中，内部不含其他支路的回路称为网孔。图 1.2.1 中共有三个网孔：adca、dbcd、adba。每个网孔所列出的电压方程均为独立方程，故网孔也称为独立回路。

1.2.2 基尔霍夫电流定律

基尔霍夫电流定律（Kirchhoff's Current Law，KCL）是电荷守恒在电路中的体现，反映了电流的连续性。电荷在电路中流动，不会消失也不会堆积（物质不灭定律）。所以，电路中连接到同一结点各支路电流之间的约束关系可用基尔霍夫电流定律给出：在任一瞬时，流入电路中任一结点的电流的总和等于从这个结点流出的电流的总和。

$$\sum i_{入} = \sum i_{出} \tag{1.2.1}$$

在图 1.2.1 所示电路中对结点 a 可以写出 $I_1 + I_5 = I_6$

整理后，上式可以改写成 $I_1 + I_5 - I_6 = 0$。

基尔霍夫电流定律也可以这样描述：在任一瞬时，任一结点上，流入（或流出）结点电流的代数和恒等于零。其数学表达式为

$$\sum i_k(t) = 0 \tag{1.2.2}$$

在这里，对电流的"代数和"做出了这样的规定，如果以流入结点的电流为"+"，则流出结点的电流为负"－"，反之亦然。

基尔霍夫电流定律的推广：基尔霍夫电流定律除了适用于电路中任一结点外，还可以应用于包围电路中某一部分的任一闭合面。如图 1.2.1 中，虚线闭合面围成的电路，有三条支路穿过该闭合面，支路电流分别是 I_3、I_4 和 I_5。根据基尔霍夫定律可以得出闭合面电流方程式为

$$I_4 + I_5 = I_3 \quad 或 \quad I_4 + I_5 - I_3 = 0$$

例 1.2.1 求图 1.2.2 所示电路中的 i_2。

解：本题主要练习 KCL 的应用。在列写方程式应该注意，KCL 既适合于单个结点（结点 1、结点 2），也适合于广义结点

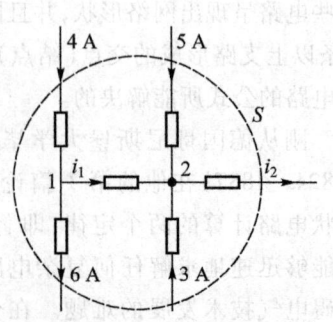

图 1.2.2 例 1.2.1 题图

(闭合面 S)。

本题可用两种方法求解如下：

方法 1：根据 KCL 先对结点 1 列写方程

$$4-6-i_1=0 \Rightarrow i_1=-2 \text{ A}$$

再对结点 2 列写方程

$$5+3+i_1-i_2=0 \Rightarrow i_2=6 \text{ A}$$

方法 2：将图 1.2.2 中的虚线框看成一个广义结点 S，对该结点列写 KCL 方程

$$4+5-6+3-i_2=0 \Rightarrow i_2=6 \text{ A}$$

1.2.3 基尔霍夫电压定律

基尔霍夫电压定律(Kirchhoff's Voltage Law, KVL)是能量守恒定理在电路中的体现,反映了电路中电位的单值性,它给出了电路中组成回路的各支路电压之间的约束关系:任何电路中,任意时刻绕任意一个回路一周所有支路电压(降)的代数和恒等于零。数学表达式为

$$\sum u_k(t)=0 \tag{1.2.3}$$

在列写公式时首先需要指定一个回路绕行方向（顺时针或逆时针）。当支路电压的参考方向与回路绕行方向一致时（电压降），在求和式中取"+"号；当支路电压参考方向与回路绕行方向相反时（电压升），在求和式中取"-"号。例如，在图 1.2.3 所示电路中，分别对回路 I 和回路 II 列写方程如下：

回路 I : abda $\qquad u_a+u_d-u_c=0$

回路 II : bcdb $\qquad u_b+u_e-u_d=0$

回路 III : bcdab $\qquad u_b+u_e-u_c+u_a=0$

基尔霍夫电压定律的推广：基尔霍夫电压定律除了适用于闭合的电路外，还可以应用于不闭合的电路或某一段电路。

根据 KVL，对于图 1.2.4 有 $U_{AB}+U_B-U_A=0$，所以 $U_{AB}=U_A-U_B$。即电路中任意两点间的电压等于这两点间各段支路电压的代数和，其中支路电压的方向与这两点间电压方向相同的取正号，相反的取负号。

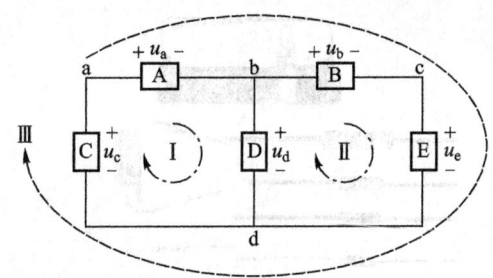

图 1.2.3 回路电压方程的列写

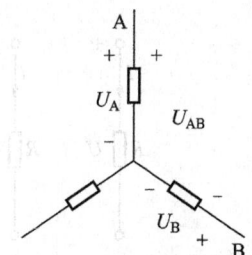

图 1.2.4 广义 KVL 电路

例 1.2.2 在图 1.2.3 所示电路中，已知 $u_a=-5$ V, $u_b=10$ V, $u_c=3$ V，试求 u_d 和 u_e。

解：根据回路 I 的 KVL 方程式可得

$$u_d=u_c-u_a=3-(-5) \text{ V}=8 \text{ V}$$

根据回路Ⅱ的 KVL 方程式可得
$$u_e = u_d - u_b = (8-10) \text{ V} = -2 \text{ V}$$
或由回路Ⅲ的 KVL 方程式同样可得
$$u_e = u_c - u_a - u_b = 3-(-5)-10 = -2 \text{ V}$$

授课视频-电路的工作状态

1.3 理想电路元件
1.3 Ideal Circuit Elements

本章前面已给出了电路的定义、作用和组成,当构成一个实际电路的设备或器件发生改变时,那么该电路的功能或作用也会发生相应的变化。由于实际的电路种类繁多,既有简单的,也有复杂的,要对每个具体的电路进行分析和计算,工作量是相当巨大的。在电路理论上,为了表征电路部件的主要物理性质,以便进行定量分析,通常将电路部件的实体用它的模型来代替。

电路模型由一些具有典型物理性质的理想电路元件构成。用不同特性的电路元件按照不同的方式连接就构成不同特性的电路。理想电路元件具有只反映单一电磁关系的特性,它们分别为:电阻元件(Resistance)、电感元件(Inductance)、电容元件(Capacitance)、电压源(Voltage Source)和电流源(Current Source),一个实际的电气元件或设备总能使用这些理想元件的不同组合进行模拟。其中,电阻元件、电容元件、电感元件为无源元件,电压源和电流源是有源元件。

1.3.1 电阻元件

实际电阻元件如白炽灯、电炉等,它们主要是反映能量的损耗,即将电能转换成热能、光能损耗掉,而且这种转换是不可逆的。同时也伴随着电磁能量的转换和与电场能量之间的转换,但是,相对于能量消耗而言,这两种转换的效果可以忽略。理想的电阻元件(简称电阻)只反映电路中能量的消耗,是耗能元件,用文字符号 R 表示。理想电阻可分为线性电阻和非线性电阻两种。线性电阻 R 在电路中的图形符号和实际电阻外形如图 1.3.1 所示。

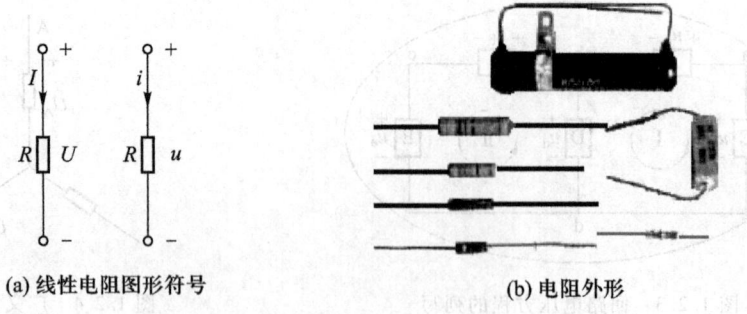

(a) 线性电阻图形符号　　　　　　(b) 电阻外形

图 1.3.1　电阻的图形符号和外形

电阻上的电压电流关系服从欧姆定律:在线性电阻中所通过的电流 I 与该电阻两端的电压 U 成正比。当电压和电流的参考方向一致(关联)时,可表示为

$$u = Ri \quad \text{或} \quad i = \frac{u}{R} \quad \text{交流} \tag{1.3.1a}$$

$$U = RI \quad \text{或} \quad I = \frac{U}{R} \quad \text{直流} \tag{1.3.1b}$$

如果电压与电流的参考方向不一致,则欧姆定律的表达式中应该有一个负号,即

$$u = -Ri \quad \text{或} \quad i = -\frac{u}{R} \quad \text{交流} \tag{1.3.1c}$$

$$U = -RI \quad \text{或} \quad I = -\frac{U}{R} \quad \text{直流} \tag{1.3.1d}$$

将一个元件两端的电压 U 和元件中的电流 I 之间的关系用图形表示,称为该元件的伏安特性曲线。线性电阻的伏安特性曲线如图 1.3.2 所示,是一条过坐标原点的直线。

在国际单位制中,电阻的单位是欧姆(Ω),电阻 R 的倒数称为电导 G,则

$$G = \frac{1}{R} \tag{1.3.2}$$

电导的单位为西门子($S = \Omega^{-1}$)。

在关联参考方向下,任何时刻电阻上消耗的功率为

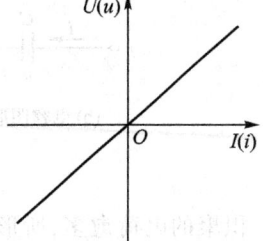

图 1.3.2 电阻的伏安特性

$$\begin{cases} p = ui = Ri^2 = \dfrac{u^2}{R} = Gu^2 \\ P = UI = RI^2 = \dfrac{U^2}{R} = GU^2 \end{cases} \tag{1.3.3}$$

由于电阻 R 是正实常数,在非关联参考方向的情况下电阻上的功率也是为正,即电阻是一种耗能元件。在 t_0 到 t_1 时间内,电阻消耗的能量为

$$W = \int_{t_0}^{t_1} p \, dt \tag{1.3.4}$$

实际的电阻上,除标明阻值外,还标有额定功率。例如 510 Ω、5 W。额定功率是指电阻工作时允许消耗的最大功率,当实际消耗的功率超过其额定值时,将使电阻过热而损坏。因此在选用或使用电阻时应特别注意。根据阻值和额定功率值,可以进一步计算出电阻的额定电流,即保证电阻上消耗的功率不大于额定功率时允许通过的最大电流。

例 1.3.1 某电路需要一个能通过 0.3 A 电流、阻值为 100 Ω 的电阻,现有下列电阻: 100 Ω、5 W;100 Ω、7.5 W;100 Ω、10 W,试问应选用哪个电阻?这时该电阻消耗的功率是多少?

解:因为要求通过电流为 0.3 A,所以该电阻消耗的功率为

$$P = RI^2 = 100 \times 0.3^2 \text{ W} = 9 \text{ W}$$

所以,应该选用 100 Ω、10 W 的电阻。

1.3.2 电容元件

电容元件也称为电容器,是一种能够储存电场能量的元件,在工程中应用极为广泛。电容元

件虽然品种和规格很多,但就其构成原理来说,其原始模型都是由两块金属极板之间隔以介质(如云母、绝缘纸、电解质等)所组成,如图 1.3.3(a)所示。当在电容元件两极板间加上电压 u 以后,极板上就分别聚集起等量异号电荷 q,于是在介质中建立起电场,储存电场能量。

(a) 电容构成原理图

(b) 电容图形符号

(c) 实际电容外形

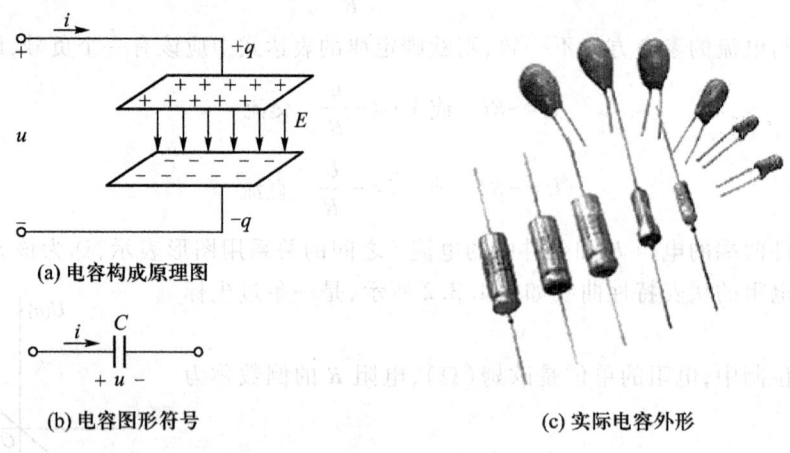

图 1.3.3　电容符号

积聚的电荷愈多,所形成的电场就愈强,电容元件所储存的电场能也就愈大。此外,介质不可能完全绝缘,多少还有一些漏电流,在介质中产生一定的功率损耗称为介质损耗。质量优良的电容元件的介质损耗和漏电流都很微弱,可以忽略不计。这样,就可以用一个只储存电场能量的理想元件——电容元件作为它的模型。

线性电容元件的图形符号及其实际外形如图 1.3.3(b)、(c)所示。如图 1.3.4 所示,任何时刻极板电荷 q 与极板间电压 u 之间的关系可表示为

$$q=Cu \tag{1.3.5}$$

式中,C 为电容元件的参数,称为该电容元件的电容(量),它表征电容元件储存电荷的能力。当 C 为常数时,称为线性电容;C 不为常数时,称为非线性电容。如果 C 随时间变化,称为时变电容,否则称为时不变电容。本书如无特别说明,讨论的均为线性时不变电容。值得注意的是"电容"一词有两个含义:它既表示一种理想电路元件,又表示该元件的参数。在 SI 制中,电容的单位为法拉(F),当电容两端充上 1 伏(V)的电压时,极板上若储存了 1 库仑(C)的电荷量,则该电容的值为 1 法拉(F)。实际中法拉的单位太大,所以,常用的单位是微法($1\ \mu F=10^{-6}\ F$)和皮法($1\ pF=10^{-12}\ F$)。

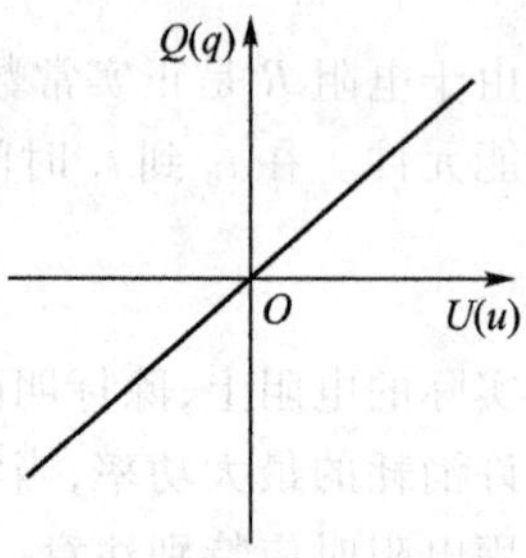

图 1.3.4　电容元件 q-u 特性

电压电流关系:当极板间电压 u 发生变化时,极板上的电荷量 q 也随着改变,于是电容电路中出现电流,因为在 dt 时间内极板上的电荷增量 dq 与通过导线截面的电荷量相等,所以在图 1.3.3(b)所示的参考方向下,有

$$i=\frac{dq}{dt}=\frac{d(Cu)}{dt}=C\frac{du}{dt} \tag{1.3.6}$$

当电压与电流的参考方向不一致时,上式中应加一个负号,该公式也称为电容的特性方程。

从式(1.3.6)可见,电容中电压与电流之间的关系不满足欧姆定律,电容 C 中流过的电流 i

与电容电压 u 的变化率成正比,而不决定于电压的大小,说明电容是一个动态元件。当电容电压不变化(即直流情况)时,电容中流过的电流为零,也就是说,对直流来说,电容相当于开路。

另一方面,若要电容两端电压发生突变(导数为无穷大),则电路需要提供无穷大的充电电流,这在实际情况中是不可能的,所以电容两端的电压是不能突变的。

对式(1.3.6)两边积分,可得

$$u = \frac{1}{C}\int_{-\infty}^{t} i\,dt = \frac{1}{C}\int_{-\infty}^{0} i\,dt + \frac{1}{C}\int_{0}^{t} i\,dt = u(0) + \frac{1}{C}\int_{0}^{t} i\,dt \tag{1.3.7}$$

式中,$u(0)$ 称为初始值,即在 $t=0$ 时电容两端的电压,这里我们假设 $u(-\infty)=0$。上式表明,当前状态下电容电压与电路对电容充电的过去状况有关,这说明电容具有记忆能力,因此,我们也常将其称为记忆元件。

功率与能量:根据电路功率的定义,关联参考方向下,电容的瞬时功率为

$$p = u \cdot i = Cu\frac{du}{dt} \tag{1.3.8}$$

在 $-\infty$ 到 t 时间内,电容储存的电场能(从电路获得)为

$$W = \int_{-\infty}^{t} ui\,dt = \int_{0}^{u} Cu\,du = \frac{1}{2}Cu^2 \tag{1.3.9}$$

由式(1.3.9)可见:某一时刻电容中所储存的电场能只取决于该时刻电容两端电压的大小,而与电压的形式和方向无关。

电容是不消耗能量的,它只是与外电路交换能量,当电容电压(绝对值)增大时,电容从外电路吸收能量,转换为电场能量存储起来;当电容电压减小时,电容将存储的电场能量送回外电路,所以,我们说电容是储能元件。

实际的电容上除标明电容值外,还标有额定电压值,它是保证电容不被击穿而允许在电容两端施加的最高电压。选用电容时应注意,电容实际承受的电压值不应大于它的额定电压。

例 1.3.2 已知电容为 $0.5\,\mu F$,两端电压为 $u(t)=150(1-e^{-2t})$ V,试求:

(1) 流过电容的电流 $i(t)=$?

(2) 当 $t=0.05$ s 时电容储存的电场能量。

解:(1) 由式(1.3.6)可得

$$i(t) = C\frac{du}{dt} = 0.5\times 10^{-6}\times 150\times 2e^{-2t} \text{ A} = 1.5\times 10^{-4}e^{-2t} \text{ A}$$

(2) 由式(1.3.9)可得

$$W_C(0.05) = \frac{1}{2}Cu^2\bigg|_{t=0.05} = 0.5\times 0.5\times 10^{-6}\times 150^2\times (1-e^{-2\times 0.05})^2 \text{ J}$$
$$= 5.1\times 10^{-3} \text{ J}$$

1.3.3 电感元件

电感元件是另一种储能元件,实际电感元件为导线绕成圆柱线圈,如图 1.3.5 所示,当线圈中通以电流 i,在线圈中就会产生磁通 Φ,并储存磁场能量。理想的电感元件(简称电感)是只表征线圈产生磁

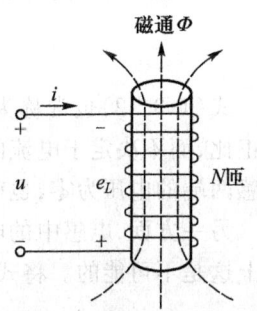

图 1.3.5 电感线圈

通,存储磁场能量能力的元件,用 L 表示,它在数值上等于单位电流产生的磁链。

图1.3.5中,设该电感元件的匝数为 N,则磁链 $\Psi=N\Phi$,电路及其产生的磁链之间的关系为

$$\Psi = N\Phi = Li \Rightarrow L = \frac{\Psi}{i} \tag{1.3.10}$$

式中,L 称为电感元件的电感量,也称为自感系数,简称电感,因此"电感"一词既表示元件参数也表示电感元件。若 L 不随电流和磁通的变化而变化,则称为线性电感;当 L 随电流或磁通而变化时,则称为非线性电感。以后若无特殊说明,本书讨论的均为线性电感。

线性电感的图形符号、文字符号、实际元件外形及 Ψ-i 之间的关系如图1.3.6(a)、(b)、(c)所示。

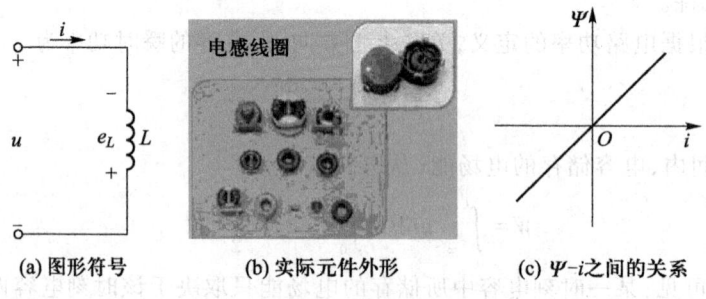

(a) 图形符号　　　(b) 实际元件外形　　　(c) Ψ-i 之间的关系

图1.3.6　电感元件

在SI制中,电感的单位为亨利(H),该单位太大,故常用毫亨(mH)和微亨(μH)为单位,它们之间的关系为

$$1\text{ H} = 10^3\text{ mH} = 10^6\text{ μH}$$

电压与电流的关系:电感线圈通以电流就会产生磁通,变化的电流产生变化的磁通,从而在线圈中产生感应电动势 e_L。感应电动势的大小与磁通的变化率成正比,感应电动势的方向和磁通 Φ 符合右手螺旋定则。根据楞次定律,电感产生的感应电动势将阻碍磁通的变化。电流增大,产生的磁通增加,这时 e_L 将阻碍电流的增大,以阻碍磁通的增加。同理,电流减小,产生的磁通减少,这时 e_L 将阻碍电流的减小,以阻碍磁通的减少。可见,感应电动势具有阻碍电流变化的性质。所以,在图1.3.5中,感应电动势与磁通的关系可表示为

$$e_L = -\frac{d\Psi}{dt} = -L\frac{di}{dt} \tag{1.3.11}$$

由于电压的方向与电动势方向相反,所以,图1.3.6(a)中电感两端的电压为

$$u = -e_L = L\frac{di}{dt} \tag{1.3.12}$$

式(1.3.12)也常称为电感的特性方程,它表明,电感 L 两端的电压 u 与电感电流 i 的变化率成正比,而不决定于电流的大小,说明电感也是动态元件。当电感电流不变化(即直流情况)时,电感两端的电压为零,也就是说,对直流来说,电感相当于短路。

另一方面,电感中的电流是不能突变的。若要电感电流突变,就需要外加无穷大的电压,实际上这是不可能的。将式(1.3.12)两边积分,得

$$i = \frac{1}{L}\int_{-\infty}^{t} u\,dt = \frac{1}{L}\int_{-\infty}^{0} u\,dt + \frac{1}{L}\int_{0}^{t} u\,dt = i(0) + \frac{1}{L}\int_{0}^{t} u\,dt \tag{1.3.13}$$

式中，$i(0)$ 是 $t=0$ 时电感中通过的电流，叫初始值，这里假设 $i(-\infty)=0$。上式表明，当前状态下电感电流与电路加在电感上的电压的过去状况有关，所以电感也称为记忆元件。

功率与能量：根据电路功率的定义，电感的瞬时功率为

$$p = ui = Li\frac{\mathrm{d}i}{\mathrm{d}t} \tag{1.3.14}$$

理想电感与外部电路之间实现能量转换，转换过程中电感本身不消耗能量，即电感是一个无损耗储能元件，在 $-\infty$ 到 t 时间内，电感储存的磁场能（从电路获得）为

$$W = \int_{-\infty}^{t} ui \mathrm{d}t = \int_{0}^{i} Li \mathrm{d}i = \frac{1}{2}Li^2 \tag{1.3.15}$$

电感储存的磁场能只与该时刻电流的大小有关，而与电流的形式和方向无关。

从公式可知：当电流的绝对值增大时，此时电感吸收电功率，将电能转化为磁场能储存起来；当电流的绝对值减小时，此时电感发出电功率，将储存的磁场能转化为电能输出。

例 1.3.3 已知流过一个 1 mH 电感的电流为 $i(t) = 0.1\cos(10^4 t)$ A，试求电压和储存的能量随时间变化的表达式，假设电压电流的参考方向是关联的。

解：由式（1.3.12）可得该电感两端的电压

$$u(t) = L\frac{\mathrm{d}i}{\mathrm{d}t} = -1\times 10^{-3} \times 0.1 \times 10^4 \sin(10^4 t) \text{ V} = -\sin(10^4 t) \text{ V}$$

由式（1.3.15）可得该电感储存的能量

$$W(t) = \frac{1}{2}Li^2 = \frac{1}{2}\times 1 \times 10^{-3} \times 0.1^2 \cos^2(10^4 t) \text{ J} = 5\times 10^{-6} \cos^2(10^4 t) \text{ J}$$

1.3.4 电压源

理想电压源定义：若二端元件两端电压不随流过它的电流变化，保持固定的数值（或变化规律），称此元件为理想（独立）电压源。其图形符号如图 1.3.7(a)所示。

理想直流电压源的伏安特性为一条平行于电流轴的直线，如图 1.3.7(b)所示。

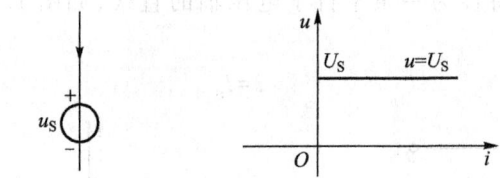

(a) 理想电压源图形符号　　(b) 理想直流电压源伏安特性

图 1.3.7 理想电压源

理想（独立）电压源的特点：输出电压恒定，输出电流由外部负载决定，即电压源的一个重要特性是端电压在任何时刻都和流过的电流无关。流过理想电压源的电流方向和大小都可以是任意的，即应由外部电路决定。这也说明它既可以作为电源向外电路提供能量，也可以作为负载吸收电路的电能。

理想电压源内部不消耗功率。

直流理想电压源输出的电压恒为

$$u = U_S \tag{1.3.16}$$

实际电压源(电压源模型):理想的电压源是不存在的,实际电源不能输出无穷大的功率。实际电压源(简称电压源)由于存在损耗,随着输出电流的增大,端电压将下降,因此可以用理想电压源和一个内阻 R_0 串联的模型来等效,如图1.3.8(a)所示。

实际电压源输出

$$U \leq U_S \tag{1.3.17}$$

其输出电压随着输出电流的增加而减小。

图1.3.8(b)为实际电压源的伏安特性。

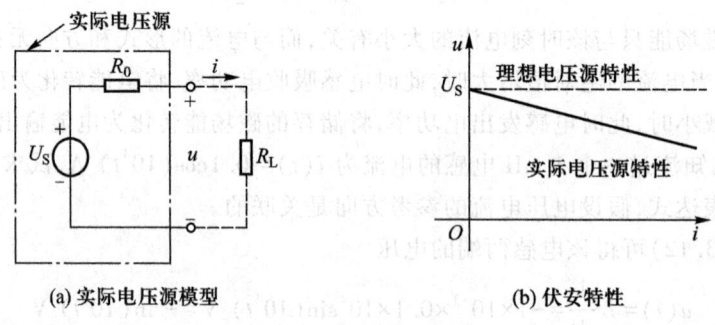

(a) 实际电压源模型　　　　(b) 伏安特性

图1.3.8　实际电压源

现实世界中理想电压源是不存在的,它们只是实际电源在一定条件下的近似(模型)。常用的电池在正常工作范围内近似为理想电压源。

理想电压源也称为恒压源。

1.3.5　电流源

理想电流源定义:若流过二端元件的电流不随它的两端电压变化,保持固定的数值(或变化规律),称此元件为理想(独立)电流源。其图形符号如图1.3.9(a)所示。

理想电流源的伏安特性为一条平行于电压轴的直线,如图1.3.9(b)所示。理想电流源输出

$$i = I_S \tag{1.3.18}$$

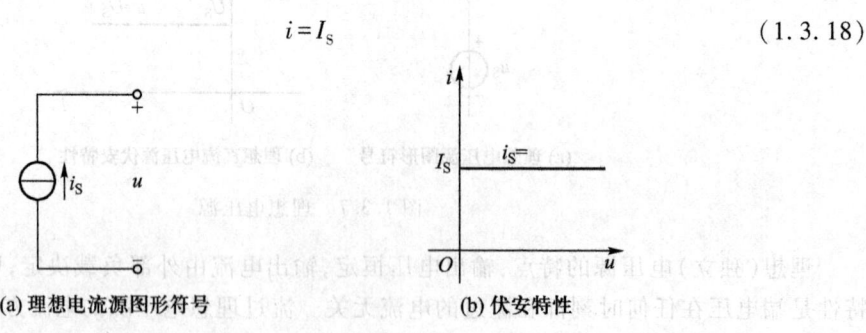

(a) 理想电流源图形符号　　　　(b) 伏安特性

图1.3.9　理想电流源

理想(独立)电流源的特点:输出电流恒定,输出电压由外部负载决定,即电流源的一个重要特性是输出电流在任何时刻都和电源两端的电压无关。

理想电流源内部不消耗功率。

实际电流源(电流源模型):理想的电流源是不存在的,实际电源不能输出无穷大的功率。实际电流源(简称电流源)在向外部负载提供电流的同时,也存在一定的内部损耗。这种情况可以用一个理想电流源和一个大小确定的内阻 R_0 并联来等效,如图 1.3.10(a)所示。这样,理想电流源提供给负载一部分电流 I,另一部分则经内阻流回电源。所以,实际电流源输出

$$I \leq I_s \tag{1.3.19}$$

实际中,当电流源两端电压愈大,其输出的电流就愈小,当实际电流源的内阻比负载电阻大得多时,往往可以近似地将其看作理想电流源。

实际电流源的伏安特性如图 1.3.10(b)所示。

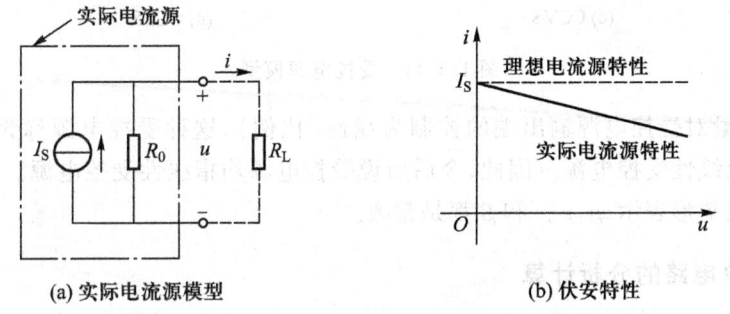

图 1.3.10 实际电流源

使用注意事项:因为实际电流源内阻一般都非常大,因此,实际电流源的两端不能被开路,否则,将因为端电压过大而损坏。

一般来说,对于电压源比较容易理解和掌握,对于电流源则比较生疏。但是电流源却是一种客观存在,尤其是在电子线路中有着广泛的应用。

理想电流源也称为恒流源。

1.3.6 受控电源

受控电源(Controlled Sources)是另一类电源模型,它的输出具有理想电源的特征,但其参数却受到电路中其他变量的控制。受控电源是为了描述电子器件的特性而提出的电路元件模型。

受控电源的特点:当控制的电压或电流消失或等于零时,受控电源的电压或电流也将等于零;当控制的电压或电流方向改变时,受控电源的电压或电流方向也将随之改变。

按照受控电源输出端表现的电压源特性或电流源特性,以及控制的变量为电压或电流,受控电源共分 4 种:

电压控制电压源 VCVS——如图 1.3.11(a)所示,$U_2 = \mu U_1$,μ 称为电压放大系数;
电压控制电流源 VCCS——如图 1.3.11(b)所示,$I_2 = gU_1$,g 称为转移电导系数;
电流控制电压源 CCVS——如图 1.3.11(c)所示,$U_2 = rI_1$,r 称为转移电阻系数;
电流控制电流源 CCCS——如图 1.3.11(d)所示,$I_2 = \beta I_1$,β 称为电流放大系数。

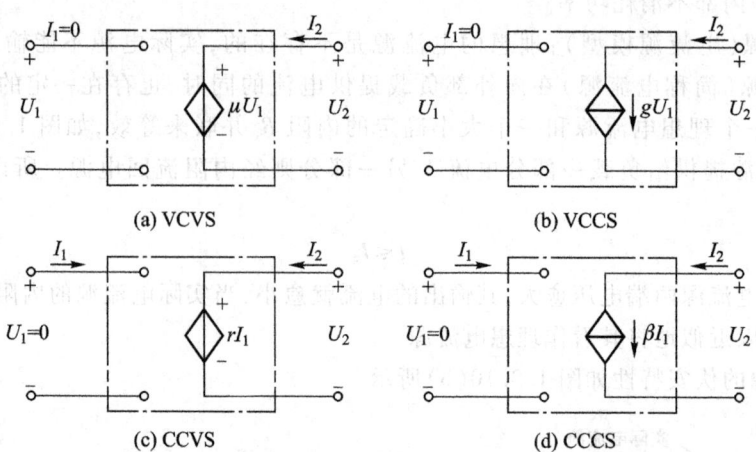

(a) VCVS (b) VCCS
(c) CCVS (d) CCCS

图 1.3.11 受控电源模型

如果控制变量对受控电源输出端的控制为线性（比例），这种受控电源称为线性受控电源。本课程中，只讨论线性受控电源。因此，今后所说受控电源均指线性受控电源。为了和独立电源区别，受控电源用菱形表示，μ、g、r 和 β 都是常数。

1.3.7 简单电路的分析计算

本章前 3 节已定义了电路的基本物理量，讨论了基尔霍夫定律，并介绍了一些理想电路元件，在此基础上，就可以完成一些简单电路的分析和计算。

例 1.3.4 求图 1.3.12 所示电路中的未知量。

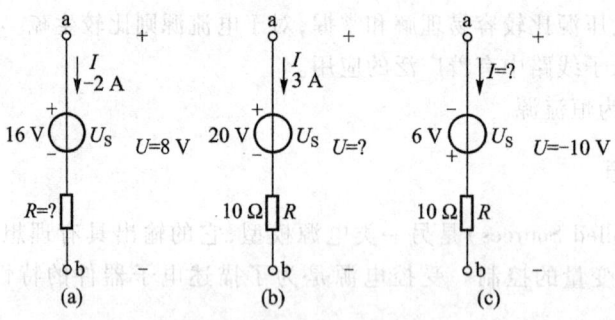

图 1.3.12 例 1.3.4 图

解：方法一：假想一闭合回路，设绕行路径为顺时针，并且电压降为正，电压升为负，则根据基尔霍夫电压推广定律可得

图(a)中有 $\qquad 8-IR-16=0 \qquad R=4\ \Omega$

图(b)中有 $\qquad U-3\times 10-20=0 \qquad U=50\ \text{V}$

图(c)中有 $\qquad -10-10I+6=0 \qquad I=-0.4\ \text{A}$

方法二：图(a)：a、b 间的电压 $U=U_S+RI$ 即 $8=16+RI$ $R=4\ \Omega$

图(b)：a、b 间的电压 $U=U_S+RI$ 即 $U=20+RI$ $U=50\ \text{V}$

图(c):a、b间的电压 $U = -U_S + RI$ 即 $-10 = -6 + RI$ $I = -0.4$ A

例 1.3.5 求图 1.3.13 所示电路中的电压 U_{ab}。

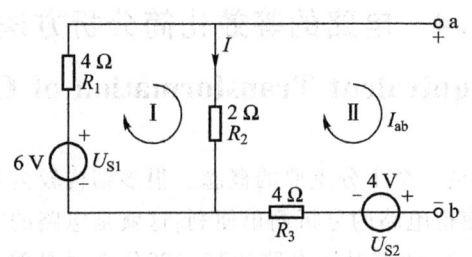

图 1.3.13 例 1.3.5 题图

解: 本题的目的是应用 KVL 求解电路中的电压。在列写 KVL 方程时,应注意 KVL 既适合于闭合回路(回路Ⅰ),也适合于非闭合回路(回路Ⅱ)。

由回路Ⅰ可写出 KVL 方程

$$-U_{S1} + R_2 I + R_1 I = 0$$

代入数据得

$$-6 + 2I + 4I = 0$$

解得

$$I = 1 \text{ A}$$

所以

$$U_{ab} = R_2 I - U_{S2} = (2 \times 1 - 4) \text{ V} = -2 \text{ V}$$

例 1.3.6 在图 1.3.14 所示电路中,电阻 $R_1 = R_2 = R_3 = 10\ \Omega$。当选定 O 为参考点时,b、c 点的电位分别是 $V_b = 4.5$ V 及 $V_c = 2.5$ V。(1) 求 a 点电位 $V_a = ?$ (2) 若不取 O 为参考点,而重新取 c 点为参考点,那么 a、b 两点的电位变不变,电压 U_{ba} 的数值变不变?为什么?

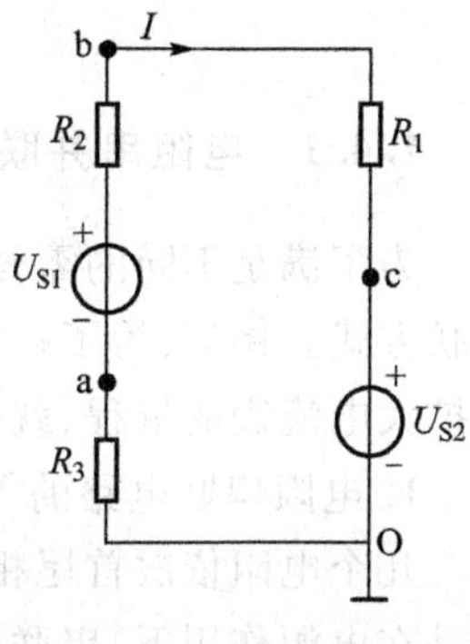

解: (1) 要计算 a 点的电位首先要计算回路的电流 I,由欧姆定律得

$$I = \frac{U_{bc}}{R_1} = \frac{V_b - V_c}{R_1} = \frac{4.5 - 2.5}{10} \text{A} = 0.2 \text{ A}$$

a 点的电位就是由 a 点到参考点 O 的电压,根据电流的参考方向有

$$V_a = U_{aO} = -IR_3 = -0.2 \times 10 \text{ V} = -2 \text{ V}$$

(2) 由前面分析可知:电位是一个相对的概念,选定的参考点不同,同一点电位的数值就不同。两点之间的电压等于这两点之间的电位之差,所以电压又叫电位差。电压的数值与参考点选择无关。

图 1.3.14 例 1.3.6 题图

当选取 c 点为参考点时,a、b 两点的电位将发生变化,但是电压 U_{ab} 的数值不变。由前面计算可知,当选取 O 点为参考点时

$$V_b = 4.5 \text{ V}, \quad V_c = 2.5 \text{V}, \quad V_a = -2 \text{ V}$$

而

$$U_{ba} = V_b - V_a = 4.5 - (-2) \text{ V} = 6.5 \text{ V}$$

相应的,$U_{bc} = 2$ V,$U_{ac} = V_a - V_c = (-2 - 2.5)$ V $= -4.5$ V,$U_{Oc} = -U_{cO} = -V_c = -2.5$ V

于是,当取 c 点为参考点,则有 $V_c = 0$,所以 $V_b = U_{bc} = 2$ V,$V_a = U_{ac} = -4.5$ V,$V_O = U_{Oc} = -2.5$ V 均发生变化,而 $U_{ba} = V_b - V_a = [2 - (-4.5)]$ V $= 6.5$ V 不变。

1.4 电路的等效化简分析方法
1.4 Equivalent Transformation of Circuits

等效电路在电路分析中是一个十分重要的概念。很多结构较为复杂的电路都可以用一个结构较为简单的电路去替换,使得电路的分析简单便利,这就是电路的等效化简。

"等效"是一个相对的概念,即相对于电路的某一部分来说是等效的,而相对于电路其他部分并不等效。这里我们仅给出端口等效的含义,一般来说,两个电路只要对应的外接端子(或端口)上的电压和电流关系相同,即外特性相同,不管内部结构是否一样,就称它们是相互等效的电路。对图 1.4.1 中的 N_1 和 N_2,它们对外电路提供相同的电压 u 和相同的电流 i,即它们对外电路的作用是相同的,当两者互相代替时,不影响外电路的工作状态,所以 N_1 和 N_2 是等效的。值得注意的是,这种等效是相对于 N_1 和 N_2 以外的电路来说的,而对于方框内部的电路来说,由于电路的结构、元器件数目以及连接方式都不一定相同,所以是不等效的。

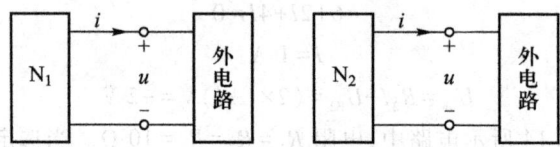

图 1.4.1 "等效"的概念

1.4.1 电阻串并联的等效变换

为了满足不同的需要,电阻元件主要有串联和并联这两种基本连接方式以及串并联都有的混联方式。例如,为了扩大电压表的量程,就要与电压表串联一个具有确定阻值的电阻,而为了要扩大电流表的量程,就必须与电流表并联一个具有确定阻值的电阻。

1. 电阻串联电路的等效化简

几个电阻依次首尾相接,中间没有结点,不产生分支电路,这种连接方式叫串联。其重要特点是在电源作用下,串联电路中各元件流过的是同一个电流。

在图 1.4.2 中,N_1 是有电阻 R_1、R_2 和 R_3 串联组成的电路,N_2 是它们的等效电阻 R,其等效关系为

$$R = R_1 + R_2 + R_3$$

多个电阻串联的等效关系为

$$R = \sum_{i=1}^{n} R_i \tag{1.4.1}$$

电阻串联在电路中最基本的应用之一是分压作用。例如:当负载的额定电压低于电源电压时,通常将一个电阻与负载串联,以降落一部分电压。串联电阻上的分压与其阻值的大小成正比,等效电阻消耗的电功率等于各个串联电阻消耗功率的总和。

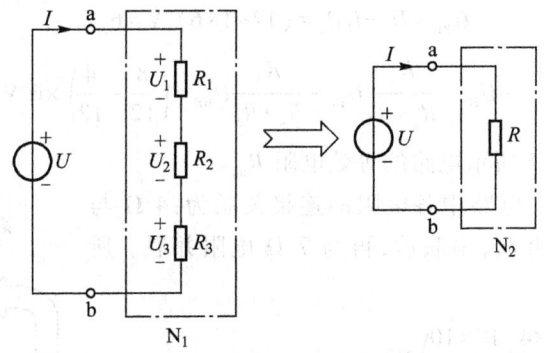

图 1.4.2 串联电阻及等效电路

利用串联电阻分压在实际电路中有广泛的应用,除了前面提到过的电压表扩大量程之外,还有电子电路中的信号分压、衰减网络、直流电动机的串联电阻起动等。

2. 电阻并联电路的等效化简

几个电阻首端、尾端分别连在一起,这种连接方式叫并联,如图 1.4.3 中 N_1 所示,它们的端电压都等于 U_{ab},即处于同一个电压作用之下,这是并联电阻的一个重要特点。

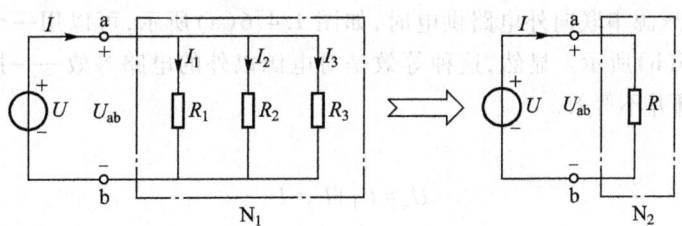

图 1.4.3 并联电阻及等效电路

等效电阻 R 与 R_1、R_2、R_3 的关系为

$$\frac{1}{R} = \frac{1}{R_1} + \frac{1}{R_2} + \frac{1}{R_3}$$

多个电阻并联等效的关系为

$$\frac{1}{R} = \sum \frac{1}{R_k} \tag{1.4.2}$$

电阻并联在电路中的基本应用是分流作用。任一并联电阻上的分流与其电阻值的大小成反比。

例 1.4.1 在图 1.4.4 所示电路中,已知:$R_1 = 6\ \Omega$,$R_2 = R_5 = 4\ \Omega$,$R_3 = R_4 = 8\ \Omega$,$U_S = 12$ V,求电流 I_1 和电压 U_{CD}。

解:因为各电阻的连接关系既有串联又有并联,所以应先串联后并联求出 AE 两端的等效电阻 R

$$R = R_1 + (R_2 + R_3) /\!/ (R_4 + R_5) = 6 + \frac{12 \times 12}{12 + 12}\ \Omega = 12\ \Omega$$

所以

$$I_1 = \frac{U_S}{R} = \frac{12}{12}\ \text{A} = 1\ \text{A}$$

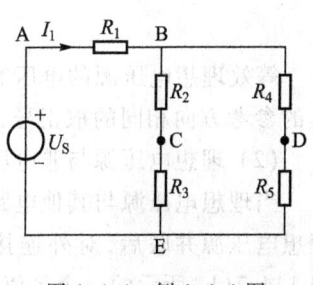

图 1.4.4 例 1.4.1 图

$$U_{BE} = U_S - I_1 R_1 = (12 - 1 \times 6)\ \text{V} = 6\ \text{V}$$

$$U_{CD} = U_{R3} - U_{R5} = \frac{R_3}{R_2+R_3}U_{BE} - \frac{R_5}{R_4+R_5}U_{BE} = \left(\frac{8}{12} - \frac{4}{12}\right) \times 6\ \text{V} = 2\ \text{V}$$

例 1.4.2 求图 1.4.5 所示电路的等效电阻 R_{ab}。

解：如图 1.4.5 所示，电路中各电阻的连接关系为：4 Ω 与 4 Ω 并联，10 Ω 与 10 Ω 并联，串联后，再与 7 Ω 电阻并联。所以，等效电阻为

$$R_{ab} = \frac{\left(\frac{4\times 4}{4+4} + \frac{10\times 10}{10+10}\right) \times 7}{\left(\frac{4\times 4}{4+4} + \frac{10\times 10}{10+10}\right) + 7} = 3.5\ \Omega$$

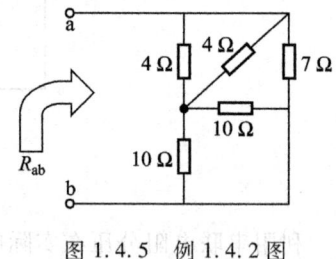

图 1.4.5 例 1.4.2 图

1.4.2 电源的等效变换

1. 理想电源的串并联等效变换

（1）理想电压源的串联等效

当多个理想电压源串联向外电路供电时，如图 1.4.6(a) 所示，可以用一个理想电压源来等效代替，如图 1.4.6(b) 所示。显然，这种等效是对电源以外的电路等效——提供同样的电压和电流，对电源的内部并不等效。

等效关系

$$U_S = U_1 + U_2 - U_3$$

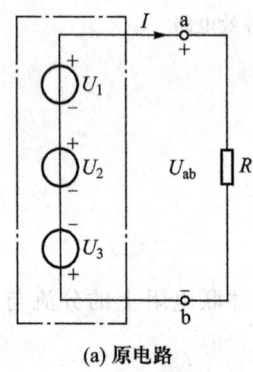
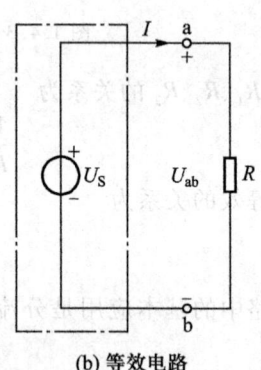

(a) 原电路 (b) 等效电路

图 1.4.6 电压源串联等效电路

等效理想电压源的电压等于各串联理想电压源电压的代数和，其中，与等效理想电压源电压 U_S 的参考方向相同的取正号，相反的取负号。

（2）理想电压源与非电压源的并联

当理想电压源与其他电路并联时，从外特性等效的观点来看，任何一条非理想电压源支路与理想电压源并联后，对外连接端口的电压源特性并没有改变，因此，图 1.4.7(a) 可以等效为图 1.4.7(b) 所示的一个等值理想电压源。

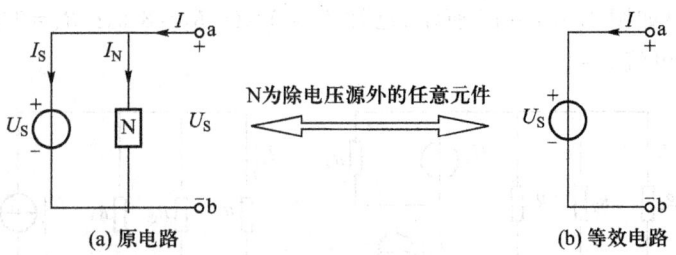

(a) 原电路　　　　　　　　　　　　(b) 等效电路

图 1.4.7　理想电压源与非电压源支路并联等效

值得注意的是,等效电压源中的电流 I 不等于等效前电压源的电流 I_S。这是由于等效电路只是外部特性等效,内部并不等效。一个实际的理想电压源与非电压源支路并联的等效例子是,采用电压源供电的电力系统中,所有用户(负载)都与供电电压源并联连接,但每个用户并不受已经接入电网用户的影响。

需要特别注意的是,极性与数值不等的理想电压源不能并联连接。

(3) 理想电流源的并联等效

多个理想电流源并联如图 1.4.8(a)所示,可以用一个理想电流源等效代替,如图 1.4.8(b)所示,条件是向外电路提供同样大小的电流。

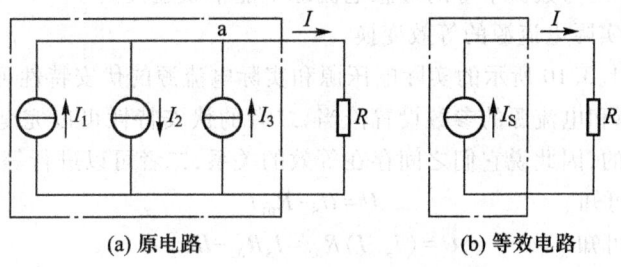

(a) 原电路　　　　　　　　　　　　(b) 等效电路

图 1.4.8　电流源的等效

等效关系为　　　　　　　　　　$I_S = I_1 - I_2 + I_3$

等效电流源的电流等于各并联电流源电流的代数和,其中,与等效理想电流源电流 I_S 的参考方向相同的取正号,相反的取负号。

(4) 理想电流源与非电流源支路的串联等效

电路分析中还会碰到理想电流源与其他电路串联的情况,如图 1.4.9(a)所示,从外特性等效的观点来看,任何一条支路与理想电流源串联后,对外连接端口的电流源特性并没有改变,因此,图 1.4.9(a)可以等效为图 1.4.9(b)所示的一个等值理想电流源。

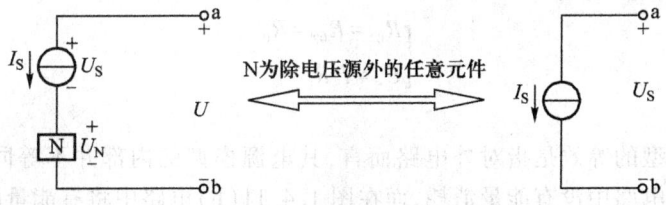

图 1.4.9　理想电流源与非电流源支路串联等效

例 1.4.3 电路如图 1.4.10(a)所示,已知 $R_1 = 5 \text{ k}\Omega, R_2 = 8 \text{ k}\Omega, R_3 = 2 \text{ k}\Omega, R_4 = 7 \text{ k}\Omega, I_S = 5 \text{ mA}, U_S = 16 \text{ V}$,求电流 $I_1 = ?$

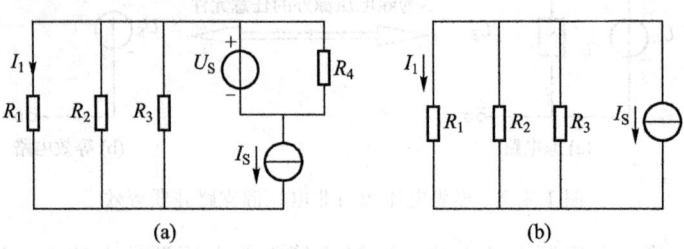

图 1.4.10 例 1.4.3 图

解:图 1.4.10(a)所示电路可以化简为图 1.4.10(b)所示电路。该电路是电阻并联电路,I_1 可以用分流公式求得

$$I_1 = \frac{\dfrac{1}{R_1}}{\dfrac{1}{R_1}+\dfrac{1}{R_2}+\dfrac{1}{R_3}} I_S = -\frac{0.2}{0.2+0.125+0.5} \times 5 \text{ mA} = -1.2 \text{ mA}$$

需要特别注意:方向与数值不等的理想电流源不能串联连接。

2. 实际电压源与实际电流源的等效变换

从图 1.3.8 和图 1.3.10 所示的实际电压源和实际电流源的伏安特性可以看出,二者的形状一样,只要实际电压源和电流源的参数设置恰当,二者的伏安特性可以完全重合,那么它们对外电路的作用便是一样的,因此说它们之间存在等效的关系,二者可以进行等效变换。

由图 1.4.11(a)可知　　　　　　　　$U = U_S - R_{01} I$

由图 1.4.11(b)可知　　　　　　　　$U = (I_S - I) R_{02} = I_S R_{02} - I R_{02}$

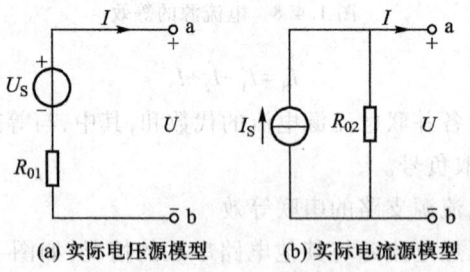

(a) 实际电压源模型　　　　(b) 实际电流源模型

图 1.4.11 实际电源

若两种电源对外等效,则

$$\begin{cases} R_{01} = R_{02} = R_0 \\ U_S = I_S R_0 \end{cases} \tag{1.4.3}$$

应强调指出:

① 两个电源模型的等效是指对外电路而言,其电源模型的内部并不等同。例如,当电路开路时,图 1.4.11(a)电路中没有能量消耗,而在图 1.4.11(b)电路中将有能量的消耗。

② 理想电压源与理想电流源模型之间不存在等效关系。因为理想电压源内阻为零,而理想

电流源的内阻为无穷大。

③ 两种电源互换时,要注意电压源(U_S)和电流源(I_S)的方向。必须保证转换前后,输出电流、电压的参考方向不变,如图 1.4.12 所示。

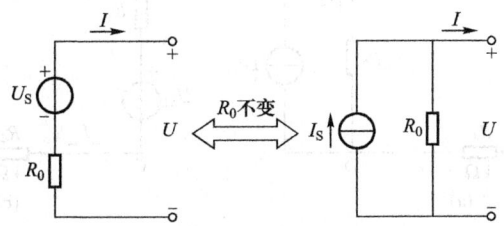

图 1.4.12 两种电源的等效变换

两种实际电源模型之间的等效互换,可应用于电路的化简。计算中,通常将与理想电压源串联的电阻或与理想电流源并联的电阻当成电源的内阻,然后利用两种电源互换的方法进行计算。

例 1.4.4 求图 1.4.13(a)所示电路中 6 Ω 电阻中的电流 I。

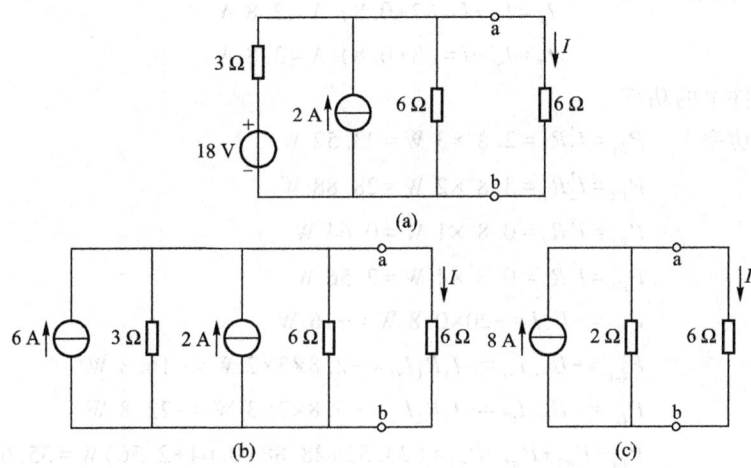

图 1.4.13 例 1.4.4 图

解:(1)利用电源模型的等效互换,首先将 18 V、3 Ω 的电压源等效变换为 6 A、3 Ω 的电流源,得到图 1.4.13(b)所示电路。

(2)然后将两个电流源进行合并,最后可得图 1.4.13(c)所示电路。

(3)由图 1.4.13(c)可得

$$I = \frac{2}{2+6} \times 8 \text{ A} = 2 \text{ A}$$

例 1.4.5 在图 1.4.14(a)所示电路中,已知:$U_S = 20$ V,$I_{S1} = 2$ A,$I_{S2} = 3$ A,$R_1 = 3$ Ω,$R_2 = 2$ Ω,$R_3 = 1$ Ω,$R_4 = 4$ Ω,求各支路的电流及各元件上的功率。

解:该电路由电压源和电流源组成,共有 6 条支路、4 个结点。

(1)求各支路电流。先用电源变换方法简化电路,把电流源转换成电压源得到图 1.4.14(b)所示电路。图中

$$U_{S1} = R_1 I_{S1} = 3 \times 2 \text{ V} = 6 \text{ V} \qquad U_{S2} = R_2 I_{S2} = 2 \times 3 \text{ V} = 6 \text{ V}$$

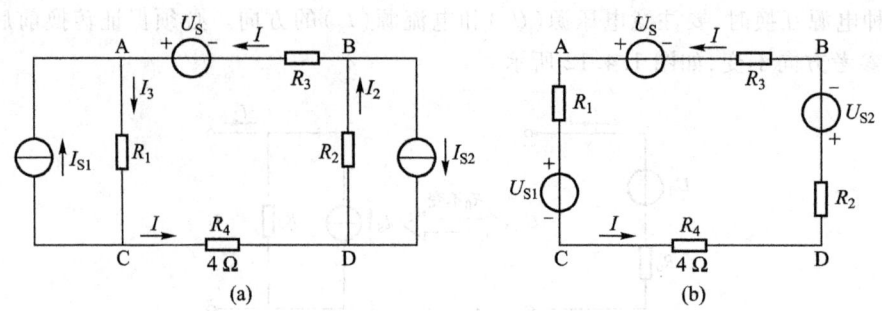

图 1.4.14 例 1.4.5 电路

所以
$$I=\frac{U_S-U_{S1}-U_{S2}}{R_1+R_2+R_3+R_4}=\frac{20-6-6}{3+2+1+4}\text{ A}=0.8\text{ A}$$

在图 1.4.14(a)中利用 KCL

A 点 $I_3=I_{S1}+I=(2+0.8)\text{ A}=2.8\text{ A}$

B 点 $I_2=I_{S2}+I=(3+0.8)\text{ A}=3.8\text{ A}$

(2) 求各元件上的功率

各电阻上的功率 $P_{R1}=I_3^2R_1=2.8^2\times3\text{ W}=23.52\text{ W}$

$P_{R2}=I_2^2R_2=3.8^2\times2\text{ W}=28.88\text{ W}$

$P_{R3}=I^2R_3=0.8^2\times1\text{ W}=0.64\text{ W}$

$P_{R4}=I^2R_4=0.8^2\times4\text{ W}=2.56\text{ W}$

各电源的功率 $P_{U_S}=-U_SI=-20\times0.8\text{ W}=-16\text{ W}$ 发出

$P_{I_{S1}}=-U_{AC}I_{S1}=-I_3R_1I_{S1}=-2.8\times3\times2\text{ W}=-16.8\text{ W}$ 发出

$P_{I_{S2}}=-U_{DB}I_{S2}=-I_2R_2I_{S2}=-3.8\times2\times3\text{ W}=-22.8\text{ W}$ 发出

验证功率平衡 $P_{R1}+P_{R2}+P_{R3}+P_{R4}=(23.52+28.88+0.64+2.56)\text{ W}=55.6\text{ W}$

$P_{U_S}+P_{I_{S1}}+P_{I_{S2}}=(-16-16.8-22.8)\text{ W}=-55.6\text{ W}$

可见吸收功率与发出功率的和为 0,整个电路的功率是平衡的。

注意,在本题中计算功率的时候,一定要在原电路中计算,因为变换后只对外电路等效,所以,在求解 I 时是正确的,但对电源内部是不等效的(读者可自行验证)。

3. 电路的工作状态

在实际用电过程中,根据不同的需要和不同的负载情况,电路的状态是不同的。这些不同的状态表现为电路中的电流、电压和功率等的分配与转换情况的不同,而且有些状态是事故状态,应尽量避免和消除。因此,了解和掌握使电路处于不同工作状态的条件以及在各种状态时电路的特点是正确、安全用电的前提。由于通常使用的电源都是电压源,所以,本小节讨论中的电源都采用电压源。

(1) 开路状态

开路又称为断路,是指电路中某一部分电路对外连接端断开时,这部分电路外接端没有电流流过,则这部分电路所处的状态称为开路状态。如果是电源所接的负载断开,则称此时电源处于空载状态。如图1.4.15所示,当开关S断开时,即电源与全部负载断开,则电源工作在开路状态,也叫空载状态。

电源空载时的特点如下:

① 电流:电路中的电流为零,即 $I=0$。

② 电压:此时电源的端电压(在图1.4.15中,为a、b间的电压)叫做开路电压(或空载电压),常用符号 U_{OC} 表示,它等于电源的电压,即 $U_{OC}=U_S$。而对于负载两端,因为流过的电流为零,所以负载上的电压为零,$U_{LO}=0$。

③ 功率:电源空载时不输出功率($P_{U_S}=U_{OC}I=0$);电路中没有能量的转换,负载也不消耗功率($P_R=U_{LO}I=0$)。

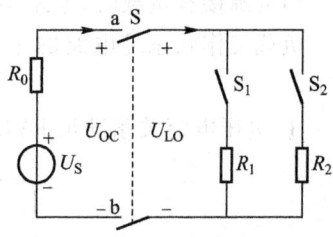

图1.4.15 开路工作状态

(2)短路状态

从广义上说,当用电阻为零的导线将某一部分电路的两个外接端直接连接起来时,称这部分电路为短路(或短接)。短路时,短路部分电路的电压为零。

如图1.4.16(a)所示电路,当开关 S_1 单独闭合时,R_1 被短路;当开关 S_2 单独闭合时,R_2 被短路;当 S_1 和 S_2 同时闭合或用导线直接将电源外部两端a、b连接起来时,如图1.4.16(b)所示,则电源处于短路状态。

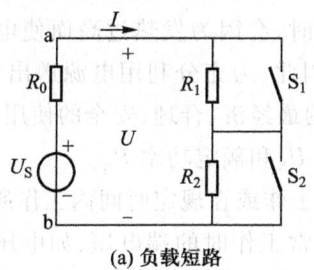

(a)负载短路

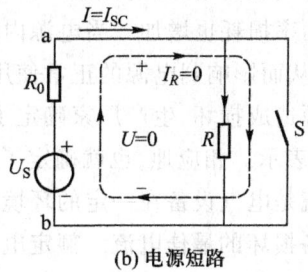

(b)电源短路

图1.4.16 短路工作状态

电源短路的特点如下:

① 电流:电源短路时,电源电流直接经过短路导线形成闭合回路,称为短路电流 I_{SC},由于电源内阻 R_0 很小,短路电流 $I_{SC}=\dfrac{U_S}{R_0}$ 比正常工作电流大得多,$I_{SC} \gg I$,如无保护措施将烧毁电源,引起恶性事故。此时负载上没有电流通过。

② 电源端电压:因为外电路的电阻为零,所以负载两端电压 $U=0$。电源电压全部降落在内阻上。

③ 功率:因为负载中无电流通过,端电压为零,所以,负载上吸收的电功率为零,$P_R=0$。

电源产生的功率全部消耗在电源的内阻上;$P_{U_S}=EI_{SC}$。由于短路电流很大,所以,该电功率将在电源内部产生很大的热量,将电源烧毁。对于发电机来说,过大的短路电流还会在部分导体之间产生很大的电磁力,使发电机的机械结构遭到破坏。总之,电源短路事故是非常严重的事故,在工作中应尽量避免。此外还必须在电路中接入熔断器等短路保护装置,以便发生短路时能迅速将电源与短路部分电路切断,确保电源安全。

(3) 负载工作状态

当电源接有负载时，电路中有电流流过，此时的状态称为负载工作状态，如图 1.4.17 所示。负载工作状态是电路的正常工作状态。负载工作状态的特点如下：

① 电压电流关系满足 KVL

$$\begin{cases} U = U_S - R_0 I \\ I = \dfrac{U_S}{R_0 + R_L} \end{cases} \quad (1.4.4)$$

② 功率关系满足功率平衡原理

图 1.4.17 负载工作状态

$$\begin{cases} P_{U_S} - P_0 = P_L \\ P_{R_0} = R_0 I^2 \\ P_L = UI = R_L I^2 \end{cases} \quad (1.4.5)$$

当电源一定时，电流 I 的数值和功率的转换取决于负载等值电阻 R_L 的大小，R_L 越小，电路中的电流 I 就越大，负载也就越大。电源的输出电流和输出功率随负载而定，但不能超过电源的额定值。随着负载的增加，电源输出的电流也增加，送出的功率也增加，由于电源存在内阻 R_0，在内阻上的功率损耗也增加。当电源内阻上的损耗过大时，会因为发热过高而使电源的绝缘材料受到损坏，从而影响到电源的正常使用和使用寿命。因此，为充分利用电源送出功率的能力，而又不对电源造成损坏，生产厂家确定了电源送出电流的最经济、合理、安全的使用值，定义为额定电流，用 I_N 表示。相应地，也就确定了电源的额定电压 U_N 和额定功率 P_N。

额定电流是电气设备在一定的环境温度下长期连续工作或在规定时间内工作所允许通过而不会引起设备损坏的最佳电流。额定电压是电气设备正常工作时的端电压，如电压超过额定电压过多，绝缘材料可能会被击穿。额定功率是电气设备正常工作时的输出功率或输入功率。电气设备在实际运行时应严格遵守各有关额定值的规定。如果设备刚好是在额定值下运行，则称为额定工作状态（或称为满载）；设备在低于额定值的状态下运行称为欠载；设备在高于额定值下工作称为过载。如电路长时间过载，可能会引起事故的发生，是不允许的。为保证电路安全工作，一般需在电路中接入必要的过载保护装置。电气设备的电压高于额定电压所带来的危害大家易于理解，但对有些设备，在欠压情况下运行不但可能使工作不正常，甚至会造成较大危害。例如，三相异步电动机在额定负载下运行，如果电压低于额定电压，电流将会高于额定电流，情况严重时，如无保护措施将会损坏电动机。

1.4.3 等效电源定理

在复杂电路中，如果只需计算某一条支路的电压或电流，分析电路时首先将待求支路从电路中分离出来，然后找出其余部分电路（二端网络）的等效电源，这样则可计算出待求的电压或电流，这就是所谓的等效电源定理。

这个二端网络如果用实际电压源等效，则称为戴维宁定理(Thevenin's Theorem)；如果用实际电流源等效，则称为诺顿定理(Norton Theorem)。由于前面已经讨论了实际电压源和实际电流源之间的等效变换关系,如果获得了二端网络的戴维宁等效电路,再通过实际电源的等效变换,相应也能得到诺顿等效电路,因此这里只介绍戴维宁定理以及戴维宁等效电路的求解方法。

1. 戴维宁定理

戴维宁定理是由法国科学家戴维宁(1857—1926)于1883年提出的一个电学定理。戴维宁是法国的电信工程师,他出生于法国莫城,1876年毕业于巴黎综合理工学院。1878年他加入了电信工程军团,最初的任务是架设地底远距离的电报线。1882年成为综合高等学院的讲师,让他对电路测量问题有了浓厚的兴趣。在研究了基尔霍夫电路定律以及欧姆定律后,他发现了著名的戴维宁定理,用于计算更为复杂电路上的电流。

戴维宁定理的表述:任何一个有源二端线性网络,如图1.4.18(a)所示,对外电路而言,可以等效成一个端电压为U_{OC}的理想电压源和内阻R_0相串联的电压源,如图1.4.18(b)所示。等效电源的端电压就是有源二端网络的开路电压U_{OC},即将负载断开后a、b两端之间的电压,如图1.4.18(c)所示,内阻R_0等于有源二端网络中所有独立电源置零(理想电压源替换为短路,理想电流源替换为开路)后所得到的无源二端网络N_0在a、b两端看进去的等效电阻,如图1.4.18(d)所示。

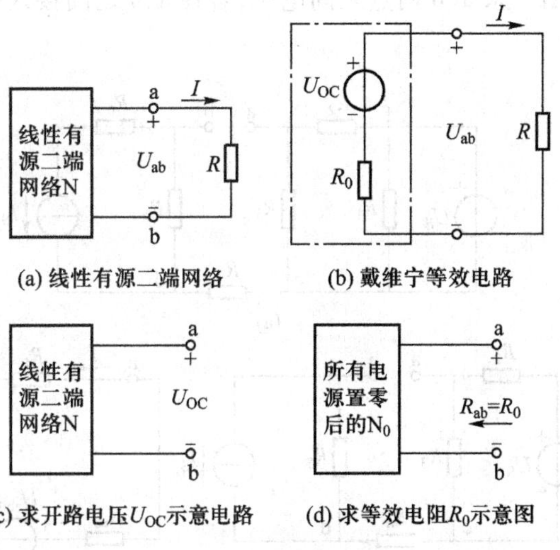

(a) 线性有源二端网络　　(b) 戴维宁等效电路

(c) 求开路电压U_{OC}示意电路　　(d) 求等效电阻R_0示意图

图1.4.18　戴维宁定理

例1.4.6　电路如图1.4.19所示,已知:$R_1 = 20\ \Omega$,$R_2 = 30\ \Omega$,$R_3 = 30\ \Omega$,$R_4 = 20\ \Omega$,$U_S = 10\ V$。求:当$R_5 = 10\ \Omega$时,$I_5 = ?$

解: 利用戴维宁定理进行计算,将电阻R_5作为负载,电路其他部分作为等效电源。

首先确定等效电源参数,有源二端网络的开路电压U_{OC}如图1.4.20(a)所示,则

$$U_{OC} = U_S \frac{R_3}{R_3+R_4} - U_S \frac{R_1}{R_1+R_2} = 2\ V$$

为确定等效电源内阻,将理想电压源替换为短路,得到如图1.4.20(b)所示的无源二端网络,则$R_0 = R_1 /\!/ R_2 + R_3 /\!/ R_4 = 24\ \Omega$。

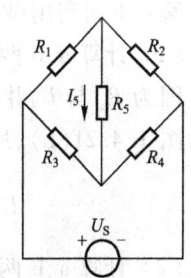

图1.4.19　例1.4.6图

最后,戴维宁等效电路如图 1.4.20(c)所示,可得

$$I_5 = \frac{U_{OC}}{R_0 + R_5} = \frac{2}{24+10} \text{ A} = 0.059 \text{ A}$$

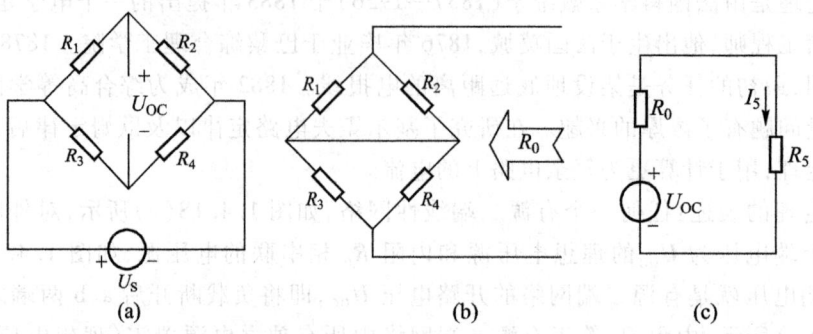

图 1.4.20　例 1.4.6 戴维宁等效电路求解

例 1.4.7　在图 1.4.21(a)所示电路中,已知:$U_S = 9$ V,$I_S = 1$ A,$R_1 = 9$ Ω,$R_2 = 6$ Ω,$R_3 = 3$ Ω,$R_4 = 5$ Ω,$R_5 = 4$ Ω,$R_6 = 2$ Ω。求 a、b 两点之间电压,若在 a、b 之间接入一个 $R_L = 1$ Ω 的电阻,问通过该电阻的电流为多少?

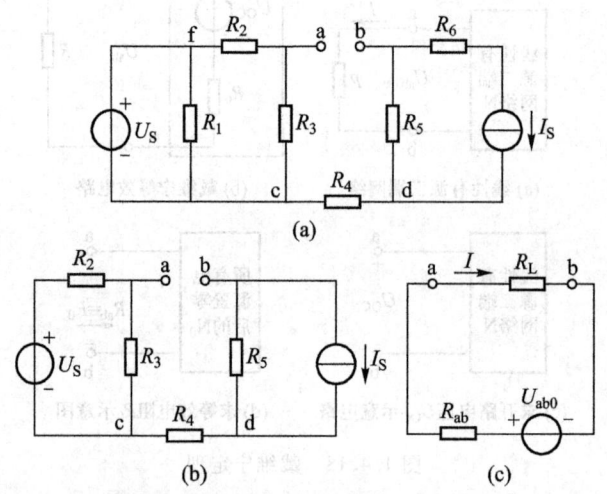

图 1.4.21　例 1.4.7 图

解:本题利用戴维宁定理进行计算。

(1) 计算 a、b 两点之间的开路电压。

因为 R_1 与 U_S 并联,R_6 与 I_S 串联,在计算 a、b 间的开路电压时,R_1 与 R_6 不起作用,电路可简化为图 1.4.21(b),所以

$$U_{ab0} = U_{ac} + U_{cd} + U_{db} = \frac{R_3}{R_2 + R_3}U_S + I_S R_5 = \left(\frac{3}{3+6}\times 9 + 4\times 1\right) \text{ V} = 7 \text{ V}$$

(2) 计算 a、b 两点之间的等效电阻

$$R_{ab} = R_2 // R_3 + R_4 + R_5 = (2+5+4) \text{ Ω} = 11 \text{ Ω}$$

（3）在 a、b 之间接入一个 $R_L = 1\ \Omega$ 的电阻后，其等效电路如图 1.4.21(c)所示。

$$I = \frac{U_{ab0}}{R_{ab} + R_L} = \frac{7}{11+1}\ \text{A} = 0.58\ \text{A}$$

例 1.4.8 如图 1.4.22(a)所示，当 S 断开时，电压表读出的电压为 18 V；当 S 闭合时，电流表中读出的电流为 1.8 A。试求有源二端网络的戴维宁等效电路。

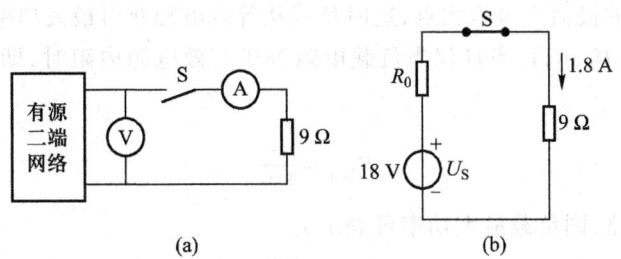

图 1.4.22 例 1.4.11 图

解：如果不考虑电压表的内阻（即假设为∞），则当开关 S 断开时电压表测得的即是有源二端网络的开路电压 $U_{OC} = 18$ V。

同样地，如果不考虑电流表内阻（即假设为 0），设有源二端网络等效电阻内阻为 R_0，则测量电流时的等效电路如图 1.4.22(b)所示，根据 KVL 有

$$(9 + R_0) \times 1.8 = 18 \quad R_0 = \left(\frac{18}{1.8} - 9\right)\ \Omega = 1\ \Omega$$

所以戴维宁等效电路的内阻为 $R_0 = 1\ \Omega$。

2. 最大功率传输（Maximum Power Transmission）

对于一个线性有源二端网络，接在它两端的负载电阻不同时，从二端网络传递给负载的功率也不同。那么在什么条件下，负载得到的功率为最大呢？

将线性有源二端网络用戴维宁或诺顿等效电路代替，如图 1.4.23 所示。

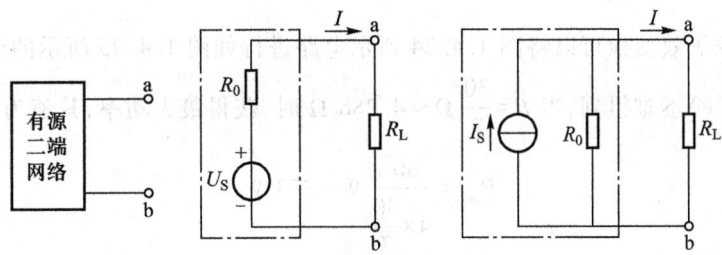

图 1.4.23 有源二端网络向负载传输功率

负载电阻 R_L 从有源二端网络（电源）获得的功率为

$$P_L = R_L \cdot I^2 = R_L \cdot \left(\frac{U_S}{R_0 + R_L}\right)^2 \tag{1.4.6}$$

当等效电源参数确定时，负载获得的功率与负载电阻值呈二次函数关系，存在一个极值，令 $dP/dR_L = 0$，则

$$\frac{dP}{dR_L} = U_S^2 \left[\frac{(R_0+R_L)^2 - 2(R_0+R_L)R_L}{(R_0+R_L)^4} \right] = U_S^2 \frac{(R_0-R_L)}{(R_0+R_L)^3} = 0$$

唯一极值点为 $R_L = R_0$，由于

$$\left. \frac{d^2P}{dR_L^2} \right|_{R_L=R_0} = -\frac{U_S^2}{8R_0^3} < 0$$

说明上面所确定的极值点为最大点，这时负载从等效电源获得最大功率。

若等效电源确定 (U_S, R_0)，当且仅当负载电阻等于等效电源内阻时，即 $R_L = R_0$，等效电源向负载传输最大功率

$$P_{Lmax} = \frac{U_S^2}{4R_0}$$

若用诺顿等效电路，则负载最大功率可表示为

$$P_{Lmax} = \frac{I_S^2 R_0}{4}$$

注意：最大功率传输定理是在电源确定的前提下，调节负载电阻获得最大功率。如果 R_L 固定，而 R_0 可以改变，则 R_0 越小，R_L 获得的功率会越大。当 $R_0 = 0$ 时，R_L 获得的功率最大。

例 1.4.9 在图 1.4.24 所示电路中，若电阻 R 可变，问 R 等于多大时，它才能从电路中吸取最大功率？并求此最大功率。

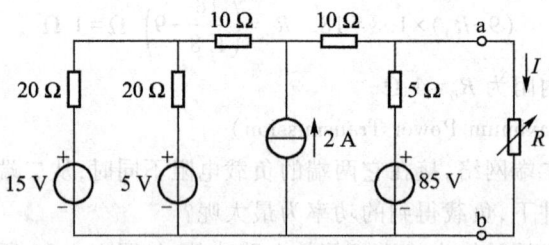

图 1.4.24 例 1.4.9 图

解：利用电源等效变换可以将图 1.4.24 所示电路进行如图 1.4.25 所示的变换。

由图 1.4.25(e) 不难得到，当 $R = \frac{30}{7} \Omega \approx 4.286 \Omega$ 时，获得最大功率，其值为

$$P_{max} = \frac{80^2}{4 \times \frac{30}{7}} \text{ W} = 373 \text{ W}$$

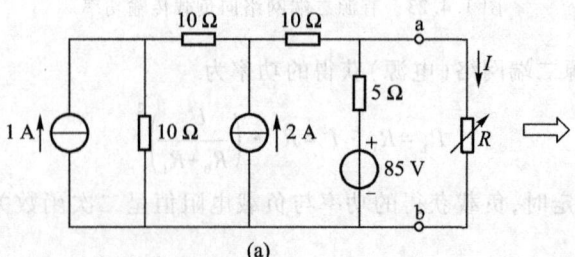

(a)

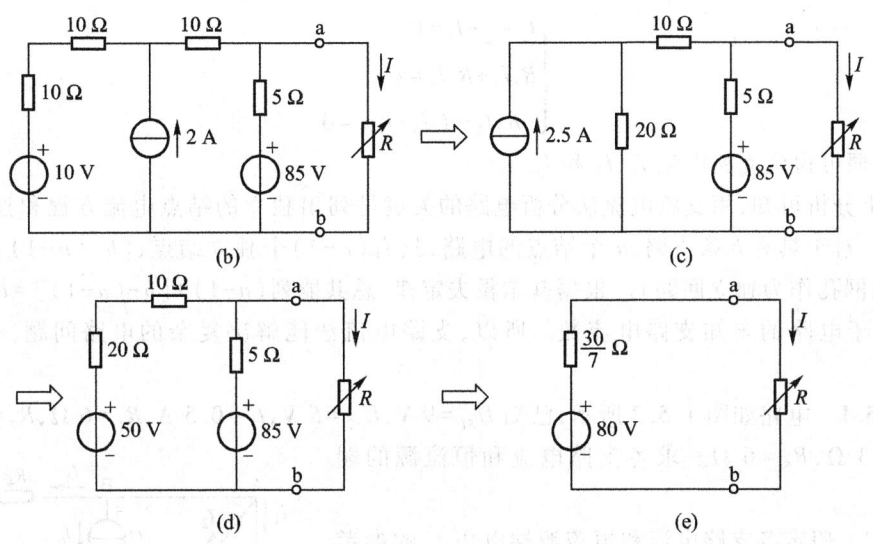

图 1.4.25 电路变换

1.5 电路的其他分析方法
1.5 Other Analysis Methods of Circuits

1.5.1 支路电流分析法

如果要求解的是一个复杂电路中各条支路的电流,该电路采用等效化简方法分析时显得有些麻烦甚至不能化简,则可以采用电路方程法来进行分析。支路电流法(Branch Current Analysis)是最基本的方法之一,它直接以支路电流为变量,根据元件的伏安特性和 KCL、KVL 来建立电路方程,然后解方程即可。下面以图 1.5.1 所示电路为例,对这种方法进行说明。

该电路具有 3 条支路,2 个结点。各支路电流的参考方向如图所示。要求出 3 个支路电流,需列出 3 个独立方程。由 KCL,对结点 a 和 b 分别建立电流方程,有

$$I_1 + I_2 - I_3 = 0 \quad (1.5.1a)$$
$$-I_1 - I_2 + I_3 = 0 \quad (1.5.1b)$$

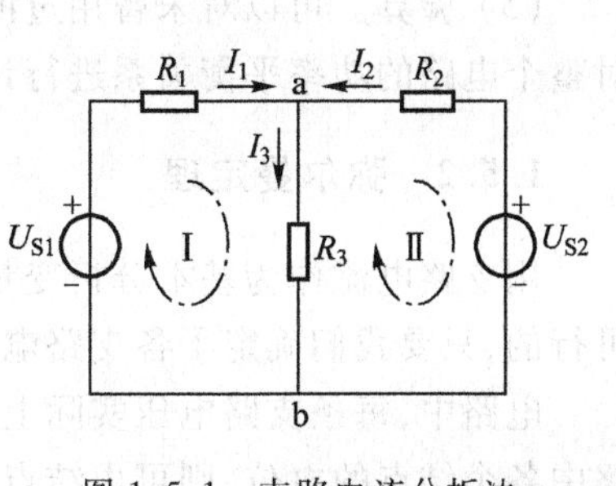

可见,上述两式彼此只差一个负号,相互不独立,只能取其中之一为独立方程。

由元件的伏安特性和 KVL,可得另外两个独立方程。一般可选网孔为回路,如图 1.5.1 所示。

图 1.5.1 支路电流分析法

对网孔 I,有 $\quad R_1 I_1 + R_3 I_3 = U_{S1} \quad (1.5.2)$
对网孔 II,有 $\quad -R_2 I_2 - R_3 I_3 + U_{S2} = 0 \quad (1.5.3)$

于是得到求解图 1.5.1 电路中 3 个支路电流的独立方程组

$$\begin{cases} I_1+I_2-I_3=0 \\ R_1I_1+R_3I_3=U_{S1} \\ -R_2I_2-R_3I_3+U_{S2}=0 \end{cases} \tag{1.5.4}$$

解方程组，便可得到支路电流 I_1、I_2 和 I_3。

由以上分析可知，用支路电流法分析电路的关键是列出独立的结点电流方程和独立的回路电压方程。对于具有 b 条支路、n 个结点的电路，只有 $(n-1)$ 个独立结点，$[b-(n-1)]$ 个独立回路（一般选网孔作为独立回路）。根据基尔霍夫定律，总共能列 $(n-1)+[b-(n-1)]=b$ 个独立方程，恰好等于电路的未知支路电流数。所以，支路电流法能解决复杂的电路问题。下面举例说明。

例 1.5.1 电路如图 1.5.2 所示，已知 $U_{S1}=9\text{ V}$，$U_{S2}=5\text{ V}$，$I_S=0.5\text{ A}$，$R_1=6\text{ }\Omega$，$R_2=2\text{ }\Omega$，$R_3=10\text{ }\Omega$，$R_4=3\text{ }\Omega$，$R_5=6\text{ }\Omega$。求各支路电流和恒流源的端电压。

解：（1）假定各支路电流和恒流源端电压 U 的参考方向如图中所示。

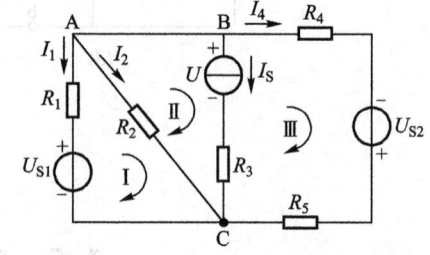

图 1.5.2 例 1.5.1 图

（2）列结点电流方程

因为 A、B 之间是一条电阻等于 0 的导线，可以看成是一个结点。故该电路只有两个结点，列写一个独立 KCL 方程如下：

结点 C：$I_1+I_2+I_S+I_4=0$

（3）列回路电压方程均取顺时针方向为绕行方向

网孔 I　　　　　　　　$I_2R_2-I_1R_1-U_{S1}=0$

网孔 II　　　　　　　$U+I_SR_3-I_2R_2=0$

网孔 III　　　　　　　$I_4(R_4+R_5)-I_SR_3-U-U_{S2}=0$

（4）联立以上四个方程，带入数据求得

$$U=-4.42\text{ V},\quad I_1=-1.4\text{ A},\quad I_2=0.29\text{ A},\quad I_4=0.62\text{ A}$$

（5）验算。可以对未曾用过的网络回路列写 KVL 方程，代入计算得到的数据验算。也可以对整个电路的功率平衡关系进行计算，以验证所得结果。

1.5.2　弥尔曼定理

用支路电流作为基本分析变量，可对电路进行分析，事实上，将支路电压作为基本变量也是可行的，只要我们确定了各支路电压，支路电流完全可以确定。

电路中，每条支路电压实际上就是该支路所连两个结点的电位差，因此，如果我们知道了电路中各个结点的电位，则可由结点电位求解所有支路电压和电流，结点电位可以作为我们分析电路的基本变量。一般电路的结点数总是小于支路数，因此，采用结点电位可以减少电路分析的方程组数量。

这里不准备对结点电压法全面进行讨论，只是通过一个实例对两个结点多条支路进行分析，从而得到弥尔曼定理。

例 1.5.2 电路如图 1.5.3(a)所示，求 U 的计算公式。

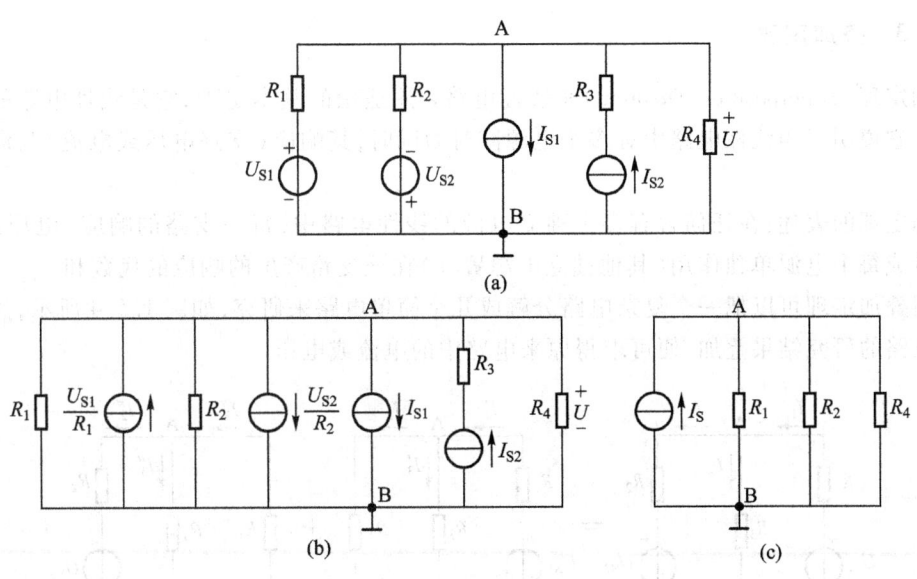

图 1.5.3 例 1.5.2 图

解：该电路按电源的等效互换后如图 1.5.3(b)所示，再简化为图 1.5.3(c)所示电路，其中 $I_S = \dfrac{U_{S1}}{R_1} - \dfrac{U_{S2}}{R_2} - I_{S1} + I_{S2}$，设 R_1、R_2、R_4 三个并联电阻的等值电阻为 R_Σ，则

$$\frac{1}{R_\Sigma} = \frac{1}{R_1} + \frac{1}{R_2} + \frac{1}{R_4}$$

U 的计算公式为

$$U = R_\Sigma I_S = \frac{\dfrac{U_{S1}}{R_1} - \dfrac{U_{S2}}{R_2} - I_{S1} + I_{S2}}{\dfrac{1}{R_1} + \dfrac{1}{R_2} + \dfrac{1}{R_4}} \tag{1.5.5}$$

分析本题电路的特点，该电路只有两个结点 A 和 B，但有多条支路，将式(1.5.5)归纳，并设 B 点为参考点，则 A 点的电位 V_A 为

$$V_A = \frac{\sum \dfrac{U_S}{R} + \sum I_S}{\sum \dfrac{1}{R}} \tag{1.5.6}$$

式中，$\sum \dfrac{U_S}{R}$ 针对电压源支路，当理想电压源的端电压 U_S 与 V_A 参考方向相同时取正（如理想电压源用电动势 E 表示，则电动势 E 的参考方向与 V_A 相反时取正），反之为负；$\sum I_S$ 针对电流源支路，电流源流向 A 点取正，流出 A 点取负；$\sum \dfrac{1}{R}$ 是将电压源支路电阻的倒数、无源支路电阻的倒数求和。电工技术中常将式(1.5.6)称为弥尔曼定理。

读者可用弥尔曼定理对例 1.5.1 进行验算，先计算出 U_{AC}，然后计算各支路电流。

1.5.3 叠加定理

叠加定理(Superposition Theorem)是线性电路普遍适用的基本定理,它是线性电路的重要性质之一。它说明了当线性电路中有多个电源同时激励时,其响应(支路电压或电流)与激励之间的关系。

叠加定理的表述:在任何含有多个独立电源的线性电路中,每一支路的响应(电压或电流)都可以看成每个电源单独作用(其他独立电源置零)在该支路产生的响应的代数和。

应用叠加定理可以把一个复杂电路分解成几个简单电路来研究,如图1.5.4所示,然后将这些简单电路的研究结果叠加,便可求得原来电路中的电流或电压。

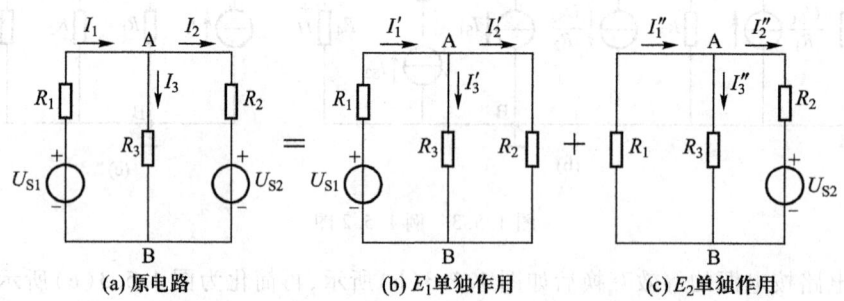

(a) 原电路   (b) E_1单独作用   (c) E_2单独作用

图1.5.4　叠加定理($I_1 = I_1' + I_1''$　$I_2 = I_2' + I_2''$　$I_3 = I_3' + I_3''$)

例1.5.3　如图1.5.5(a)所示电路,应用叠加定理求电压U。

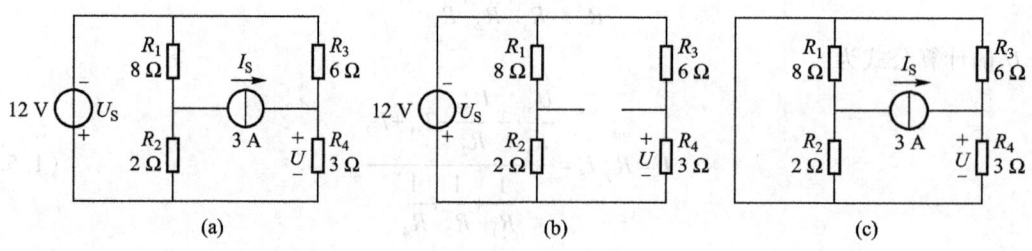

(a)　(b)　(c)

图1.5.5　例1.5.3图

解:(1) 12 V电压源单独作用时,3 A电流源开路,如图1.5.5(b)所示电路,有

$$U' = -\frac{R_4}{R_4+R_3}U_S = -\frac{3}{3+6}\times 12 \text{ V} = -4 \text{ V}$$

(2) 3 A电流源单独作用时,12 V电压源替换为短路,如图1.5.5(c)所示电路,则

$$U'' = I_S \cdot \frac{R_3 \cdot R_4}{R_3+R_4} = 3 \cdot \frac{6\times 3}{6+3} \text{ V} = 6 \text{ V}$$

(3) 叠加确定总响应

$$U = U' + U'' = (-4+6) \text{ V} = 2 \text{ V}$$

应用叠加定理要注意的问题:

① 叠加定理是电路线性关系的应用,只适用于求解线性电路的电压和电流响应,电路中功率与激励电源的关系为二次函数,不具有线性关系,因此,叠加定理只能用于电压或电流的计算,

不能直接用来计算功率。

② 叠加时只将独立电源分别考虑,电路其他部分(包括后面介绍的受控电源)的结构和参数不变。

③ 各独立电源单独激励分析时,各支路电流、电压也应设置参考方向,注意各电源单独作用时支路中的电流、电压的参考方向与原待求电流、电压参考方向的关系,相同的方向取正,相反的方向取负。

④ 运用叠加定理求解时也可以把电源分组求解,每个分电路的电源个数可能不止一个,如图1.5.6所示,将独立电源分成电压源与电流源两组。

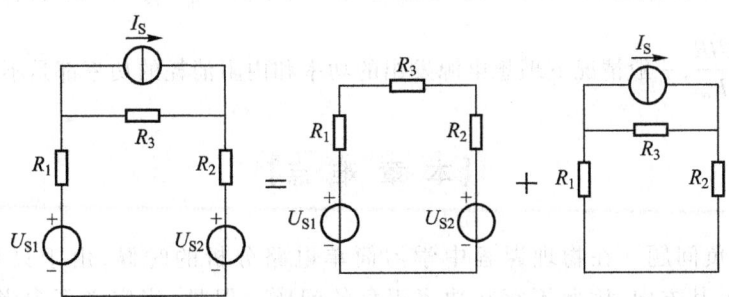

图 1.5.6 叠加定理中独立电源分组讨论

叠加定理是电路频率分析的理论基础,当线性电路在一个复杂信号激励下,可分别对信号的各个频率分量进行分析。

学 习 指 导

【本 章 重 点】

1. 应用基尔霍夫定律时,要注意以下两个问题:

(1) KCL 和 KVL 中的两套正负号。对于 KCL 的描述 $\sum i=0$,注意这里有两套正负号,一是按照电流 i 的参考方向是否指向结点,如流出结点取正,那么流入取负;二是电流 i 本身是代数量,如果电流的实际方向与参考方向一致,则为正,反之为负,这两套正负号不能混淆。同理对于 KVL 的描述 $\sum u=0$,这两套正负号一是看电压 u 的参考方向是否与回路的绕行方向一致,如一致取正,否则取负;其二电压 u 本身是代数量,如果电压的实际方向与参考方向一致,则为正,反之为负,这两套正负号不能混淆。

(2) KCL 和 KVL 的推广。KCL 可以推广到广义结点或闭合面,其目的是为了简化计算过程;KVL 可以推广到假想回路,其目的是为了便于求解任意两点之间的电压。

2. 电路几种基本分析方法的使用过程中要注意以下几个问题:

(1) 支路电流分析法可以分析任意复杂的电路,当电路的某条支路只含有理想电流源时,该支路的电流已知,不能作为未知量,并且在列写回路电压方程时,也不能包含理想电流源支路。

（2）当电路的支路数较多时，运用支路电流分析法所列写的方程组就相当复杂，因此如果只要求计算某一条支路的电压或电流，就应该考虑运用电源的等效变换方法、戴维宁定理或叠加定理。

（3）在运用电源的等效变换方法时，任何一个电动势 E 或电压源 U_S 和某个电阻 R 串联的电路，都可化为一个电流源为 I_S 和这个电阻并联的电路；这种等效关系只对外电路而言，对电源内部则是不等效的，比如两个等效的电源模型接上相同的负载电阻 R，它们的端电压、电流满足 $U=IR$，此时电压源模型中理想电源发出的功率为 $P_{U_S}=U_S I=I_S IR_0$，内阻消耗的功率为 $\Delta P_U = I^2 R_0 = \dfrac{U}{R}IR_0 = \dfrac{UIR_0}{R}$，而电流源模型中理想电源发出的功率为 $P_{I_S}=I_S U=I_S IR$，内阻消耗的功率为 $\Delta P_I = \dfrac{U^2}{R_0} = \dfrac{U}{R_0}IR = \dfrac{UIR}{R_0}$，一般情况下理想电源发出的功率和内阻消耗的功率都是不相同的。

【本章难点】

1．功率的正负问题。在物理课程中学习简单电路分析的时候，由于只考虑电压、电流的大小，而不考虑其方向，因此不存在功率正负的问题。但是，当定义了参考方向后，电压、电流就成为了代数量，因此功率成为了代数量。研究功率正负的目的是如何区分一个元件是否具有电源或负载的性质，在一个复杂电路或含有多个电源的电路中，某些电源有可能是吸收功率，表现出负载的性质，因此，可通过元件功率的正负极性来判断元件是电源还是负载。

在图 1.1（a）所示电路中，电压、电流的参考方向一致，方框内元件吸收的功率为 $P=UI$，当 $P>0$ 时，表明元件实际上是吸收功率，相当于负载的作用；当 $P<0$ 时，表明元件吸收的功率为负，实际上是发出功率，相当于电源的作用。当电压、电流的参考方向不一致，如图 1.1（b）所示，那么对电压或电流其中之一取反，使二者的参考方向一致，则元件所吸收的功率为 $P=-UI$。同理当 $P>0$ 时，相当于负载的作用，当 $P<0$ 时，相当于电源的作用。

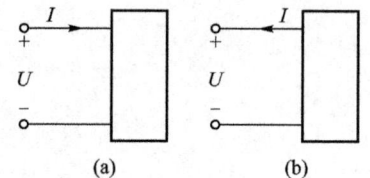

图 1.1 功率的计算与正负

根据能量守恒原理，一个电路中电源发出的功率应该等于负载所吸收的功率，或者所有元件吸收的功率之和为零，这就是功率平衡的原理，可以利用该原理来验证对电路分析结果的正确性。

2．关于理想电源的连接问题。理想电压源可以串联，理想电流源可以并联。如果理想电压源并联或理想电流源串联，会出现什么后果？只有大小相等、方向相同的理想电压源才能并联，相当于一个等值理想电压源的作用；只有大小相等、方向相同的理想电流源才能串联，相当于一个等值理想电流源的作用。

如果是非理想电压源元件或部分电路与理想电压源并联，对外电路而言，其端电压是一个恒值，这相当于该理想电压源单独作用。同理，如果是非理想电流源元件或部分电路与理想电流源串联，对外电路而言，其输出电流是一个恒值，这相当于该理想电流源单独作用。

【典型例题】

例1.1 有额定电压 $U_N = 220$ V,额定功率 P_N 分别为 100 W 和 25 W 的两只白炽灯,将其串联后接入 220 V 的电源,其亮度情况是( )。

(a) $P_N = 100$ W 的白炽灯较亮　(b) $P_N = 25$ W 的白炽灯较亮　(c) 两只白炽灯一样亮

【分析】白炽灯的亮度由实际功率决定,当两只白炽灯串联时,由于二者的电流相同,则电阻大的白炽灯较亮。由公式 $R = \dfrac{U_N^2}{P_N}$ 可知,这两只白炽灯的额定电压相同,则额定功率较小的电阻较大,因此本题选(b)。

例1.2 试计算一根直径为 2.05 mm、长 10 m 的铜导线的电阻大小,其中铜的电阻率为 $\rho = 1.72 \times 10^{-8}$ Ω·m。

【解】首先计算铜导线的横截面积

$$A = \frac{\pi d^2}{4} = \frac{\pi (2.05 \times 10^{-3})^2}{4} \text{ m}^2 = 3.3 \times 10^{-6} \text{ m}^2$$

可得铜导线的电阻大小为

$$R = \frac{\rho L}{A} = \frac{1.72 \times 10^{-8} \times 10}{3.3 \times 10^{-6}} \text{ Ω} = 0.052 \text{ Ω}$$

【分析】10 m 长的铜线相当于居民区从配电盒连接到插座的距离,当然必须同时用两根电线才能形成电流通路。从计算结果可以看出,跟家用电气设备相比较,铜导线的电阻是非常小的,因此在分析计算家用电气设备的电功率时,可以将铜导线作为理想导体,其电阻近似为 0。

例1.3 电路如例 1.3 图所示,求元件的功率,并说明哪些元件是电源,哪些元件是负载,以及电源发出的功率和负载吸收的功率是否平衡。

【分析】该电路有 5 个元件,其中元件 A 和 E 的电压、电流为关联参考方向,其余为非关联参考方向,为了便于分析和计算,这里只计算各元件吸收的功率。

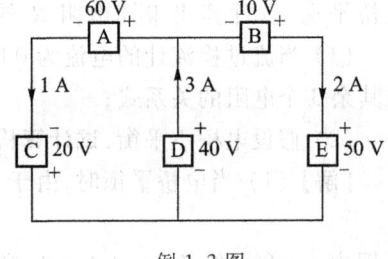

例1.3图

【解】各元件吸收的功率为

$$P_A = U_A I_A = 60 \times 1 \text{ W} = 60 \text{ W}$$
$$P_B = -U_B I_B = -10 \times 2 \text{ W} = -20 \text{ W}$$
$$P_C = -U_C I_A = -20 \times 1 \text{ W} = -20 \text{ W}$$
$$P_D = -U_D I_D = -40 \times 3 \text{ W} = -120 \text{ W}$$
$$P_E = U_E I_B = 50 \times 2 \text{ W} = 100 \text{ W}$$

其中元件 B、C、D 是电源,元件 A、E 是负载。由于

$$P_A + P_B + P_C + P_D + P_E = (60 - 20 - 20 - 120 + 100) \text{ W} = 0$$

因此电源发出的功率和负载吸收的功率是平衡的。

例1.4 用具有一定内阻的电压表测出实际电源的端电压为 6 V,则该电源的开路电压比 6 V( )。

(a) 稍大　　　　(b) 稍小　　　　(c) 严格相等　　　　(d) 不能确定

【分析】由于电压表具有一定的内阻,该实际电源工作在负载状态,电压表相当于电源的负载,其端电压肯定小于其开路电压(电动势),因此本题选(a)。为了准确测量实际电源的开路电压,所选用电压表的内阻越大,则精度越高。

例 1.5 一个额定值为 220 V/40 W 的电烙铁接到额定值为 220 V/10 kW 的电源上,是否被烧坏?

【分析】电源额定功率的大小表明了电源工作时允许向外提供的最大功率,如果向外接负载提供的功率超过了其额定功率,那么该电源处于过载工作状态,有可能会被烧坏。电烙铁的额定功率为 40 W 表明电烙铁的工作电压为额定电压 220 V 时,消耗的实际功率为 40 W;电烙铁的工作状态由外加的电压决定,与电源的额定功率无关,电烙铁的工作电压正好为额定电压,没有处于过载工作状态,肯定不会被烧坏。

例 1.6 有四个电源,电动势均相等,内电阻分别为 1 Ω、2 Ω、4 Ω、8 Ω,现从中选择一个阻值为 2 Ω 的电阻供电,欲使电阻获得的电功率最大,则所选电源的内电阻为(　　)。

【分析】由于本题提供的电源是对阻值固定的电阻负载进行供电,欲使电阻获得的电功率最大,则应使负载电流最大,在电动势相同的情况下内阻越小,负载电流就越大,因此本题应选用内阻为 1 Ω 的电源。

如果将该题变换为"一个内阻为 2 Ω 的实际电源,分别对 1 Ω、2 Ω、4 Ω、8 Ω 的负载电阻进行供电,试问什么情况下负载获得的电功率最大?"根据最大功率传输原理,当负载电阻为 2 Ω 时,才与电源内阻匹配,此时负载获得的电功率最大。

例 1.7 惠斯通电桥是一个用来测量未知电阻的电路,比如在测试机械装置或建筑物的应变量时,通常会用电桥来测量拉伸的电阻值。惠斯通电桥如例 1.7 图所示,包含一个直流电压源 U_s,一个检流计(其等效电阻为 R_g),一个未知电阻 R_x 和 3 个精密电阻 R_1、R_2 和 R_3。通常 R_1 和 R_2 是可变的,通过调节二者的大小使电桥平衡,以计算出未知电阻 R_x 的数值。

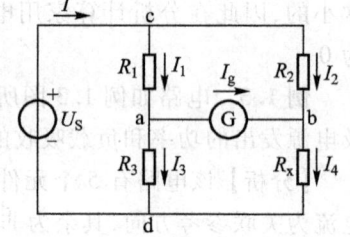

例 1.7 图

(1) 当流过检流计的电流为 0 时,此时电桥平衡,试推导 R_x 与其余 3 个电阻的关系式;

(2) 假设电桥不平衡,试计算检流计电流 I_g 的大小,然后推导出电桥平衡的条件。

【解】(1) 当电桥平衡时,由于 $I_g = 0$,则有

$$I_1 = I_3, \quad I_2 = I_4$$

同理由 $I_g = 0$ 可知 $U_{ab} = R_g I_g = 0$,则电阻 R_1、R_2 两端的电压相等,电阻 R_3、R_x 两端的电压相等,即

$$R_1 I_1 = R_2 I_2, \quad R_3 I_3 = R_x I_4$$

由以上 4 个等式可得 $\dfrac{R_3}{R_1} = \dfrac{R_x}{R_2}$,最后求得未知电阻

$$R_x = \frac{R_2}{R_1} R_3$$

(2) 当电桥不平衡时,为了计算电流 I_g,可采用本章所学的各种电路的分析方法进行计

算。虽然该电路只有 1 个电源,但从电阻的连接方式来看,不能通过电阻的串并联等效变换进行化简,显然也不能用叠加定理进行计算;如果考虑用电源的等效变换方法,由于该电路中未出现实际电源的模型,因此本题不能采用电源的等效变换方法进行计算;另外该电路的结点为 4 个,也不能采用弥尔曼定理,因此只能考虑用支路电流法和戴维宁定理进行计算。

① 该电路的支路数 $b=6$,结点数 $n=4$,则该电路独立的 KCL 方程为

$$I = I_1 + I_2$$
$$I_1 = I_3 + I_g$$
$$I_4 = I_2 + I_g$$

该电路的网孔数 $m=3$,正好列写出 3 个独立的 KVL 方程

$$-U_S + I_1 R_1 + I_3 R_3 = 0$$
$$-I_1 R_1 + I_2 R_2 - I_g R_g = 0$$
$$I_4 R_4 - I_3 R_3 + I_g R_g = 0$$

由上面的 6 个方程构成的方程组当然可以计算出待求的检流计电流 I_g,但是该方法涉及的未知量多,计算过程复杂,如果仅是为了求解 I_g,不提倡采用支路电流法。

② 用戴维宁定理计算 I_g,首先断开待求检流计所在的支路,电路如例 1.7-1(a)图所示,可得开路电压为

$$U_{OC} = U_{ab} = U_{cb} - U_{ca}$$
$$= I_{24} R_2 - I_{13} R_1$$
$$= \frac{U_S}{R_2 + R_x} R_2 - \frac{U_S}{R_1 + R_3} R_1$$

计算 a、b 之间的等效电阻如例 1.7-1(b)图所示,有

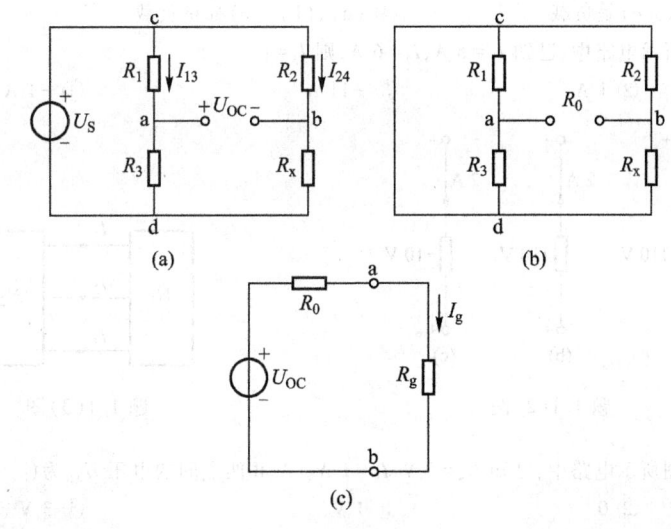

例 1.7-1 图

$$R_0 = R_1 /\!/ R_3 + R_2 /\!/ R_x$$

惠斯通电桥的戴维宁等效电路如例 1.7-1(c)图所示,最终可得检流计电流 I_g 为

$$I_g = \frac{U_{OC}}{R_0 + R_g}$$

比较支路电流法和戴维宁定理的计算过程,可以看出戴维宁定理的计算过程要简单得多,通过此题也说明等效电路定理在电路分析计算中的优越性。由例 1.7 图可知,要使电桥平衡,只需 $U_{OC} = 0$ 即可,则有

$$U_{OC} = \frac{U_S}{R_2 + R_x} R_2 - \frac{U_S}{R_1 + R_3} R_1 = 0 \Rightarrow \frac{R_2}{R_2 + R_x} = \frac{R_1}{R_1 + R_3}$$

同样可得电桥平衡的条件为

$$\frac{R_3}{R_1} = \frac{R_x}{R_2}$$

习 题

【基本概念题】

1.1 单项选择题

(1) 电阻是( )元件,电感是( )元件,而电容是( )元件,电感与电容都是( )元件。
① 耗能 ② 不耗能 ③ 储存电场能量 ④ 储存磁场能量

(2) 在题 1.1(2)图所示电路中对各元件性质的描述,( )是正确的。
① (a)、(b)是负载,(c)是电源 ② (b)、(c)是负载,(a)是电源
③ (a)、(b)是电源,(c)是负载 ④ (a)、(b)、(c)都是负载

(3) 题 1.1(3)图所示电路中,已知 $I_1 = 5$ A,$I_2 = 6$ A,则 $I_3 = ($)。
① 11 A ② 1 A ③ -11 A ④ -1 A

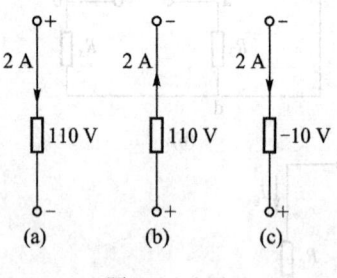

题 1.1(2)图

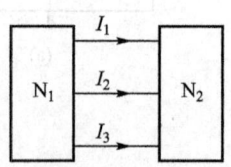

题 1.1(3)图

(4) 在题 1.1(4)图所示电路中,已知 $U_S = 2$ V,$I_S = 1$ A。A、B 两点间的电压 U_{AB} 为( )。
① -1 V ② 0 ③ 1 V ④ 3 V

(5) 在题 1.1(5)图所示电路中,流过电压源的电流 $I = ($)。
① 2 A ② 4 A ③ -4 A ④ 0

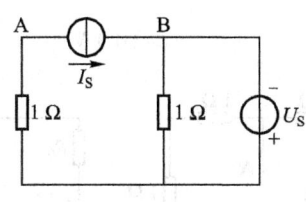
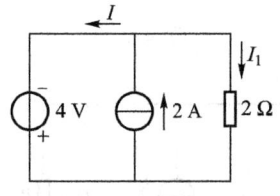

题 1.1(4)图   题 1.1(5)图

(6) 把额定值为 100 V、600 W 的电热器接在 90 V 的电源上,其功率为( )
① 420 W ② 486 W ③ 540 W ④ 600 W

(7) 实验测得某有源二端线性网络的开路电压为 6 V,短路电流为 3 A。当外接电阻为 4 Ω 时,流过该电阻的电流 I 为( )。
① 1 A ② 2 A ③ 3 A ④ 4 A

(8) 在题 1.1(8)图所示电路中,各电阻值和 U_S 值均已知。欲用支路电流法求解流过电压源的电流 I,列出独立的电流方程数和电压方程数分别为( )。
① 3 和 4 ② 4 和 3 ③ 3 和 3 ④ 4 和 4

(9) 在题 1.1(9)图所示电路中,U_S,I_S 均为正值,其工作状态是( )。
① 电压源发出功率
② 电流源发出功率
③ 电压源和电流源都不发出功率
④ 电压源和电流源都发出功率

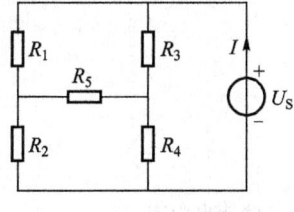
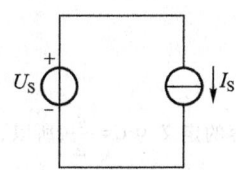

题 1.1(8)图   题 1.1(9)图

(10) 在题 1.1(10)所示电路中,电压 U_{AB} 应为( )。
① 1 V ② 2 V ③ -1 V

(11) 在题 1.1(11)图所示电路中,已知电流 $I_1 = 6$ A,则电流 I 为( )。
① -2 A ② 0 A ③ 2 A ④ 1 A

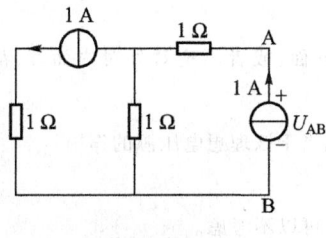
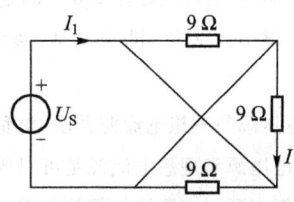

题 1.1(10)图   题 1.1(11)图

(12) 在题 1.1(12)图所示电路中,电压 U 和电流 I 的关系式为( )。
① $U = 25 - I$ ② $U = 25 + I$ ③ $U = -25 - I$ ④ $U = I - 25$

(13) 某一有源二端线性网络如题 1.1(13)图 1 所示,它的戴维宁等效电压源如图 2 所示,其中 U_S 值为( )。

① 6 V ② 4 V ③ 2 V ④ 3 V

题 1.1(12)图   题 1.1(13)图

(14) 在题 1.1(14)图所示电路中,已知:U_S = 15 V,当 I_S 单独作用时,3 Ω 电阻中电流 I_1 = 2 A,那么当 U_S 与 I_S 共同作用时,2 Ω 电阻中电流 I 是( )

① −1 A ② 5 A ③ 6 A ④ 3 A

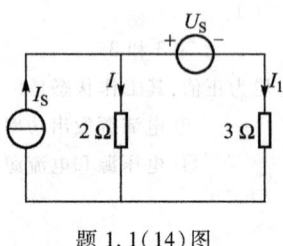

题 1.1(14)图

1.2 判断题

(1) 因为电容的定义为 $C = \dfrac{q}{u}$,所以,当极板上 $q = 0$ 时,$C = 0$。( )

(2) 电感线圈在直流电路中相当于短路,其端电压为零,所以,其储能也为零。( )

(3) 电容元件在直流电路中相当于开路,通过电流为零,所以,其储能也为零。( )

(4) 选择不同的零电位点时,电路中各点的电位将发生变化,但电路中任意两点间的电压却不会改变。( )

(5) 当电路处于负载工作状态时,外电路负载上的电压等于电源的电动势。( )

(6) 电阻两端电压为 10 V 时,电阻值为 10 Ω,当电压升至 20 V,电阻值将为 20 Ω。( )

(7) 110 V/60 W 的白炽灯在 220 V 的电源上能正常工作。( )

(8) 等效电路中,"等效"的含义是:两电路不论在 U、I、P 方面,或者不论对外对内而言,都应是完全相等的。( )

(9) 理想电压源与理想电流源并联,对负载的作用来说,是相当于该理想电压源的作用。( )

(10) 理想电压源和理想电流源是可以等效变换的。( )

(11) 在计算有源二端网络的等效电阻时,网络内电源的内阻可以不考虑。( )

(12) 几个不等值的电阻串联,每个电阻中通过的电流也不相等。( )

(13) 两个阻值相等的电阻并联,其等效电阻(即总电阻)比其中任何一个电阻的阻值都大。( )

(14) 我们所说的负载增加、减少,是指负载电阻值的增加、减少。( )

(15) 当负载取得最大功率时,电源的效率为 100%。( )

【简单计算题】

1.3 在题 1.3 图所示电路中,已知:$I_{S1}=3$ A,$I_{S2}=2$ A,$I_{S3}=1$ A,$R_1=6$ Ω,$R_2=5$ Ω,$R_3=7$ Ω。用基尔霍夫电流定律求电流 I_1、I_2 和 I_3。

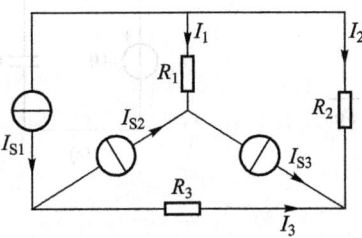

题 1.3 图

1.4 分别应用戴维宁定理将题 1.4 图所示各电路化为等效电压源。

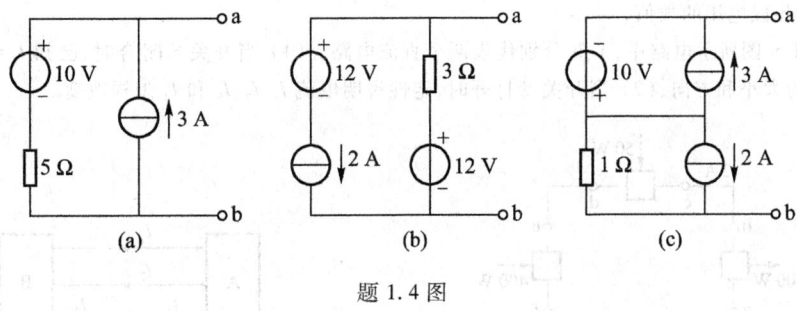

题 1.4 图

1.5 求题 1.5 图中的待求电压、电流值(设电流表内阻为零,电压表内阻为无穷大)。

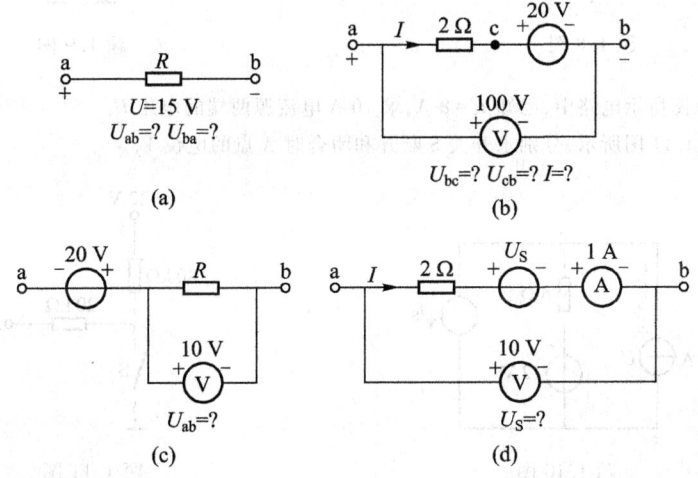

题 1.5 图

1.6 电路如题 1.6 图(a)所示,电感 $L=10$ mH,电流 $i(t)$ 的波形如题 1.6 图(b)所示,试计算 $t \geq 0$ 时的电压 $u(t)$,并绘出其波形图。

1.7 在题 1.7 图(a)所示电路中,电容 $C=2\mu F$,电压 $u(t)$ 的波形如题 1.7 图(b)所示。
(1) 试求流过电容的电流 $i(t)$,并绘出波形图;
(2) 当 $t=1.5$ s 时,电容是吸收功率还是发出功率? 其值如何?

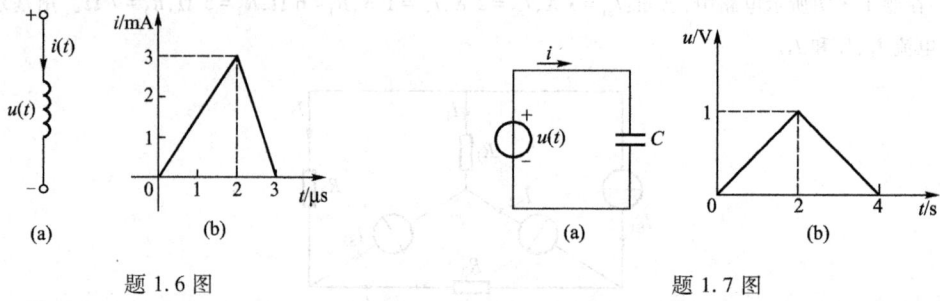

题 1.6 图　　　　　　　　题 1.7 图

1.8 在题 1.8 图所示回路中,已知 ab 段产生的电功率为 500 W,其他三段消耗的电功率分别为 50 W、400 W、50 W,电流方向如图中所示。
(1) 试标出各段电路两端电压的极性;
(2) 试计算各段电压的数值。

1.9 在题 1.9 图所示电路中,A、B 分别代表两个直流电路。(1) 当开关 S 闭合时,已知 $I_1=10$ A,$I_2=5$ A,求电流 I_3 和 I_4 的大小和方向;(2) 当开关 S 打开时,定性说明电流 I_1、I_2、I_3 和 I_4 怎样改变。

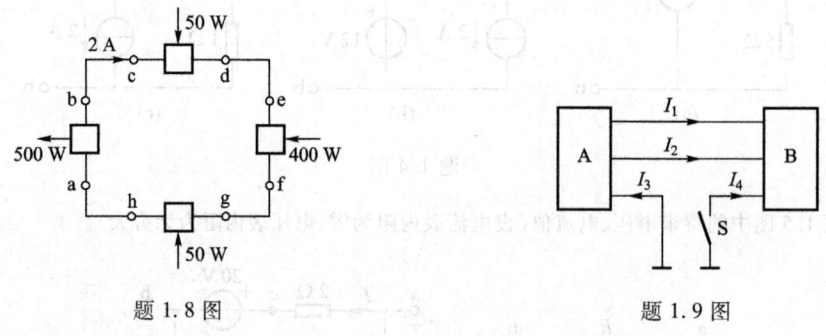

题 1.8 图　　　　　　　　题 1.9 图

1.10 在题 1.10 图所示电路中,已知 $I_S=8$ A,求 10 A 电流源两端的电压 U。
1.11 电路如题 1.11 图所示,分别求开关 S 断开和闭合时 A 点的电位 V_A。

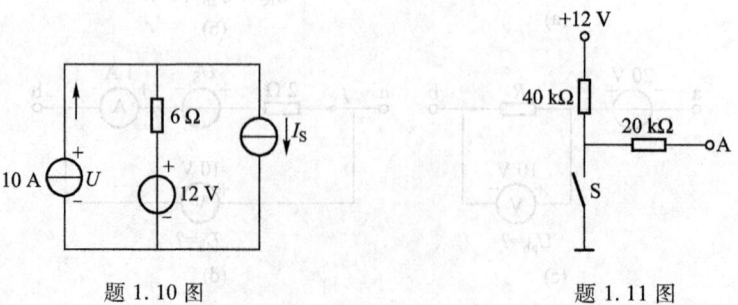

题 1.10 图　　　　　　　　题 1.11 图

1.12 电路如题 1.12 图所示,求 a 点的电位 V_a。
1.13 电路如题 1.13 图所示,试用叠加定理计算支路电流 I,用 Multisim 仿真软件搭建该电路,并验证计算结果。

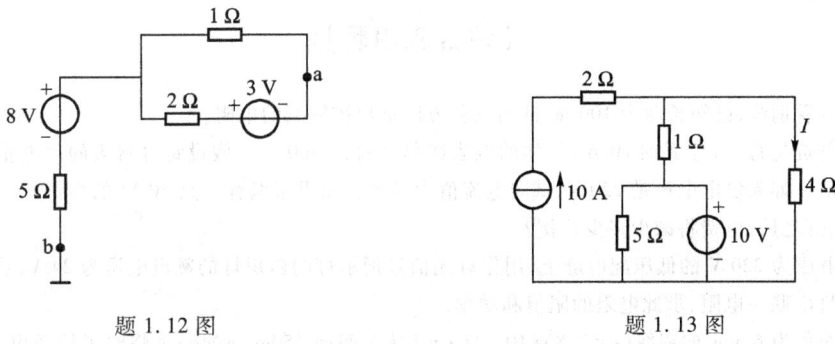

题 1.12 图　　　　　　　　题 1.13 图

1.14　已知电路如题 1.14 图(a)、(b)所示,从图(a)得知 $U_{ab}=10$ V,从图(b)得知 a、b 两点之间的短路电流 $I_{SC}=22$ mA,求有源二端网络 N 的戴维宁等效电路。

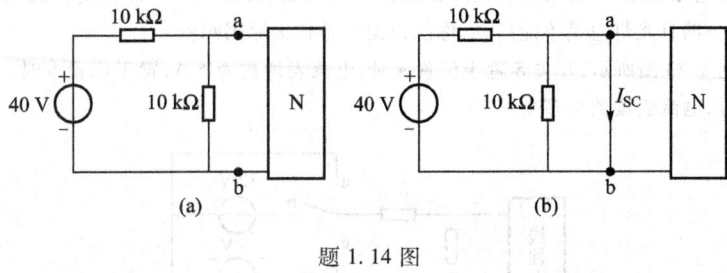

题 1.14 图

1.15　电路如题 1.15 图所示,求 I。用 Multisim 仿真软件搭建该电路,并验证计算结果。

1.16　电路如题 1.16 图所示,已知 $I_S=2.8$ A,$R_1=R_2=R_3=5$ Ω,$U_{S1}=12$ V,$U_{S2}=20$ V,求 U_3。用 Multisim 仿真软件搭建该电路,并验证计算结果。

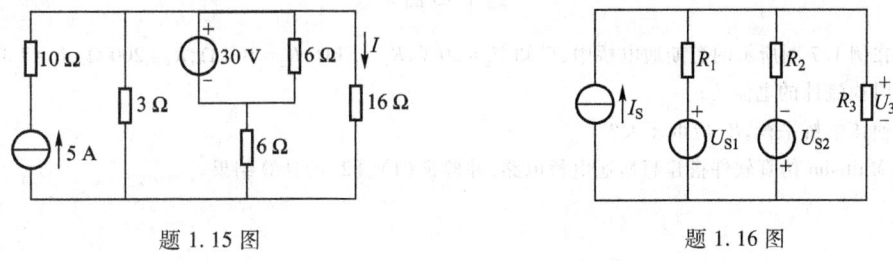

题 1.15 图　　　　　　　　题 1.16 图

1.17　求题 1.17 图所示各电路中负载获得最大功率时的 R_L 值及最大功率。

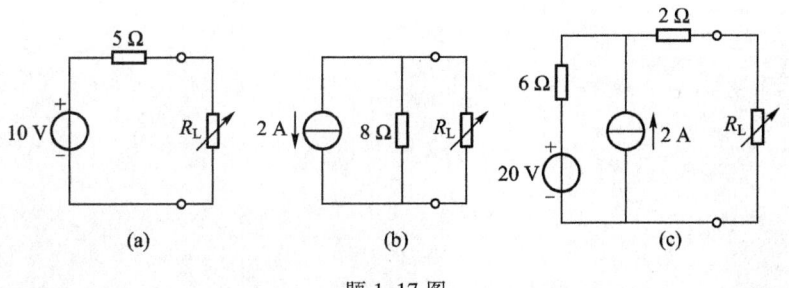

题 1.17 图

【综合应用题】

1.18 有一卷铜线,已知长度为 100 m,试用三种方法求出该铜线的电阻。

1.19 设电费是每度(千瓦时)0.6 元,你的电表账单是每月 300 元。假设每月每天的用电量是不变的,试计算平均功率值。如果供电电压是 220 V,试问电流值为多大?如果家里有一只 60 W 的白炽灯,并且过去从不关灯,问关掉此灯之后,电费将减少多少比例?

1.20 在电压为 220 V 的低压配电屏上,用作灯光信号指示灯的白炽灯的额定电压为 24 V,功率为 2 W,使用时需与白炽灯串联一电阻,求此电阻的阻值和功率。

1.21 用面积为 6 mm² 的铝线($\rho = 2.83 \times 10^{-8}\ \Omega \cdot m$)从车间向 150m 外的一个临时工地送电。如果车间的电压为 220 V,这线路的电流是 20 A。试问临时工地的电压是多少?根据日常观察,白炽灯在深夜要比黄昏时亮一些,为什么?

1.22 某用户离电源较远,所使用的日光灯必须在天尚未黑、其他用户开灯以前接通电源,否则,等到万家灯火的时候,这家用户的日光灯总是不能启动,你能说出这是什么原因吗?

1.23 电路如题 1.23 图所示,开关 S 置于位置 a 时,电流表读数为 5 A;置于位置 b 时,电流表读数为 8 A。问当 S 置于位置 c 时,电流表读数为多少?

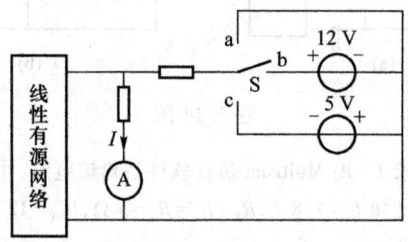

题 1.23 图

1.24 在例 1.7 图所示的惠斯通电桥中,已知 $U_S = 20$ V,$R_1 = 1$ kΩ,$R_2 = 10$ kΩ,$R_3 = 200$ Ω,$R_x = 7\ 320$ Ω。求:
(1) 此时检流计的电流 I_g;
(2) 要使该电桥平衡,R_3 应取多大?
(3) 用 Multisim 仿真软件搭建惠斯通电桥电路,并验证(1)、(2)的计算结果。

第2章 正弦交流电路

Chapter 2 Sinusoidal Alternating Circuit

本章内容	基本要求:理解正弦交流电的三要素,理解正弦交
2.1 正弦交流电的基本概念 2.2 单一元件的正弦交流电路 2.3 复杂正弦交流电路的分析 2.4 功率因数及其提高 2.5 非正弦周期交流电路简介 学习指导 习题	流电量的相量表示法;理解电路基本定律的相量形式和相量图,掌握用相量法分析简单正弦交流电路的方法;了解正弦交流电路串联谐振和并联谐振的条件及特征;了解瞬时功率的概念,理解和掌握有功功率、无功功率和视在功率的概念,理解功率因数的概念,了解提高功率因数的方法及其意义;了解非正弦周期信号线性电路的基本概念。

  正弦交流电有很多重要的应用,例如日常生活和工农业生产中的电能是按照正弦电压的形式进行传输的,而且在电子设备、科学研究和无线通信中也广泛应用正弦交流信号。对同频率的正弦量进行加减或微积分运算,其结果依然是同频率的正弦量,正弦交流电路中各正弦量频率相同,所以分析计算方便;另一方面正弦量变化平滑,在正常情况下不会引起过电压而破坏电气设备的绝缘,而且电动机等交流电气设备采用正弦交流电可以使其性能最优。因此专门对正弦交流电路进行分析研究是非常必要的。

  关于电能的输送方式,是采用直流输电还是交流输电,在历史上曾引起很大争论。美国发明家爱迪生、英国物理学家开尔文都极力主张采用直流输电,而美国发明家威斯汀豪斯和英国物理学家费朗蒂则主张采用交流输电。

  19世纪80年代刚刚开始传输电力的时候,是用直流电传输的,发电站的供电范围也很有限,而且主要用于照明,还未用作工业动力。例如,1882年爱迪生电气照明公司(创建于1878年)在伦敦建立了第一座发电站,安装了三台110 V"巨汉"号直流发电机,这是爱迪生于1880年研制的,这种发电机可以为1 500个16 W的白炽灯供电。这种输电方式由于功率在传导电线的内阻中迅速损耗,以至于发电厂输送电力的距离最远不超过一英里。

  随着科学技术和工业生产发展的需要,社会对电力的需求也急剧增大。由于用户的电压不能太高,因此要输送一定的功率,就要加大电流。而电流越大,输电线路发热就越厉害,损失的功率就越多;而且电流大,损失在输电导线上的电压也大,使用户得到的电压降低,离发电站越远的用户,得到的电压也就越低。直流输电的弊端限制了电力的应用,促使人们探讨用交流输电的问题。爱迪生虽然是一个伟大的发明家,但是他没有受过正规教育,缺乏理论知识,难以解决交流电涉及的数学运算,阻碍了他对交流电的理解,所以在交、直流输电的争论中,成了保守势力的代表。在他的反对下,交流输电遇到了很大的阻碍。

为了减少输电线路中电能的损失,只能提高电压。在发电站将电压升高,到用户地区再把电压降下来,这样就能在低损耗的情况下,达到远距离送电的目的。而要改变电压,只有采用交流输电才行。1888年,由费朗蒂设计的伦敦泰晤士河畔的大型交流电站开始输电。他用钢皮铜心电缆将 10 kV 的交流电送往相距 10 km 外的市区变电站,在这里降为 2 500 V,再分送到各街区的二级变压器,降为 100 V 供用户照明。后来,俄国的多利沃—多布罗沃斯基又于 1889 年最先制出了功率为 100 W 的三相交流发电机,并被德国、美国推广应用。通过事实成功地证实了高压交流输电的优越性,并在全世界范围内迅速推广。

本章首先介绍正弦交流电的基本概念,然后在单一元件正弦交流电路的基础上采用相量法对复杂正弦交流电路进行分析和计算,并介绍正弦交流电路的谐振以及功率和功率因数的问题,最后对非正弦交流电路的分析作简单介绍。

2.1 正弦交流电的基本概念
2.1 Basic Concepts of Sinusoidal Alternating Current

正弦交流电(Sinusoidal Alternating Current)的波形如图 2.1.1(a)所示,其电压 u 与电流 i 的参考方向如图 2.1.1(b)、(c)中实线所示。当交流电的正半周,电压 u 与电流 i 的瞬时值大于零,其实际方向与参考方向相同,如图(b)中虚线所示;当交流电的负半周,电压 u 与电流 i 的瞬时值小于零,其实际方向与参考方向相反,如图(c)中虚线所示。

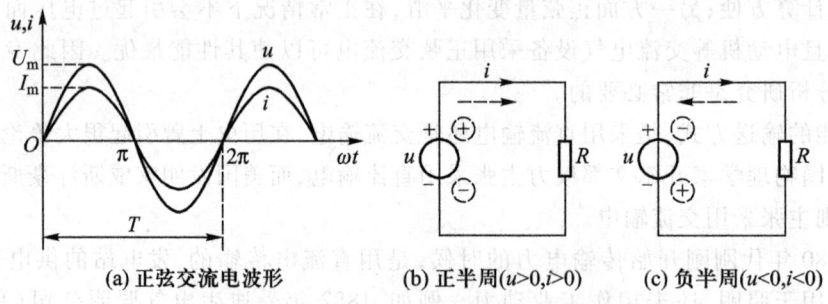

(a) 正弦交流电波形　　　(b) 正半周($u>0,i>0$)　　　(c) 负半周($u<0,i<0$)

图 2.1.1　正弦交流电及其参考方向

正弦交流电的电压 u、电动势 e 和电流 i 常用正弦函数式表示为

$$\left.\begin{array}{l} u = U_m \sin(\omega t + \psi_u) \\ e = E_m \sin(\omega t + \psi_e) \\ i = I_m \sin(\omega t + \psi_i) \end{array}\right\} \quad (2.1.1)$$

由于正弦交流电路存在着一些直流电路中没有的物理现象,所以分析交流电路要比直流电路复杂许多。为此,先介绍正弦电量的概念,然后借用相量工具进行分析和计算。

2.1.1 正弦量的三要素

正弦电压、正弦电动势和正弦电流都称为正弦电量(简称正弦量)。式(2.1.1)中的 u、e 和 i 称为正弦量的瞬时值(Instantaneous Value),U_m、E_m 和 I_m 称为正弦量的幅值(Amplitude),ω 称为正弦量的角频率(Angular Frequency),ψ_u、ψ_e 和 ψ_i 称为正弦量的初相位(Initial Phase)。幅值、频率(Frequency)和初相位,就称为正弦量的三要素。

1. 幅值或有效值

交流电的瞬时值是指正弦量在任一时刻的数值。瞬时值中最大的值就称为幅值(或最大值),电压、电动势和电流的幅值,分别用 U_m、E_m 和 I_m 表示。

实际使用中,常用有效值(Effective Value)来表示正弦量的大小。有效值是从交流电流的热效应等于直流电流的热效应来定义的。也就是说,不论是交流电还是直流电,只要在相同时间它们对同一负载的热效应相等,那么交流电流 i 的有效值在数值上等于直流电流的数值。根据这一规定,在同一个电阻 R 上,直流电流在时间 T 的热效应 W_{DC} 和交流电流在一个周期 T 内的热效应 W_{AC} 分别为

$$W_{DC} = I^2 RT \qquad W_{AC} = \int_0^T i^2 R \mathrm{d}t$$

由 $W_{AC} = W_{DC}$ 可得

$$\int_0^T i^2 R \mathrm{d}t = I^2 RT$$

当 $i = I_m \sin \omega t$ 时,则交流电流的有效值

$$I = \sqrt{\frac{1}{T} \int_0^T i^2 \mathrm{d}t} = \sqrt{\frac{1}{T} \int_0^T I_m^2 \sin^2 \omega t \mathrm{d}t} = \frac{I_m}{\sqrt{2}} \approx 0.707 I_m \tag{2.1.2}$$

对于交流电压的有效值 U 和交流电动势的有效值 E,也有类似的结论,即

$$U = \frac{U_m}{\sqrt{2}} \approx 0.707 U_m \quad \text{和} \quad E = \frac{E_m}{\sqrt{2}} \approx 0.707 E_m \tag{2.1.3}$$

由此看出,正弦量的有效值是幅值的 0.707 倍,或者幅值是有效值的 $\sqrt{2}$ 倍。

交流电路经常采用有效值进行测量和计算。例如家庭或工业使用的电压 220 V 或 380 V,指的就是电压有效值。各种电气设备上标出的额定电压或电流,以及电工仪表的读数,都是指有效值。

2. 周期或频率

交流电变化的快慢用周期(Period)、频率或角频率来表示。正弦交流电重复变化一次(周)所需要的时间,称为周期,用 T 表示,单位是 s(秒)。每秒内变化的周期数,称为频率,用 f 表示,单位是 Hz(赫兹)。交流电变化一周经历了 2π 弧度,所以称一个周期内变化的弧度数为角频率,用 ω 表示,单位是 rad/s(每秒弧度)。它们的关系为

$$f = \frac{1}{T} \quad \text{或} \quad \omega = 2\pi f = \frac{2\pi}{T} \tag{2.1.4}$$

我国电力系统的交流电频率为 50 Hz,称为工频或市电频率,则周期 $T = \frac{1}{f} = \frac{1}{50}$ s = 0.02 s,

$\omega = 2\pi f = 2 \times 3.14 \times 50 \text{ rad/s} = 314 \text{ rad/s}$。美国、日本富士川以西的地区及受美国、日本技术影响的国家和地区采用 60 Hz 的交流电频率。

3. 初相位

在式(2.1.1)中，$(\omega t + \psi_u)$ $(\omega t + \psi_e)$ $(\omega t + \psi_i)$ 都是随时间变化的电角度，称为交流电的相位(Phase)，它反映了交流电变化的进程。在 $t=0$ 瞬间的相位，称为初相位，用 ψ 表示。在波形图中，ψ 是坐标原点(即 $\omega t = 0$)与零值点(即正弦波由负值变为正值所经过的零点)之间的电角度，可正可负，但规定 $|\psi| \leq \pi$。

图 2.1.2 所示为三个同频率的电流和电压波形，i_1 的坐标原点与零值点重叠，则 $\psi_1 = 0°$，其三角函数可写成 $i_1 = I_{1m} \sin \omega t$；$i_2$ 的零值点在坐标原点左边的 $\frac{\pi}{2}$ 处，则 $\psi_2 = 90°$，所以 $i_2 = I_{2m} \sin \left(\omega t + \frac{\pi}{2} \right)$；而 u 的零值点在坐标原点右边的 $\frac{\pi}{2}$ 处，则 $\psi_3 = -90°$，$u = U_m \sin \left(\omega t - \frac{\pi}{2} \right)$。

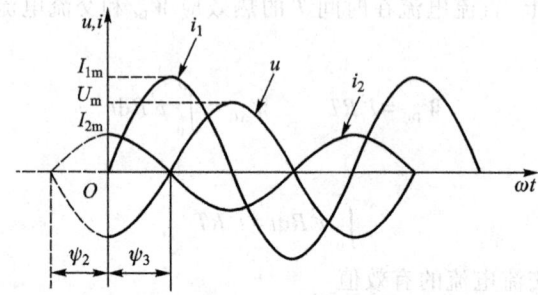

图 2.1.2 正弦波的初相位

两个同频率正弦量的相位之差即初相位之差，称为相位差(Phase Difference)，用 φ 表示。以式(2.1.1)的电压和电流为例，则电压与电流的相位差 φ 为

$$\varphi = (\omega t + \psi_u) - (\omega t + \psi_i) = \psi_u - \psi_i \tag{2.1.5}$$

相位差反映了两个同频率正弦量随时间变化在"步调"上的差别，具体有下列几种情况。

① 同相(In-Phase)：若 u 和 i 的初相位 $\psi_u = \psi_i$，那么它们的相位差 $\varphi = \psi_u - \psi_i = 0$，这种情况称为同相。它说明 u 和 i 步调一致，同时过零，又同时达到正的最大值或负的最大值。在纯电阻的交流电路中，u 和 i 就是同相关系。

② 反相(Reversed-Phase)：若 u 和 i 的相位差 $\varphi = \psi_u - \psi_i = \pm \pi$，说明 u 和 i 步调相反，总是一个达到正的最大值时，另一个为负的最大值。故把相位差 $\varphi = \pm \pi$ 的这种情况称为反相，如图 2.1.2 中 i_2 与 u 的相位差为反相关系。在三极管的共射极放大器中，输出电压与输入电压的相位差总是反相的。

③ 超前(Leading)与滞后(Lagging)：若 $\varphi = \psi_u - \psi_i > 0$，即 u 与 i 随时间 t 变化时，u 比 i 先到达零值点(或正的最大值)。这时称电压超前电流 φ 角，或者称电流滞后电压为 φ 角。例如图 2.1.2 中 i_2 超前 i_1 90°，或者称 i_1 滞后 i_2 90°。

同样规定 $|\varphi| \leq \pi$。若 $|\varphi| > \pi$，则可用 $2\pi - |\varphi|$ 来表示相位差，但原来超前的要改为滞后，即 φ 记为负角；或原来滞后的要改为超前，即 φ 记为正角。

由于在工农业生产、科研以及民用中广泛采用正弦交流电量，因此也常将其简称为交流电。

2.1.2 正弦量的相量表示

授课视频-
正弦量的相
量表示

使用正弦函数式和波形图来表示正弦量,虽然都直观地表明了正弦量的特征(或要素),但正弦量的分析却很复杂。为了简化交流电路的分析和计算,通常是用复数来表示正弦量,将表示正弦量的复数称为相量(Phasor),因此相量的基础是复数。

相量法是分析正弦稳态电路的一种方法,由德国电机工程师施泰因梅茨(1865—1923)首先提出,并在1893年向国际电工会议报告,受到热烈欢迎并迅速推广。该方法能将描述正弦稳态电路的微积分方程变换成复数代数方程,从而在较大的程度上简化了电路的分析和计算。

图 2.1.3 所示是一个复数直角坐标系,横轴表示复数的实部,称为实轴,以+1 为单位;纵轴表示复数的虚部,称为虚轴,以+j 为单位。那么,复平面中的有向线段 A,在实轴上的投影为 a(即实部),在虚轴上的投影为 b(即虚部)。于是,有向线段 A 可用复数的代数式表示为

$$A = a + jb \tag{2.1.6}$$

在复数平面上,可得到下列关系

$$|A| = \sqrt{a^2 + b^2}$$

$$\psi = \arctan \frac{b}{a}$$

图 2.1.3 有向线段的复数表示

其中,$|A|$ 是复数的大小,称为模;ψ 是模与实轴正方向之间的夹角,称为辐角。

则

$$a = |A|\cos\psi \quad b = |A|\sin\psi$$

所以,复数的代数式可转换为复数的三角函数式,即

$$A = a + jb = |A|\cos\psi + j|A|\sin\psi = |A|(\cos\psi + j\sin\psi) \tag{2.1.7}$$

将欧拉公式 $\cos\psi = \dfrac{e^{j\psi} + e^{-j\psi}}{2}$ 和 $\sin\psi = \dfrac{e^{j\psi} - e^{-j\psi}}{2j}$ 代入上式,可得到指数式为

$$A = |A|\left(\frac{e^{j\psi} + e^{-j\psi}}{2} + j\frac{e^{j\psi} - e^{-j\psi}}{2j}\right) = |A|e^{j\psi} \tag{2.1.8}$$

也可写成极坐标式

$$A = |A|\underline{/\psi} \tag{2.1.9}$$

综上所述,复数的代数式、三角函数式、指数式、极坐标式之间可以相互转换。即

$$A = a + jb = |A|(\cos\psi + j\sin\psi) = |A|e^{j\psi} = |A|\underline{/\psi} \tag{2.1.10}$$

其中,代数式适用于复数的加、减运算;极坐标式或指数式适用于复数的乘、除运算;三角函数式适用于代数式与极坐标(或指数)式之间的相互转换。

由上述可知,一个复数由模和辐角两个要素确定。在分析线性正弦交流电路时,激励和响应均为同一频率的正弦量,故不必考虑频率这个要素。因此,复数的模和辐角这两要素正好与正弦量的大小和初相位相对应,用复数表示正弦量时,可用复数的模表示正弦量的幅值或有效值,用复数的辐角表示正弦量的初相位。为了与一般的复数相区别,用于表示正弦量的复数就称为相量,并在相量的大写字母上方加"·"(黑点)。于是,表示正弦电压 $u = U_m\sin(\omega t + \psi)$ 的相量

式为
$$\dot{U}_m = U_m(\cos\psi + j\sin\psi) = U_m e^{j\psi} = U_m \angle \psi$$
或
$$\dot{U} = U(\cos\psi + j\sin\psi) = U e^{j\psi} = U \angle \psi$$

其中，$\dot{U}_m$ 是电压 u 的幅值相量，$\dot{U}$ 是电压 u 的有效值相量。

用相量表示正弦量时，需要明确以下几点：

(1) 相量只是用于表示正弦量，并不等于正弦量。所以，用相量表示正弦量实质上是一种数学变换，目的是为了简化运算。

(2) 只有同频率的正弦量才能用相量或相量图(Phasor Diagram)分析。

(3) 相量中的 j 就是复数中的虚数单位，即 $j = \angle 90°$。当任意一个相量乘上+j 后，即该相量向前(逆时针)旋转了90°；若乘上-j 后，即该相量向后(顺时针)旋转了90°。所以，j 也称为旋转90°的算子。

例 2.1.1 已知 $i_1 = 8\sin 314t$ A，$i_2 = 6\sin(314t + 90°)$ A。(1) 试写出电流幅值的相量式；(2) 求 $i = i_1 + i_2$；(3) 画出相量图。

解：(1) $\dot{I}_{1m} = 8\angle 0°$ A，$\dot{I}_{2m} = 6\angle 90° = j6$ A

(2) $\dot{I}_m = \dot{I}_{1m} + \dot{I}_{2m} = (8 + j6)$ A $= 10\angle 36.9°$ A

则总电流的瞬时值 i 为
$$i = 10\sin(314t + 36.9°) \text{ A}$$

(3) 画相量图时，通常坐标轴可以省略。选 $\dot{I}_{1m}$ 为基准向量，那么 $\dot{I}_{2m}$ 就应该画在虚轴的正方向上，如图 2.1.4 所示。从图 2.1.4 看出，当相量图上的线段标出刻度时，也可直接求出电流的幅值或有效值。

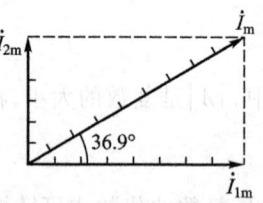

图 2.1.4 例 2.1.1 的相量图

2.2 单一元件的正弦交流电路

2.2 Sinusoidal AC Circuit of Single Element

本节介绍电阻、电感、电容三种无源理想元件正弦交流电路的相量分析法，了解这些元件在交流电路中的特性是分析复杂交流电路的基础。

2.2.1 电阻元件的正弦交流电路

1. 伏安关系

图 2.2.1(a)所示是一个由理想线性电阻元件构成的正弦交流电路。当电压 u_R 与电流 i 取关联参考方向时，两者的伏安关系由欧姆定律确定，即 $u_R = Ri$。

设 $i = I_m \sin \omega t$，则 $u_R = Ri = RI_m \sin \omega t = U_{Rm} \sin \omega t$，由此可知，电路具有以下特性：

① 电压与电流有效值或幅值仍然遵循欧姆定律。即

$$U_{Rm} = RI_m \quad \text{或} \quad U_R = RI \tag{2.2.1}$$

② 电压和电流的频率相同。

③ 电压和电流的初相位相同,即 $\psi_u = \psi_i$。

④ 用相量表示时,伏安特性可写成相量欧姆定律的形式。即

$$\dot{U}_{Rm} = R\dot{I}_m \quad \text{或} \quad \dot{U}_R = R\dot{I} \tag{2.2.2}$$

上述特性还可以用波形和相量图来表示,如图 2.2.1(b)、(c)所示。

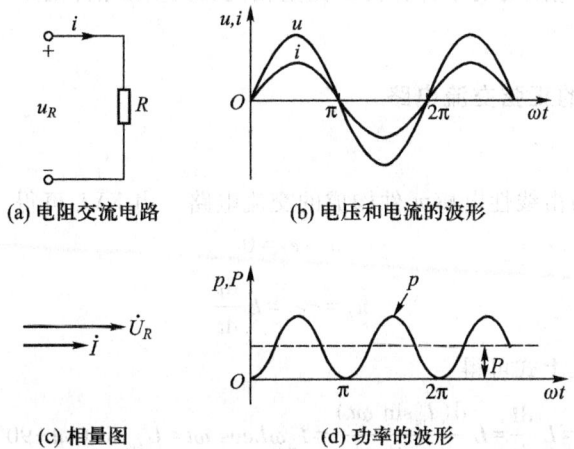

图 2.2.1 电阻元件的正弦交流电路及其特性

2. 复阻抗(Complex Impedance)

无源二端元件上电压相量 $\dot{U}$ 与电流相量 $\dot{I}$ 之比,称为该元件的复阻抗,用 Z 表示,即

$$Z = \frac{\dot{U}}{\dot{I}} = \frac{U\angle\psi_u}{I\angle\psi_i} = \frac{U}{I}\angle(\psi_u - \psi_i) = |Z|\angle\varphi \tag{2.2.3}$$

其中 $|Z|$ 称为阻抗(Impedance)(复阻抗模),它反映了元件电压与电流有效值之间的关系,即反映了它们之间的大小关系;φ 称为阻抗角(Impedance Angle),它反映了电压与电流之间的相位差。若 $\varphi>0$,即电压超前电流 φ 角;若 $\varphi<0$,即电流超前电压 φ 角。则电阻元件的复阻抗为

$$Z_R = \frac{\dot{U}_R}{\dot{I}} = R = R\angle 0° \tag{2.2.4}$$

式(2.2.4)说明电阻元件电压有效值与电流有效值之比等于电阻 R,电压与电流同相位。

3. 功率计算

由于交流电压和交流电流是变化的,所以电阻上消耗的功率也是变化的。电阻在任何时刻所消耗的功率称为瞬时功率,用小写字母 p 表示。因为 u_R 和 i 为关联参考方向,则

$$p = u_R i = U_{Rm} I_m \sin^2 \omega t \tag{2.2.5}$$
$$= 2U_R I \sin^2 \omega t = U_R I (1 - \cos 2\omega t)$$

由此画出瞬时功率的波形,如图 2.2.1(d)所示,虚线部分为功率的平均值 P。虽然瞬时功率的波形随时间变化,但始终在横轴的上方,为非负值,这表明电阻元件一直在消耗功率。

在设备上所标注的额定功率,一般均指平均功率(Average Power)。工程上常用平均功率来

计量。平均功率是指瞬时功率在一个周期内的平均值,也称为有功功率(Active Power),用大写字母 P 表示。电阻元件的平均功率为

$$P = \frac{1}{T}\int_0^T p\,\mathrm{d}t = \frac{1}{T}\int_0^T U_R I(1-\cos 2\omega t)\,\mathrm{d}t = U_R I$$

即
$$P = U_R I = \frac{U_R^2}{R} = I^2 R \tag{2.2.6}$$

上式与直流电路中电阻的功率计算公式完全相同,即电阻元件的平均功率等于电压有效值和电流有效值的乘积。

2.2.2 电感元件的正弦交流电路

1. 伏安关系

图 2.2.2(a)所示为由线性电感元件构成的交流电路。由 KVL 可得

$$u_L + e_L = 0 \tag{2.2.7}$$

所以
$$u_L = -e_L = L\frac{\mathrm{d}i}{\mathrm{d}t} \tag{2.2.8}$$

设 $i = I_m \sin \omega t$,代入上式可得

$$u_L = L\frac{\mathrm{d}i}{\mathrm{d}t} = L\frac{\mathrm{d}(I_m \sin \omega t)}{\mathrm{d}t} = I_m \omega L \cos \omega t = U_{Lm}\sin(\omega t + 90°) \tag{2.2.9}$$

由上式可以看出,在电感元件的交流电路中,电路具有下列特性:

① 电压和电流是频率相同的正弦量。

② 电压在相位上超前于电流 90°,或者说电流滞后于电压 90°,它们的波形如图 2.2.2(b)所示。若用相量图表示时,如图 2.2.2(c)所示。

③ 电压与电流的大小关系为

$$U_{Lm} = \omega L I_m = X_L I_m \quad \text{或} \quad U_L = X_L I \tag{2.2.10}$$

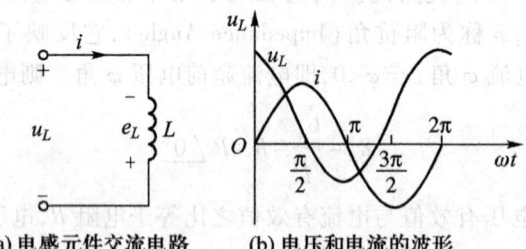

(a) 电感元件交流电路　　(b) 电压和电流的波形

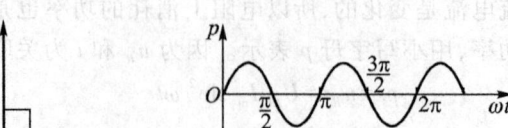

(c) 相量图　　(d) 功率的波形

图 2.2.2　电感元件的正弦交流电路及其特性

其中
$$X_L = \omega L = 2\pi f L \tag{2.2.11}$$

式中,X_L 称为感抗(Reactance),单位 Ω。在交流电路中,感抗 X_L 的作用类似电阻对电流的阻碍作用。但 X_L 不仅与电感量成正比,也与频率成正比。在直流电路中,$f=0$,$X_L=0$,所以电感元件在直流电路中可视为短路。

2. 复阻抗

电感元件的复阻抗 Z_L 为

$$Z_L = \frac{\dot{U}_L}{\dot{I}} = \frac{U_L\angle 90°}{I\angle 0°} = \frac{U_L}{I}\angle 90° = jX_L \tag{2.2.12}$$

式中,"+j"表示电压超前电流 90°,X_L 反映了电压有效值与电流有效值的比值。

因此,电感交流电路的相量欧姆定律可表示为

$$\dot{U}_{Lm} = jX_L \dot{I}_m \quad \text{或} \quad \dot{U}_L = jX_L \dot{I} \tag{2.2.13}$$

3. 功率计算

电感交流电路的瞬时功率

$$\begin{aligned} p &= u_L i = U_{Lm} I_m \sin\omega t \sin(\omega t + 90°) \\ &= U_{Lm} I_m \sin\omega t \cos\omega t = U_L I \sin 2\omega t \end{aligned} \tag{2.2.14}$$

由此画出功率波形如图 2.2.2(d)所示。其中,在 $\left(0 \sim \frac{\pi}{2}\right)$ 和 $\left(\pi \sim \frac{3\pi}{2}\right)$ 内,$p>0$,表明电感处于储能状态,在这两个 $\frac{1}{4}$ 周期,电流的绝对值增加,也说明电感储存的磁场能量在增加;在 $\left(\frac{\pi}{2} \sim \pi\right)$ 和 $\left(\frac{3\pi}{2} \sim 2\pi\right)$ 内,$p<0$,表明电感处于释放能量状态,在这两个 $\frac{1}{4}$ 周期,电流的绝对值减小,也说明电感元件储存的磁场能量在减少。可见,交流电变化一个周期,电感并不消耗电能,故平均功率即有功功率为零

$$P = \frac{1}{T}\int_0^T p\,dt = \frac{1}{T}\int_0^T U_L I \sin 2\omega t\,dt = 0 \tag{2.2.15}$$

综上所述,电感在交流电路中没有消耗电能,只是与电源之间进行能量的互换。这种能量互换的规模,可用无功功率(Reactive Power)Q_L 来衡量,一般规定无功功率等于瞬时功率 p 的最大值,单位为 var(乏)或 kvar(千乏)。故由式(2.2.14)可得到 Q_L 为

$$Q_L = U_L I = \frac{U_L^2}{X_L} = I^2 X_L \tag{2.2.16}$$

例 2.2.1 把电感为 0.4 H 的线圈接到市电 220 V 上,试求线圈的感抗、电流有效值和无功功率;若将此线圈接到直流电源上,将会出现怎样现象?

解:市电频率 $f=50$ Hz,则

$$X_L = 2\pi f L = 2\times 3.14\times 50\times 0.4\ \Omega \approx 126\ \Omega$$

$$I = \frac{U_L}{X_L} = \frac{220}{126}\ A \approx 1.75\ A$$

$$Q_L = U_L I = 220\times 1.75\ \text{var} = 385\ \text{var}$$

当一个理想电感接在直流电源上时,由于 $f=0$,使 $X_L=2\pi fL=0$,则该线圈相当于短路元件。

2.2.3 电容元件的正弦交流电路

1. 伏安关系

图 2.2.3(a) 所示是一个由线性电容元件构成的交流电路。当电压 u_C 与电流 i 取关联参考方向时,两者的伏安关系为

$$i = \frac{dq}{dt} = C\frac{du_C}{dt} \tag{2.2.17}$$

设 $u_C = U_{Cm}\sin\omega t$ 时,则

$$i = C\frac{du_C}{dt} = C\frac{dU_{Cm}\sin\omega t}{dt} = \omega CU_{Cm}\cos\omega t = I_m\sin(\omega t + 90°) \tag{2.2.18}$$

若以电流为基准,$i = I_m\sin\omega t$,则

$$u = U_m\sin(\omega t - 90°)$$

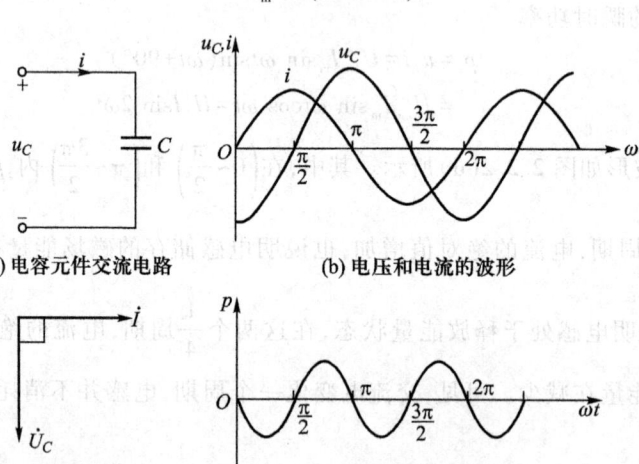

(a) 电容元件交流电路　　(b) 电压和电流的波形

(c) 相量图　　(d) 功率的波形

图 2.2.3　电容元件的正弦交流电路及其特性

由此可知,电容元件的交流电路具有下列特性:

(1) 电压和电流是频率相同的正弦量,波形如图 2.2.3(b) 所示,图中以电流为基准。

(2) 电流在相位上超前于电压 90°,或者说电压滞后于电流 90°。若以电流为基准,则它们的相量图如图 2.2.3(c) 所示。

(3) 电压与电流的大小关系为

$$I_m = \omega CU_{Cm} = \frac{U_{Cm}}{\frac{1}{\omega C}} = \frac{U_{Cm}}{X_C} \quad 或 \quad I = \frac{U_C}{X_C} \tag{2.2.19}$$

其中

$$X_C = \frac{1}{\omega C} = \frac{1}{2\pi fC} \tag{2.2.20}$$

式中,X_C 称为容抗(Capacitance)。容抗 X_C 也与电阻类似,对交流电流同样有阻碍作用。但不同

的是，X_C 不仅与电容量成反比，还与频率成反比。在直流电路中，由于 $f=0$，$X_C\to\infty$，所以电容元件具有隔断直流的作用，可视为开路。

2. 复阻抗

电容元件的复阻抗 Z_C 为

$$Z_C = \frac{\dot{U}_C}{\dot{I}} = \frac{U\angle -90°}{I\angle 0°} = \frac{U}{I}\angle -90° = -jX_C \tag{2.2.21}$$

式中，"$-j$"表示电压滞后电流 90°，X_C 反映了电压有效值与电流有效值的比值。因此，若以电流为基准相量，则电容元件交流电路的相量欧姆定律可表示为

$$\dot{U}_{Cm} = -jX_C \dot{I}_m \quad 或 \quad \dot{U}_C = -jX_C \dot{I} \tag{2.2.22}$$

3. 功率计算

设 $i = I_m\sin\omega t$，且 u、i 取关联参考方向时，则 $u_C = U_{Cm}\sin(\omega t - 90°)$。那么，电容元件上的瞬时功率

$$p = ui = U_{Cm}I_m\sin\omega t\sin(\omega t - 90°) = -U_{Cm}I_m\sin\omega t\cos\omega t = -U_C I\sin 2\omega t \tag{2.2.23}$$

由此画出的功率波形如图 2.2.3(d)所示。当交流电变化一个周期时，瞬时功率变化了两个周期，平均功率即有功功率也为零。与电感元件类似，电容也是只与电源之间进行能量互换。在 $\left(0\sim\dfrac{\pi}{2}\right)$ 和 $\left(\pi\sim\dfrac{3\pi}{2}\right)$ 内，$p<0$，此时，电容元件两端电压的绝对值在减小，说明电容元件储存的电场能在减少，表明电容元件处于放电状态；在 $\left(\dfrac{\pi}{2}\sim\pi\right)$ 和 $\left(\dfrac{3\pi}{2}\sim 2\pi\right)$ 内，$p>0$，此时，电容元件两端电压的绝对值在增加，说明电容元件储存的电场能是在增加，表明电容元件处于充电状态。因此，电容器也是一种储能元件。

电容元件的有功功率 P 为

$$P = \frac{1}{T}\int_0^T p\,dt = \frac{1}{T}\int_0^T U_C I\sin 2\omega t\,dt = 0 \tag{2.2.24}$$

所以电容元件也不消耗电能，电源与电容元件之间只发生能量的互换，与电感元件类似，能量之间互换规模也用无功功率 Q_C 来衡量，即

$$Q_C = -U_C I = -\frac{U_C^2}{X_C} = -I^2 X_C \tag{2.2.25}$$

式中，"$-$"表明了电容元件无功功率与电感元件无功功率的区别，即 Q_C 取负值，而 Q_L 取正值，说明电容元件与电感元件是两种不同性质的储能元件。

例 2.2.2 有一只 47 μF、耐压值为 220 V 的电容，(1)将它接到 50 Hz、电压有效值为 110 V 的交流电源时，电路电流和无功功率各为多少？(2)若电压值不变，而电源频率为 1 000 Hz，此时电流又为多少？(3)能否直接将它接到 220 V 的交流电源上？

解：(1) 当 $f = 50$ Hz 时

$$X_C = \frac{1}{2\pi fC} = \frac{1}{2\times 3.14\times 50\times 47\times 10^{-6}}\,\Omega \approx 68\,\Omega$$

则

$$I = \frac{U_C}{X_C} = \frac{110}{68}\,A \approx 1.62\,A$$

$$Q_C = -U_C I = -110 \times 1.62 \text{ var} \approx -178 \text{ var}$$

（2）当 $f = 1\,000$ Hz 时

$$X_C = \frac{1}{2\pi f C} = \frac{1}{2 \times 3.14 \times 1\,000 \times 47 \times 10^{-6}} \Omega \approx 3.4 \Omega$$

则

$$I = \frac{U_C}{X_C} = \frac{110}{3.4} \text{ A} \approx 32.4 \text{ A}$$

由上述分析可知，当电压一定时，电源频率越高，电容的容抗越小，通过电容的电流则越大。

（3）交流电源电压为 220 V 指的是有效值，其幅值为

$$U_{Cm} = \sqrt{2}\, U_C = 1.414 \times 220 \text{ V} \approx 311 \text{ V}$$

显然，电压幅值超过了电容的耐压值，故该电容不能接到 220 V 的市电上。否则，会使电容击穿损坏。接到市电上的电容的耐压值一般应选择为 500 V 以上为宜。

授课视频-正弦交流电路的相量分析方法

2.3 复杂正弦交流电路的分析
2.3 Analysis of Complex Sinusoidal AC Circuits

2.3.1 电路基本定律的相量形式

1. 相量形式的基尔霍夫定律

回顾一下基尔霍夫定律的描述，在复杂交流电路中，电流和电压的瞬时值依然遵循 KCL 和 KVL。即

$$\sum i = 0 \qquad \sum u = 0 \tag{2.3.1}$$

如果电流和电压都用相量表示，那么可得基尔霍夫定律的相量形式

$$\sum \dot{I} = 0 \qquad \sum \dot{U} = 0 \tag{2.3.2}$$

2. 相量形式的欧姆定律

在复杂交流电路中，欧姆定律反映了线性电阻元件上电压和电流在任何瞬间都成正比关系，即

$$u = iR \tag{2.3.3}$$

当用相量来表示正弦电压与电流时，相量形式的欧姆定律不仅适用于电阻元件，而且也适用于电感和电容元件，只不过它们的电压电流的相量之比分别用复感抗和复容抗来表示。同理，相量形式的欧姆定律还可以推广到任意复杂的无源 RLC 二端网络，如图 2.3.1 所示的线性无源二端网络，端口电压电流在关联参考方向的情况下，二者的相量之比定义为二端网络的复阻抗，即

$$\frac{\dot{U}}{\dot{I}} = Z = |Z| \underline{/\varphi} = R + jX \tag{2.3.4}$$

其中，R 为串联等效电阻；X 为串联等效电抗（可能为电感或电容）；$|Z| = \dfrac{U}{I}$，

图 2.3.1 线性无源二端网络

称为阻抗,反映了正弦电压、电流之间的大小关系;$\varphi=\arctan\dfrac{X}{R}$,称为阻抗角,反映了正弦电压、电流之间的相位关系。

3. 复阻抗的串并联

在正弦交流电路中,如果电压与电流用相量表示,元件参数用复阻抗表示,正弦交流电路的分析与计算也就类似于直流电路,复阻抗的串并联等效、支路电流法、叠加定理和戴维宁定理等分析方法均可应用。因此分别可得复阻抗串、并联等效复阻抗的计算式为

串联 $$Z = Z_1 + Z_2 + \cdots + Z_n \tag{2.3.5}$$

并联 $$\dfrac{1}{Z} = \dfrac{1}{Z_1} + \dfrac{1}{Z_2} + \cdots + \dfrac{1}{Z_n} \tag{2.3.6}$$

例 2.3.1 试求图 2.3.2 所示电路的等效复阻抗 Z_{ab}。

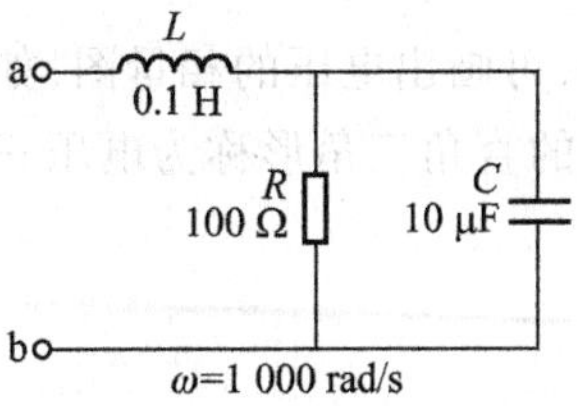

解:电感和电容的复阻抗分别为

$$Z_L = j\omega L = j1\,000 \times 0.1\ \Omega = j100\ \Omega$$

$$Z_C = -j\dfrac{1}{\omega C} = -j\dfrac{1}{1\,000 \times 10 \times 10^{-6}}\ \Omega = -j100\ \Omega$$

RC 并联部分的复阻抗为

图 2.3.2 例 2.3.1 图

$$Z_{RC} = \dfrac{R \cdot Z_C}{R + Z_C} = \dfrac{100 \cdot (-j100)}{100 - j100} = \dfrac{100\angle -90°}{\sqrt{2}\angle -45°}\ \Omega = 50\sqrt{2}\angle -45°\ \Omega = (50 - j50)\ \Omega$$

因此待求的复阻抗 Z_{ab} 为

$$Z_{ab} = Z_{RC} + Z_L = (50 - j50 + j100)\ \Omega = (50 + j50)\ \Omega = 50\sqrt{2}\angle 45°\ \Omega$$

2.3.2 RLC 串联交流电路

1. 电压电流关系

RLC 串联电路如图 2.3.3(a) 所示。电路的等值复阻抗为

$$Z = \dfrac{\dot{U}}{\dot{I}} = R + jX_L - jX_C = R + j(X_L - X_C) = |Z|\angle\varphi \tag{2.3.7}$$

其中阻抗

$$|Z| = \sqrt{R^2 + (X_L - X_C)^2} = \sqrt{R^2 + X^2} \tag{2.3.8}$$

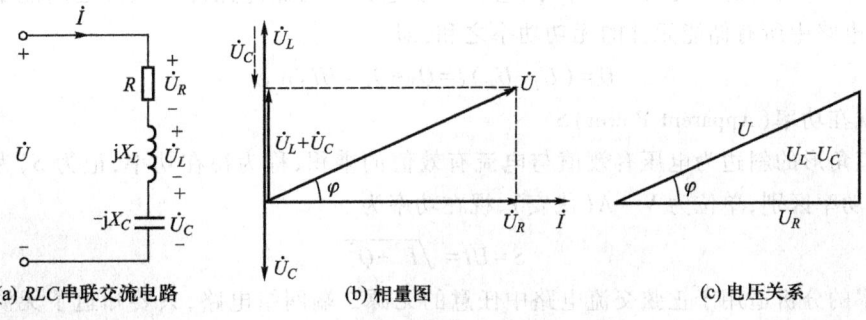

(a) RLC 串联交流电路　　(b) 相量图　　(c) 电压关系

图 2.3.3 RLC 串联的交流电路和相量图

式中,$X=X_L-X_C$ 为电路的电抗(Ω),阻抗角 $\varphi=\arctan\dfrac{X_L-X_C}{R}$,表明电压与电流的相位差为 φ,电压与电流的大小关系为 $\dfrac{U}{I}=|Z|=\sqrt{R^2+(X_L-X_C)^2}$,也可以从另外角度来分析 R、L、C 串联电路。

$$\dot{U}=\dot{U}_R+\dot{U}_L+\dot{U}_C \tag{2.3.9}$$

其中 $\dot{U}_R=\dot{I}R$, $\dot{U}_L=jX_L\dot{I}$, $\dot{U}_C=-jX_C\dot{I}$

则 $$\dot{U}=[R+j(X_L-X_C)]\dot{I}=Z\dot{I} \tag{2.3.10}$$

式(2.3.10)中的 $R+j(X_L-X_C)$ 即为复阻抗 $Z(\Omega)$。

设以 $\dot{I}=I\underline{/0°}$ 为基准相量,不失一般性假设 $X_L>X_C$,利用各元件上的电压与电流的相位关系,可画出电压的相量图,如图 2.3.3(b)所示。将 $\dot{U}$、$\dot{U}_R$、$(\dot{U}_L+\dot{U}_C)$ 的有效值 U、U_R、(U_L-U_C) 构成的直角三角形称为电压三角形,如图 2.3.3(c)所示。因此,可求得总电压的有效值为

$$U=\sqrt{U_R^2+(U_L-U_C)^2}=\sqrt{(RI)^2+(X_LI-X_CI)^2} \tag{2.3.11}$$
$$=\sqrt{R^2+(X_L-X_C)^2}\,I=|Z|I$$

将电压三角形三个边分别除以电流有效值 I,得到 $|Z|$、R 和 $X(X_L-X_C)$,得到与电压三角形相似的直角三角形,称为阻抗三角形。

2. 功率

将电压三角形的三个边乘以电流有效值 I,得到 UI、U_RI、$(U_L-U_C)I$,分别用 S、P、Q 表示,也构成了一个相似三角形,称为功率三角形。这样,电压三角形、阻抗三角形、功率三角形是三个相似的直角三角形,如图 2.3.4 所示。

(1)有功功率 P

功率三角形的一个直角边称为有功功率 P,是电路中电阻消耗的功率

$$P=U_RI=I^2R=UI\cos\varphi \tag{2.3.12}$$

公式中的 $\cos\varphi$ 称为电路的功率因数(Power Factor),φ 也相应称为功率因数角。从三个相似直角三角形中可以知道,φ 既是功率因数角,又是阻抗角,也是电压与电流的相位差。

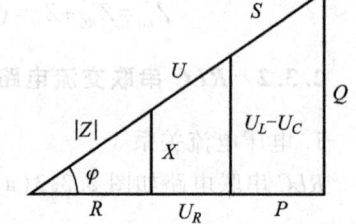

图 2.3.4 RLC 串联交流电路电压、阻抗和功率的三角形关系

(2)无功功率 Q

功率三角形的对边称为无功功率 Q,它反映了电路中的储能元件与电源之间能量交换的速率,也等于电路中所有储能元件的无功功率之和,即

$$Q=(U_L-U_C)I=Q_L+Q_C=UI\sin\varphi \tag{2.3.13}$$

(3)视在功率(Apparent Power)S

功率三角形的斜边为电压有效值与电流有效值的乘积,称为视在功率,记 S,为了与有功功率、无功功率区别,单位为 V·A(伏安),视在功率为

$$S=UI=\sqrt{P^2+Q^2} \tag{2.3.14}$$

以上对功率的分析适用于正弦交流电路中任意的无源二端网络电路,只要知道了无源二端网络端电压、端电流的有效值以及电压与电流的相位差,即可按上述的公式计算该电路的有功功率、

无功功率、视在功率。例如,对于上一节介绍的电阻、电感、电容元件有功功率、无功功率的计算为:

有功功率计算:
  电阻元件 $P = UI\cos 0° = UI$
  电感元件 $P = UI\cos 90° = 0$
  电容元件 $P = UI\cos(-90°) = 0$

无功功率计算:
  电阻元件 $Q = UI\sin 90° = 0$
  电感元件 $Q = UI\sin 90° = UI$
  电容元件 $Q = UI\sin(-90°) = -UI$

上面的计算结果与上一节介绍一致。从计算可知,电阻元件不吸收无功功率,是耗能元件;而电感、电容不消耗有功功率,它们与电源之间进行能量交换,电感元件的无功功率为正,电容元件的无功功率为负,它们是两种不同性质的储能元件。

  由电压三角形或阻抗三角形可以得到电压与电流的相位差即阻抗角 φ

$$\varphi = \arctan\frac{U_L - U_C}{U_R} = \arctan\frac{X_L - X_C}{R} = \arctan\frac{X}{R} \tag{2.3.15}$$

由式(2.3.15)可知,阻抗角 φ 取决于电路的频率及参数,当电源频率确定不变时,φ 角由电路的参数确定。

  当 $X>0$,即 $X_L>X_C$ 时,则 $\varphi>0$,电压超前电流 φ 角,称为电感性电路(Inductive Circuit),其无功功率为正。

  当 $X<0$,即 $X_L<X_C$ 时,则 $\varphi<0$,电压滞后电流 φ 角,称为电容性电路(Capacitive Circuit),其无功功率为负。

  当 $X=0$,即 $X_L=X_C$ 时,$\varphi=0$,电压与电流同相位,称为电阻性电路(Resistive Circuit),此时电路发生谐振。有关谐振的内容,将在 2.3.3 节中介绍。

  例 2.3.2   图 2.3.5 所示为日光灯的简化电路,R 为日光灯电阻,X_L 为镇流器的感抗。已知交流电压的有效值 $U=220$ V,$R=300$ Ω,$L=1.65$ H。试求电路的复阻抗 Z、灯管电压 U_R、有功功率 P、无功功率 Q 和视在功率 S。

  解:为了简便分析和计算,设以电压为基准相量,即 $\dot{U} = 220\underline{/0°}$ V,有
$$X_L = 2\pi f L = 2\times 3.14\times 50\times 1.65 \text{ Ω} = 518 \text{ Ω}$$
则阻抗 Z 为
$$Z = R + jX_L = (300 + j518) \text{ Ω} = 598\underline{/60°} \text{ Ω}$$
其中,阻抗模 $|Z| = 598$ Ω,阻抗角 $\varphi = 60°$。
$$\dot{I} = \frac{\dot{U}}{Z} = \frac{220\underline{/0°}}{598\underline{/60°}} \text{ A} \approx 0.37\underline{/-60°} \text{ A}$$
其中,电流有效值为 0.37 A,初相位为 $-60°$,说明电流滞后电压 $60°$。

  由图 2.3.3(c)中的电压三角形,可得到
$$U_R = U\cos\varphi = 220\times\cos 60° \text{ V} = 110 \text{ V}$$
则电路的 P、Q 和 S 分别为

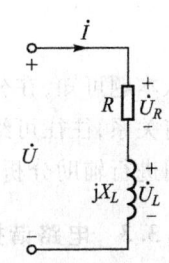

图 2.3.5 例 2.3.2 图

$$P = UI\cos\varphi = 220 \times 0.37 \times \cos 60° \text{ W} = 41 \text{ W}$$
$$Q = UI\sin\varphi = 220 \times 0.37 \times \sin 60° \text{ var} \approx 70 \text{ var}$$
$$S = \sqrt{P^2 + Q^2} = \sqrt{41^2 + 70^2} \text{ V} \cdot \text{A} \approx 81 \text{ V} \cdot \text{A}$$

例 2.3.3 电路如图 2.3.6 所示,已知 $R = 16 \text{ k}\Omega$, $C = 0.01 \text{ μF}$,(1)当频率 f 为何值时,$\dot{U}_o$ 与 $\dot{U}_i$ 之间的相位差为 45°？(2)它们之间超前、滞后关系如何？

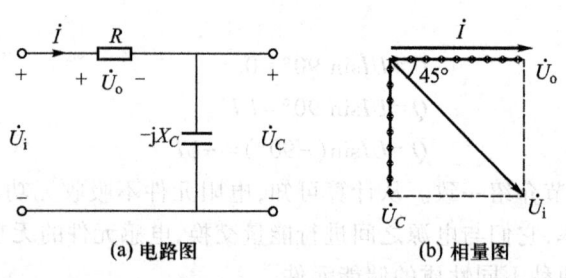

图 2.3.6 例 2.3.3 图

解：方法一：复阻抗法

电路的复阻抗为 $Z = R - jX_C = \sqrt{R^2 + X_C^2}\left|\arctan\dfrac{-X_C}{R}\right.$,电压 $\dot{U}_i$ 与电流 $\dot{I}$ 的相位差为 $\arctan\dfrac{-X_C}{R}$,因为 $\dot{U}_o$ 与 $\dot{I}$ 同相,所以 $\dot{U}_o$ 与 $\dot{U}_i$ 的相位差也为 $\arctan\dfrac{-X_C}{R}$,由于 $\arctan\dfrac{-X_C}{R} < 0$,所以电压 $\dot{U}_i$ 滞后 $\dot{I}$,即电压 $\dot{U}_i$ 滞后 $\dot{U}_o$。

根据题意,要求 $\dot{U}_o$ 与 $\dot{U}_i$ 相位差为 45°,有 $\dfrac{X_C}{R} = 1$,即 $X_C = R$, $\dfrac{1}{2\pi f C} = R$

得 $$f = \dfrac{1}{2\pi RC} = \dfrac{1}{2\pi \times 16 \times 10^3 \times 0.01 \times 10^{-6}} \text{ Hz} = 995.2 \text{ Hz}$$

方法二：相量图辅助分析

设电流 $\dot{I}$ 为参考相量,画出相量图如图 2.3.6(b)所示。由图可知,$\dot{U}_i$ 滞后 $\dot{I}$,如要 $\dot{U}_o$ 与 $\dot{U}_i$ 之间相位差为 45°,则

$$\arctan\dfrac{U_C}{U_o} = 45°, \quad 有 \dfrac{U_C}{U_o} = 1, \quad 即 \dfrac{X_C}{R} = 1$$

$$f = \dfrac{1}{2\pi RC} = \dfrac{1}{2\pi \times 16 \times 10^3 \times 0.01 \times 10^{-6}} \text{ Hz} = 995.2 \text{ Hz}$$

从本题可知,在分析、求解简单的正弦交流电路时,如采用相量图辅助分析,由相量图中各量的几何关系,往往可给解题带来方便。因此,无论题中有无要求绘制相量图,建议初学者都绘出相量图进行辅助分析。

2.3.3 电路谐振

在含有 R、L、C 元件的交流电路中,因感抗、容抗都是频率的函数,所以当改变电感元件、电

容元件的参数或电源的频率时,感抗和容抗就会发生变化,引起电压与电流之间的相位差的变化。当电路的电压、电流同相位,即电路呈电阻性时,称电路的这种状态为谐振(Resonance)。

1. 串联谐振(Series Resonance)

在图 2.3.7 所示 RLC 串联电路中,若 $X=X_L-X_C=0$,电路的阻抗角 $\varphi=0$,总电压与总电流相位相同,称此时电路发生串联谐振。由此可推导出谐振条件为

$$X = X_L - X_C = 0 \quad \text{或} \quad \omega L - \frac{1}{\omega C} = 0 \qquad (2.3.16)$$

经整理得到串联谐振的频率为

$$\omega_0 = \frac{1}{\sqrt{LC}}$$

或

$$f_0 = \frac{1}{2\pi\sqrt{LC}} \qquad (2.3.17)$$

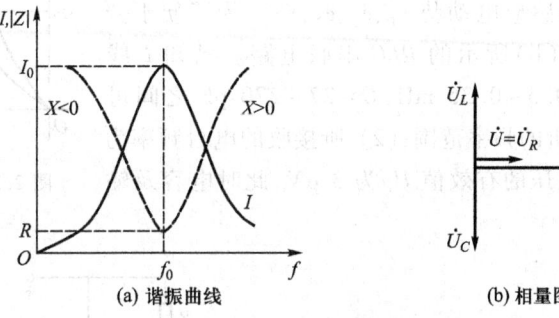

图 2.3.7 谐振的特性曲线和相量图

由此可知,只要改变电路参数(L 或 C)满足 $X_L=X_C$ 或改变信号源频率使 $f=f_0$,均可使电路发生谐振,谐振频率(Resonant Frequency)就是 f_0 或 ω_0。谐振时,电路具有下列特点:

(1) 谐振阻抗 Z_0 为电阻性,阻抗值最小,谐振电流 I_0 最大。由于 $|Z|=\sqrt{R^2+(X_L-X_C)^2}=R=Z_0$ 为最小值,所以在电源电压 U 一定时,$I_0=\dfrac{U}{Z_0}$ 为最大值。阻抗 Z 和电流 I 随频率 f 的变化规律曲线,如图 2.3.7(a)所示。

(2) 总电压 $\dot{U}$ 和总电流 $\dot{I}$ 同相。由于 $\varphi=\arctan\dfrac{X_L-X_C}{R}=0$,则 $\dot{U}$ 与 $\dot{I}$ 同相,它们的相量图如图 2.3.7(b)所示。

(3) U_L 或 U_C 为 U 的 Q 倍。谐振时,当 $\omega_0 L=\dfrac{1}{\omega_0 C}\gg R=Z_0$,会有 $U_L=U_C\gg U_R=U$,即在电感、电容元件上电压的有效值会远远大于外施电压的有效值。由于串联谐振可能在电感、电容上产生过电压,因此也将串联谐振称为电压谐振。

在工程技术应用中,谐振时为了衡量电路的谐振质量,将电感电压有效值与总电压有效值之比称为电路的品质因数(Quality Factor),用 Q 表示。即

$$Q=\frac{U_L}{U}=\frac{U_C}{U}=\frac{\omega_0 L}{R}=\frac{1}{\omega_0 RC}=\frac{1}{R}\sqrt{\frac{L}{C}} \qquad (2.3.18)$$

则
$$U_L = QU \quad \text{或} \quad U_C = QU \tag{2.3.19}$$

如两个谐振回路的 L 和 C 相同，那么它们的谐振频率 f_0 或 ω_0 也相同。但如果它们的电阻不同，如 $R_1 < R_2$，则它们的品质因数不相等，有

$$Q_1 = \frac{\omega_0 L}{R_1} > Q_2 = \frac{\omega_0 L}{R_2} \tag{2.3.20}$$

在相同的输入电压有效值 U 的作用下，谐振电流也不相同，有

$$I_{10} > I_{20} \tag{2.3.21}$$

当频率偏离谐振频率 $f_0(\omega_0)$ 时，由于电阻较小，电抗远大于电阻，两个回路的阻抗值近似相等，故电流也近似相等（$I_1 \approx I_2$）。作出两个回路的频率特性曲线如图 2.3.8 所示，可以看出，品质因数大的回路选频特性好。

例 2.3.4 图 2.3.9(a) 所示为收音机的天线输入回路。L_1 表示天线线圈，用于将各地电台到达的无线电波变换为不同信号频率 $f_1、f_2、f_3、\cdots$ 的感应电动势 $e_1、e_2、e_3、\cdots$。为了便于分析，可将图(a)等效为图(b)所示的 RLC 串联电路。已知 L 线圈的电阻 $R = 20\ \Omega$，$L = 0.3 \sim 0.35$ mH，$C = 27 \sim 270$ pF 之间可调。试求：(1) 收音机收听的频率范围；(2) 所接收的电台频率为 640 kHz，且该信号输入电压的有效值 U_i 为 3 μV，此时电容及输出电压 U_C 各是多少？

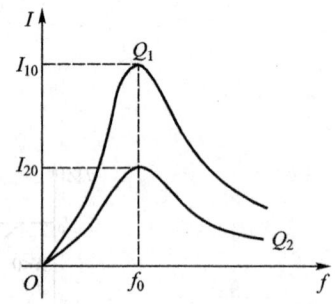

图 2.3.8 不同品质因数的频率特性

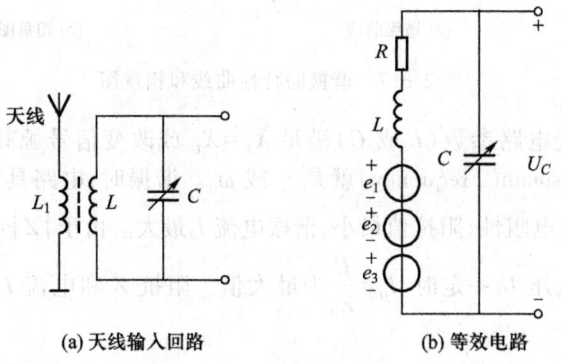

图 2.3.9 例 2.3.4 图

解：(1) 当 $C = 270$ pF，$L = 0.35$ mH 时

$$f = \frac{1}{2\pi\sqrt{LC}} = \frac{1}{2 \times 3.14 \times \sqrt{0.35 \times 10^{-3} \times 270 \times 10^{-12}}}\ \text{Hz} \approx 517.99\ \text{kHz}$$

当 $C = 27$ pF，$L = 0.35$ mH 时

$$f = \frac{1}{2\pi\sqrt{LC}} = \frac{1}{2 \times 3.14 \times \sqrt{0.35 \times 10^{-3} \times 27 \times 10^{-12}}}\ \text{Hz} \approx 1\,638\ \text{kHz}$$

由此可知，收听的频率范围为 517 kHz ~ 1 638 kHz，这是收音机的中波频段。

(2) 只有当 $C = \dfrac{1}{(2\pi f)^2 L} = \dfrac{1}{(2 \times 3.14 \times 640 \times 10^3)^2 \times 0.35 \times 10^{-3}}\ \text{F} \approx 176.87$ pF 时，天线输入回

路对频率为 640 kHz 的信号发生谐振。此时

$$Q = \frac{\omega_0 L}{R} = \frac{2 \times 3.14 \times 640 \times 10^3 \times 0.35 \times 10^{-3}}{20} \approx 70.34$$

则从 C 两端输出电压的有效值 U_C 为

$$U_C = QU_i = 70.34 \times 3 \ \mu V \approx 211 \ \mu V$$

由此可知,输出电压 U_C 远高于输入的信号电压 U_i,无线电技术就是利用电压谐振的特性,从众多的信号中达到选择信号频率的目的。但对于电力系统,应避免电压谐振或接近谐振情况的发生。例如谐振时 $Q = 100$、$U = 220$ V,则 $U_L = U_C = QU = 100 \times 220$ V $= 22\ 000$ V。这种高电压易使电路元件的绝缘物被击穿损坏。

2. 并联谐振(Parallel Resonance)

在实际中,经常遇到并联谐振电路,它是电容与线圈的并联电路,如图 2.3.10 所示。其等效复阻抗为

$$Z(j\omega) = \frac{\frac{1}{j\omega C}(R + j\omega L)}{\frac{1}{j\omega C} + (R + j\omega L)} = \frac{R + j\omega L}{1 - \omega^2 LC + j\omega RC}$$

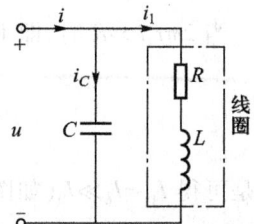

图 2.3.10 线圈与电容并联电路

一般情况下,线圈的电阻很小,在谐振条件下,有 $\omega_0 L \gg R$,则上式可写作

$$Z \approx \frac{j\omega L}{1 + j\omega RC - \omega^2 LC} = \frac{1}{\frac{RC}{L} + j\left(\omega C - \frac{1}{\omega L}\right)} \quad (2.3.22)$$

由此可得并联电路的谐振频率为

$$\omega_0 C - \frac{1}{\omega_0 L} \approx 0 \qquad \omega_0 C \approx \frac{1}{\omega_0 L} \qquad f = f_0 \approx \frac{1}{2\pi\sqrt{LC}}$$

并联谐振电路的特征如下:

(1)谐振时,电路阻抗

$$|Z_0| = \frac{1}{\frac{RC}{L}} = \frac{L}{RC} \quad (2.3.23)$$

其值最大。因此在电源电压 U 一定的情况下,电路中的电流在谐振时其值最小

$$I = I_0 = \frac{U}{\frac{L}{RC}} = \frac{RC}{L}U = \frac{U}{|Z_0|}$$

例如,在图 2.3.10 所示电路中,$C = 0.002 \ \mu F$,$L = 20 \ \mu H$,$R = 5 \ \Omega$,则谐振频率为

$$f_0 \approx \frac{1}{2\pi\sqrt{LC}} \approx 8 \times 10^5 \ Hz$$

谐振时,电路的阻抗为

$$|Z_0| = \frac{L}{RC} = \frac{20 \times 10^{-6}}{5 \times 0.002 \times 10^{-6}} \ \Omega = 2\ 000 \ \Omega$$

说明该电路谐振时,它对电路竟呈现出 2 000 Ω 的电阻。

根据式(2.3.22)可作出阻抗与电流的谐振曲线,如图 2.3.11 所示。

(2) 谐振时,在电源作用下各支路电流为

$$I_1 = \frac{U}{\sqrt{R^2 + (\omega_0 L)^2}} \approx \frac{U}{\omega_0 L} = \frac{U}{2\pi f_0 L}$$

$$I_C = \frac{U}{\dfrac{1}{\omega_0 C}} = \omega_0 C U$$

而电路谐振时的阻抗可写为

$$|Z_0| = \frac{L}{RC} = \frac{2\pi f_0 L}{R(2\pi f_0 C)} \approx \frac{(2\pi f_0 L)^2}{R}$$

当 $2\pi f_0 L \gg R$ 时,即 $1 \ll \dfrac{2\pi f_0 L}{R}$,有

$$2\pi f_0 L \approx \frac{1}{2\pi f_0 C} \ll \frac{(2\pi f_0 L)^2}{R}$$

于是可得 $I_1 \approx I_C \gg I_0$(如图 2.3.12 所示),因此并联谐振也称为电流谐振。

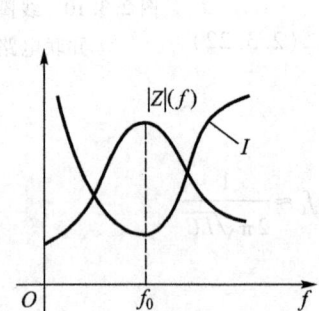

图 2.3.11 并联谐振频率响应

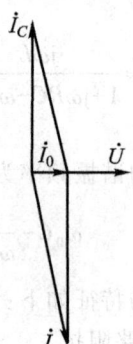

图 2.3.12 $2\pi f_0 L \gg R$ 时并联谐振相量图

并联电路的品质因数可定义如下

$$Q = \frac{I_1}{I_0} = \frac{2\pi f_0 L}{R} = \frac{\omega_0 L}{R} = \frac{1}{\omega_0 CR} \tag{2.3.24}$$

说明并联谐振时,并联支路的电流(I_1, I_C)是总电流 I_0 的 Q 倍。也就是说谐振时电路的阻抗是各并联支路阻抗的 Q 倍。与串联谐振一样,并联谐振电路同样具有选频作用。当外施激励是电流源时,由于并联谐振时阻抗 $|Z|$ 最大,所以并联电路端电压远远大于非谐振时的电压。电子电路中的 LC 振荡电路就是利用并联谐振进行选频。Q 值越大,$|Z(\omega)|$ 和 $I(\omega)$ 曲线就越尖锐,其选择性就越强。

例 2.3.5 如图 2.3.13(a)所示电路,已知电压 $U_2 = 50$ V,$Z_1 = -\text{j}10$ Ω,$Z_2 = (3+\text{j}4)$ Ω,$I_2 = 8$ A,且 Z_3 为纯电容性元件。试求电压 $\dot{U}$ 和电流 $\dot{I}$。

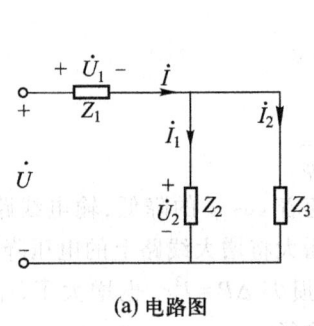
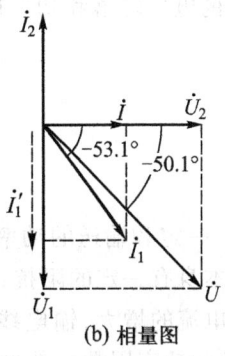

(a) 电路图　　　　　　　　(b) 相量图

图 2.3.13　例 2.3.5 图

解：设以 $\dot{U}_2$ 为基准正弦量，即 $\dot{U}_2 = 50\underline{/0°}$ V。那么，$\dot{I}_2$ 为

$$\dot{I}_2 = 8\underline{/90°} \text{ A} = \text{j}8 \text{ A}$$

由于

$$Z_2 = (3+\text{j}4) \text{ }\Omega = 5\underline{/53.1°} \text{ }\Omega$$

所以

$$\dot{I}_1 = \frac{\dot{U}_2}{Z_2} = \frac{50\underline{/0°}}{5\underline{/53.1°}} \text{ A} = 10\underline{/-53.1°} \text{ A} = (6-\text{j}8) \text{ A}$$

总电流为

$$\dot{I} = \dot{I}_1 + \dot{I}_2 = [\text{j}8+(6-\text{j}8)] \text{ A} = 6\underline{/0°} \text{ A}$$

$$\dot{U}_1 = \dot{I}Z_1 = 6\times(-\text{j}10) \text{ V} = -\text{j}60 \text{ V}$$

则

$$\dot{U} = \dot{U}_1 + \dot{U}_2 = (50-\text{j}60) \text{ V} \approx 78\underline{/-50.1°} \text{ V}$$

由上述分析可画出相量图，如图 2.3.13(b)所示。

2.4　功率因数及其提高

2.4　Power-Factor Correction

2.4.1　提高功率因数的意义

在供电系统的负载中，大多属感性负载。例如在工矿企业中大量使用的异步电动机，控制电路中的交流接触器，以及照明用的日光灯等，都是感性负载。我们知道，感性负载的电流滞后于电压($\varphi \neq 0$)，所以功率因数总小于1($\cos\varphi < 1$)。这样会给供电系统带来一些问题。

1. 电源容量不能得到充分利用

交流电源（发电机和变压器）的容量是按照设计的额定电压 U_N 和额定电流 I_N 确定的。视在功率 $S_N = U_N I_N$ 就是电源的额定容量。交流电源可否供出如此大的有功功率，还得看负载电路的功率因数。如 $S = 1\,000$ kV·A 的发电机，给功率因数 $\cos\varphi = 0.9$ 的负载供电，它能供出的有功功率为

$$P = S\cos\varphi = 1\,000\times0.9 \text{ kW} = 900 \text{ kW}$$

当 $\cos\varphi = 0.5$ 时，它就只能输出有功功率 $P = 500$ kW。可见，负载功率因数降低后，电源输出的有功功率也随之减小，电源的容量未充分发挥效益。

2. 增加了线路的电压降落和功率损失

因为
$$P = UI\cos\varphi$$

所以
$$I = \frac{P}{U\cos\varphi}$$

可见,在电源电压 U 一定和输送的功率 P 一定时,随着 $\cos\varphi$ 的降低,输电线路上的电流 I 将增大。由于输电线路本身有一定的阻抗,因此电流的增大将增大线路上的电压降,使用户端的电压也随之降低;同时,电流的增大,输电线路上的功率损失 $\Delta P = I^2 r_1$ 也增大了,r_1 为输电线路的电阻。因此,提高负载的功率因数是节电的一个重要途径。

2.4.2 提高功率因数的措施

从上述的讨论中已经清楚,供电系统功率因数低,通常都是由感性负载造成的,感性负载的电流滞后于电压,有一个滞后电压 90°的无功电流分量 $\dot{I}_Q$,如图 2.4.1(b) 所示。因此提高电路(而非负载)功率因数的方法就是,在感性负载两端并联电容(或同步补偿机),产生一个超前电压 90°的电流 $\dot{I}_C$,以补偿感性负载的无功电流分量,使总电流减小,如图 2.4.1(a) 所示。

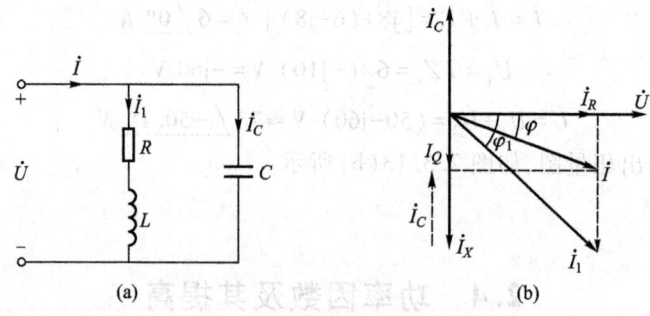

图 2.4.1 并联电容提高功率因数

在图 2.4.1 所示的电路及相量图中,未并联电容 C 时,总电流 $\dot{I} = \dot{I}_1$(负载电流),其有功分量为 $\dot{I}_R$,无功分量为 $\dot{I}_Q$;并联电容 C 后,总电流 $\dot{I} = \dot{I}_1$(负载电流)$+ \dot{I}_C$(电容电流)。由于 $\dot{I}_C$ 补偿了一部分无功电流分量 $\dot{I}_Q$,故 $I < I_1$;从相位上看,$\varphi < \varphi_1$,$\cos\varphi > \cos\varphi_1$。电路的功率因数 $\cos\varphi$ 得到提高(而负载的 $\cos\varphi_1$ 不变)。

这里着重强调:

(1) 并联电容 C 前后,原负载的工作状态并无任何变化,即通过负载的电流和负载的功率因数均未改变。提高功率因数是仅就整个电路(包括并联 C)对原电路(未并 C)而言。功率因数提高的物理过程如下:即负载所需无功功率的一部分由并联电容 C 供给,从而使总电流减小,这样便减轻了电源的负担,降低了线路损耗。

(2) 线路总电流的减小是由于并联电容后总电流无功分量减小的结果。而电流的有功分量在并联后并无改变,从相量图上可以看出。

现在讨论补偿电容的计算。

从相量图上可以看出
$$I_C = I_1 \sin \varphi_1 - I \sin \varphi$$

因为
$$I_1 = \frac{P}{U\cos \varphi_1}, \quad I = \frac{P}{U\cos \varphi}, \quad I_C = \omega C U$$

所以有
$$\omega C U = \frac{P}{U}\tan \varphi_1 - \frac{P}{U}\tan \varphi$$

$$C = \frac{P}{\omega U^2}(\tan \varphi_1 - \tan \varphi) \tag{2.4.1}$$

例 2.4.1 一台发电机的额定容量 $S_N = 10$ kV·A,$U_N = 220$ V,$f = 50$ Hz,给某负载供电,其功率因数 $\cos \varphi = 0.6$。求:(1) 当发电机满载运行(输出为额定电流 I_N)时,输出有功功率为多少?(2) 负载不变,给负载并联电容,使整个电路的功率因数 $\cos \varphi$ 为 0.85、0.9、0.95,求并联的 C 值。

解:(1) 发电机输出有功功率为
$$P = S_N \cos \varphi = 10 \times 0.6 \text{ kW} = 6 \text{ kW}$$

这时线路的电流为
$$I_N = \frac{S_N}{U_N} = \frac{10 \times 10^3}{220} \text{ A} = 45.5 \text{ A}$$

或
$$I_N = \frac{P}{U_N \cos \varphi} = \frac{6 \times 10^3}{220 \times 0.6} \text{ A} = 45.5 \text{ A}$$

(2) 负载不变,即 $P = 6$ kW,$\cos \varphi = 0.85$,$\cos \varphi_1 = 0.6$

当 $\cos \varphi_1 = 0.6$ 时　　　　　　$\tan \varphi_1 = 1.333$
当 $\cos \varphi = 0.85$ 时　　　　　　$\tan \varphi = 0.62$
当 $\cos \varphi = 0.9$ 时　　　　　　　$\tan \varphi = 0.48$
当 $\cos \varphi = 0.95$ 时　　　　　　$\tan \varphi = 0.33$

根据式(2.4.1)有
$$C_1 = \frac{P}{\omega U_N^2}(\tan \varphi_1 - \tan \varphi) = \frac{6 \times 10^3}{314 \times 220^2}(1.333 - 0.62) \text{ F} = 281 \text{ μF}$$

$$C_2 = 336.7 \text{ μF}$$
$$C_3 = 396 \text{ μF}$$

可见,当 $\cos \varphi$ 已接近 1(>0.9)时,再提高 $\cos \varphi$,所需电容 C 值就会很大,并不经济。

2.5 非正弦周期交流电路简介
2.5 Introduction of Non-sinusoidal Periodic AC circuit

前面研究的交流电路都是单一频率正弦信号作用于线性电路的稳态分析。但是,实际应用中存在很多非正弦的周期电源和信号。例如,在无线电工程和其他电子工程中,由语言、音乐、图像等转换过来的电信号,都不是正弦信号;信号发生器,除正弦波信号发生器外,还有产生非正弦周期电压的,如矩波电压、锯齿波电压;在自动控制和电子计算机中使用的脉冲信号都不是正弦信号;在非电量测量技术中,由非电量的变化变换而得的电信号随时间而变化的规律,也是非正弦的。常见的几种非正弦周期信号的波形,如图 2.5.1 所示。在正弦交流电路中,这种非正弦的波形称为波形畸变。

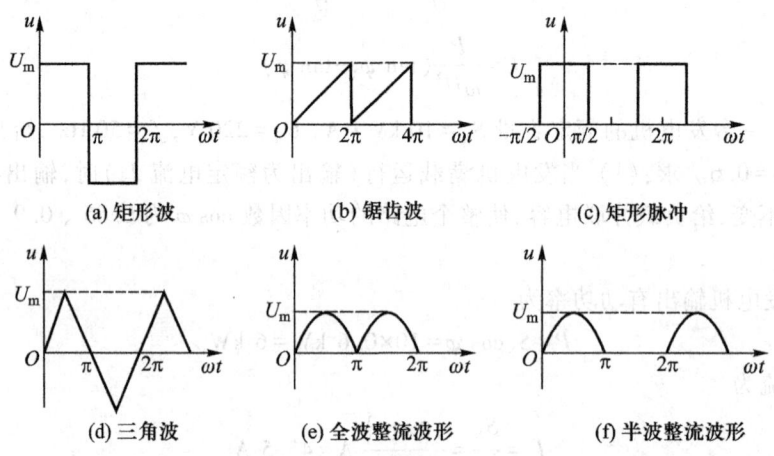

图 2.5.1　非正弦周期电压波形

波形畸变产生的原因有三个:电路中激励是非正弦的,故响应也是非正弦的;激励是正弦波,但是电路中存在非线性元件,响应会出现非正弦;电路的参数是线性的,但电路中存在着不同频率的正弦波或交直流信号,故也会出现非正弦。对于波形畸变信号的分析和正弦交流电路的分析方法是不同的,这是因为非正弦周期交流信号不是正弦量,所以不能直接用相量分析,通常的做法是将波形畸变信号利用傅里叶级数分解为恒定分量和一系列频率不同的正弦分量,这种分析方法称为谐波分析。

2.5.1　非正弦周期量的大小与功率

1. 非正弦周期信号(Non-sinusoidal Periodic Signal)的分解

将一个非正弦周期电流或电压信号用 $f(\omega t)$ 表示,如果函数 $f(\omega t)$ 满足狄里赫利条件(即周期函数在任一个周期内绝对可积,在任一个周期内具有有限个最大值和最小值以及有限个第一类间断点),则 $f(\omega t)$ 可分解为傅里叶级数(Trigonometrical Fourier Series)

$$f(\omega t) = A_0 + A_{1m}\sin(\omega t + \psi_1) + A_{2m}\sin(2\omega t + \psi_2) + \cdots$$

$$= A_0 + \sum_{k=1}^{\infty} A_{km}\sin(k\omega t + \psi_k)$$

(2.5.1)

式中,ω 为角频率,A_0 是不随时间而变的常数,称为恒定分量或直流分量(DC Component),也就是函数 $f(\omega t)$ 在一个周期内的平均值,A_{km} 为傅里叶级数的幅值,ψ_k 为初相位。第二项 $A_{1m}\sin(\omega t + \psi_1)$ 的频率与非正弦周期函数的频率相同,称为基波(Fundamental)或一次谐波(First Harmonic);其余各项的频率为周期函数的频率的整数倍,统称为高次谐波(Higher Harmonics),例如 $k=2,3,\cdots$ 分别称为二次谐波、三次谐波等。通常,将非正弦周期函数利用傅里叶级数分解为恒定分量和一系列频率不同的正弦分量称为对函数作谐波分析。工程上常见的非正弦周期函数的傅里叶级数是收敛的,即谐波的频率越高,其振幅也越小,故高次谐波分量常可以忽略不计。

如果将式(2.5.1)展开后可得傅里叶级数的另外一种形式

$$
\begin{aligned}
f(\omega t) &= A_0 + A_{1m}\cos\psi_1\sin\omega t + A_{1m}\sin\psi_1\cos\omega t + \\
&\quad A_{2m}\cos\psi_2\sin 2\omega t + A_{2m}\sin\psi_2\cos 2\omega t + \cdots \\
&= A_0 + \sum_{k=1}^{\infty}(A_{km}\cos\psi_k)\sin k\omega t + \sum_{k=1}^{\infty}(A_{km}\sin\psi_k)\cos k\omega t \\
&= A_0 + \sum_{k=1}^{\infty}B_{km}\sin k\omega t + \sum_{k=1}^{\infty}C_{km}\cos k\omega t
\end{aligned} \quad (2.5.2)
$$

其中

$$
\left.\begin{aligned} B_{km} &= A_{km}\cos\psi_k \\ C_{km} &= A_{km}\sin\psi_k \end{aligned}\right\} \quad (2.5.3)
$$

从而得出

$$
\left.\begin{aligned} A_{km} &= \sqrt{B_{km}^2 + C_{km}^2} \\ \psi_k &= \arctan\frac{C_{km}}{B_{km}} \end{aligned}\right\} \quad (2.5.4)
$$

式(2.5.2)的系数可证明有如下公式

$$
\left.\begin{aligned} A_0 &= \frac{1}{2\pi}\int_0^{2\pi} f(\omega t)\mathrm{d}(\omega t) \\ B_{km} &= \frac{1}{\pi}\int_0^{2\pi} f(\omega t)\sin k\omega t\mathrm{d}(\omega t) \\ C_{km} &= \frac{1}{\pi}\int_0^{2\pi} f(\omega t)\cos k\omega t\mathrm{d}(\omega t) \end{aligned}\right\} \quad (2.5.5)
$$

A_0,B_{km},C_{km}求出后,式(2.5.2)中的各项便可写出。由式(2.5.4)可求出各谐波分量的幅值A_{km}和初相位ψ_k,因此也可根据式(2.5.1)写出$f(\omega t)$的展开式。

图2.5.1中所列举的矩形波电压、锯齿波电压、矩形脉冲电压、三角波电压、全波整流电压及半波整流电压,都可以用数学方法分解成傅里叶级数。通过计算可得它们的傅里叶级数展开式分别如下:

矩形波电压

$$u = \sum_{k\text{为奇数}} B_{km}\sin k\omega t = \frac{4U_m}{\pi}\left(\sin\omega t + \frac{1}{3}\sin 3\omega t + \frac{1}{5}\sin 5\omega t + \cdots\right) \quad (2.5.6)$$

三角波电压

$$u = \frac{8U_m}{\pi^2}\left(\sin\omega t - \frac{1}{9}\sin 3\omega t + \frac{1}{25}\sin 5\omega t - \cdots\right) \quad (2.5.7)$$

矩形脉冲波电压

$$u = \frac{U_m}{2} + \frac{2U_m}{\pi}\left(\cos\omega t - \frac{1}{3}\cos 3\omega t + \frac{1}{5}\cos 5\omega t - \cdots\right) \quad (2.5.8)$$

锯齿波电压

$$u = U_\mathrm{m}\left(\frac{1}{2} - \frac{1}{\pi}\sin \omega t - \frac{1}{2\pi}\sin 2\omega t - \frac{1}{3\pi}\sin 3\omega t - \cdots\right) \quad (2.5.9)$$

全波整流电压

$$u = \frac{2U_\mathrm{m}}{\pi}\left(1 - \frac{2}{3}\cos 2\omega t - \frac{2}{15}\cos 4\omega t - \cdots\right) \quad (2.5.10)$$

半波整流电压

$$u = U_\mathrm{m}\left(\frac{1}{\pi} + \frac{1}{2}\sin \omega t - \frac{2}{\pi}\cdot\frac{1}{3}\cos 2\omega t - \frac{2}{\pi}\cdot\frac{1}{3\times 5}\cos 4\omega t - \cdots\right) \quad (2.5.11)$$

式(2.5.8)、式(2.5.9)、式(2.5.10)和式(2.5.11)中的第一项为一个周期内的平均值,式(2.5.6)和式(2.5.7)所表示的两种电压的平均值均为零。

2. 非正弦周期量的平均值(Average Value)

任何周期为 T 的非正弦量(比如电流 u)的平均值为

$$U_0 = \frac{1}{T}\int_0^T u\mathrm{d}t = \frac{\text{面积}}{\text{周期}} \quad (2.5.12)$$

如图 2.5.1(f)所示半波整流电压的平均值为

$$U_0 = \frac{1}{2\pi}\int_0^\pi u\mathrm{d}(\omega t) = \frac{1}{2\pi}\int_0^\pi U_\mathrm{m}\sin\omega t\mathrm{d}(\omega t) = \frac{U_\mathrm{m}}{2\pi}[-\cos\omega t]_0^\pi = \frac{U_\mathrm{m}}{\pi}$$

对于图 2.5.1(a)所示矩形波电压,由于正、负半周对称,面积相等,故在一个周期内的平均值为零,为此,引入绝对平均值的定义

$$U_0 = \frac{1}{T}\int_0^T |u|\mathrm{d}t \quad (2.5.13)$$

这种正、负半周对称的情况也可取半个周期计算其绝对平均值(Absolute Average Value)

$$U_0 = \frac{2}{T}\int_0^{T/2} u\mathrm{d}t \quad (2.5.14)$$

从而图 2.5.1(a)所示矩形波电压的绝对平均值为

$$U_0 = \frac{1}{\pi}\int_0^\pi u\mathrm{d}t = U_\mathrm{m}$$

3. 非正弦周期量的有效值

任何周期为 T 的正弦量和非正弦量(比如电流 i)的有效值均定义为

$$I = \sqrt{\frac{1}{T}\int_0^T i^2\mathrm{d}t} \quad (2.5.15)$$

已分解成傅里叶级数的非正弦周期电流 $i = I_0 + \sum_{k=1}^{\infty} I_{km}\sin(k\omega t + \psi_k)$ 的有效值为

$$I = \sqrt{\frac{1}{T}\int_0^T \left[I_0 + \sum_{k=1}^{\infty} I_{km}\sin(k\omega t + \psi_k)\right]^2 \mathrm{d}t} \quad (2.5.16)$$

$$= \sqrt{I_0^2 + \frac{1}{2}\sum_0^{\infty} I_{km}^2} = \sqrt{I_0^2 + I_1^2 + I_2^2 + \cdots}$$

式中，$I_1 = \frac{I_{1m}}{\sqrt{2}}$，$I_2 = \frac{I_{2m}}{\sqrt{2}}$，…为基波、二次谐波等的有效值。因为它们本身都是正弦波，所以有效值等于各相应幅值的 $1/\sqrt{2}$。

同理，非正弦周期电压的有效值为

$$U = \sqrt{U_0^2 + \frac{1}{2}\sum_0^\infty U_{km}^2} = \sqrt{U_0^2 + U_1^2 + U_2^2 + \cdots} \tag{2.5.17}$$

如图 2.5.1(a) 所示矩形波电压的有效值为

$$U = \sqrt{\frac{1}{2\pi}\int_0^\pi u^2 \mathrm{d}(\omega t)} = \sqrt{\frac{1}{\pi}\int_0^\pi U_m^2 \mathrm{d}(\omega t)} = U_m$$

如图 2.5.1(f) 所示半波整流电压的有效值为

$$U = \sqrt{\frac{1}{2\pi}\int_0^\pi u^2 \mathrm{d}(\omega t)} = \sqrt{\frac{1}{2\pi}\int_0^\pi (U_m \sin\omega t)^2 \mathrm{d}(\omega t)} = \sqrt{\frac{U_m^2}{2\pi}\left[\frac{\omega t - (\sin 2\omega t)/2}{2}\right]_0^\pi} = \frac{U_m}{2}$$

4. 纹波系数（Ripple Factor）

纹波系数表明了非正弦周期电压、电流波形的性质，其定义为

$$\gamma = \frac{U(\text{有效值})}{U_0(\text{平均值})} \tag{2.5.18}$$

对于正弦周期电压（电流），其纹波系数为

$$\gamma = \frac{U}{U_0} = \frac{U_m/\sqrt{2}}{2U_m/\pi} = \frac{\pi}{2\sqrt{2}} = 1.11$$

非正弦周期电压、电流的纹波系数 $\gamma \neq 1.11$，纹波系数越远离 1.11 这一数值，说明该波形的非正弦的程度越严重。

如图 2.5.1(a) 所示矩形波电压的纹波系数（这里的平均值是采用绝对平均值）

$$\gamma = \frac{U}{U_0} = \frac{U_m}{U_m} = 1$$

如图 2.5.1(f) 所示半波整流电流的纹波系数

$$\gamma = \frac{U}{U_0} = \frac{U_m/2}{U_m/\pi} = \frac{\pi}{2} = 1.57$$

5. 非正弦周期电流电路中的平均功率

非正弦周期电流电路的平均功率和在正弦交流电路中一样，由其瞬时功率的平均值确定，即由下式计算

$$P = \frac{1}{T}\int_0^T p\mathrm{d}t = \frac{1}{T}\int_0^T ui\mathrm{d}t \tag{2.5.19}$$

设非正弦周期电压和非正弦周期电流如下

$$u = U_0 + \sum_{k=1}^\infty U_{km}\sin(k\omega t + \psi_k)$$

$$i = I_0 + \sum_{k=1}^\infty I_{km}\sin(k\omega t + \psi_k - \varphi_k)$$

式中，φ_k 为第 k 次谐波电压、电流初相位之差。

将 u 和 i 代入式(2.5.19)并展开，可得如下五项

$$\frac{1}{T}\int_0^T U_0 I_0 \mathrm{d}t$$

$$\frac{1}{T}\int_0^T U_0 \sum_{k=1}^{\infty} I_{km}\sin(k\omega t+\psi_k-\varphi_k)\mathrm{d}t$$

$$\frac{1}{T}\int_0^T I_0 \sum_{k=1}^{\infty} U_{km}\sin(k\omega t+\psi_k)\mathrm{d}t$$

$$\frac{1}{T}\int_0^T \sum_{k=0}^{\infty}\sum_{q=1}^{\infty} U_{km}I_{qm}\sin(k\omega t+\psi_k)\sin(q\omega t+\psi_q-\varphi_q)\mathrm{d}t \quad (k\neq q)$$

$$\frac{1}{T}\int_0^T \sum_{k=1}^{\infty} U_{km}I_{km}\sin(k\omega t+\psi_k)\sin(k\omega t+\psi_k-\varphi_k)\mathrm{d}t$$

根据三角函数的正交性，不同频率的正弦量的乘积在一个周期内的平均值等于零，故第二、第三和第四项的结果为零，从而式(2.5.19)所表示的平均功率为

$$P = U_0 I_0 + \sum_{k=0}^{\infty} U_k I_k \cos\varphi_k = P_0 + \sum_{k=0}^{\infty} P_k = P_0 + P_1 + P_2 + P_3 + \cdots \tag{2.5.20}$$

即非正弦周期电流电路中的平均功率等于恒定分量和各正弦谐波分量的平均功率之和。

在非正弦电流电路中，同样只有电阻才消耗功率，而电感和电容元件不消耗功率（只有瞬时功率没有平均功率），因此计算非正弦电流电路功率时也可以用各次谐波电流有效值平方与电阻相乘，即

$$P = I_0^2 R + \sum_{k=0}^{\infty} I_k^2 R \tag{2.5.21}$$

*2.5.2 非正弦周期交流线性电路的分析计算

1. 非正弦周期交流电路的谐波分析方法

为了简化分析过程，在对非正弦周期交流电路进行分析时，通常只考虑单一非正弦周期电源激励的情况，如果电路中存在多个电源，可利用叠加定理，分别对每个电源进行分析，最后叠加获得总响应。

图 2.5.2 表示了非正弦周期交流电路分析的流程。

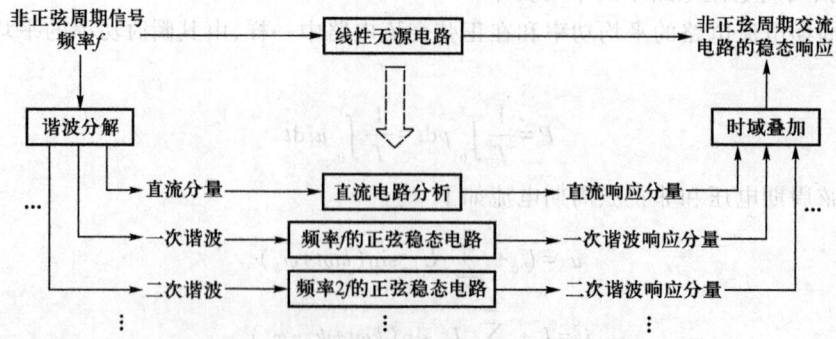

图 2.5.2 非正弦周期交流电路的分析流程

2. 非正弦周期电流线性电路的计算

对于可分解成傅里叶级数

$$u = U_0 + U_{1m}\sin(\omega t + \psi_1) + U_{2m}\sin(2\omega t + \psi_2) + \cdots \tag{2.5.22}$$

的非正弦周期电压 u（或电流 i）的作用就和一个直流电压及一系列不同频率的正弦电压串联起来共同作用在电路中的情况一样（如图 2.5.3 所示）。在图 2.5.3(b)中

$$\left.\begin{array}{l} u_0 = U_0 \\ u_1 = U_{1m}\sin(\omega t + \psi_1) \\ u_2 = U_{2m}\sin(2\omega t + \psi_2) \\ \cdots\cdots\cdots \end{array}\right\} \tag{2.5.23}$$

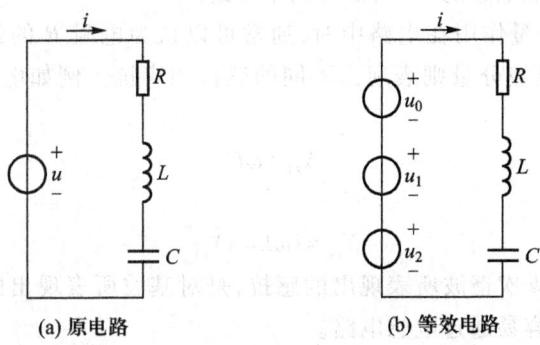

(a) 原电路　　　　　　　　(b) 等效电路

图 2.5.3　非正弦周期交流电路的分解

这样的电源接在线性电路中所引起的电流，可以用叠加定理来计算，即分别计算电压的恒定分量和各次正弦谐波分量 $U_0, u_1, u_2 \cdots$ 单独存在时，在某支路中产生的电流分量 $I_0, i_1, i_2, \cdots$，而后把它们叠加起来，其和即为该支路的电流，即

$$i = I_0 + i_1 + i_2 + \cdots = I_0 + I_{1m}\sin(\omega t + \psi_1 - \varphi_1) + I_{2m}\sin(2\omega t + \psi_2 - \varphi_2) + \cdots \tag{2.5.24}$$

式中，$I_0 = 0$（因为有电容）。

$$I_{1m} = \frac{U_{1m}}{|Z_1|} = \frac{U_{1m}}{\sqrt{R^2 + \left(\omega L - \dfrac{1}{\omega C}\right)^2}}, \quad \tan\varphi_1 = \frac{\omega L - \dfrac{1}{\omega C}}{R}$$

$$I_{2m} = \frac{U_{2m}}{|Z_2|} = \frac{U_{2m}}{\sqrt{R^2 + \left(2\omega L - \dfrac{1}{2\omega C}\right)^2}}, \quad \tan\varphi_2 = \frac{2\omega L - \dfrac{1}{2\omega C}}{R}$$

$$\cdots\cdots\cdots$$

$$I_{km} = \frac{U_{km}}{|Z_k|} = \frac{U_{km}}{\sqrt{R^2 + \left(k\omega L - \dfrac{1}{k\omega C}\right)^2}}, \quad \tan\varphi_2 = \frac{k\omega L - \dfrac{1}{k\omega C}}{R}$$

非正弦周期电流线性电路的计算可归纳为下列三个步骤：

① 将非正弦周期电源电压分解成傅里叶级数,看作由恒定分量和各次正弦谐波分量串联的结果。

② 利用叠加定理计算电压的恒定分量和各次正弦谐波分量单独存在时所产生的电流分量。

③ 将所得的电流分量叠加起来,即为所需的结果。应该注意,不同频率的正弦量相加,必须用三角函数式,不能用相量图或复数式。因为后两种方法是对同频率的正弦量而言的。更不能将各分量的有效值直接相加求非正弦周期量的有效值。

在分析与计算非正弦周期电流的电路时,应注意 R,L,C 这三个电路参数的影响。

当电源电压的恒定分量单独作用在电路中时,凡有电容的支路都可视作开路,电流为零;对有电感的支路,不需要考虑电感的作用,都可视作短路。

当电压的正弦谐波分量作用在电路中时,通常可以认为电阻 R 的值与频率无关,而电感 L 和电容 C 对不同频率的谐波分量则表现出不同的感抗和容抗。例如电感对基波(角频率为 ω)的感抗为

$$X_{L1} = \omega L$$

而对 k 次谐波的感抗则为

$$X_{Lk} = k\omega L = k X_{L1}$$

也就是说,同一电感 L 对 k 次谐波所表现出的感抗,是对基波所表现出的感抗的 k 倍。因此,谐波电流的频率越高,越不容易通过电感电路。

又如电容对基波的容抗为

$$X_{C1} = \frac{1}{\omega C}$$

而对 k 次谐波的容抗则为

$$X_{Ck} = \frac{1}{k\omega C} = \frac{1}{k} X_{C1}$$

也就是说,同一电容 C 对 k 次谐波所表现出的容抗,仅为对基波所表现出的容抗的 $1/k$。因此,谐波电流的频率越高,越容易通过电容电路。

由此可见,谐波频率越高,则电容所表现出的容抗越小。所以,即使电源电压中高次谐波的幅值很小,但在电容电路的电流中也会含有比较显著的高次谐波分量,因而电流的非正弦程度比所加电压的非正弦程度要大。电感的作用正相反,它使电流中的高次谐波分量表现得不显著,因而减小了它的非正弦程度。只有电阻中电流的波形和它两端所加电压的波形一致。

例 2.5.1 在图 2.5.4 中,输入电压 u_i 中含有 240 V 的直流分量,还含有 100 Hz 的正弦交流分量,其有效值为 100 V。将此电压经 RC 滤波电路滤波。已知 $R = 200\ \Omega$, $C = 50\ \mu F$,试问输出电压 u_o 中含有的直流分量和交流分量各为多少?

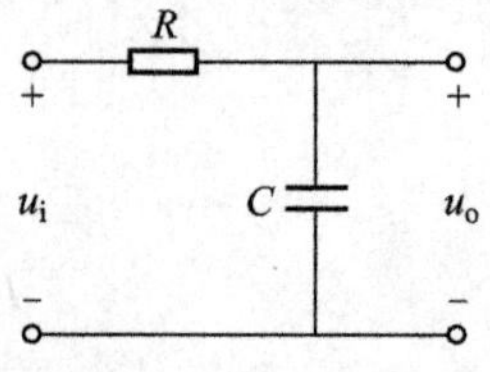

解:因为电路不通直流,240 V 直流电压全加在电容器两端,所以输出的直流电压就是 240 V。

对 100 Hz、100 V 的交流分量,有

$$X_C = \frac{1}{2\pi f C} = \frac{1}{2\pi \times 100 \times 50 \times 10^{-6}}\ \Omega = 32\ \Omega$$

图 2.5.4 例 2.5.1 图

$$|Z| = \sqrt{R^2 + X_C^2} = \sqrt{200^2 + 32^2} \ \Omega = 202.5 \ \Omega$$

所以,交流输出为

$$U_o = \frac{U_1}{|Z|} X_C = \frac{100 \times 32}{202.5} \ V = 16 \ V$$

可见,输出电压的脉动大为减小(如图 2.5.5 所示)。

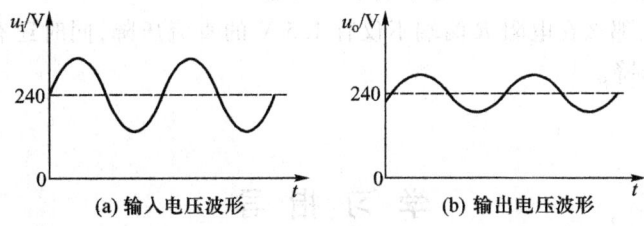

图 2.5.5 例 2.5.1 的波形图

例 2.5.2 有一 RC 并联电路(如图 2.5.6 所示),已知 $i = (1.5 + 0.707\sqrt{2} \sin 6\ 280t)$ mA,$R = 1$ kΩ,$C = 50$ μF,试求各支路中的电流和两端电压。

解: 用叠加定理进行计算(如图 2.5.7 所示)。

(1) $I_0 = 1.5$ mA

因为电容 C 有隔直作用,电流 i 的恒定分量 I_0 只能通过电阻 R,在 R 上产生直流压降 $U_0 = RI_0 = 1 \times 1.5$ V = 1.5 V。电容器 C 也充电到 1.5 V。

图 2.5.6 例 2.5.2 图

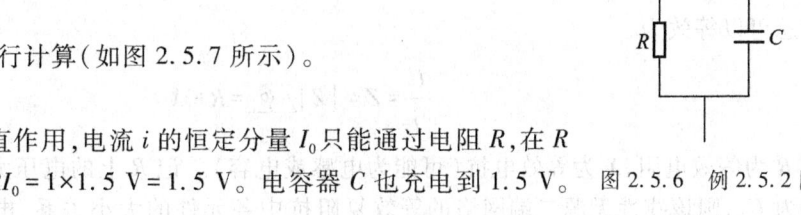

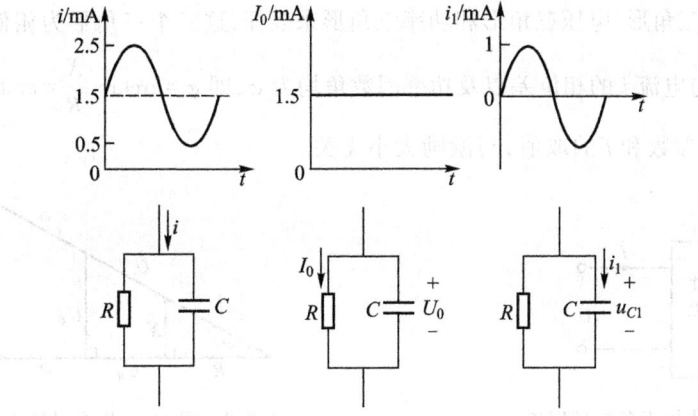

图 2.5.7 例 2.5.2 的等效电路

(2) $i_1 = 0.707\sqrt{2} \sin 6\ 280\ t$ mA

电流 i 的正弦交流分量 i_1 的幅值为 $I_{1m} = 0.707\sqrt{2} = 1$ mA,频率为 $f_1 = \frac{6\ 290}{2\pi}$ Hz = 1 000 Hz。

电容 C 的容抗

$$X_{C1} = \frac{1}{2\pi f_1 C} = \frac{1}{6\ 280 \times 50 \times 10^{-6}} \ \Omega \approx 3 \ \Omega$$

因为 $X_{C1} \ll R$,所以交流分量 i_1 有捷径可走,基本上不通过 R 这条路。在电容 C 上产生的交流压降的幅值为

$$U_{C1} = X_{C1}I_{C1} = 3 \times 1 \times 10^{-3} \text{ V} = 0.003 \text{ V}$$

$U_{C1} \ll U_0$,U_{C1} 可以忽略不计。

因此,与 R 并联的电容 C,因 $X_C \ll R$,对交流就起了分流作用,而产生的交流压降又小到可以忽略不计,这样,C 就保证了 R 两端的电压基本上恒定。

如果除去电容 C,那么在电阻 R 两端不仅有 1.5 V 的直流压降,同时还有幅值为 $1 \times 10^3 \times 1 \times 10^{-3}$ V = 1 V 的交流压降。

学 习 指 导

【本 章 重 点】

1. 线性无源二端网络的阻抗、电压和功率三角形。对图 2.1 所示的线性无源二端网络,其复阻抗总可以等效为

$$\frac{\dot{U}}{\dot{I}} = Z = |Z| \underline{/\varphi} = R + jX$$

其中 R 为等效电阻,X 为等效电抗(可能为电感或电容)。记 R 上的电压大小为 U_R,X 上的电压大小为 U_X,则该线性无源二端网络的等效复阻抗中各元件的大小关系、电压关系以及功率可用图 2.2 所示的阻抗三角形、电压三角形和功率三角形来表征,这三个三角形为相似三角形。此电路的阻抗角、电压 u 与电流 i 的相位差以及功率因数角均为 φ,即 $\varphi = \arctan \dfrac{X}{R} = \arctan \dfrac{U_X}{U_R} = \arctan \dfrac{Q}{P}$,$\varphi$ 值只决定于元件参数和 f 的取值,与激励大小无关。

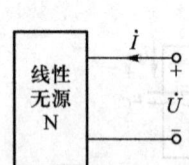

图 2.1 线性无源二端网络

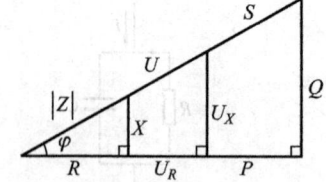

图 2.2 阻抗、电压和功率三角形

由图 2.2 所示的三个三角形可获得如下关于阻抗、电压和功率的计算式

$$\begin{cases} |Z| = \sqrt{R^2 + X^2} \\ R = |Z| \cos \varphi \\ X = |Z| \sin \varphi \end{cases} \quad \begin{cases} U = \sqrt{U_R^2 + U_X^2} = I|Z| \\ U_R = U \cos \varphi = IR \\ U_X = U \sin \varphi = IX \end{cases} \quad \begin{cases} S = \sqrt{P^2 + Q^2} = UI \\ P = S\cos \varphi = I^2 R \\ Q = S\sin \varphi = I^2 X \end{cases}$$

另外,阻抗角 φ 的正、负还表明了电路的性质,即:

① 当 $\varphi > 0$ 时,则 u 超前 i,$X > 0$,$Q > 0$,电路呈感性;

② 当 $\varphi<0$ 时,则 u 滞后 i,$X<0$,$Q<0$,电路呈容性;

③ 当 $\varphi=0$ 时,则 u、i 同相,$X=0$,$Q=0$,电路呈阻性,处于谐振状态。

2. 正弦交流电路的分析和计算。其分析计算步骤如下:

① 根据原电路图画出相量模型图(电路结构不变)。

② 根据相量模型列出相量方程式或画相量图。

③ 用相量法或相量图求解。

④ 将结果变换成要求的形式。

【本章难点】

1. 复杂正弦交流电路中功率的计算,有功功率 P 等于电路中各电阻有功功率之和,或各支路有功功率之和,即

$$P = \sum_{1}^{i} I_i^2 R_i \quad \text{或} \quad P = \sum_{1}^{i} U_i I_i \cos \varphi_i$$

式中,I_i 为各支路电流的有效值;无功功率 Q 等于电路中各电感、电容无功功率之和,或各支路无功功率之和,即

$$Q = \sum_{1}^{i} I_i^2 (X_{Li}-X_{Ci}) \quad \text{或} \quad Q = \sum_{1}^{i} U_i I_i \sin \varphi_i$$

视在功率只与总的电压电流有关,即

$$S = UI \quad \text{或} \quad S = \sqrt{P^2+Q^2}$$

2. 非正弦周期交流线性电路的分析计算。根据叠加定理,响应电压(或电流)可以分解成各次谐波单独激励下的响应之和;对于各次谐波单独激励情况下的响应,可按正弦稳态响应的分析方法一一求解,直流分量下的响应可当作直流稳态电路分析。

【典型例题】

例 2.1 市用照明电的电压为 220 V,这是指电压的_____,接入一个标有"220 V,100 W"的白炽灯后,灯丝上通过的电流有效值是_____,电流的最大值是_____。

【分析】正弦交流电压电流的大小通常是指有效值,如果要给出幅值或最大值则需专门说明。白炽灯上标明的参数"220 V,100 W"为其额定电压和额定功率,即电压有效值和平均功率,因此灯丝电流的有效值为 $I=\dfrac{100}{220}$ A = 0.45 A,电流的最大值为 $I_m = \sqrt{2} I = 0.45\sqrt{2}$ A = 0.64 A。

【解答】有效值,0.45 A,0.64 A。

例 2.2 一个含有电阻的电感线圈,当外加 $U=60$ V、$f=50$ Hz 的电压时,电流为 $I=2$ A,若外加电压频率升至 100 Hz 时,其电流降为 1.5 A,求线圈中的电阻及自感系数。

【分析】本题给出的方法是通过实验测试数据来分析计算线圈电阻大小和自感系数的方法之一。当外加电压大小不变、频率改变时,其感抗将随之改变,因此其电流也会变化。根据两组频率不同的测试数据可列写出方程组,最后计算出线圈的电阻大小和自感系数。

【解】设该线圈的电阻为 R,自感系数为 L,根据题意可得方程组

$$\begin{cases} \dfrac{60}{\sqrt{R^2+(2\pi\times 50\times L)^2}}=2\text{ A} \\ \dfrac{60}{\sqrt{R^2+(2\pi\times 100\times L)^2}}=1.5\text{ A} \end{cases}$$

解得 $R=25.9\ \Omega$,$L=0.049\text{ H}=49\text{ mH}$。

例 2.3 为了降低风扇的转速,可在电源与风扇之间串入电感,以降低风扇电动机的端电压。若电源电压为 220 V,频率为 50 Hz,电动机的电阻为 190 Ω,感抗为 260 Ω。现要求电动机的端电压降至 180 V,试问串联的电感应为多大?

【分析】在直流电路中,可以通过串联电阻的方式来降低负载两端的电压;在正弦交流电路中,还可以通过串联电感或电容来降低电压。本题其实是一个感性负载和纯电感串联电路的分析计算题,总电压的大小和频率已知,感性负载的参数和负载两端的电压也是已知的,因此可以通过列写方程求出串联电感的大小。

【解】根据题意可得如例 2.3 图所示的等效电路。

电动机的等效复阻抗为 $Z_1=(190+\text{j}260)\ \Omega=322\underline{/53.84°}\ \Omega$,串联电感后电路中的电流为

$$I=\frac{U_1}{|Z_1|}=\frac{180}{322}\text{ A}=0.56\text{ A}$$

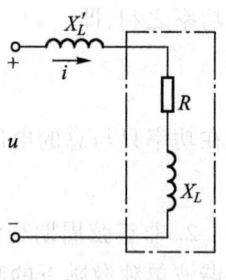

例 2.3 图

电路的总阻抗为 $Z=\text{j}X_L'+R+\text{j}X_L=R+\text{j}(X_L'+X_L)=190+\text{j}(X_L'+260)\ \Omega$,其中 X_L' 为串联电感的感抗。由于电流

$$I=\frac{U}{|Z|}=\frac{220}{\sqrt{190^2+(X_L'+260)^2}}\text{ A}=0.56\text{ A}$$

可解得 $X_L'=2\pi fL=83.86\ \Omega$,因此待求电感的大小为

$$L=\frac{83.86}{2\times 3.14\times 50}\text{ H}=0.27\text{ H}$$

例 2.4 某单相 50 Hz 的交流电源,其额定容量 $S_N=40\text{ kV·A}$,额定电压 $U_N=220\text{ V}$,供给照明电路,若负载都是 40 W 的日光灯(可以认为是 RL 串联的电路),其功率因数为 0.5,试求:

(1) 这样的日光灯最多可接多少只?

(2) 用补偿电容将功率因数提高到 1,这时电路的总电流是多少?需用多大的补偿电容?

(3) 功率因数提高到 1 后,除供给以上日光灯照明外,若保持电源在额定情况下工作,还可以接多少只 40 W 的白炽灯?

【分析】本题的主要目的在于告诉大家当负载的功率因数提高后,可以使一定容量的电源带动更多的负载。

【解】(1) 电源的额定电流为

$$I_N=\frac{S_N}{U_N}=\frac{40\times 10^3}{220}\text{ A}=181.8\text{ A}$$

每只日光灯的额定电流为
$$I_1 = \frac{P}{U\cos\varphi} = \frac{40}{220\times 0.5}\ \text{A} = 0.364\ \text{A}$$

则可接日光灯的数量为
$$\frac{I_N}{I_1} = \frac{181.8}{0.354} = 500$$

（2）如果将功率因数提高到1，这时电路的总电流为
$$I = \frac{500P}{U} = \frac{500\times 40}{220}\ \text{A} = 90.9\ \text{A}$$

补偿电容的大小为
$$C = \frac{500P}{\omega U^2}(\tan\varphi_1 - \tan\varphi) = \frac{500\times 40}{314\times 220^2}(\tan 60° - \tan 0°)\ \text{F} = 2\ 280\ \mu\text{F}$$

（3）若保持电源在额定情况下工作，还可提供的有功功率为
$$(40\times 10^3 - 40\times 500)\ \text{W} = 20\ 000\ \text{W}$$

因此还可接40 W白炽灯的数量为
$$\frac{20\ 000}{40} = 500$$

例2.5 例2.5(a)图所示电路是桥式移相电路。改变电阻 R 值可改变电压 u_g 与电源电压 u 之间的相位差 φ，但电压 u_g 的有效值不变，试证明之。

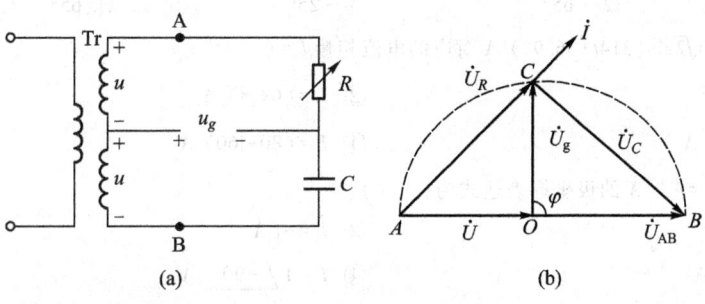

例2.5图

【分析】 本题也有多种证明方法，首先需要将电压 u_g 的有效值计算出来，看与 R 的值是否有关。此电路的特点是输出电压有效值固定，而相位可调，可用于晶闸管触发电路中。

【证明一】 相量图法

设 $\dot{U}_{AB}$ 为参考相量，作相量图如例2.5(b)图所示，因 $\dot{U}_{AB} = \dot{U}_R + \dot{U}_C$，而 $\dot{U}_R \perp \dot{U}_C$，故 C 点轨迹为一半圆，u_g 的有效值即为半径，即 $U_g = U$。

当 $R = X_C$ 时，$\dot{U}_g$ 与 $\dot{U}$ 的相位差 $\varphi = 90°$；当 $R < X_C$ 时，$90° < \varphi < 180°$；当 $R > X_C$ 时，$0° < \varphi < 90°$；当 $R \to \infty$ 时，$\varphi = 0°$；当 $R \to 0$ 时，$\varphi = 180°$。

【证明二】 相量式法

$$\dot{U}_{AB} = 2\dot{U}, \quad \dot{I} = \frac{\dot{U}_{AB}}{R - jX_C}, \quad \dot{U}_C = (-jX_C)\dot{I} = \frac{-jX_C}{R - jX_C}\dot{U}_{AB}$$

$$\dot{U}_g = \frac{1}{2}\dot{U}_{AB} - \dot{U}_C = \left(\frac{1}{2} - \frac{-jX_C}{R-jX_C}\right)\dot{U}_{AB} = \frac{R+jX_C}{2(R-jX_C)}\dot{U}_{AB} = \frac{R+jX_C}{R-jX_C}\dot{U}$$

可见，$U_g = U$，$\dot{U}_g$ 与 $\dot{U}$ 的相位差 $\varphi = 2\arctan\dfrac{X_C}{R}$，当 R 从 0 到 ∞ 变化时，相位差 φ 从 180° 到 0° 变化。

习 题

【基本概念题】

2.1 单项选择题

(1) 正弦交流电流 i_1、i_2 的有效值都是 4 A，合成电流 $i_1 + i_2$ 的有效值也是 4 A，则两电流之间的相位差为（　　）。
① 30°　　　　② 60°　　　　③ 90°　　　　④ 120°

(2) 某正弦电压的有效值为 380 V，频率为 50 Hz，在 $t=0$ 时，$u(0) = 380$ V，该正弦电压的表达式为（　　）。
① $u = 380\sin 314t$ V　　　　② $u = 537\sin(314t + 45°)$ V
③ $u = 380\sin(314t + 90°)$ V　　　　④ $u = 537\sin(314t + 90°)$ V

(3) 已知 $u(t) = 100\sin(6\pi t + 10°)$ V，$i = 3\cos(6\pi t - 15°)$ A，二者的相位差 $\varphi_u - \varphi_i = $（　　）。
① 25°　　　　② -65°　　　　③ -25°　　　　④ 65°

(4) 与 $i(t) = 100\sqrt{2}\sin(314t + 36.9°)$ A 对应的电流相量 $\dot{I} = $（　　）。
① $\dot{I} = (8 + j6)$ A　　　　② $\dot{I} = (6 + j8)$ A
③ $\dot{I} = (60 + j80)$ A　　　　④ $\dot{I} = (80 + j60)$ A

(5) 电流相量 $\dot{I} = e^{j90°}$ A 的极坐标表达式为（　　）。
① $\dot{I} = 1\underline{/90°}$ A　　　　② $\dot{I} = -j$ A
③ $\dot{I} = -1\underline{/90°}$ A　　　　④ $\dot{I} = 1\underline{/-90°}$ A

(6) 在电阻元件的正弦交流电路中，伏安关系错误的表示式是（　　）。
① $u = Ri$　　　　② $U = RI$　　　　③ $\dot{U} = Ri$　　　　④ $U = R\dot{I}$

(7) 在电阻元件的正弦交流电路中，电阻元件消耗的平均功率是（　　）。
① $P = ui$　　　　② $P = 0$　　　　③ $P = UI$　　　　④ $P = Ri^2$

(8) 在电感元件的正弦交流电路中，电感元件的瞬时值伏安关系可表示为（　　）。
① $u = L\dfrac{di}{dt}$　　　　② $U = jX_L I$　　　　③ $\dot{U} = jX_L \dot{I}$　　　　④ $u = X_L i$

(9) 0.314 H 的电感元件在 50 Hz 的正弦交流电路中所呈现的感抗值为（　　）。
① 0.01 Ω　　　　② 98.6 Ω　　　　③ 31.4 Ω　　　　④ 100 Ω

(10) 将正弦电压 $u = 10\sin(\omega t + 45°)$ V 加于 $X_L = 5$ Ω 的电感上，则通过该电感的电流表达式为（　　）。
① $i = 50\sin(\omega t + 135°)$ A　　　　② $i = 50\sin(\omega t - 45°)$ A
③ $i = 2\sin(\omega t + 135°)$ A　　　　④ $i = 2\sin(\omega t - 45°)$ A

(11) 正弦交流电路中电容元件的瞬时值伏安关系应表示为（　　）。

① $u = C\dfrac{\mathrm{d}i}{\mathrm{d}t}$ ② $i = C\dfrac{\mathrm{d}u}{\mathrm{d}t}$

③ $i = \dfrac{1}{C}\int_0^t u\mathrm{d}t + u_0$ ④ $u = jX_C i$

(12) 314 μF 的电容元件在 100 Hz 的正弦交流电路中所呈现的容抗值为(　　)。

① 0.197 Ω ② 31.8 Ω ③ 31.4 Ω ④ 5.1 Ω

(13) 在正弦交流电路中电容元件消耗的有功功率可表示为(　　)。

① $P = 0$ ② $P = ui$ ③ $P = UI$ ④ $P = X_C I^2$

(14) 已知某元件上,$u = 10\sin(\omega t + 120°)$ V,$i = 2\sin(\omega t + 80°)$ A,则该元件为(　　)。

① 纯电容 ② 纯电感

③ 电阻、电感 ④ 电阻、电容

(15) RC 串联正弦交流电路如题 2.1(15)图所示,下列各式正确的是(　　)。

① $Z = R + j\dfrac{1}{\omega C}$ ② $\dot{U} = \dot{U}_R - \dot{U}_C$

③ $Z = R + \dfrac{1}{j\omega C}$ ④ $Z = R + j\omega C$

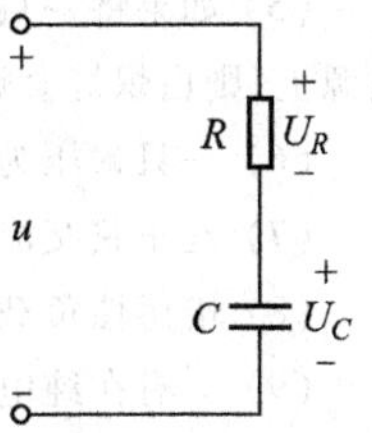

题 2.1(15)图

(16) 已知某用电设备的复阻抗 $Z = (3 + j4)$ Ω,则其功率因数 $\cos\varphi$ 为(　　)。

① 0.5 ② 0.6 ③ 0.8 ④ 0.7

(17) 正弦交流电路中,当 5 Ω 电阻与 8.66 Ω 感抗串联时,电感电压超前总电压的相位为(　　)。

① 60° ② 30° ③ -30° ④ -60°

(18) 题 2.1(18)图所示正弦电路中,若 $\omega L < \dfrac{1}{\omega C_2}$,且电流有效值 $I_1 = 4$ A,$I_2 = 3$ A,则总电流有效值 I 为(　　)。

① 7 A ② -2 A ③ 1 A ④ -1 A

(19) 某负载有功功率 $P = 4$ kW,功率因数为 0.8,则其视在功率 S 为(　　)。

① 3.2 kV·A ② 4 kV·A

③ 5 kV·A ④ 2.4 kV·A

(20) 供电电路采取提高功率因数措施的目的在于(　　)。

① 减少用电设备的有功功率 ② 减少用电设备的无功功率

③ 减少电源向用电设备提供的视在功率 ④ 减少用电设备的视在功率

(21) 题 2.1(21)图所示电路中,电流 $i_1 = (3 + 5\sin\omega t)$ A,$i_2 = (3\sin\omega t - 2\sin 3\omega t)$ A,则 1 Ω 电阻两端电压 u_R 的有效值为(　　)。

① $\sqrt{13}$ V ② $\sqrt{30}$ V ③ $\sqrt{5}$ V

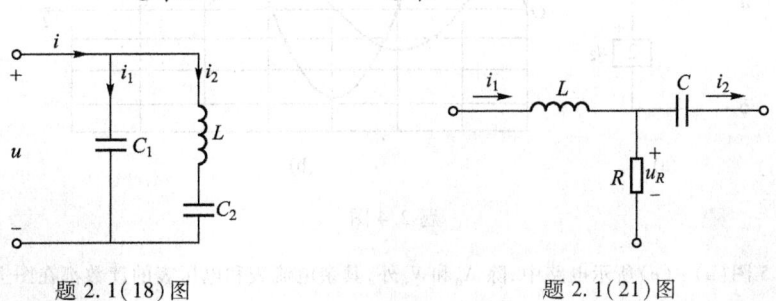

题 2.1(18)图　　　　　题 2.1(21)图

(22) 非正弦周期电流电路的功率 P 用公式表示即( )。

① $P = P_0 + P_1 + P_2 + \cdots + P_n + \cdots$ ② $P = (P_0 + P_1 + P_2 + \cdots + P_n + \cdots)^{\frac{1}{2}}$

③ $P = (P_0^2 + P_1^2 + P_2^2 + \cdots + P_n^2 + \cdots)^{\frac{1}{2}}$

2.2 判断题

(1) 两个同频率正弦量的相位差与计时起点的选择无关。( )

(2) 额定电压为 220 V 的白炽灯,接到正弦交流电路中正常工作时,其承受的最大电压大于额定电压,其值为 311 V。( )

(3) 把一个额定电压为 220 V 的白炽灯,分别接到电压值为 220 V 的交流电源和直流电源上,白炽灯的亮度不同。( )

(4) 等式 $i(t) = 100\sqrt{2}\sin(314t+36.9°)$ A $= 100\underline{/36.9°}$ A $= (80+j60)$ A 表示了正弦量的相量。( )

(5) 如果将一只额定电压为 220 V、额定功率为 100 W 的白炽灯,接到电压为 220 V、额定功率为 2 000 W 的电源上,则白炽灯会烧坏。( )

(6) 一只耐压为 50 V 的电容,接到电压为 40 V 的正弦交流电源上,可以安全使用。( )

(7) 在正弦交流电路中,电阻两端的电压 u_R 增加时,通过它的电流 i_R 也随之增加。( )

(8) 电感性负载并联一只适当数值的电容后,可使线路中的总电流减小。( )

(9) 只有在纯电阻电路中,端电压与电流的相位差才为零。( )

(10) 某电路两端的端电压为 $u = 220\sqrt{2}\sin(314t+30°)$ V,电路中的总电流为 $i = 10\sqrt{2}\sin(314t-30°)$ A,则该电路为电感性电路。( )

【简单计算题】

2.3 已知 $u_1 = 314\sin\left(6\,280t - \frac{\pi}{6}\right)$ V,$u_2 = 127\sin\left(6\,280t + \frac{\pi}{4}\right)$ V。(1) 写出 u_1、u_2 的相量式;(2) 试求 $u_1 + u_2$;(3) 画出相量图。

2.4 如题 2.4 图(a)所示电路中,元件 1 和 2 串联,经实验得到 u_1 和 u_2 的波形如题 2.4 图(b)所示,已知屏幕横坐标为 5 ms/格,纵坐标为 10 V/格。设 u_1 的初相位为 0。(1) 试写出 u_1、u_2 的瞬时表达式;(2) 求电源电压 u,并画出所有电压的相量图。

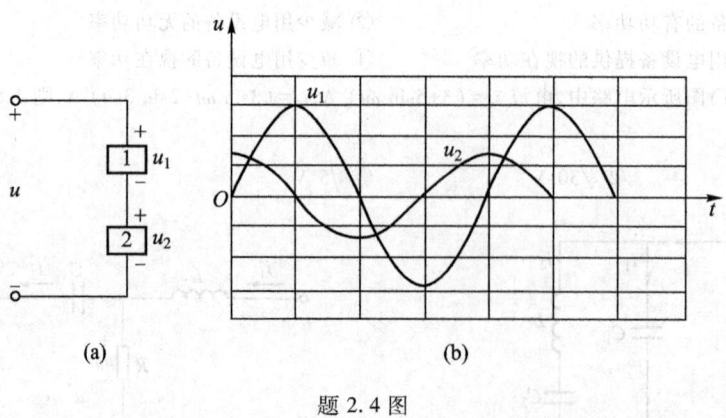

题 2.4 图

2.5 如题 2.5 图(a)~(e)所示电路中,除 A_0 和 V_0 外,其余电流表和电压表的读数都在图上标出,试求各电流表 A_0 或各电压表 V_0 的读数,并画出它们的相量图(可以自己设一个基准相量)。

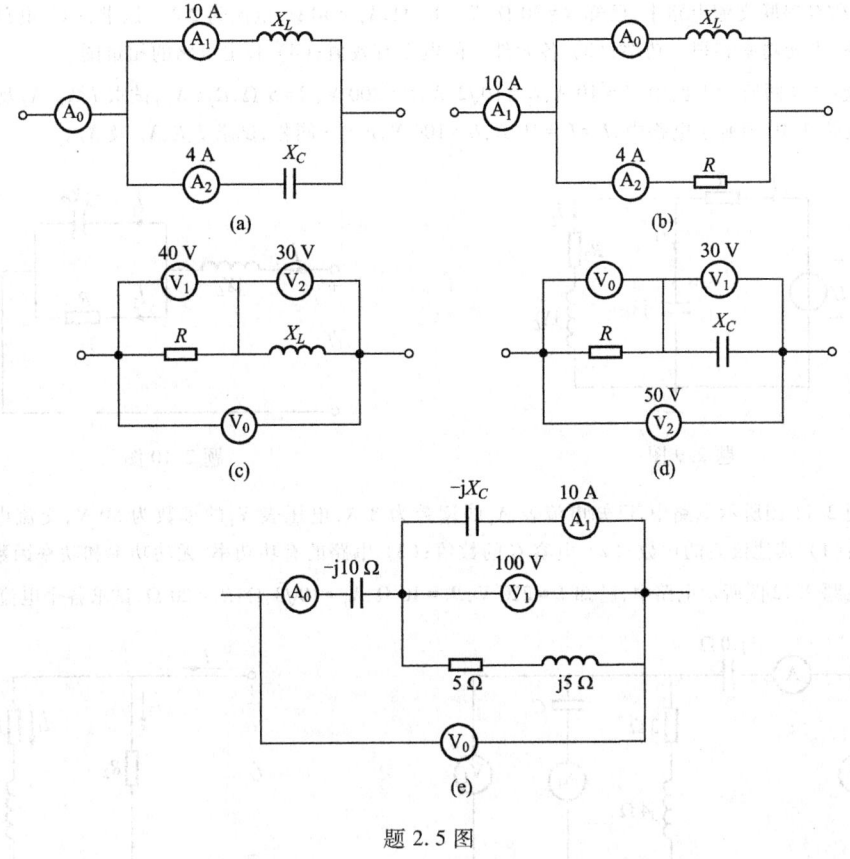

题 2.5 图

2.6 题 2.6 图所示为 RC 移相电路。如果 $C = 0.1\ \mu F$，输入电压 $u_i = 2\sqrt{2}\sin 2\,000t$ V，今欲使输出电压 u_o 在相位上滞后 u_i 30°，此时应配多大的电阻 R？且 u_o 的有效值为多少？

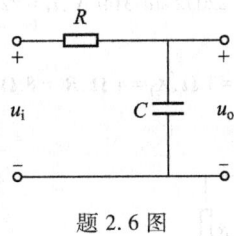

题 2.6 图

2.7 求题 2.7 图(a)、(b)所示电路的阻抗 Z_{ab}。

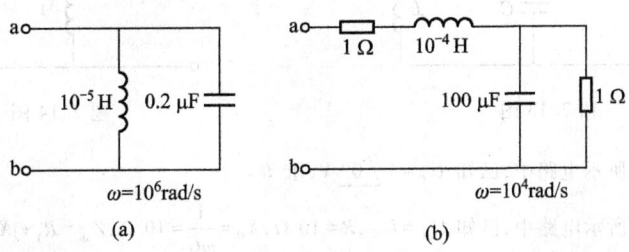

题 2.7 图

2.8 在 RLC 串联交流电路中,已知 $R=30\ \Omega,X_L=80\ \Omega,X_C=40\ \Omega$,电流为 2 A。试求:(1) 电路阻抗;(2) 电路的有功功率、无功功率和视在功率;(3) 各元件上的电压有效值;(4) 画出电路的相量图。

2.9 在题 2.9 图所示电路中,$I_1=10$ A,$I_2=10\sqrt{2}$ A,$U=200$ V,$R=5\ \Omega$,$R_2=X_L$,试求 I、X_C、X_L 及 R_2。

2.10 在题 2.10 图所示电路中,$I_1=I_2=10$ A,$U=100$ V,u 与 i 同相,求 I、R、X_C 及 X_L。

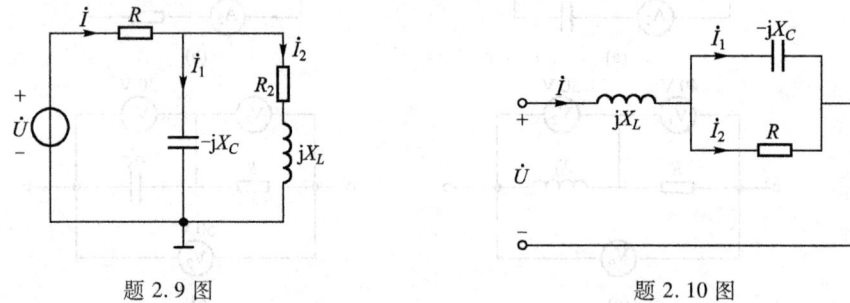

题 2.9 图   题 2.10 图

2.11 题 2.11 图所示电路中,已知电流表 A_1 的读数为 8 A,电压表 V_1 的读数为 50 V,交流电源的频率为 50 Hz。试求:(1) 其他仪表的读数;(2) 电容 C 的数值;(3) 电路的有功功率、无功功率和功率因数。

2.12 在题 2.12 图所示电路中,已知 $U=220$ V,$R_1=10\ \Omega$,$X_1=10\sqrt{3}\ \Omega$,$R_2=20\ \Omega$,试求各个电流和平均功率。

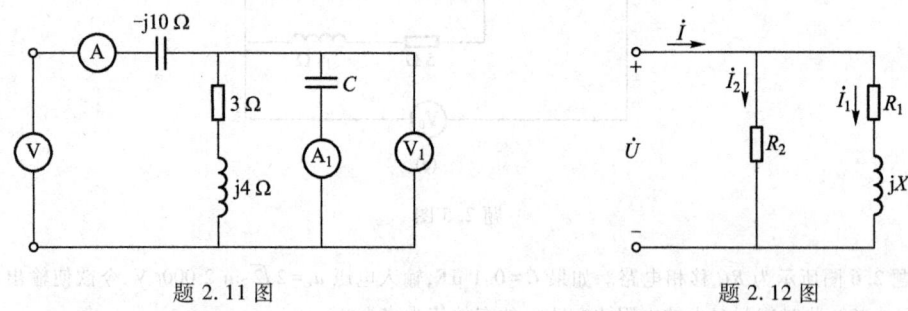

题 2.11 图   题 2.12 图

2.13 在题 2.13 图所示电路中,已知 $u=220\sqrt{2}\sin 314t$ V,$i_1=22\sin(314t-45°)$ A,$i_2=11\sqrt{2}\sin(314t+90°)$ A,试求各仪表读数及电路参数 R、L 和 C。

2.14 在题 2.14 图所示电路中,已知 $R_1=3\ \Omega$,$X_1=4\ \Omega$,$R_2=8\ \Omega$,$X_2=6\ \Omega$,$u=220\sqrt{2}\sin 314t$ V,试求 i_1、i_2 和 i。

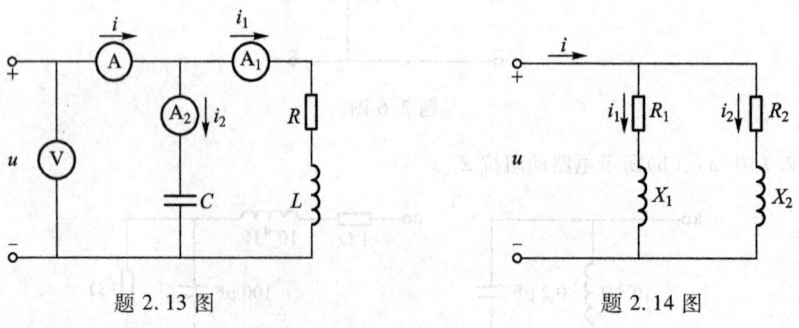

题 2.13 图   题 2.14 图

2.15 在题 2.15 图所示电路中,已知 $\dot{U}_C=1\underline{/0°}$ V,求 $\dot{U}$。

2.16 在题 2.16 图所示电路中,已知 $U_{ab}=U_{bc}$,$R=10\ \Omega$,$X_C=\dfrac{1}{\omega C}=10\ \Omega$,$Z_{ab}=R_1+\mathrm{j}X_L$。试求当 $\dot{U}$ 和 $\dot{I}$ 同相时的 Z_{ab}。

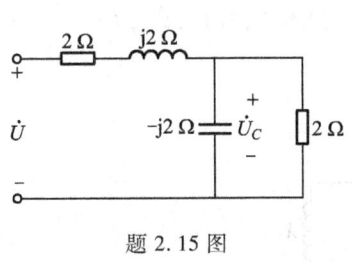
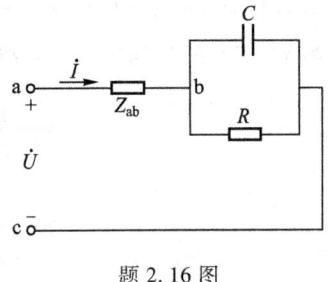

题 2.15 图　　　　　　　　　题 2.16 图

【综合应用题】

2.17　在题 2.17 图所示电路中,电流表 A_1 和 A_2 的读数分别为 $I_1=3$ A,$I_2=4$ A。(1) 设 $Z_1=R$,$Z_2=-jX_C$,则电流表 A_0 的读数应为多少?(2) 设 $Z_1=R$,问 Z_2 为何种参数才能使电流表 A_0 的读数最大?此读数应为多少?(3) 设 $Z_1=jX_L$,问 Z_2 为何种参数才能使电流表 A_0 的读数最小?此读数应为多少?

2.18　串联谐振电路如题 2.18 图所示,已知电压表 V_1、V_2 的读数分别为 150 V 和 120 V,试问电压表 V 的读数为多少?

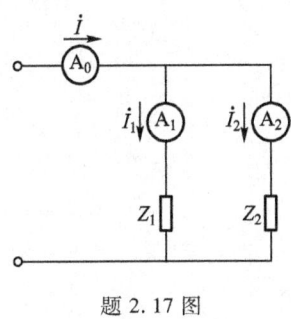
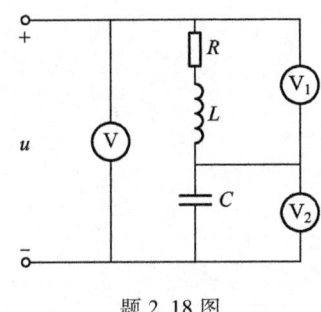

题 2.17 图　　　　　　　　　题 2.18 图

2.19　含 R、L 的线圈与电容 C 的串联电路如题 2.19 图所示,已知线圈电压 $U_{RL}=50$ V,电容电压 $U_C=30$ V,总电压与电流同相,试问总电压是多大?

2.20　在题 2.20 图所示的交流电路中,已知 $X_L=X_C=R=4$ Ω,电流表 A_1 的读数为 3 A。试问:(1) A_2 和 A_3 的读数为多少?(2) 并联等效的阻抗 Z 为多少?

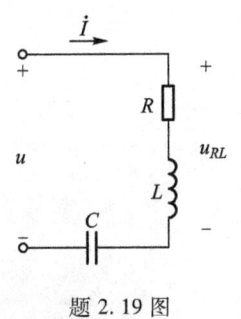
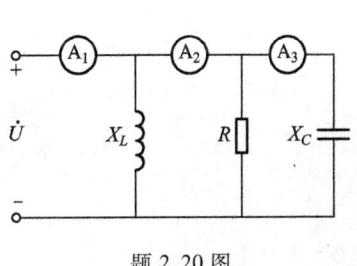

题 2.19 图　　　　　　　　　题 2.20 图

2.21　日光灯管与镇流器串联接到交流电路上,可看作一个 RL 串联电路。已知 40 W 日光灯的额定电压为 220 V,灯管电压为 75 V,若不考虑镇流器的功率损耗,试计算日光灯正常发光后电路的电流及功率因数。

2.22 在题 2.22 图所示电路中,已知:$u_i = 210\sqrt{2}\sin 314t$ V,$R_2 = X_L = 80$ Ω,开关 S 在位置 1 时测得输出电压有效值 $U_{o1} = 120$ V。求 S 在 2 时的电压 U_{o2}、功率因数 $\cos\varphi_2$,并画出相量图($\dot{U}_i, \dot{U}_{o2}, \dot{I}$)。

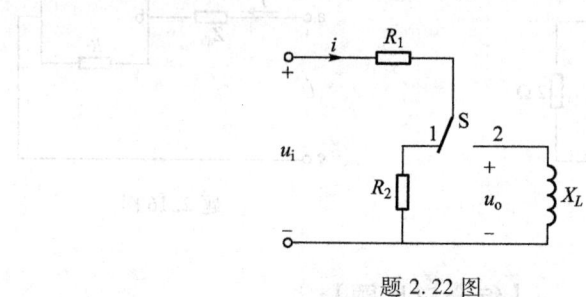

题 2.22 图

2.23 某线圈与 R、C 串联,接到 $f = 500$ kHz 的电源上,电压有效值保持不变,$R = 77$ Ω,当把电容调到 $C_1 = 750$ pF 和 $C_2 = 500$ pF 时,电流为谐振值的 70.7%,求此线圈的 r、L 值。

2.24 已知 RLC 串联电路谐振频率 $f_0 = 50$ Hz,谐振电流 $I_0 = 0.2$ A,$X_C = 314$ Ω,并测得电容电压 $U_C = 20U$(电源电压),试求电路的电阻 R 及感 L。

第3章 三相交流电路

Chapter 3 Three-phase AC Circuit

本章内容	基本要求:掌握三相四线制电路中电源及三相负载的正确连接,了解中性线的作用,掌握对称三相交流电路电压、电流和功率的计算;了解三相五线制的作用;了解安全用电的常识和重要性。
3.1 三相电源 3.2 三相电路的分析 3.3 安全用电 学习指导 习题	

　　1889年俄国的多利沃—多布罗沃斯基最先制造出了功率为 100 W 的三相交流发电机,以此为标志开始了三相交流输电制的应用。同年,多布罗沃尔斯基又开发出了三相四线制交流接线方式,并在1891年的法兰克福输电实验(150 V·A 三相变压器)中获得了圆满成功。此后,不过10年时间,交流输电技术中便几乎全部采用了三相制。

　　目前电力系统的发电、输电和配电都采用三相供电制。三相交流电与单相交流电相比具有以下优点:

　　(1) 在输送的功率、电压、距离相同和线路损耗相等的情况下,采用三相输电制可大大节省输电线的用铜量。

　　(2) 工农业中广泛使用的三相异步电动机和相同功率的单相电动机比较,具有体积小、价格低、效率高、性能好等优点。

　　(3) 三相交流发电机与单相发电机相比,在体积相同的情况下,具有输出功率大、效率高等优点。

3.1 三 相 电 源

3.1 Three-phase Supply

3.1.1 三相电源的产生

　　三相正弦交流电由三相发电机产生。发电机无论从结构上还是从安全运行方面考虑,产生的电压等级都不能太高,一般在 3.15~20 kV。发电厂一般建立在水力资源丰富的地方或靠近燃料生产区,而用户分散在远离电厂的地方。为了减少输送电能的损耗,发电厂升压站的三相变压器将电能升成 35~500 kV 的高压,由高压输电线送到用户附近。从安全用电的角度出发,城市附近的区域变电所将 35~500 kV 的高压经变压器降成 10 kV 的高压,由高压配电线送到用户。用户所在地的变电所再由三相变压器将其降成 220/380 V,作为一般的工业用电和居民用电。这样,从发电到用电就要建立电力输送和分配的线路,这种输配电线路通常称为电力网,简称电网。图 3.1.1 所示为从发电厂到用户的输配电示意图。

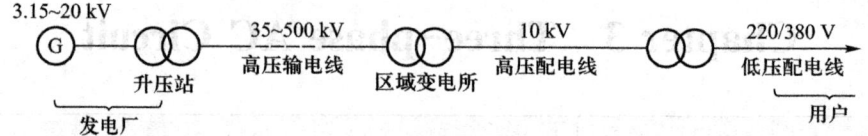

图 3.1.1 输配电示意图

由于一般用户是从变压器获取电能,所以,也将变压器视为电源。三相发电机与三相变压器以对称三相电源的方式对外送电。

三相发电机和三相变压器的二次侧都有三个绕组,如图 3.1.2 所示。图中 A、B、C 称为绕组的首端,X、Y、Z 称为绕组的末端,分别称为 A 相绕组、B 相绕组、C 相绕组。三相绕组产生的电动势分别为 e_A、e_B、e_C,参考方向如图中所示。三相电动势之间存在如下的关系

$$\left.\begin{array}{l} e_A = E_m \sin \omega t \\ e_B = E_m \sin(\omega t - 120°) \\ e_C = E_m \sin(\omega t - 240°) \\ \quad = E_m \sin(\omega t + 120°) \end{array}\right\} \quad (3.1.1)$$

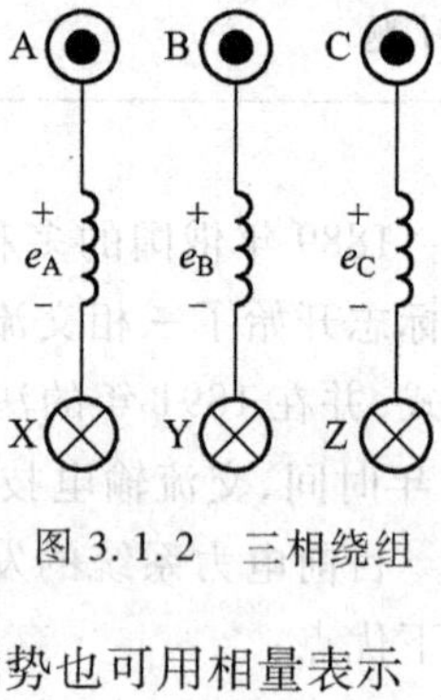

图 3.1.2 三相绕组

即三相电动势幅值相等、频率相同、相位上互差 120°。有上述关系的三相电动势称为对称三相电动势,相应的电源称为对称三相电源。对称三相电动势也可用相量表示

$$\left.\begin{array}{l} \dot{E}_A = E \angle 0° = E \\ \dot{E}_B = E \angle -120° = E\left(-\dfrac{1}{2} - j\dfrac{\sqrt{3}}{2}\right) \\ \dot{E}_C = E \angle -120° = E\left(-\dfrac{1}{2} + j\dfrac{\sqrt{3}}{2}\right) \end{array}\right\} \quad (3.1.2)$$

对称三相电动势的相量图如图 3.1.3(a) 所示,正弦波形如图 3.1.3(b) 所示。从式(3.1.2) 和图 3.1.3 中可知,在任意瞬间,对称三相电动势之和为零,即

$$\left.\begin{array}{l} e_A + e_B + e_C = 0 \\ \dot{E}_A + \dot{E}_B + \dot{E}_C = 0 \end{array}\right\} \quad (3.1.3)$$

三相电动势按正弦规律达到正幅值的次序称为相序(Phase Sequence)。图 3.1.3 所示三相电动势的次序为 e_A—e_B—e_C,这样的相序为 A—B—C,称为正相序。如相序为 A—C—B,则称为负相序。在工业生产中,相序有十分重要的意义。为了表明相序,三相母线牌往往以色标黄、绿、红对应 A、B、C 三相,对使用者起警示作用。

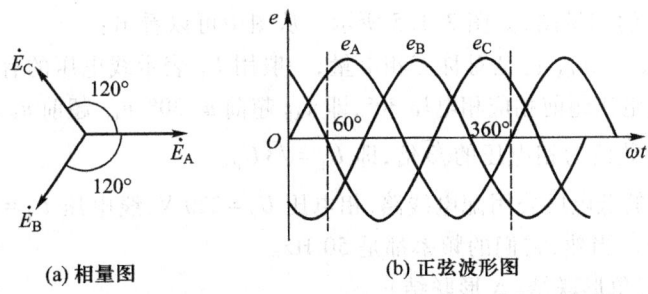

(a) 相量图　　　　　(b) 正弦波形图

图 3.1.3　对称三相电动势

频率相同、幅值相等、相位互差 120°的三相电量,称为对称三相电量。

3.1.2　三相电源的连接

1. 三相电源的星形联结(Y 形联结)

我国低压配电线路将三相变压器二次侧的三个绕组的末端连在一起,称为中性点或零点,用 N 表示,中性点经接地体可靠接地。从中性点引出的导线称为中性线或零线。从始端 A、B、C 引出的导线称为相线或端线,通常也称为火线。我们市电所用的三相四线制,如图 3.1.4 所示。电源对负载可提供两种电压:端线与中性线间形成的电压称为相电压(Phase Voltage),如图中的 $\dot{U}_A$、$\dot{U}_B$ 和 $\dot{U}_C$;端线与端线间形成的电压称为线电压(Line Voltage),如图中的 $\dot{U}_{AB}$、$\dot{U}_{BC}$、$\dot{U}_{CA}$。

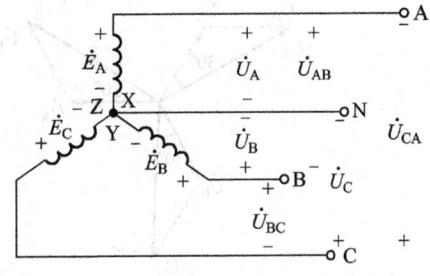

图 3.1.4　三相电源星形联结(Y 形联结)

由于电源绕组的阻抗很小,负载时可忽略绕组上的压降。因此,无论是否带负载,相电压均可视为相应绕组的电动势,即

$$\dot{U}_A = \dot{E}_A \quad \dot{U}_B = \dot{E}_B \quad \dot{U}_C = \dot{E}_C$$

因此,电源提供的三相相电压是对称三相电压。一般用 U_P 表示相电压的有效值,参照式(3.1.1)有

$$\left. \begin{aligned} u_A &= \sqrt{2}\, U_P \sin \omega t \\ u_B &= \sqrt{2}\, U_P \sin(\omega t - 120°) \\ u_C &= \sqrt{2}\, U_P \sin(\omega t + 120°) \end{aligned} \right\} \tag{3.1.4}$$

由图 3.1.4 可得到线电压与相电压瞬时值的关系

$$\left. \begin{aligned} u_{AB} &= u_A - u_B \\ u_{BC} &= u_B - u_C \\ u_{CA} &= u_C - u_A \end{aligned} \right\}$$

用相量表示为

$$\left. \begin{aligned} \dot{U}_{AB} &= \dot{U}_A - \dot{U}_B \\ \dot{U}_{BC} &= \dot{U}_B - \dot{U}_C \\ \dot{U}_{CA} &= \dot{U}_C - \dot{U}_A \end{aligned} \right\}$$

作出相电压与线电压的相量图,如图 3.1.5 所示。从图中可以看出:

(1) 线电压 u_{AB}、u_{BC}、u_{CA} 也是对称三相电量,一般用 U_L 表示线电压的有效值。

(2) 在相位上线电压超前相应相电压 30°,即 u_{AB} 超前 u_A 30°、u_{BC} 超前 u_B 30°、u_{CA} 超前 u_C 30°。

(3) 线电压的有效值为相电压的 $\sqrt{3}$ 倍,即 $U_L = \sqrt{3} U_P$。

我国城市供电中的低电压公用配电线路,相电压 $U_P = 220$ V,线电压 $U_L = \sqrt{3} U_P = 380$ V,城市居民使用的是相电压。当然,它们的频率都是 50 Hz。

2. 三相电源的三角形联结(△ 形联结)

将电源的三相绕组的末端、首端依次相连,即 X 与 B、Y 与 C、Z 与 A 相连,组成闭合三角形,再由三个连接点引出端线,就形成电源的三角形联结,如图 3.1.6 所示。电源三角形联结只能向负载提供一种电压,即线电压。此时线电压即为相应绕组的电动势。电源的三角形联结一般只用于工业用户,或用在变流技术中。在电气制图的国家标准中规定,对于交流系统的相序,对电源方,第一相标 L_1、第二相标 L_2、第三相标 L_3;对设备端(负载端),依次为 U、V、W。但目前在交流系统中绘制相量图时,习惯上仍沿用 A、B、C。为了使线路图与相量图一致,本章相序仍统一采用 A、B、C,特此说明。

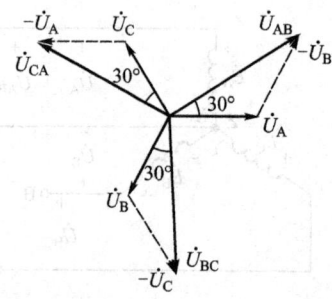
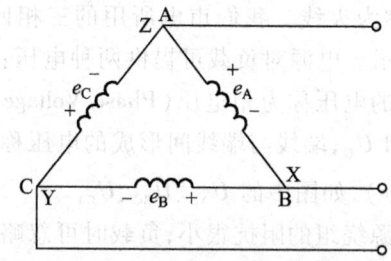

图 3.1.5　相电压、线电压相量图　　　　图 3.1.6　电源三角形联结图

授课视频-
三相负载的连接

3.2　三相电路的分析
3.2　Analysis of Three-phase Circuit

3.2.1　三相电路负载的连接

当三相电源已确定,负载的连接方式应视负载的额定电压和三相负载的性质来确定。三相负载(Three-phase Loads)有星形联结(Y 形联结)和三角形联结(△ 形联结)两种方式。以下的讨论是在电源为星形联结的前提下进行。

1. 负载星形联结

(1) 三相四线制

当负载的额定电压与电源的相电压相等,且三相负载中各相负载的性质是随意性的,负载应星形联结并采用三相四线制,如图 3.2.1 所示。我国低压配电系统即采用三相四线制。

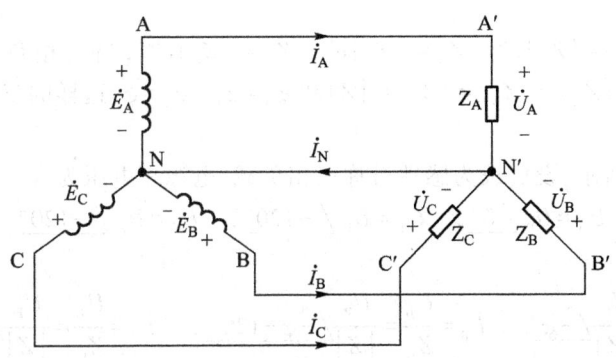

图 3.2.1 三相四线制电路

当忽略连接导线的电阻,从图 3.2.1 中可以看出,电源中性点 N 与负载中性点 N′电位相等,每相负载承受电源相应的相电压。由于电源可视为理想电压源,因此,当各相负载发生变化时,负载的端电压始终保持不变。

三相电路中,将流经负载的电流称为相电流(Phase Current),将流经端线的电流称为线电流(Line Current)。显然,负载星形联结时线电流即为相应的相电流。

三相电路的计算,同样应首先标注出各电量的参考方向,然后按前面介绍的相量分析方法,一相一相计算,即

$$\dot{I}_A = \frac{\dot{U}_A}{Z_A} \qquad \dot{I}_B = \frac{\dot{U}_B}{Z_B} \qquad \dot{I}_C = \frac{\dot{U}_C}{Z_C} \qquad (3.2.1)$$

式中 $Z_A = |Z_A| e^{j\varphi_A}, \quad Z_B = |Z_B| e^{j\varphi_B}, \quad Z_C = |Z_C| e^{j\varphi_C}$

$$\dot{I}_N = \dot{I}_A + \dot{I}_B + \dot{I}_C \qquad (3.2.2)$$

例 3.2.1 电路如图 3.2.1 所示。对称三相电源电压为 $U_L = 380$ V,负载为白炽灯组,其中 $Z_A = 5\ \Omega, Z_B = 10\ \Omega, Z_C = 4\ \Omega$,均为电阻。试求负载的相电流和中性线电流。

解:设以 A 相为参考正弦量,即 $\dot{U}_A = 220 \underline{/0°}$ V。因为有中性线,各相负载电压等于电源的相电压,由于电源电压对称,所以各相电流为

$$\dot{I}_A = \frac{\dot{U}_A}{Z_A} = \frac{220\underline{/0°}}{5}\ \text{A} = 44\underline{/0°}\ \text{A};\qquad \dot{I}_B = \frac{\dot{U}_B}{Z_B} = \frac{220\underline{/-120°}}{10}\ \text{A} = 22\underline{/-120°}\ \text{A}$$

$$\dot{I}_C = \frac{\dot{U}_C}{Z_C} = \frac{220\underline{/120°}}{4}\ \text{A} = 55\underline{/120°}\ \text{A}$$

根据相量 KCL,可求得中性线电流 $\dot{I}_N$ 为

$$\dot{I}_N = \dot{I}_A + \dot{I}_B + \dot{I}_C = (44\underline{/0°} + 22\underline{/-120°} + 55\underline{/120°})\ \text{A}$$
$$= [44 + (-11 - j18.9) + (-27.5 + j47.6)]\ \text{A}$$
$$= (5.5 + j28.7)\ \text{A} \approx 29.2\underline{/79.1°}\ \text{A}$$

由此可见,三相负载不对称时,中性线有电流。虽然中性线电流不为零,但由于电路有中性线,负载中性点与电源中性点之间仍然是等电位,即 $\dot{U}_{N'N} = 0$。因此,负载上的电压仍然对称,使设备正常工作。

（2）三相三线制

设三相负载为 $Z_A = |Z_A|e^{j\varphi_A}$，$Z_B = |Z_B|e^{j\varphi_B}$，$Z_C = |Z_C|e^{j\varphi_C}$，当三相负载的复阻抗相等，即 $Z_A = Z_B = Z_C$，或表示为 $|Z_A| = |Z_B| = |Z_C| = |Z|$ 和 $\varphi_A = \varphi_B = \varphi_C = \varphi$，这样的三相负载称为对称三相负载。

电路如图 3.2.2 所示，设负载为感性对称三相负载，电源相电压为

$$\dot{U}_A = U_P\angle 0°, \quad \dot{U}_B = U_P\angle -120°, \quad \dot{U}_C = U_P\angle -120°$$

各相电流为

$$\dot{I}_A = \frac{\dot{U}_A}{Z_A} = \frac{U_P}{|Z|}\angle -\varphi, \quad \dot{I}_B = \frac{\dot{U}_B}{Z_B} = \frac{U_P}{|Z|}\angle -\varphi -120°, \quad \dot{I}_C = \frac{\dot{U}_C}{Z_C} = \frac{U_P}{|Z|}\angle -\varphi +120°$$

相量图如图 3.2.3 所示。

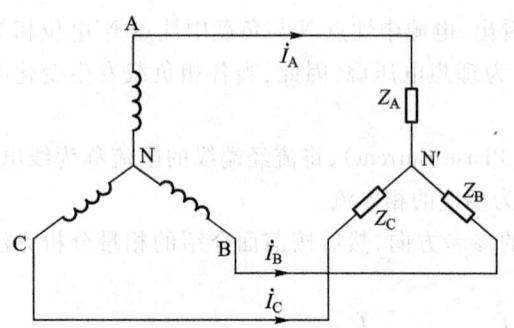

图 3.2.2 对称负载的三相三线制电路

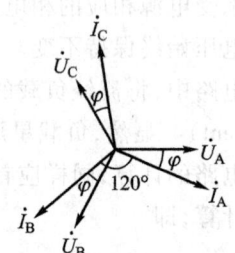

图 3.2.3 对称三相负载相量图

从以上分析可知，当负载为对称三相负载时，三相电流为对称三相电流，此时中性线电流

$$\dot{I}_N = \dot{I}_A + \dot{I}_B + \dot{I}_C = 0$$

既然中性线电流为零，因此，就不必要设置中性线。这样，当负载为对称三相负载时，就形成了三相三线制的送电方式，如图 3.2.2 所示。此时，电源中性点 N 与负载中性点 N′ 的电位仍然相等，每相负载仍然承受电源相应的相电压。

工业生产中广泛使用的三相异步电动机就是对称三相负载。

例 3.2.2 电路如图 3.2.2 所示。已知负载阻抗对称，即 $Z_P = 20\angle 45°$ Ω，电源的线电压 $u_{AB} = 380\sqrt{2}\sin(\omega t + 30°)$ V。(1) 试求出各相负载的瞬时电流；(2) 若负载变为 $Z_A = 5$ Ω，$Z_B = 10$ Ω，$Z_C = 4$ Ω，且均为电阻，求各负载上的电压。

解：(1) 根据已知条件，线电压的相量为 $\dot{U}_{AB} = 380\angle 30°$ V，则 A 相电压为

$$\dot{U}_A = \frac{\dot{U}_{AB}}{\sqrt{3}}\angle -30° = \frac{380\angle 30°}{\sqrt{3}}\angle -30° \text{ V} = 220\angle 0° \text{ V}$$

所以，A 相电流为

$$\dot{I}_A = \frac{\dot{U}_A}{Z_A} = \frac{220\angle 0°}{20\angle 45°} \text{ A} = 11\angle -45° \text{ A}$$

则

$$i_A = 11\sqrt{2}\sin(\omega t - 45°) \text{ A}$$

由于负载对称，故可直接推导出其他两相电流的瞬时表达式为

$$i_B = 11\sqrt{2}\sin(\omega t - 120° - 45°) \text{ A} = 11\sqrt{2}\sin(\omega t - 165°) \text{ A}$$

$$i_\text{C} = 11\sqrt{2}\sin(\omega t+120°-45°) \text{ A} = 11\sqrt{2}\sin(\omega t+75°) \text{ A}$$

（2）当负载为纯电阻时，等效电路如图 3.2.4 所示。

由图 3.2.4 可知，两个中性点之间的电压 $\dot{U}_\text{N'N}$ 为

$$\dot{U}_\text{N'N} = \frac{\dfrac{\dot{U}_\text{A}}{Z_\text{A}}+\dfrac{\dot{U}_\text{B}}{Z_\text{B}}+\dfrac{\dot{U}_\text{C}}{Z_\text{C}}}{\dfrac{1}{Z_\text{A}}+\dfrac{1}{Z_\text{B}}+\dfrac{1}{Z_\text{C}}}$$

$$= \frac{\dfrac{220\angle 0°}{5}+\dfrac{220\angle -120°}{10}+\dfrac{220\angle 120°}{4}}{\dfrac{1}{5}+\dfrac{1}{10}+\dfrac{1}{4}} \text{ V}$$

$$\approx 53\angle 79.1° \text{ V}$$

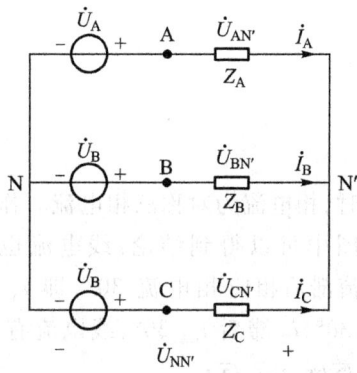

图 3.2.4 三相三线制的等效电路

显然，负载不对称且无中性线时 $\dot{U}_\text{N'N}\neq 0$，说明 N 和 N′ 不再是等电位，则各相负载上的电压出现了不对称现象，分别为

$$\dot{U}_\text{AN'} = \dot{U}_\text{A} - \dot{U}_\text{N'N} = (220\angle 0° - 53\angle 79.1°) \text{ V} = (210-\text{j}52) \text{ V} \approx 216\angle -13.9° \text{ V}$$

$$\dot{U}_\text{BN'} = \dot{U}_\text{B} - \dot{U}_\text{N'N} = (220\angle -120° - 53\angle 79.1°) \text{ V} = (-120-\text{j}242) \text{ V} \approx 270\angle -153.5° \text{ V}$$

$$\dot{U}_\text{CN'} = \dot{U}_\text{C} - \dot{U}_\text{N'N} = (220\angle 120° - 53\angle 79.1°) \text{ V} = (100+\text{j}138) \text{ V} \approx 170\angle 54° \text{ V}$$

由此可见，大电阻负载的相电压增大，会超过额定值 220 V，例如 B 相电压有效值变为 270 V；而小电阻负载的相电压减少，例如 C 相的有效值变为 170 V，低于额定电压。这些情况都会使负载不能正常工作，甚至会损坏设备。同时，各相负载电流也是不对称的。因此，若负载不对称，如仍采用三相三线制，负载不能正常工作，这是不允许的。为了避免这种事故发生，在三相四线制公用配电线路中，中性线是不可省掉的。

在不对称负载电路中，中性线起着保证各相负载电压为各相应电源相电压的作用，从而确保各相负载正常工作，互相不影响。为了防止中性线突然断开导致损害负载，在中性线上不允许安装熔断器和开关，而且通常选用机械强度很好的钢绞线作中性线（地线）。

2. 负载的三角形联结

当负载的额定电压与电源的线电压相等时，负载应采用三角形联结，如图 3.2.5 所示。显然，这种连接方式没有中性线。从图中可知，每相负载承受电源相应的线电压。相电流为 i_AB、i_BC、i_CA，线电流为 i_A、i_B、i_C。相电流的有效值用 I_P 表示，线电流的有效值用 I_L 表示。计算时先计算相电流，然后计算线电流。

$$\dot{I}_\text{AB} = \frac{\dot{U}_\text{AB}}{Z_\text{AB}}, \quad \dot{I}_\text{BC} = \frac{\dot{U}_\text{BC}}{Z_\text{BC}}, \quad \dot{I}_\text{CA} = \frac{\dot{U}_\text{CA}}{Z_\text{CA}} \quad (3.2.3)$$

$$\dot{I}_\text{A} = \dot{I}_\text{AB} - \dot{I}_\text{CA}, \quad \dot{I}_\text{B} = \dot{I}_\text{BC} - \dot{I}_\text{AB}, \quad \dot{I}_\text{C} = \dot{I}_\text{CA} - \dot{I}_\text{BC}$$

$$(3.2.4)$$

如果负载是对称三相负载，即 $Z_\text{AB} = Z_\text{BC} = Z_\text{CA} = Z = |Z|\text{e}^{\text{j}\varphi}$，且 $\varphi>0$，并设 $\dot{U}_\text{AB}$ 为参考相量，则

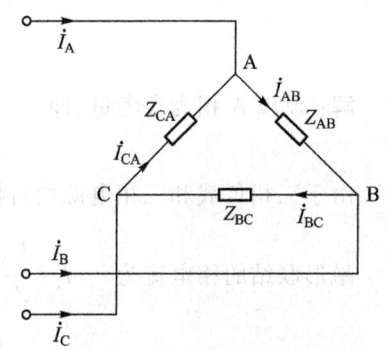

图 3.2.5 负载三角形联结

$$\dot{I}_{AB} = \frac{\dot{U}_{AB}}{Z} = \frac{U_L}{|Z|} \angle -\varphi$$

$$\dot{I}_{BC} = \frac{\dot{U}_{BC}}{Z} = \frac{U_L}{|Z|} \angle -\varphi -120°$$

$$\dot{I}_{CA} = \frac{\dot{U}_{CA}}{Z} = \frac{U_L}{|Z|} \angle -\varphi +120°$$

此时,相电流为对称三相电流。作出相应的相量图,并由相量图计算线电流,如图 3.2.6 所示。从图中可以得到结论：线电流也是对称三相电流,线电流滞后相应相电流 $30°$,即 i_A 滞后 i_{AB} $30°$,i_B 滞后 i_{BC} $30°$,i_C 滞后 i_{CA} $30°$;线电流有效值为相电流有效值的 $\sqrt{3}$ 倍,$I_L = \sqrt{3} I_P$。

三相异步电动机的定子绕组既可接成星形,也可接成三角形,视绕组额定电压而定。居民用电按三相四线制接成星形,在负荷分配时尽量做到三相平衡。

例 3.2.3 两组对称的三相负载电路如图 3.2.7 所示,分别接成三角形和星形,其中星形负载阻抗 $Z_A = 10 \angle 53.1°\ \Omega$,三角形负载阻抗 $Z_B = 5\ \Omega$,电源相电压 $U_P = 220\ V$,试求线电流 $\dot{I}_A$。

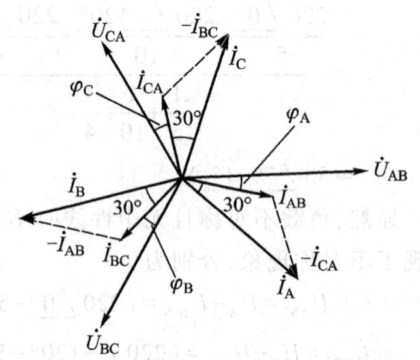

图 3.2.6 对称负载三角形联结时相量图

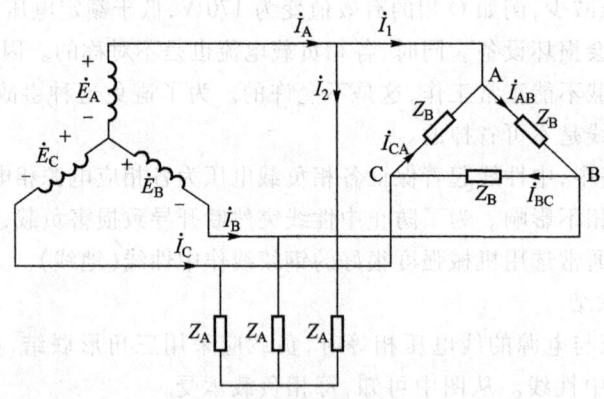

图 3.2.7 例 3.2.3 电路

解：设以 A 相为参考量,即

$$\dot{U}_A = 220 \angle 0°\ V$$

由于三相负载和三相电源均对称,所以只要求出其中一相的负载电流即可。

星形联结的相电流为 $\dot{I}_2 = \frac{\dot{U}_A}{Z_A} = \frac{220 \angle 0°}{10 \angle 53.1°}\ A = 22 \angle -53.1°\ A$

三角形联结的相电流为 $\dot{I}_{AB} = \frac{\dot{U}_{AB}}{Z_B} = \frac{380 \angle 30°}{5}\ A = 76 \angle 30°\ A$

则三角形联结的线电流为 $\dot{I}_1 = \sqrt{3}\,\dot{I}_{AB}\angle{-30°}$ A $= \sqrt{3}\times 76\angle{-30°+30°}$ A $\approx 131.6\angle{0°}$ A

根据相量 KCL，就可求得电路的线电流 $\dot{I}_A$ 为

$$\dot{I}_A = \dot{I}_1 + \dot{I}_2 = (131.6\angle 0° + 22\angle{-53.1°})\ \text{A} \approx 145.8\angle{-7°}\ \text{A}$$

3.2.2 三相电路的功率

三相电路无论负载采用何种连接方式，总的有功功率等于各相相应有功功率之和，总的无功功率等于各相无功功率之和。例如，对于图 3.2.7 所示电路

$$P = P_A + P_B + P_C = U_A I_A \cos\varphi_A + U_B I_B \cos\varphi_B + U_C I_C \cos\varphi_C \tag{3.2.5}$$

$$Q = Q_A + Q_B + Q_C = U_A I_A \sin\varphi_A + U_B I_B \sin\varphi_B + U_C I_C \sin\varphi_C \tag{3.2.6}$$

总的视在功率为

$$S = \sqrt{P^2 + Q^2} \tag{3.2.7}$$

当负载为三相对称负载时

$$\left.\begin{aligned} P &= 3U_P I_P \cos\varphi \\ Q &= 3U_P I_P \sin\varphi \\ S &= 3U_P I_P \end{aligned}\right\} \tag{3.2.8}$$

对称负载星形联结时，有 $U_P = \dfrac{1}{\sqrt{3}}U_L$，对称负载三角形联结时，有 $I_P = \dfrac{1}{\sqrt{3}}I_L$。因此，无论对称负载是星形联结或三角形联结，用线电压、线电流来表示功率为

$$\left.\begin{aligned} P &= \sqrt{3}\,U_L I_L \cos\varphi \\ Q &= \sqrt{3}\,U_L I_L \sin\varphi \\ S &= \sqrt{3}\,U_L I_L \end{aligned}\right\} \tag{3.2.9}$$

工程上常用公式(3.2.9)来计算对称三相电路的功率(Three-phase Power)。应当注意，公式中的功率因数角 φ 仍为每相负载的功率因数角，即为相电压与相电流的相位差。

例 3.2.4 已知三相异步电动机每相绕组的额定电压等于 220 V，每相阻抗 $Z = (6 + j8)\ \Omega$，电源线电压为 380 V。(1) 电动机定子绕组应如何连接？试计算电源输入电动机的平均功率；(2) 如电源线电压为 220 V，电动机定子绕组应如何连接？试计算此时电源输入电动机的平均功率。

解：(1) 电源线电压为 380 V 时，电动机应为星形联结，则有

$$U_L = 380\ \text{V}, \quad U_P = 220\ \text{V}$$

$$I_L = I_P = \frac{U_P}{|Z|} = \frac{220}{\sqrt{6^2 + 8^2}}\ \text{A} = 22\ \text{A}$$

电动机每相绕组的功率因数为

$$\cos\varphi = \frac{R}{|Z|} = \frac{6}{\sqrt{6^2 + 8^2}} = 0.6$$

电源提供的有功功率

$$P = \sqrt{3}\,U_L I_L \cos\varphi = \sqrt{3} \times 380 \times 22 \times 0.6 \text{ W} = 8\,688 \text{ W}$$

（2）电源线电压为 220 V 时，电动机应为三角形联结，则有

$$I_L = \sqrt{3}\,I_P = \frac{\sqrt{3}\,U_L}{|Z|} = \frac{220\sqrt{3}}{\sqrt{6^2+8^2}} \text{ A} = 22\sqrt{3} \text{ A} = 38 \text{ A}$$

电源提供的有功功率

$$P = \sqrt{3}\,U_L I_L \cos\varphi = \sqrt{3} \times 220 \times 38 \times 0.6 \text{ W} = 8\,688 \text{ W}$$

计算结果表明，当保证了电动机每相绕组的额定电压时，电动机从电源获取的有功功率是一定的。但三角形联结时（线电压为 220 V）的线电流为星形联结时（线电压为 380 V）线电流的 $\sqrt{3}$ 倍。

3.3 安全用电
3.3 Electricity Safety

由于带电的物体如果不用仪表去测量就不能从外表上观察出它是否带电，因此如果使用不当，就可能发生触电事故(Electric Shock)，造成人身伤亡，设备损坏，甚至造成火灾、爆炸等严重后果。

发生触电事故的情况多种多样，有些是违章带电操作；有的地方电力线、电话线和广播线绝缘损坏发生碰线；绝缘损坏的电流入地点形成"跨步电压"；用电设备不装开关和熔断器；擅自乱拉乱架电线；不切断电源就移动电气设备；用错误的方法去抢救触电者；等等，这些都有过严重的教训，造成不可挽回的损失。

因此为了保证使用者的人身安全及设备安全，保证电气设备的正常运行，必须树立安全用电的意识，掌握安全用电的知识和技能，建立完善的安全保护措施。

3.3.1 三相五线制供电

为了人身安全和电力系统工作的需要，要求电气设备采取接地措施，使用电设备外壳上电位始终处在"地"电位，从而消除设备产生危险电压的隐患。

在三相四线制系统中，由于负载往往不对称，工作零线（中性线）通常有电流，因而工作零线对地电压不为零，距离电源越远，电压越高，但一般在安全值以下，无危险性。为了能使保护的作用更安全，确保设备外壳对地电压为零，有关部门规定：在采用保护接零的同时，还应专设一条保护零线，如图 3.3.1 所示。工作零线 N 在进建筑物入口处（配电盘）要接地，进户后再另设一保护零线 PE，这样就成为三相五线制：对三相用电设备供电时，将有五条入户线，即三条相线（火线）、一条工作零线 N、一条保护零线 PE；对单相负载供电时，有三条入户线，即一条相线（火线）、一条零线 N、一条保护零线 PE。所有的接零设备都要通过三孔插座接到保护零线 PE 上。在正常工作时，工作零线 N 中有电流，保护零线 PE 中不应有电流。

这样构成的 TN 系统称为 TN-S 系统，字母 S 表示系统的零线 N 与保护零线 PE 是分开的，这样以区别 TN-C 系统（字母 C 表示 N 线与 PE 线是合并为一体的）。

图 3.3.1(a)是三相对称负载的正确连接;图 3.3.1(b)是三相不对称负载的正确连接;图 3.3.1(c)是单相负载的正确连接,当绝缘损坏,外壳带电时,短路电流经过保护零线,将熔断器熔断,切断电源,消除触电事故;图 3.3.1(d)是单相负载的不正确连接,因为如果在×处断开,绝缘损坏后外壳便带电,将会发生触电事故;图 3.3.1(e)的单相负载忽视接零,如果在使用手电钻、电冰箱、洗衣机、台式电扇等日常电器时,忽视外壳的接零保护,插上单相电源就用,那么一旦绝缘损坏,外壳也就带电。

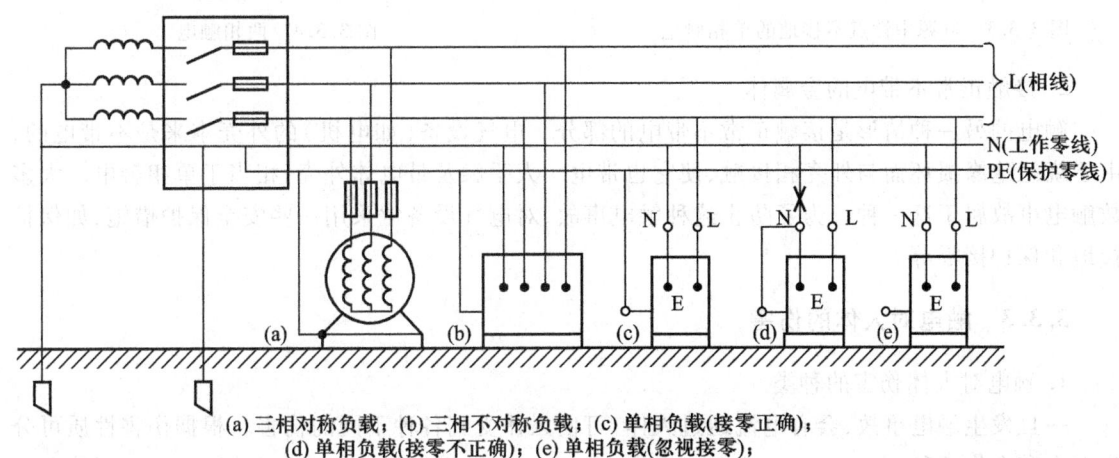

(a)三相对称负载;(b)三相不对称负载;(c)单相负载(接零正确);
(d)单相负载(接零不正确);(e)单相负载(忽视接零);

图 3.3.1 三相五线供电制

根据国家标准,采用不同颜色标志的导线来区别上述"五线"。三条相线的色标,L_1(A 相)——黄色,L_2(B 相)——绿色,L_3(C 相)——红色,N(工作零线)——浅蓝色,PE(保护零线)——黄绿双色。对于直流,正极(+)——棕色,负极(-)——蓝色。

3.3.2 触电的方式

触电有两种方式,一种是人体直接接触正常带电体,另一种是接触正常不带电的金属体。

1. 接触正常带电体

(1)电源中性点接地的单相触电,如图 3.3.2 所示。这时人体处于相电压之下,危险性较大。如果人体与地面的绝缘较好,危险性可以大大减小。

(2)电源中性点不接地的单相触电,如图 3.3.3 所示。这种触电也有危险。乍看起来,似乎电源中性点不接地时,不能构成电流通过人体的回路。其实不然,要考虑到导线与地面间的绝缘可能不良(对地绝缘电阻为 R'),甚至有一相接地,在这种情况下人体中就有电流通过。在交流的情况下,导线与地面间存在电容 C',也可构成电流的通路(R' 和 C' 统称绝缘阻抗 Z')。

(3)两相触电如图 3.3.4 所示。当人体同时接触三相电源的两跟相线而处于线电压之下时,就会产生两相触电,这种情况下通过人体的电流最大,也最为危险,但一般较少出现。

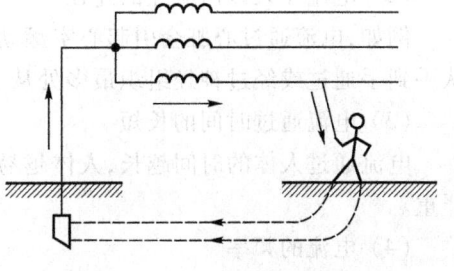

图 3.3.2 电源中性点接地的单相触电

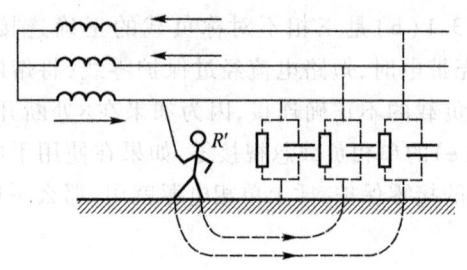
图 3.3.3 电源中性点不接地的单相触电
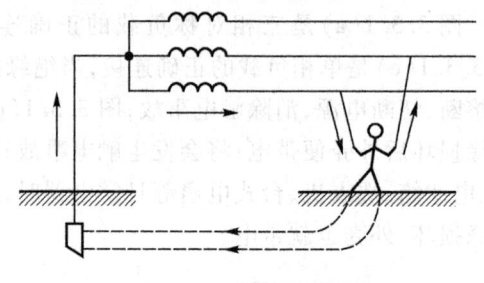
图 3.3.4 两相触电

2. 接触正常不带电的金属体

触电的另一种情形是接触正常不带电的部分。电气设备(如电机)的外壳本来是不带电的，由于绕组绝缘损坏而与外壳相接触，使它也带电。人手触及带电体外壳，相当于单相触电。大多数触电事故属于这一种。为了防止这种触电事故，对电气设备常采用一些安全保护措施，如保护接地和保护接零等。

3.3.3 触电对人体的伤害

1. 触电对人体伤害的种类

一旦发生触电事故，会有电流通过人体，可使人体受到各种不同的伤害。根据伤害性质可分为电击和电伤两种。

(1) 电击。是指电流通过人体，使内部器官组织受到损伤。如果受害者不能迅速摆脱带电体，则可能出现强烈的肌肉痉挛、呼吸和心跳停止，最后会造成死亡事故。在因触电而致死的事故中，大多数是由于电击引起的。

(2) 电伤。是指对人体外部的伤害，如由于电流的热效应使人体被电弧烧伤，使皮肤发红、起泡或烧焦引起组织败坏；由于电流的化学效应和机械效应所引起的电烙印，在皮肤表面留下圆或椭圆形痕迹，颜色呈灰色或淡黄色，并且有明显的边缘；由于皮肤在电流作用下使熔化和蒸发的金属微粒渗入表面层而引起皮肤金属化，皮肤的伤害部分形成粗糙的坚硬表面。

2. 影响人体受伤害程度的因素

根据大量触电事故资料的分析和实验，表明影响人体受伤害程度的因素很多，主要有：

(1) 人体电阻的大小

人体的电阻越大，通过的电流越小，伤害程度也就越轻。根据研究结果，当皮肤有完好的角质外层并且很干燥时，人体电阻为 $10^3 \sim 10^4\ \Omega$；当角质外层破坏时，则降到 800~1 000 Ω。

(2) 电流在人体内流经的途径

例如，电流通过心脏会引起心室颤动，严重时可使心脏停止跳动导致死亡。一般电流经胸部从手到手通过或经过神经组织最多处从手到脚通过，都是危险的电流途径。

(3) 电流通过时间的长短

电流通过人体的时间越长，人体越易发热出汗，人体电阻会减小，电流随之增大，从而伤害越严重。

(4) 电流的频率

实验表明，频率为 25~300 Hz 的交流电对人体伤害最严重，频率增大反而伤害要小一些。

(5) 电流的大小

在工频电流作用下,一般成年男子身上通过的电流超过 1.1 mA 就可能有感觉,成年女子对 0.7 mA 电流就有感觉。人触电后能够自主摆脱电源的最大电流值:男性约为 10 mA,女性约为 6 mA;通过人体电流超过 30 mA,通电时间超过数秒到数分钟,心脏跳动就会不规则,血压升高并伴有强烈痉挛或昏迷,时间再长会引起心室颤动;如果通过人体的电流在 50 mA 以上时,就有生命危险;100 mA 的电流流经人体即能致命。因此,国际电工委员会(IEC)规定,对于 15～100 Hz 的交流电,在正常环境下,人体安全电压最大为 50 V。我国根据工作场所和环境条件的不同,规定了安全电压的标准有 42 V、36 V、24 V、12 V 和 6 V 等规格。由于接触 36 V 以下的电压时,通过人体的电流不致超过 50 mA,故一般将 36 V 电压作为安全电压。根据环境不同,如在潮湿的场所,安全电压还要规定得低一些,通常是 24 V、12 V 和 6 V。

此外,电击后的伤害程度还与带电体接触的面积和压力等有关。

3.3.4 触电急救及预防

当发现有人触电时,必须采取急救措施进行抢救。抢救要求采用正确的方法,否则,不但被抢救的人不能脱险,还会造成更大的伤亡。

1. 正确的急救措施

(1) 首先立即关闭电源开关。如果离电源开关较远时,380/220 V 低压线可用干木棒将电线挑离触电者,或用带木柄(干燥)斧头砍断电线,切忌直接用手去拉触电者,不能因救人心切而忘了自身安全。

(2) 脱离电源后迅速检查病人,呼吸停止者,立即进行口对口人工呼吸;心跳停止者,立即在心前区叩击数下,如无心跳,则进行胸外心脏按压,病人复苏后尚须进行综合治疗。

(3) 用呼吸中枢兴奋药,针刺人中和十宣穴。

施救人要细心、耐心,注意不要使触电者受凉,当救治情况良好时,应用担架将触电人抬到床上,情况好转后千万不能让他站立行走,应继续休息观察;如若呈现死亡象征,出现瞳孔扩散、尸体僵硬等则可停止救治。

2. 预防

发生触电事故的原因是多方面的,但其中因疏忽大意或因对电器安全缺乏正确认识而引起的事故占据着相当大的百分比。为了有效地防止发生触电事故,保障人身及设备安全,必须严格用电制度,加强安全用电知识教育。针对触电事故发生的原因,制定预防措施可以从下述几个方面着手:

(1) 电气设备的安装、维修等应规定工作制度,并由合格的电气技术人员操作。

(2) 新电机、电气设备运行前必须经过验收,检验合格后方可使用。

(3) 电气设备应经常维护、定时检修,保持良好状态,不得带"病"工作。

(4) 电气设备检修时,应有相应的操作规程。检修时应撤除电源,在电源处应挂出指示牌,任何无关人员不得乱动电气设备及断开或接通电源。

(5) 应建立必要的安全操作制度。如使用 220 V 手电钻应戴橡皮绝缘手套操作或者操作时地面上垫有橡皮绝缘垫。使用电容时,电容在断电后应放电,以免电容中储存的电荷使人触电。使用电热设备时应远离易燃物,用毕应立即切断电源。

（6）工作场所敷设导线的方法和结构应符合规定，不得随意乱拉电源线。

（7）电气设备导电部分不可裸露，设备外壳必须妥善接地或接零。

（8）不能在通电的电线上晒衣物，不能接触断落的电线。

（9）火警及台风袭击时切断电源，雷雨天不要在野外行走且不要站在高墙上、树木下、电杆旁或天线附近。

（10）熔断器的熔体应与被保护的负载相适应，不可随意用铜丝代替。为了防止设备漏电伤人，可装置低压漏电保护装置。当发生人体触电或电气设备漏电时，它能自动将电源切断，起到保护人身安全和监护电气绝缘状况的作用。

学 习 指 导

【本章重点】

1. 三个大小相等、相位互差120°的电动势组成的电源，称为三相电源。三相电源由三相交流发电机产生。

$$e_A = E_m \sin(\omega t) \quad e_B = E_m \sin(\omega t - 120°) \quad e_C = E_m \sin(\omega t + 120°)$$

用相量表示：$\dot{E}_A = E \angle 0°$ $\quad \dot{E}_B = E \angle -120°$ $\quad \dot{E}_C = E \angle 120°$

特点：$e_A + e_B + e_C = 0$ 或 $\dot{E}_A + \dot{E}_B + \dot{E}_C = 0$

2. 对称三相电路的分析以及有功功率的计算。根据三相负载的对称性，只需计算出一相的电压电流，就可以得出其余两相的结果。

3. 触电的方式、危害和防护。人体有两种触电方式，对人体的伤害有电击和电伤两种。

【本章难点】

1. 三相负载的星形联结

对称负载：中性线电流 $\dot{I}_{N'N} = 0$，可去掉中性线变为三相三线制；此时线电压超前相电压30°，大小为相电压的$\sqrt{3}$倍，即 $U_L = \sqrt{3} U_P$。

不对称负载：有中性线，则 $\dot{U}_{N'N} = 0$，各相负载的相电压仍保持对称，但中性线电流不为0，即 $\dot{I}_{N'N} = \dot{I}_A + \dot{I}_B + \dot{I}_C \neq 0$；若无中性线，则 $\dot{U}_{N'N} \neq 0$，各相负载相电压不对称，因此中性线的作用在于使不对称负载上获得对称的相电压，使各相负载正常工作。

2. 三相负载的三角形联结

对称负载：负载上的相电压即线电压，$I_L = \sqrt{3} I_P$，线电流滞后相应相电流30°。

不对称负载：负载上的相电压仍为线电压，但 $I_L \neq \sqrt{3} I_P$。

【典型例题】

例3.1 由单相用电设备组成的对称或不对称三相负载连接成三角形,接入三相电源,当一相负载因故断开时,其余两相设备能否正常工作?为什么?

【分析】当负载为三角形联结时,不管负载是否对称,每相负载承受的都是线电压,当一相负载因故断开时,其余两相设备承受的仍然是线电压,因此能正常工作。

如果负载为星形联结接入三相四线制系统,不管负载是否对称,每相负载承受的都是相电压,此时是三相电源对单相负载供电的情形。当一相负载因故断开时,其余两相设备承受的仍然是相电压,因此能正常工作。

如果对称负载是星形联结接入线电压为380 V的三相三线制系统,当一相负载因故断开时,其余两相负载串联连接承受线电压,则每相负载电压为190 V,低于相电压220 V,因此不能正常工作。

例3.2 某住宅楼有30户居民,每户最大用电功率2.4 kW,功率因数0.8,额定电压220 V,采用三相电源供电,线电压 $U_L = 380$ V,试求:(1)将用户均匀分配组成对称三相负载,画出供电线路;(2)计算线路总电流,每相负载阻抗、电阻及电抗,以及三相变压器总容量。

【分析】本题是一个典型的对称三相电路的分析计算题,目的在于根据负载功率要求如何配置三相电源。

【解】(1)将30户均匀分配在三个相上,组成三相四线制星形联结,每相10户(并联),其供电线路如例3.2图所示。

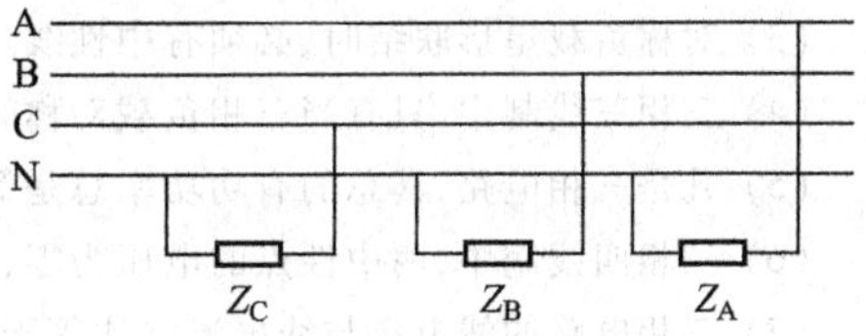

(2)由于 $U_L = 380$ V,则相电压 $U_P = U_L/\sqrt{3} = 220$ V(符合用户额定电压),设每相总功率 $P_P = 10 \times 2.4$ kW $= 24$ kW,则线电流为

$$I_L = I_P = \frac{P_P}{U_P \cos\varphi} = \frac{24 \times 10^3}{220 \times 0.8} \text{ A} = 136.4 \text{ A}$$

例3.2图

每相复阻抗 $|Z| = \dfrac{U_P}{I_P} = \dfrac{220}{136.4} \Omega = 1.613 \Omega$,又因为 $\cos\varphi = 0.8$,则 $\varphi = 36.9°$,因此

$$R_P = Z_P \cos\varphi = 1.613\cos 36.9° \ \Omega = 1.29 \ \Omega$$

$$X_P = Z_P \sin\varphi = 0.968 \ \Omega$$

三相变压器容量即为三相总视在功率,即

$$S = \sqrt{3} U_L I_L = \sqrt{3} \times 380 \times 136.4 \text{ V} \cdot \text{A} = 89.8 \text{ kV} \cdot \text{A}$$

因此可选用一台100 kV·A的三相变压器供电。

例3.3 使触电伤员脱离电源后,应( )。

A. 立即抬送医院抢救　　　　　　　　B. 立即打电话给医生,等医生前来抢救
C. 立即就地抢救,同时打电话找医生

【分析】触电预防与急救是本章的重点内容,当不同避免的发生触电事故时,快速、及时的急救措施将使损失降到最低程度。因此本题应选(C)。

习 题

【基本概念题】

3.1 单项选择题

(1) 已知某三相四线制电路的线电压 $\dot{U}_{AB}=380\underline{/13°}$ V, $\dot{U}_{BC}=380\underline{/-107°}$ V, $\dot{U}_{CA}=380\underline{/133°}$ V,当 $t=12$ s 时,三个相电压之和为(　　)。

① 380 V　　　② 0 V　　　③ $380\sqrt{2}$ V　　　④ $220\sqrt{2}$ V

(2) 在某对称星形联结的三相负载电路中,已知线电压 $u_{AB}=380\sqrt{2}\sin\omega t$ V,则 C 相电压有效值相量 $\dot{U}_C=$ (　　)。

① $220\underline{/90°}$ V　　　② $380\underline{/90°}$ V　　　③ $220\underline{/-90°}$ V　　　④ $380\underline{/-90°}$ V

(3) 某三相交流发电机绕组接成星形时线电压为 6.3 kV,若将它接成三角形,则线电压为(　　)。

① 6.3 kV　　　② 10.9 kV　　　③ 3.64 kV　　　④ 4.47 kV

(4) 三个额定电压为 380 V 的单相负载,当电源线电压为 380 V 时应接成(　　)形。

① 星形　　　② 三角形　　　③ 星形或三角形均可　　　④ 都不能使负载正常工作

3.2 判断题

(1) 同一台发电机星形联结时的线电压等于三角形联结时的线电压。(　　)
(2) 负载星形联结的三相正弦交流电路中,线电流与相电流大小相等。(　　)
(3) 对称负载星形联结时,必须有中性线。(　　)
(4) 三相三线制中,只有当三相负载对称时,三个线电流之和才等于零。(　　)
(5) 凡是三相电路,其总的有功功率总是等于一相有功功率的三倍。(　　)
(6) 三相四线制中,两中性点的电压为零,中性线电流一定为零。(　　)
(7) 三相电路的线电压与线电流之比等于输电导线的阻抗。(　　)
(8) 负载不对称的三相电路中,负载端的相电压、线电压、相电流、线电流均不对称。(　　)
(9) 负载为三角形联结的三相电路中,其线电流是相电流的 $\sqrt{3}$ 倍。(　　)
(10) 负载为星形联结时,三相负载越接近对称,则中性线电流越小。(　　)
(11) 在照明配电系统中,由于把单相用电设备均衡地分配在三相电源上,故中性线可以省去。(　　)

3.3 常见的触电方式有哪几种?

3.4 有人为了安全,将电炉烤箱的外壳接在 220 V 交流电源进线的中性线上,你认为这样做安全吗?

【简单计算题】

3.5 对称三相电流 i_A、i_B、i_C 瞬时值之间的关系为 $i_A+i_B+i_C=0$; i_1、i_2、i_3 为同一结点的三条支路的电流,且参考方向均为指向结点,根据基尔霍夫电流定律,有公式 $i_1+i_2+i_3=0$。两者公式形式相同,试指出它们本质上的区别。

3.6 有一台三相发电机,其绕组连成星形,每相额定电压为 220 V。在一次试验时,用电压表量得相电压 $U_A=U_B=U_C=220$ V,而线电压为 $U_{AB}=U_{CA}=220$ V, $U_{BC}=380$ V,试问这种现象是如何造成的?

3.7 有一台三相交流电动机,当定子绕组星形联结于线电压 $U_L=380$ V 的对称三相电源时,其线电流

$I_L = 4$ A, $\cos\varphi = 0.8$。试求电动机每相绕组的相电压、相电流及阻抗。

3.8 对称三相负载为星形联结,若已知 $u_{AB} = 380\sqrt{2}\sin(\omega t + 60°)$ V, $Z_A = Z_B = Z_C = (3+j4)$ Ω,试写出 i_A、i_B、i_C 的瞬时表达式,负载消耗的有功功率是多少?

3.9 三相异步电动机定子绕组为三角形联结,已知电源线电压 $U_L = 380$ V,电机每相绕组功率因数 $\cos\varphi = 0.87$,电动机从电源获取有功功率为 $P = 11.43$ W,试计算电动机的相电流及线电流。

【综合应用题】

3.10 如题 3.10 图所示的三相四线制电路中,电源线电压 $U_L = 380$ V。三个负载连成星形,其电阻为 $R_C = 20$ Ω, $R_A = R_B = 45$ Ω。试求:(1) 负载相电压、相电流及中性线电流,并画出它们的相量图;(2) 中性线断开时,试求负载的相电压及中性点电压;(3) 当中性线断开且 A 相短路时,试求出各相电压和电流,并画出它们的相量图;(4) 当中性线断开且 C 相断路时,试求另外两相的电压和电流。

3.11 有一台三相对称电阻加热炉,$R = 10$ Ω,三角形联结;另有一台三相交流电动机,$Z = 10\underline{/53.1°}$ Ω,功率因数为 0.6,星形联结。它们接到同一个三相电源上,已知三相电源的线电压为 380 V,如题 3.11 图所示。试求电路的线电流 $\dot{I}_A$ 和三相负载总的有功功率。

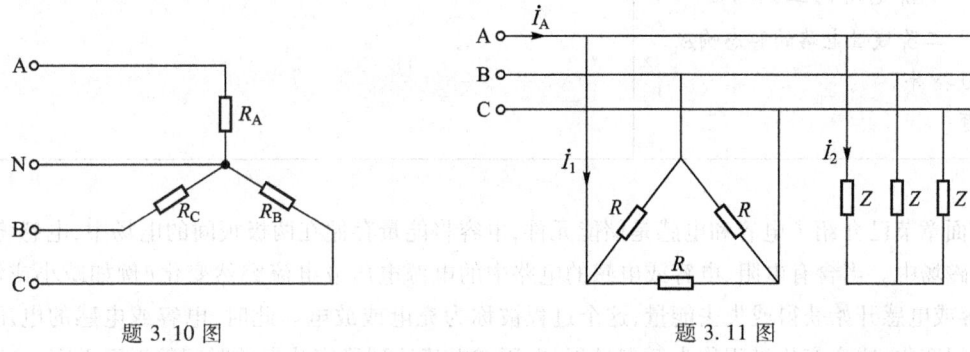

题 3.10 图　　　　　　　　　　　　题 3.11 图

3.12 在题 3.12 图所示电路中,对称负载连成三角形,已知电源线电压 $U_L = 220$ V,各电流表读数均为 38 A。试求:(1) 当 B 线断开时,图中各电流表的读数;(2) 当 AC 相负载断开时,图中各电流表的读数。

3.13 如题 3.13 图所示电路是一种相序指示器,由一个电容和两个相同的白炽灯构成,用于测定三相电源的相序。试证明:如果假定电容所接的位置为 A 相,则 B 相的白炽灯较亮,而 C 相的白炽灯较暗,并说明是何原因。

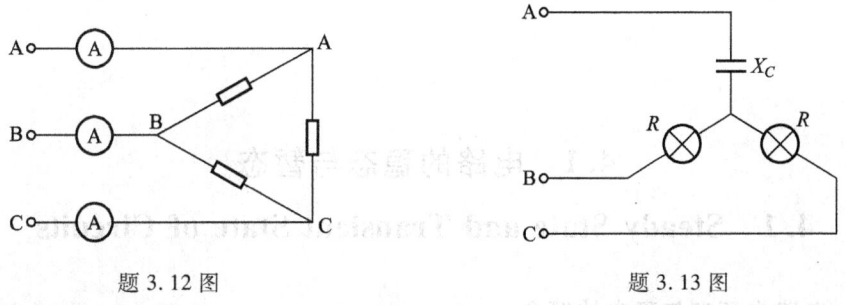

题 3.12 图　　　　　　　　　　　　题 3.13 图

第4章 电路的暂态分析

Chapter 4　Transient Analysis of Circuits

本章内容	基本要求：理解电路的暂态概念，理解并掌握换路定则和时间常数的基本概念；掌握一阶暂态电路的三要素分析法；了解一阶电路的矩形波响应和正弦响应；了解二阶电路的暂态响应。
4.1　电路的稳态与暂态 4.2　一阶线性电路的暂态响应 4.3　一阶电路的矩形波响应 *4.4　一阶电路的正弦响应 *4.5　二阶线性电路的暂态响应 学习指导 习题	

前面章节已介绍了电容和电感是储能元件，电容将能量存储在两极板间的电场中，电感将能量存储在磁场中。当含有电阻、电容或电感的电路中的电源电压或电流突然变化（例如减小或增大）时，电容或电感开始获得或失去能量，这个过程被称为充电或放电。此时，电容或电感的电压和电流随时间变化，这个变化过程称为暂态过程，电压或电流达到稳定状态的时间趋近于无穷。

电路暂态过程持续的时间虽然很短，但是在工程实践中具有非常重要的应用。比如在新型汽车中，通常利用电路的暂态响应来设计计时器或汽车光控灯。生物医学工程师也可以利用暂态分析来检测除颤器，使除颤器通过一段时间存储电荷，然后瞬间将其注入病人的心脏。本章主要介绍暂态过程的基本概念，分析暂态过程产生的原因；介绍换路定则及电路暂态过程中电压、电流初始值的确定；分析讨论求解一阶线性电路暂态响应的三要素公式；初步了解二阶电路的暂态响应。

4.1　电路的稳态与暂态

4.1　Steady State and Transient State of Circuits

4.1.1　电路中暂态与稳态的概念

自然界事物的运动，在一定条件下会有一个相对稳定的状态，简称稳态（Steady State）。当条件改变时,原来的稳定状态被打破,系统会根据条件的变化,重新建立新的稳定状态,这个打破原有稳态,再过渡到新的稳态的过程是暂时的、变化的,所以也称这个中间过程为暂态(Transient State)。例如,当一列火车出发的时候,开始处于静止状态(一种稳定状态),启动后,它的速度就从零逐渐上升,达到稳定速度运行状态(另一种稳定状态),其速度从零增加到稳定速度的过程就是暂态;而当它要进站停止时,它的运行速度也是逐渐减慢,最后完全停止的(从运行稳态到停止的稳态中又经历了暂态)。又例如,烧开水时,水温也是从常温(一种稳态)逐渐升高(暂态)到 100 ℃(另一种稳态)的。

可见,事物从一种稳定状态变化为另一种新的稳定状态之间的过渡过程相对于稳定状态而言是一种短暂的过程,故称为暂态过程,简称暂态。

和自然界的现象类似,在电路中也同样存在暂态过程,例如,将一个 RC 串联的电路与直流电源连接,利用前面学习的分析方法知道,该电路在工作时,电容元件上的电压等于电源电压,电路中没有电流流动,即电流为零,这就是电路已经达到稳定状态时的情况。但实际上,如果给电路中串接一个电流表会发现,当电路接通直流电源的一瞬间,电流表会发生偏转(表示有电流流过),但迅速减小,直到为零。也就是说,即使电容被快速充电,其上的电压也不是跳变的,而是从零开始逐渐增加到电源电压(稳态值)的。在这个过程中,电路中有充电电流流动,其值也是由最大值逐渐衰减到零的。也就是说,RC 串联电路在没有接电源之前处于一种稳定状态,接通直流电源一定时间后达到另一种稳定状态,在两种稳定状态之间变化时也存在一个(过渡过程的)暂态过程。

1. 电路稳态的概念

所谓稳态,就是电路中的电压和电流在给定的条件下已达到某一稳态值(对交流而言就是它的幅值达到稳定状态)称为电路的稳定状态,简称稳态,如前面三章所讨论的电路都处于稳态。

2. 电路暂态的概念

所谓暂态,就是电路由一种稳定状态变换为另一种稳定状态时所经历的过渡过程,因这个过程较短暂,所以也称为暂态过程,简称暂态。

4.1.2 电路中暂态产生的原因

为什么电路中会产生暂态呢？分析自然界中稳定状态的改变和电路中稳定状态的改变,我们可以看出,所谓稳定状态的改变,其实是系统中储存的能量的关系(或总和)发生了改变,而物质所具有的能量不能发生跳变,所以,系统就会产生暂态。

分析在电路中的情况,可以总结出:电路中产生暂态的主要原因(促使电路中能量关系发生改变的因素)是由于在含有电感元件和电容元件的电路中,发生电路的接通、切断、短路、电源电压的改变或电路中元件参数的改变等(称为换路)行为,引起电路中的电压和电流发生变化,从而可能引起电路中的能量关系发生变化(即电感储存的磁场能量和电容中储存的电场能量发生改变),因为这种变化不能跃变,所以就会有暂态产生。

在含有储能元件的电路中发生换路(Circuit-Changing),从而导致电路中的能量关系发生改变就是电路中产生暂态的原因。

授课视频-
换路定则

4.1.3 换路定则

从前面分析可知,在电路换路瞬间,电路中的能量不能发生跃变。

设 $t=0$ 为换路瞬间,$t=0_-$ 表示换路前的终了瞬间,$t=0_+$ 表示换路后的初始瞬间,0_- 和 0_+ 在数值上都等于 0,但 0_- 是 t 从负值趋近于 0,0_+ 是 t 从正值趋近于 0。

从 $t=0_-$ 到 $t=0_+$ 瞬间,电容元件中储存的电场能 W_C 和电感元件中储存的磁场能 W_L 是不能跃变的,即

$$\begin{cases} W_C(0_+) = W_C(0_-) \\ W_L(0_+) = W_L(0_-) \end{cases} \quad (4.1.1)$$

由于 $W_C = \frac{1}{2}Cu_C^2$,$W_L = \frac{1}{2}Li_L^2$,对于线性电路元件,L、C 均为常数,因此,在换路瞬间 W_C 不能跃变,在电容上就是电压 u_C 不能跃变;W_L 不能跃变,在电感中就是电流 i_L 不能跃变,这称为换路定则(Law of Switching)。用公式表示为

$$\begin{cases} u_C(0_+) = u_C(0_-) \\ i_L(0_+) = i_L(0_-) \end{cases} \quad (4.1.2)$$

将电量在 $t=0_+$ 时的值称为电量的初始值,用 $f(0_+)$ 来表示,例如 $i(0_+)$、$u(0_+)$。

换路定则的正确性也可以从另外一个角度来理解:在换路 $t=0_-$ 至 $t=0_+$ 瞬间,电容电压和电感电流如果是可以突变的话,则电容电流 $i_C = C\frac{du_C}{dt} \to \infty$,电感电压 $u_L = L\frac{di_L}{dt} \to \infty$。这需要无穷大的功率源,在实际的电路中是不可能的,因此,在换路 $t=0_-$ 至 $t=0_+$ 瞬间电容电压和电感电流都不能突变。

换路定则仅适用于换路瞬间。根据换路定则,可以确定电容两端电压及电感电流的初始值(Initial Value),结合电路的基本定律可确定暂态过程中其他电量在 $t=0_+$ 时刻的初始值。

4.1.4 电路中初始值与稳态值的确定

当电路发生换路时,其暂态过程的初始值($t=0_+$ 时刻的值)求解方法如下:

(1)由 $t=0_-$ 时刻换路前的电路,求出 $u_C(0_-)$ 或 $i_L(0_-)$。如果换路前电路处于稳态,外加的是直流电源激励,则电感视为短路,电容视为开路。

(2)在 $t=0_+$ 时刻,根据换路定则确定 $u_C(0_+)$ 和 $i_L(0_+)$,然后根据换路后的电路,应用求解直流电路的方法,求出 $t=0_+$ 时刻电路中其他各量的初始值。计算时,$u_C(0_+)$ 可用相应的理想电压源代替,$i_L(0_+)$ 可用相应的理想电流源代替。

稳态是指暂态过程结束后,电路所处的新的稳定状态,此时各支路电流和各元件端电压的值,称为稳态值(Steady State Value),稳态值用 $f(\infty)$ 表示,例如:$i(\infty)$ 和 $u(\infty)$。稳态值可通过换路后 $t=\infty$ 时相应的电路求得。

例 4.1.1 如图 4.1.1(a)所示电路,求开关 S 断开后电容电压的初始值 $u_C(0_+)$ 和 $i_{R2}(0_+)$。换路前开关 S 闭合,电路已处于稳态。

解:由于换路前电路处于稳态,电容相当于开路,作出 $t=0_-$ 时的等效电路如图 4.1.1(b)所

示。然后按分压公式便可计算出电容电压为

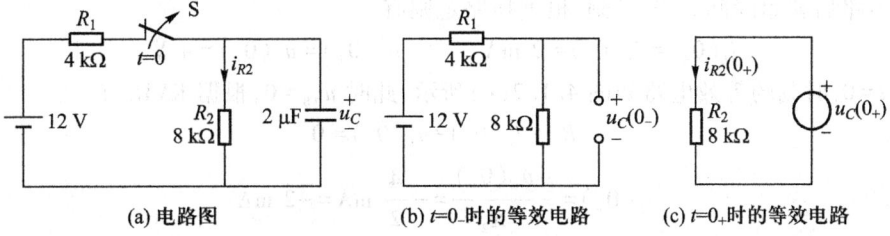

图 4.1.1　例 4.1.1 电路

$$u_C(0_-) = \frac{R_2}{R_1+R_2} \times 12 = \frac{8}{4+8} \times 12 \text{ V} = 8 \text{ V}$$

根据换路定则,换路后电容电压的初始值为
$$u_C(0_+) = u_C(0_-) = 8 \text{ V}$$
用 8 V 恒压源代替 $u_C(0_+)$,画出 $t=0_+$ 时的等效电路如图 4.1.1(c)所示。
$$i_{R2}(0_+) = \frac{u_C(0_+)}{R_2} = \frac{8}{8} \text{ mA} = 1 \text{ mA}$$

例 4.1.2　图 4.1.2(a)所示电路中,已知 $E = 10$ V,$R_1 = 3$ kΩ,$R_2 = R_3 = 2$ kΩ,$L = 1.5$ H,$C = 15$ μF。电路原来处于稳态,在 $t=0$ 时闭合开关 S,求初始值 $i_L(0_+),u_L(0_+),i_C(0_+),u_C(0_+)$,$i_{R1}(0_+),u_{R1}(0_+)$,以及暂态过程结束后它们的稳态值。

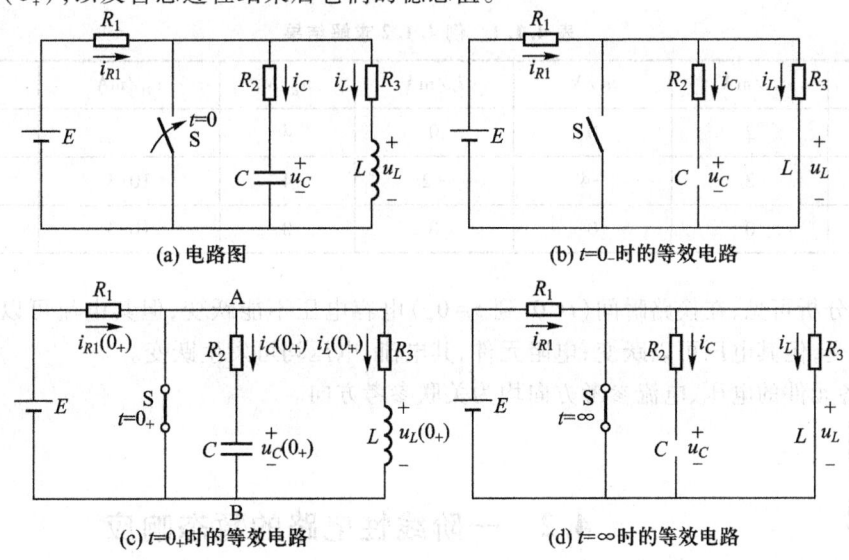

图 4.1.2　例 4.1.2 电路

解:(1)首先求出 $i_L(0_-)$ 和 $u_C(0_-)$,因换路前电路已处于稳态,则电容元件视为开路,电感元件视为短路,画出 $t=0_-$ 时的等效电路如图 4.1.2(b)所示,可得

$$i_L(0_-) = \frac{E}{R_1+R_3} = \frac{10}{3+2} \text{ mA} = 2 \text{ mA} \quad u_L(0_-) = 0$$

$$u_C(0_-) = R_3 \cdot i_L(0_-) = 2 \times 2 \text{ V} = 4 \text{ V} \quad i_C(0_-) = 0$$

$$i_{R1}(0_-) = i_L(0_-) = 2 \text{ mA} \qquad u_{R1}(0_-) = R_1 \cdot i_{R1}(0_-) = 3 \times 2 \text{ V} = 6 \text{ V}$$

（2）换路后初始瞬间 $t = 0_+$ 时刻，根据换路定则有

$$i_L(0_+) = i_L(0_-) = 2 \text{ mA} \qquad u_C(0_+) = u_C(0_-) = 4 \text{ V}$$

画出 $t = 0_+$ 时刻的等效电路如图 4.1.2(c)所示，此时 $u_{AB} = 0$，根据 KVL，有

$$R_2 \cdot i_C(0_+) + u_C(0_+) = 0$$

则
$$i_C(0_+) = -\frac{u_C(0_+)}{R_2} = -\frac{4}{2} \text{ mA} = -2 \text{ mA}$$

$$R_3 \cdot i_L(0_+) + u_L(0_+) = 0$$

则
$$u_L(0_+) = -R_3 \cdot i_L(0_+) = -2 \times 2 \text{ V} = -4 \text{ V}$$

$$R_1 \cdot i_{R1}(0_+) = E$$

则
$$i_{R1}(0_+) = \frac{E}{R_1} = \frac{10}{3} \text{ mA} \qquad u_{R1}(0_+) = 10 \text{ V}$$

（3）求暂态过程结束后的稳态值。当 $t = \infty$ 时，电路处于一种新的稳定状态，这时电容元件开路，电感元件短路，画出 $t = \infty$ 时的等效电路如图 4.1.2(d)所示，则

$$u_L(\infty) = 0, \quad i_L(\infty) = 0, \quad u_C(\infty) = 0, \quad i_C(\infty) = 0,$$

$$u_{R1}(\infty) = E = 10 \text{ V}, \quad i_{R1}(\infty) = \frac{E}{R_1} = \frac{10}{3} \text{ mA}$$

现将全部计算结果列于表 4.1.1 中。

表 4.1.1 例 4.1.2 求解结果

电量	i_L/mA	u_L/V	i_C/mA	u_C/V	i_{R1}/mA	u_{R1}/V
$t = 0_-$	2	0	0	4	2	6
$t = 0_+$	2	-4	-2	4	10/3	10
$t = \infty$	0	0	0	0	10/3	10

由上例分析可见，在换路瞬间（$t = 0_-$ 到 $t = 0_+$）电容电压不能跃变，但其电流可以跃变；电感电流不能跃变，但其电压可以跃变；电阻元件，其电流、电压均可发生跃变。

注意：各元件的电压、电流参考方向均为关联参考方向。

授课视频-
三要素法

4.2 一阶线性电路的暂态响应

4.2 Transient Response of First Order Linear Circuit

4.2.1 三要素法

可以用经典法分析电路的暂态响应，它是根据电路的基本定律和元件的特性方程对电路列写微分方程，利用初始条件求解微分方程，从而分析换路时电路各部分电流和电压的变化规律。

当电路经串并联化简后仅含一个储能元件（一个电容或一个电感），经典法列写出来的是线

性定常一阶微分方程。因此,这类电路统称为一阶电路(First Order Circuit)。图4.2.1为 RC 一阶电路。开关 S 在 $t=0$ 时从②倒向①,对于换路后的电路,由基尔霍夫电压定律得到

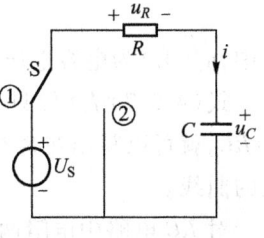

$$u_R+u_C=U_S$$

由电阻、电容的特性方程有

$$u_R=Ri$$

$$i=c\frac{du_C}{dt}$$

图 4.2.1 RC 一阶电路

这样可得

$$RC\frac{du_C}{dt}+u_C=U_S \quad (4.2.1)$$

式(4.2.1)是以电容电压 u_C 为变量的线性定常一阶微分方程,它的解由两部分组成

$$u_C=u'_C+u''_C$$

u'_C 为式(4.2.1)对应的齐次微分方程的通解(即补函数),u''_C 为式(4.2.1)的任一特解。式(4.2.1)对应的齐次微分方程为

$$RC\frac{du_C}{dt}+u_C=0 \quad (4.2.2)$$

由高等数学可知它的通解形式为

$$u'_C=Ae^{st}$$

将 $u'_C=Ae^{st}$ 代入式(4.2.2),得到方程 $RCs+1=0$,此方程称为齐次微分方程的特征方程,求解特征方程的根,即

$$s=-\frac{1}{RC}$$

所以

$$u'_C=Ae^{-\frac{t}{RC}} \quad (4.2.3)$$

式中,A 为常数,由初始条件确定。特解 u''_C 的形式与输入相同,因输入为直流,所以设特解为常数 K,$u''_C=K$。特解应满足式(4.2.1),这样得到 $u''_C=K=U_S$。因此方程式(4.2.1)的解为

$$u_C=u'_C+u''_C=Ae^{-\frac{t}{RC}}+U_S \quad (4.2.4)$$

方程的解由两部分组成,第一项当 $t\to\infty$ 时为零,称为暂态响应;第二项为稳态响应,可用 $u_C(\infty)$ 表示。式(4.2.4)可写成

$$u_C=Ae^{-\frac{t}{RC}}+u_C(\infty) \quad (4.2.5)$$

设电容电压的初始值为 $u_C(0_+)$,由初始条件对式(4.2.5)确定 u'_C 的幅度(也可称幅值)A,有

$$A=u_C(0_+)-u_C(\infty)$$

代入式(4.2.5),得到微分方程的解

$$u_C=[u_C(0_+)-u_C(\infty)]e^{-\frac{t}{RC}}+u_C(\infty) \quad (4.2.6)$$

式中,指数项 R 与 C 的乘积用 τ 来表示,$\tau=RC$。当电阻单位为 Ω,电容单位为 F 时,τ 的单位为 s。

因此，称 τ 为 RC 电路的时间常数(Time Constant)。这样，式(4.2.6)可以表示为

$$u_C = [u_C(0_+) - u_C(\infty)] e^{-\frac{t}{\tau}} + u_C(\infty) \tag{4.2.7}$$

式中，$u_C(0_+)$ 为电容电压的初始值，$u_C(\infty)$ 为电容电压的稳态值，$\tau = RC$ 为 RC 电路的时间常数。

式(4.2.7)表明，只要计算出电容电压的初始值 $u_C(0_+)$、稳态值 $u_C(\infty)$ 以及时间常数 $\tau = RC$，就可以写出在暂态过程中电容电压的表达式，也就可以由表达式作出电容电压随时间变化的曲线。

对 RC 电路中电阻两端的电压 u_R 和电路中电流 i 进行求解，也会得到与式(4.2.7)类同的形式，时间常数仍然是 $\tau = RC$。

在用经典法对其他形式的一阶电路进行分析时，也会得到式(4.2.7)同样形式的结果，只是对于 RL 一阶电路，时间常数 τ 的计算公式为 $\tau = \dfrac{L}{R}$，当电感 L 的单位为 H，电阻 R 的单位为 Ω 时，时间常数 τ 的单位为 s。可以将经典法进行归纳，得到分析一阶电路暂态响应的三要素法。

如果用 $f(t)$ 表示分析一阶电路时所需讨论的某个变量，$f(0_+)$ 是这个变量的初始值，$f(\infty)$ 是这个变量的稳态值，τ 是该一阶电路的时间常数，则这个变量在暂态过程中的表现可以用下面的公式方便地得出

$$f(t) = [f(0_+) - f(\infty)] e^{-\frac{t}{\tau}} + f(\infty) \tag{4.2.8}$$

式(4.2.8)就是分析一阶电路的三要素法公式。所谓三要素法，就是指只要有了初始值、稳态值与时间常数这三个要素后，可直接由式(4.2.8)写出待分析电量暂态响应的解析表达式，也就可以作出该电量在暂态过程中随时间变化的曲线，从而对该电量进行分析、讨论。初始值的计算已在本章第 1 节进行了讨论，稳态值的计算是第 1 章讨论的内容，时间常数 τ 计算公式虽然简单，但却是暂态分析中一个重要参数，它反映了暂态过程中电量随时间按指数规律变化的快慢。表 4.2.1 中列出了 $e^{-\frac{t}{\tau}}$ 随时间衰减的情况。可以看出，τ 越小，衰减越快；τ 越大，衰减越慢。从理论上讲，当 $t \to \infty$ 时才衰减为零。但工程上认为，经过 $(3 \sim 5)\tau$，已衰减为零。因此，一般情况，经过 $(3 \sim 5)\tau$，即可视为暂态过程结束，电路开始进入稳态。

表 4.2.1 $e^{-\frac{t}{\tau}}$ 的衰减

t	τ	2τ	3τ	4τ	5τ
$e^{-\frac{t}{\tau}}$	e^{-1}	e^{-2}	e^{-3}	e^{-4}	e^{-5}
$e^{-\frac{t}{\tau}}$ 值	0.368	0.135	0.050	0.018	0.007

在应用三要素法时应注意：

(1) 三要素法只适用于一阶电路，即电路只含有一个储能元件(一个电容或一个电感)，或电路可以化简成只有一个储能元件的电路。

(2) 电源是直流电源(正弦交流电源的情况本章最后一节将简单讨论)。

(3) 时间常数 τ 的计算：对于 RC 电路，$\tau = RC$；对于 RL 电路，$\tau = \dfrac{L}{R}$。公式中的电阻是将电容(电感)断开后，从端口看进去的戴维宁等效电阻。

4.2.2 例题讲解

例 4.2.1 电路如图 4.2.2(a)所示。已知：$R_1 = 6 \text{ k}\Omega, R_2 = 3 \text{ k}\Omega, C = 2 \text{ μF}, I_S = 9 \text{ mA}$，当 $t = 0$ 时将开关 S 合上，合上前电路已处于稳态，求 $t \geq 0$ 时的 u_C。

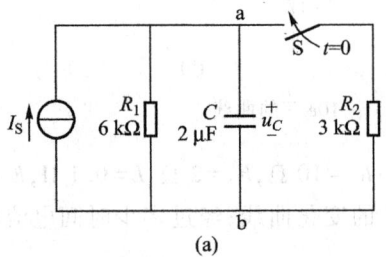
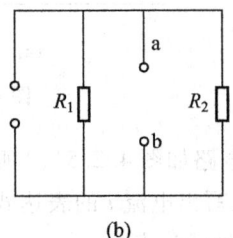

图 4.2.2　例 4.2.1 图

解： 用三要素法求解

(1) 求初始值 $u_C(0_+)$

$$u_C(0_+) = u_C(0_-) = R_1 I_S = 6 \times 9 \text{ V} = 54 \text{ V}$$

(2) 求稳态值 $u_C(\infty)$

$$u_C(\infty) = \frac{R_1 R_2}{R_1 + R_2} \cdot I_S = \frac{6 \times 3}{6 + 3} \times 9 \text{ V} = 18 \text{ V}$$

(3) 求时间常数 τ

$$\tau = \frac{R_1 R_2}{R_1 + R_2} \cdot C = 2 \times 2 \text{ ms} = 4 \text{ ms}$$

(4) 求出待求量 u_C

$$\begin{aligned}
u_C &= [u_C(0_+) - u_C(\infty)] e^{-\frac{t}{\tau}} + u_C(\infty) \\
&= (54 - 18) e^{-\frac{t}{\tau}} + 18 \\
&= (36 e^{-\frac{t}{\tau}} + 18) \text{ V} \quad (t \geq 0)
\end{aligned}$$

在计算时间常数 $\tau = RC$ 时，R 应是将电容 C 两端断开后，从这个端口看进去的戴维宁等效电阻，如图 4.2.2(b)所示。在分析较为复杂的 RL 电路时，$\tau = L/R$ 中的 R 也是用同样的方法得到。

在分析一阶电路时，常常要画出所讨论电量随时间变化的曲线。本题中，电容电压 u_C 随时间变化的曲线如图 4.2.3 所示。它是一条从初始值向稳态值随时间按指数规律变化的曲线。这种变化规律是一阶电路暂态过程中所有的电量要共同遵守的。如 $f(0_+) = 10, f(\infty) = 0$，曲线如图 4.2.4(a)所示，公式为 $f(t) = 10 e^{-\frac{t}{\tau}}$。如 $f(0_+) = -10, f(\infty) = 0$，曲线如图 4.2.4(b) 所示，公式为 $f(t) = -10 e^{-\frac{t}{\tau}}$。

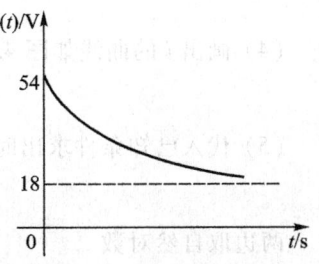

图 4.2.3　例 4.2.2 u_C 的曲线

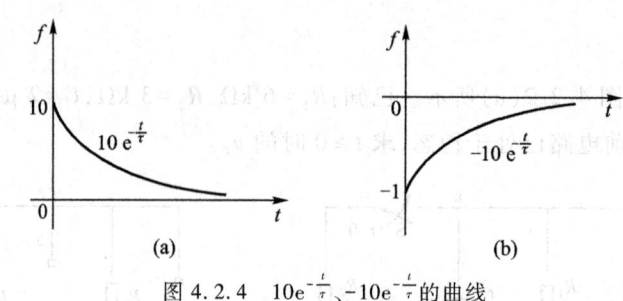

图 4.2.4 $10e^{-\frac{t}{\tau}}$、$-10e^{-\frac{t}{\tau}}$ 的曲线

例 4.2.2 电路如图 4.2.5(a) 所示。已知：$R_1 = 10\ \Omega$，$R_2 = 2\ \Omega$，$L = 0.1\ H$，$E = 24\ V$，时间 $t = 0$ 时合上开关 S，试写出电流 i 的表达式，并作出 i 的变化曲线；经过多少时间电流将达到 8 A？开关合上前电路已处于稳态。

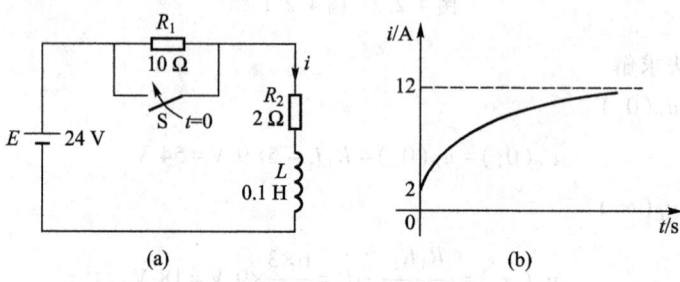

图 4.2.5 例 4.2.2 图

解：采用三要素法

（1）求初始值 $i(0_+)$

$$i(0_+) = \frac{E}{R_1 + R_2} = \frac{24}{10 + 2}\ A = 2\ A$$

（2）求稳态值 $i(\infty)$

$$i(\infty) = \frac{E}{R_2} = \frac{24}{2}\ A = 12\ A$$

（3）求时间常数 τ

换路后的电路（开关 S 闭合后）断开电感 L，从端口看进去的戴维宁等效电阻为 R_2，所以

$$\tau = \frac{L}{R_2} = \frac{0.1}{2}\ s = 0.05\ s$$

（4）画出 i 的曲线如图 4.2.5(b) 所示，由三要素法写出电流 i 的表达式

$$i = (12 - 10e^{-20t})\ A$$

（5）代入已知条件求出时间 t，由 $8 = 12 - 10e^{-20t}$ 得

$$e^{-20t} = 0.4$$

两边取自然对数

$$\ln e^{-20t} = \ln 0.4$$

有 $-20t=-0.9$
所以 $t=0.046$ s
即经过 0.046 s,电流将达到 8 A。

例 4.2.3 电路如图 4.2.6(a)所示,已知:$R=1\ \Omega$,$R_1=1\ \Omega$,$R_2=2\ \Omega$,$L=3$ H,$E_1=E_2=3$ V,时间 $t=0$ 时开关 S 从 a 投向 b,试画出 i、i_L、u_L 随时间变化的曲线,并写出解析表达式。设换路前电路已处于稳态。

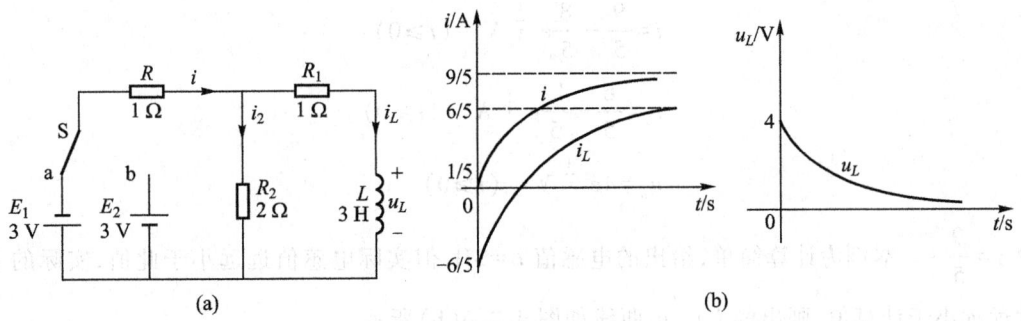

图 4.2.6 例 4.2.3 图

解:用三要素法求解

(1) 求初始值 $i_L(0_+)$、$i(0_+)$、$u_L(0_+)$

$$i_L(0_+)=i_L(0_-)=-\frac{E_1}{R+\dfrac{R_1R_2}{R_1+R_2}}\cdot\frac{R_2}{R_1+R_2}=\frac{-3}{1+\dfrac{1\times2}{1+2}}\cdot\frac{2}{1+2}\ \text{A}=-\frac{6}{5}\ \text{A}$$

由换路后的电路,对回路 E_2-R-R_2-E_2 列写基尔霍夫电压方程

$$-E_2+Ri(0_+)+R_2[i(0_+)-i_L(0_+)]=0$$

代入数值,解出

$$i(0_+)=\frac{1}{5}\ \text{A}$$

$$u_L(0_+)=E_2-Ri(0_+)-R_1i_L(0_+)=\left(3-\frac{1}{5}+\frac{6}{5}\right)\ \text{V}=4\ \text{V}$$

(2) 求稳态值 $i_L(\infty)$、$i(\infty)$、$u_L(\infty)$、$i_L(\infty)$

$$i_L(\infty)=\frac{E_2}{R+\dfrac{R_1\cdot R_2}{R_1+R_2}}\cdot\frac{R_2}{R_1+R_2}=\frac{3}{1+\dfrac{1\times2}{1+2}}\cdot\frac{2}{1+2}\ \text{A}=\frac{6}{5}\ \text{A}$$

$$i(\infty)=\frac{E_2}{R+\dfrac{R_1\cdot R_2}{R_1+R_2}}=\frac{3}{1+\dfrac{1\times2}{1+2}}\ \text{A}=\frac{9}{5}\ \text{A}$$

$$u_L(\infty)=0\ \text{V}$$

(3) 求时间常数 τ

从电感 L 两端看去的戴维宁等效电阻 R' 为

$$R' = R_1 + \frac{R \cdot R_2}{R+R_2} = 1 + \frac{1 \times 2}{1+2}\ \Omega = \frac{5}{3}\ \Omega$$

所以
$$\tau = \frac{L}{R'} = \frac{3}{\frac{5}{3}}\ \text{s} = \frac{9}{5}\ \text{s}$$

（4）由三要素法写出相应的解析表达式

$$i = \frac{9}{5} - \frac{8}{5}\text{e}^{-\frac{t}{\tau}}\ \text{A} \quad (t \geq 0)$$

$$i_L = \frac{6}{5} - \frac{12}{5}\text{e}^{-\frac{t}{\tau}}\ \text{A} \quad (t \geq 0)$$

$$u_L = 4\text{e}^{-\frac{t}{\tau}}\ \text{V} \quad (t \geq 0)$$

其中 $\tau = \frac{9}{5}$ s。本例为计算简单，给出的电感值 $L = 3$H，但实际电感值远远小于此值，实际的 τ 值也就远远小于计算值，画出的 i、i_L、u_L 曲线如图 4.2.6(b) 所示。

4.3 一阶电路的矩形波响应

4.3 Rectangular Wave Response of First Order Circuit

在图 4.3.1 所示的 RC 电路中，当输入信号为连续的矩形波周期信号时，电容电压 u_C、电阻电压 u_R 会随着时间常数 τ 取值大小的不同而发生变化。也就是说，调整时间常数 τ 的值，会从电容或电阻两端获得不同的波形。为了讨论 τ 值不同时 u_C、u_R 随时间变化的规律，下面从 τ 的三种取值进行分析。每当输入信号 u 发生一次跃变时，电路即进行一次换路，因此，电路的过渡过程就是重复的过渡过程。经过若干周期后，进入重复的动态稳定工作状态。为方便讨论，时间经过 4τ 就认为每一次暂态过程结束。输入的一列矩形波（或称矩形脉冲）的周期为 $2T$。设信号加入时电容未储能。

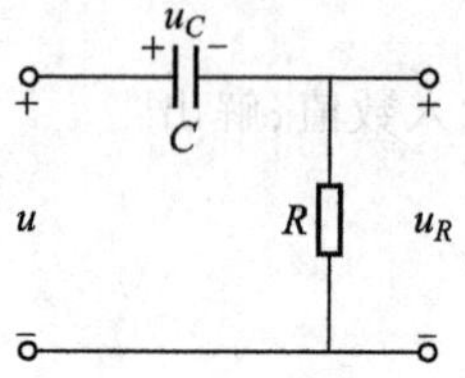

图 4.3.1 RC 电路

1. $\tau = 0.05T$

由于时间常数 $\tau \ll T$，因此暂态过程很短，在 $4\tau = 0.2T$，即只经过半个周期的 $\frac{1}{5}$ 时间暂态过程就可以认为结束。在 $0 \leq t \leq T$ 期间，电容很快就完成了充电，经过 $0.2T$ 的时间，电容电压 u_C 就充到了矩形波的幅值，在这同一时间，电阻电压 u_R 也从矩形波的幅值衰减至零，形成了一个正的尖脉冲。在 $t = T$ 时，输入信号突变为零，电路端相当于短路。经过 $0.2T$ 的时间，电容电压从幅值衰减到零，电阻电压 u_R 从零跃变至负的幅值，经 $0.2T$ 衰减至零，形成一个负的尖脉冲。以后，不断地重复上述过程，各周期的过程可认为彼此无关。$\tau = 0.05T$ 的响应曲线如图 4.3.2 所示。

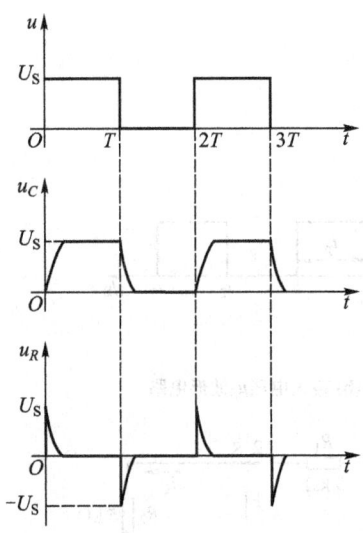
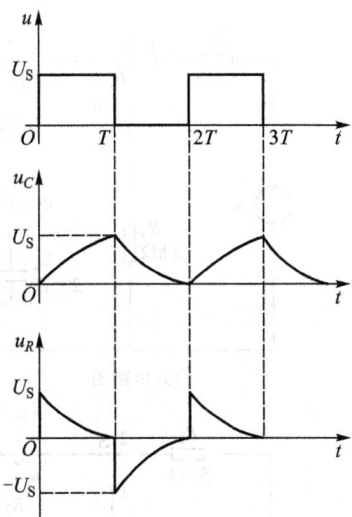

图 4.3.2 $\tau=0.05T$ 时的响应　　　　图 4.3.3 $\tau=0.25T$ 时的响应

2. 设 $\tau=0.25T$

由于 $4\tau=T$，所以经过半个周期 T 暂态过程即可以认为结束。在 $0\leq t\leq T$ 期间，电容正好完成充电；电阻电压也从幅值衰减至零。在后半个周期，电容正好完成了放电；电阻电压从零跃变至负幅值后也衰减至零。以后，不断重复上述过程。$\tau=0.25T$ 的响应曲线如图 4.3.3 所示。u_C 的波形类似锯齿波。

3. 设 $\tau=10T$

$\tau=10T$ 即 $\tau\gg T$，情况要复杂一点。在 $t=0$ 时电容开始充电，要经 $4\tau=40T$ 才能充到幅值。由公式 $u_C=U_S(1-e^{-\frac{t}{\tau}})$ 可知，当 $\tau=T$ 即 $u_C=0.095U_S\approx 0.1U_S$，电容电压大约才充到幅值的 $1/10$，即 $0.1U_S$；而电阻电压衰减也很缓慢，$\tau=T$ 时约为 $0.9U_S$。$\tau=T$ 时换路，电容在远没有充到稳态值时又转为放电，即在输入脉冲的每一次跃变时，电容电压均有初值。电阻电压变至负的电容电压值后又开始缓慢地衰减。当 $\tau=2T$ 时，电容还没有完成放电又转为充电。到 $t=3T$ 时，电容又转为放电。经过若干周期后，充电的初始电压和放电的初始电压都稳定在一定的数值上。$\tau=10T$ 的响应曲线如图 4.3.4 所示。

例 4.3.1 在图 4.3.5(a)所示电路中，当开关 S 在"1"位时电路处于稳态，在 $t=0$ 时刻由"1"位换到"2"位，求换路后电容电压的变化规律，并作出相应的波形。电源电压 u_S 波形如图 4.3.5(b)所示，其矩形脉冲宽度 $t_p=\tau,t_2=2\tau$。

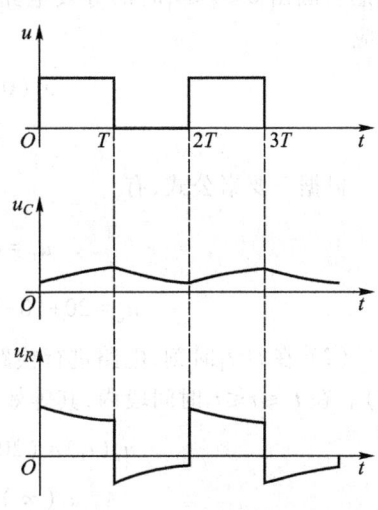

图 4.3.4 $\tau=10T$ 时的响应

解：(1) 首先将电容 $C_1、C_2、C_3$ 合并成等效电容 C

$$C=(C_2+C_3)//C_1=\frac{(20+20)\times 40}{(20+20)+40}\mu F=20\ \mu F$$

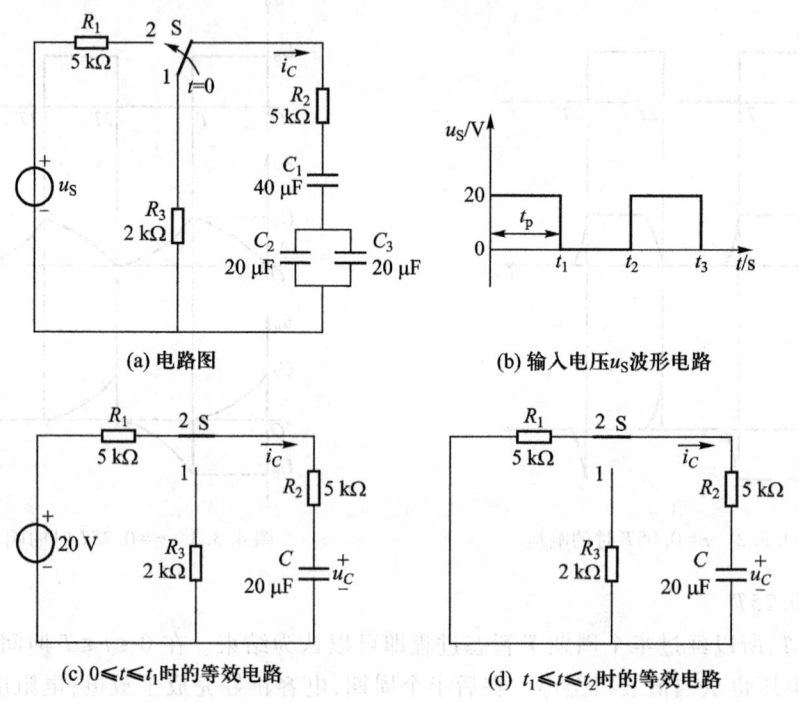

图 4.3.5 例 4.3.1 电路图

换路前,开关 S 置于"1"位且电路处于稳态,说明 $u_C(0_-)=0$,在 $t=0$ 时由"1"位换到"2"位后,会引起电路的暂态响应。由于外加输入是矩形波脉冲信号,因此,电路的暂态响应要分段讨论。画出 $0 \leqslant t \leqslant t_1$ 时的等效电路如图 4.3.5(c)所示,在此时间段内,电路的响应是零状态响应。

$$u_C(0_+) = u_C(0_-) = 0 \quad u_C(\infty) = 20 \text{ V}$$

$$\tau = R_0 C = (R_1 + R_2)C = 0.2 \text{ s}$$

根据三要素公式,有

$$u_C = u_C(\infty) + [u_C(0_+) - u_C(\infty)]e^{-\frac{t}{\tau}}$$

$$u_C = 20 + (0-20)e^{-\frac{t}{0.2}} = (20 - 20e^{-5t}) \text{ V} \quad (0 \leqslant t \leqslant t_1)$$

(2) 在 $t = t_1$ 时刻,电路进行换路,从 $u_S = 20$ V 突变到 0,相当于无外加电源激励(电压源短路)。在 $t_1 \leqslant t \leqslant t_2$ 时间段内,其等效电路如图 4.3.5(d)所示,则

$$u_C(t_1) = (20 - 20e^{-5 \times 0.2}) \text{ V} = 20 \times 0.632 \text{ V} = 12.64 \text{ V}$$

$$u_C(\infty) = 0, \quad \tau = 0.2 \text{ s},\text{时间常数}\ \tau\ \text{不变}$$

$$u_C = u_C(\infty) + [u_C(t_1) - u_C(\infty)]e^{-\frac{(t-t_1)}{\tau}} = 12.64 e^{-5(t-t_1)} \text{ V} \quad (t_1 \leqslant t \leqslant t_2)$$

(3) 在 $t = t_2$ 时刻,电路再进行换路,从 $u_S = 0$ 突变到 $u_S = 20$ V,此时,前一暂态过程尚未结束,电容还储存有能量[即 $u_C(t_2) \neq 0$],又有外加电源激励,所以,$t_2 \leqslant t \leqslant t_3$ 时间段内

$$u_C(t_2) = 12.64\mathrm{e}^{-5\times(t_2-t_1)} \text{ V}$$
$$= 12.64\mathrm{e}^{-5\times(2\tau-\tau)} \text{ V}$$
$$= 12.64\mathrm{e}^{5\times 0.2} \text{ V} = 4.65 \text{ V}$$

$u_C(\infty) = 20$ V 时间常数 τ 不变

$$u_C = [20+(4.65-20)\mathrm{e}^{-5(t-t_2)}] \text{ V} = [20-15.35\mathrm{e}^{-5(t-t_2)}] \text{ V}$$
$$(t_2 \leqslant t \leqslant t_3)$$

则 $\quad u_C(t_3) = (20-15.35\mathrm{e}^{-5\times 0.2}) \text{ V} = 14.35 \text{ V}$

（4）在 $t=t_3$ 时刻以后，画出 $u_C(t)$ 大致波形如图 4.3.6 所示。由此可见，RC 电路在外加矩形波电压激励下，电容电压 u_C 的响应是一锯齿波。当 $\tau \gg t_p$ 时，充放电过程越缓慢，锯齿波的线性度也就越好。

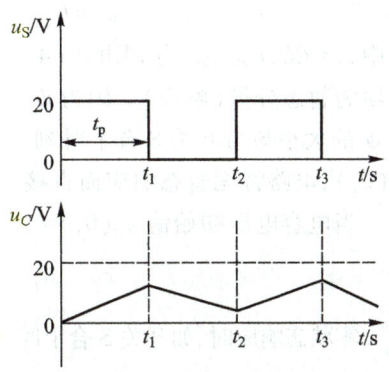

图 4.3.6 u_C 波形图

*4.4 一阶电路的正弦响应

4.4 Sinusoidal Response of First Order Circuit

图 4.4.1 所示 RC 电路中，当 $t=0$ 开关 S 闭合时输入正弦信号 u_i，设 u_i 为

$$u_i = U_m \sin(\omega t+\psi)$$

其中 ψ 为初相位，与开关合上的时刻有关。在 $t \geqslant 0$ 时，电路的微分方程为

$$RC\frac{\mathrm{d}u_C}{\mathrm{d}t}+u_C = U_m \sin(\omega t+\psi) \qquad (4.4.1)$$

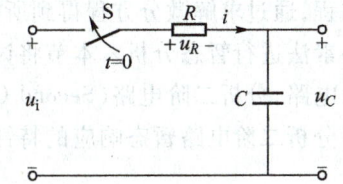

图 4.4.1 RC 电路

方程的解 u_C 可参照 4.2 节对一阶微分方程的求解，由式 (4.2.4) 和式 (4.2.5) 有

$$u_C = u_C' + u_C'' = A\mathrm{e}^{-\frac{t}{\tau}} + u_C(\infty) \qquad (4.4.2)$$

方程的特解即电容电压的稳定值 u_C'' 在第二章已进行了讨论，是与输入信号 u_i 同频率的正弦量

$$u_C'' = u_C(\infty) = U_{Cm}\sin(\omega t+\psi_u) \qquad (4.4.3)$$

它的幅值 U_{Cm}、初相 ψ_u 分别为

$$U_{Cm} = \frac{U_m}{\sqrt{R^2C^2\omega^2+1}} \qquad (4.4.4)$$

$$\psi_u = \psi - \varphi \qquad (4.4.5)$$

其中 $\varphi = \arctan(RC\omega)$，当电源频率固定不变，电路参数 R 和 C 也固定不变时，φ 为常数。这样，$u_C = A\mathrm{e}^{-\frac{t}{\tau}} + \sin(\omega t+\psi_u)$。设电容电压的初始值 $u_C(0_+)$，常数 A 为

$$A = u_C(0_+) - U_{Cm}\sin\psi_u$$

这样，RC 电路在正弦输入作用下的全响应为

$$u_C = U_{Cm}\sin(\omega t+\psi_u) + [u_C(0_+) - U_{Cm}\sin\psi_u]e^{-\frac{t}{\tau}} \qquad (4.4.6)$$

式中,$\tau=RC$,U_{Cm}、ψ_u 分别由式(4.4.3)、式(4.4.5)确定,式(4.4.6)左边第一项为稳态响应,第二项为暂态分量(响应)。因为 $\psi_u=\psi-\varphi$,φ 在电源频率、电阻 R 和电容 C 固定不变时是个常数,但 ψ 的大小却与开关 S 合上时刻有关。如开关 S 合上时 $U_{Cm}\sin\psi_u$ 恰好等于电容电压的初始值 $u_C(0_+)$,电路将无暂态响应而直接进入稳态响应。

当电容电压初始值 $u_C(0_+)=0$ 时,电容电压的零状态响应为

$$u_C = U_{Cm}\sin(\omega t+\psi_u) - U_{Cm}\sin\psi_u e^{-\frac{t}{\tau}} \qquad (4.4.7)$$

零状态响应时,如开关 S 合上时正好 $\psi_u=0$,即 $\psi=\varphi$,则电路无暂态响应。如在换路时 $\psi_u=\pm\dfrac{\pi}{2}$,暂态响应的初始值将达到最大,等于稳态响应的幅值。如时间常数又较大,则在换路一开始或接近半个周期末,电容电压 u_C 将出现为稳态电压幅值两倍的过电压。

*4.5 二阶线性电路的暂态响应
4.5 Transient Response of Second Order Linear Circuit

前面3小节讨论的是一阶电路,在那些电路中,对给定电路列写 KCL 或 KVL 方程得到微分方程,通过求解微分方程得到所需的电流和电压,当一阶电路在直流电源作用下,还可以通过三要素法进行暂态分析。本节将讨论含有两个储能元件(一个电容和一个电感)、直流电源和电阻的电路,分析二阶电路(Second Order Circuit)同样需要求解二阶微分方程,然后根据微分方程的解分析二阶电路暂态响应的特性。

4.5.1 二阶电路的微分方程

在图 4.5.1 中,开关在 $t=0$ 时刻闭合,连接 RLC 电路和直流电源。初始条件有 $i_L(0)=0$、$u_C(0)=0$。

对 $t>0$ 后的电路列写 KVL 方程

$$U_S - Ri(t) - u_L(t) - u_C(t) = 0 \qquad (4.5.1)$$

串联电路有

$$i(t) = i_L(t) = i_C(t) = C\frac{du_C(t)}{dt} \qquad (4.5.2)$$

以及

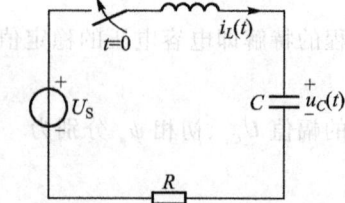

图 4.5.1 RLC 串联电路

$$u_L(t) = L\frac{di_L(t)}{dt} = LC\frac{d^2u_C(t)}{dt^2} \qquad (4.5.3)$$

将 $u_C(t)$ 和 $i_L(t)$ 带入式(4.5.1),并结合式(4.5.2)和式(4.5.3)有

$$U_S - RC\frac{du_C(t)}{dt} - LC\frac{d^2u_C(t)}{dt^2} - u_C(t) = 0 \qquad (4.5.4)$$

重写式(4.5.4)有

$$RC\frac{du_C(t)}{dt}+LC\frac{d^2u_C(t)}{dt^2}+u_C(t)=U_s \qquad (4.5.5)$$

式(4.5.5)两侧同时除以 LC

$$\frac{d^2u_C(t)}{dt^2}+\frac{R}{L}\frac{du_C(t)}{dt}+\frac{1}{LC}u_C(t)=\frac{U_s}{LC} \qquad (4.5.6)$$

这是一个线性二阶常系数微分方程,因此将含有两个独立储能元件的电路称为二阶电路。下面定义一些重要的参数,衰减系数为

$$\alpha=\frac{R}{2L} \qquad (4.5.7)$$

无阻尼振荡频率

$$\omega_0=\frac{1}{\sqrt{LC}} \qquad (4.5.8)$$

阻尼比

$$\zeta=\frac{\alpha}{\omega_0} \qquad (4.5.9)$$

则方程式(4.5.6)可写成

$$\frac{d^2u_C(t)}{dt^2}+2\alpha\frac{du_C(t)}{dt}+\omega_0^2 u_C(t)=\omega_0^2 U_s \qquad (4.5.10)$$

4.5.2 二阶微分方程的解

对于方程式(4.5.10),如同一阶微分方程一样,它的解仍然由对应的齐次微分方程的通解 u_C' 和一个特解 u_C'' 两部分组成,即

$$u_C=u_C'+u_C''$$

由于该电路为直流电源激励,因此它的一个特解等于直流电源的大小,即

$$u_C''=U_s$$

方程式(4.5.10)对应的齐次微分方程为

$$\frac{d^2u_C(t)}{dt^2}+2\alpha\frac{du_C(t)}{dt}+\omega_0^2 u_C(t)=0 \qquad (4.5.11)$$

由高等数学可知它的通解的形式为

$$u_C'=Ke^{st}$$

将 $u_C'=Ke^{st}$ 代入式(4.5.11),可得特征方程

$$s^2+2\alpha s+\omega_0^2=0$$

特征方程的解为

$$s_1=-\alpha+\sqrt{\alpha^2-\omega_0^2}=-\alpha\left(1-\sqrt{1-\frac{\omega_0^2}{\alpha^2}}\right)=-\alpha\left(1-\sqrt{1-\frac{1}{\zeta^2}}\right) \qquad (4.5.12)$$

$$s_2 = -\alpha - \sqrt{\alpha^2 - \omega_0^2} = -\alpha\left(1 + \sqrt{1 - \frac{\omega_0^2}{\alpha^2}}\right) = -\alpha\left(1 + \sqrt{1 - \frac{1}{\zeta^2}}\right) \quad (4.5.13)$$

根据衰减系数的不同取值,存在三种情况:

(1) $\zeta > 1$ 或 $\alpha > \omega_0$,特征根为两个不相等的负实根。微分方程的解为

$$u_C(t) = u_C' + u_C'' = U_S + k_1 e^{s_1 t} + k_2 e^{s_2 t} \quad (4.5.14)$$

因为 s_1 和 s_2 是负实数,所以随时间变化趋近于无穷,式(4.5.14)的后两项衰减至零,式(4.5.14)的第1项 U_S 是电容电压的稳态值。这种状态的电路称为过阻尼状态。

(2) $\zeta = 1$ 或 $\alpha = \omega_0$,特征根为两个相等的负实根。微分方程的解为

$$u_C(t) = U_S + k_1 e^{-\alpha t} + k_2 t e^{-\alpha t} \quad (4.5.15)$$

因为 $\alpha = R/(2L)$ 总是正的,所以随时间变化趋近于无穷,式(4.5.15)的后两项衰减至零,式(4.5.15)的第1项 U_S 是电容电压的稳态值。这种状态的电路称为临界阻尼状态。

(3) $\zeta < 1$ 或 $\alpha < \omega_0$,特征根为一对共轭复数根,实部为负值,其形式为

$$s_1 = -\alpha + j\sqrt{\omega_0^2 - \alpha^2} = -\alpha + j\omega_n \quad (4.5.16)$$

$$s_2 = -\alpha - j\sqrt{\omega_0^2 - \alpha^2} = -\alpha - j\omega_n \quad (4.5.17)$$

这里 $j = \sqrt{-1}$,ω_n 为自然角频率或阻尼振荡频率

$$\omega_n = \sqrt{\omega_0^2 - \alpha^2} \quad (4.5.18)$$

此时对应微分方程的解为

$$u_C(t) = U_S + k_1 \cos(\omega_n t) e^{-\alpha t} + k_2 \sin(\omega_n t) e^{-\alpha t} \quad (4.5.19)$$

与前面两种情况类似,式(4.5.19)的后两项在 t 趋近于无穷时衰减至零,因为 α 总是正的,式(4.5.19)的第1项 U_S 是电容电压的稳态值。这种状态的电路称为欠阻尼状态。

例4.5.1 电路如图4.5.1所示,已知 $U_S = 10$ V,$L = 10$ mH,$C = 1$ μF,初始条件 $i_L(0) = 0$,$u_C(0) = 0$。若电阻 R 分别取 300 Ω、200 Ω 和 100 Ω,求解 $u_C(t)$,并绘制三种情况下的响应曲线。

解:该电路在三种电阻取值下均有

$$\omega_0 = \frac{1}{\sqrt{LC}} = \frac{1}{\sqrt{10 \times 10^{-3} \times 1 \times 10^{-6}}} \text{ rad/s} = 10\,000 \text{ rad/s}$$

(1) 当 $R = 300$ Ω 时,衰减系数

$$\alpha = \frac{R}{2L} = \frac{300}{2 \times 10 \times 10^{-3}} = 15\,000$$

此时阻尼比 $\zeta = \frac{\alpha}{\omega_0} = \frac{15\,000}{10\,000} = 1.5 > 1$,电路处于过阻尼状态,特征根由式(4.5.12)和式(4.5.13)计算可得

$$s_1 = -\alpha + \sqrt{\alpha^2 - \omega_0^2} = -2.618 \times 10^4$$

$$s_2 = -\alpha - \sqrt{\alpha^2 - \omega_0^2} = -0.382 \times 10^4$$

由式(4.5.14)可得微分方程的通解为

$$u_C(t) = 10 + k_1 e^{s_1 t} + k_2 e^{s_2 t}$$

已知电容电压的初值为零,因此

$$10+k_1+k_2=0$$

另外已知电流的初值为零,即 $i_L(t)|_{t=0}=C\dfrac{u_C(t)}{dt}\bigg|_{t=0}=0$,因此可得

$$s_1k_1+s_2k_2=0$$

联立解得 $k_1=1.708$ 和 $k_2=-11.708$,最后得到过阻尼状态下二阶电路的暂态响应为

$$u_C(t)=(10+1.708\mathrm{e}^{-2.618\times10^4 t}-11.708\mathrm{e}^{-0.382\times10^4 t})\text{ V}$$

(2) 当 $R=200\ \Omega$ 时,衰减系数

$$\alpha=\dfrac{R}{2L}=\dfrac{200}{2\times10\times10^{-3}}=10\ 000$$

此时阻尼比 $\zeta=\dfrac{\alpha}{\omega_0}=\dfrac{10\ 000}{10\ 000}=1$,电路处于临界阻尼状态,特征根为二重根,即

$$s_1=s_2=-\alpha\pm\sqrt{\alpha^2-\omega_0^2}=-\alpha=-10^4$$

由式(4.5.15)可得微分方程的通解为

$$u_C(t)=10+k_1\mathrm{e}^{-\alpha t}+k_2 t\mathrm{e}^{-\alpha t}$$

和上一种情况类似,已知电容电压的初值为零,有

$$10+k_1=0$$

由 $i_L(t)|_{t=0}=C\dfrac{u_C(t)}{dt}\bigg|_{t=0}=0$ 可得

$$s_1k_1+k_2=0$$

联立解得 $k_1=-10$ 和 $k_2=-10^5$,因此临界阻尼状态下二阶电路的暂态响应为

$$u_C(t)=(10-10\mathrm{e}^{-10^4 t}-10^5 t\mathrm{e}^{-10^4 t})\text{ V}$$

(3) 当 $R=100\ \Omega$ 时,衰减系数

$$\alpha=\dfrac{R}{2L}=\dfrac{100}{2\times10\times10^{-3}}=5\ 000$$

此时阻尼比 $\zeta=\dfrac{\alpha}{\omega_0}=\dfrac{5\ 000}{10\ 000}=0.5<1$,这是欠阻尼状态,由式(4.5.18)可得自然角频率为

$$\omega_\mathrm{n}=\sqrt{\omega_0^2-\alpha^2}=8\ 660$$

由式(4.5.19)可得微分方程的通解为

$$u_C(t)=10+k_1\cos(\omega_\mathrm{n}t)\mathrm{e}^{-\alpha t}+k_2\sin(\omega_\mathrm{n}t)\mathrm{e}^{-\alpha t}$$

已知电容电压的初值为零,因此

$$10+k_1=0$$

由 $i_L(t)|_{t=0}=C\dfrac{u_C(t)}{dt}\bigg|_{t=0}=0$ 可得

$$-\alpha k_1+\omega_\mathrm{n}k_2=0$$

联立解得 $k_1=-10$ 和 $k_2=-5.774$,因此欠阻尼状态下二阶电路的暂态响应为

$$u_C(t)=[10-10\cos(8\ 660t)\mathrm{e}^{-5\ 000t}-5.774\sin(8\ 660t)\mathrm{e}^{-5\ 000t}]\text{ V}$$

图 4.5.2 所示为三种电阻取值情况下电容电压暂态响应的曲线。

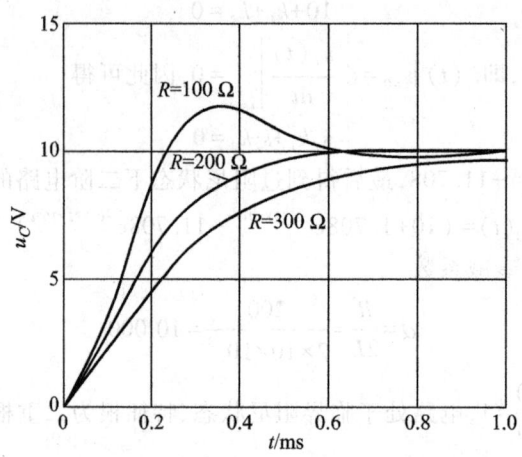

图 4.5.2 例 4.5.1 的响应曲线

思政案例-
三要素法公
式推导:现象-
本质-规律

学习指导

【本章重点】

1. 换路瞬间($t=0_+$)各电量初始值的确定。换路定则仅适用于换路瞬间,可根据它来确定 $t=0_+$ 时电路电压和电流之值。即瞬态过程的初始值,其方法如下:

① 由 $t=0_-$ 时的等效电路求出 $u_C(0_-)$ 和 $i_L(0_-)$。如果换路前电路处于稳态,则电感视为短路,电容视为开路。

② 在 $t=0_+$ 的电路中,用换路定则确定 $u_C(0_+)$ 和 $i_L(0_+)$ 在 $t=0_+$ 时的等效电路。

③ 用电压源 $U_0=u_C(0_+)$ 代替电容,用电流源 $I_0=i_L(0_+)$ 代替电感。作出 $t=0_+$ 时刻的等效电路,应用求解直流电路的方法,计算电路中其他各量在 $t=0_+$ 时的初始值。

2. 暂态过程结束后($t=\infty$),各电量稳态值的求取。此时电感视为短路,电容视为开路,再应用直流电路的分析方法进行求解。

3. 理解"三要素法"公式,并能熟练地应用。对于同一电路中的任何电压电流的瞬态响应,它们都具有相同的时间常数,因此其响应曲线具有相同的衰减速率。

【本章难点】

1. "三要素法"公式中,时间常数 τ 的求取。其中 RC 电路: $\tau=RC$; RL 电路: $\tau=L/R$。这里的 R 是取换路后,去掉储能元件后所得二端网络的戴维宁等效电阻。

2. 一阶矩形脉冲波响应的分段讨论。

【典型例题】

例 4.1 电路如例 4.1(a)图所示,开关 S 在 $t=0$ 时断开,断开前电路处于稳定状态,试求 $t=0_+$ 时各元件中电流及其端电压。

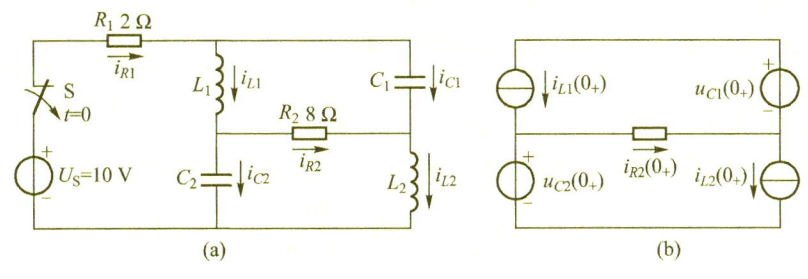

例 4.1 图

【分析】本例的目的是应用换路定则和基尔霍夫基本定律,求出暂态过程的初始值。首先求 $t=0_-$ 时,即换路前电容电压 $u_C(0_-)$ 或电感电流 $i_L(0_-)$ 的值。由于换路前电路处于稳态,所以将电感 L 视为短路,电容 C 视为开路,从而求出 $u_C(0_-)$ 或 $i_L(0_-)$ 的值;然后根据换路定则,可得 $u_C(0_+)=u_C(0_-)$, $i_L(0_+)=i_L(0_-)$;最后画出 $t=0_+$ 时的等效电路,根据基本定律求出其他各电量的初值。

【解】各电压电流在 $t=0_-$ 时刻的值为

$$u_{C1}(0_-)=u_{C2}(0_-)=u_{R2}(0_-)=R_2 i_{R2}(0_-)=1\times 8 \text{ V}=8 \text{ V}$$

$$i_{L1}(0_-)=i_{L2}(0_-)=i_{R1}(0_-)=i_{R2}(0_-)=\frac{U_S}{R_1+R_2}=\frac{10}{2+8}\text{ A}=1\text{ A}$$

根据换路定则有

$$i_{L1}(0_+)=i_{L1}(0_-)=1 \text{ A} \qquad i_{L2}(0_+)=i_{L2}(0_-)=1 \text{ A}$$
$$u_{C1}(0_+)=u_{C1}(0_-)=8 \text{ V} \qquad u_{C2}(0_+)=u_{C2}(0_-)=8 \text{ V}$$

用恒流源 $i_{L1}(0_+)$、$i_{L2}(0_+)$ 分别代替电感 L_1、L_2,用恒压源 $u_{C1}(0_+)$、$u_{C2}(0_+)$ 分别代替电容 C_1、C_2,画出换路后 $t=0_+$ 时刻的等效电路,如图 4.1(b)所示,则

$$i_{C1}(0_+)=-i_{L1}(0_+)=-1 \text{ A}$$
$$i_{C2}(0_+)=-i_{L2}(0_+)=-1 \text{ A}$$
$$i_{R2}(0_+)=i_{L1}(0_+)-i_{C2}(0_+)=2 \text{ A}$$
$$u_{R2}(0_+)=i_{R2}(0_+)\times R_2=16 \text{ V}$$
$$u_{L1}(0_+)=u_{C1}(0_+)-u_{R2}(0_+)=-8 \text{ V}$$
$$u_{L2}(0_+)=u_{C2}(0_+)-u_{R2}(0_+)=-8 \text{ V}$$

其中各元件电压、电流参考方向选择一致。

可见上述 6 个电流、电压均发生了跃变。结论是:电感电流不能跃变,但电压可以跃变;电容电压不能跃变,但电流可以跃变;电阻中电流、电压均可能发生跃变。

例 4.2 在例 4.2 图所示电路中,已知 $E=100$ V,$R_1=60$ Ω,$R_2=40$ Ω,$R_3=40$ Ω,$C=625$ μF,$L=1$ H,电路原先已稳定。在 $t=0$ 瞬间合上开关 S,求:开关合上后流过开关的电流 $i(t)$。

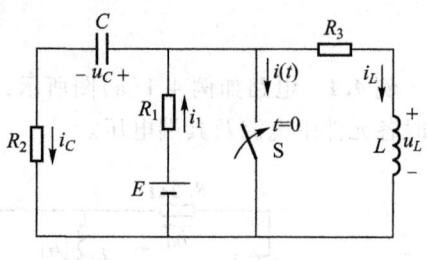

例 4.2 图

【分析】该电路在换路前是具有两个储能元件的电路,但换路后两个储能元件处于各自独立的工作电路中。R_2 与 C 串联的支路以及 R_3 与 L 串联的支路均被开关 S 短接,形成两个储能元件各自的放电回路,因此仍属于一阶直流线性电路,三要素法仍适用。

【解】换路后,电容 C 经 R_2、开关 S 放电完毕后,其 $u_C(\infty)=0$,L 经 R_3、开关 S 放电完毕后,其 $i_L(\infty)=0$。它们的初始值为

$$u_C(0_+)=u_C(0_-)=\frac{E}{R_1+R_3}\times R_3=\frac{100}{60+40}\times 40 \text{ V}=40 \text{ V}$$

$$i_L(0_+)=i_L(0_-)=\frac{E}{R_1+R_3}=\frac{100}{60+40} \text{ A}=1 \text{ A}$$

时间常数分别为 $\tau_C=R_2 C=40\times 625\times 10^{-6}$ s$=0.025$ s

$$\tau_L=\frac{L}{R_3}=\frac{1}{40} \text{ s}=0.025 \text{ s}$$

根据三要素公式,有

$$u_C(t)=u_C(\infty)+[u_C(0_+)-u_C(\infty)]e^{-\frac{t}{\tau_C}}=40e^{-40t} \text{ V}$$

$$i_L(t)=i_L(\infty)+[i_L(0_+)-i_L(\infty)]e^{-\frac{t}{\tau_L}}=1\cdot e^{-40t} \text{ A}$$

则

$$i_C(t)=-\frac{u_C(t)}{R_2}=-1\cdot e^{-40t} \text{ A}$$

根据 KCL 定律有

$$i(t)=i_1-i_C-i_L=E/R_1-i_C(t)-i_L(t)=1.67 \text{ A}$$

例 4.3 电路如例 4.3(a)图所示,输入信号波形如例 4.3(b)图所示,已知输入信号加入前电路处于稳态(零状态),试求 $i_L(t)$ 的表达式,并画出其波形。

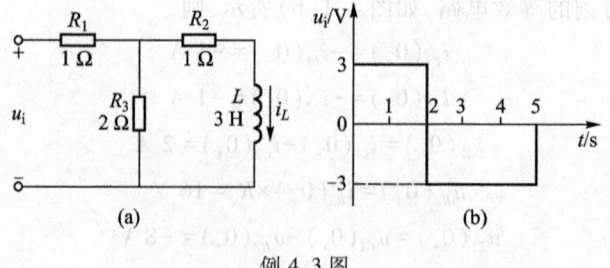

例 4.3 图

【分析】这种电路暂态响应的分析计算,是根据输入正、负矩形波信号进行分段讨论。当输入信号幅值发生突变时,通常前一暂态过程尚未结束,要分析计算下一暂态过程的响应,常常需要把电感电流或电容电压在输入信号突变这一时刻的值求出来,作为下一暂态过程的初值。

【解】(1) 在 $t=0$ 时刻输入 $+3$ V 的直流信号,相当于电路在零初始状态接通 3 V 电源,其初始值为 $i_L(0_+)=i_L(0_-)=0$,且 $\tau=\dfrac{L}{R}=\dfrac{L}{R_2+R_1/\!/R_3}=1.8$ s,在 3 V 电源作用下,电路到达稳态时

$$i_L(\infty)=\dfrac{R_3}{R_2+R_3}\times\dfrac{U_i}{R_1+R_2/\!/R_3}=\dfrac{2}{1+2}\times\dfrac{3}{1+\dfrac{1\times2}{1+2}}=1.2\text{ A}$$

根据三要素公式,得第一个暂态过程中电感电流的变化规律为

$$i_{L1}(t)=i_L(\infty)+[i_L(0_+)-i_L(\infty)]\mathrm{e}^{-\frac{t}{\tau}}=1.2(1-\mathrm{e}^{-\frac{t}{1.8}})\text{ A}$$

当 $t=2$ s 时,电感电流 $i_{L1}(2)=1.2(1-\mathrm{e}^{-\frac{2}{1.8}})=0.8$ A,此值将作为下一暂态过程的初始值。

(2) 在 $t=2$ s 时,电源由 3 V 跳变到 -3 V,即第一个暂态过程还未结束,就换路到第二个暂态过程,其时间常数 τ 不变,而第二个暂态过程中其稳态值为

$$i_{L2}(\infty)=\dfrac{R_3}{R_2+R_3}\times\dfrac{-U_i}{R_1+R_2/\!/R_3}=\dfrac{2}{1+2}\times\dfrac{-3}{1+\dfrac{1\times2}{1+2}}\text{ A}=-1.2\text{ A}$$

根据三要素公式,得第二个暂态过程中电感电流的变化规律为

$$i_{L2}(t)=-1.2+[0.8-(-1.2)]\mathrm{e}^{-\frac{(t-2)}{\tau}}=-1.2+2\cdot\mathrm{e}^{-\frac{(t-2)}{1.8}}\text{ A}\quad(t\geqslant 2\text{ s})$$

当 $t=5$ s 时,电感电流 $i_{L2}(5)=-1.2+2\cdot\mathrm{e}^{-\frac{(5-2)}{1.8}}$ A $=-0.82$ A。

(3) 当 $t=5$ s 时,电源电压跳变到零,开始第三个暂态过程。同理,根据三要素公式得

$$i_{L3}(t)=-0.82\mathrm{e}^{-\frac{(t-5)}{1.8}}\text{ A}$$

因此 $i_L(t)$ 的表达式为

$$i_L(t)=\begin{cases}1.2(1-\mathrm{e}^{-\frac{t}{1.8}})\text{ A},&0<t\leqslant 2\text{ s}\\-1.2+2\cdot\mathrm{e}^{-\frac{(t-2)}{1.8}}\text{ A},&2\text{ s}<t\leqslant 5\text{ s}\\-0.82\mathrm{e}^{-\frac{(t-5)}{1.8}}\text{ A},&5\text{ s}\leqslant t\end{cases}$$

其响应波形如例 4.3-1 图所示。

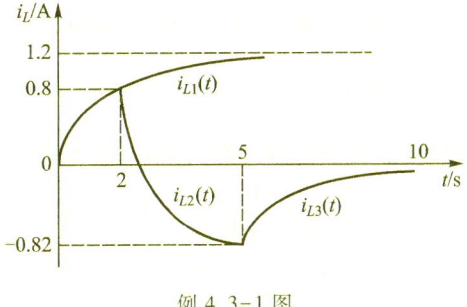

例 4.3-1 图

例 4.4 电路如例 4.4(a)图所示,开关 S 断开前电路已处于稳态,在 $t=0$ 时刻断开 S,试求 (1) 电容电压 $u_C(t)$;(2) B 点电位 $V_B(t)$;(3) A 点电位 $V_A(t)$。

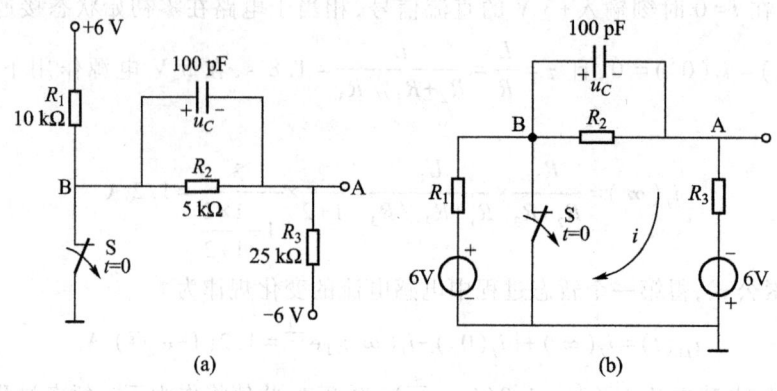

例 4.4 图

【分析】原电路是一个简化电路图,省略了电压源,可把电压源补画出来,并标注出电路中的零电位参考点,然后利用"三要素法"求取暂态响应;或用电位的概念通过原电路图列方程组获得待求量的初始值、稳态值,最后用三要素公式写出暂态响应表达式。

【解法一】(1) 画出原电路的等效电路如例 4.4(b)图所示,换路前电路已处于稳态,则电阻 R_2 两端的电压即为换路前电容两端电压,即

$$u_C(0_-) = \frac{6}{R_2+R_3} \times R_2 = \frac{6}{5+25} \times 5 \text{ V} = 1 \text{ V}$$

换路后的初始瞬间 $t=0_+$ 时刻,根据换路定则有

$$u_C(0_+) = u_C(0_-) = 1 \text{ V}$$

换路后当电路处于稳态时 $u_C(\infty) = \frac{6+6}{10+5+25} \times 5 \text{ V} = 1.5 \text{ V}$,待求时间常数的等效电阻 R 为 (R_1+R_3) 与 R_2 电阻并联的等值电阻,因此

$$\tau = RC = \frac{(10+25) \times 5}{(10+25)+5} \times 10^3 \times 100 \times 10^{-12} \text{ s} = 0.437\,5 \times 10^{-6} \text{ s}$$

根据三要素公式可得

$$u_C(t) = 1.5 + (1-1.5)e^{-\frac{t}{\tau}} = (1.5 - 0.5e^{-2.3 \times 10^6 t}) \text{ V}$$

(2) 在 $t=0_+$ 时刻,例 4.4(b)图所示电路中,根据 KVL 定律列回路电压方程,有

$$i(0_+)(10+25) + u_C(0_+) = 6+6$$

解得 $i(0_+) = \frac{6+6-u_C(0_+)}{10+25} = \frac{11}{35}$ mA,则 $V_B(0_+) = -i(0_+) \times 10 + 6 = 2.86$ V。

又因为换路后电路处于稳态时,电容元件开路,所以回路稳态电流为

$$i(\infty) = \frac{6+6}{10+5+25} \text{ mA} = 0.3 \text{ mA}$$

则 $V_B(\infty) = (-0.3 \times 10 + 6) \text{ V} = 3 \text{ V}$

根据三要素公式可得

$$V_B(t) = [3+(2.86-3)e^{-2.3 \times 10^6 t}] \text{ V} = (3-0.14e^{-2.3 \times 10^6 t}) \text{ V}$$

(3) A 点电位为 $V_A(t) = V_B(t) - u_C(t) = (1.5 + 0.36e^{-2.3 \times 10^6 t})$ V,或用三要素公式求 $V_A(t)$。

【解法二】 用计算电位的方法直接求解。在开关 S 断开瞬间，即 $t=0_+$ 时刻，有

$$\begin{cases} \dfrac{6-V_B(0_+)}{R_1} = \dfrac{V_A(0_+)-(-6)}{R_3} \\ V_B(0_+)-V_A(0_+) = u_C(0_+) \end{cases}$$

由于 $u_C(0_+) = u_C(0_-) = \dfrac{6}{R_2+R_3} \times R_2 = \dfrac{6}{5+25} \times 5 \text{ V} = 1 \text{ V}$，带入以上方程组得

$$\begin{cases} \dfrac{6-V_B(0_+)}{10} = \dfrac{V_A(0_+)-(-6)}{25} \\ V_B(0_+)-V_A(0_+) = 1 \end{cases}, 解得 \begin{cases} V_B(0_+) = 2.86 \text{ V} \\ V_A(0_+) = 1.86 \text{ V} \end{cases}$$

当暂态过程结束，即 $t=\infty$ 时，A、B 点电位的稳态值，可由下列方程组求出

$$\begin{cases} \dfrac{6-V_B(\infty)}{R_1} = \dfrac{V_B(\infty)-V_A(\infty)}{R_2} \\ \dfrac{V_A(\infty)-(-6)}{R_3} = \dfrac{6-V_B(\infty)}{R_1} \end{cases} \quad 即 \begin{cases} \dfrac{6-V_B(\infty)}{10} = \dfrac{V_B(\infty)-V_A(\infty)}{5} \\ \dfrac{V_A(\infty)-(-6)}{25} = \dfrac{6-V_B(\infty)}{10} \end{cases}$$

解得

$$\begin{cases} V_B(\infty) = 3 \text{ V} \\ V_A(\infty) = 1.5 \text{ V} \end{cases}$$

时间常数 $\tau = RC = \dfrac{(10+25)\times 5}{(10+25)+5} \times 10^3 \times 100 \times 10^{-12} \text{ s} = 0.4375 \times 10^{-6} \text{ s}$

根据三要素公式，可得

$$V_B(t) = [3+(2.86-3)e^{-2.3\times 10^6 t}] \text{ V} = (3-0.14e^{-2.3\times 10^6 t}) \text{ V}$$

$$V_A(t) = [1.5+(1.86-1.5)e^{-\frac{t}{\tau}}] \text{ V} = (1.5+0.36e^{-2.3\times 10^6 t}) \text{ V}$$

因此

$$u_C(t) = V_B(t)-V_A(t) = (1.5-0.5e^{-2.3\times 10^6 t}) \text{ V}$$

例 4.5 例 4.5(a) 图所示电路中，$U_S = 40$ V，$R = 2$ kΩ，$L = 1$ H，电压表的内阻 $R_V = 600$ kΩ，开关 S 断开前，电路处于稳态。在 $t=0$ 时，断开开关 S。求：断开 S 瞬间电压表的读数 $U(0_+) = ?$ 以及 $t \geq 0$ 时，u_L 的变化规律。

【解】（1）因为换路前，电路已处于稳态，L 相当于短路，由于电压表内阻很高，近似计算中可认为电压表支路开路，则

$$i_L(0_+) = i_L(0_-) = \dfrac{U_S}{R} = \dfrac{40}{2} \text{ mA} = 20 \text{ mA}$$

画出 $t=0_+$ 时的等效电路，如例 4.5(b) 图所示。这一时刻电压表两端的电压为

$$U(0_+) = R_V i_L(0_+) = 600 \times 10^3 \times 20 \times 10^{-3} \text{ V} = 12\,000 \text{ V}$$

这样高的电压很可能使电压表损坏，因此电压表不能显示读数；如电压表未被损坏，但由于电压远远高于电压表的满程指数，所以电压表不能反映这一实际电压值。

（2）据 KVL 定律，可求出 $t=0_+$ 时刻，电感两端的电压为

$$Ri_L(0_+) + u_L(0_+) + R_V i_L(0_+) = 0$$

则 $u_L(0_+) = -(R+R_V)i_L(0_+) = -602 \times 10^3 \times 20 \times 10^{-3} \text{ V} = -12\,040 \text{ V}$

这样高的电压也可能使电感的绝缘击穿。

又
$$u_L(\infty) = 0 \quad \tau = \frac{L}{R_0} = \frac{L}{R+R_V} = \frac{1}{602 \times 10^3} \text{ s}$$

根据三要素公式得
$$u_L = u_L(\infty) + [u_L(0_+) - u_L(\infty)]e^{-\frac{t}{\tau}} = -12\,040e^{-602 \times 10^3 t} \text{ V}$$

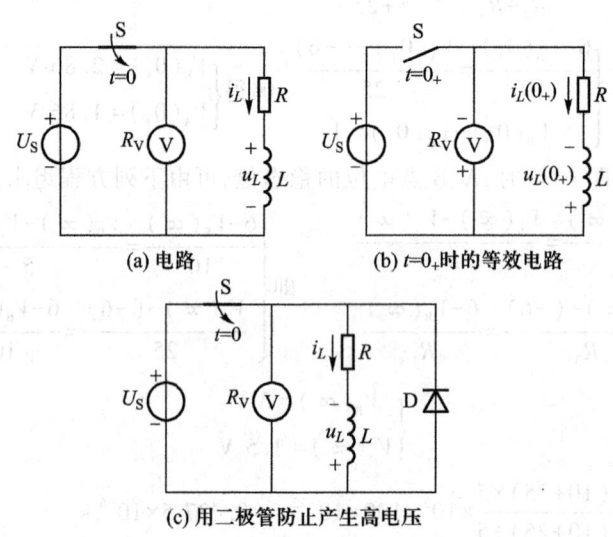

例 4.5 图

【说明】可见,该电路在开关断开瞬间,将有高达万伏以上的电压加在电压表上或线圈(即 R、L 串联)两端。若不加保护措施,很容易损坏电压表或在开关触头间产生电弧而烧坏开关,还可能将电感线圈的绝缘击穿。为防止此类事故的发生,可以在电感很大的线圈两端并联一个反向连接的二极管,如例 4.5(c)图所示。二极管具有单向导电性,它不会影响电路的正常工作,而在开关 S 断开时,可以给电感线圈提供放电回路。电流通过二极管时,其管压降约为 0.7 V,限制了线圈或测量仪表两端的电压,从而避免了高(过)电压的产生。这个反向连接的二极管称为续流二极管。此外,在一般情况下,线圈与电源断开之前,都应将与线圈并联的测量仪表预先断开。

习 题

【基本概念题】

4.1 单项选择题

(1) 由于电容中储存的能量不能突变,所以电容的(　　)不能突变。

① 电容量　　　　② 端电压　　　　③ 电流　　　　④ 功率

(2) 由于电感线圈中储存的能量不能突变,所以电感线圈中的(　　)不能突变。

① 电感量　　　　　　② 端电压　　　　　　③ 电流　　　　　　④ 电动势

(3) 在题 4.1(3)图所示电路中,开关 S 在 $t=0$ 瞬间闭合,若 $u_C(0_-)=0$ V,则 $i_C(0_+)$ 为( )。

① 1.2 A　　　　　　② 0 A　　　　　　③ 2.4 A　　　　　　④ 4.2 A

(4) 在题 4.1(4)图所示电路中,在合上开关 S 的瞬间 $u_L(0_+)$ 的值是( )。

① 100 V　　　　　　② 63.2 V　　　　　　③ ∞　　　　　　④ 0 V

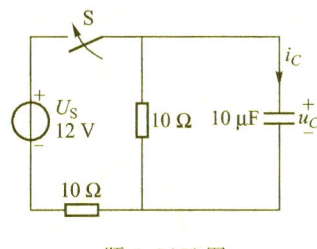

题 4.1(3)图

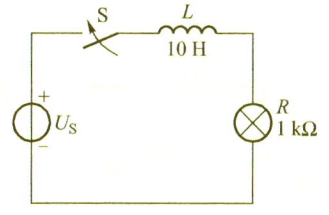

题 4.1(4)图

(5) 如题 4.1(5)图所示电路中,当开关 S 闭合时后,与电容串联的白炽灯( )。

① 立即亮　　　　　　　　　　　　② 逐渐变亮

③ 由亮逐渐变为不亮　　　　　　　④ 由不亮逐渐变亮,再逐渐变为不亮

(6) 如题 4.1(6)图所示电路中,当开关 S 闭合后,与电感串联的白炽灯( )。

① 立即亮　　　　　　　　　　　　② 逐渐变亮

③ 由亮逐渐变为不亮　　　　　　　④ 由不亮逐渐变亮,再逐渐变为不亮

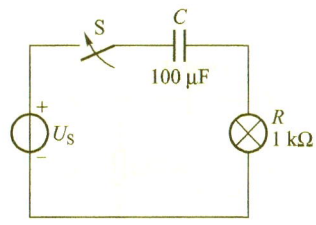

题 4.1(5)图

题 4.1(6)图

(7) R、C 电路在零状态条件下,时间常数的意义是( )。

① 响应由零值增长到稳态值的 0.632 倍时所需时间

② 响应由零值增长到稳态值的 0.368 倍时所需时间

③ 过渡过程所需的时间

④ 响应由稳态值下降到零值的 0.632 倍时所需时间

(8) 一阶线性电路时间常数的数值取决于( )。

① 电路的结构形式　　② 外加激励的大小

③ 电路的结构和参数　　④ 仅仅是电路的参数

(9) 题 4.1(9)图所示电路在开关 S 闭合后的时间常数 τ 值为( )。

① 2 s　　　　　　② 0.5 s

③ 50 ms　　　　　　④ 20 ms

(10) 题 4.1(10)图所示 RC 一阶电路中,已知 $u_C(0_-)=0$,开关 S 闭合后电路的响应 $u_C(t)$ 的波形为( )。

(11) 构成积分电路的参数条件是( )。

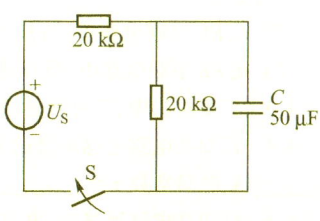

题 4.1(9)图

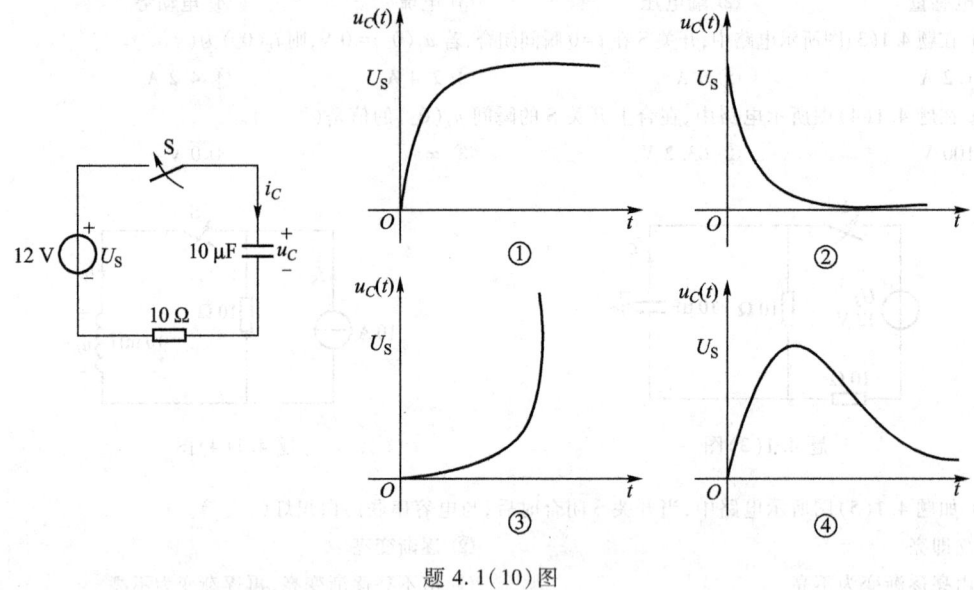

题 4.1(10)图

① 时间常数不小于输入矩形脉冲宽度　　② 时间常数与输入矩形脉冲宽度相等
③ 时间常数小于输入矩形脉冲宽度　　　④ 时间常数远大于输入矩形脉冲宽度

(12) 如题 4.1(12)图所示三个电路,输入矩形波信号脉冲宽度 $t_p = 1$ ms,其中符合微分电路条件者为图(　　)。

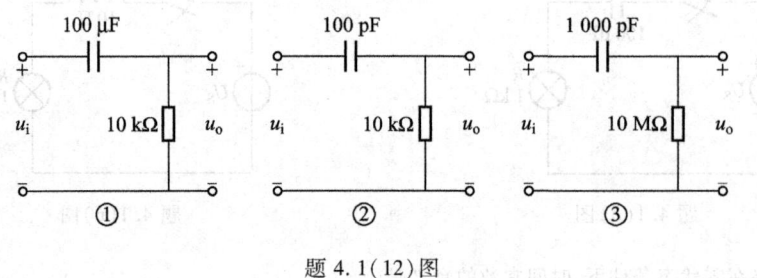

题 4.1(12)图

4.2 判断题

(1) 动态电路中,当电容电压 $u_C(0_+) = u_C(0_-) = 0$ 时,在换路一瞬间,电容相当于开路。(　　)

(2) 动态电路中,当电感电流 $i_L(0_+) = i_L(0_-) = 0$ 时,在换路一瞬间,电感相当于开路。(　　)

(3) 在一个支路中,如果同时具有 R、L、C 元件时,在换路瞬间,该支路的电流一般是可以跃变的。(　　)

(4) 线性一阶电路中,在参数不变的情况下,接通 20 V 电源所用的过渡时间比接通 10 V 直流电源所用的过渡时间要长。(　　)

(5) 在 RC 串联电路中,当其他条件不变时,R 越大,则过渡过程所需要的时间越长。(　　)

(6) 在 RL 串联电路中,当其他条件不变时,R 越大,则过渡过程所需要的时间越长。(　　)

4.3　三要素法中,三要素是指什么?三要素法是否可以用来求解二阶或高阶暂态响应?

4.4　已知某电路电感电流的全响应为 $i_L(t) = 2 + e^{-10t}$ A,可知其稳态值 $i_L(\infty) = $ ＿＿＿＿ A,初始值 $i_L(0_+) = $ ＿＿＿＿ A,时间常数 $\tau = $ ＿＿＿＿ s。

4.5　已知某电路换路后,电容电压的稳态值为 15 V,初始值为 5 V,时间常数为 0.5 s,可知电容电压暂态响应的稳态分量 $u'_C = $ ＿＿＿＿ V,暂态分量 $u''_C = $ ＿＿＿＿ V。

【简单计算题】

4.6 在题 4.6 图所示电路中,开关 S 断开前电路已处于稳态,试确定 S 断开后电压 u_C 和电流 i_C、i_1、i_2 的初始值和稳态值。

4.7 在题 4.7 图所示电路中,开关 S 闭合前电路已处于稳态,试确定 S 闭合后电压 u_L 和电流 i_L、i_1、i_2 的初始值和稳态值。

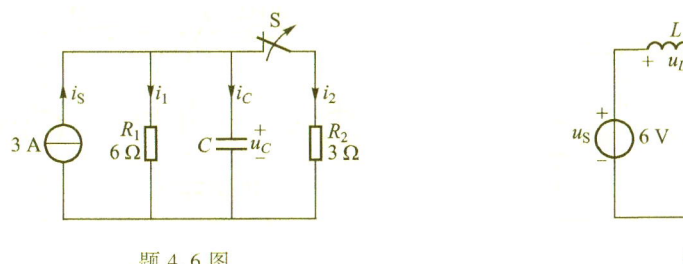

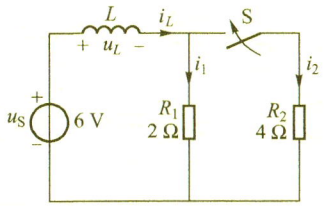

题 4.6 图　　　　　　　　　　题 4.7 图

4.8 题 4.8 图所示电路中,已知:$U_{S1}=8$ V,$U_{S2}=12$ V,$R=5$ Ω,$C=5$ μF,开关 S 合在位置 1 已久,在 $t=0$ 时开关合向 2,试求电流 i、电压 u_C 的初始值及稳态值。

4.9 题 4.9 图所示电路,开关 S 在 $t=0$ 时闭合,换路前电路已处于稳态,试求 i_S、i_2、i_3 和 u_C 的初始值及稳态值。

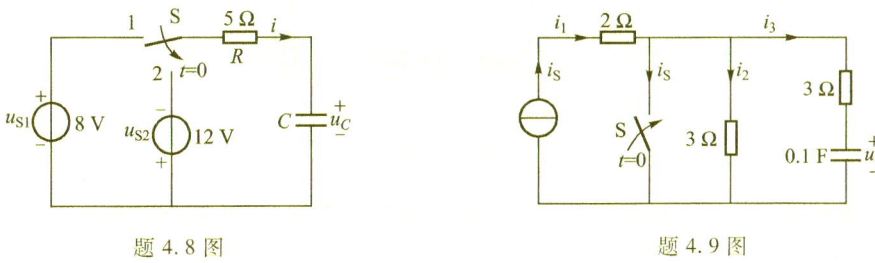

题 4.8 图　　　　　　　　　　题 4.9 图

4.10 在题 4.10 图所示电路中,开关 S 断开后 0.25 s,电容电压 $u_C=10$ V,试求电容 C 值。

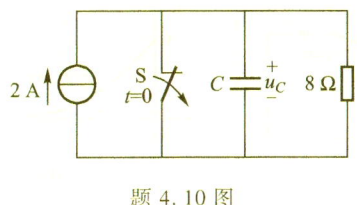

题 4.10 图

【综合应用题】

4.11 实际上电容的绝缘材料并不是很好的绝缘体,通常用一个电阻并联在电容两端的模型可以模拟这个缺点,该电阻为等效的泄漏电阻。一个 100 μF 的电容初时被充电到 100 V,要求 1 min 后能保持初始储能的 90%,试问该电容的泄漏电阻最小应为多少?

4.12 一个站在干燥地毯上的人可模拟成为一个一端接地、大小为 50 pF、电压已充到 20 000 V 的电容。

如果这个人碰到一个接地的金属物品,比如水龙头,电容将会通过金属物品放电。假设放电回路的等效电阻为 100 Ω,试求放电时冲击电流的峰值,冲击电流的峰值是否超过人体允许的致命电流?但是为什么不会造成触电事故?

4.13 电路如题 4.13 图所示,$t=0$ 时开关 S_1 合上,$t=0.2$ s 时开关 S_2 断开,S_1 合上前电路已处于稳态,试求 $t \geq 0$ 时 u_C 的表达式,并画出 u_C 随时间变化的曲线。

4.14 电路如题 4.14 图所示,$t=0$ 时开关 S 从 a 倒向 b,换路前电路已处于稳态,经 0.1 s 后开关 S 又从 b 倒向 a,试求 u_C 的表达式,并绘出 u_C 随时间变化的曲线。

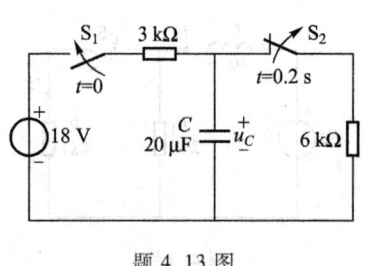

题 4.13 图

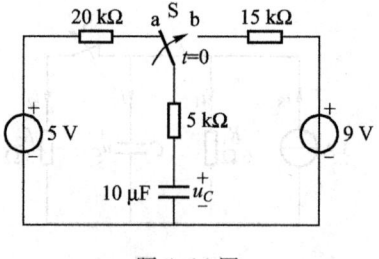

题 4.14 图

4.15 如题 4.15 图所示电路,开关 S 在 $t=0$ 时闭合,闭合前电路已处于稳态,试求 i_C 及 u_C 的表达式,并绘出它们随时间变化的曲线。

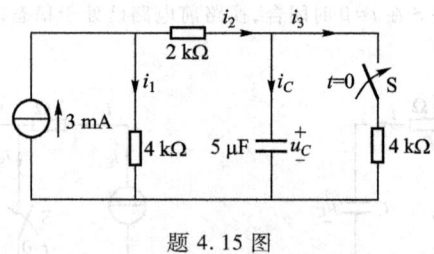

题 4.15 图

4.16 在题 4.16 图(a)所示电路中,N 仅含直流电源及电阻,电容 $C=20$ μF,初始电压为零。$t=0$ 时开关 S 闭合,闭合后电流的波形如题 4.16 图(b)所示。(1)确定 N 的一种可能结构;(2)若 $C=10$ μF,问能否通过改变 N 而保持电流波形仍如题 4.16 图(b)所示?若能,试确定 N 的新结构形式。

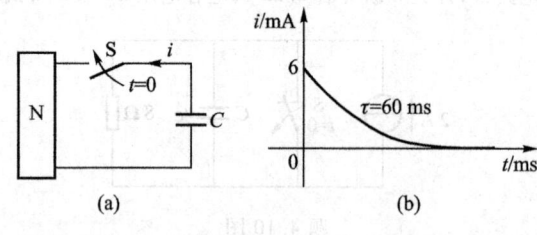

题 4.16 图

4.17 电路如题 4.17 图所示,已知:$R_1=1$ Ω,$R_2=R_3=2$ Ω,$L=3$H,$E=15$ V,当 $t=0$ 时,开关 S_1 合上,换路前电路已处于稳态,当 $t=0.5$ s 时开关 S_2 也合上。试写出 i_L、u_L 表达式,并作出它们随时间变化的曲线。

4.18 电路如题 4.18 图所示,已知:$I_S=5$ A,$R_1=4$ Ω,$R_2=5$ Ω,$R_3=10$ Ω,$L=3$H,$t=0$ 时开关 S 断开,断开前电路已处于稳态,试求 i_1、i_2、i_3、u。

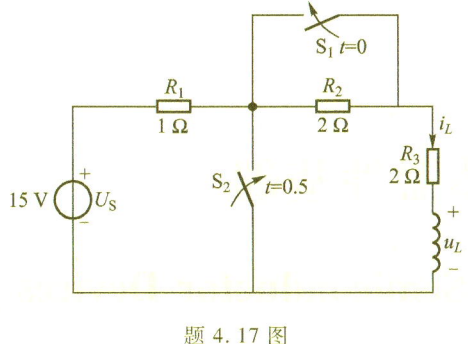

题 4.17 图

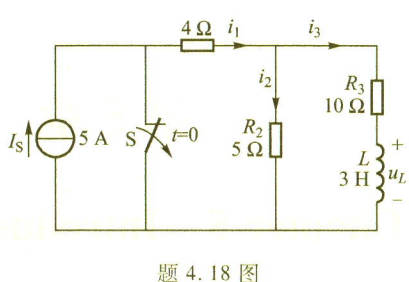

题 4.18 图

第 5 章　半导体器件基础

Chapter 5　Introduction of Semiconductor Devices

本章内容 5.1　半导体与 PN 结 5.2　二极管及其应用 5.3　双极型晶体三极管 5.4　场效应管 学习指导 习题	基本要求：理解 PN 结的单向导电性；了解二极管、三极管和场效应管的基本构造、工作原理和主要特性，了解它们的主要参数及意义。理解稳压二极管的特性及应用。学会分析含有二极管的电路；理解三极管的三种工作状态及判别方法。

　　前面几个章节,本书集中介绍了电路分析的基本理论和方法,下面将介绍电子技术方面的基础知识。电子技术是一门研究电子器件、电子电路及其应用的科学和技术。我们先围绕电子器件的革新历程,简单了解一下电子技术的发展史。

　　1904 年弗莱明(J.A.Fleming,1849—1945)发明了最简单的真空电子二极管(Oscillation Valve),如图 5.0.1 所示；1906 年福雷斯特(L.D.Forest,1873—1961)发明了具有放大作用的真空电子三极管(Grid audion),如图 5.0.2 所示,此后真空电子器件在无线电广播、电视和计算机等工程领域得到广泛应用。但是,电子管成本高、体积大、功耗大。

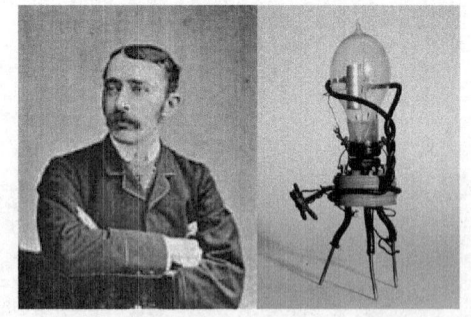
图 5.0.1　弗莱明与他的真空电子二极管

图 5.0.2　福雷斯特与他的真空电子三极管

　　1947 年美国贝尔实验室的肖克莱(William Shockley,1910—1989)、布拉顿(Walter Brattain,1902—1987)和巴丁(John Bardeen,1908—1991)发明了晶体管,如图 5.0.3 所示；其后肖克莱又

提出了改进设想,并于 1950 年,成功制成世界上第一只"PN 结型晶体管";今天的晶体管,大部分仍是这种 PN 结型晶体管。此后,晶体管在大多数领域中逐渐取代了电子管,广泛地应用于各个领域,三位科学家共同获得了 1956 年的诺贝尔物理学奖。虽然晶体管的重要性起初不被理解,但是贝尔实验室名誉总裁 Ian M.Ross 是这样评论晶体管的发明,"……使我们的社会发生了伟大变革,这场变革的深远意义不亚于钢铁的发现、蒸汽机的发明以及英国工业革命……"。

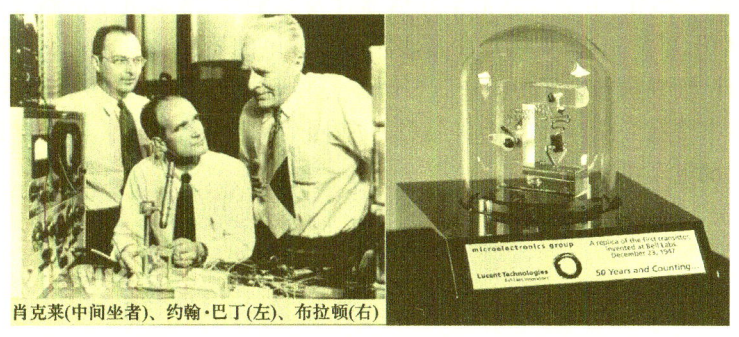

图 5.0.3　贝尔实验室的三位科学家与他们发明的晶体管

1958 年,德州仪器公司的基尔比(Jack Kilby,1923—2005)与美国仙童公司的诺伊斯(Robert N.Noyce,1927—1990)先后分别发明了集成电路(Integrated Chip,IC),标志着电子技术发展到了一个新的阶段——微电子技术时代(Microelectronics)。基尔比在锗晶片上研制集成电路时,"把一块半导体做成某种形状,让它产生一些电阻区域,然后再用电线将各个区域连接起来",如图 5.0.4 所示;与基尔比相比,诺伊斯的独到之处是创造性地在氧化膜上制作出铝条连线,使元件和导线合成一体,从而为半导体集成电路的平面制作工艺、为工业大批量生产奠定了坚实的基础。在 2000 年,两位发明者共享了诺贝尔物理学奖。

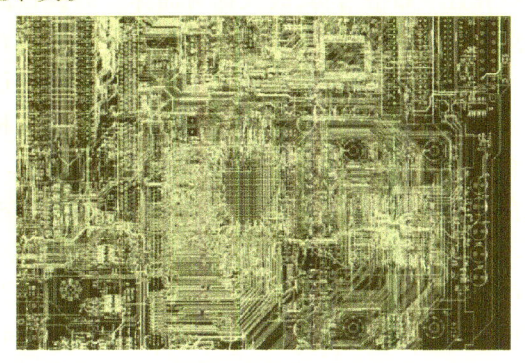

图 5.0.4　基尔比发明的集成电路　　　　图 5.0.5　现代超大规模集成电路

作为集成电路的发明者,美国仙童公司给半导体产业留下了无数的脚印,1964 年,仙童公司的摩尔对集成电路上晶体管数量的增长,做了预测,他认为这些数量是按几何级数快速增长的,并预言:每 18 个月,集成电路的价格降低一倍而性能增加一倍,这就是著名的摩尔定律。1965 年仙童公司开发了首个普遍应用于全行业的运算放大器(Operational Amplifier,Op),这是线性集成电路领域中的一个里程碑,1966 年推出了首个标准的 TTL 产品,1968 年,设计出了全球首款性能稳定的商用 MOS 集成电路;而集成电路的发明者之一诺伊斯,1968 年与摩尔、格罗夫一起辞职离开仙童公司后,创办了英特尔(Intel)公司。

现代超大规模集成电路如图5.0.5所示。随着集成技术的发展,人类社会进入了日新月异的信息时代。

电子技术一般根据所处理的信号不同,分为模拟电子技术和数字电子技术两个部分。本书第5~8章为模拟电子技术,第9~11章为数字电子技术,而第12章简要介绍了数模和模数的转换理论。

在模拟电子技术部分,本书以基本半导体器件及其特性、基本电子电路及其应用为主要内容。电子电路本质上还是电路,只是其核心器件与一般电路不同,在一般的电路中,电阻、电感、电容是其基本器件,而在模拟电子电路中,二极管、三极管、集成运放是其基本器件;因此,在模拟电子技术部分,本书将在介绍半导体器件特性的基础上,进而介绍各种电子电路的基本分析方法,以及一些常用的电子电路。

思政案例-冯简与"重庆之蛙"

5.1 半导体与 PN 结

5.1 Semiconductor and PN Junctions

5.1.1 本征半导体

根据导电性能不同,材料可归为导体(Conductor)、绝缘体(Insulator)和半导体(Semiconductor)三类。其中,银、铜、铝等金属为电的良导体,塑料、陶瓷和橡胶等为难以导电的绝缘体;而半导体则是指导电能力介于导体和绝缘体之间的一种材料。

常见的半导体材料有高提纯的硅(Silicon)、锗(Germanium),称为本征半导体,其原子排列非常整齐且呈晶格结构,故又称为晶体。硅或锗晶体的共同特点是:原子核的最外层有四个价电子,原子间的外层轨道相互交叠,这样原本属于单个原子的价电子不仅受自身原子核的束缚还受相邻原子核的作用,使每两个相邻原子核共有一对价电子,构成"共价键"结构,如图5.1.1所示。

在本征半导体中,当共价键上的某些价电子在受热或光照后,由于外界能量的激发而脱离共价键的束缚成为自由电子(Free Electrons),同时在价电子原来的位置上出现一个空穴(Positive Hole),该过程称为本征激发(Intrinsic Excitation)。自由电子又可能被任意相邻的空穴所捕获,重新束缚在共价键上,使自由电子和空穴成对消失,这个过程称为复合(Recombination)。在本征半导体中,自由电子和空穴总是成对出现,自由电子带负电,空穴带正电,两者所带电量相等,统称为载流子。在一定温度下,本征半导体中自由电子和空穴不断激发和复合,达到动态平衡。一般情况下,本征半导体内载流子的数目很有限,故本征半导体的导电能力较差。

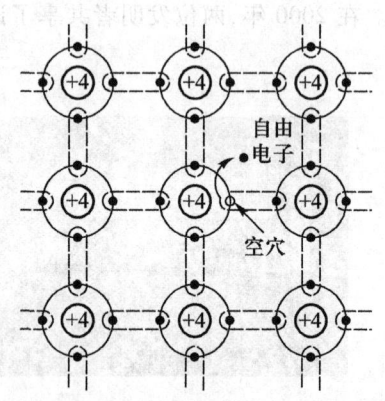

图 5.1.1 硅的共价键构成平面示意图

5.1.2 杂质半导体

为了提高其导电能力,可在本征半导体中掺入微量杂质,根据掺入杂质的不同,可分为N型半导体和 P 型半导体两种。

1. N 型半导体

如果向硅(或锗)单晶体内注入极少量五价磷(或砷、锑)元素,注入的一个磷原子取代硅单晶内某一硅原子,并与其相邻的 4 个硅原子结合形成共价键。因为磷原子外层有五个价电子,只有其中四个价电子能与相邻的硅原子形成共价键,并达到 8 个价电子的稳定结构,而多余的那一个价电子则很容易挣脱磷原子核的束缚成为自由电子。此时,磷原子失去一个电子,成为固定在晶格中不能移动的正离子。

在掺杂的半导体中,自由电子数量比本征半导体中自由电子的数量要大得多。自由电子数量的增加势必提高载流子的复合率,使得本征激发产生的空穴数量急剧减少。因此,在这种半导体中,自由电子占多数,成为多数载流子,简称多子;而空穴为少数载流子,简称少子。在外电场作用下,这种半导体中主要由自由电子的定向运动形成电流,因此称为电子型半导体,或 N 型半导体(N-type semiconductor)。

2. P 型半导体

同样,也可以向硅(或锗)单晶体内注入三价硼(或铝)元素。注入的一个硼原子取代硅单晶内某一个硅原子。硼原子最外层有 3 个价电子,只能与相邻的 3 个硅原子构成共价键结构。因此,每注入一个硼原子就会出现一个空穴,当从相邻的硅原子夺来一个价电子填充该空穴后,就形成一个带负电的硼离子;而在被夺去价电子的位置就形成一个带正电的空穴。显然,本征半导体掺入三价硼元素后,多数载流子是空穴,少数载流子是自由电子。这种以空穴运动为主要导电方式的杂质半导体称为空穴型半导体,或 P 型半导体(P-type semiconductor)。

掺杂能极大地提高半导体中载流子的浓度,比如室温 $T=300$ K 时,本征硅的原子浓度约为 $4.96 \times 10^{22}/cm^3$,本征硅的电子和空穴浓度为 $n=p=1.4 \times 10^{10}/cm^3$,当掺杂为 N 型半导体,其杂质半导体中自由电子的浓度为 $n=5 \times 10^{16}/cm^3$。但是,不论是 N 型半导体还是 P 型半导体,从总体上看仍是呈电中性(Electrically Neutral)。

5.1.3 PN 结

采用一定的掺杂工艺在一块本征半导体晶片的两边分别形成 P 型和 N 型半导体,则在其交界处将形成 PN 结(PN junction),它是构成多种半导体器件的基础。

1. PN 结的形成

当 P 型和 N 型半导体共处一体后,在其交界面的两侧,由于载流子浓度差的存在,导致载流子从高浓度区域向低浓度区域扩散,即 P 区的空穴(多子)向 N 区扩散,而 N 区的自由电子(多子)也要向 P 区扩散;扩散过程中,同时伴随空穴与自由电子复合并同时消失。随着扩散和复合的进行,P 区失去空穴,留下不能移动的带负电的三价离子,而 N 区失去电子,留下带正电的五价离子。于是,在交界面两侧分别形成了不能移动的带正、负电荷的空间电荷区,这个区域就称为 PN 结,如图 5.1.2 所示。由于 PN 结中几乎没有载流子(都复

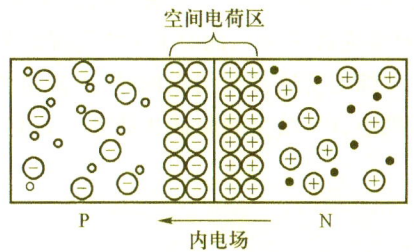

图 5.1.2 PN 结的形成

合消失了),所以 PN 结也称为耗尽层。显然,耗尽层不导电,且呈现高阻状态。

因空间电荷区域的正、负离子不能移动,因此形成一个内电场,其方向由 N 区指向 P 区。由于内电场的存在,阻碍了多子的扩散运动,使得扩散运动减弱,同时,促使 N 区的少子(空穴)向 P 区运动而 P 区的少子(自由电子)向 N 区运动,这种少子在内电场作用下的运动称为漂移运动。刚开始,空间电荷区较薄时,内电场较弱,载流子扩散运动较强;随着扩散的进行,空间电荷区的厚度增加,内电场加强,扩散运动减弱,而漂移运动加强,最后载流子的扩散运动与漂移运动将达到动态平衡,即通过交界面的净载流子数目为零,这时,空间电荷区的厚度将维持不变。在无外加电场作用时,PN 结没有电流流过。

2. PN 结的单向导电性

PN 结在外加电场作用下,上述平衡条件将被破坏。

对 PN 结施加正向电压,即 P 区接电源的正极,N 区接电源的负极,如图 5.1.3(a)所示。此种接法称 PN 结正向偏置(简称正偏)。外加电场方向与内电场方向相反,内电场被削弱,空间电荷区变薄,有利于多子的扩散运动,形成较大的扩散电流 I_D。此时,少子的漂移电流微乎其微,可以忽略不计,则通过 PN 结的电流可以认为是多子的扩散电流,此电流也称为 PN 结的正向电流。此时 PN 结为低阻导通状态。

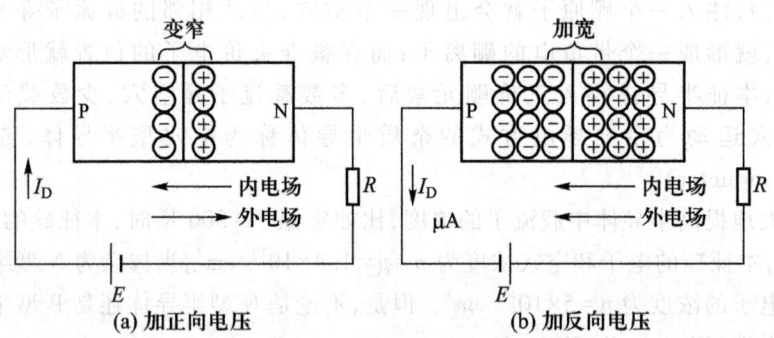

图 5.1.3 PN 结的单向导电性

对 PN 结施加反向电压,即 P 区接电源的负极,N 区接电源的正极,如图 5.1.3(b)所示。此种接法称 PN 结反向偏置(简称反偏)。此时,外加电场方向与内电场方向一致,内电场被增强,空间电荷区加厚,阻碍了多子的扩散运动,而少子的漂移运动则得到加强,通过 PN 结的电流将主要是少子的漂移运动形成的电流,方向由 N 区流入 P 区,此电流称为 PN 结的反向电流;由于当外加反向电压不太大,温度不变时,少子的浓度基本恒定,由少子漂移运动形成的反向电流的大小与外加电压基本无关,因此,称为反向饱和电流;又由于少子的浓度低,则反向饱和电流很小(通常为微安级),此时 PN 结呈现高阻截止状态。

综上所述,PN 结正偏时,正向电流大,PN 结呈低阻导通状态;而 PN 结反偏时,反向饱和电流很小,PN 结呈高阻截止状态。这就是 PN 结的单向导电性。

5.2 二极管及其应用

5.2 Diode and Its Applications

5.2.1 二极管的结构、伏安特性及参数

1. 二极管的基本结构及类型

在一个半导体 PN 结芯片的 P 区和 N 区分别引出正、负电极线并用管壳封装，就构成了一个二极管(Diode)。其中，从 P 区引出的电极称为阳极(正极)，从 N 区引出的电极称为阴极(负极)。二极管的国家标准图形符号如图 5.2.1 所示，箭头方向表示加正向电压时的正向电流方向，逆箭头方向表示不导通，体现了二极管的单向导电特性，二极管的文字符号用 D 来表示。

图 5.2.1 二极管的符号

实际的二极管有不同的规格和型号，如图 5.2.2(a)所示，按结构可把它们分为点接触型和面接触型两大类。点接触型二极管如图 5.2.2(b)所示，其 PN 结面积很小，工作电流很小(几十毫安以下)，但它的结电容也很小，允许的工作频率较高，这种二极管适用于高频检波、元件保护和脉冲数字电路；面接触型二极管如图 5.2.2(c)所示，其 PN 结面积较大，结电容也较大，这种二极管适用于大电流(几百毫安～几千安)的低频电路和整流电路。

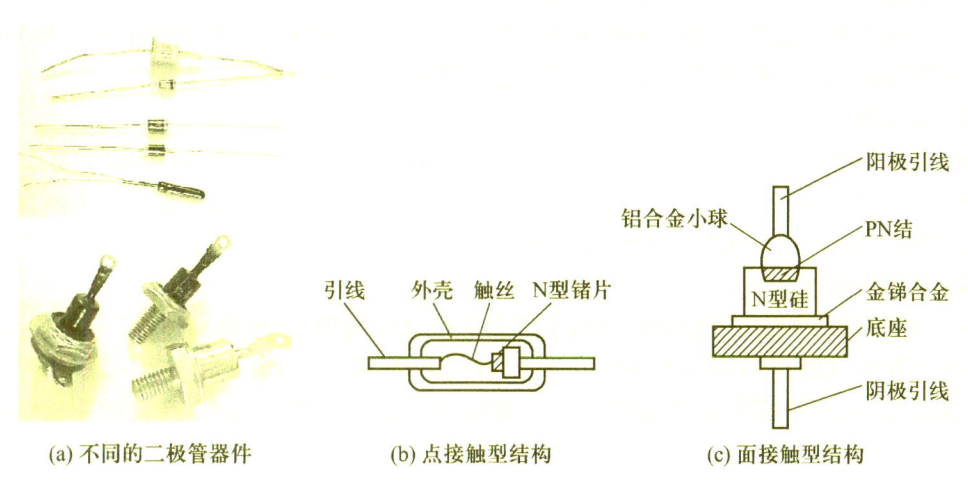

(a) 不同的二极管器件　　(b) 点接触型结构　　(c) 面接触型结构

图 5.2.2 二极管器件及其结构

2. 二极管的伏安特性

二极管的伏安特性(u-i)是指流过二极管的电流与其两端所加电压的函数关系。图 5.2.3 是两种二极管的伏安特性曲线(I/V Characteristics)。

由图 5.2.3 可知，二极管是典型的非线性器件，其伏安特性大致可分为四个区域：死区、正向导通区(Forward Conduct)、反向截止区(Reverse Cut-off)和反向击穿区(Reverse Breakdown)。

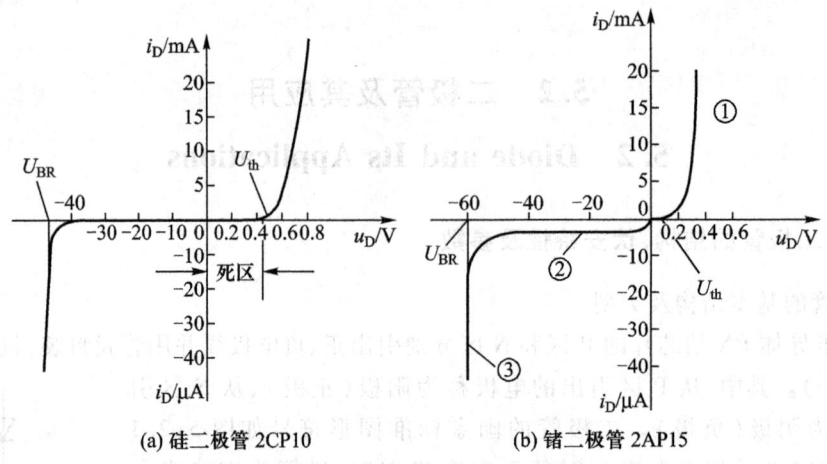

(a) 硅二极管 2CP10　　　　　　(b) 锗二极管 2AP15

图 5.2.3　二极管伏安特性曲线

(1) 死区

二极管外加正向电压,且外加电压较小时,外加电场不足以克服 PN 结内电场对多子的阻挡作用,因此正向电流几乎等于零。此时,二极管外加正向电压低于阈值电压 U_{th}(硅管 $U_{th}=0.5$ V,锗管 $U_{th}=0.1$ V),但仍呈现不导通状态,此范围称为"死区"。

(2) 正向导通区

当二极管所加正向电压大于死区电压后,内电场被大大削弱,正向电流随正向电压增加而按指数规律急剧增加。此时,二极管由不导通变为导通状态。当二极管正向导通之后,二极管正向电流在较大范围内变化时,二极管两端的电压几乎不变,称此电压为二极管的正向导通压降 U_D。硅管正向导通压降为 0.6~0.7 V,锗管正向导通压降为 0.2~0.3 V。

(3) 反向截止区

当二极管加反向电压时,外电场与内电场方向一致,在它们的作用下,少数载流子的漂移运动形成了很小的反向饱和电流 I_S。此时,二极管呈现高阻截止状态。反向饱和电流随温度变化而变化,当温度升高时,反向饱和电流将显著增大。

(4) 反向击穿区

当二极管外加反向电压过高时,反向电流会突然急剧增加,这种现象称为"击穿"。击穿发生在空间电荷区,根据击穿的原理不同可分为"齐纳击穿"和"雪崩击穿"。二极管被击穿后反向电流迅速增大,最后可能导致 PN 结烧坏。二极管被击穿时所加的反向电压值称为反向击穿电压 U_{BR}。

3. 二极管的主要参数

二极管的性能也可以用参数表示。各种参数均可由半导体器件手册中查出。现将几个主要参数的意义说明如下:

(1) 最大整流电流 I_{CM}

最大整流电流是指二极管长期工作时所允许通过的最大正向平均电流。该电流是由 PN 结的面积和散热条件确定的。若电流超过最大整流电流值,将由于 PN 结过热而损坏管子。例如,二极管 2CP10 的最大整流电流为 100 mA。

（2）最高反向电压 U_{RM}

最高反向电压是指保证二极管正常工作时所允许的最高反向电压。为确保二极管安全工作，一般手册上给出的最高反向电压约为击穿电压的 1/2 或 1/3。例如，二极管 2CP10 最高反向电压为 25 V，而反向击穿电压约为 50 V。面接触型二极管的最高反向工作电压要比点接触型二极管高。

（3）最大反向电流 I_{RM}

最大反向电流是指二极管加上最高反向工作电压时的反向电流值。它的值越小，表明管子的单向导电性能越好。温度对最大反向电流影响较大，使用时应注意。

二极管除上述三个主要参数外，还有最高工作频率、结电容值、工作温度和微变电阻等。

5.2.2 二极管的应用

利用二极管的单向导电性，可以构成多种应用电路，包括整流、检波、开关及续流保护等。由于二极管是典型的非线性元件，直接分析含有二极管元件的电路比较困难。因此，一般采用线性化模型的方法进行分析。即用直线、直线段的组合取代二极管的伏安特性曲线，常用的简化线性模型有理想二极管模型和恒压降模型。

考虑到二极管的单向导电性，并忽略二极管的正向压降，二极管可视为一个理想二极管（理想的单向导电性），如图 5.2.4(a) 所示。当理想二极管正偏导通时，等效为导线接通；当二极管反偏截止时，等效为断路。

如果二极管的正向压降不能忽略，则二极管可用恒压降模型表示，如图 5.2.4(b) 所示，即二极管等效为一个理想二极管与一个直流电压源 U_D 的串联模型。U_D 为二极管的正向导通压降，小功率硅管 U_D 为 0.6~0.8 V，通常取 0.7 V；小功率锗管 U_D 为 0.2~0.3 V，通常取 0.2 V。

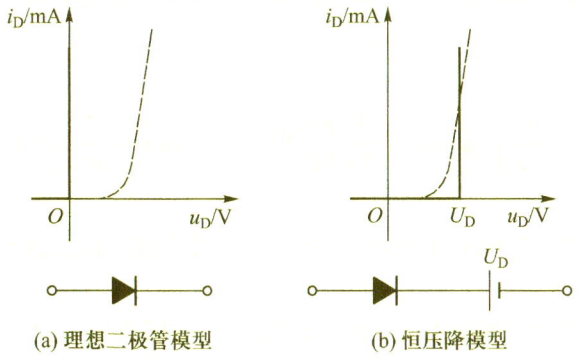

(a) 理想二极管模型　　(b) 恒压降模型

图 5.2.4　二极管模型

下面通过几个例题介绍二极管的简单应用电路。

1. 整流电路

"整流电路"（Rectifying Circuit）是把交流电能转换为直流电能的电路。整流电路广泛用于电源中，如将 50 Hz 交流输入变换为直流输出；也广泛用于信号处理中，如需要将交流信号转变为直流信号时。通过以下例子我们来分析由二极管构成的基本整流电路。

例 5.2.1 半波整流电路如图 5.2.5(a)上图所示,如果输入电压 u_i 为正弦波,试分析输出 u_o 的波形,并计算输出电压的平均值 $U_{o(AV)}$。

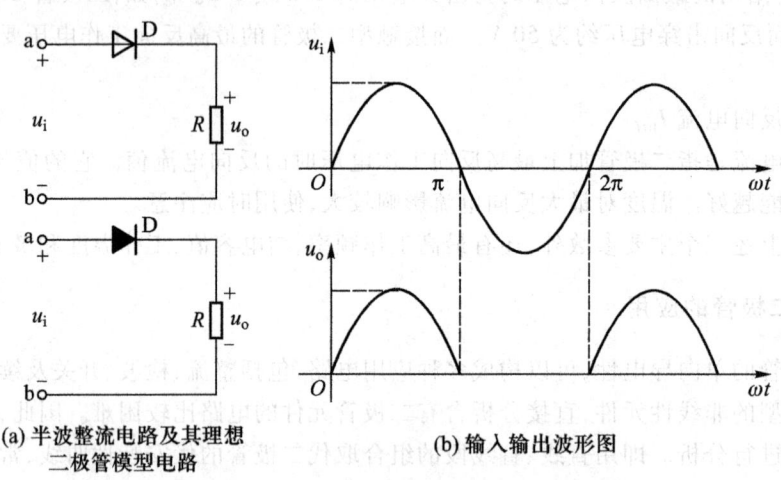

(a) 半波整流电路及其理想二极管模型电路

(b) 输入输出波形图

图 5.2.5 二极管构成半波整流电路及其波形

解:半波整流电路的理想二极管电路模型如图 5.2.5(a)下图所示。

(1) 当输入电压 u_i 为正半周时,a 点电位高于 b 点电位,二极管正偏导通,二极管相当于导线接通,电阻 R 中有电流流过,输出电压 $u_o = u_i$。

(2) 当 u_i 为负半周时,a 点电位低于 b 点电位,二极管反偏截止,二极管相当于断路,电阻 R 中没有电流流过,输出电压 $u_o = 0$。

输出波形如图 5.2.5(b)所示,电阻 R 上得到的输出电压 u_o 尽管大小是不断变化的,但其方向始终保持不变,称为直流脉动波形。半波整流电路将交变的电量转换为直流脉动电量,达到了整流的目的。

输出电压的平均值为

$$U_{o(AV)} = \frac{1}{2\pi}\int_0^{2\pi} u_o \mathrm{d}\omega t = \frac{1}{2\pi}\int_0^{\pi} \sqrt{2} U_i \sin \omega t \mathrm{d}\omega t = \frac{\sqrt{2}}{\pi} U_i \approx 0.45 U_i$$

2. 削波电路

例 5.2.2 电路如图 5.2.6(a)上图所示,其中二极管为硅二极管,设 $u_i = 10\sin \omega t$ V,$E = 5$ V,试分析输出电压 u_o 的波形。

解:将二极管 D 用恒压降模型代替,如图 5.2.6(a)下图所示,写出理想二极管两端电压的表达式为:$u_D = u_i - 0.7 \text{ V} - E$。

(1) 当 $u_D > 0$,即 $u_i > E + 0.7$ V 时,理想二极管 D 正偏导通,理想二极管相当于导线接通,则 $u_o = u_i - 0.7$ V。

(2) 当 $u_D < 0$,即 $u_i < E + 0.7$ V 时,理想二极管 D 反偏截止,理想二极管相当于断路,则 $u_o = E$。

(3) 输出电压 u_o 的波形如图 5.2.6(b)所示。即大于 5.7 V 以上的正弦输入信号可以输出,且输出时波形往下平移了 0.7 V。小于 5.7 V 以下的输入波形被削掉了,所以称为削波电路,其实质是限幅,即限制输出波形在某个范围内。

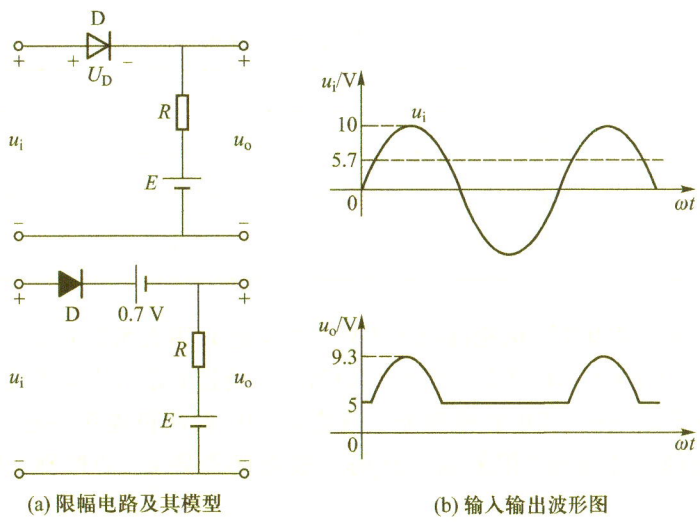

(a) 限幅电路及其模型　　　　　(b) 输入输出波形图

图 5.2.6　二极管构成限幅电路及其波形

3. 逻辑电路

多个二极管可以采用"共阴"或"共阳"的方式连接使用,二极管共阳连接时,阴极电位低的二极管优先导通;而二极管共阴连接时,则遵循"阳极电位高的二极管优先导通"的原则。

例 5.2.3　电路如图 5.2.7 所示,F 点的电位 V_F 由 A 点和 B 点的电位 V_A、V_B 控制。试分析 V_A、V_B 取值分别为 0 V、0 V、0 V、3 V、3 V、0 V、3 V、3 V 四种组合情况下的电位 V_F。

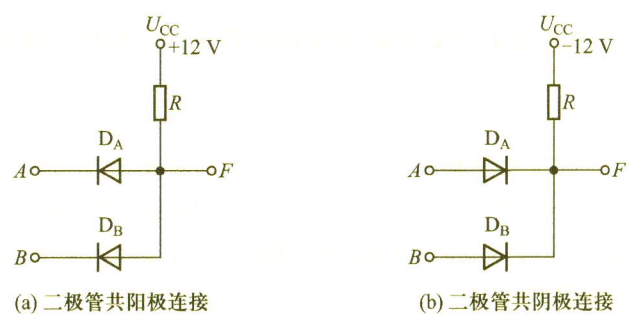

(a) 二极管共阳极连接　　　　　(b) 二极管共阴极连接

图 5.2.7　二极管构成逻辑电平控制电路

解：首先分析图 5.2.7(a),该电路中两个理想二极管 D_A、D_B 的阳极连在一起,为共阳连接。两个二极管的工作遵守"阴极电位低的二极管优先导通"的原则。

(1) $V_A = 0$ V、$V_B = 0$ V,D_A、D_B 同时导通,$V_F = 0$ V。

(2) $V_A = 0$ V、$V_B = 3$ V,D_A 优先导通,此时,F 点的电位"钳位"在 0 V,即 $V_F = 0$ V,而二极管 D_B 承受反向电压而截止,使 B 点的电位与 F 点的电位隔离。

(3) $V_A = 3$ V、$V_B = 0$ V,同理,D_B 优先导通,此时,F 点的电位"钳位"在 0 V,即 $V_F = 0$ V,而二极管 D_A 承受反向电压而截止,使 A 点的电位与 F 点的电位隔离。

(4) $V_A = 3$ V、$V_B = 3$ V,D_A、D_B 同时导通,$V_F = 3$ V。

输入与输出的关系如表 5.2.1 所示。

表 5.2.1　图 5.2.7(a)的输入输出关系

V_A/V	V_B/V	V_F/V
0	0	0
0	3	0
3	0	0
3	3	3

如果把低电平 0 V 视为逻辑 **0**,把高电平 3 V 视为逻辑 **1**,则表 5.2.1 可归纳为"见 **0** 出 **0**,全 **1** 出 **1**"的逻辑功能,即 $F=A\cdot B$;那么图 5.2.7(a)所示二极管电路构成**与**逻辑电路。

同理可分析图 5.2.7(b),该电路中两个二极管 D_A、D_B 的阴极连在一起,接负电源,为共阴连接。两个二极管的工作遵守"阳极电位高的二极管优先导通"的原则,其功能如表 5.2.2 所示。

表 5.2.2　图 5.2.7(b)的输入输出关系

V_A/V	V_B/V	V_F/V
0	0	0
0	3	3
3	0	3
3	3	3

表 5.2.2 可归纳为"见 **1** 出 **1**,全 **0** 出 **0**"的逻辑功能,即 $F=A+B$,则图 5.2.7(b)所示二极管电路构成**或**逻辑电路。

4. 检波电路

无线电技术已被广泛用于科技和日常生活方面。为了使低频信号能够远距离输送,就需要将低频信号"装载"在高频信号上由天线发射出去。该高频信号称为载波,"装载"过程称为调制。在接收端,接收机的天线接收到微弱的高频被调制信号,经放大后再设法还原出低频信号,这一还原过程称为解调或检波。

图 5.2.8 所示是基本检波电路,u_i 是被调制的高频信号,由于二极管的单向导电作用,把载波信号的负半周截去,再经电容 C 将高频成分旁路,在负载 R_L 两端得到的输出电压 u_o 就是原来的低频信号。

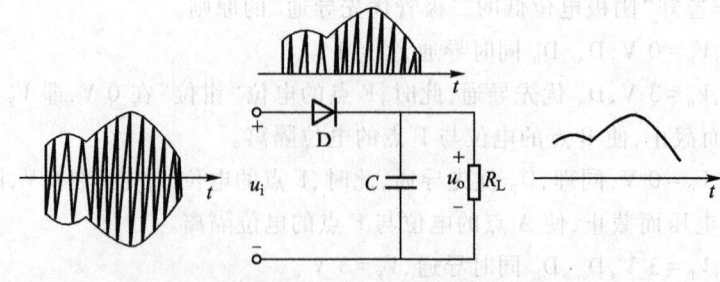

图 5.2.8　二极管构成检波电路

5. 二极管"续流"保护电路

图 5.2.9 所示为二极管用作保护器件的例子。当开关 S 闭合时,直流电源 E 接通电感量较大的线圈,因二极管 D 处于反向偏置,全部电流流过电感线圈。

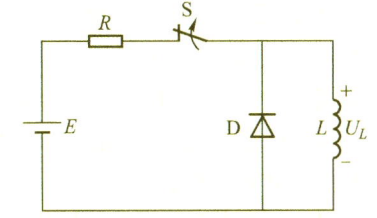

当开关 S 断开时,电感线圈中的电流将迅速降到零,如果电感的 L 参数较大,则在线圈两端会因为电磁感应产生很大的反向暂态电压。如果没有提供另外的电流通路,该暂态电压将在开关两端产生电弧,不仅损坏开关,而且影响安全。在电路中接有如图 5.2.9 所示的二极管 D 时,二极管为电感线圈的放电电流提供了通路,使电感电压 U_L 的峰值限制在二极管的管压降 0.7 V 以内,开关 S 两端的电弧被消除;同时,电感线圈中的电流将通过二极管 D 提供的通道平稳地减少,因此,二极管 D 起到了续流的作用。

图 5.2.9　二极管续流保护电路

5.2.3　特殊二极管简介

特殊二极管是在普通二极管基础上经特殊工艺制成的专用二极管。常见的专用二极管有发光二极管、光电二极管、稳压二极管和变容二极管等。下面只就稳压二极管和发光二极管进行讨论。

1. 稳压二极管

稳压二极管也称齐纳二极管,是为了运用二极管反向击穿区而生产的专用面接触型硅二极管。由于工艺特殊,使得其接触面上的电流比较均匀,当二极管发生反向击穿、反向电流增大时,保证了其 PN 结结温不会超过允许值,即在一定的反向电流数值内稳压二极管仅被电击穿而不会被热击穿,稳压二极管不会被烧毁。

稳压二极管的外形和结构与普通二极管相似。稳压二极管的图形符号和伏安特性如图 5.2.10(a)、(b)所示。主要参数如下:

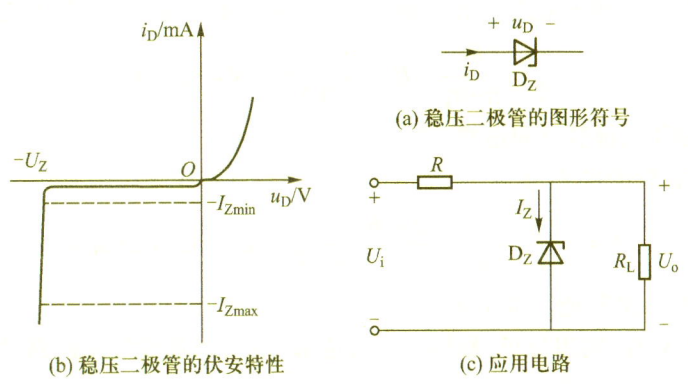

(a) 稳压二极管的图形符号

(b) 稳压二极管的伏安特性

(c) 应用电路

图 5.2.10　稳压二极管的图形符号、特性及应用电路

(1)稳定电压 U_Z:稳定电压就是稳压二极管在正常工作时的端电压,一般为 3~25 V,高的可达 200 V。手册中所列的都是在一定条件(工作电流、温度)下的数值。由于稳压二极管的参数分散性很大,即使是同一型号的管子,稳压值也有差异。但在一定条件下,每一个稳压二极管

都有一确定的稳定电压值。

(2) 电压温度系数 α_u：电压温度系数是指稳压二极管的稳压值受温度变化影响的系数。例如，2CW18 稳压二极管的电压温度系数为 0.095%/℃，就是说温度每增加 1 ℃，其稳压值就升高 0.095%。一般说来，稳压值低于 4 V 的稳压二极管，电压温度系数为负值；高于 7 V 的稳压二极管，此系数为正值；而 6 V 左右的管子，电压温度系数很小。

(3) 稳定电流 I_Z：稳定电流是稳压二极管正常工作时的参考电流。I_Z 在 $I_{Zmin} \sim I_{Zmax}$ 间取值，如图 5.2.10(b) 所示。

(4) 动态电阻 r_Z：动态电阻是指稳压二极管在反向击穿区内的电压变化量与相应电流变化量的比值（也称为稳压二极管的交流动态电阻，或交流电阻）

$$r_Z = \frac{\Delta U_Z}{\Delta I_Z} \tag{5.2.1}$$

一般为几欧至几十欧。它反映了反向伏安特性曲线陡峭的程度，曲线越陡，动态电阻 r_Z 越小，稳压性能越好。

(5) 最大允许耗散功率 P_{ZM}：保证管子安全工作时所允许的最大功率损耗

$$P_{ZM} = I_{Zmax} U_Z \tag{5.2.2}$$

例 5.2.4 典型的稳压二极管稳压电路如图 5.2.10(c) 所示，R 是限流电阻，且 $R = 1.0 \text{ k}\Omega$，稳压二极管的稳压值 U_Z 为 6 V，最大稳压电流 I_{Zmax} 为 25 mA，R_L 是负载电阻，且 $R_L = 0.5 \text{ k}\Omega$，(1) 试判断在 $U_i = 15$ V 时，稳压电路是否能稳压？(2) 当 $U_i = 25$ V 时，稳压电路是否正常工作？(3) 当 $U_i = 35$ V 时，如果负载发生断路，则稳压二极管将发生什么情况？

解：(1) 当 $U_i = 15$ V 时，假设稳压二极管断开，则稳压二极管两端的电位差为

$$U_{DZ} = \frac{R_L}{R + R_L} \cdot U_i = \frac{0.5}{1 + 0.5} \times 15 \text{ V} = 5 \text{ V} < 6 \text{ V}$$

即 $U_{DZ} < U_Z$，稳压二极管两端的电压没有达到击穿电压，所以稳压二极管工作在反向截止区，不能起到稳压的作用。

(2) 当 $U_i = 25$ V 时，假设稳压二极管断开，则稳压二极管两端的电位差为

$$U_{DZ} = \frac{R_L}{R + R_L} \cdot U_i = \frac{0.5}{1 + 0.5} \times 25 \text{ V} = 8.33 \text{ V}$$

即 $U_{DZ} > U_Z (6 \text{ V})$，稳压二极管反向击穿。

稳压时稳压二极管的电流为

$$I_Z = \frac{U_i - U_Z}{R} - \frac{U_Z}{R_L} = \left(\frac{25-6}{1} - \frac{6}{0.5}\right) \text{ mA} = 7 \text{ mA} < 25 \text{ mA}$$

即 $I_Z < I_{Zmax}$，所以稳压二极管能正常工作。

(3) 当 $U_i = 35$ V 时，同理分析，稳压二极管能够稳压；当负载发生断路时，稳压二极管所承受的电流为

$$I_Z = \frac{U_i - U_Z}{R} - 0 = \left(\frac{35-6}{1} - 0\right) \text{ mA} = 29 \text{ mA} > 25 \text{ mA}$$

即 $I_Z > I_{Zmax}$，稳压二极管可能被烧毁。

从本例可见，当稳压电路的输入、输出电压和负载电阻一定时，需要合理地选择限流电阻 R；

① 假设稳压二极管断开时,稳压二极管两端的电位差大于其稳压值,即 $U_{DZ}>U_Z$,稳压二极管方能工作在反向击穿状态,起稳压作用。
② 稳压二极管正常稳压时,其工作电流满足 $I_{Zmin}<I_Z<I_{Zmax}$。
③ 当发生负载开路时,$I_Z<I_{Zmax}$,稳压二极管不致被烧毁。

2. 发光二极管

发光二极管通常用砷化镓、磷化镓等制成。当这种管子通以电流,电子与空穴在 PN 结内直接复合时放出能量,即管子发出光来。图 5.2.11 是发光二极管的图形符号。

图 5.2.11　发光二极管的图形符号

表 5.2.3 给出了几种常见发光材料的主要参数。发光二极管通常作为显示器件,运用于各种电气设备中,如七段式显示器件、家电通电指示灯等。发光二极管工作电流一般为几个毫安至几十毫安之间。

表 5.2.3　发光二极管的主要特性

颜色	波长 /nm	基本材料	正向电压 (10 mA 时)/V	光强(mA 时,张角±45°) /mcd	光功率 /μW
红外	900	砷化镓	1.3~1.5		100~500
红	655	磷砷化镓	1.6~1.8	0.4~1	1~2
鲜红	635	磷砷化镓	2.0~2.2	2~4	5~10
黄	583	磷砷化镓	2.0~2.2	1~3	3~8
绿	565	磷化镓	2.2~2.4	0.5~3	1.5~8

5.3　双极型晶体三极管

5.3　Bipolar Junction Transistor

5.3.1　晶体三极管的结构、符号

双极型晶体三极管(Bipolar Junction Transistor,BJT)简称三极管或晶体管,是一种最重要的半导体器件。它与二极管一样也具有明显的区域特性、温度特性等。利用它的区域特性可以构成放大电路和开关电路等实用功能电路。

图 5.3.1 给出了三极管的结构示意图和图形符号。由图可知,三极管有 NPN(NPN Transistor) 和 PNP(PNP Transistor)两种基本结构类型,每种三极管均有三个半导体区域及对应的三个电极,分别是发射区和发射极(the Emitter,E)、基区和基极(the Base,B)、集电区和集电极

(the Collector,C)。虽然发射区和集电区的半导体类型相同,但掺杂浓度和结面积均有差异,因此不能互换使用。在不同半导体区域的交界面会形成 PN 结,因此三极管具有两个 PN 结,其中,基区与发射区交界面形成发射结,而基区与集电区交界面形成集电结。

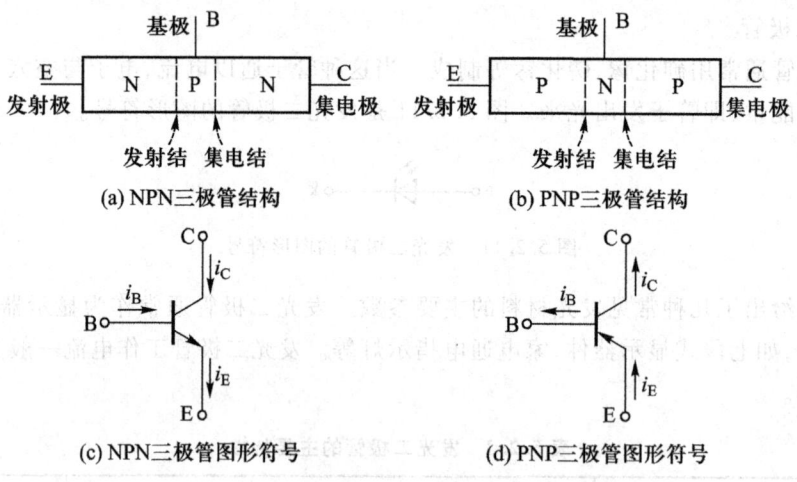

图 5.3.1 三极管的结构示意图及图形符号

目前最常用的三极管的结构有平面型和合金型两类,如图 5.3.2 所示。硅管主要是平面型,锗管都是合金型。

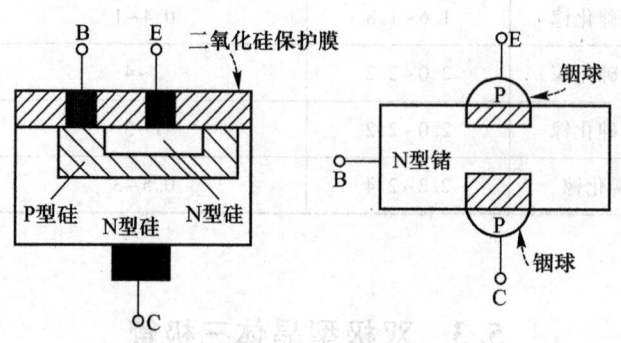

图 5.3.2 三极管的结构

5.3.2 三极管的伏安特性

三极管的三个电极之间可以组成不同的输入回路和输出回路。如果由基极和发射极组成输入回路,集电极和发射极组成输出回路,则发射极为输入、输出回路所共有,因此称为共发射极电路,简称共射极电路(Common Emitter Configuration)。同理,还可组成共集电极电路(Common Collector Configuration)和共基极电路(Common Base Configuration)。

为了正确使用和分析三极管电路,首先应了解三极管的伏安特性,它反映了三极管电极之间电压与电流的关系。图 5.3.3 是三极管共射极伏安特性测试电路,实验测试的一组数据如表 5.3.1 所示。

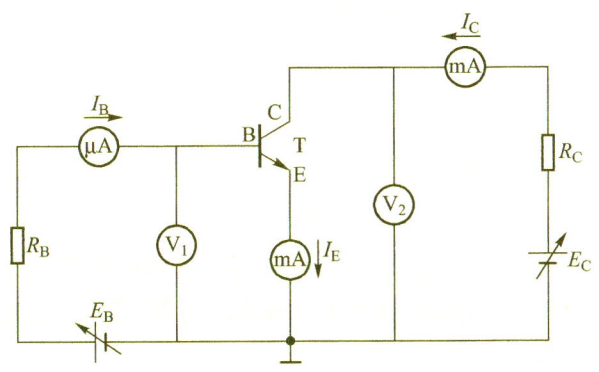

图 5.3.3 三极管共射极伏安特性测试电路

表 5.3.1 三极管共射极伏安特性实验测试数据

I_B/mA	0	0.02	0.04	0.06	0.08	0.10
I_C/mA	<0.01	0.70	1.50	2.30	3.10	3.95
I_E/mA	<0.01	0.72	1.54	2.36	3.18	4.05

1. 输入特性

三极管的输入特性是在三极管集-射电压一定,即 u_{CE}=常数时,基极电流 i_B 与基极-发射极电压 u_{BE} 之间的函数关系 $i_B=f(u_{BE})|_{u_{CE}=常数}$,通过实验获得三极管的输入特性曲线如图 5.3.4 所示。当 $u_{CE}=0$ 时,输入特性相当于两个并联二极管的正向特性;当 u_{CE} 从 0 开始增大时,输入特性逐渐右移,当 $u_{CE}>1$ V 后,输入特性基本重合。在放大电路中,常使用 $U_{CE}=1$ V 时的输入特性曲线作为三极管的输入特性。

2. 输出特性

三极管的输出特性是在基极电流 i_B 一定时,集电极和发射极之间的电压 u_{CE} 与集电极电流 i_C 之间的函数关系 $u_{CE}=f(i_C)|_{i_B=常数}$。每改变一次 i_B,将得到一条新的输出特性曲线。连续改变 i_B,得到一簇输出特性曲线,如图 5.3.5 所示。

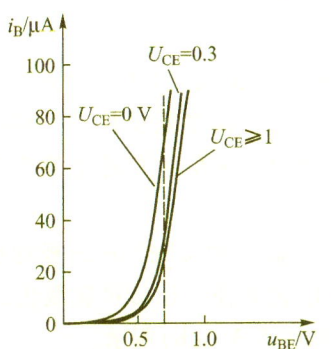

图 5.3.4 NPN 管的共射极输入特性曲线

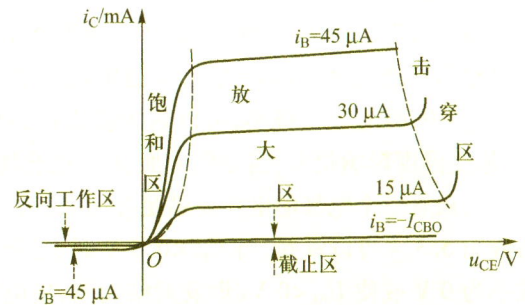

图 5.3.5 NPN 管的共射极输出特性曲线

加在三极管三个电极上的电位不同,三极管两个 PN 结将处于不同的偏置状态,三极管随之工作在三种不同的状态:截止状态、放大状态、饱和状态。三极管输出特性与这三种状态对应,分为三个不同的区域:截止区、放大区和饱和区。

(1) 放大区(Active Region)

在输出特性曲线中,每条特性曲线近似水平的区域称为放大区(Amplification)。放大区内,当基极电流 I_B 一定时,集电极电流 I_C 基本不随 U_{CE} 变化,表现出恒流性。I_C 与 I_B 成比例关系,即 $I_C = \bar{\beta} I_B$,$\bar{\beta}$ 称为三极管的静态(直流)电流放大系数。当基极电流有微小的变化 ΔI_B 时,集电极电流将有较大的变化 ΔI_C,$\Delta I_C = \beta \Delta I_B$,$\beta$ 称为三极管的动态(交流)电流放大系数。可见,三极管是一种电流控制电流器件。

例如,由表 5.3.1 中的数据可得,当 $I_B = 0.04$ mA 时,$\bar{\beta} = \dfrac{I_C}{I_B} = \dfrac{1.5}{0.04} = 37.5$;当 $I_B = 0.06$ mA 时,$\bar{\beta} = \dfrac{I_C}{I_B} = \dfrac{2.30}{0.06} = 38.3$,而根据定义 $\beta = \dfrac{\Delta I_C}{\Delta I_B} = \dfrac{2.30 - 1.5}{0.06 - 0.04} = 40$。

可见,虽然 $\bar{\beta}$ 与 β 两者意义不同,但在放大区,两者数值接近,因此,在工程上常采用 $\beta \approx \bar{\beta}$ 这个近似关系。

三极管三个电极的电位要满足什么条件,三极管才工作在放大状态呢?实验发现三极管工作在放大状态时,三极管的发射结处于正偏,集电极处于反偏,此时三个电极之间的关系为 $U_E < U_B < U_C$,如图 5.3.6(a)所示。如果是 PNP 管,处于放大状态时三极管三个电极之间的电位关系为 $U_C < U_B < U_E$。

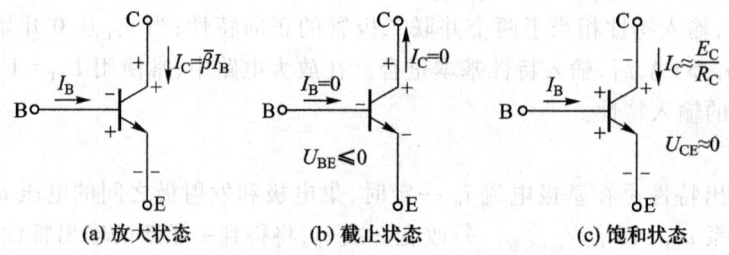

(a) 放大状态　　(b) 截止状态　　(c) 饱和状态

图 5.3.6　三极管的三种工作状态

(2) 截止区(Cut-off)

输出特性曲线中 $I_B = 0$ 这条曲线与横坐标之间的区域称为截止区。对应 $I_B = 0$ 时的集电极电流称为穿透电流,即 $I_C = I_{CEO}$,穿透电流一般很小,三极管此时工作在截止状态(Fully-OFF)。由于 $I_B = 0$,而 I_{CEO} 又很小,可以认为输出回路中 $I_C = I_E \approx 0$,则 $U_{CE} \approx E_C$。穿透电流 I_{CEO} 虽然很小,但受温度影响很大,当温度增加,I_{CEO} 也会增加。

三极管三个电极的电位要满足什么条件,三极管才工作在截止状态呢?从三极管输入特性曲线图 5.3.4 可以看到,当 $U_{BE} < 0.5$ V 时,三极管已开始截止,但为使三极管可靠截止,常使 U_{BE} 减小为 0 V 或使 $U_{BE} < 0$ V(即发射结反偏,集电结反偏时),如图 5.3.6(b)所示。

(3) 饱和区(Saturation)

当改变三极管三个电极的电位关系,使三极管发射结正偏,集电极也正偏时,三极管工作在饱和状态（Fully-ON），如图 5.3.6（c）所示。三极管饱和时，集-射极之间的电压称为饱和压降 U_{CES}，硅管的饱和压降一般约为 0.3 V，锗管的饱和压降约为 0.1 V。

由实验电路图 5.3.3 可知，$I_{Cmax} = \frac{E_C - U_{CES}}{R_C} \approx \frac{E_C}{R_C}$，即当 I_B 增大到一定值之后，三极管工作在饱和区时，I_B 再增大 I_C 已不发生变化，$I_C = \bar{\beta} I_B$ 的电流控制关系不存在，而是 $I_C < \bar{\beta} I_B$，I_{Cmax} 称为集电极饱和电流。如图 5.3.5 所示，饱和区指的是三极管输出特性曲线中弯曲部分和接近弯曲部分。

从以上分析可见，三极管仅工作在放大区时，可用作放大器件，而当三极管工作在截止区和饱和区时，三极管则视为开关器件。

5.3.3 三极管的主要参数

应用案例-光敏电阻的应用

三极管的参数是设计电路、选用三极管的依据。主要参数有下面几个：

（1）电流放大系数

三极管测试电路如图 5.3.3 所示，当三极管接成共发射极电路时，在静态（无输入信号）时集电极电流（输出电流）与基极电流（输入电流）的比值称为共发射极静态电流（直流）放大系数 $\bar{\beta}$

$$\bar{\beta} = \frac{I_C}{I_B} \tag{5.3.1}$$

当三极管工作在动态（有输入信号）时，基极电流的变化量为 ΔI_B，它引起集电极电流的变化量为 ΔI_C。ΔI_C 与 ΔI_B 的比值称为动态电流（交流）放大系数

$$\beta = \frac{\Delta I_C}{\Delta I_B} \tag{5.3.2}$$

前面已谈到，$\bar{\beta}$ 和 β 的含义虽不同，但在输出特性曲线近于平行等距并且 I_{CEO} 较小的情况下，两者数值较为接近。今后在估算时，常用 $\bar{\beta} \approx \beta$ 这个近似关系。

由于三极管的输出特性曲线是非线性的，只有在特性曲线的近于水平部分（即放大区），I_C 随 I_B 成正比变化，β 值才可以认为是基本恒定的。

由于制造工艺的分散性，即使同一型号的三极管，β 值也有很大差别。常用的三极管 β 值在 20~150 之间。

（2）集-基极反向截止电流 I_{CBO}、集-射穿透电流 I_{CEO}

集电结反向偏置时，集电区的少数载流子（空穴）向基区漂移形成的电流称为集-基极反向截止电流 I_{CBO}。I_{CBO} 虽然很小，但受温度影响很大。$I_{CEO} = (1 + \bar{\beta}) I_{CBO}$，它是当 $I_B = 0$（将基极开路）、集电结处于反向偏置和发射结处于正向偏置时的集电极电流。又因为它好像是从集电极直接穿透三极管而到达发射极的，所以又称为穿透电流。I_{CEO} 受温度影响也很大。

当温度上升时，I_{CEO} 增加，I_C 也就相应增加，所以三极管的温度稳定性很差。这是它的一个主要缺点。

（3）集电极最大允许电流 I_{CM}

集电极电流 I_C 超过一定数值时，三极管的 β 值要下降。当 β 值下降到正常数值三分之二时

的集电极电流,称为集电极最大允许电流 I_{CM}。因此,在使用三极管时,I_C 超过 I_{CM} 并不一定会使三极管损坏,但以降低 β 值为代价。

(4) 集-射极反向击穿电压 $U_{(BR)CEO}$

基极开路时,加在集电极和发射极之间的最大允许电压,称为集-射极反向击穿电压 $U_{(BR)CEO}$。当三极管的集-射极电压 U_{CE} 大于 $U_{(BR)CEO}$ 时,I_{CEO} 突然大幅度上升,说明三极管已被击穿。手册中给出的 $U_{(BR)CEO}$ 一般是常温(25 ℃)时的值,三极管在高温下,其 $U_{(BR)CEO}$ 值将要下降,使用时应特别注意。

(5) 集电极最大允许耗散功率 P_{CM}

由于集电极电流在流经集电结时将产生热量,使结温升高,从而会引起三极管参数变化。当三极管因受热而引起的参数变化不超过允许值时,集电极所消耗的最大功率,称为集电极最大允许耗散功率 P_{CM}。

P_{CM} 主要受结温 T_j 的限制,一般来说,锗管允许的结温为 70~90 ℃,硅管约为 150 ℃。根据管子的 P_{CM} 值,由

$$P_{CM} = I_C U_{CE}$$

可在三极管的输出特性曲线上作出 P_{CM} 曲线,它是一条双曲线。由 I_{CM}、$U_{(BR)CEO}$、P_{CM} 三者共同确定三极管的安全工作区,如图 5.3.7 所示。

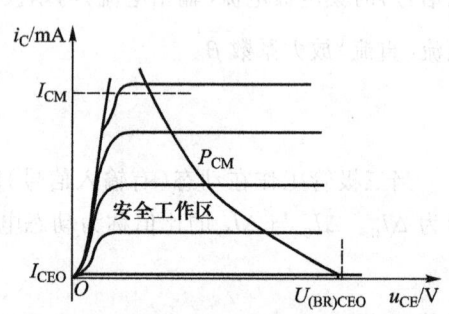

图 5.3.7 三极管的安全工作区

温度对三极管有一定影响,这反映在三极管的 β、U_{BE} 和 I_{CEO} 三个参数上。温度升高,将引起 β、I_{CEO} 增大,U_{BE} 减小。温度升高,β 增大,反映在输出特性曲线上是每条曲线间的间隔增大;温度升高,I_{CEO} 增大,反映在输出特性曲线上是每条曲线向上移;温度升高,U_{BE} 减小,反映在输入特性曲线上是曲线左移。

例 5.3.1 测得三极管电路中结点静态电位如图 5.3.8 所示,试判断三极管分别工作在什么状态(饱和、截止、放大)。设所有三极管和二极管均为硅管,其正向压降为 0.7 V。

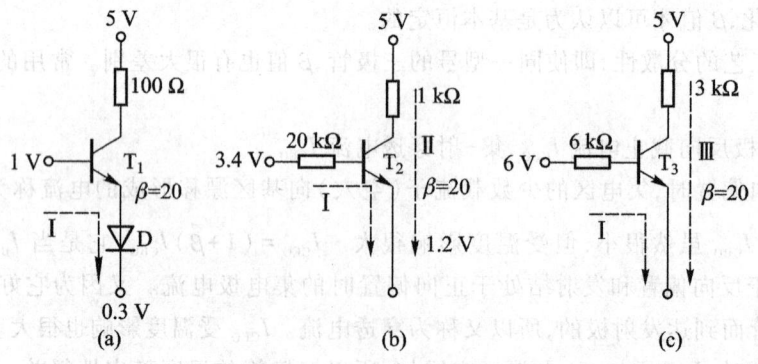

图 5.3.8 例 5.3.1 图

解: 图 5.3.8(a)中,假设 T_1 管发射结导通,二极管 D 导通,则正向压降为 0.7 V+0.7 V=1.4 V,而实际电压差为 1-0.3=0.7 V<1.4 V,因此 T_1 截止。

图 5.3.8(b)中,由于(3.4-1.2)>0.7 V,所以 T_2 管发射结正偏导通,由输入回路 I 可求得此时的基极电流为

$$I_B = \frac{3.4-1.2-U_{BE}}{R_B} = \frac{2.2-0.7}{20} \text{ mA} = 0.075 \text{ mA} \quad 且 \quad I_C = \beta I_B = 20 \times 0.075 \text{ mA} = 1.5 \text{ mA}$$

如果 T_2 饱和导通,硅管的 $U_{CES} \approx 0.3$ V,则由输出回路 II 可得

$$I_{Cmax} = \frac{5-1.2-U_{CES}}{R_C} = \frac{3.8-0.3}{1} \text{ mA} = 3.5 \text{ mA}$$

$I_C < I_{Cmax}$,T_2 处于放大状态。

图 5.3.8(c)中,T_3 管发射结正偏导通,由输入回路 I 可求得此时基极电流为

$$I_B = \frac{6-0-U_{BE}}{R_B} = \frac{6-0.7}{6} \text{ mA} = 0.9 \text{ mA} \quad 且 \quad I_C = \beta I_B = 20 \times 0.9 \text{ mA} = 18 \text{ mA}$$

如果 T_3 饱和导通,硅管的 $U_{CES} \approx 0.3$ V,$I_E = I_C + I_B = \beta I_B + I_B \approx \beta I_B$,即 $I_E \approx I_C$,则由输出回路 II 可得

$$I_{Cmax} \approx \frac{5-U_{CES}}{R_C} = \frac{5-0.3}{3} \text{ mA} = 1.57 \text{ mA}$$

$I_C > I_{Cmax}$,因此 T_3 管已经进入饱和区,实际 $I_C < \beta I_B$,电流控制关系不成立。

5.3.4 三极管构成放大电路

利用三极管工作在放大区时,电流 $I_C = \beta I_B$ 的近似线性控制特性,可以构成三极管放大电路。

例 5.3.2 如图 5.3.9 所示,三极管工作在放大状态,若 $\Delta u_i = 20$ mV,$\Delta i_b = 20$ μA,设 $\beta = 49$,试求该放大电路的电压放大倍数 $A_u = \dfrac{\Delta u_o}{\Delta u_i}$。

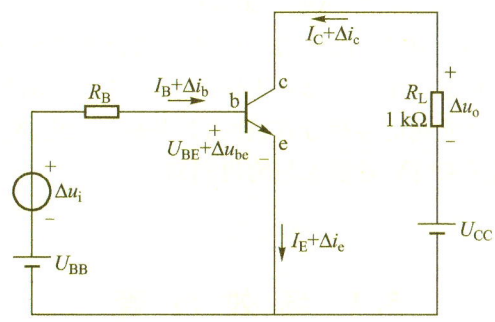

图 5.3.9 例 5.3.2 图

解: 因为三极管工作在放大状态,则

$$\Delta i_c = \beta \Delta i_b = 49 \times 20 \text{ μA} = 980 \text{ μA} = 0.98 \text{ mA}$$

根据 Δu_o 和 Δi_c 参考方向的关系,有

$$\Delta u_o = -\Delta i_c R_L = -0.98 \text{ mA} \times 1 \text{ kΩ} = -980 \text{ mV}$$

则

$$A_u = \frac{\Delta u_o}{\Delta u_i} = \frac{-980 \text{ mV}}{20 \text{ mV}} = -49$$

在例 5.3.2 中,直流电源 U_{BB} 和 U_{CC} 为三极管提供合适的偏置电压,使三极管满足发射结正偏、集电结反偏的外部条件,进而工作在放大状态。小信号 Δu_i 视为待放大的输入信号,在负载电阻 R_L 两端得到放大之后的输出信号 Δu_o,通过以上分析可知,该放大电路把输入信号 Δu_i 放大了 49 倍,且在图 5.3.9 所示参考方向下,Δu_o 与 Δu_i 反向;同时,该放大电路为基极输入、集电极输出、发射极是公共端的连接方式,称为共发射极放大电路。

例 5.3.3 如图 5.3.10 所示,三极管工作在放大状态,若 $\Delta u_i = 20$ mV,$\Delta i_e = -1$ mA,设 $\beta = 49$,试求该放大电路的电压放大倍数 $A_u = \dfrac{\Delta u_o}{\Delta u_i}$。

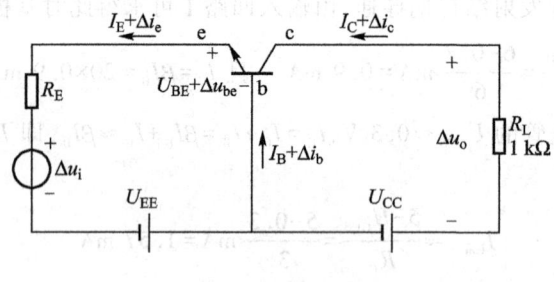

图 5.3.10 例 5.3.3 图

解: 由三极管工作在放大状态知 $\Delta i_e = \Delta i_c + \Delta i_b = (1+\beta)\Delta i_b$

则
$$\Delta i_b = \frac{\Delta i_e}{1+\beta} = \frac{-1 \text{ mA}}{50} = -20 \text{ μA}$$

$$\Delta i_c = \beta \Delta i_b = -980 \text{ μA} = -0.98 \text{ mA}$$

$$\Delta u_o = -\Delta i_c R_L = -(-980 \text{ μA}) \times 1 \text{ kΩ} = 980 \text{ mV}$$

$$A_u = \frac{\Delta u_o}{\Delta u_i} = \frac{980 \text{ mV}}{20 \text{ mV}} = 49$$

在例 5.3.3 中,直流电源 U_{EE} 和 U_{CC} 同样为三极管提供合适的偏置电压,使三极管发射结正偏、集电结反偏,工作在放大状态。小信号 Δu_i 为输入信号,Δu_o 为输出信号,该放大电路为发射极输入、集电极输出、基极是公共端的连接方式,称为共基极放大电路。通过以上分析可知,该放大电路把输入信号 Δu_i 放大了 49 倍,且输入与输出同向。

5.4 场 效 应 管
5.4 Field Effect Transistors

场效应晶体管简称场效应管(Field Effect Transistor,FET)。它与二极管、三极管一样由半导体材料制成,也具有明显的区域特性、温度特性等;其性能与三极管更接近,同样可以构成放大和开关等实用功能电路。

场效应管与三极管的外形相似,也有三个电极,分别是栅极(Gate)、源极(Source)和漏极(Drain),用 G、S 和 D 表示。通过改变栅极电位的大小实现对漏源极之间导电能力的控制,栅极本身与器件其他部分有绝缘层隔离,因此,场效应管可视为电压控制电流器件。常见的场效应管可分成结型场效应管(Junction Field Effect Transistor,JFET)和绝缘栅型场效应管(Metal Oxide Semiconductor Field Effect Transistor,MOSFET)两大类,本书只重点介绍绝缘栅型场效应管。

绝缘栅型场效应管又分为增强型(Enhancement Type)和耗尽型(Depletion Type)两类,每类又有 N 沟道(N-channel)和 P 沟道(P-channel)之分。这四种类型场效应管的导电原理大体相似,因此下面只就其中的增强型 N 沟道进行重点讲解。

1. 增强型 N 沟道场效应管

增强型 N 沟道场效应管也写为 NEMOSFET。其中,N 表示 N 沟道,E 表示增强型。图 5.4.1 给出了增强型 N 沟道场效应管的结构图和图形符号。

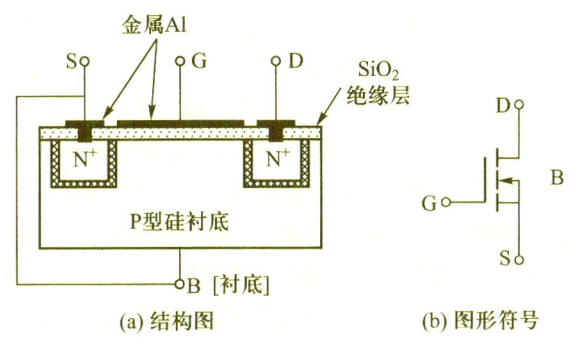

图 5.4.1 增强型 N 沟道场效应管

由图 5.4.1 可知,它是由一块掺杂浓度低的 P 型硅片作为"衬底"B,用扩散工艺在 P 型衬底中形成两个高掺杂浓度 N^+ 区,并引出电极,一个称为源极 S,另一个称为漏极 D。然后在半导体表面上生成一层二氧化硅(SiO_2)绝缘层,在漏极 D 与源极 S 之间的绝缘层上由铝制作一个电极,称为栅极 G。由图 5.4.1 可见,S 极的 N^+ 区和 P 型硅衬底之间、D 极的 N^+ 区和 P 型硅衬底之间分别形成一个反向 PN 结和一个正向 PN 结。下面我们来分析其工作原理及特性。

若栅源极之间外加电压 $u_{GS}=0$,则即使在漏极 D 和源极 S 之间外加电压 $u_{DS}>0$,此时因为一个 PN 结反向截止,漏极电流 i_D 也近似为零。

若栅源极之间外加电压 $u_{GS}>0$,则在源极和衬底之间形成一电场。在该电场作用下,衬底中的少数自由电子受到电场力的作用而聚集在漏极和源极之间,并与该区域的空穴复合,形成负离子的耗尽层区域;当 u_{GS} 大到一定值以后,与空穴复合后的剩余自由电子将在近栅极的漏源极之间形成自由电子占多数、具有 N 型半导体特征的区域,通常称这一建立在 P 型半导体基础上的 N 型区域为反型层。也正因为反型层的存在,使漏源极之间存在导电的通道。显然,u_{GS} 越大,漏源极间导电通道的横截面积越大,同一 u_{DS}(大于零)作用下形成的电流 i_D 也越大,从而实现了电压(u_{GS})控制电流(i_D)的作用。通常,将反型层刚形成时的 u_{GS} 电压称为开启电压,用 $U_{GS(th)}$ 表示。在 $u_{GS}<U_{GS(th)}$ 时,如图 5.4.2(a)所示,P 型区不能形成导电沟道,管子处于截止状态;只有当 $u_{GS}>U_{GS(th)}$ 时,才有沟道形成,如图 5.4.2(b)所示。这种必须在 $u_{GS}>U_{GS(th)}$ 时才能形成导电沟道的 MOS 管称为增强型 MOS 管。

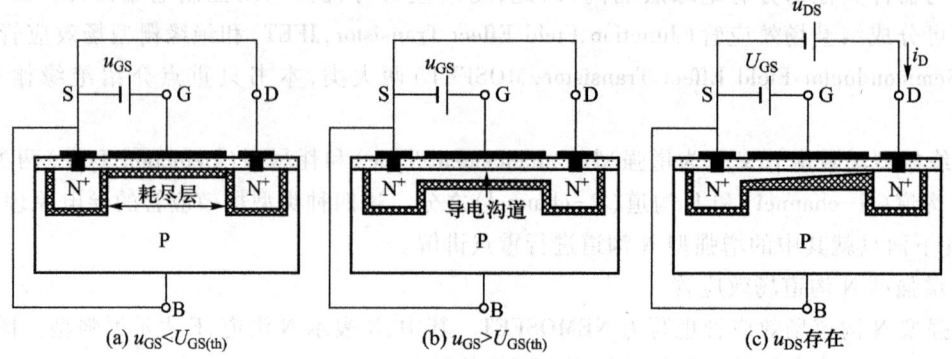

(a) $u_{GS} < U_{GS(th)}$　　(b) $u_{GS} > U_{GS(th)}$　　(c) u_{DS} 存在

图 5.4.2　N 沟道增强型 MOS 管沟道的形成

导电沟道形成以后,在漏源极间加上正电压 u_{DS},就能产生漏极电流 i_D,同时 u_{DS} 对导电沟道也有影响。设栅源电压 $u_{GS} > U_{GS(th)}$,且为定值,若 $u_{DS} = 0$,此时尽管有导电沟道,漏极还是没有电流,即 $i_D = 0$,如图 5.4.2(b)所示;若 $u_{DS} > 0$,沟道中就有漏极电流 i_D 流过,由于沟道存在一定的电阻,因此,i_D 沿沟道形成源极端小、漏极端大的电位分布,导致栅极到沟道内的电位差从漏极沿沟道到源极逐渐增大,沟道厚度亦从漏极到源极逐渐增大,如图 5.4.2(c)所示。当 u_{DS} 足够大,使 $u_{GD} = u_{GS} - u_{DS} < U_{GS(th)}$,则靠近漏极处不能形成反型层,称为预夹断,预夹断对应的临界漏源电压为 $U_{GS(th)} = u_{GS} - u_{DS}$。预夹断之前,$u_{DS}$ 增大,则 i_D 增大;预夹断之后,若 u_{DS} 继续增大,则预夹断向源极方向延伸,此时 u_{DS} 增加的部分几乎全部作用在夹断区,而漏极电流 i_D 几乎不变。

N 沟道增强型场效应管在一定栅源电压 u_{GS} 作用下,漏极电流 i_D 与漏源电压 u_{DS} 之间的关系曲线称为输出特性曲线,如图 5.4.3(a)所示,其特点类似于三极管的输出特性,可分为截止区、可变电阻区和饱和区(恒流区)三个区域。预夹断轨迹是可变电阻区和饱和区的分界线,而 $u_{GS} = U_{GS(th)}$ 则是饱和区和截止区的分界线。在图中所示的饱和区内,i_D 仅受 u_{GS} 控制,几乎与 u_{DS} 无关。u_{GS} 增大,i_D 也增大,输出特性曲线上移,表现出管子所具有的电压控制电流特性。

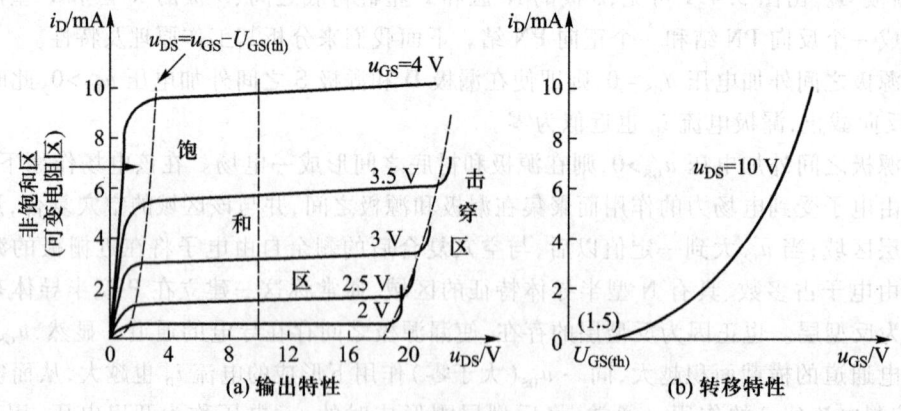

(a) 输出特性　　(b) 转移特性

图 5.4.3　N 沟道增强型 MOS 管的特性曲线

u_{GS} 与 i_D 之间关系的曲线称为转移特性曲线,图 5.4.3(b)所示的转移特性曲线是根据 $u_{DS} = 10$ V 时的测试条件所测试出来的。转移特性曲线可以近似地用下式来表示

$$i_D = I_{DD}\left(\frac{u_{GS}}{U_{GS(th)}} - 1\right)^2 \quad (u_{GS} > U_{GS(th)}) \tag{5.4.1}$$

式中，I_{DD} 是 $u_{GS} = 2U_{GS(th)}$ 时的 i_D 值。

2. 增强型 P 沟道场效应管

增强型 P 沟道场效应管也写为 PEMOSFET。其中，P 表示 P 沟道。图 5.4.4 为其结构图和图形符号。它的工作原理与图 5.4.1 所示的 N 沟道场效应管类似，在 $u_{GS} \leqslant U_{GS(th)} < 0, u_{DS} < 0$ 的条件下，才有漏极电流 i_D。

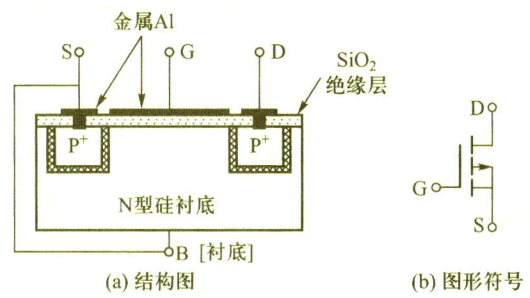

图 5.4.4 增强型 P 沟道场效应管

3. 耗尽型场效应管

耗尽型场效应管也写为 DMOSFET。与增强型相比，它们在栅极与衬底之间的绝缘层中预先注入了电荷离子，使漏源极之间在未加控制电压 u_{GS} 时也存在反型层沟道，如图 5.4.5(a)、(b)所示。图中为了表示通道的存在，在图 5.4.5(c)、(d)中用连通线将 DS 连接在一起。

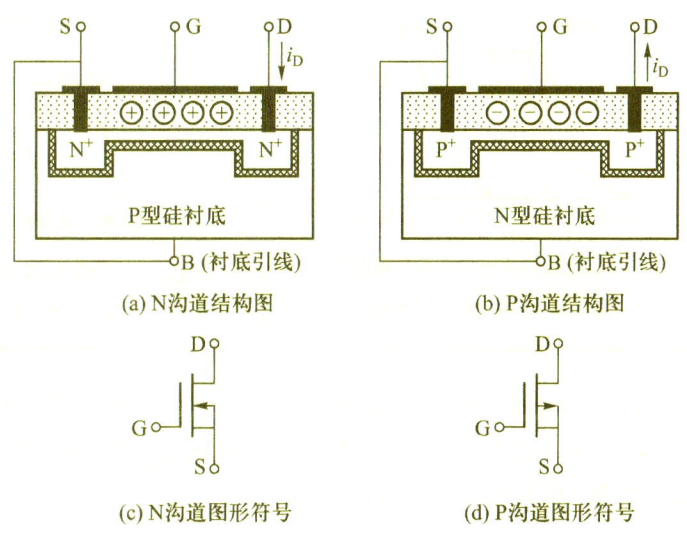

图 5.4.5 耗尽型场效应管

由于耗尽型场效应管中预先就有导电沟道存在，因此只要对场效应管施加漏源电压 u_{DS}，就会产生漏极电流 i_D。u_{DS} 对 i_D 的影响规律与增强型场效应管相应沟道的规律相似，u_{GS} 对 i_D 的影响略有不同，下面以 N 沟道耗尽型场效应管为例来简单说明 u_{GS} 对电流 i_D 的控制作用。当 $u_{GS} > 0$

163

时,将会在沟道中感应出更多的电子,使导电沟道变厚,沟道电阻变小,从而使漏极电流 i_D 增大;当 $u_{GS}<0$ 时,则会使导电沟道变薄,沟道电阻变大,从而使漏极电流 i_D 减小;当 u_{GS} 的负电压达到一定值时,电子反型层消失,不存在导电沟道,即使有漏源电压 u_{DS},也不会有漏极电流 i_D。对应于沟道完全消失的栅源电压 U_{GS} 称为夹断电压,用 $U_{GS(off)}$ 表示。N 沟道耗尽型 MOSFET 的 $U_{GS(off)}<0$,P 沟道耗尽型 MOSFET 的 $U_{GS(off)}>0$。

为了方便识别、区分不同类型的场效应管导电特性,下面用表 5.4.1 进行对照。

表 5.4.1 各类 MOS 场效应管对照表

		N 沟道		P 沟道	
		耗尽型	增强型	耗尽型	增强型
图形符号					
使用条件		$u_{GS}>U_{GS(th)}, u_{DS}>0$(增强型) $u_{GS}>U_{GS(off)}, u_{DS}>0$(耗尽型)		$u_{GS}<U_{GS(th)}, u_{DS}<0$(增强型) $u_{GS}<U_{GS(off)}, u_{DS}<0$(耗尽型)	
饱和状态条件		$u_{DS}>u_{GS}-U_{GS(th)}$(增强型) $u_{DS}>u_{GS}-U_{GS(off)}$(耗尽型)		$u_{DS}<u_{GS}-U_{GS(th)}$(增强型) $u_{DS}<u_{GS}-U_{GS(off)}$(耗尽型)	
饱和条件下的转移特性	图形表示	$U_{GS(th)}$ 为增强型 MOS 管的开启电压 $U_{GS(off)}$ 为耗尽型 MOS 管的夹断电压		$U_{GS(th)}$ 为增强型 MOS 管的开启电压 $U_{GS(off)}$ 为耗尽型 MOS 管的夹断电压	

从表 5.4.1 中 N 沟道耗尽型场效应管的转移特性可知,在 U_{GS} 为正或为负时管子均能实现电压控制电流的作用,这样使得耗尽型管子应用更灵活,适用范围更为广泛。当满足 $U_{GS(off)} \leqslant u_{GS} \leqslant 0$ 的条件时,耗尽型场效应管有近似公式

$$i_D = I_{DSS}\left(1-\frac{u_{GS}}{U_{GS(off)}}\right)^2 \tag{5.4.2}$$

正确理解图形符号,就能根据图形符号判断管子的类型:

(1) MOS 管的栅极与导电沟道间有绝缘层,没有直接接触,图形符号中表示为 ⊥∥G 或 ⊥∥G,所以场效应管的栅极没有注入电流,其输入电阻可达 MΩ 以上。

（2）沟道为断续线，表示当 $u_{GS}=0$ 时没有导电沟道，为增强型；沟道为连续线，表示当 $u_{GS}=0$ 时就有导电沟道，为耗尽型。

（3）图形符号中箭头指向沟道，表示沟道是 N 型；箭头离开沟道，表示沟道是 P 型。

本书只讨论了 MOS 管，从上述可知，MOS 管有 4 种类型。为了保证场效应管工作在放大区，不同类型管子的 u_{DS}、u_{GS} 应有正确的极性，u_{DS} 的大小也有要求。如定义 i_D 的参考方向为漏极指向源极，表 5.4.2 中列出了这 4 种管子 u_{DS}、u_{GS} 的极性和 i_D 的方向及 u_{DS} 大小的要求。

表 5.4.2 MOS 场效应管 u_{DS}、u_{GS}、i_D 的要求

场效应管类型		u_{DS} 极性	u_{GS} 极性	i_D 方向	u_{DS} 表达方式
增强型	N 沟道	+	+	+	$u_{DS} \geq u_{GS} - U_{GS(th)}$
	P 沟道	−	−	−	$\|u_{DS}\| \geq \|u_{GS} - U_{GS(th)}\|$
耗尽型	N 沟道	+	∓	+	$u_{DS} \geq u_{GS} - U_{GS(off)}$
	P 沟道	−	±	−	$\|u_{DS}\| \geq \|u_{GS} - U_{GS(off)}\|$

在使用场效应管时，除注意不要超过它的极限参数外，由于栅源、栅漏之间的电阻很大，为避免栅极感应电压过高而损坏绝缘层，在使用时应避免栅极悬空，不使用时，应将场效应管短接。在焊接时，电烙铁应有良好的接地，或者采用断电焊接。

前面介绍的三极管是通过基极电流实现对集电极电流的控制，是电流控制电流型器件；参与导电的有自由电子和空穴两种载流子，因此也称为双极型器件。而场效应管是通过栅极与源极间的电压控制漏极的电流，因此是电压控制电流器件；它只有多数载流子形成沟道参与导电，所以也称为单极型器件。

与三极管相比较，场效应管具有输入阻抗高、温度稳定性好、生产工艺简单、制造成本低等特点，特别适用于制造大规模的集成电路，因而近年来场效应管发展很快，广泛应用于放大电路和数字集成电路中。

学 习 指 导

【本 章 重 点】

1. 理解 PN 结的单向导电性。半导体内参与导电的载流子有两种——电子和空穴，多数载流子为电子的杂质半导体叫 N 型半导体，多数载流子为空穴的杂质半导体为 P 型半导体。PN 结具有单向导电性，即 PN 结正向偏置（P 区接外加电源正极，N 区接电源负极），并使外加电压大于 PN 结的死区电压时，PN 结正向导通，形成较大的正向电流，PN 结反向偏置则截止，流过很小的反向饱和电流。当外加反向电压大于某一数值时，PN 结反向击穿，反向电流急剧增大，失去单向导电性。

2. 理解三极管的三种工作状态。三极管外加不同偏置条件时有三种不同的工作状态：放

大、饱和、截止。三极管共发射极连接时,工作状态与外部偏置条件的关系如表5.1所示。三极管工作在线性放大区时,可用于放大电路,此时三极管可等价为一个电流控制电流源;若三极管工作在饱和区或截止区,则三极管可用于开关电路,分别对应于开关接通和开关断开的状态。

表 5.1 三极管的工作状态及其外部偏置条件

类型	放大状态	截止状态	饱和状态
NPN	$V_C>V_B>V_E$	$V_C>V_B, V_E>V_B$	$V_B>V_C, V_B>V_E$
PNP	$V_C<V_B<V_E$	$V_B>V_C, V_B>V_E$	$V_C>V_B, V_E>V_B$

3. 理解 MOS 场效应管的特性。MOS 场效应管(MOSFET)分为 N 沟道和 P 沟道两类,又分为增强型和耗尽型两类。MOS 场效应管的栅极与导电沟道间有绝缘层,所以场效应管的栅极几乎没有注入电流,其输入电阻可达 MΩ 以上。为了保证 MOS 场效应管工作在恒流区(饱和区),不同类型管子的 U_{DS}、U_{GS} 应有合适的极性和大小;当 MOS 管工作在恒流区(饱和区)时,i_D 仅受 u_{GS} 控制,几乎与 u_{DS} 无关,此时 MOS 管可等价为一个电压控制电流源。

【本 章 难 点】

1. 掌握含二极管的电路的分析方法。二极管的理想模型和恒压降模型如图 5.2.4 所示,含二极管的电路的分析步骤为:
① 采用二极管的理想模型或恒压降模型,画出等效电路。
② 在等效电路中假设二极管截止,判断二极管阳极电位 V_+ 和阴极电位 V_- 的关系,如果 $V_+>V_-$,则二极管正偏导通,相当于开关接通;反之二极管反偏截止,相当于开关断开。
③ 在等效电路中分析电压电流关系。
2. 掌握三极管三个电极的电压电流关系。
第一种情况,从 B、C、E 三个电极的电位判断三极管的工作状态:如果三极管是锗管,则 $V_B-V_E \approx 0.2$ V;如果是硅管,则 $V_B-V_E \approx 0.7$ V,根据以上关系,首先可以判断出三极管的 B、E 极,而另一个极则为 C 极。最后根据表 5.1 所示的电位关系判断三极管的工作状态。
第二种情况,已知三极管处于放大状态,根据三个电极的电流关系判断三极管的三个电极:首先,三极管三个电极的电流值满足 $I_E=I_C+I_B$,其次,根据三极管的电流放大关系有 $\beta = \dfrac{I_C}{I_B}$;根据以上两个关系可判断出三个电极。根据发射极电流流入或流出三极管的情况,可以判断三极管是 NPN 管还是 PNP 管。

【典 型 例 题】

例 5.1 电路如例 5.1(a)图所示,试画出 $-10 \text{ V} \leq u_i \leq 10 \text{ V}$ 范围内的电压传输特性曲线,即 $u_o=f(u_i)$ 曲线(D_1、D_2 视为理想元件)。

【分析】二极管要导通,阳极电位必须高于阴极电位。直流电源 E_1 对于 D_1 来说是加的反向电压,当 $u_i>5$ V 时,即上正下负,u_i 对 D_1 管来说是加的正向电压,且正向电压大于反向电压,所以 D_1 导通(在这里可用叠加定理来帮助理解);另一个直流电源 E_2 对于 D_2 来说是加的反向电压,当 $u_i>5$ V 时,对 D_2 仍是加的反向电压,所以此种情况下 D_2 截止,则输出电压即为与 D_1 串联的直流电源电压。同理,可分析其他输入信号的情况。

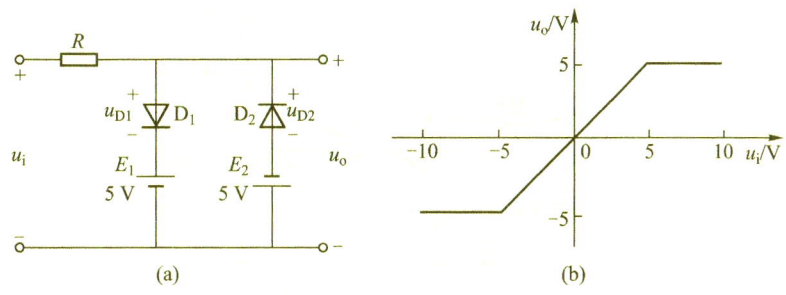

例 5.1 图

【解】 根据上述分析过程,有:

当 $u_i>5$ V 时,D_1 导通,D_2 截止,输出 $u_o=5$ V;

当 $u_i<-5$ V 时,D_2 导通,D_1 截止,输出 $u_o=-5$ V;

当 -5 V $\leqslant u_i \leqslant 5$ V 时,D_1、D_2 均截止,输出 $u_o=u_i$。

画出电路的传输特性曲线 $u_o=f(u_i)$,如例 5.1(b)图所示。

例 5.2 例 5.2(a)~(d)图所示为各型号三极管的各电极电位,试完成下列各问。

图(a) 是_____型_____(硅/锗)管,工作在_____状态;

图(b) 是_____型_____(硅/锗)管,工作在_____状态;

图(c) 是_____型_____(硅/锗)管,工作在_____状态;

图(d) 是_____型_____(硅/锗)管,工作在_____状态。

【分析】三极管的类型可以根据其图形符号来判断,三极管的工作状态可以根据各个电极的电位关系来判断,对于处于放大状态的三极管,当 $|U_{BE}|=(0.6\sim0.7)$ V 时,则为硅管;当 $|U_{BE}|=(0.2\sim0.3)$ V 时,则为锗管。如果三极管处于饱和或截止状态,只能根据其型号来判断是硅管还是锗管,这取决于三极管型号的第二位为 A、B、C、D 时,分别对于 PNP 锗管、NPN 锗管、PNP 硅管和 NPN 硅管。

例 5.2(c)图所示的三极管为 PNP 锗管,根据三个电极的电位关系可知发射结正偏,集电结反偏,那么该三极管是否处于放大状态?因其 $|U_{BE}|=9$ V,而不是 0.3 V,说明该三极管已经损坏,处于异常状态。

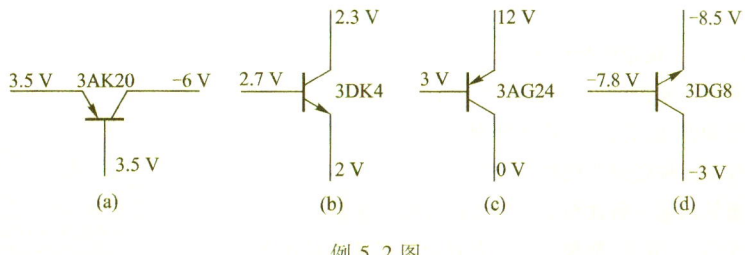

例 5.2 图

【解】 图(a) PNP、锗、截止   图(b) NPN、硅、饱和
图(c) PNP、锗、异常   图(d) NPN、硅、放大

例 5.3 说明例 5.3 图所示电路中的开关 S 分别处于 a、b、c 三个位置时,三极管分别工作于什么区,并分别计算 I_B、I_C 和 U_{CE}。设 $U_{BE}=0$,$U_{CES}=0$。

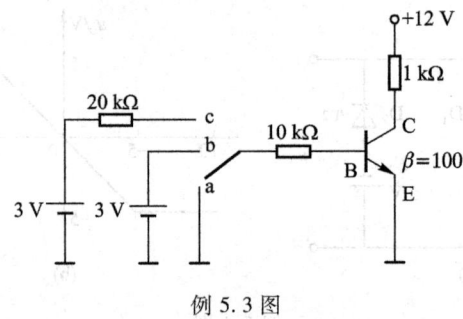

例 5.3 图

【分析】为了判别出三极管的工作状态,就需要计算出三个电极的电位,根据发射结和集电结的偏置情况来判断。

【解】 当开关 S 置于触点 a 时,三极管发射结电压 $U_{BE}=0$,集电结电压 $U_{BC}<0$,故三极管工作于截止区,并且 $I_B=0$,$I_C=I_{CEO}\approx 0$,$U_{CE}=12$ V。

开关 S 置于触点 b 时,列输入回路方程式,有 $10 I_B+U_{BE}=3$ V,取 $U_{BE}=0.6$ V,则 $I_B=0.24$ mA;如果三极管处于放大状态,则基极电流可取的最大值为

$$I_{BS}=\frac{I_{CS}}{\beta}=\frac{U_{CC}}{R_C\cdot\beta}=0.12 \text{ mA}$$

由于 $I_B>I_{BS}$,所以三极管工作于饱和区,并且 $U_{CE}=0$ V,$I_C=I_{CS}=12$ mA。

开关 S 置于触点 c 时,可得输入回路方程式 $(20+10)I_B+U_{BE}=3$ V,解得 $I_B=0.08$ mA$<I_{BS}$,因此三极管工作于放大区,并且

$$I_C=\beta I_B=8 \text{ mA} \qquad U_{CE}=12-I_C R_C=4 \text{ V}$$

习 题

【基本概念题】

5.1 思考题

(1) PN 结的反偏和正偏指的是什么?

(2) 二极管是非线性元件,如何把它的伏安特性线性化?

(3) 稳压二极管和普通二极管有什么区别?

(4) 三极管是线性元件还是非线性元件?

(5) 为什么三极管的输入特性与二极管的伏安特性类似?

(6) 三极管处于截止、放大、饱和三个状态时的外部条件是什么?

(7) 在场效应管的特性描述中为什么不用输入特性曲线,而用转移特性曲线?

5.2 选择题

(1) P 型半导体中多数载流子是(　　)。

① 电子　　　　　　　② 自由电子　　　　　　　③ 空穴

(2) N 型半导体中多数载流子是(　　)。

① 电子　　　　　　　② 自由电子　　　　　　　③ 空穴

(3) PN 结最重要的一个特性是(　　)。

① 具有高电阻性　　　② 具有单向导电性　　　　③ 具有低电压性

(4) 在半导体材料中,下列说法正确的是(　　)。

① P 型半导体中由于多数载流子为空穴,所以它带正电

② N 型和 P 型半导体材料本身都不带电

③ N 型半导体中由于多数载流子为自由电子,所以它带负电

(5) 在题 5.1(5)图(a)所示电路中,$u_i = 6\sin\omega t$ V,$E = 3$ V,若忽略二极管正向压降和反向电流,则 u_o 的波形为图(b)中(　　)。

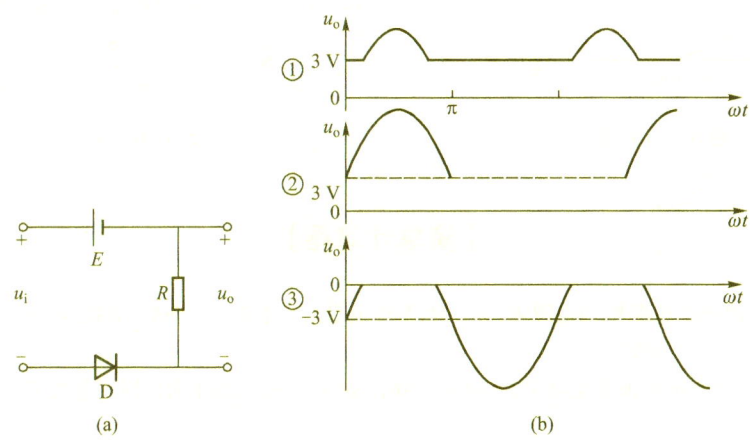

题 5.1(5)图

(6) 在题 5.1(6)图所示电路中,电阻 R 接负电源 -12 V,二极管为锗材料。输入端 A 的电位 $V_A = +3$ V,B 的电位 $V_B = 0$ V,则输出端 Y 的电位 V_Y 为(　　)。

① -12 V　　　　② 3 V　　　　③ 0 V

(7) 稳压二极管正常工作时,工作在(　　)状态。

① 正向导通　　　② 反向截止　　　③ 反向击穿

(8) 题 5.1(8)图所示元件是(　　)。

① 发光二极管　　② 普通二极管　　③ 稳压二极管

(9) 测得 PNP 型锗三极管 $U_{BE} = +0.3$ V,$U_{BC} = +10$ V,可判定三极管工作在(　　)。

① 放大区　　　　② 截止区　　　　③ 饱和区

题 5.1(6)图

(10) 在放大电路中,若测得某管三个极电位分别为 -2.5 V、-2.8 V、-9 V,这三极管的类型是(　　)。

① PNP 型锗管　　② PNP 型硅管　　③ NPN 型锗管

题 5.1(8)图

(11) 在放大电路中,若测得某管三个极电位分别为 1 V、1.2 V、6 V,则分别

代表管子的三个极是(　　)。

① E、C、B　　　② E、B、C　　　③ B、C、E

(12) 一个 NPN 型管在电路中正常工作,现测得 $U_{BC}>0$,$U_{BE}>0$,$U_{CE}>0$,则此管工作区为(　　)。

① 饱和区　　　② 截止区　　　③ 放大区

(13) 场效应管的控制特性可以描述为(　　)。

① 电压控制电流　　② 电流控制电压　　③ 电压控制电压

(14) 场效应管按其结构的不同可分为结型和(　　)两大类型。

① 增强型　　　② 耗尽型　　　③ 绝缘栅型

(15) 某绝缘栅场效应管的转移特性如题 5.1(15)图所示,由此可判断它是(　　)。

① N 沟道耗尽型　　② P 沟道耗尽型　　③ N 沟道增强型

(16) 绝缘栅 P 沟道耗尽型场效应管的图形符号是题 5.1(16)图中(　　)。

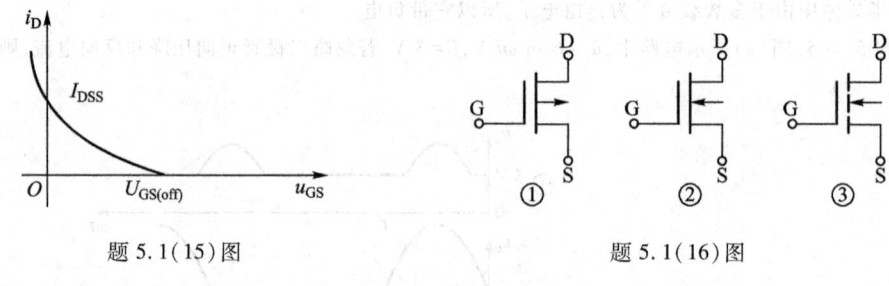

题 5.1(15)图　　　　　　　　　题 5.1(16)图

【简单计算题】

5.3　在题 5.3 图所示电路中,当电源 $E=5$ V 时,测得电阻上的电流 $I=1$ mA。若把电源电压调整到 $E=10$ V,则电流 I 的大小是否增大一倍以上?

5.4　在题 5.4(a)、(b)图所示电路中,已知 $u_i=30\sin\omega t$ V,二极管的正向压降可忽略不计,试分别画出输出电压 u_o 的波形。

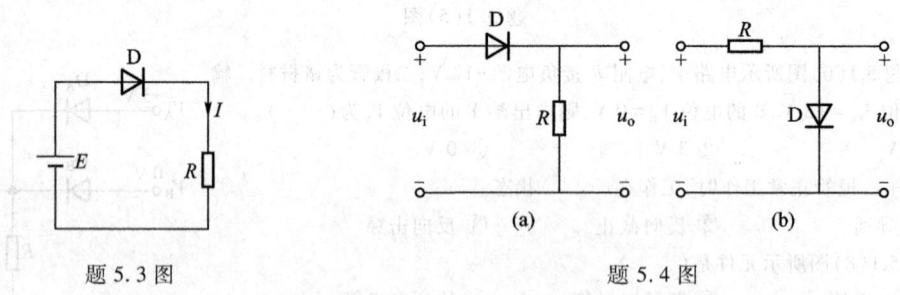

题 5.3 图　　　　　　　　　　题 5.4 图

5.5　在题 5.5(a)、(b)、(c)、(d)图所示电路中,$E=5$ V,$u_i=10\sin\omega t$ V,二极管的正向压降可忽略不计,试分别画出电压 u_o 波形。

5.6　在某放大电路中,三极管三个电极的电流如题 5.6 图所示。已知 $I_1=-1.2$ mA,$I_2=-0.03$ mA,$I_3=1.23$ mA。由此可知:

(1) 电极①是＿＿＿极,电极②是＿＿＿极,电极③是＿＿＿极;

(2) 此三极管的电流放大系数 $\bar{\beta}$ 约为＿＿＿;

(3) 此三极管的类型是＿＿＿。

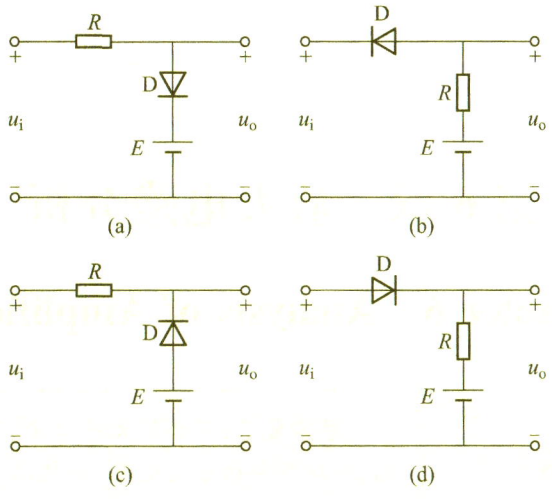

题 5.5 图

5.7 如题 5.7 图所示电路中,已知场效应管的 $U_{GS(off)} = -5$ V,试判断在下列三种情况下,场效应管分别工作在哪个状态?

(1) $u_{GS} = -8$ V, $u_{DS} = 4$ V
(2) $u_{GS} = -3$ V, $u_{DS} = 4$ V
(3) $u_{GS} = -3$ V, $u_{DS} = 1$ V

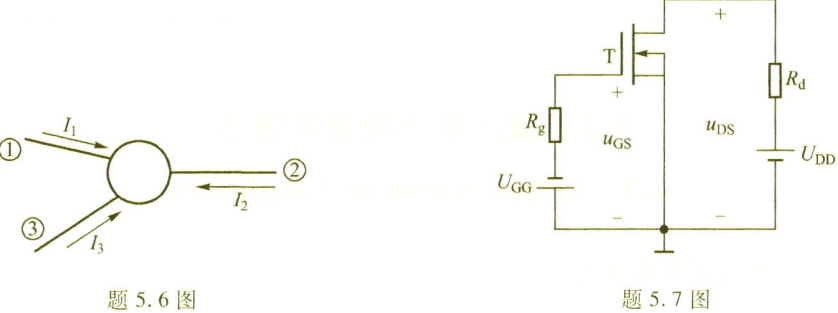

题 5.6 图　　　　　　　　题 5.7 图

【综合应用题】

5.8 怎样用万用表判断二极管的正负极以及二极管的好坏?

5.9 有两个稳压二极管 D_{Z1} 和 D_{Z2},其稳定电压为 $U_{Z1} = 3$ V、$U_{Z2} = 9$ V,正向电压降都是 0.5 V。如果要得到 0.5 V、3 V、3.5 V、6 V 和 12 V 几种稳定电压,这两个稳压二极管(还有限流电阻)应该如何连接? 请画出各连接电路。

5.10 汽车上的车载收音机的供电原理如题 5.10 图所示,直流输入电压 U_I 由汽车上的铅酸电池供电,其电压在 (12~13.6) V 之间波动。车载收音机为一移动式 9 V 半导体收音机,需供给的最大功率为 0.5 W。试选用合适的稳压二极管 (U_Z,I_{Zmin},I_{Zmax},P_{Zm}) 以及限流电阻 R (阻值、额定功率) 组成如图所示稳压供电电路。

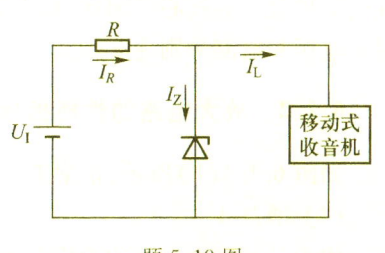

题 5.10 图

第6章 放大电路分析

Chapter 6　Analysis of Amplifiers

本章内容	基本要求：理解放大的含义，了解放大电路的性能
6.1　放大电路的基本概念 6.2　三极管放大电路 6.3　场效应管放大电路 6.4　多级放大电路 6.5　差分放大电路 6.6　功率放大电路 学习指导 习题	指标；理解共射放大电路、射极输出器的构成和工作原理；能够对共射放大电路进行静态和动态分析；理解放大电路静态工作点稳定的意义，了解负反馈稳定放大电路静态工作点的原理及其对动态性能的影响；了解多级放大电路的构成及零点漂移的含义；了解差分放大电路的组成和工作原理；理解功率放大的概念，了解常见功率放大电路的形式与分析方法。

6.1　放大电路的基本概念

6.1　Introduction of Amplifiers

6.1.1　放大电路的基本概念

放大电路是指能按比例放大输入信号的幅度，并且保证输出信号不失真的功能电路。例如，如图 6.1.1(a) 所示的扩音机电路，该电路能将输入的小幅度音频信号进行放大，并驱动扬声器输出较大幅度的信号，达到扩音的目的。若输入和输出信号均视为电压信号，则该放大电路如图 6.1.1(b) 所示。图中用理想电压源 u_S 及其串联内阻 R_S 的模型代表放大电路的原始待放大信号，用电阻 R_L 作为放大电路的负载，其两端的电压 u_o 即为输出信号，放大器则作为放大电路完成电信号放大的核心。因此，放大器可视为一个二端口网络，输入端口电压、电流为 u_i、i_i，输出端口电压和电流分别为 u_o、i_o。

6.1.2　放大电路的性能指标

如图 6.1.1(b) 所示，正常工作的放大电路应该有如下的技术指标。

（1）增益 A

增益是指放大电路的响应与激励的比值，用英文大写字母 A 加下标来表示

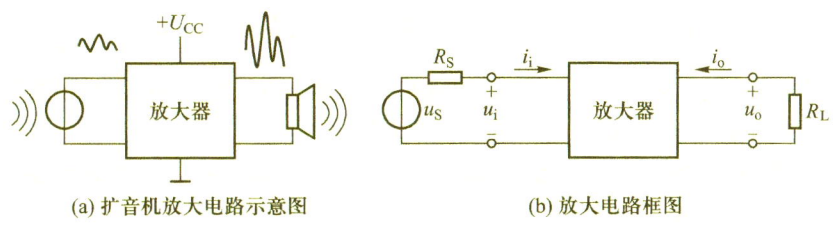

(a) 扩音机放大电路示意图　　　　(b) 放大电路框图

图 6.1.1　放大电路框图

$$A_u = \frac{u_o}{u_i} \quad (6.1.1)$$

式中，A_u 的下标为电压符号，表示电压增益，即输出电压与输入电压的比值。以此类推，实际放大电路常见增益种类见表 6.1.1。

表 6.1.1　放大电路的增益种类

激励电量	响应电量	增益类型	增益单位
u_i	u_o	$A_u = u_o/u_i$（电压增益）	无单位
u_i	i_o	$A_g = i_o/u_i$（电导增益）	电导单位
i_i	u_o	$A_r = u_o/i_i$（电阻增益）	电阻单位
i_i	i_o	$A_i = i_o/i_i$（电流增益）	无单位

（2）输入电阻 R_i

输入电阻是指从放大器输入端口看入的等效电阻。在放大电路中该电阻在输入端作了信号源的负载，用以说明放大器实际获取信号的能力，如图 6.1.2 所示。

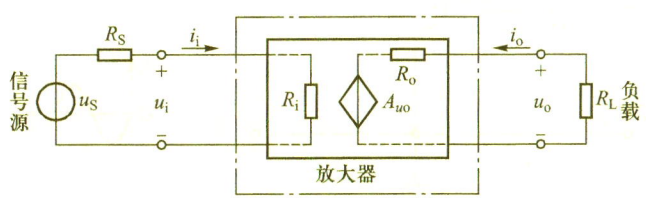

图 6.1.2　放大器的参数模型

由图 6.1.2 可知，放大器实际获得的输入信号 $u_i = \dfrac{R_i}{R_i + R_S} \cdot u_S$，即同一信号源，在不同 R_i 条件下，放大器获得的输入电压是不同的。一般来说，$R_i \gg R_S$ 时，信号源应选用电压源；$R_i \ll R_S$ 时，信号源应选用电流源。

（3）输出电阻 R_o

输出电阻是从放大器输出端口看进去的戴维宁等效电阻，如图 6.1.2 所示。即从负载端向左看，放大器所起的作用是为负载提供电源，该电源为 $A_{uo}u_i$（其值为放大器空载时的输出）；输出

电阻 R_o 作为负载的信号源内阻,用以说明放大器带负载时的损耗,即 $u_o = \dfrac{R_L}{R_L + R_o} \cdot A_{uo} u_i$,$R_o$ 越小,放大器自身损耗越小,输出电压所受影响越小。当 $R_o \ll R_L$ 时,工程上认为输出电阻近似为零,放大器几乎恒压输出,称为放大电路带负载能力强。

除以上三个参数,通频带、功率、效率、最大不失真幅度和非线性失真系数等参数也是放大电路的重要参数,在此不做深入讨论。

6.2　三极管放大电路
6.2　BJT Amplifierss

6.2.1　共发射极放大电路

图 5.3.9 给出了一个共射极放大电路,我们已经初步分析了其工作原理。在该图中三极管是放大器的核心,直流电源 U_{BB} 和 U_{CC} 为三极管提供合适的偏置电压,使三极管满足发射结正偏、集电结反偏的外部条件而工作在放大状态。在该电路的基础上进行改进,可以得到单电源供电的共发射极放大电路,如图 6.2.1 所示。图中,当偏置电阻 R_B 和 R_C 取适当的值,可以保证三极管发射结正偏、集电结反偏,三极管工作在放大状态。电容 C_1、C_2 为耦合电容,起到隔直通交的作用。

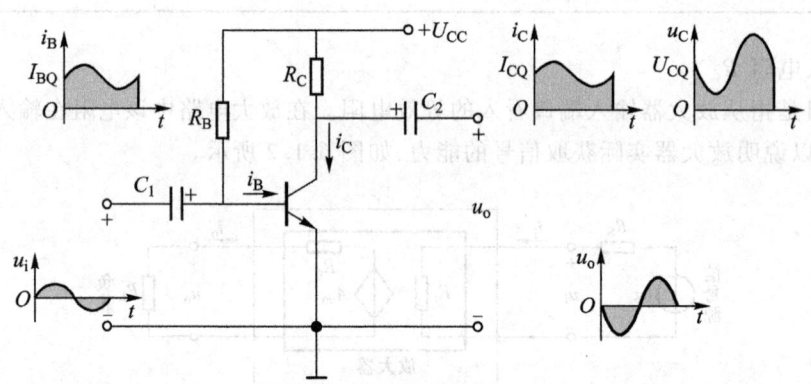

图 6.2.1　共发射极放大电路

观察图 6.2.1 所示的共发射极放大电路,会发现其具有两个显著特点:其一,由于三极管是典型的非线性器件,因此,该电路是非线性电路;其二,该放大电路中既有直流电源作用,又有待放大信号(可视为交流小信号源)作用,因此,是交直流共存的一种电路。下面我们简单讨论该电路的工作原理。

1. 放大电路的工作原理

在讨论该放大电路之前,用表 6.2.1 说明该电路中各种电量的表示方法。请仔细观察电量表示方法时电量的符号和下标的大、小写。

表 6.2.1 电压与电流的符号表示

名称	直流分量	交流值分量		总电量=直流+交流	
	静态值	交流量	对应有效值	瞬时值	平均值
基极电流	I_B	i_b	I_b	i_B	$I_{B(AV)}$
集电极电流	I_C	i_c	I_c	i_C	$I_{C(AV)}$
发射极电流	I_E	i_e	I_e	i_E	$I_{E(AV)}$
集-射极电压	U_{CE}	u_{ce}	U_{ce}	u_{CE}	$U_{CE(AV)}$
基-射极电压	U_{BE}	u_{be}	U_{be}	u_{BE}	$U_{BE(AV)}$

（1）静态

只有直流电源 U_{CC} 作用，而无外加待放大信号，即 $u_i=0$ 时，称放大器工作在静态。此时图 6.2.1 所示的共发射极放大电路中电容 C_1、C_2 对直流开路，得到与该图对应的直流通路，如图 6.2.2（a）所示。此时，直流电源 U_{CC} 通过偏置电阻 R_B 和 R_C，使晶体管处于发射结正偏、集电结反偏。根据三极管的输入特性和输出特性，利用电路分析的方法，可以近似估算

$$I_{BQ} = \frac{U_{CC} - U_{BEQ}}{R_B} \approx \frac{U_{CC}}{R_B} \tag{6.2.1}$$

$$I_{CQ} = \bar{\beta} I_{BQ} + I_{CEO} \approx \bar{\beta} I_{BQ} \approx \beta I_{BQ} \tag{6.2.2}$$

$$U_{CEQ} = U_{CC} - R_C I_{CQ} \tag{6.2.3}$$

在式（6.2.1）中，由于三极管的输入特性与二极管特性相似，即三极管发射极正偏导通时，U_{BEQ} 就是发射结的正向压降，硅管约为 0.7 V，锗管约为 0.3 V。当 $U_{CC} \gg U_{BEQ}$ 时，U_{BEQ} 可以忽略。

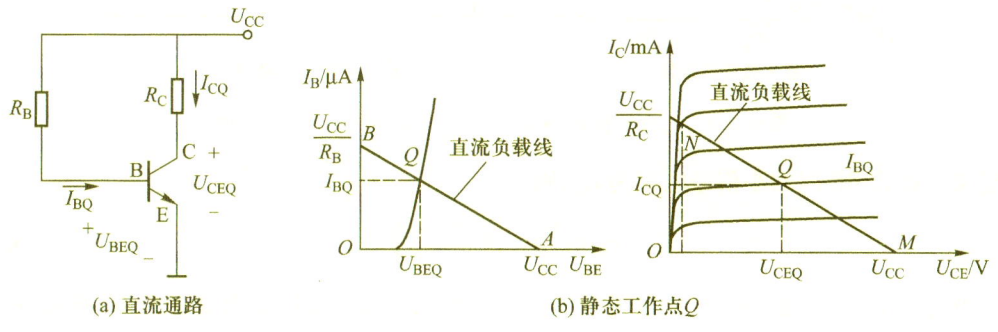

图 6.2.2 共发射极放大电路的直流工作状态

如果三极管 β 参数已知，则可求解得到三极管的工作状态对应于输入特性和输出特性上的一个点 Q，如图 6.2.2（b）所示，其坐标分别是 (U_{BEQ}, I_{BQ})、(U_{CEQ}, I_{CQ})，该点称为放大器的静态工作点。静态工作点 Q 为三极管放大提供支撑平台。

（2）动态

在输入端输入待放大的交流信号，即 $u_i \neq 0$，此时各元器件上的电压和电流都可能发生变化，对于该变化的分析称为动态分析。

C_1、C_2 为耦合电容,通常,在输入信号的特定频率范围内,由于 C_1、C_2 阻抗 $1/(j\omega C_1)$、$1/(j\omega C_2)$ 较小,即 C_1、C_2 交流近似短路,输入信号经 C_1 加入到放大器输入端,形成 $i_B = I_{BQ} + i_b$,并通过三极管的电流控制作用形成放大的 $i_C = \beta i_B$,且 $i_C = I_{CQ} + i_c$,如图 6.2.1 所示。

根据 KVL,在输出回路有如下关系

$$u_{CE} = U_{CC} - R_C i_C = U_{CC} - R_C (I_{CQ} + i_c) = U_{CC} - R_C I_{CQ} - R_C i_c = U_{CEQ} - R_C i_c \tag{6.2.4}$$

式(6.2.4)说明,电阻 R_C 把电流 i_C 的变化映射为电压 u_{CE} 的变化,而且 u_{CE} 的变化与 i_C 的变化反相。经 C_2 的隔直通交作用后,在输出端得到仅有交流分量的输出信号 u_o,如图 6.2.1 所示。u_o 是输入信号 u_i 反相放大的输出响应。

2. 三极管的微变等效模型

放大电路分析的难点就在于三极管是典型的非线性器件,借鉴含二极管电路的分析思路,采用线性化的方法,建立三极管的线性模型,即三极管的微变等效电路,有利于简化电路分析。

(1) 输入特性线性化

在三极管放大电路中,当输入小信号时,在输入特性曲线上,用静态工作点 Q 的切线近似代替原有的特性曲线,称为输入特性线性化。如图 6.2.3(a)所示,在 Q 点作切线,则该切线的斜率为

$$K = \left. \frac{d i_b}{d u_{be}} \right|_Q \tag{6.2.5}$$

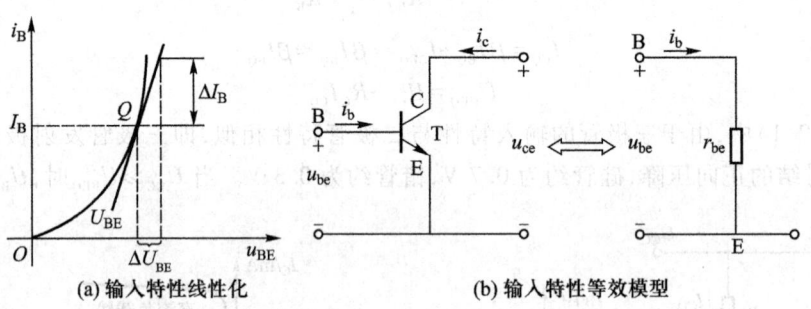

(a) 输入特性线性化　　　　　　　　(b) 输入特性等效模型

图 6.2.3 三极管低频小信号作用时输入特性的线性模型

定义三极管 BE 间的小信号电阻为 r_{be},则

$$r_{be} = \frac{1}{K} = 1 \left/ \left(\left. \frac{d i_b}{d u_{be}} \right|_Q \right) \right. \tag{6.2.6}$$

即从三极管的 B-E 极端口看,三极管等效为一个阻值为 r_{be} 的电阻,如图 6.2.3(b)所示,该电阻的阻值随静态工作点位置的变化而改变,因此是一个动态电阻。对于低频小功率三极管,r_{be} 一般为几百欧到 1 kΩ,常采用式(6.2.7)来估算

$$r_{be} = 300 + (1+\beta) \frac{26(\text{mV})}{I_{EQ}(\text{mA})} \tag{6.2.7}$$

(2) 输出特性线性化

由前面的介绍可知

$$i_c = \beta i_b \tag{6.2.8}$$

也就是说,三极管处于放大状态时等效于一个理想的电流控制电流源。考虑到在放大区,输出特

性曲线并不是完全水平的,也就是说 i_b 一定时,在放大区输出特性曲线的倾斜反映出 u_{CE} 仍然对 i_C 有一定影响,这时仍采用 Q 点处的切线近似代替曲线的方法,如图 6.2.4(a)所示,定义 r_{ce},即三极管的 C-E 极间的输出电阻来反映该影响。

因此,处于放大区的三极管小信号等效模型如图 6.2.4(b)所示。由于实际输出特性较为平坦,所以电阻 r_{ce} 很大。工程上 r_{ce} 的影响常常忽略不计,用图 6.2.4(c)所示的简化模型代替。

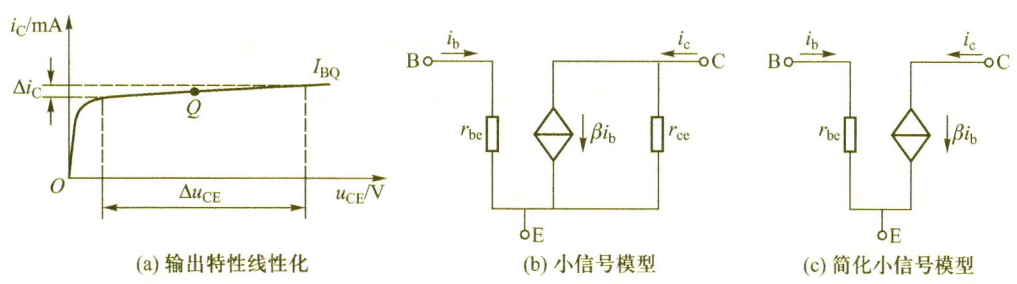

(a) 输出特性线性化　　　　(b) 小信号模型　　　　(c) 简化小信号模型

图 6.2.4　三极管低频小信号作用时输出特性的线性模型

综上所述,有如下结论:

① 小信号模型只适合微小信号作用情况下的电路分析,因此又叫做微变等效模型。其几何意义是用切线代替曲线,很明显,这种替代会产生误差。当变量较小时,该误差可以忽略;当变量增大,误差也增大,所产生的误差不可忽视。

② 小信号模型首先需要确定一个适当的静态工作点,即该模型建立在合适的静态工作点上,否则放大器可能不能正常工作。

③ 小信号等效模型的参数与静态工作点密切相关,确定了静态工作点 Q 以后,小信号等效模型的参数才能确定。

④ 线性化处理后,放大器可视为线性电路,对线性电路分析的所有方法均可在计算中运用。

3. 三极管放大电路分析

根据放大器的工作原理,对放大电路的分析也可以采用静态分析和动态分析两个步骤进行。静态分析针对放大电路的直流通路,采用式(6.2.1)、式(6.2.2)和式(6.2.3)估算静态工作点 Q,得到放大电路工作的直流平台,在此不再赘述。我们将重点了解放大电路的动态分析,即通过电路分析,估算放大电路的放大倍数 A_{uu}、输入电阻 R_i 和输出电阻 R_o 等重要参数。

显然,根据图 6.2.1 的电压、电流变化情况,以及 u_i 振幅 U_{im} 较小的条件,三极管满足小信号建模条件,即可以运用图 6.2.4(c)所示的微变等效模型来进行分析计算,其具体步骤如下:

① 画出交流通路。其中,耦合电容视为短路,此时直流电源相当于接地,得到的交流通路如图 6.2.5(a)所示。

② 画出微变等效电路。用三极管的微变等效模型代替交流通路中的三极管,电路结构和其他元器件不变,得到放大电路的微变等效电路如图 6.2.5(b)所示。

③ 利用微变等效电路,计算放大电路交流技术指标。

(1) 输入电阻 R_i

$$R_i = \frac{u_i}{i_i} = R_B /\!/ r_{be} \tag{6.2.9}$$

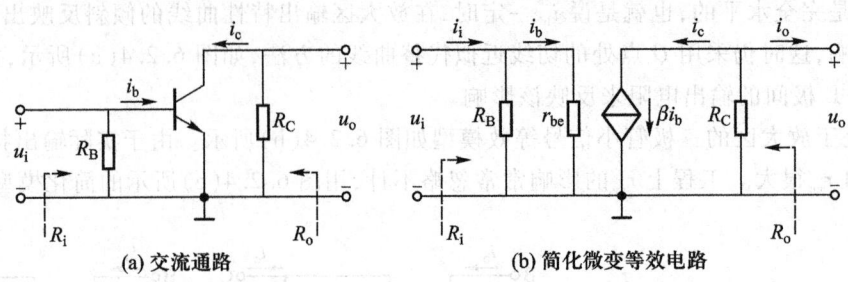

(a) 交流通路　　　　　　　(b) 简化微变等效电路

图 6.2.5　共发射极放大电路的动态分析

根据定义输入电阻 R_i 是从放大器输入端向右看，其端口电压与端口电流的比值，如式 (6.2.9) 所示。通常 R_B 为几十千欧、r_{be} 约为 1 kΩ，则 $R_i \approx r_{be}$。

(2) 输出电阻 R_o

令输入回路独立信号源不作用，即取值为零，则受控电流源的控制量 i_b 也为零，受控电流源输出 $i_c = \beta i_b$ 也为零，相当于开路，这样

$$R_o = R_C \tag{6.2.10}$$

(3) 电压增益

根据定义，放大器的空载电压增益

$$A_{uo} = \frac{u_o}{u_i} = \frac{-R_C i_C}{r_{be} i_b} = -\frac{\beta R_C}{r_{be}} \tag{6.2.11}$$

增益常用分贝(dB)表示

$$电压增益 = 20\lg|A_{uo}| \text{ dB} \tag{6.2.12}$$

例 6.2.1　已知如图 6.2.1 所示的共发射极放大电路的参数如下：硅三极管 $\beta = 50$，$U_{CC} = 12$ V，$R_B = 400$ kΩ，$R_C = 4$ kΩ。(1) 试计算该放大电路的静态工作点；(2) 试求该放大电路的空载电压增益 A_{uo}、输入电阻 R_i 和输出电阻 R_o；(3) 如果在输出端接负载 $R_L = 4$ kΩ，试求带负载之后的电压增益 A_u。

解：(1) 画出放大电路的直流通路如图 6.2.2(a) 所示，因为是硅三极管，所以 $U_{BEQ} = 0.7$ V，将电路参数代入式 (6.2.1)、式 (6.2.2) 和式 (6.2.3)，得

$$I_{BQ} = \frac{U_{CC} - U_{BEQ}}{R_B} = \frac{12 - 0.7}{400} \text{ mA} = 0.028\ 25 \text{ mA} = 28.25 \text{ μA}$$

$$I_{CQ} = \beta I_{BQ} = 50 \times 0.028\ 25 \text{ mA} \approx 1.41 \text{ mA}$$

$$U_{CEQ} = U_{CC} - R_C I_{CQ} = (12 - 4 \times 10^3 \times 1.41 \times 10^{-3}) \text{ V} = 6.36 \text{ V}$$

(2) 画出放大电路的交流通路和微变等效电路如图 6.2.5 所示

$$R_i \approx r_{be} = 300 + (1+\beta)\frac{26 \text{ mV}}{I_E \text{ mA}} \approx 300 + (1+50)\frac{26 \text{ mV}}{1.41 \text{ mA}} = 1\ 240 \text{ Ω}$$

$$R_o \approx R_C = 4 \text{ kΩ}$$

$$A_{uo} = \frac{-\beta R_C}{r_{be}} = \frac{-50 \times 4\ 000}{1\ 240} = -161$$

(3) 接负载之后，该放大电路的交流通路和微变等效电路如图 6.2.6 所示，此时，电压增益为

$$A_u = \frac{u_o}{u_i} = \frac{-R'_L i_C}{r_{be} i_b} = -\frac{\beta R'_L}{r_{be}} \qquad (6.2.13)$$

式中,$u_o = -R'_L i_C$,其中 R'_L 是交流通路中的等效交流负载电阻,由图 6.2.6(b)可知,$R'_L = R_L // R_C$。

带入参数可得

$$A_u = -\frac{\beta R'_L}{r_{be}} = -\frac{50 \times 2\,000}{1\,240} = -80.6$$

(a) 交流通路   (b) 简化微变等效电路

图 6.2.6 共发射极放大电路带负载之后的交流通路和微变等效电路

通过上例分析,我们发现:共发射极放大电路的电压增益为负值,即它的输出与输入反相,是一个反相放大器;比较放大区空载和带负载两种情况下的电压增益,显然,$A_{uo} > A_u$,即带负载后,放大电路的电压增益有所降低。

4. 放大电路的波形失真与静态工作点关系

一般来说,并不是所有具有图 6.2.1 结构的电路都具有图中的交流波形演变过程,下面通过图 6.2.7 的静态工作点对放大电路的影响来加以说明。

图 6.2.7(a)、(b)中,工作点为 Q 时,输入信号引起 u_{BE} 的变化,将会使 i_B 无负半周,因此经三极管转换后形成的 i_C 也无负半周,通过三极管外围电路得到的 u_{CE} 和 u_o 出现正半周失真的必然结果;如果工作点为 Q' 时,输入信号引起 u_{BE}、i_B 变化都较为正常,但随后产生的 i_C 的正半周交流变化则被抑制,因此 u_{CE}、u_o 都存在负半周波形被抑制的现象。通常,我们将输出电量不能跟随输入电量变化的情况称为放大电路的**失真**。对前者,是由于三极管进入截止区造成的,被称为**截止失真**;对后者,是由于三极管进入饱和区造成的,被称为**饱和失真**。

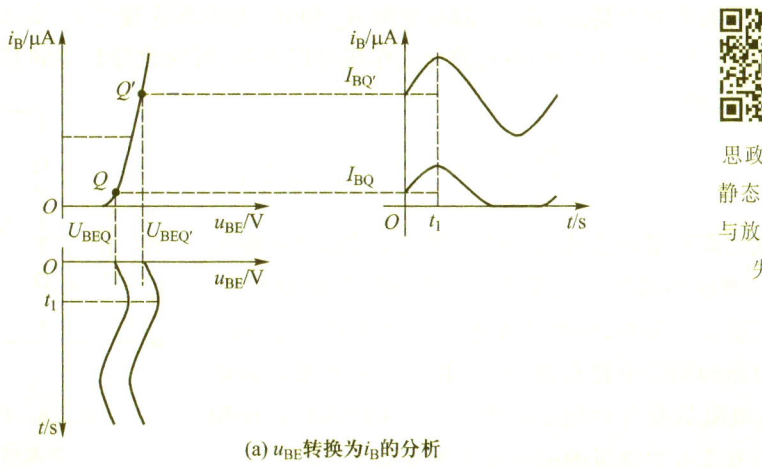

思政案例-静态工作点与放大电路失真

(a) u_{BE} 转换为 i_B 的分析

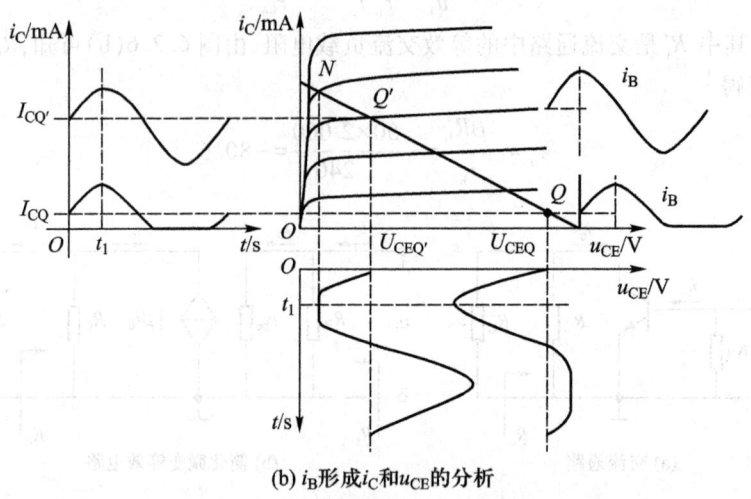

(b) i_B 形成 i_C 和 u_{CE} 的分析

图 6.2.7 共发射极放大电路的输出波形与静态工作点的关系

即使在工作点合理的情况下,也可能因为输入信号过大,引起上述截止、饱和失真,这种失真叫做大信号失真。通常将放大电路输出无明显截止、饱和失真时所对应的 u_{be}、i_b、i_c 和 u_{ce} 的最大变化范围,称为放大电路的最大动态范围。

6.2.2 静态工作点稳定的共发射极放大电路

根据上节的分析我们知道,图 6.2.1 所示的共发射极放大电路的输出与其静态工作点的设置密切相关,而且即使静态工作点选得合适,环境温度的变化也可能引起三极管参数变化,使静态工作点发生偏移,导致放大电路出现无法正常工作的现象,影响其实际工程使用价值。因此,必须设计出能够自动调整静态工作点位置的偏置电路,以使工作点能稳定在合适的位置上。下面介绍一个具有一定工程实用价值的放大电路,具有分压式偏置的共发射极放大电路,如图 6.2.8 所示。

该电路具有两个特点:首先,偏置电阻 R_{B1} 和 R_{B2} 为串联连接关系,如果基极电流 i_B 远远小于偏置电阻 R_{B1} 上流过的电流,则 i_B 的分流作用可以忽略,可简化分析得到基极电位 V_B 由 R_{B1} 和 R_{B2} 的分压确定,即

$$V_B = \frac{R_{B2}}{R_{B1}+R_{B2}} \cdot U_{CC} \qquad (6.2.14)$$

当选用高质量的直流稳压电源以及不受温度影响或受温度影响较小的分压电阻 R_{B1} 和 R_{B2} 时,基极电位 V_B 可视为不受温度影响,因此基极电位 V_B 基本稳定不变。

该电路的第二个特点是:在发射极引入了发射极电阻 R_E,该电阻具有自动稳定静态点工作的作用,其作用可通过图 6.2.8 中电量的制约关系解释如下:

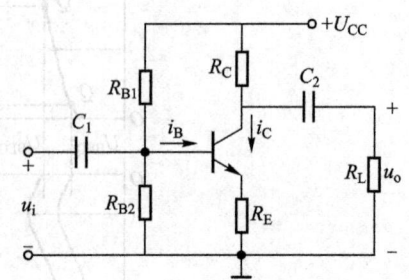

图 6.2.8 具有分压式偏置的共发射极放大电路

$$I_{CQ}\uparrow \to I_{EQ}\uparrow \to U_{EQ}\uparrow (=I_{EQ}R_E)\to U_{BEQ}\downarrow (=V_B-U_{EQ})$$

$$I_{CQ}\downarrow (=\beta I_{BQ}) \longleftarrow I_{BQ}\downarrow \longleftarrow$$

假设由于温度升高导致 I_{CQ} 增大,由于 $I_{EQ}\approx I_{CQ}$,因此,I_{EQ} 也增大,则在发射极电阻 R_E 上引起的电压降 U_{EQ} 也随之增大,由于基极电位 V_B 基本稳定不变,则三极管的基极与发射极之间的电位差 U_{BEQ} 会减小,根据三极管的输入特性曲线 U_{BEQ} 减小则 I_{BQ} 减小,进而导致 I_{CQ} 减小。

无论何种原因引起 I_{CQ} 的变化都会通过电量的制约使 I_{CQ} 的变化受到抑制。因此,图 6.2.8 中电阻 R_E 的作用是将输出信号的一部分(或全部)回馈到输入端去影响输入信号,这样的电路连接方式称为**反馈(Feedback)**。根据所起作用不同,反馈又可分为正反馈和负反馈。如果引入反馈的作用是削弱(抵消)输入量的变化,这种反馈称为**负反馈(Negative Feedback)**,反之称为**正反馈(Positive Feedback)**。图 6.2.8 中,I_{CQ} 增大时,电阻 R_E 引入反馈的作用是使 I_{CQ} 减小,抵消其变化,因此为负反馈,根据以上分析可知,R_E 越大,$U_{EQ}=I_{EQ}R_E$ 越大,则反馈越强。

例 6.2.2 已知如图 6.2.8 所示的分压式偏置共发射极放大电路的参数如下:$R_{B1}=50\text{ k}\Omega$,$R_{B2}=10\text{ k}\Omega$,$R_C=5.1\text{ k}\Omega$,$R_E=1\text{ k}\Omega$,三极管的 $\beta=80$,$U_{BE(on)}=0.7\text{ V}$,I_{CEO} 的值很小可忽略,直流电源电压 $U_{CC}=9\text{ V}$。(1) 试计算该放大电路的静态工作点;(2) 试求该放大电路的空载电压增益 A_u、输入电阻 R_i 和输出电阻 R_o。

解:(1) 只有直流电源作用,电容开路处理,可画出直流通路如图 6.2.9 所示。

求解静态工作点

基极电位 $V_{BQ}=\dfrac{R_{B2}}{R_{B1}+R_{B2}}U_{CC}=\dfrac{10}{50+10}\times 9\text{ V}=1.5\text{ V}$

$I_{EQ}=\dfrac{V_{BQ}-U_{BE(on)}}{R_E}=\dfrac{1.5-0.7}{1}\text{ mA}\approx 0.8\text{ mA}$

$I_{CQ}=I_{EQ}=0.8\text{ mA}$

$I_{BQ}=\dfrac{I_{CQ}}{\beta}=\dfrac{0.8}{80}\text{ mA}=0.01\text{ mA}=10\text{ μA}$

$U_{CEQ}=U_{CC}-I_{CQ}R_C-I_{EQ}R_E\approx U_{CC}-I_{CQ}(R_C+R_E)$
$=[9-0.8\times(5.1+1)]\text{ V}=4.12\text{ V}$

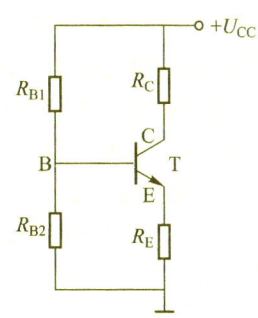

图 6.2.9 图 6.2.8 的直流通路

(2) 电容短路代替,直流电源视为接地,可画出交流通路如图 6.2.10(a) 所示,三极管用微变等效模型代替,画出微变等效电路如图 6.2.10(b) 所示。

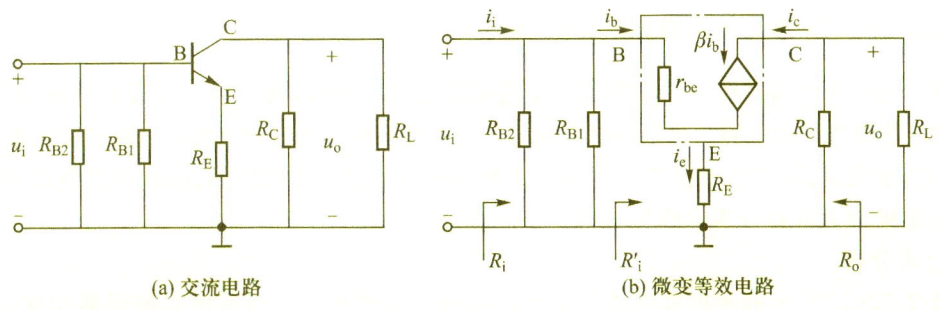

(a) 交流电路　　　　　　　　(b) 微变等效电路

图 6.2.10 图 6.2.8 的交流通路和微变等效电路

令三极管基极对地的等效输入电阻为 R'_i，则根据定义有 $R'_i = \dfrac{V_B}{i_b}$，式中 V_B 为 B 点对地的电位，即 $V_B = i_b r_{be} + i_e R_E = i_b r_{be} + (1+\beta) i_b R_E$，所以，$R'_i = \dfrac{V_B}{i_b} = r_{be} + (1+\beta) R_E$，则输入电阻为

$$R_i = R_{B1} \!/\!/ R_{B2} \!/\!/ R'_i = R_{B1} \!/\!/ R_{B2} \!/\!/ [r_{be} + (1+\beta) R_E] \tag{6.2.15}$$

输出电阻为

$$R_o = R_C \tag{6.2.16}$$

又由于，输入电压为

$$u_i = i_b R'_i = i_b [r_{be} + (1+\beta) R_E]$$

输出电压为

$$u_o = -i_c (R_C \!/\!/ R_L) = -\beta i_b R'_L$$
$$R'_L = (R_C \!/\!/ R_L)$$

则该放大电路的电压增益为

$$A_u = \dfrac{u_o}{u_i} = \dfrac{-\beta i_b R'_L}{i_b [r_{be} + (1+\beta) R_E]} = -\dfrac{\beta R'_L}{r_{be} + (1+\beta) R_E} \tag{6.2.17}$$

通过上例观察发现，由于电路中引入了反馈电阻 R_E，使得电路的静态工作点得到稳定；但由于 R_E 的存在，使得放大电路的动态性能也发生改变，由式(6.2.15)可知，放大电路的输入电阻增大了，同时，由式(6.2.17)可知，放大电路的电压增益极大地减小了。

如何能在稳定静态工作点的同时不改变放大电路的动态性能呢？改进的分压式偏置共发射极放大电路如图 6.2.11 所示。图中，C_E 称为旁路电容，电容 C_E 与 R_E 并联或与部分 R_E 并联；对于直流信号 C_E 相当于开路，因此，该放大电路的直流通路与图 6.2.9 完全相同；对于交流信号 C_E 相当于短路，则在交流通路中发射极电阻 R_E 被短路，即在图 6.2.10 所示的交流通路和微变等效电路中，R_E 被短路不起作用，因此求得其电压增益见式(6.2.13)。这样，既稳定了静态工作点，又兼顾了交流电压增益。此放大电路的动态性能参数请自行分析计算。

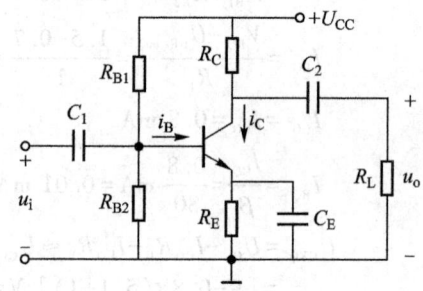

图 6.2.11 改进的分压式偏置共发射极放大电路

6.2.3 共集电极放大电路(射极输出器)

共集电极放大电路是指三极管集电极支路被输入、输出端口共用的一类放大电路，图 6.2.12 为典型的共集电极放大电路。该电路对交流信号的性能指标与共发射极放大电路有较大差别。

从分析手段来说，共集电极放大电路与共发射极放大电路是相同的，因此可以将以下分析看成是共发射极放大电路分析手段运用的又一个实例。

1. 直流分析

图 6.2.12(b)所示的共集电极放大电路直流通路与图 6.2.9 所示的直流通路相比，只是少

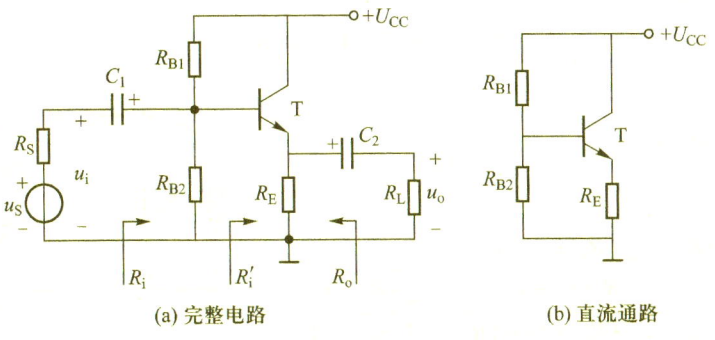

(a) 完整电路　　　　　　(b) 直流通路

图 6.2.12　共集电极放大电路

了一个电阻 R_C,但不影响三极管处于放大状态的成立条件。根据分压偏置电路的工作原理有 $V_{BQ}=\dfrac{R_{B2}}{R_{B1}+R_{B2}}U_{CC}$,则可近似计算得

$$I_{EQ}=\dfrac{V_{BQ}-U_{BEQ}}{R_E} \tag{6.2.18}$$

$$I_{BQ}=\dfrac{1}{1+\beta}I_{EQ} \tag{6.2.19}$$

$$U_{CEQ}=U_{CC}-R_E I_{EQ} \tag{6.2.20}$$

2. 交流分析

在 C_1、C_2 交流短路条件下,图 6.2.12(a)的交流通路和微变等效电路分别如图 6.2.13(a)、(b)所示。

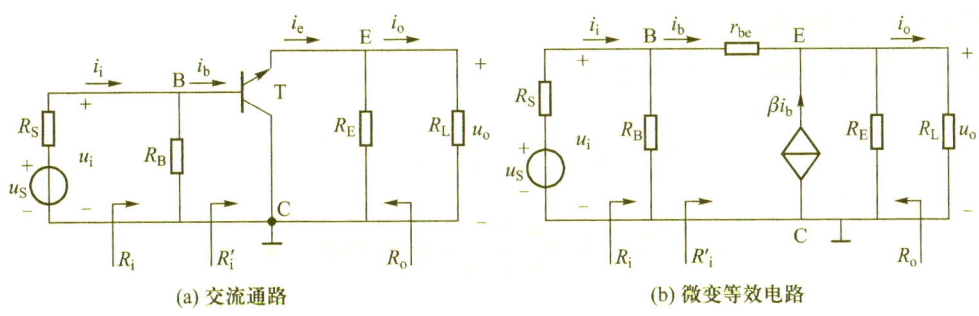

(a) 交流通路　　　　　　(b) 微变等效电路

图 6.2.13　共集电极放大电路的交流分析

(1) 输入电阻 R_i

$$R_i'=\dfrac{u_i}{i_b}=\dfrac{i_b r_{be}+(1+\beta)i_b R_L'}{i_b}=r_{be}+(1+\beta)R_L' \tag{6.2.21}$$

式中,$R_L'=R_E /\!/ R_L$。

$$R_i=\dfrac{u_i}{i_i}=R_B /\!/ R_i' \tag{6.2.22}$$

可见,在 $R_B \gg r_{be}$ 条件下,该电路的输入电阻比图 6.2.1 所示共发射极放大电路的输入电阻大。

(2) 输出电阻 R_o

图 6.2.13(b) 中独立源为零后得到图 6.2.14 所示电路。

由图 6.2.14 可得

$$i = \frac{u}{R_E} + \beta i_b + i_b = \frac{u}{R_E} + (1+\beta)\frac{u}{r_{be}+R_S'} \quad (6.2.23)$$

式中，$R_S' = R_S // R_B$。

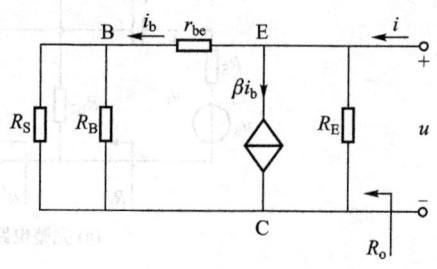

图 6.2.14 求输出电阻的等效电路

因为 $(1+\beta)R_E \gg r_{be}+R_S'$，$r_{be} \gg R_S'$

$$R_o = \frac{u}{i} = \frac{1}{\dfrac{1}{R_E}+\dfrac{1+\beta}{r_{be}+R_S'}} = \frac{R_E(r_{be}+R_S')}{r_{be}+R_S'+(1+\beta)R_E} \approx \frac{r_{be}+R_S'}{1+\beta} \approx \frac{r_{be}}{\beta}$$

(6.2.24)

可见，该电路的输出电阻小。

3. 电压增益

$$A_u = \frac{u_o}{u_i} = \frac{(1+\beta)i_b \cdot R_L'}{r_{be}i_b+(1+\beta)i_b \cdot R_L'} = \frac{(1+\beta)R_L'}{r_{be}+(1+\beta)R_L'} \quad (6.2.25)$$

在 $(1+\beta)R_L' \gg r_{be}$ 时，该电压增益近似为 1，也就是说，共集电极放大电路的**电压增益小于1，近似为1**。由于输入信号电压加在基极，信号电压由发射极输出，因此共集电极放大电路又称为射极输出器，又由于输出电压与输入电压同相且近似相等，因此射极输出器又称为**射极跟随器**。

例 6.2.3 试计算图 6.2.12(a) 所示共集电极放大电路的电压增益 A_u，输入电阻和输出电阻。已知三极管的 $r_{bb'} = 200\ \Omega$，$\beta = 80$，$U_{BEQ} = 0.7\ V$。电路参数 $R_E = R_L = 5.1\ k\Omega$，$R_{B1} = 30\ k\Omega$，$R_{B2} = 27\ k\Omega$，$R_S = 1\ k\Omega$，$U_{CC} = 9\ V$。

解：设三极管工作在放大区，估算静态工作点

$$V_{BQ} = \frac{R_{B2}}{R_{B1}+R_{B2}} \cdot U_{CC} = \frac{27}{30+27} \times 9\ V = 4.3\ V$$

$$I_{EQ} = \frac{V_{BQ}-U_{BEQ}}{R_E} = \frac{4.3-0.7}{5.1 \times 10^3}\ A = 0.7 \times 10^{-3}\ A$$

$$U_{CEQ} = U_{CC} - R_E I_{EQ} = (9-5.1 \times 0.7)\ V = 5.4\ V$$

三极管的输入电阻

$$r_{be} = 200 + (1+\beta)\frac{26\text{mV}}{I_{EQ}(\text{mA})} = \left(200 + 81 \times \frac{26}{0.7}\right)\ \Omega = 3\ 209\ \Omega \approx 3.2\ k\Omega$$

输入电阻

$$R_i' = r_{be} + (1+\beta)R_L' = \left(3.2 + 81 \times \frac{\dfrac{100 \times 5.1}{100+5.1} \times 5.1}{\dfrac{100 \times 5.1}{100+5.1}+5.1}\right)\ k\Omega = 204.6\ k\Omega$$

$$R_i = R_{B1} // R_{B2} // R_i' = \frac{\frac{30\times27}{30+27}\times204.6}{\frac{30\times27}{30+27}+204.6} \text{ k}\Omega \approx 13.3 \text{ k}\Omega$$

输出电阻

$$R_o' = \frac{r_{be}+R_S // R_B}{1+\beta} = \frac{3.2+\frac{\frac{1\times30}{1+30}\times27}{\frac{1\times30}{1+30}+27}}{81} \text{ k}\Omega \approx 0.051 \text{ k}\Omega = 51 \text{ }\Omega$$

$$R_o = R_E // R_o' \approx R_o' = 51 \text{ }\Omega$$

电流增益
$$A_i = -\frac{R_i \cdot (1+\beta)}{R_i'} \cdot \frac{R_L'}{R_L} = -\frac{13.3\times81\times\frac{\frac{100\times5.1}{100+5.1}\times5.1}{\frac{100\times5.1}{100+5.1}+5.1}}{204.6\times5.1} \approx -2.57$$

电压增益

$$A_u = \frac{(1+\beta)R_L'}{R_i'} = \frac{81\times\frac{\frac{100\times5.1}{100+5.1}\times5.1}{\frac{100\times5.1}{100+5.1}+5.1}}{204.6} \approx 0.98 \approx 1$$

从例 6.2.3 可知,虽然共集电极放大电路的电压增益近似为 1,但由于输入电阻和输出电阻得到改善,实际负载可获得更高的电压;与此同时,由于共集电极放大电路具有电流增益,因此实际信号源输出的电流要小于负载上获得的电流,所以人们常采用该放大电路作为缓冲放大级或中间隔离级。

6.3 场效应管放大电路
6.3 FET Amplifiers

在第 5 章分析了场效应管具有电压控制电流的特性,它与三极管的电流控制电流特性一样,都具有在一定范围内等效为受控电流源的性质。因此,可以推知利用场效应管也可以完成与三极管相类似的信号放大任务。

需要指出的是:为了提高学习效率,请在学习过程中,注意将场效应管的 G、S、D 与三极管的 B、E、C 电极进行对应和类比。

6.3.1 场效应管放大电路的偏置电路

场效应管放大电路与三极管放大电路一样,也有静态工作点设置问题。

由于场效应管是电压控制电流器件,其控制量是 u_{GS},所以静态工作点的建立是指通过偏置电路设置合适的 U_{GS}、U_{DS} 和 I_D。下面介绍几种典型的静态偏置电路。

1. 自给偏压式偏置电路

图 6.3.1 所示耗尽型场效应管放大电路中,G 极绝缘,则 G 极电流为 0;G、S 回路中无直流电源,但此时漏极电流 $I_D = I_{DSS} \neq 0$,R_S 上产生电位降,从而抬高了 S 极的电位,则 U_{GS} 为

$$U_{GS} = -R_S I_D \tag{6.3.1}$$

U_{GS} 反过来也稳定了电流 I_D,即得到了稳定的工作点,因此将该偏置电路称为自给偏压电路。自给偏压电路结构简单,被运用于**耗尽型场效应管构成的放大电路**中。可以证明自给偏压方式不能用于增强型场效应管构成的放大电路。

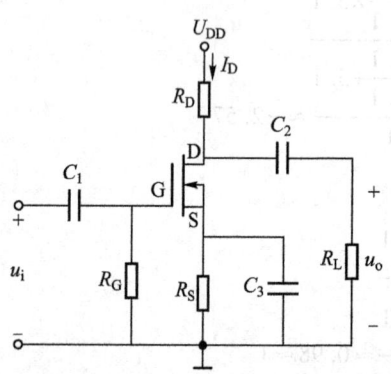

图 6.3.1 自给偏压放大电路

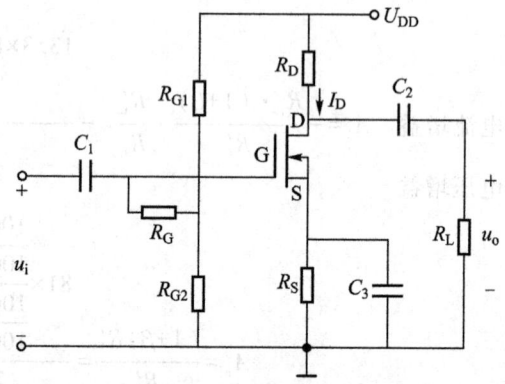

图 6.3.2 分压式偏置放大电路

2. 分压式偏置电路

图 6.3.2 所示电路中,R_{G1}、R_{G2} 构成的分压电路给栅极 G 提供静态电位 U_G,故称为分压式偏置。又因栅极绝缘,栅极电流为零,所以栅源偏压 U_{GS} 为

$$U_{GS} = \frac{R_{G2}}{R_{G1} + R_{G2}} U_{DD} - R_S I_D \tag{6.3.2}$$

调整 R_{G1}、R_{G2} 的电阻比,可灵活改变 U_G,从而使 U_{GS} 满足大于或小于 0 的各种情况的需求。因此,分压式偏置广泛使用于**各种类型的场效应管放大电路**。

例 6.3.1 电路如图 6.3.3 所示,已知 N 沟道耗尽型场效应管的 $U_{GS(off)} = -1$ V,$I_{DSS} = 0.5$ mA,电路参数 $R_{G1} = 2$ MΩ,$R_{G2} = 47$ kΩ,$R_{G3} = 10$ MΩ,$R_D = 30$ kΩ,$R_S = 2$ kΩ,$U_{DD} = 18$ V,试确定场效应管的静态工作点电压、电流。

解: 静态条件下,电容 C_1、C_2 相当于开路,可得该

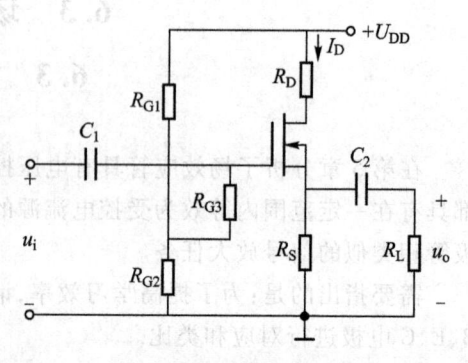

图 6.3.3 例 6.3.1 图

放大电路的直流通路。由式(6.3.2)电压电流关系表达式得

$$U_{\text{GSQ}} = \frac{R_{\text{G2}}}{R_{\text{G1}}+R_{\text{G2}}} U_{\text{DD}} - I_{\text{DQ}} R_{\text{S}} = \frac{47}{2\,000+47} \times 18 - 2I_{\text{DQ}} = 0.413 - 2I_{\text{DQ}}$$

由式(5.4.2),可得耗尽型场效应管栅源间的电压电流关系

$$I_{\text{DQ}} = I_{\text{DSS}} \left(1 - \frac{U_{\text{GSQ}}}{U_{\text{GS(off)}}}\right)^2$$

即

$$I_{\text{DQ}} = 0.5 \times \left(1 - \frac{U_{\text{GSQ}}}{-1}\right)^2$$

将以上 U_{GSQ} 与 I_{DQ} 的两表达式联立求解得

$$\begin{cases} I_{\text{DQ}} \approx 1.6 \text{ mA} \\ U_{\text{GSQ}} \approx -2.79 \text{ V} \end{cases} \quad 和 \quad \begin{cases} I_{\text{DQ}} \approx 0.31 \text{ mA} \\ U_{\text{GSQ}} \approx -0.21 \text{ V} \end{cases}$$

其中,第1组解中 $U_{\text{GSQ}} \approx -2.79$ V 小于 N 沟道耗尽型场效应管的 $U_{\text{GS(off)}} = -1$ V,不满足场效应管导通特性,为增根(舍去)。因此,方程组的解为 $I_{\text{DQ}} \approx 0.31$ mA,$U_{\text{GSQ}} \approx -0.21$ V。又由场效应管的漏源回路得

$$U_{\text{DSQ}} = U_{\text{DD}} - I_{\text{DQ}}(R_{\text{D}} + R_{\text{S}}) \approx 8.1 \text{ V}$$

需要指出,对于 P 沟道场效应管的偏置电路,应选用电源电压为负值的 U_{DD}。

6.3.2 场效应管放大电路的分析

1. 场效应管的微变等效电路

表5.4.1中各场效应管转移特性曲线的单调增(或减)函数特性表明,在工作点 $(U_{\text{GSQ}}, I_{\text{DQ}})$ 电量基准上的小信号 u_{gs}、i_{d} 关系可以用小信号法来近似分析,也就是用静态工作点的切线来取代原有的特性曲线,用线性受控源等线性电路器件来近似表示场效应管的实际工作情况,于是有图6.3.4(a)所示的简化微变等效电路。

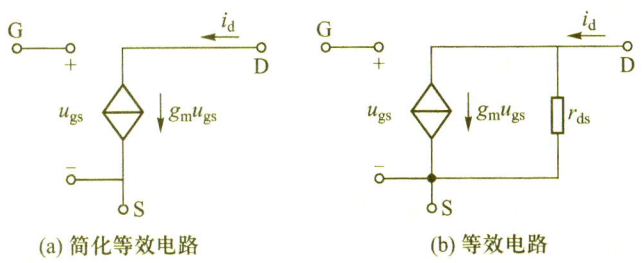

(a) 简化等效电路   (b) 等效电路

图 6.3.4 场效应管的微变等效电路

图6.3.4中栅源极开路处理,是因为场效应管的栅极绝缘,栅源极之间电流几乎为0;又根据场效应管的电压控制电流特性,漏源极之间的电流 i_{d} 等效为受控电流源的输出 $g_{\text{m}} u_{\text{gs}}$,该受控电流源的控制量为栅源极之间电压 u_{gs}。g_{m} 称为低频跨导,反映了栅源极之间电压 u_{gs} 对漏极电流 i_{d} 的控制能力,是表征场效应管放大能力的重要参数,单位为西门子(S)或 mS,g_{m} 一般为几毫西。g_{m} 对应场效应管的转移特性曲线上静态工作点处的切线的斜率,因此,g_{m} 与静态工作点的位置有关。

N沟道增强型MOS管的转移特性曲线如图5.4.3(b)所示,根据静态分析,在转移特性曲线上给出静态工作点Q,求该点的切线斜率,即为g_m,其表达式为

$$g_m = \frac{\partial i_D}{\partial u_{GS}}\bigg|_{U_{DS}} = \frac{2}{U_{GS(th)}}\sqrt{I_{DD}I_{DQ}} \tag{6.3.3}$$

同理,可求得N沟道耗尽型MOS管的g_m为

$$g_m = \frac{\partial i_D}{\partial u_{GS}}\bigg|_{U_{DS}} = \frac{2}{|U_{GS(off)}|}\sqrt{I_{DSS}I_{DQ}} \tag{6.3.4}$$

考虑到在恒流区电流i_d也要受u_{ds}影响的现实情况,由场效应管的输出特性曲线图5.4.3(a)得到6.3.4(b)所示的微变等效电路。电阻r_{ds}与三极管微变等效模型中的参数r_{ce}类似,其值较大,大约几十千欧到几百千欧数量级,通常采用简化电路来进行动态分析。图中r_{ds}可以通过输出特性曲线上静态工作点的切线斜率来进行计算,这里就不做介绍了。

2. 共源极放大电路

画图6.3.2所示电路的交流通路,把电容短路处理,直流电源视为接地,可知源极S是输入回路与输出回路的公共端,因此将该放大电路称为共源极放大电路。画出其微变等效电路如图6.3.5所示,下面进行动态分析。

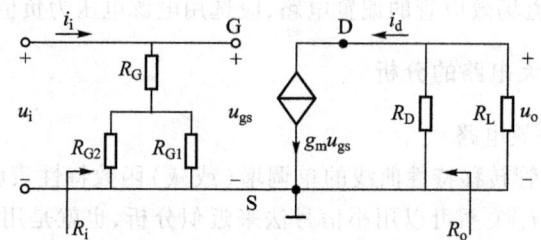

图6.3.5 图6.3.2的微变等效电路

(1)电压放大倍数

$$A_u = \frac{u_o}{u_i} = \frac{-g_m u_{gs}(R_D /\!/ R_L)}{u_{gs}} \approx -g_m R_L' \tag{6.3.5}$$

式中,$R_L' = R_D /\!/ R_L$。

(2)输入电阻

$$R_i = R_G + R_{G1} /\!/ R_{G2} \tag{6.3.6}$$

一般情况下取$R_G \gg R_{G1} /\!/ R_{G2}$。可在一个大阻值$R_G$作用下获得较大的输入电阻。

(3)输出电阻

$$R_o = R_D \tag{6.3.7}$$

此外,P沟道场效应管与N沟道场效应管的性能分析、计算有类似情况,这里不再介绍。

3. 共漏极放大电路

共漏极放大电路又称源极输出器,电路结构如图6.3.6(a)所示,由于漏极D是电路的交流通道输入回路与输出回路的公共端而得名,图6.3.6(b)为对应的微变等效电路。

很明显,该电路的输出电压小于输入电压,电压增益与三极管的共集电极放大电路类似。

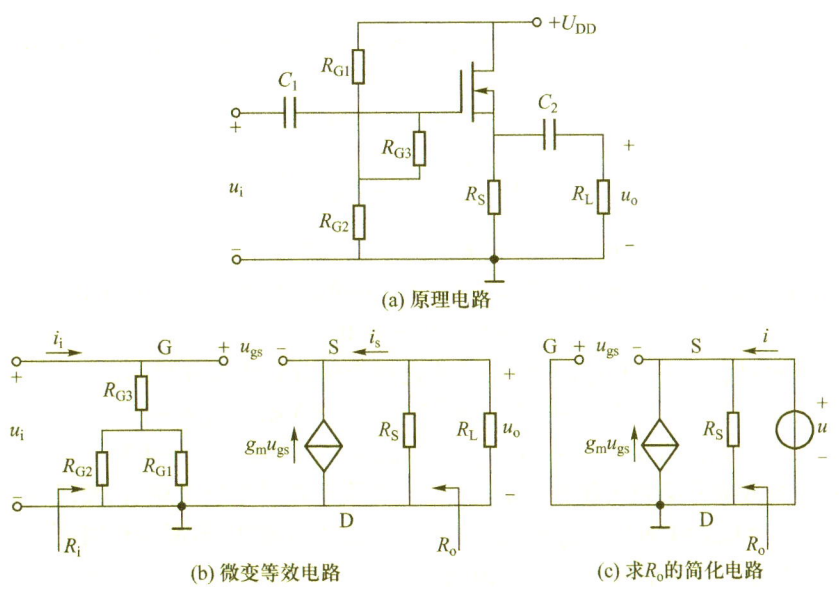

图 6.3.6 共漏极放大电路

（1）电压放大倍数

$$A_u = \frac{u_o}{u_i} = \frac{u_o}{u_{gs}+u_o} = \frac{g_m u_{gs}(R_S /\!/ R_L)}{u_{gs}+g_m u_{gs}(R_S /\!/ R_L)} = \frac{g_m R_L'}{1+g_m R_L'} \quad (6.3.8)$$

式中，$R_L' = R_S /\!/ R_L$。

（2）输入电阻

$$R_i = \frac{u_i}{i_i} = R_{G3} + R_{G1} /\!/ R_{G2} \quad (6.3.9)$$

（3）输出电阻

令输入独立信号源为零，求得输出电阻的简化电路如图 6.3.6(c) 所示。考虑到 $u = -u_{gs}$，所以有

$$\frac{u}{R_S} = (-u) \cdot g_m + i$$

$$\frac{u}{i} = \frac{R_S}{1+g_m R_S}$$

所以

$$R_o = \frac{u}{i} = \frac{R_S}{1+g_m R_S} \quad (6.3.10)$$

由于 $g_m R_S \gg 1$，所以有

$$R_o \approx \frac{1}{g_m} \quad (6.3.11)$$

因为 g_m 较大，所以它的输出电阻较小。

例 6.3.2 N 沟道耗尽型 MOS 管共源极放大电路如图 6.3.1 所示，已知 $U_{DD}=20$ V，$R_G=1$ MΩ，$R_S=2$ kΩ，$R_D=12$ kΩ，$R_L=6$ kΩ，$I_{DSS}=4$ mA，$U_{GS(off)}=-4$ V。（1）求放大器的静态工作点；（2）求电压增益 A_u，输入电阻 R_i 和输出电阻 R_o。

解:(1) 画出直流通路,根据式(6.3.1)、式(5.4.2),以及输出回路的 KVL 方程,列方程组求静态工作点

$$U_{GSQ} = -R_S I_{DQ} = -2I_{DQ} \quad ①$$

$$I_{DQ} = I_{DSS}\left(1 - \frac{U_{GSQ}}{U_{GS(off)}}\right)^2 = 4 \times \left(1 - \frac{U_{GSQ}}{-4}\right)^2 \quad ②$$

$$U_{DSQ} = U_{DD} - (R_S + R_D)I_{DQ} = 20 - 14I_{DQ} \quad ③$$

方程组中,电压的单位是 V,电流的单位是 mA,电阻的单位是 kΩ。将方程①代入方程②,得

$$I_{DQ}^2 - 5I_{DQ} + 4 = 0$$

方程有两个解:$I_{DQ1} = 4$ mA,$I_{DQ2} = 1$ mA。将这两个解分别代入方程①,得

$$I_{DQ1} = 4 \text{ mA} \rightarrow U_{GSQ1} = -2I_{DQ1} = -8 \text{ V} < U_{GS(off)} = -4 \text{ V}$$

$$I_{DQ2} = 1 \text{ mA} \rightarrow U_{GSQ2} = -2I_{DQ1} = -2 \text{ V} > U_{GS(off)} = -4 \text{ V}$$

放大电路中场效应管必须工作在恒流区,对于 N 沟道耗尽型场效应管,要求 $u_{GS} > U_{GS(off)}$,所以,正确的解为 $I_{DQ} = I_{DQ2} = 1$ mA,$U_{GSQ} = u_{GSQ2} = -2$ V。代入方程③,得漏源极间电压

$$U_{DSQ} = U_{DD} - I_D(R_D + R_S) = [20 - 1 \times 10^{-3} \times (12 \times 10^3 + 2 \times 10^3)] \text{ V} = 6 \text{ V}$$

(2) 动态分析

由式(6.3.4)得

$$g_m = \frac{2}{|U_{GS(off)}|}\sqrt{I_{DSS}I_{DQ}} = \frac{2}{|-4|}\sqrt{4 \times 1} \text{ mS} = 1 \text{ mS}$$

画出放大电路的微变等效电路如图 6.3.7 所示。

根据图 6.3.7 得电压增益

$$A_u = \frac{u_o}{u_i} = \frac{-g_m u_{gs}(R_D // R_L)}{u_{gs}} = -g_m(R_D // R_L) = -g_m R'_L \quad (6.3.12)$$

式中,$R'_L = R_D // R_L = 4$ kΩ,$A_u = -g_m R'_L = -1 \times 4 = -4$。

由以上分析可知,共源放大电路的输出电压与输入电压反相,是反相放大器。

输入电阻为

$$R_i = \frac{u_i}{i_i} = R_G \quad (6.3.13)$$

所以,$R_i = R_G = 1$ MΩ,输入电阻很大。

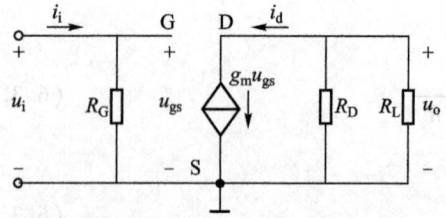

图 6.3.7 图 6.3.1 的微变等效电路

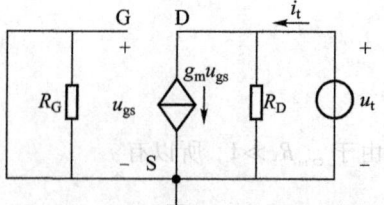

图 6.3.8 计算输出电阻的电路

计算输出电阻的等效电路如图 6.3.8 所示,因此

$$R_o = \frac{u_t}{i_t} = R_D \quad (6.3.14)$$

所以，$R_o = R_D = 12 \text{ k}\Omega$。

6.3.3 场效应管放大与三极管放大的比较

需要指出，场效应管的共源极、共栅极和共漏极放大电路与三极管的共发射极、共基极和共集电极放大电路相似。

1. 控制量不同

场效应管栅极电流近似为零，属于电压 u_{GS} 控制电流 i_D 的压控电流源器件。这与三极管在发射极正偏时，有电流通过基极的情况形成明显的差异。因此，场效应管在 i_G 为零的条件下，不讨论输入特性曲线，而研究三极管时则需要讨论输入特性曲线。一般来说，场效应管放大电路的输入电阻趋于无穷大，三极管放大电路的输入电阻则有限。

2. 非线性特性的线性化

三极管和场效应管都有输出特性曲线，并且该曲线族中都采用了一个参数（如三极管中的 i_B，场效应管中的 u_{GS}）来反应受控电流特性。一般来说，无论三极管或是场效应管的电压电流特性均是非线性的，只是在满足一定工程要求，如小信号条件时，可将其近似看成线性关系，并由此有了建立在直流工作点基础上的小信号分析法。

3. 静态工作点的作用

将三极管或场效应管这种非线性元件线性化处理后，即在静态工作点处以切线代替了曲线后，以静态工作点为基准，小信号之间有了线性关系，叠加定理也适用上述条件下的电路分析。但是一定要注意，交流信号（即小增量）与直流电源之间不属于叠加定理关系。所以我们一直强调，对半导体器件构成的非线性电路，一定要先建立一个直流平台（设置静态工作点），交流信号在这一直流平台基础上才能进行线性处理。

6.4 多级放大电路

6.4 Multiple Amplifiers

前面介绍了由单个三极管和场效应管构成的单元放大电路，这样的放大电路往往不能满足工程实际的需求，为此将多个单元放大电路通过级联方式连接构成性能更为优越的放大电路，即多级放大电路。

6.4.1 多级放大电路及级间耦合方式

多级放大电路中各单元放大电路的连接称为放大电路的级联。级联的方式有直接连接和通过中间元件连接的两种方式，前者称为直接耦合，后者有变压器耦合、电容耦合、光电耦合等多种方式。

图 6.4.1(a)中前后两级放大电路采用直接耦合方式连接，可以在无损情况下将前级放大电路的输出信号送到后一级作为激励信号，但前后两级放大电路的直流通路直接连通，无相对独立性，使静态工作点设置、调整和分析变得不易。

图 6.4.1(b)中前后两级放大电路采用变压器耦合方式,可以使前后两级直流电路相对独立,工作点设置、调整和分析较为简单,符合多级放大电路的"搭积木"设计思想。但该耦合方式体积大、价格高,不利于现代电路小型化的需求。此外,由于变压器线圈在高频信号下存在分布电容影响,低频信号下有电感影响,耦合电路对放大电路的频率响应有显著影响,不利于信号传递;但对中频段信号,可利用变压器对交流信号的阻抗变换作用,实现级间信号较理想的匹配和传递。

应用案例-
光电耦合

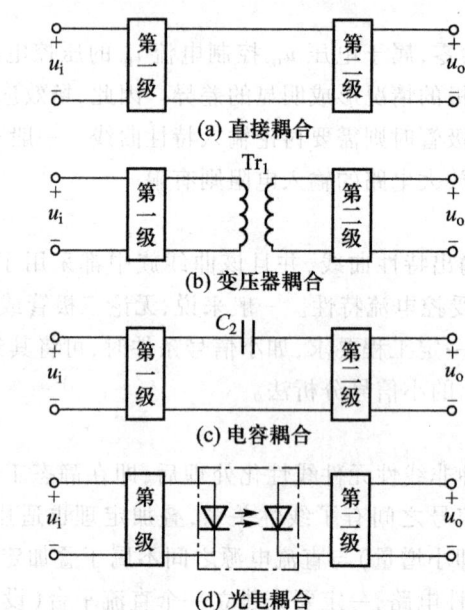

图 6.4.1 放大电路级间耦合方式

图 6.4.1(c)为电容耦合方式,电容起到隔直通交的作用。在信号频率较低时,电容对前级输出信号的损耗较大,不利于后级放大电路获取信号,因此不适于对低频缓变信号进行放大。

图 6.4.1(d)为光电耦合方式,其中两个二极管分别为发光二极管和光电二极管(光电二极管是将光强转化为电信号的专用二极管),两个二极管之间通过光信号实现信号传递,同时使前后级之间的电信号隔离;因此,各放大电路的电量相对独立,在电路整体的电量设置、调整和分析上较为简单,符合现代电路系统的"搭积木"设计思想。

6.4.2 多级放大电路的性能分析

图 6.4.2 所示为一个多级放大电路的结构示意图。

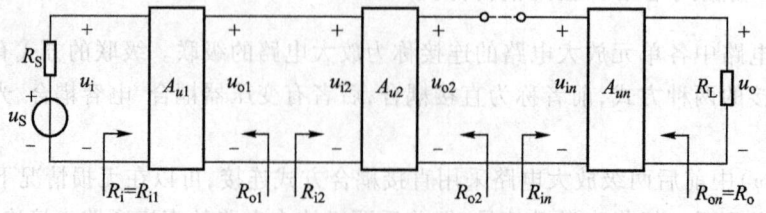

图 6.4.2 多级放大电路的方框图

分析该放大电路总的电压增益为

$$A_u = \frac{u_o}{u_i} = \frac{u_{o1}}{u_i}\frac{u_{o2}}{u_{i2}}\cdots\frac{u_o}{u_{in}} = A_{u1}A_{u2}\cdots A_{un} \quad (6.4.1)$$

式中，u_{o1}、u_{o2}、$\cdots$分别表示第1级、第2级、$\cdots$放大电路的输出信号，$u_{i2}\cdots u_{in}$分别表示第2级到第n级放大电路的输出信号，且前一级放大电路的输出信号与后一级放大电路的输入信号相等，即有$u_{o(n-1)} = u_{in}$。

上式表明，多级放大电路的总电压增益在形式上等于各级电压增益的乘积。但在具体计算各级放大电路增益时，应将后级的输入电阻作为前级的负载电阻，即$R_{L(n-1)} = R_{in}$。

放大电路总的输入电阻为

$$R_i = R_{i1} \quad (6.4.2)$$

按输入电阻定义，输入电阻是放大电路从输入端看入的等效电阻。因此，由图6.4.2所示，输入电阻是第1级放大电路的输入端向右看，包括各级放大电路及负载R_L的等效电阻。

放大电路总的输出电阻为

$$R_o = R_{on} \quad (6.4.3)$$

按输出电阻定义，输出电阻是放大电路输出端的戴维宁等效电阻。因此，由图6.4.2所示，输出电阻是除负载R_L之外，从第n级放大电路的输出端向左看，包括各级放大电路和信号源内阻R_s的等效电阻。

多级放大电路在应用中作为整体，其电路性能是6.2节和6.3节的单元放大电路所不能比拟的，具体如下：

① 多级放大电路的输入信号经由多个放大单元依次放大后形成输出信号，其总电压增益见式(6.4.1)，因此电路的放大能力远大于单个放大电路。

② 由式(6.4.2)和式(6.4.3)可知，多级放大电路的输入电阻由第1级放大电路的输入等效电阻决定，输出电阻由最后一级放大电路的戴维宁等效电阻决定。因此，在根据实际需要设计多级放大电路时，可以采用不同放大单元进行组合，以满足不同的电压增益、输入电阻和输出电阻等参数要求。

③ 由于多级放大电路组成单元电路的多样性，多级放大电路的输入、输出信号形式不再受单元放大电路的固有特性限制。

6.4.3 多级放大电路的工作点稳定问题

在前面所介绍的多种耦合方式中，直接耦合放大电路具有显著的优点：电路不包含大电容和大电感；可以放大输入信号中的直流分量和低频信号，放大电路的低频特性好，因此，一般在集成电路设计制造中，常采用直接耦合方式的多级放大电路。下面主要分析直接耦合多级放大电路的工作点稳定问题。

图6.4.3所示是一个直接耦合放大电路，前一级放大电路的输出端与后一级放大电路的输入端直接或经过一个电阻连接起来。

在直接耦合放大电路中，由于前后级之间没有隔直元件，前后级的直流通路直接相连；因此，在设计多级放大电路时必须考虑前后级放大电路静态工作点的相互影响和配合问题。此外，由于前后级之间的直流路径相通,因此,放大电路中任意一点的直流电位发生改变,都会引起输出端电位的变化。事实上,由于直流电源电压($+U_{CC}$)波动,元件老化引起的元件参数变化,工作温度变化引起的半导体元件参数变化等因素的影响,即使在输入信号为零时,放大电路的输出端也会出现电压的缓慢变动,即输出端电压偏离原来的起始点而上下波动,如图 6.4.4 所示,这种现象称为零点漂移。

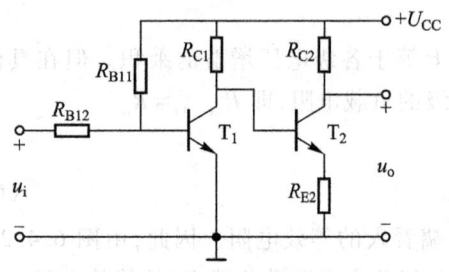

图 6.4.3 直接耦合的多级放大电路

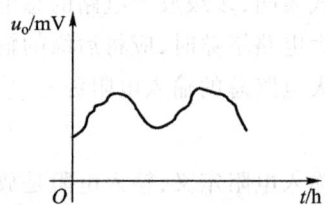

图 6.4.4 零点漂移现象

在多级直接耦合放大电路中,前一级的零点漂移(静态电位的变化)将和有用信号一起传送到后级放大电路,并经过逐级放大,在输出端产生严重的影响,甚至无法与有用信号区分,致使放大电路丧失正常工作能力,严重时还可能损坏管子。显然,在各级零点漂移导致的输出成分中,第一级的零点漂移产生的影响最大。

为了减小直接耦合放大电路的零点漂移,通常选用高稳定度的电源和温度稳定性高的电路元件。对于由温度变化所引起的漂移,可采用温度补偿电路。下一节介绍的差分放大器对抑制零点漂移有很好的效果。

6.5 差分放大电路

6.5 Differential Amplifiers

6.5.1 差分放大电路的基本结构和工作原理

在要求较高的多级直接耦合放大电路中,一般广泛采用差分放大电路抑制零点漂移。

图 6.5.1 是典型差分放大电路。它是由两个特性完全相同的三极管 T_1 和 T_2 组成的对称放大电路。图中正、负电源及射极电阻 R_E(也称长尾电阻)为两管公用;通常 R_E 取值较大,造成电源 U_{CC} 在其上产生较大的压降,致使两管静态工作点处于不合理的位置,为此,又引进辅助负电源 $-U_{EE}$,以抵消 R_E 上的直流压降,并使发射极电位 V_E 为 $-0.6 \sim -0.7$ V,为 T_1 和 T_2 管的基极提供了适当的偏置;信号由 T_1 和 T_2 管的基极输入,分别由两管的集电极输出。因此,可以认为该电路是一个由两个性能完全相同的单管共射放大电路组合而成的单元电路。

1. 对零点漂移的抑制作用

在没有输入信号(即 $u_i=0$)时,u_{i1} 和 u_{i2} 均为零。由于电路完全对称,两管的静态集电极电流和电压彼此相等,因此,输出电压 $u_o=u_{o1}-u_{o2}=0$。当温度变化或电源电压波动时,对两管的集电

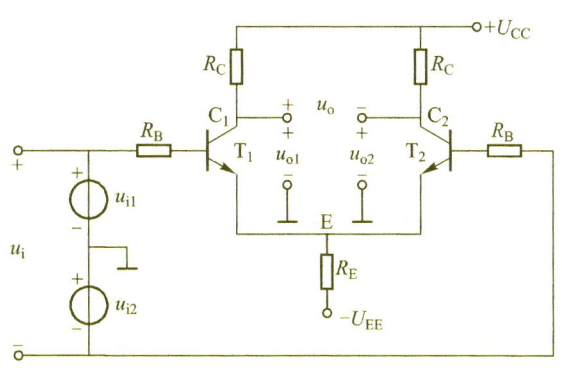

图 6.5.1 典型差分放大电路

极电流和电压的影响相同，即集电极电流和电压的变化量相等，$\Delta I_{C1} = \Delta I_{C2}$，$\Delta u_{o1} = \Delta u_{o2}$，因此，相等的变化量也相互抵消，使输出电压仍为零，从而抑制了零点漂移。

上述抑制零点漂移的关键在于电路的对称性，也在于输出取自两管的集电极之间，$u_o = u_{o1} - u_{o2}$，这种输出方式称为双端输出。但对每个管子来说，零点漂移还是较大的。为此，在电路中引入较大的发射极电阻 R_E。显然，R_E 的作用同图 6.2.7 中电阻 R_E 的作用相似，也具有强烈的负反馈作用，因此，可以使静态工作点足够稳定。在该电路中，当 T_1 和 T_2 管同时导通时，流过 R_E 的漂移电流是单管放大电路的 2 倍，所以，增强了电路的负反馈作用，从而使两管的静态工作点更加稳定。因此，即使是电路并不完全对称、仅采用 u_{o1} 或 u_{o2} 输出（单端输出方式），均能有效地抑制零点漂移。

2. 对差模、共模、差分信号的放大作用

（1）差模输入

在差分放大器的两个输入端加上大小相等而相位相反的输入信号，即 $u_{i1} = -u_{i2}$，这种输入方式称为差模输入方式，这种信号称为差模信号，用 u_{id} 表示，即

$$u_{i1} = -u_{i2} = u_{id}$$

在差模信号作用下，如果 T_1 管的集电极电流增加，则 T_2 管的集电极电流要等量地减小，这就使 T_1 管集电极电位下降，而 T_2 管集电极电位等量地升高。如果两管集电极对地的电压变化量分别用 u_{o1} 和 u_{o2} 表示，则 $u_{o1} = -u_{o2}$。由于两管电流的变化量大小相等、方向相反，故流过发射极电阻 R_E 中的电流变化量为零，电阻 R_E 对差模信号不起作用，即发射极电阻 R_E 无交流负反馈作用，发射极相当于交流接地。这时，电路两边均相当于普通的单管放大电路，双端输出时整个放大电路的电压放大倍数为

$$A_{d2} = \frac{u_{od}}{u_i} = \frac{u_{o1} - u_{o2}}{u_{i1} - u_{i2}} = \frac{2u_{o1}}{2u_{i1}} = A_d = -\beta \frac{R_C}{R_B + r_{be}} \quad (6.5.1)$$

式中，A_{d2} 表示差分放大器双端输出时的电压放大倍数，A_d 为单管共发射极放大电路的电压放大倍数。由式（6.5.1）可见，双端输出时，差分放大电路的电压放大倍数与单管放大电路的电压放大倍数相同。从这一点来说，**差分放大电路实际上就是通过双倍的元件来实现一个单管放大电路的放大倍数，换取对零点漂移的抑制作用。**

如果把负载一端接地，输出电压仅从某一管的集电极与地之间取出，这种输出方式称为

单端输出。由于输出电压只是一个管子集电极电压的变化量,故单端输出时电压放大倍数只有双端输出时的一半,比如负载接在 T_1 管的集电极和地之间,则放大器的单端输出电压增益 A_{d1} 为

$$A_{d1}=\frac{u_{od}}{u_{id}}=\frac{u_{o1}}{2u_{i1}}=\frac{1}{2}A_d=-\beta\frac{R_C}{2(R_B+r_{be})} \tag{6.5.2}$$

(2) 共模输入

在差分放大器两个输入端加入大小相等、相位相同的电压信号,即 $u_{i1}=u_{i2}=u_{ic}$,这种输入方式称为共模输入方式,这种信号称为共模信号,用 u_{ic} 表示。显然,由于 T_1 管和 T_2 管所加信号完全一样,则两管集电极电流变化相同,集电极电位变化也相同,因此采用双端输出时输出电压 $u_{oc}=u_{c1}-u_{c2}=0$,说明双端输出的差分放大电路对共模信号没有放大作用,其共模电压放大倍数 $A_c=\dfrac{u_{oc}}{u_{ic}}=0$。实质上,差分放大电路对零漂的抑制作用就是抑制共模信号的一个特例。

实际电路中,由于对应元件不可能完全对称,两管特性也不可能完全相同,因此 $A_c\neq 0$,但很小,在 $10^{-2}\sim 10^{-4}$ 的范围内。显然,A_c 越小,电路对零点漂移的抑制能力越强。

(3) 差分输入

如果两个输入信号 u_{i1}、u_{i2} 既非单纯的差模信号,亦非单纯的共模信号,而是任意信号,分别加在两个输入端和地之间,这样的输入方式称为差分输入,这样的信号称为差分信号。

为了便于分析,通常把这种任意信号分解为差模分量 u_{id} 和共模分量 u_{ic} 的组合,即 $u_{i1}=u_{ic}+u_{id}$,$u_{i2}=u_{ic}-u_{id}$,其中

$$u_{ic}=\frac{1}{2}(u_{i1}+u_{i2}), \quad u_{id}=\frac{1}{2}(u_{i1}-u_{i2}) \tag{6.5.3}$$

差分放大器主要放大差模分量,即

$$u_o=A_d(u_{i1}-u_{i2})=2A_d u_{id} \tag{6.5.4}$$

可见,任意两个输入信号均可分解成一个差模分量和一个共模分量的组合,而放大电路只放大了两个输入信号的差值,因此,称为差分放大电路。

例 6.5.1 差分放大电路的两个差分输入信号分别为 $u_{i1}=10\text{ mV}$,$u_{i2}=2\text{ mV}$,试求其差模信号和共模信号。

解:根据定义有

$$u_{i1}=u_{ic}+u_{id}, u_{i2}=u_{ic}-u_{id}$$

可得共模信号为

$$u_{ic}=\frac{1}{2}(10+2)\text{ mV}=6\text{ mV}$$

差模信号为

$$u_{id}=\frac{1}{2}(10-2)\text{ mV}=4\text{ mV}$$

3. 共模抑制比 K_{CMR}

为了综合衡量差分放大电路对差模信号的放大作用和对共模信号的抑制能力,引入共模抑制比 K_{CMR} 这一性能参数

$$K_{CMR} = \left| \frac{A_d}{A_c} \right|$$

用分贝表示则为

$$K_{CMR} = 20 \lg \left| \frac{A_d}{A_c} \right| \text{ dB}$$

其值越大,说明差分放大电路放大差模信号的能力越强,而受共模信号干扰的影响越小。一般要求 K_{CMR} 应在 $10^3 \sim 10^6$(60~120 dB)以上。

*6.5.2 具有恒流源的差分放大电路

为了增大差分放大电路对共模信号的抑制能力,提高共模抑制比,可以采用增大发射极公共电阻 R_E 的阻值的方法。但是,R_E 越大,要获得合适的静态工作点所需的负电源 $|U_{EE}|$ 越高。为了既能用较小的负电源 $|U_{EE}|$ 供电,又能提高共模抑制比,可以用三极管组成的恒流源来代替 R_E,如图 6.5.2 所示。

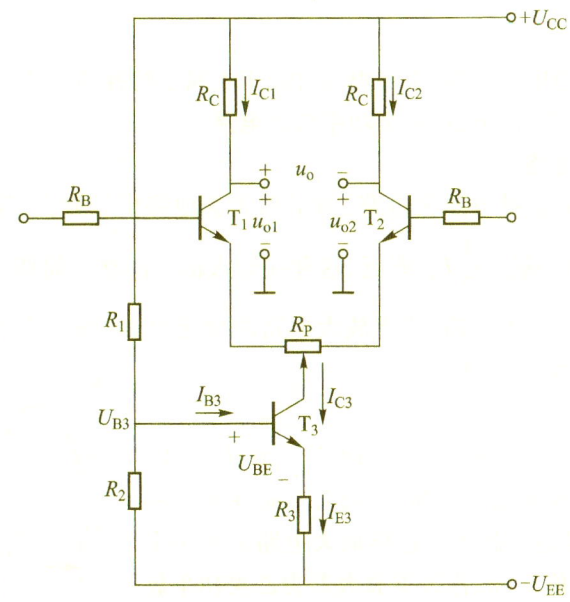

图 6.5.2 具有恒流源的差分放大电路

图 6.5.2 中,用三极管 T_3 组成的恒流源电路代替 R_E 的作用。R_1 和 R_2 构成分压式偏置电路,给 T_3 提供了固定的基极电位 U_{B3},T_3 的发射极串接电阻 R_3,它具有负反馈作用。T_3 组成的恒流源电路实际上是一个具有分压式偏置和负反馈电阻的工作点稳定放大电路,其工作原理和图 6.2.7 所示放大电路类似。因此,当温度变化时,其集电极电流 I_{C3} 基本上保持不变,从而起恒流源的作用。

由于 I_{C3} 保持不变,则 I_{C1} 和 I_{C2} 也基本上保持不变。这样,T_1 和 T_2 的集电极电压 u_{o1} 和 u_{o2} 也不随温度而变化,从而达到了抑制零点漂移的目的。

6.6 功率放大电路

6.6 Power Amplifiers

多级放大电路的末级或末前级一般都是功率放大电路。对于功率放大电路,前置级送给它的是经过电压放大后的幅度较大的信号,它的功能是进行功率放大,向负载输出功率。与 6.2 节中介绍的单级放大电路一样,功率放大电路中的三极管同样起着能量控制的作用,它并不能向负载提供能量,它只是控制直流电源 U_{CC} 的能量,使其按输入信号的变化规律传递给负载。因此,功率放大电路并不是真的将功率放大了,而是通过三极管的控制作用将电源提供的直流形式的能量转换成交流形式的能量提供给负载。

6.6.1 功率放大电路的基本概念

1. 功率放大电路的分类

功率放大电路可分为甲、乙、丙、丁等类型,丙、丁类属于特种功率放大电路,常用于通信中的高频电路,本书只介绍甲类、乙类、甲乙类功率放大电路。

(1) 甲类功率放大电路

在 6.2 节中介绍的共发射极放大电路,为了不失真地将信号放大,设置了合适的静态工作点,静态电压 U_{CEQ} 的取值一般在 $\frac{1}{2}U_{CC}$ 附近,这种在输入信号的整个周期三极管都处于导通状态的放大电路称为甲类功率放大电路,此类放大电路的导通角 $\theta=2\pi$。甲类功率放大电路的集电极电流 i_c 的波形如图 6.6.1(a)所示。

(2) 乙类功率放大电路

假如放大电路不设置静态工作点,即 $I_{BQ}=0$、$I_{CQ}\approx 0$、$U_{CEQ}\approx U_{CC}$。从图 6.2.6 所示波形可知,三极管只是在正半周形成基极电流 i_b,负半周完全截止。这样放大电路只有半个周期有信号输出,其导通角 $\theta=\pi$,称该类放大器为乙类功率放大电路。即使不考虑输入特性的死区,乙类功率放大电路集电极电流 i_c 的波形如图 6.6.1(b)所示,也会出现严重失真。

(3) 甲乙类功率放大电路

放大电路虽然设置了静态工作点,但其静态工作点设置偏低,I_{BQ} 较小,U_{CEQ} 过大,放大电路仍然会出现截止失真,其导通角 $\pi<\theta<2\pi$,称为甲乙类功率放大电路。它的集电极电流 i_c 的波形如图 6.6.1(c)所示,出现部分波形截止失真。

2. 功率放大电路的输出功率和效率

放大电路的输出功率 P_o 由输出端交变的电压和电流有效值的乘积所决定,即

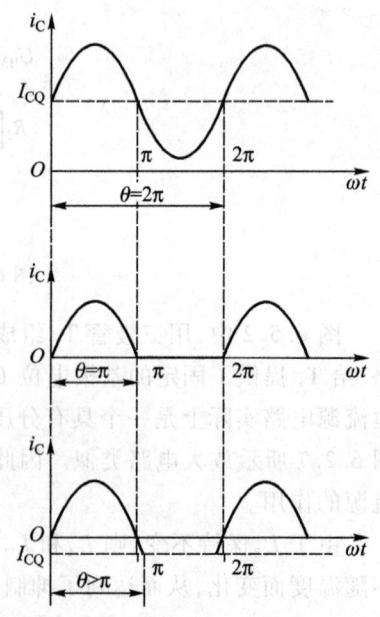

图 6.6.1 三种放大电路的 i_c 波形

$$P_o = U_{cc}I_c \tag{6.6.1}$$

式中,U_{cc}、I_c 分别为 u_{cc}、i_c 的有效值。直流电源的输出功率 P_E 为

$$P_E = \frac{1}{T}\int_0^T U_{CC}i_C\,dt \tag{6.6.2}$$

式中,i_C 为交直流合成的集电极电流,假如它的交流分量正、负半周对称,则式(6.6.2)积分的结果为 $P_E = U_{CC}I_C$,I_C 为集电极电流中的直流分量,其值为集电极电流的静态值。

放大器的效率 η 为

$$\eta = \frac{P_o}{P_E} \times 100\% \tag{6.6.3}$$

放大电路的损耗(也称为管耗)P_T 为

$$P_T = P_E - P_o \tag{6.6.4}$$

功率放大电路的损耗和效率与多种原因相关,分析式(6.6.1)~式(6.6.4)可知,减少损耗、提高效率可以从以下两方面着手:其一,降低直流电源的输出功率 P_E;其二,提高放大电路的输出功率。有不同的措施可以达到上述目的,本书仅简单介绍目前广泛采用的互补对称功率放大电路。

6.6.2 互补对称功率放大电路

在本书 6.2.3 节中介绍了共集电极放大电路(射极输出器),其输出电阻低,带负载能力强,所以功率放大电路广泛采用此种电路形式。该放大电路为甲类放大电路,其优点是可以不失真地放大信号,但从式(6.6.2)可知,无论有无信号,直流电源供给的功率始终是 $P_E = U_{CC}I_C$。当无信号输入时,电源输出的功率全部转换为管耗,放大电路效率很低。即使在理想的情况下,放大电路的效率也仅为 50%。为提高效率,必须减小静态管耗。如果使放大电路工作在乙类状态,则三极管静态电流 $I_{CQ} \approx 0$,能有效达到降低静态管耗的目的,但此时三极管只在输入信号的半个周期导通,波形被削去一半,造成严重失真。为此,采用互补对称功率放大电路解决以上问题。

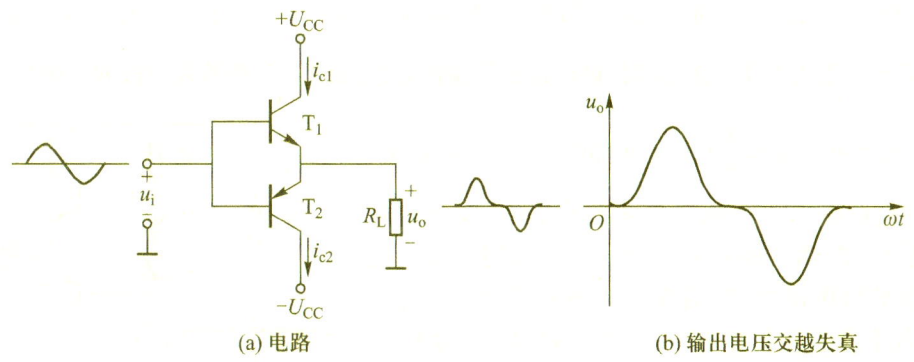

(a) 电路　　　　　　　　　　　　(b) 输出电压交越失真

图 6.6.2　乙类互补对称功率放大电路

图 6.6.2(a)是乙类互补对称功率放大电路,T_1、T_2 管均构成射极输出器。在正弦输入信号 u_i 的正半周,NPN 型 T_1 管因发射结正偏而导通,负载 R_L 上得到正半周的输出波形,PNP 型 T_2

管因发射结反偏而截止;在 u_i 的负半周,T_1 管因发射结反偏而截止,T_2 管因发射结正偏而导通,负载得到负半周的输出波形。输出电压 u_o 为完整的正弦信号。两个异型管子 T_1 和 T_2 轮流各导通半个周期,互相弥补了对方的失真,所以称"互补",电路中正、负电源取值对称 $U_{CC}=|-U_{CC}|$,T_1、T_2 两管的参数和特性也对称,所以称"对称";因此,整个电路称为"乙类互补对称功率放大电路"。

当输入信号使 T_1 或 T_2 接近饱和时,可得到最大不失真的输出电压幅度为

$$U_{om} = U_{CC} - U_{CES} \approx U_{CC} \tag{6.6.5}$$

式(6.6.5)中,U_{CES} 为 T_1 或 T_2 管的饱和管压降。

设输入是正弦电压且其幅值为 U_{om},对于电阻负载,输出平均功率为 $P_o = U_o I_o = \dfrac{U_o^2}{R_L} = \dfrac{U_{om}^2}{2R_L}$,根据式(6.6.5),则最大输出平均功率为

$$P_{om} \approx \dfrac{U_{CC}^2}{2R_L} \tag{6.6.6}$$

同时可估算出该功率放大电路的最大效率为

$$\eta_{max} = \dfrac{P_o}{P_E} = \dfrac{\pi}{4} = 78.5\% \tag{6.6.7}$$

显然功率放大电路的效率得到极大提高。但是,仔细分析输出信号 u_o 的波形,发现在正、负半周的交接处波形发生了失真。这是由于没有设置静态工作点,$I_{BQ}=0$,而三极管输入特性存在死区,因此在输入电压 u_i 较小且不足以克服死区电压的区域,三极管输出电流保持 $i_C \approx 0$,输出电压 $u_o \approx 0$,如图6.6.2(b)所示,这种失真称为交越失真。为了克服交越失真,应该给管子设置一定的静态偏置电流 I_{BQ},使其恰好可以克服输入特性的死区。这样,管子就工作在甲乙类状态,因此采用这种改进方式的电路称为"甲乙类互补对称功率放大电路",如图 6.6.3 所示。

图 6.6.3 所示功率放大电路仅用一个电源供电,但在输出端接电容 C;电容 C 取值较大,有足够的容量,以保证动态时电容 C 两端电压基本不变。静态时,驱动管 T_1 导通,其集电极电路中的二极管 D_1、D_2 也随之导通,D_1、D_2 管的正向压降为 T_2、T_3 管提供了一定的基极偏置电压,使 T_2、T_3 管处于甲乙类工作状态;同时,设计合适的偏置电路,使 T_2、T_3 两管发射极静态电位为 $\dfrac{1}{2}U_{CC}$,电容 C 两端的电压也为 $\dfrac{1}{2}U_{CC}$。动态时,由于二极管 D_1、D_2 动态电阻很小,动态电压可忽略不计,因此,对于信号作用来说,T_2、T_3 两管的基极电位可认为相同。输入信号 u_i 的负半周作用时,T_1 管集电极电位升高,T_2 管导通,T_3 管截止。电容 C 对交流可视为短路,R_L 作为 T_2 的负载,得到正半周的信号,由于 T_1 管为反相放大器,所以输出 u_o 与 u_i 反相。当 u_i 正半周作用时,T_1 管集电极电位下降,T_2 截止,T_3 导通,R_L 两端输出负半周信号,此时电容 C 两端的直流电压对 T_3 起电源的作用,电容 C 通

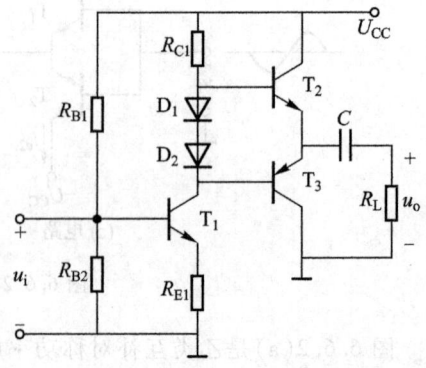

图 6.6.3 (甲乙类)互补对称功率放大器

过 T_3、负载 R_L 放电。根据时间常数 $\tau = R_L C$，只要电容 C 的容量较大，电容两端电压下降不多，基本保持不变。

除上面介绍的，还有一些互补对称功率放大电路，有兴趣的读者可参阅相关文献。

6.6.3 复合管

互补对称电路都需要一对异型、特性对称的 NPN 型和 PNP 型功率输出管。在输出功率不太大时，可直接选配管子。当输出功率在几十毫安以上时，就要采用中功率或大功率管，但功率大的管子不易配对。这时，常采用复合管以实现配对。两个管子按一定方式连接起来，构成复合管，为使两个管子都处于放大状态，构成复合管应按如下组成规律：① 两个管子的基极电流能流通；② 第一个管子的 C-E 极只能接第二个管子的 C-B 极。如与第二个管子的 B-E 极连接，由于 $u_{B2E2} \approx 0.7$ V，u_{C1E1} 受此约束，不能处于放大状态；③ 复合管的类型与第一个管子的类型相同。如果不讲合理性，两个管子有多种连接方式，但按上述规律，只有 4 种是合理的，如图 6.6.4 所示。

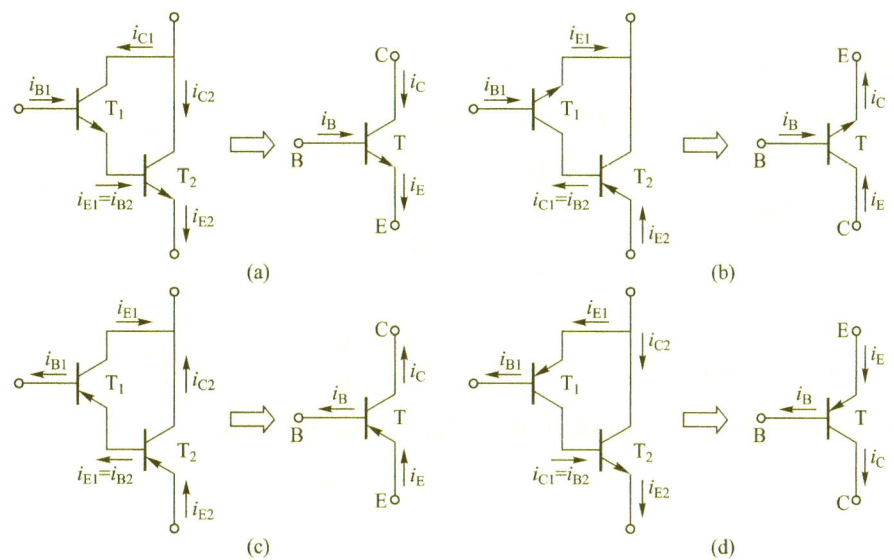

图 6.6.4 4 种合理的复合管

以图 6.6.4(a) 为例，如果 T_2 射极电位最低（−）、T_1 基极电位比其高 2 个 PN 结导通电压（+）、两管的集电极电位比 T_1 基极电位更高（++），则 T_1 和 T_2 管均能工作在放大状态，并且 T_1 的射极电流作为 T_2 的基极电流，与电流实际方向一致，所以 T_1 和 T_2 组成复合管，且复合管的类型为第 1 个元件的类型，即 NPN 管；复合管的电流放大系数近似等于每个管子的电流放大系数的乘积。

例 6.6.1 试计算图 6.6.4(a) 中复合管的电流放大倍数 β 及输入电阻 r_{be}，设 T_1、T_2 管电流放大倍数和输入电阻分别为 β_1、β_2、r_{be1}、r_{be2}。

解：$\beta = \dfrac{i_c}{i_b} = \dfrac{i_{c1} + i_{c2}}{i_{b1}} = \dfrac{\beta_1 i_{b1} + \beta_2 (1+\beta_1) i_{b1}}{i_{b1}} = \beta_1 + \beta_2 (1+\beta_1) \approx \beta_1 \beta_2$

$r_{be} = \dfrac{u_{be}}{i_b} = \dfrac{r_{be1} i_{be1} + r_{be2} i_{be2}}{i_{b1}} = \dfrac{r_{be1} i_{b1} + r_{be2} (1+\beta_1) i_{b1}}{i_{b1}} = r_{be1} + r_{be2}(1+\beta_1) \approx r_{be1} + \beta_1 r_{be2}$

学习指导

【本章重点】

1. 重点介绍了放大电路的工作原理。一个放大电路是否能对输入信号进行有效放大,主要取决于放大电路的直流通路和交流通路是否完善,直流通路提供合适的静态工作点,交流通路则对变化的电信号提供放大和传输的路径。以共发射极放大电路为例,介绍了放大电路的基本分析方法。

① 静态分析:从放大电路的直流通路分析计算各极电流、极间电压的直流值即静态值,以便确定静态工作点。

固定偏置电路: $I_B = \dfrac{U_{CC} - U_{BE}}{R_B}$ $I_C = \beta I_B$ $U_{CE} = U_{CC} - I_C R_C$

② 动态分析:动态分析是研究信号在电路中的传输情况,确定交流输出信号的大小和质量,如放大倍数,输入、输出电阻及波形失真程度等。用微变等效电路法对共射极基本放大电路进行分析,其电压放大倍数为

$$\dot{A}_u = \dfrac{\dot{U}_o}{\dot{U}_i} = -\dfrac{\beta \cdot R'_L}{r_{be}}$$

其中 $R'_L = R_C // R_L$,对低频小功率管,$r_{be} = 300 + (1+\beta)\dfrac{26(\text{mV})}{I_E(\text{mA})}$,单位为 Ω。

若考虑信号源内阻,设信号源内阻为 R_S,则对信号源的放大倍数为

$$\dot{A}_{us} = \dfrac{\dot{U}_o}{\dot{U}_s} = -\dfrac{r_i}{r_i + R_S} \cdot \dfrac{\beta \cdot R'_L}{r_{be}}$$

其中 r_i 为放大电路的输入电阻,其大小为 $r_i = R_B // r_{be} \approx r_{be}$。

放大电路的输出电阻为 $r_o = R_C$。

③ 当静态工作点偏高或偏低时会产生饱和失真或截止失真,信号幅值过大会产生大信号失真。

2. 重点介绍了引入负反馈稳定静态工作的原理,分析了分压式偏置共发射极放大电路的结构及其性能改变。

分压式偏置电路的静态分析: $V_B = \dfrac{R_{B2}}{R_{B1} + R_{B2}} \cdot U_{CC}$ $V_E = V_B - U_{BE}$

$I_C \approx I_E = \dfrac{V_E}{R_E}$ $I_B = \dfrac{I_C}{\beta}$ $U_{CE} \approx U_{CC} - I_C(R_C + R_E)$

动态分析:取决于反馈电阻在引入直流反馈的同时,是否也引入了交流反馈,如果反馈电阻在交流通路中不起作用,则对放大电路的动态性能没有影响,如果反馈电阻在交流通路中存在,

则此时电压放大倍数 $\dot{A}_u = \dfrac{\dot{U}_o}{\dot{U}_i} = -\dfrac{\beta \cdot R'_L}{r_{be}+(1+\beta)R_E}$，输出电阻为 $r_i = R_B \mathbin{/\mkern-6mu/} r_{be}+(1+\beta)R_E$。

可见，负反馈的存在使其电压放大倍数减小了，输入电阻变大了。

3. 理解共集电极放大电路的构成及特点。共集电极放大电路具有输入电阻高、输出电阻低的特点，在电子技术中获得了广泛应用，在多级放大电路中可用作输入级、缓冲级和输出级。又由于其电压放大倍数 $\dot{A}_u = \dfrac{(1+\beta)R'_L}{r_{be}+(1+\beta)R'_L} \approx 1$，且输入、输出同相，所以又称为射极跟随器或电压跟随器。

4. 介绍了多级放大电路有四种级间耦合方式：阻容耦合、变压器耦合、直接耦合和光电耦合。直接耦合放大电路可以放大直流信号，主要应用于集成电路中；但是直接耦合多级放大电路会出现前后级放大电路工作点相互影响和导致零点漂移的问题。

【本 章 难 点】

1. 掌握放大电路的基本分析方法。一般分两步进行分析。

第一步：静态分析。

作直流通路，令信号源不作用（视为接地），电容开路处理；

在直流通路中求静态工作点 Q，即分别在输入回路和输出回路列方程，求 (U_{BE}, I_B) 和 (U_{CE}, I_C)，它们分别对应输入和输出特性曲线上的坐标，即为 Q 点的坐标；并通过静态工作点判断三极管所处的工作状态。

第二步：动态分析。

作交流通路，直流电源相当于接地，电容短路处理；

用三极管的微变等效模型代替三极管，三极管 b、c、e 三个电极的位置保持不变，画出相应的微变等效电路；

利用电路分析的知识，在微变等效电路中计算放大电路的性能指标，即 A_u、R_i 和 R_o。

2. 了解差分放大电路的构成，它是由两个特性相同的三极管 T_1 和 T_2 组成的对称电路；理解差分放大电路利用电路的对称性和深度负反馈实现对共模信号和零点漂移的抑制及对差模信号的放大作用。了解功率放大电路的构成，理解功率放大电路与普通电压放大电路不同，它通常在大信号状态下工作，要求输出功率尽可能大，效率尽可能高，非线性失真小。甲类放大电路波形不失真，但效率低；乙类放大电路效率高，但波形失真严重；因此普遍采用的是互补对称功率放大电路，为避免交越失真，通常利用一定的偏置电路，使互补对称功率放大电路工作在甲乙类状态。

3. 了解场效应管放大电路的分析与计算。场效应管的源极、漏极、栅极相当于三极管的发射极、集电极、基极。场效应管的共源极放大电路和源极输出器与三极管的共发射极放大电路和射极输出器在结构上也相类似。场效应管放大电路的分析与三极管放大电路一样，包括静态分析和动态分析。在用它组成放大电路时，也需要为其设置静态偏置电路，以建立合适的静态工作点，即建立合适的删源偏置电压 U_{GS}。与三极管放大电路一样，场效应管放大电路的动态分析也采用微变等效电路。

【典型例题】

例 6.1 在例 6.1(a)图所示放大电路中,已知:$U_{CC}=12\ V$, $R_C=2\ k\Omega$, $R_L=2\ k\Omega$, $R_{B1}=100\ k\Omega$, $R_P=1\ M\Omega$,三极管 $\beta=50$,取 $U_{BE}=0.6\ V$。试求:(1)当 R_P 调到 0 时的静态工作点值(I_B、I_C、U_{CE}),并判定三极管工作在什么区;(2)当 R_P 调到最大时的静态工作点值(I_B、I_C、U_{CE}),并判定三极管工作在什么区;(3)若使 $U_{CE}=6\ V$,问 R_P 应调节到多大?(4)若在 $U_{CE}=10\ V$ 的条件下,输入和输出信号波形如例 6.1(b)图所示,判定是什么失真,说明应如何调节 R_P 以减小失真。

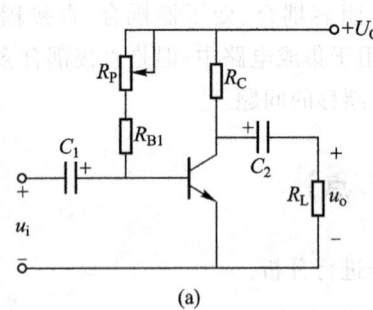
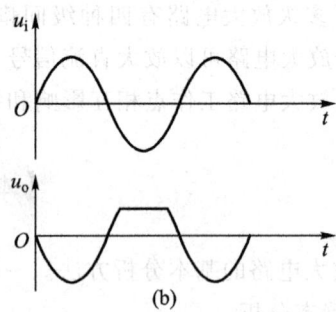

例 6.1 图

【分析】这是一个简单共发射极放大电路的静态分析问题,其主要目的是如何根据静态工作点确定三极管的工作状态,以及为了使三极管有较好的静态工作点,应如何选取元件参数。

【解】(1)当 $R_P=0$ 时,$R_B=R_{B1}=100\ k\Omega$,此时 $I_B=\dfrac{U_{CC}-U_{BE}}{R_B}=\dfrac{12-0.6}{100}\ mA=114\ \mu A$,若按线性区计算,则 $I_C=\beta I_B=5.7\ mA$,$U_{CE}=U_{CC}-I_C R_C=(12-5.7\times 2)\ V=0.6\ V$,可见,三极管已进入饱和区。

(2)当 R_P 最大时,$R_B=R_{B1}+R_P=1\ 100\ k\Omega$,此时 $I_B=\dfrac{U_{CC}-U_{BE}}{R_B}=10\ \mu A$,则 $I_C=\beta I_B=0.5\ mA$,$U_{CE}=U_{CC}-I_C R_C=11\ V\approx U_{CC}$,可见,三极管已进入截止区附近。

(3)若 $U_{CE}=6\ V$,则 $I_C=\dfrac{U_{CC}-U_{CE}}{R_C}=3\ mA \Rightarrow I_B=\dfrac{I_C}{\beta}=60\ \mu A$,因此

$$R_B=\dfrac{U_{CC}-U_{BE}}{I_B}=190\ k\Omega \Rightarrow R_P=R_B-R_{B1}=90\ k\Omega$$

(4)结合图解法分析可知,u_o 波形产生了截止失真,这是因为静态工作点 Q 偏低。为此应适当减小 R_P,增大 I_B、I_C 使 Q 点上移(尽量设置在交流负载线的中点),同时适当调节输入信号 u_i,使它的最大动态工作范围不超过三极管的线性工作区。

例 6.2 在例 6.2(a)图所示电路中,已知三极管的电流放大系数 $\beta=60$,信号源的输入电压 $U_S=15\ mV$,内阻 $R_S=0.6\ k\Omega$,各个电阻和电容的数值也已标在电路图中。试求:(1)电路的静态工作点 I_B、I_C、U_{CE};(2)该放大电路的输入电阻和输出电阻;(3)输出电压 U_o;(4)若 $R''_E=0$,U_o 等于多少?

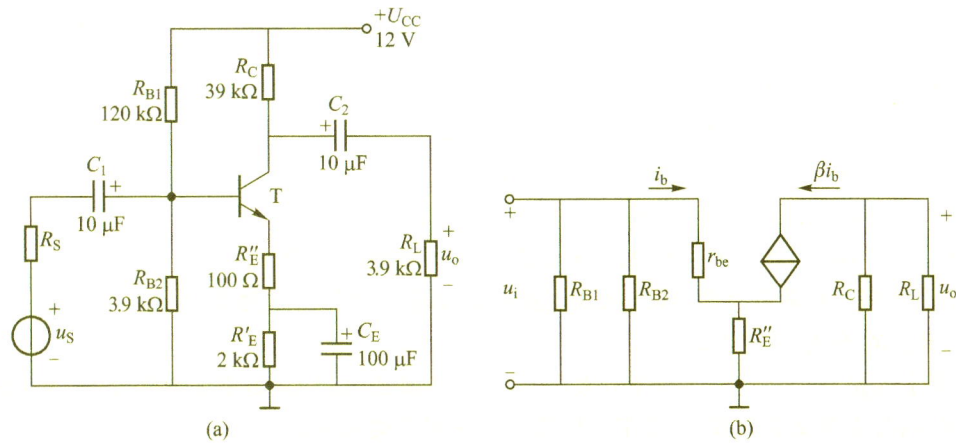

例 6.2 图

【分析】 这是一个分压式偏置共发射极放大电路,引入发射极电阻 R_E 的目的在于稳定静态工作点,并联旁路电容 C_E 又不至于使电压放大倍数过低。其静态分析可以采用估算的方法,其动态分析如同简单共发射极放大电路一样,根据微变等效电路来计算动态性能指标。

【解】(1) $V_B = \dfrac{R_{B2}}{R_{B1}+R_{B2}} \cdot U_{CC} = \dfrac{39}{120+39} \cdot 12 \text{ V} = 2.94 \text{ V}$

$I_C \approx I_E = \dfrac{V_B}{R_E'' + R_E'} = \dfrac{2.94}{2+0.1} \text{ mA} = 1.4 \text{ mA}$, $I_B = \dfrac{I_E}{1+\beta} = \dfrac{1.4}{61} \text{ mA} = 0.023 \text{ mA}$

$U_{CE} = U_{CC} - I_C(R_C + R_E'' + R_E') = [12 - 1.4 \times (3.9 + 2.1)] \text{ V} = 3.6 \text{ V}$

(2) 如例 6.2(b) 图所示

$r_{be} = 300 + \dfrac{26}{I_B} = \left(300 + \dfrac{26}{0.023}\right) \Omega = 1.43 \text{ k}\Omega$, $r_o = R_C = 3.9 \text{ k}\Omega$

$r_i = R_{B1} // R_{B2} // [r_{be} + (1+\beta)R_E''] = \dfrac{\dfrac{120 \times 39}{120+39} \times (1.43 + 61 \times 0.1)}{\dfrac{120 \times 39}{120+39} + (1.43 + 61 \times 0.1)} \text{ k}\Omega = 6 \text{ k}\Omega$

(3) $A_u = \dfrac{u_o}{u_i} = -\beta \dfrac{R_C // R_L}{r_{be} + (1+\beta)R_E''} = -60 \times \dfrac{\dfrac{3.9 \times 3.9}{3.9+3.9}}{1.43+61 \times 0.1} = -15.5$

$A_{uS} = \dfrac{u_o}{u_S} = \dfrac{u_o}{u_i} \times \dfrac{u_i}{U_s} = A_u \times \dfrac{r_i}{r_i + R_s} = -15.5 \times \dfrac{6}{6+0.6} = -14$

$U_o = |A_{uS}| \times U_s = 14 \times 15 \text{ mV} = 210 \text{ mV}$

(4) 若 $R_E'' = 0$,则 $r_i' = R_{B1} // R_{B2} // r_{be} = \dfrac{\dfrac{120 \times 39}{120+39} \times 1.43}{\dfrac{120 \times 39}{120+39} + 1.43} = 1.36 \text{ k}\Omega$

$$A'_u = -\beta \frac{R_C // R_L}{r_{be}} = -\frac{60 \times 3.9/2}{1.43} = -82, \quad A'_{us} = A'_u \times \frac{r'_i}{r'_i + R_S} = -82 \times \frac{1.36}{1.36+0.6} = -57$$

因此 $U'_o = |A'_{us}| \times U_S = 57 \times 15 \text{ mV} = 855 \text{ mV}$。

例 6.3 分析例 6.3 图所示电路,回答以下问题:

(1) 它是一个什么放大电路? T_4、T_6 工作在哪类状态?

(2) T_1、T_2 的作用是什么? 静态时 A 点电位 V_A 是多少?

(3) 若 $u_i = 10\sin\omega t$ V, $R_L = 8$ Ω,试求输出电压 u_o 和输出功率 P_o。

(4) 若忽略三极管的饱和压降,则该电路的最大输出功率 P_{omax} 为多少?

(5) R_{E1}、R_{E2} 的作用是什么?

【**分析**】这是一个互补对称功率放大电路,为了提高放大倍数,需要采用复合管,为了提高电源的效率,同时克服交越失真,又要求三极管工作在甲乙类状态。

【**解**】(1) 本电路为互补对称功率放大电路,T_4 和 T_6 工作在甲乙类状态。

(2) T_1 和 T_2 相当于两只二极管,与 R_B 一起为 T_3 和 T_5 提供一定的偏置电压,以消除交越失真。静态时 T_4 与 T_6 对称,$V_A = 0$。

(3) 根据射极输出器原理,$A_u \approx 1$,则 $u_o \approx u_i = 10\sin\omega t$ V,输出功率为

$$P_o = \frac{U_o^2}{R_L} = \frac{U_{om}^2}{2R_L} = \frac{10^2}{2\times 8} \text{ W} = 6.25 \text{ W}$$

(4) 忽略三极管饱和压降,则输出电压最大幅值为 $U_{omax} \approx U_{CC} = 15$ V,则电路的最大输出功率为

$$P_{omax} = \frac{U_{omax}^2}{2R_L} = \frac{15^2}{2\times 8} \text{ W} = 14 \text{ W}$$

(5) 由于 R_{E1} 并联在 T_4 的 B、E 两端,R_{E2} 并联在 T_6 的 B、E 两端,起了分流作用,使 T_3 的静态电流不全部流入 T_4,而 T_5 的静态电流不全部流入 T_6,以减小总的穿透电流,提高温度稳定性。它们还减小了 T_4 和 T_6 的动态输入电阻,使 u_o 更接近于 u_i,即射极输出器的电压放大倍数 A_u 更接近于 1。

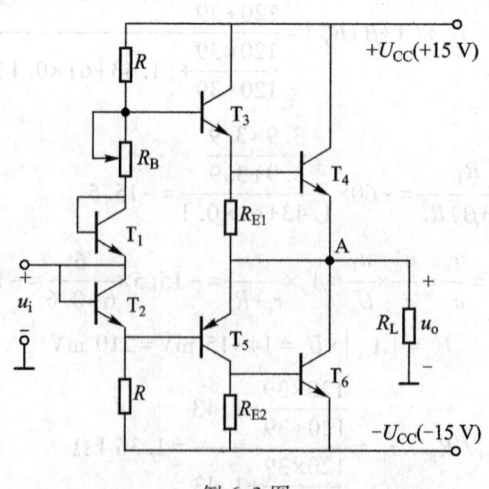

例 6.3 图

例 6.4 有一静态工作点稳定的放大电路如例 6.4(a)图所示,试完成以下仿真分析:(1) 测试该放大电路的工作点,并判断其工作状态;(2) 当输入信号 $u_i = 10\sin 2\,000\pi t$ mV 时,观察输入信号和输出信号的波形;(3) 当输入信号的幅度增大时,观察输出信号的失真现象。

【分析】(1) 画电路图,如例 6.4(a)图所示。

① 三极管:Place Transistors→BJT_NPN,选取 2N2222A 型三极管。

② 直流电压源:Place Source→POWER_SOURCES→DC_POWER,选取电压源并依据给定条件设置参数。

③ 接地:Place Source→POWER_SOURCES→GROUND,按电路原理图设置接地。

④ 电阻:Place Basic→RESISTOR,按电路原理图分别设置阻值。

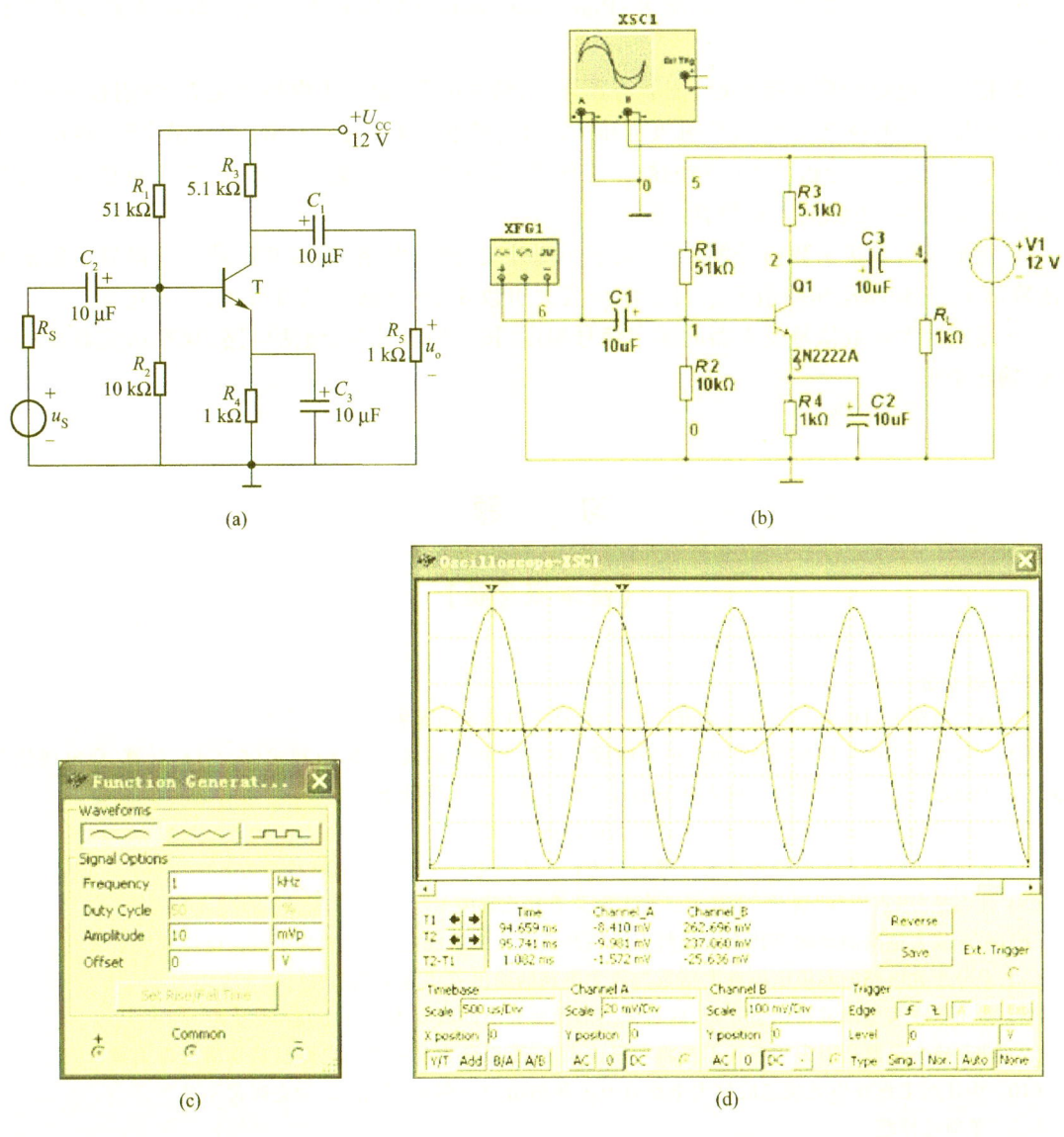

例 6.4 图

⑤ 电解电容：Place Basic→CAP_ELECTROLIT，按电路原理图选取 $10\mu F$ 的电容。

（2）设置仪表：采用函数信号发生器作为输入信号源，采用示波器观察输入、输出信号的波形。

① 如例 6.4(b)图所示放置函数信号发生器：从虚拟仪器工具栏调取 XFG1，输入信号参数设置如例 6.4(c)图所示。

② 如例 6.4(b)图放置示波器：从虚拟仪器工具栏调取 XSC1，A 通道观察输入信号波形，B 通道观察输出信号波形。

（3）仿真分析

① 采用电压表、电流表测量静态工作点，放置电压表：Place Indicators→VOLTMETER，选取电压表并设置为直流挡，放置电流表：Place Indicators→AMMETER，选取电流表并设置为直流挡。

② 把放大电路的输入端接地，按下仿真开关，激活电路，记录集电极电流 I_C、发射极电流 I_E、基极电流 I_B、集-射极电压 U_{CE}、发射极电压 U_E 和基极电压 U_B 的测量值；测量结束时，再次按下仿真开关，停止仿真；分析放大电路的静态工作点，并判断放大电路的工作状态，并可估算单管共发射极放大电路的电流放大系数 β。

③ 把输入信号接函数信号发生器，按下仿真开关，激活电路，观察并记录示波器显示的输入电压峰值 U_{im} 与输出电压峰值 U_{om}，计算电压放大倍数 A_u，再次按下仿真开关，停止仿真。

④ 逐渐增大函数信号发生器的输出信号幅度，按下仿真开关，激活电路，观察示波器显示的输入、输出波形。

习　题

【基本概念题】

6.1　思考题

（1）放大电路的目的既然是放大交流信号，为什么还有直流电量？

（2）三极管处于饱和区和截止区时，仍采用放大状态参数下的式(6.2.8)和式(6.2.11)计算，会出现什么现象？能否通过先假设三极管处于放大状态的计算结果认定三极管处于什么状态？为什么？

（3）试比较场效应管放大电路与三极管放大电路的异同。

（4）多级放大电路常见的耦合方式有哪些？为什么集成电路中要采用直接耦合方式？

（5）什么是"零点漂移"现象，它对多级放大电路有什么影响？

（6）差分放大电路的结构有什么主要特点？用两个三极管组成电路，是否为了提高电压放大倍数？

（7）差分放大电路的差模电压放大倍数与放大电路的输出方式有无关系？

（8）对功率放大电路进行动态分析，能否采用前面所介绍的微变等效电路？为什么？

（9）功率放大电路是因为功率管本身将功率放大了，所以称为功率放大电路。这句话是否正确？

（10）为什么工作在甲类状态的放大电路直流电源输出的功率 P_E 在静态、动态时都不变？

6.2　单项选择题

（1）电路如题 6.2(1)图(a)所示，输入 $u_i = 10\sin \omega t$ mV 为正弦波，其输出 u_o 波形如题 6.2(1)图(b)所示，

则该电路产生了(　　)失真。

① 饱和失真　　　　　　② 截止失真　　　　　　③ 交越失真

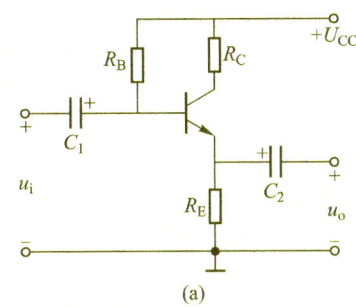
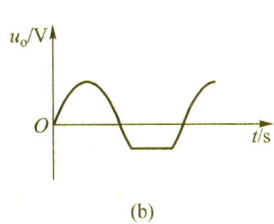

题 6.2(1)图

(2) 三极管的输入特性如题 6.2(2)图所示,三极管的交流输入电阻为(　　)。

① U_2/I_1　　　　　　② $1/\tan\alpha$　　　　　　③ $\tan\alpha$

(3) 放大电路如题 6.2(3)图所示,已知输入电压 $u_i=U_{im}\sin\omega t$,则发射极输出电压为(　　)。

① $U_{im}\sin(\omega t+\pi)$　　　　② $U_{im}\cos\omega t$　　　　③ $U_{im}\sin\omega t$

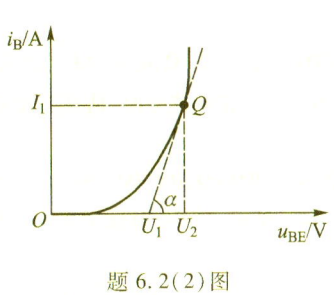
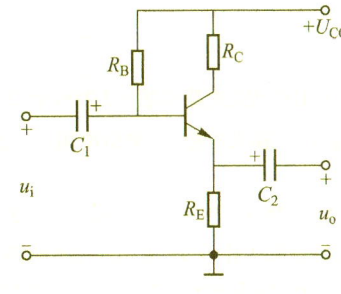

题 6.2(2)图　　　　　　　　　　　　　　题 6.2(3)图

(4) 放大电路与题 6.2(3)图相同,其电压放大倍数为 A,已知输出电压 $u_i=U_{im}\sin\omega t$,则集电极输出电压为(　　)。

① $AU_{im}\sin(\omega t+\pi)$　　　② $AU_{im}\cos\omega t$　　　③ $AU_{im}\sin\omega t$

(5) 共发射极放大电路空载电压放大倍数 A_{uo} 与负载后的电压放大倍数 A_u 相比,则(　　)。

① $A_{uo}>A_u$　　　　　　② $A_{uo}<A_u$　　　　　　③ $A_{uo}=A_u$

(6) 某放大电路如题 6.2.1 所示,其静态工作点 Q 如题 6.2(6)图所示,欲使静态工作点移至 Q' 需使(　　)。

① 偏置电阻 R_B 增加　　② 集电极电阻 R_C 减小　　③ 集电极电阻 R_C 增加

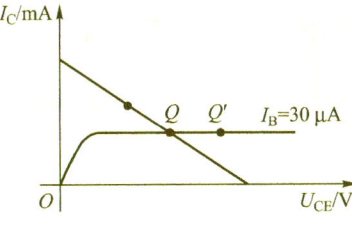

题 6.2(6)图

(7) 三极管处于截止状态时,集电结和发射结的偏置情况为(　　)。
① 发射结正偏,集电结反偏　② 发射结、集电结均反偏　③ 发射结、集电结均正偏

(8) 把射极输出器的性能与共发射极放大器相比,下列说法错误的是(　　)。
① 输入电阻高　　　　　② 输出电阻小　　　　　③ 既没有电压放大,也没有电流放大

(9) 一个两级阻容耦合放大电路的前级和后级静态工作点均偏低,当前一级输入信号幅度足够大时,后级输出电压波形将(　　)。
① 首先产生饱和失真　② 首先产生截止失真　③ 双向同时失真

(10) 多级放大电路为了放大直流信号,应采用(　　)耦合方式。
① 阻容耦合　　　　　② 直接耦合　　　　　③ 变压器耦合

(11) 直接耦合放大电路产生零点漂移的最主要原因是(　　)。
① 温度的变化　　　　② 电源电压的波动　　　③ 电路元件参数的变化

(12) 为了提高功率放大电路的输出功率和效率,三极管放大电路应工作在(　　)类状态,而要避免交越失真,则应工作在(　　)类状态。
① 甲类,甲乙类　　　② 乙类,甲类　　　　　③ 乙类,甲乙类

(13) 互补对称功率放大电路,若设置静态工作点使两管均工作在乙类状态,将会出现(　　)。
① 饱和失真　　　　　② 频率失真　　　　　③ 交越失真

【简单计算题】

6.3　共发射极放大电路如题6.3图所示,如$U_{CC}=12\text{ V},\beta=40,R_B=300\text{ k}\Omega,R_C=2\text{ k}\Omega,R_L=2\text{ k}\Omega$。试求:(1) 静态值:$I_B$、$I_C$、$U_{CE}$;(2) 输入电阻$r_i$、输出电阻$r_o$、电压放大倍数$A_u$;(3) 当输入为正弦信号时,估算不失真最大输入电压U_{im}。

6.4　电路如题6.3图所示,已知$U_{CC}=12\text{ V},R_C=3\text{ k}\Omega,R_L=6\text{ k}\Omega,R_B=300\text{ k}\Omega,\beta=100$。假设$U_{BE}=0.7\text{ V}$,试求:(1) 电路的静态工作点$I_B$、$I_C$、$U_{CE}$,该电路处于什么工作状态?(2) 要想使该电路处于放大工作状态,且$U_{CE}=6\text{ V}$,那么R_B应为多大?并计算放大电路的电压放大倍数A_u。

6.5　射极跟随器如题6.5图所示,如$U_{CC}=12\text{ V},\beta=60,R_B=200\text{ k}\Omega,R_E=2.4\text{ k}\Omega,R_L=2.4\text{ k}\Omega$。若放大电路的输入端接内阻为$R_S$的信号源,试求:(1) 静态值:$I_B$、$I_C$、$U_{CE}$;(2) 输入电阻$r_i$、输出电阻$r_o$和电压放大倍数$A_u$。

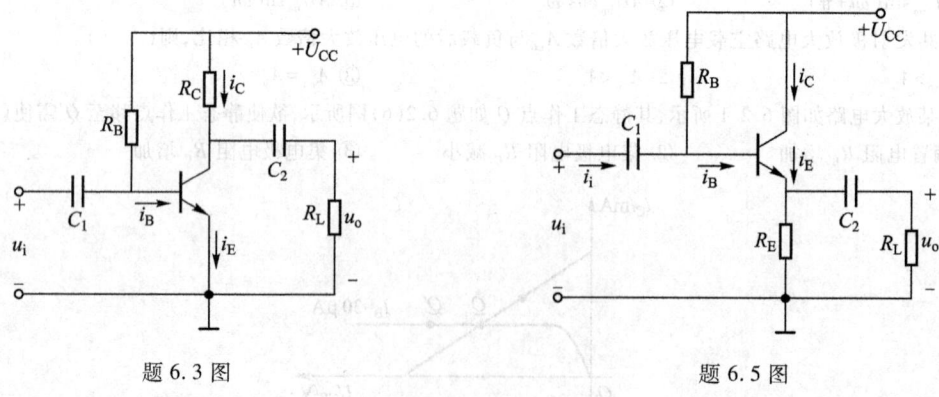

题6.3图　　　　　　　　　　　　　　题6.5图

6.6　电路如题6.6图所示,已知$U_{CC}=24\text{ V},\beta=20,R_B=96\text{ k}\Omega,R_C=2.4\text{ k}\Omega,R_E=2.4\text{ k}\Omega$。试求:(1) 静态值:$I_B$、$I_C$、$U_{CE}$;(2) 如$u_i=1.4\sin\omega t\text{ V}$,计算$u_{o1}$、$u_{o2}$;(3) 分析电路的特点。

6.7 电路如题 6.7 图所示,已知 $U_{DD}=20\text{ V}, R_D=10\text{ k}\Omega, R_{G1}=200\text{ k}\Omega, R_{G2}=51\text{ k}\Omega, R_{S1}=1\text{ k}\Omega, R_{S2}=9\text{ k}\Omega$, $R_G=1\text{ M}\Omega, R_L=10\text{ k}\Omega$,场效应管为 N 沟道耗尽型,$I_{DSS}=0.9\text{ mA}, U_{GS(th)}=-4\text{ V}, g_m=1.5\text{ mA/V}$。试求:(1) 静态值:$U_{GS}, I_D, U_{DS}$;(2) 画出微变等效电路;(3) 输入电阻 r_i、输出电阻 r_o、电压放大倍数 A_u。

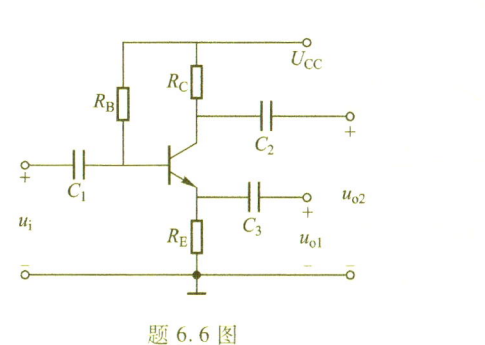

题 6.6 图

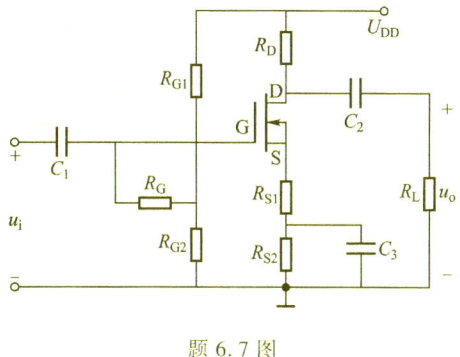

题 6.7 图

6.8 功率放大电路如题 6.8 图所示,设 T_1 与 T_2 的 $|U_{CE(sat)}|=1\text{ V}$,电源电压 $U_{CC}=\pm 13\text{ V}$。求:当接入信号幅值足够大时,放大电路的最大不失真输出功率 P_{om} 为多少?

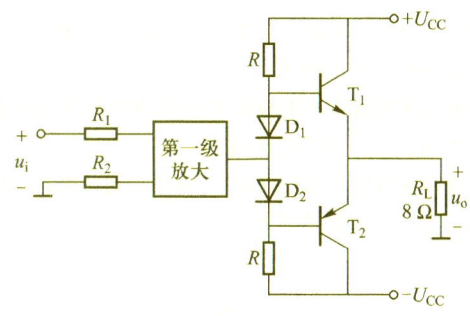

题 6.8 图

【综合应用题】

6.9 两级放大电路如题 6.9 图所示,两只三极管的 $\beta=100, U_{BE}=0.6\text{ V}$,忽略 r_{ce},T_2 的 $r_{be2}=5.5\text{ k}\Omega$,$R_{B3}$ 的阻值很大,所有电容对信号短路。试计算:(1) 第一级的静态集电极电流 I_{C1};(2) 两级的电压增益(可作合理的近似);(3) 输入电阻。

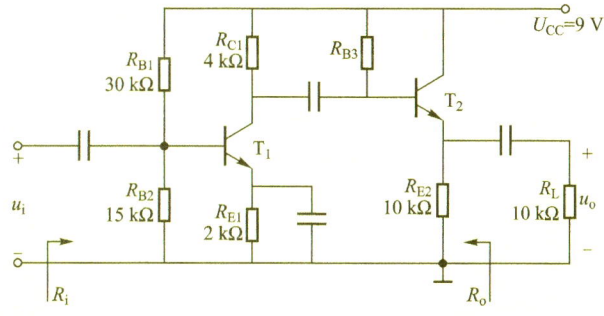

题 6.9 图

6.10 仿真分析:某一单端输出的带镜像电流源的差分放大电路如题 6.10 图所示,其中,三极管型号均为 2N4400,电阻 R_C 的阻值为 2 kΩ,电位器 R_P 为 5 kΩ,±12 V 正负电源供电,画出电路原理图并分析:

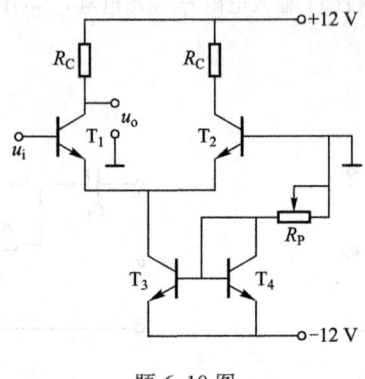

题 6.10 图

(1) 测试工作点,要求工作点 $I_{CQ}=1.5$ mA;
(2) 输入信号为 100 mV/50 kHz 时,测试差模增益、共模抑制比(保证信号不失真);
(3) 观察该差分放大电路的幅频特性。

6.11 仿真分析:某一甲乙类功率放大电路的仿真原理图如题 6.11 图所示,设置函数信号发生器的参数,使放大电路的输入信号为 $u_i=4\sin 2\,000\pi t$ V,试分析:

(1) 短接二极管 D_1 和 D_2,设置为零偏置乙类推挽放大电路,观察输出波形是否发生交越失真;试分析产生交越失真的原因,并归纳在电路中加进两个二极管的作用。

(2) 恢复二极管 D_1 和 D_2,示波器观察输入和输出波形,并测试输出电压峰值 U_{oP} 和输入电压峰值 U_{iP},求放大电路的电压增益 A_u 和放大器的最大平均输出功率 P_o。

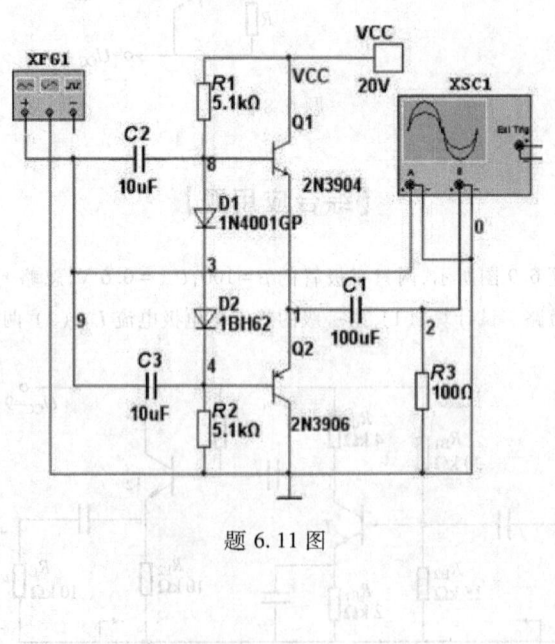

题 6.11 图

第7章 集成运算放大器及其应用
Chapter 7　Operational Amplifier and Its Apllications

本章内容	基本要求：了解集成运算放大器的符号、特性和主要参数；了解负反馈组态的判断方法，了解负反馈对放大器性能的影响；理解运放引入负反馈的意义；明确"虚短"和"虚断"的含义，掌握理想运算放大器做线性运用时的基本分析方法；理解运放组成的比例、加、减、积分和微分运算电路；了解运放构成的常用转换电路原理；了解有源滤波器的工作原理；理解比较器的工作原理及分析方法；理解信号发生电路。
7.1　集成运算放大器简介	
7.2　负反馈的作用	
7.3　运放构成线性运算电路	
7.4　有源滤波电路	
7.5　运放的非线性应用	
7.6　信号产生电路	
学习指导	
习题	

7.1　集成运算放大器简介
7.1　Introduction of Operational Amplifiers

在 6.4 节中我们已经介绍单个放大电路往往不能满足工程实际的需求,为此将多个单元放大电路通过级联方式构成性能更为优越的放大电路,即多级放大器。集成运算放大器(Operational Amplifier)(简称运放 Op-amp)实质上是一种输入电阻大、输出电阻小、电压放大倍数很高的多级直接耦合放大器,其结构如图 7.1.1 所示,其输入级(第一级)一般采用差分放大器,中间级由电压放大倍数很高的共发射极放大器组成,输出级一般由互补对称功率放大器或射极输出器组成。

图 7.1.1　典型的运放结构图

集成电路是将整个电路中的二极管、三极管、电阻、电容等元件及其连线都制作在一块半导体芯片上,形成一个不可分割的固体组件,实现了材料、元器件和电路三者的有机结合。集成电路具有可靠性高、通用性强、使用灵活、体积小、重量轻、耗电省、价格便宜等一系列优点。

早期的分立元件运算放大器作为模拟电子计算机的一个基本部件,用于各种数学运算,因此,人们把它称为运算放大器。由于集成电路技术的迅速发展,集成运放逐步取代了早期的分立元件运算放大器,其运用越来越广泛,早已超出运算范围,成为电子电路的一种基本元件。目前,集成运放在通信测量、自动控制、信号变换以及其他领域获得了广泛应用。

7.1.1 运放的主要参数

运放的图形符号如图 7.1.2(a)所示,由于输入端采用了差分放大器,所以它有两个输入端,反相输入端标"−"号(Inverting Input Terminal),同相输入端和输出端标"+"号(Non-Inverting Input Terminal)。它们对"地"的电压(即各端的电位)分别用 u_-、u_+ 表示,输出端对地的电压用 u_o 表示,其主要参数如下:

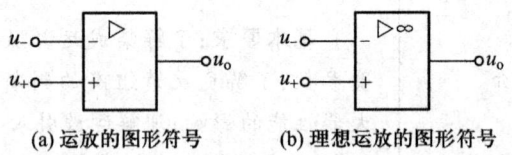

(a) 运放的图形符号　　(b) 理想运放的图形符号

图 7.1.2　运放的图形符号

1. 开环电压放大倍数 A_{uo}

直接测试运放的差模电压放大倍数,称为开环电压放大倍数。典型值为 $10^4 \sim 10^7$,如以分贝(dB)表示,则为 80~140 dB,即

$$A_{uo} = 20\lg \frac{U_o}{U_i} \text{ dB}$$

A_{uo} 是决定运放电路稳定性和运算精度的重要因素,A_{uo} 值越大越好。

2. 最大输出电压 U_{opp}

在一定电源电压下,运放输出电压和输入电压保持不失真关系的输出电压的峰值,称为最大输出电压。若运放采用±15 V 电源供电,则其 U_{opp} 约为 ±10 V。

3. 最大差模输入电压 U_{idmax}

U_{idmax} 是指运放的反向输入端和同相输入端之间所能承受的最大电压差值。

4. 最大共模输入电压 U_{icmax}

U_{icmax} 是指运放所能承受的最大共模输入电压值。超过这个值,运放的共模抑制比将明显下降,甚至造成器件的损坏。

5. 差模输入电阻 r_{id}

r_{id} 是指运放两个输入端之间的电阻值,一般在 $10^5 \sim 10^{11}$ Ω 范围。r_{id} 越大越好,它标志运放输入端向差模输入信号源索取电流的大小。

6. 输出电阻 r_o

r_o 是指运放输出级的输出电阻,它反映了运放的带负载能力,其值越小越好;大多数运放都采用互补对称电路作为输出级,所以输出电阻较低,一般在几十欧到几百欧。

7. 共模抑制比 K_{CMR}

K_{CMR}(Common Mode Rejection Ratio)是指运放的开环差模电压放大倍数与共模电压放大倍数的比值,用来衡量输入级各参数的对称程度。显然,K_{CMR} 越大,运放对共模信号的抑制能力越强。

7.1.2 运放的特性

1. 运放的理想化模型

在运放的诸多参数中,最主要的参数为开环电压放大倍数 A_{uo}、差模输入电阻 r_{id}、输出电阻 r_o 和共模抑制比 K_{CMR},各参数有如下特点:

(1) 开环电压放大倍数的数值很大;
(2) 差模输入电阻很高;
(3) 输出电阻很小;
(4) 共模抑制比很大。

在分析运放构成的应用电路时,可将它的参数理想化,所引起的误差很小,工程上是允许的,这就是理想运放模型。理想运放(Ideal Operational Amplifier)的主要参数如下:

(1) 开环电压放大倍数 $A_{uo} = \infty$;
(2) 差模输入电阻 $r_{id} = \infty$;
(3) 开环输出电阻 $r_o = 0$;
(4) 共模抑制比 $K_{CMR} = \infty$;

图 7.1.2(b)是理想运放的图形符号,"∞"表示开环电压放大倍数的理想化条件。

2. 运放的传输特性

运放输入与输出的关系可表示为

$$u_o = A_{uo}(u_+ - u_-) \tag{7.1.1}$$

当运放输入的差模电压 u_{id} 较小时,运放输出电压与输入电压满足式(7.1.1)所示的线性关系;随着输入差模电压 u_{id} 增大,输出电压 u_o 随之增大;但是运放的输出电压受限于直流电源的供电电压,即当输入增大到一定幅度后,输出电压不再增大,出现饱和现象;画出输出电压(u_o)与差模输入电压($u_{id} = u_+ - u_-$)之间关系的特性曲线,如图 7.1.3 所示,该曲线称为运放的传输特性曲线(Transmission Curve)。从图 7.1.3 可见,运放的传输特性可分为线性区和非线性区(饱和区)两个区域。

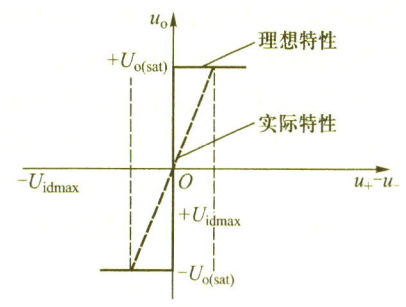

图 7.1.3 运放的传输特性

例 7.1.1 运放的开环电压放大倍数 $A_{uo} = 10^6$,采用 ±15 V 直流电源供电,且运放输出的饱和电压约为直流电源电压。(1) 试求最大差模输入电压 U_{idmax};(2) 若差模输入电阻 $r_{id} = 2\ \text{M}\Omega$,试求运放的输入电流 i_i。

解:(1) 运放的最大差模输入电压是指运放工作在线性区时最大的差模输入电压值,此时输出电压幅值达到最大,即 $U_{o(sat)} = \pm 15$ V,根据式(7.1.1),有

$$U_{idmax} = |u_+ - u_-| = \left|\frac{u_{o(sat)}}{A_{uo}}\right| = \left|\frac{\pm 15}{10^6}\right| = 15\ \mu\text{V}$$

(2) 若差模输入电阻 $r_{id} = 2\ \text{M}\Omega$,则运放的输入电流为

$$i_i = \frac{u_{idmax}}{r_{id}} = \frac{15 \times 10^{-6}}{2 \times 10^6} = 7.5 \times 10^{-12}\ \text{A} = 7.5\ \text{pA}$$

通过分析可见,运放的输入信号在$[-U_{idmax}, +U_{idmax}]$范围时,运放工作在线性区域,若输入信号超出该范围,则运放进入饱和区,运放的注入电流很小,为pA级的微弱电流。

7.2 负反馈及其对运放的影响
7.2 Negative Feedback and its Application in Operational Amplifiers

7.2.1 负反馈的概念及作用

例7.1.1 说明,运放的线性区很窄,当运放工作在开环状态时,运放很容易进入饱和区。为此,一般在运放电路中引入深度负反馈,拓展应用电路的线性工作范围。

本书在6.2.2节放大器的静态工作点稳定分析中简单介绍了负反馈及其作用,下面,我们将全面地介绍负反馈及其作用。

所谓的反馈(feedback)是指:将放大电路输出端电信号(电压或电流)的一部分或全部,通过某通路(反馈电路)引回到输入端,并对原电路信号的分配产生影响的电路现象。若引回到输入端的反馈信号起削弱原输入信号或与原输入信号作用相反时,则称为负反馈(Negative feedback);若反馈信号使原输入信号增强或与原输入信号作用相同,则为正反馈(Positive feedback)。

图7.2.1给出了负反馈放大电路的典型结构方框图。其中,$\dot{A}$为基本放大电路部分;$\dot{F}$为**反馈电路**,多数情况由电阻、电容元件组成。反馈电路的作用是联系沟通基本放大电路的输入回路和输出回路,实现将输出信号回送到输入端。如果放大电路中有反馈网络,则存在反馈,否则不存在反馈。

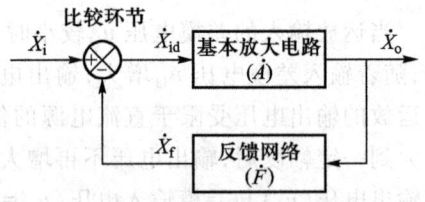

图7.2.1 反馈放大电路的方框图

图7.2.1中,设信号变量均为正弦信号(电压或电流),故用相量$\dot{X}$表示。信号的传递方向如图中箭头所示,$\dot{X}_i$、$\dot{X}_o$ 和 $\dot{X}_f$ 分别为输入、输出和反馈信号。$\dot{X}_f$ 和 $\dot{X}_i$在输入端进行比较($\otimes$是比较环节的符号),并根据图中"+","-"极性可得净输入信号$\dot{X}_{id}$为

$$\dot{X}_{id} = \dot{X}_i - \dot{X}_f \tag{7.2.1}$$

信号只能按箭头的方向传递,而不能逆向传递,方框内的$\dot{A}$、$\dot{F}$称为传递函数,其定义为响应除激励,即

$$\dot{X}_o = \dot{A} \dot{X}_{id} \tag{7.2.2}$$

$$\dot{X}_f = \dot{F} \dot{X}_o \tag{7.2.3}$$

$$\dot{X}_f = \dot{A} \dot{F} \dot{X}_{id} \tag{7.2.4}$$

其中,$\dot{A}\dot{F}$表示电路的环路增益,只有当$\dot{A}\dot{F}$为正实数时反馈电路才起抑制净输入信号的作用,即电路的反馈才是负反馈。

1. 负反馈的判断

除了用定义来区分正负反馈之外,通常还采用瞬时极性法来判断正负反馈。所谓信号的瞬时极性是指信号在某一瞬时的增加或减少,常用符号"+"表示增加,"-"表示减少。瞬时极性法

判断反馈极性的步骤如下：

(1) 假设在某一时刻输入信号的瞬时极性为增加，即标示为"+"。

(2) 判断通过基本放大电路后信号的瞬时极性，在放大器的输出端，如果输出信号增大，标示为"+"，如果减小标示为"−"。

(3) 判断通过反馈网络后反馈信号的瞬时极性，如果反馈信号增大，标示为"+"，减小标示为"−"。

(4) 判断与原始信号相比，净输入信号的增减情况，如果反馈信号使净输入信号增加则是正反馈；如果反馈信号使净输入信号减少则是负反馈。

具体判断过程如例 7.2.1 所示。

2. 负反馈的组态

在输出端，根据反馈信号取自输出电压或输出电流，可分为电压反馈、电流反馈两种；在输入端，根据反馈信号与输入信号的连接方式可分为并联反馈、串联反馈两种。由此组成如图 7.2.2 所示的并联电压反馈、并联电流反馈、串联电压反馈和串联电流反馈四种反馈类型。

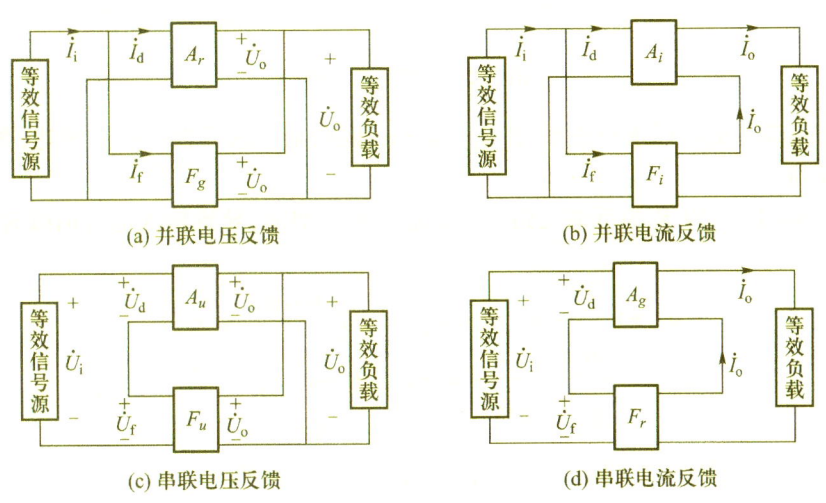

图 7.2.2 反馈组态方框图

例 7.2.1 试判断图 7.2.3 所示各电路中反馈的极性和组态。

解： 图 7.2.3(a)中，电阻 R_1 和 R_2 串联的支路构成反馈支路；用瞬时极性法判断反馈的极性，假设输入电压的瞬时极性是增加(+)，则

$$u_i(+) \xrightarrow{\text{同相端输入}} u_o(+) \xrightarrow{\text{反馈电路 } R_1 \text{ 和 } R_2} u_f(+)$$

$$\text{负反馈} \Leftarrow \quad \downarrow u_{id} = u_i - u_f \xleftarrow{\text{净输入信号}} \downarrow$$

从以上分析可知，反馈的引入抵消了输入量的变化趋势，在输入信号增加时使净输入信号减小了，因此是负反馈。

在输出端反馈取自输出电压，即 $u_f = \dfrac{R_2}{R_1+R_2} u_o$；反馈的作用是把输出电压的一部分返回到输入端，所以是电压反馈；在输入端，反馈信号与输入信号接在不同点，是串联关系，体现为净输入

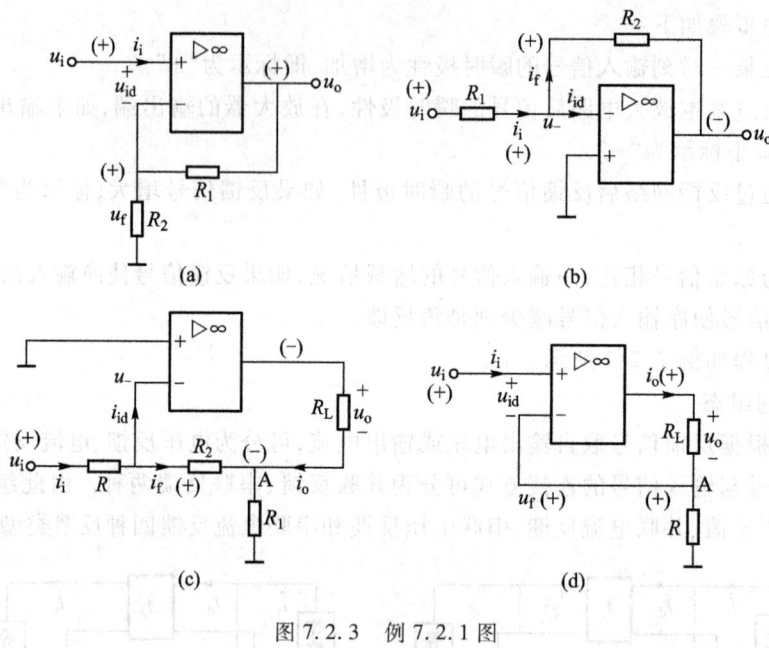

图 7.2.3 例 7.2.1 图

量是输入量与反馈量的电压求和关系,即 $u_{id}=u_i-u_f$,因此是串联反馈。综上所述,图(a)引入了电压串联负反馈。

图 7.2.3(b)中,电阻 R_2 为反馈支路。假设输入电压增加,导致输入电流的瞬时极性是增加(+),则

$$u_i(+)\xrightarrow{R_1}(u_i-u_-)/R_1=i_i(+)\xrightarrow{\text{反相输入}}u_o(-)$$
$$\xrightarrow{\text{反馈电路}R_2}(u_--u_o)/R_2=i_f(+)$$
$$\xrightarrow{\text{净输入信号}}i_{id}\downarrow=i_i-i_f\Rightarrow\text{负反馈}$$

当输入增大时,反馈抵消了输入信号的变化,使运放的净输入信号(i_{id})减少了,所以,电路引入了负反馈。

在输出端,反馈信号取自输出电压,运放输入端电压 $u_-\approx 0$,则 $i_f=\dfrac{u_--u_o}{R_2}\approx\dfrac{0-u_o}{R_2}=-\dfrac{u_o}{R_2}$;反馈的作用是把输出电压的一部分回馈到输入端,所以是电压反馈;在输入端,反馈信号与输入信号接在同一点,是并联连接,净输入量体现为输入电流与反馈电流的求和关系,即 $i_{id}=i_i-i_f$,因此是并联反馈。

综上所述,该电路引入了电压并联负反馈。

图 7.2.3(c)中,电阻 R_1 和 R_2 串联的支路构成反馈支路;假设输入电压增加,导致输入电流的瞬时极性是增加(+),则

$$u_i(+)\xrightarrow{R}(u_i-u_-)/R=i_i(+)\xrightarrow{\text{反相输入}}u_o(-)\to u_A(-)$$
$$\xrightarrow{\text{反馈电路}R_2}(u_--u_A)/R_2=i_f(+)\uparrow$$
$$\xrightarrow{\text{净输入信号}}i_{id}\downarrow=i_i-i_f\Rightarrow\text{负反馈}$$

当输入增大时,反馈支路的分流电流 i_f 也增大了,抵消了输入信号的变化,使运放的净输入信号(i_{id})减少了,所以是负反馈。

在电路中,运放输入端电压 $u_- \approx 0$,R_1 和 R_2 对 i_o 并联分流,则反馈电流 i_f 为

$$i_f = -\frac{R_1}{R_1+R_2}i_o$$

反馈取自输出电流,与输出电流成正比;反馈的作用是将输出电流的一部分回馈到输入端,因此为电流反馈。

在输入端,反馈信号与输入信号接在同一点,是并联连接,净输入量体现为输入电流与反馈电流的求和关系,即 $i_{id}=i_i-i_f$,因此是并联反馈。

综上所述,该电路引入了电流并联负反馈。

图 7.2.3(d)中,电阻 R 构成反馈支路;假设输入电压的瞬时极性是增加(+),则

$$u_i(+) \xrightarrow{\text{同相端输入}} u_o(+) \xrightarrow{\text{反馈支路}R} u_A(+) \to u_f(+)$$

$$\text{负反馈} \Leftarrow \quad \downarrow u_{id}=u_i-u_f \text{ 净输入信号} \downarrow$$

在输入信号增加时,反馈的引入抵消了输入量的变化趋势,使净输入信号减小了,因此是负反馈。

在电路中,运放输入端电流 $i_i \approx 0$,则反馈电压 u_f 为

$$u_f = u_A = Ri_o$$

反馈信号取自输出电流,与输出电流成正比;反馈的作用是将输出电流的一部分回馈到输入端,因此构成电流反馈。

在输入端,反馈信号与输入信号接在不同点,是串联关系,体现为净输入量为输入电压与反馈电压求和,即 $u_{id}=u_i-u_f$,因此是串联反馈。

综上所述,该电路引入了电流串联负反馈。

通过例 7.2.1 的分析可知,**在单个运放构成的电路中,如果反馈引入到运放的反相输入端,则该反馈是负反馈**;反之,如果反馈引回到同相输入端,则为正反馈。

3. 负反馈的作用

(1)负反馈对放大电路增益的影响

根据图 7.2.1,反馈放大器增益为

$$\dot{A}_f = \frac{\dot{X}_o}{\dot{X}_i} = \frac{\dot{X}_o}{\dot{X}_{id}+\dot{X}_f} = \frac{\dot{X}_o/\dot{X}_{id}}{1+\dot{X}_f/\dot{X}_{id}} = \frac{\dot{A}}{1+\dot{A}\dot{F}} \quad (7.2.5)$$

$\dot{A}\dot{F}$ 称为环路增益,它的幅值和相位随正弦信号的频率变化。式(7.2.5)表明,电路引入负反馈时,$|1+\dot{A}\dot{F}|>1$,则 $|\dot{A}_f|<|\dot{A}|$,闭环增益小于开环增益,即引入负反馈将减小整个放大电路的增益。

$|1+\dot{A}\dot{F}|$ 影响闭环增益,故定义 $|1+\dot{A}\dot{F}|$ 为反馈深度。如果 $|1+\dot{A}\dot{F}|\gg 1$,则

$$\dot{A}_f = \frac{\dot{A}}{1+\dot{A}\dot{F}} \approx \frac{1}{\dot{F}} \quad (7.2.6)$$

这种情况称为深度负反馈。在深度负反馈条件下,负反馈电路的增益近似由反馈部分的传递函数 $\dot{F}$ 决定,若 $\dot{F}$ 由基本上不受外界因素变化影响的元器件组成,则**负反馈放大器的增益稳定性**

就得到了提升。考虑到负反馈调节是以输出 $\dot{X}_o$ 为依据的,所以在设计放大电路时,**要稳定输出电压,就应引入电压负反馈;要稳定电流,则要引入电流负反馈**。

(2) 对放大器输入电阻的影响

放大器中引入负反馈后,输入电阻 R_{if} 增高还是降低,与反馈类型是串联反馈还是并联反馈有关。串联反馈如图 7.2.4(a) 所示,反馈放大电路的输入电阻为

$$R_{if} = R_i + R_f \tag{7.2.7}$$

串联反馈放大电路的输入电阻 R_{if} 大于放大部分的输入电阻 R_i。输入电阻的增大有利于对电压源激励信号的吸收,减小对信号源电流的要求。

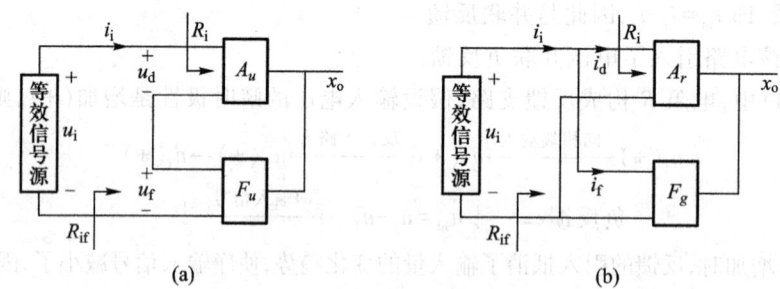

图 7.2.4 反馈对输入电阻的影响分析

并联反馈如图 7.2.4(b) 所示。反馈放大电路的输入电阻为

$$R_{if} = R_i /\!/ R_f \tag{7.2.8}$$

并联反馈放大电路的输入电阻要小于放大电路本身的输入电阻。输入电阻的减小有利于对电流源激励信号的吸收,减小对信号源电压的要求,但却不宜于对电压源激励信号的吸收。

(3) 对放大器输出电阻的影响

观察图 7.2.2(b)、(d),我们发现输出端的电流反馈与输入端的串联反馈在电路结构上都具有串联的电路结构,因此**电流负反馈电路的输出电阻大于放大电路本身的输出电阻**。输出电阻的增大有利于将反馈放大器等效成恒流源,因此适用于小负载电阻的需求。同理,**电压负反馈输出电阻小于放大电路本身的输出电阻**。输出电阻的减小有利于将反馈放大器等效成恒压源,因此适用于大负载电阻的需求。

(4) 改善波形失真

在第 6 章中我们分析过,由于静态工作点选择不合适,或者输入信号过大,都将引起信号波形的失真。引入负反馈后,可减小波形失真,但不能完全消除失真。

综上所述,引入负反馈后,虽然放大倍数降低了,但是换来了很多好处和优势,从而改善了放大电路的工作适应能力。

授课视频-
集成运放的
线性特性

7.2.2 负反馈对运放特性的影响

根据上节分析,当引入深度负反馈时,负反馈电路的增益近似等于反馈电路的传递函数 $\dot{F}$ 的倒数,即 $\dot{A}_f \approx \dfrac{1}{\dot{F}}$,又因为 $\dot{A}_f = \dfrac{\dot{X}_o}{\dot{X}_i}$,$\dot{F} = \dfrac{\dot{X}_f}{\dot{X}_o}$,因此有

$$\dot{X}_\text{i} \approx \dot{X}_\text{f} \qquad (7.2.9)$$

即
$$\dot{X}_\text{id} = \dot{X}_\text{i} - \dot{X}_\text{f} \approx 0 \qquad (7.2.10)$$

那么对于串联负反馈，如图7.2.3(a)、(d)所示，则有 $u_\text{id} \approx 0$，即
$$u_+ - u_- \approx 0 \quad \text{或} \quad u_+ \approx u_- \qquad (7.2.11)$$

又因运放的输入电阻很大，因此运放输入端的输入电流
$$i_+ = i_- = \frac{u_\text{id}}{r_\text{id}} = \frac{0}{r_\text{id}} \approx 0 \qquad (7.2.12)$$

同理，对于并联负反馈，如图7.2.3(b)、(c)所示，则有 $i_\text{id} \approx 0$，即
$$i_+ = i_- \approx 0 \qquad (7.2.13)$$

则运放的差模输入电压为 $u_\text{id} = i_+ r_\text{id} \approx 0$，即
$$u_\text{id} = u_+ - u_- \approx 0 \quad \text{或} \quad u_+ \approx u_- \qquad (7.2.14)$$

根据上述分析，可得运放引入深度负反馈之后的两个重要特性：

(1) 运放两个输入端的电位几乎相等，$u_\text{id} = u_+ - u_- \approx 0$，即
$$u_+ \approx u_-$$
因此，可以将运放的两个输入端看作是"虚短路"，简称为"虚短(Virtual-Short)"。

(2) 运放的两个输入端的输入电流几乎为零，即 $i_\text{i} \approx 0$ 或 $i_+ = i_- \approx 0$。因此，又可以将运放的两个输入端之间视为"虚断路"，简称为"虚断(Virtual-Open)"。

当运放开环或将输出引入同相输入端形成正反馈时，运放工作在非线性工作区，如图7.1.3所示。运放工作在非线性区时，也有两个重要特性：

(1) 运放的两个输入端的输入电流几乎为零，即 $i_\text{i} \approx 0$ 或 $i_+ = i_- \approx 0$。运放的"虚断"特性依然成立主要是因为运放的输入电阻很大。

(2) 运放的"虚短"不成立，即 $u_+ \neq u_-$；由于运放的开环电压放大倍数很大，其线性区很窄，可以忽略不计，则其输出电压有两种取值可能：

当 $u_+ > u_-$ 时，则 $u_\text{o} = +U_\text{om}$，$+U_\text{om}$ 为正饱和值；

当 $u_- > u_+$ 时，则 $u_\text{o} = -U_\text{om}$，$-U_\text{om}$ 为负饱和值。

$u_- = u_+$ 是两种状态的临界转换点。

综上所述，分析运放应用电路时，应先判断运放的工作状态，然后再按不同工作区域的特性，结合电路理论进行分析计算。

7.3 运放构成的线性运算电路
7.3 Linear Operational Amplifier Circuits

从前一节的分析可知，运放的开环电压放大倍数很高，运放在开环状态下的线性工作区极窄，加入很小的输入电压就足以使输出出现饱和。因此，运放要作为线性应用时，就必须工作在闭环状态下，即必须引入深度负反馈以降低整个闭环电路的电压放大倍数。这样既允许输入信号在较大的范围内变动，又实现输入和输出之间的线性运算关系。运放组成的比例、加法、减法、

微分、积分等数学运算电路都属于线性应用,也是运放最基本的应用,它被广泛应用在控制系统及模拟电子计算机中。

7.3.1 比例运算电路

比例运算电路指的是运放的输出电压和输入电压有着比例关系(放大)的电路。由于运放有两个输入端,即反相输入端和同相输入端,所以比例运算电路也分为反相比例运算电路和同相比例运算电路两类。

1. 反相比例运算电路

反相比例运算电路如图 7.3.1 所示。图中,输入信号 u_i 经过电阻 R_1 输入反相输入端,同相输入端经电阻 R_2 接地;反馈电阻 R_f 跨接于反相输入端与输出端之间,构成反馈电路;在输出端反馈信号与输出信号取于同一点(反馈取自电压),所以是电压反馈;在输入端,反馈信号与输入信号作用在同一端(并联关系),所以是并联反馈;因此引入了电压并联负反馈。该负反馈的作用是把输出信号回馈到运放的反相输入端,形成深度负反馈,确保运放工作在线性工作区,此时,运放同时满足"虚短"、"虚断"特性。

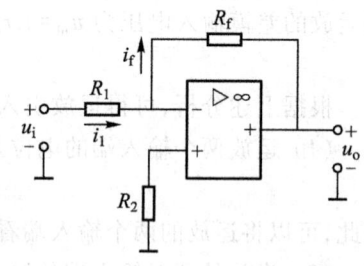

图 7.3.1 反相比例运算电路

根据"虚断",$i_+ = i_- = 0$,电阻 R_2 上没有电流流过,则 $u_+ = 0$ V;又根据"虚短",有 $u_- = u_+ = 0$;即在此种情况下,运放反相输入端不接地,但其电位几乎为零,该特性称为 u_-"虚地",在分析计算中可将反相输出端视为地。

由于 $i_+ = i_- = 0$,所以

$$i_f = i_1$$

由 $i_1 = \dfrac{u_i - u_-}{R_1} = \dfrac{u_i}{R_1}$,$i_f = \dfrac{u_- - u_o}{R_f} = -\dfrac{u_o}{R_f}$,带入上式可得

$$u_o = -\frac{R_f}{R_1} u_i \tag{7.3.1}$$

最后应检验输出电压是否在线性范围内。

整个电路电压放大倍数 $A_u = \dfrac{u_o}{u_i} = -\dfrac{R_f}{R_1}$,负号表示在反相输入时,输出与输入一定反相,所以该电路称为**反相比例放大器**(Inverting Amplifier)。A_u 称为闭环放大倍数。

当 $R_f = R_1$ 时,$A_u = -1$,此时的反相比例运算电路称为反相器;电阻 R_2 的选择应使运放两输入端外接直流通路的等效电阻值平衡,即 $R_2 = R_1 // R_f$,其作用是消除静态基极电流对输出电压的影响,R_2 称为平衡电阻。电路的闭环放大倍数 A_u 与 R_2(平衡电阻)无关。

2. 同相比例运算电路

图 7.3.1 所示电路采用反相输入端输入,构成反相比例放大器,如果采用同相输入端输入,则可得到如图 7.3.2 所示的同相比例运算电路(Non-Inverting Amplifier)。输入信号 u_i 经过电阻 R_2 加在同相输入端,反相输入端经电阻 R_1 接地,反馈电

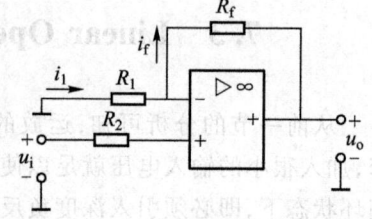

图 7.3.2 同相比例运算电路

阻 R_f 跨接于反相输入端与输出端之间,引入了电压串联负反馈;该反馈的作用是把输入信号回馈到反相输入端,形成深度负反馈,确保运放工作在线性工作区,运放同时满足"虚短"、"虚断"特性。平衡电阻 $R_2 = R_1 /\!/ R_f$,作用是消除静态基极电流对输出电压的影响。

利用"虚断"的概念,$i_+ = i_- = 0$,有 $i_1 = i_f$,即

$$\frac{0 - u_-}{R_1} = \frac{u_- - u_o}{R_f}$$

根据"虚短",$u_- = u_+ = u_i$,带入上式,经整理得

$$u_o = \left(1 + \frac{R_f}{R_1}\right) u_- = \left(1 + \frac{R_f}{R_1}\right) u_+ \qquad (7.3.2)$$

即

$$u_o = \left(1 + \frac{R_f}{R_1}\right) u_i \qquad (7.3.3)$$

同相比例运算电路的电压放大倍数 $A_u = \frac{u_o}{u_i} = \left(1 + \frac{R_f}{R_1}\right)$,由于是同相端输入,所以输出与输入同相;为了便于计算电压放大倍数,改进该同相比例放大电路,如图 7.3.3 所示;由于"虚断",$i_+ = 0$,则

$$u_+ = \frac{R_3}{R_2 + R_3} u_i$$

将上式带入式(7.3.2)有

$$u_o = \left(1 + \frac{R_f}{R_1}\right) \frac{R_3}{R_2 + R_3} u_i \qquad (7.3.4)$$

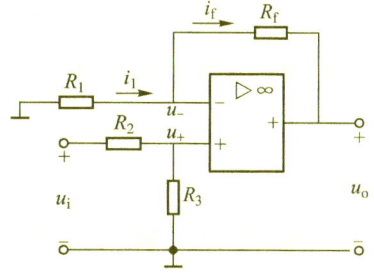

图 7.3.3 变换形式的同相比例运算电路

当电路参数对称,即 $R_1 = R_2$,$R_3 = R_f$,则有

$$u_o = \frac{R_f}{R_1} u_i \qquad (7.3.5)$$

由式(7.3.5)可知,该同相比例放大电路的电压放大倍数为 $A_u = \frac{u_o}{u_i} = \frac{R_f}{R_1}$,与反相比例放大器的系数相似。最后需检验输出电压是否在线性范围内。

对于图 7.3.2 所示同相比例放大电路,若 $R_f = 0$,如图 7.3.4(a)所示,或 $R_1 = \infty$,如图 7.3.4(b)所示,或两者同时出现,如图 7.3.4(c)所示时,则有 $u_o = u_i$,即输出电压等于输入电压,称为电压跟随器(Voltage Follower),此时反馈程度最深。

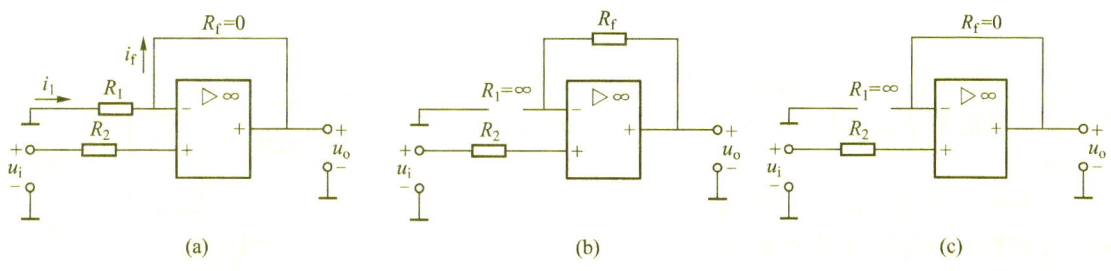

图 7.3.4 电压跟随器

7.3.2 加减法运算电路

1. 减法运算

若在运放的两个输入端分别输入两个信号 u_{i1} 和 u_{i2},如图 7.3.5 所示,那么该电路完成什么运算呢?

反馈电阻 R_f 跨接于反相输入端与输出端之间,引入了负反馈,因此运放工作在线性区,我们可以试着用叠加定理来分析求解。把输出 u_o 看作是由两个信号源 u_{i1}、u_{i2} 单独作用时输出的代数和。

首先,令 u_{i1} 单独作用,此时 u_{i2} 不作用,则 u_{i2} 短接到地;电路相当于反相比例运算,则 $R_2 /\!/ R_3$ 相当于平衡电阻,由式(7.3.1)可得

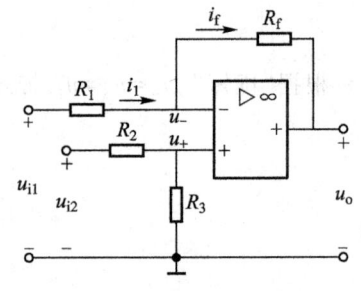

图 7.3.5 减法运算电路

$$u_o' = -\frac{R_f}{R_1} u_{i1}$$

其次,令 u_{i2} 单独作用,此时 u_{i1} 不作用,则 u_{i1} 短接到地;电路相当于同相比例运算,由式(7.3.4)可得

$$u_o'' = \left(1 + \frac{R_f}{R_1}\right) \frac{R_3}{R_2 + R_3} u_{i2}$$

最后,应用叠加定理,求输出表达式的代数和

$$u_o = u_o' + u_o'' = \left(1 + \frac{R_f}{R_1}\right) \frac{R_3}{R_2 + R_3} u_{i2} - \frac{R_f}{R_1} u_{i1} \tag{7.3.6}$$

当 $R_1 = R_2$ 且 $R_3 = R_f$ 时

$$u_o = \frac{R_f}{R_1}(u_{i2} - u_{i1}) \tag{7.3.7}$$

当 $R_1 = R_2 = R_3 = R_f$ 时

$$u_o = u_{i2} - u_{i1} \tag{7.3.8}$$

可见,图 7.3.5 实现了信号的减法运算(Voltage Subtractor),该电路又称为差分放大电路(Differential Amplifiers)。

2. 反相加法运算

那么,如何实现加法运算呢?

如图 7.3.6 所示,在反相输入端可以连接若干输入信号(图 7.3.6 电路示出了三个输入信号的情况),输出电压和它们之间的关系就构成了反相加法运算(Inverting Adder Circuit)。

反相输入端同时连接了多个输入信号,反馈电阻 R_f 跨接于反相输入端与输出端之间,引入了负反馈,因此运放工作在线性区,可以用叠加定理进行计算。

当 u_{i1} 作用时,令 u_{i2}、u_{i3} 不作用,即短接到地。由于

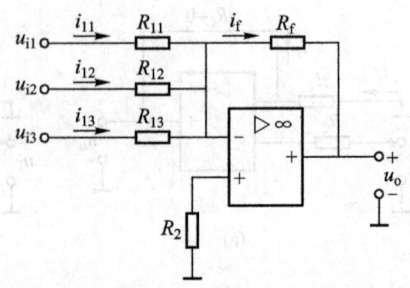

图 7.3.6 反相加法运算电路

$u_- = u_+ = 0$(虚地),所以此时 R_{12}、R_{13} 被短路。可直接应用公式(7.3.1)得到 u'_o 与 u_{i1} 是反相比例运算关系,即

$$u'_o = -\frac{R_f}{R_{11}} u_{i1}$$

类似也可得到 u''_o 与 u_{i2}、u'''_o 与 u_{i3} 的关系为

$$u''_o = -\frac{R_f}{R_{12}} u_{i2}, \quad u'''_o = -\frac{R_f}{R_{13}} u_{i3}$$

最后应用叠加定理,有

$$u_o = u'_o + u''_o + u'''_o = -\left(\frac{R_f}{R_{11}} u_{i1} + \frac{R_f}{R_{12}} u_{i2} + \frac{R_f}{R_{13}} u_{i3}\right) \tag{7.3.9}$$

如果取 $R_{11} = R_{12} = R_{13} = R_i$,则

$$u_o = -\frac{R_f}{R_i}(u_{i1} + u_{i2} + u_{i3}) \tag{7.3.10}$$

最后应检验输出电压是否在线性范围内。

式(7.3.9)表明,输出信号与输入信号的关系是一种反相加权求和的关系。实用电路中输入信号可以扩充到四个、五个甚至更多。

为了保证运放的差分输入电路的对称,要求静态时外接等效电阻相等($R_+ = R_-$),应选择平衡电阻 $R_2 = R_{11} /\!/ R_{12} /\!/ R_{13} /\!/ R_f$。

3. 同相加法运算

如果若干输入信号同时连接在同相输入端,如图 7.3.7 所示(三个输入信号的情况)。反相输入端通过电阻 R_1 接地,反馈电阻 R_f 跨接于反相输入端与输出端之间,引入了负反馈,运放工作在线性区,输出和各输入之间就构成同相加法运算(Non-Inverting Adder Circuit)。

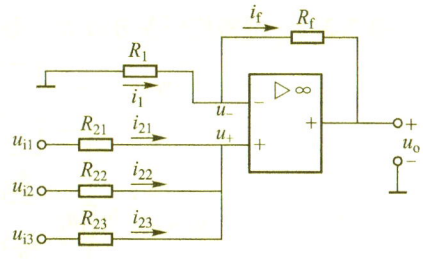

图 7.3.7 同相加法运算电路

由式(7.3.2)可知,对同相比例运算电路

$$u_o = \left(1 + \frac{R_f}{R_1}\right) u_+$$

根据弥尔曼定理有

$$u_+ = \frac{\dfrac{u_{i1}}{R_{21}} + \dfrac{u_{i2}}{R_{22}} + \dfrac{u_{i3}}{R_{23}}}{\dfrac{1}{R_{21}} + \dfrac{1}{R_{22}} + \dfrac{1}{R_{23}}}$$

代入上式得

$$u_o = \left(1 + \frac{R_f}{R_1}\right) \frac{\dfrac{u_{i1}}{R_{21}} + \dfrac{u_{i2}}{R_{22}} + \dfrac{u_{i3}}{R_{23}}}{\left(\dfrac{1}{R_{21}} + \dfrac{1}{R_{22}} + \dfrac{1}{R_{23}}\right)}$$

若使 $R_{21} = R_{22} = R_{23}$,且 $R_f = 2R_1$,则有

$$u_o = u_{i1} + u_{i2} + u_{i3} \quad (7.3.11)$$

最后应检验输出电压是否在线性范围内。

式(7.3.11)表明,输出信号与输入信号的关系是同相加权求和。实用电路中输入信号可以扩充到四个、五个甚至更多。

例 7.3.1 某理想运放电路如图 7.3.8 所示,求输出电压 u_o。

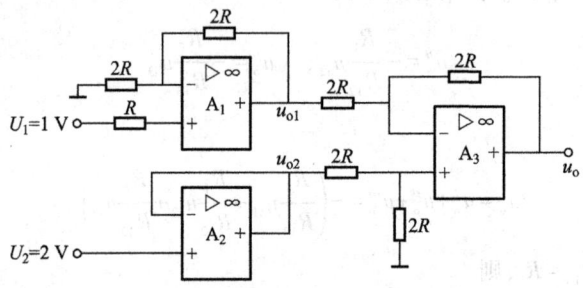

图 7.3.8 例 7.3.1 图

解:当运算电路由多个运放构成时,可以独立观察每个运放各自完成的运算,然后再根据信号的连接关系分析运放之间的关系,得到输出表达式。比如该例是由三个运放构成的运算电路。运放 A_2 构成电压跟随器,所以 $u_{o2} = 2$ V。运放 A_1 构成同相比例运算,由式(7.3.2)可得

$$u_{o1} = \left(1 + \frac{2R}{2R}\right) U_1 = 2 \text{ V}$$

运放 A_3 构成减法运算,由式(7.3.8)可得

$$u_o = \left(1 + \frac{2R}{2R}\right) \frac{2R}{2R+2R} u_{o2} - \frac{2R}{2R} u_{o1} = 0 \text{ V}$$

例 7.3.2 精密仪用差分放大电路如图 7.3.9 所示,试分析该电路,并写出输出表达式。

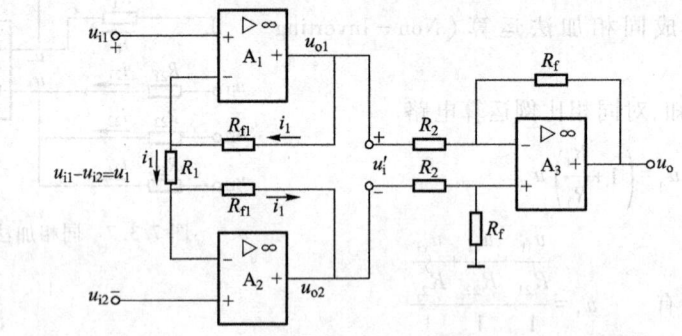

图 7.3.9 例 7.3.2 图

该电路由 3 个运放构成:运放 A_1 和 A_2 特性一致,负反馈电阻相同,组成第一级差分放大电路;运放 A_3 组成第二级参数对称的差分放大电路。由于每个运放都引入了负反馈,因此运放满足"虚短"和"虚断"特性。

根据"虚短", $u_{A1-} = u_{A1+} = u_{i1}$, $u_{A2-} = u_{A2+} = u_{i2}$,则电阻 R_1 上流过的电流 i_1 为 $i_1 = \dfrac{u_{A1-} - u_{A2-}}{R_1} =$

$\dfrac{u_{i1}-u_{i2}}{R_1}$；又根据"虚断"，电阻 R_{f1} 上流过的电流与电阻 R_1 上流过的电流相同，均为 i_1，因此第一级差分放大电路的输出为

$$u_i' = u_{o1} - u_{o2} = (R_1 + 2R_{f1})i_1 = (R_1 + 2R_{f1})\dfrac{u_{i1}-u_{i2}}{R_1}$$

根据式(7.3.7)，第二级差分放大电路的输出为

$$u_o = -\dfrac{R_f}{R_2}u_i' = -\dfrac{R_f}{R_2}\left(1+\dfrac{2R_{f1}}{R_1}\right)(u_{i1}-u_{i2}) = \dfrac{R_f}{R_2}\left(1+\dfrac{2R_{f1}}{R_1}\right)(u_{i2}-u_{i1}) \quad (7.3.12)$$

输出电压与输入差模电压成正比。当2个输入信号相等时(共模输入信号)，输出电压为0。由于运放 A_1 和 A_2 引入深度串联负反馈，使输入电阻几乎为无穷大，运放 A_3 引入深度电压负反馈，输出电阻近似为0。目前，已有多种型号的单片集成仪用放大电路，例如，LH0036和高精度型3630。通常 R_1 外接，可调节增益，使用方便。

7.3.3 信号转换电路

1. 电流-电压转换器

电流-电压转换器(Current-to-Voltage Signal Conversion)的作用是将输入电流变换为与其成正比的输出电压的功能单元电路，如图7.3.10所示。

电阻 R 对运放引入深度电压并联负反馈。运放满足"虚短"和"虚断"的特性。

首先根据"虚短"有 $u_i = u_- = u_+ = 0$；又根据"虚断"，$i_{id} = 0$，所以，$i_i = i_f = \dfrac{u_- - u_o}{R} = -\dfrac{u_o}{R}$；若输入为电流源信号，则

$$A_{rf} = \dfrac{u_o}{i_i} = \dfrac{u_o}{i_f} = -R \quad (7.3.13)$$

输出电压与输入电流成正比，电流-电压转换器等效为理想的电流控电压源；该电路引入了电压并联负反馈，闭环输入电阻和闭环输出电阻都很小。

2. 电压-电流转换器

将输入电压变换为与其成正比的输出电流的功能单元电路叫做电压-电流转换器(Voltage-to-Current Signal Conversion)，电路如图7.3.11所示，负载电阻 R_L 浮地，电阻 R_1 为反馈支路，引入电流串联负反馈，集成运放满足"虚短"和"虚断"的特性。

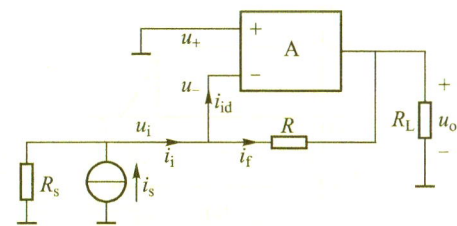

图7.3.10 电流-电压转换器

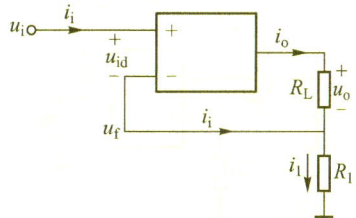

图7.3.11 电压-电流转换器

首先根据"虚短"有 $u_f = u_- = u_+ = u_i$；又根据"虚断"，$i_i = 0$，所以，$u_f = R_1 i_1 = R_1 i_o$，因此 $i_o = \dfrac{u_f}{R_1} = \dfrac{u_i}{R_1}$；若输入为电压源信号，则

$$A_{gf} = \frac{i_o}{u_i} = \frac{1}{R_1} \tag{7.3.14}$$

负载电流与输入电压成正比，所以，电压-电流转换器等效为理想的电压控电流源；该电路引入了电流串联负反馈，闭环输入电阻和闭环输出电阻很大。

7.3.4 微分、积分运算电路

1. 微分电路

将反相比例运算电路中的 R_1 换成电容 C，可构成微分运算电路（Differentiator circuits），如图 7.3.12 所示。反相端输入，电阻 R_f 引入了电压并联负反馈，运放满足"虚短"和"虚断"的特性。

运放反相输入端"虚地"，则 $u_- = u_+ = 0$ V；电容 C 的电流 i_C 为

$$i_C = C \frac{du_C}{dt} = C \frac{d(u_i - u_-)}{dt} = C \frac{du_i}{dt}$$

因为"虚断"，所以 $i_- = 0$，则 $i_f = i_C$，最后得到

$$u_o = -R_f \cdot i_f = -R_f C \frac{du_i}{dt} \tag{7.3.15}$$

式中 $R_f C$ 为微分常数，输出电压正比于输入电压对时间的微分，负号表示电路为反相微分功能，故称反相微分运算电路。最后应检验输出电压是否在线性范围内。

当微分电路输入端加上幅值为 U_I 的阶跃信号时，相当于电容上的电压近似地从 0 突变到 U_I。理论上电流将为无穷大，但受运放输出饱和值的限制，输出电压只能突变到 $-U_{om}$。当输入信号 u_i 不变时，输出电压 $u_o = 0$。当微分电路输入信号 u_i 如图 7.3.13(a) 所示时，其输出波形如图 7.3.13(b) 所示；即当输入 u_i 为正的跃变时，输出电压 u_o 是幅值为 $-U_{om}$ 的负尖脉冲电压信号，当输入信号 u_i 为负的跃变时，输出信号 u_o 是幅值为 U_{om} 的正尖脉冲电压信号。

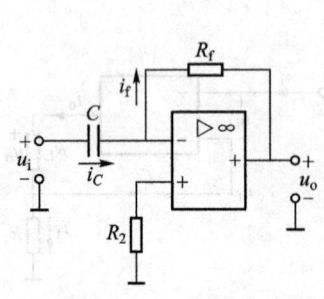

图 7.3.12 微分运算电路

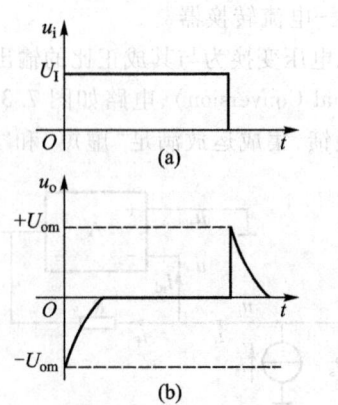

图 7.3.13 微分运算电路的阶跃响应

2. 积分运算电路

将反相比例运算电路中的 R_f 换成电容 C_f，则构成积分运算电路（Integrator Circuits），如图 7.3.14 所示。反相端输入，电容 R_f 引入了电压并联负反馈，运放满足"虚短"和"虚断"的特性。

根据"虚地"有 $u_- = u_+ = 0$ V，由此求出电流 i_1

$$i_1 = \frac{u_i}{R_1}$$

根据"虚断"有 $i_f = i_1$，而 i_f 是流经电容 C 的电流，所以有

$$u_C = \frac{1}{C_f}\int i_f dt = \frac{1}{C_f}\int \frac{u_i}{R_1}dt = \frac{1}{R_1 C_f}\int u_i dt$$

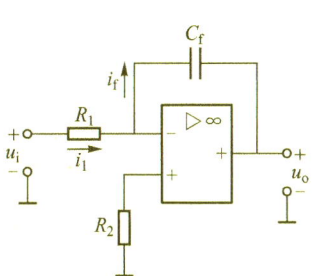

图 7.3.14 积分运算电路

因为 $u_o = u_- - u_C = -u_C$，所以

$$u_o = -\frac{1}{R_1 C_f}\int u_i dt \tag{7.3.16}$$

输出电压与输入电压的积分成正比。式中 $R_1 C_f$ 是积分常数，负号表示反相，所以该电路称为反相积分电路。最后应检验输出电压是否在线性范围内。

若输入电压 u_i 为直流电压 U_1，则积分的结果为

$$u_o(t) = -\frac{U_1}{R_1 C_f}t \tag{7.3.17}$$

此时，u_o 与时间 t 具有线性关系，输出电压将随时间的增加而线性增长。

考虑到电路中电容 C 初始储能的影响，因此，如果初始时刻电容电压为 $u_C(t_0)$，经过时间 t 积分的结果为

$$u_o(t) = -u_C(t) = -\left[\frac{U_1}{R_1 C_f}(t-t_0) + u_C(t_0)\right] \tag{7.3.18}$$

如果电路电容初始电压为 0，输入 u_i 波形为如图 7.3.15(a) 所示正向阶跃电压时，积分运算电路的输出电压波形如图 7.3.15(b) 所示。从图 7.3.15(b) 可知，由于反相积分，输出电压 u_o 是从 0 开始线性下降，当积分时间足够大时，u_o 达到运放输出负饱和值（$-U_{om}$），此时电容 C 不会再充电，相当于断开，运放负反馈不复存在，这时运放已离开线性工作区而进入非线性区。所以电路的积分关系只在运放线性工作区内有效。若此时去掉输入信号（$u_i = 0$），由于电容无放电回路，输出电压 u_o 将维持在 $-U_{om}$。

例 7.3.3 反相积分运算电路如图 7.3.14 所示，已知 $R_1 = 50$ kΩ，$C = 1$ μF，电容的初始电压 $u_C(0) = 0$ V，运放的输出饱和电压为 ±12 V，输入波形如图 7.3.16 所示，试求输出电压并画出输出电压波形。

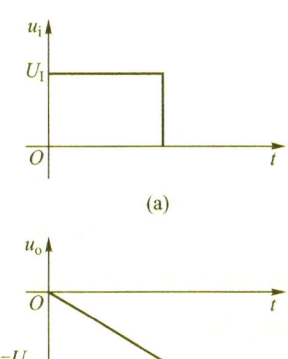

图 7.3.15 积分运算电路的响应

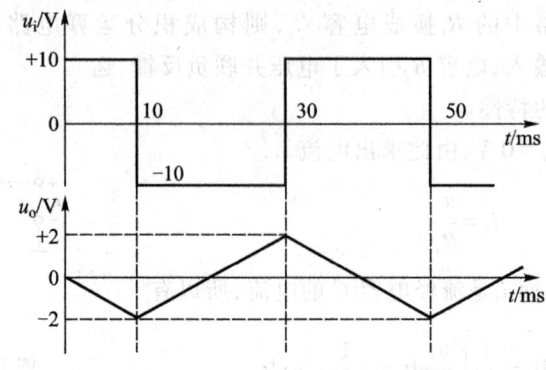

图 7.3.16 例 7.3.3 的波形图

解： 由式(7.3.16)可知，输出电压的表达式为

$$u_o(t) = -\frac{1}{RC}\int_{-\infty}^{t} u_i \mathrm{d}t = -\left[\frac{1}{RC}\int_{-\infty}^{t_0} u_i \mathrm{d}t + \frac{1}{RC}\int_{t_0}^{t} u_i \mathrm{d}t\right]$$

$$= u_o(t_0) + \left[-\frac{1}{RC}\int_{t_0}^{t} u_i \mathrm{d}t\right]$$

由图 7.3.16 可知，输入波形为分段线性的，即在一定时间区间内输入电压为常数，由上式得

$$u_o(t) = u_o(t_0) - \frac{u_i}{50\times 10^3 \times 1\times 10^{-6}}(t-t_0)$$

$$= u_o(t_0) - 20(t-t_0)u_i$$

① 在 $t = (0 \sim 10)$ ms 期间，输入电压 $u_i = +10$ V，$u_o(t_0) = u_o(0) = 0$。代入上式得

$$u_o(t) = -200t + 0 = -200t \text{ (V)}$$

$$u_o(10 \text{ ms}) = -200 \times 10 \times 10^{-3} = -2 \text{ V}$$

② 在 $t = (10 \sim 30)$ ms 期间，输入电压 $u_i = -10$ V，$u_o(t_0) = u_o(10 \text{ ms}) = -2$ V，代入上式得

$$u_o(t) = 200(t - 10 \text{ ms}) + u_o(10 \text{ ms})$$

$$u_o(30 \text{ ms}) = 200 \times (30-10) \times 10^{-3} \text{ V} - 2 \text{ V} = +2 \text{ V}$$

③ 在 $t = (30 \sim 50)$ ms 期间，输入电压 $u_i = +10$ V，$u_o(t_0) = u_o(30 \text{ ms}) = 2$ V，代入上式得

$$u_o(t) = -200(t - 30 \text{ ms}) + u_o(30 \text{ ms})$$

$$u_o(50 \text{ ms}) = -200 \times (50-30) \times 10^{-3} \text{ V} + 2 \text{ V} = -2 \text{ V}$$

输出波形如图 7.3.16 所示，可见，如果输入为方波信号，则通过积分电路后的输出波形变换为三角波信号。

7.4 有源滤波器

7.4 Introduction of Active Filter

运放线性应用时,还可以构成滤波电路。使信号中特定的频率成分通过,同时极大地衰减或抑制其他频率成分的电路或系统称为滤波器(Filter)。根据频率特性不同,可以把滤波器分为低通滤波器(Low Pass Filter,LPF)、高通滤波器(High Pass Filter,HPF)、带通滤波器(Band Pass Filter,BPF)、带阻滤波器(Band Elimination Filter,BEF)和全通滤波器(All Pass Filter,APF)5 类,如图 7.4.1 所示。按组成元件分类,滤波器可以分为无源滤波器(Passive Filter)和有源滤波器(Active Filter)两大类;无源滤波器电路仅由电阻、电容、电感等无源元件组成,而有源滤波器由无源元件和有源元件组成,其中有源元件包括运放、晶体管或场效应管等。按滤波器的阶数分类,滤波器可分为一阶滤波器、二阶滤波器及高阶滤波器等。本书主要介绍运放构成的一阶、二阶有源滤波器。

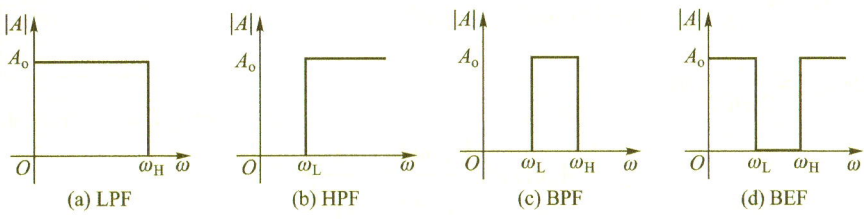

图 7.4.1 滤波器分类

7.4.1 滤波器的传递函数

一个具有滤波功能的电路系统如图 7.4.2 所示。

由滤波器的定义可知滤波器的功能是允许输入信号的某些频率成分顺利输出,而其他频率成分受到较大的抑制。因此,根据系统框图可得滤波器系统的传递函数为

$$\dot{A}_u(\omega) = \frac{\dot{U}_o(\omega)}{\dot{U}_i(\omega)} = |\dot{A}_u(\omega)| \underline{/\varphi(\omega)}$$

式中,$\omega = 2\pi f$ 是信号的角频率,$|\dot{A}_u(\omega)|$ 为滤波器的幅频特性,$\varphi(\omega)$ 为滤波器的相频特性。图 7.4.3 所示为某一滤波器的幅频特性曲线,能从滤波器输出端输出的信号的频率范围称为滤

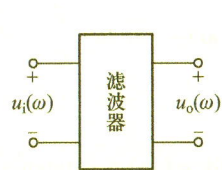

图 7.4.2 滤波器系统框图

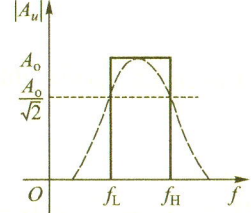

图 7.4.3 滤波器幅频特性

波器的通带,此时有$|u_o(\omega)|=|u_i(\omega)|$,通带的幅频响应值称为通带增益,记为$A_o$;相应地,被抑制的信号频率范围称为阻带;对阻带内信号有$|u_o(\omega)|\ll|u_i(\omega)|$,即$|A_u(\omega)|\ll1$。实际滤波器传递函数的频率响应的通带与阻带之间存在过渡带,如图7.4.3中虚线所示。对于实际滤波器,使幅频响应值等于通带增益的0.707或$1/\sqrt{2}$倍时对应的频率称为截止频率。一般上限截止频率记为$f_H(\omega_H)$,下限截止频率记为$f_L(\omega_L)$。在图7.4.1中,低通滤波器的通带为$(0,\omega_H)$;高通滤波器的通带为(ω_L,∞);带通滤波器的通带为(ω_L,ω_H),其上、下限截止频率之差称为带宽,即$B=\omega_H-\omega_L$;带阻滤波器的通带为$(0,\omega_L)$和(ω_H,∞);全通滤波器没有阻带。

7.4.2 无源滤波器

1. 一阶 RC 低通滤波器

在需要通过直流和低频信号成分,同时削弱高次谐波或高频干扰和噪声的场合采用低通滤波器,最基本的低通滤波器为一阶 RC 低通滤波器,如图7.4.4所示。

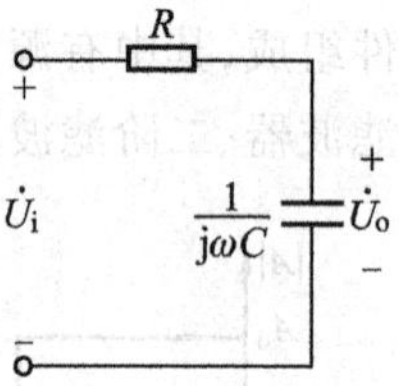

一阶 RC 低通滤波器的正弦稳态响应如下

$$\dot{A}_u(\omega)=\frac{\dot{U}_o(\omega)}{\dot{U}_i(\omega)}=\frac{1/(j\omega C)}{R+1/(j\omega C)}=\frac{1}{1+j\omega RC}$$

令 $\omega=2\pi f, f_0=\dfrac{1}{2\pi RC}$,则

图7.4.4 一阶 RC 低通滤波器

$$\dot{A}_u(\omega)=\frac{\dot{U}_o(\omega)}{\dot{U}_i(\omega)}=\frac{1}{1+j\dfrac{f}{f_0}} \tag{7.4.1a}$$

其幅频响应为

$$\lg|\dot{A}_u(\omega)|=20\lg\frac{1}{\left|1+j\dfrac{f}{f_0}\right|}=20\lg\frac{1}{\sqrt{1+\left(\dfrac{f}{f_0}\right)^2}}\ \text{dB} \tag{7.4.1b}$$

相频响应为

$$\varphi(\omega)=\angle\dot{A}_u(\omega)=-\arctan\frac{f}{f_0} \tag{7.4.1c}$$

根据式(7.4.1a)、式(7.4.1b)、式(7.4.1c),讨论滤波器幅频响应和相频响应随频率变化的规律

① 当 $f/f_0\ll1$ 时,$\lg|\dot{A}_u(\omega)|=20\lg\dfrac{1}{\sqrt{1+\left(\dfrac{f}{f_0}\right)^2}}\approx0$,$\varphi(\omega)=-\arctan\dfrac{f}{f_0}\approx0°$;

② 当 $f/f_0\gg1$ 时,$\lg|\dot{A}_u(\omega)|=20\lg\dfrac{1}{\sqrt{1+\left(\dfrac{f}{f_0}\right)^2}}\approx-20\lg\dfrac{f}{f_0}$,$\varphi(\omega)=-\arctan\dfrac{f}{f_0}\approx-90°$;

③ 当 $f=f_0$ 时,$\lg|\dot{A}_u(\omega)|=20\lg\dfrac{1}{\sqrt{1+\left(\dfrac{f}{f_0}\right)^2}}\approx-20\lg\dfrac{1}{\sqrt{2}}=-3$ dB,$\varphi(\omega)=-\arctan\dfrac{f}{f_0}=-45°$。

通过以上讨论,画出幅频响应曲线如图 7.4.5(a)所示。当 $f/f_0 \ll 1$ 时,幅频响应曲线以 0 dB 为渐近线,当 $f/f_0 \gg 1$ 时,幅频响应曲线是关于频率对数的直线,其斜率为 -20 dB/10 倍频程,在 $0.1<f/f_0<10$ 范围内适当修正特性曲线,当 $f=f_0$ 时,对应为 -3 dB 点。

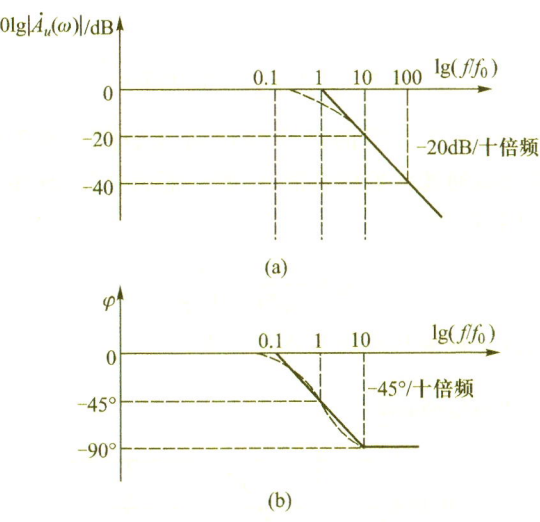

图 7.4.5　一阶 RC 低通滤波器的频率响应

同理,画出相频响应曲线如图 7.4.5(b)所示。当 $f/f_0 \ll 1$ 时,相频响应曲线以 0° 为渐近线,当 $f/f_0 \gg 1$ 时,幅频响应曲线以 $-90°$ 为渐近线,在 $0.1<f/f_0<10$ 范围内,是斜率为 $-45°$/十倍频的直线,$f=f_0$ 时,对应相位为 $-45°$。

由图 7.4.5 可知,图 7.4.4 所示电路确实具有低通滤波器的功能,主要性能指标是:通带增益为 A_0、阻带衰减率为 -20(dB/10 倍频程),截止频率 f_0 为

$$f_0 = \frac{1}{2\pi RC} = \frac{1}{2\pi\tau} \tag{7.4.2}$$

τ 是 RC 电路的时间常数,截止频率与时间常数成反比。

2. 一阶 RC 高通滤波器

在一阶 RC 低通滤波器的基础上,交换 R 和 C 元件的位置,使输出取自电阻电压,则构成一阶高通滤波器,如图 7.4.6 所示。一阶 RC 高通滤波器的正弦稳态响应如下

$$\dot{A}_u(\omega) = \frac{\dot{U}_o(\omega)}{\dot{U}_i(\omega)} = \frac{R}{R+1/(j\omega C)} = \frac{1}{1-j\dfrac{1}{\omega RC}}$$

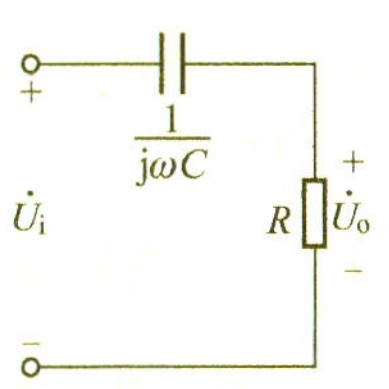

图 7.4.6　一阶 RC 高通滤波器

令 $\omega = 2\pi f, f_0 = 1/(2\pi RC)$,则

$$\dot{A}_u(\omega) = \frac{1}{1-j\dfrac{1}{RC}} = \frac{1}{1-j\dfrac{f_0}{f}} \tag{7.4.3a}$$

其幅频响应为

$$\lg|\dot{A}_u(\omega)| = 20\lg\frac{1}{\left|1-\mathrm{j}\dfrac{f_0}{f}\right|} = 20\lg\frac{1}{\sqrt{1+\left(\dfrac{f_0}{f}\right)^2}}\text{ dB} \tag{7.4.3b}$$

相频响应为

$$\varphi(\omega) = \underline{/\dot{A}_u(\omega)} = -\pi + \arctan\frac{f_0}{f} \tag{7.4.3c}$$

同理,可画出一阶 RC 高通滤波器的频率特性曲线如图 7.4.7 所示。由图 7.4.7 可知,图 7.4.6 所示电路确实具有高通滤波器的功能,主要性能指标是:通带增益为 A_0、阻带衰减率为 -20 dB/10 倍频程,截止频率 f_0 为

$$f_0 = \frac{1}{2\pi RC} = \frac{1}{2\pi\tau} \tag{7.4.4}$$

τ 是 RC 电路的时间常数,截止频率与时间常数成反比。

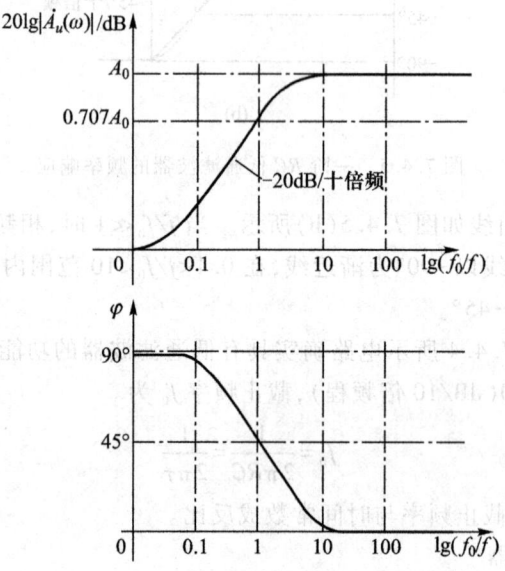

图 7.4.7 一阶 RC 高通滤波器的频率特性

无源滤波器在带负载的情况下,其性能指标将受负载的影响,因此在实际使用中采用有源滤波器来克服这个缺点。

7.4.3 有源滤波器

1. 一阶有源滤波器

图 7.4.8 是一个一阶有源滤波器电路。图中 RC 电路构成一阶无源低通滤波器,运放和电阻 R_1、R_f 构成同相比例放大电路。

由同相比例放大器特性可知 $u_o = \left(1+\dfrac{R_f}{R_1}\right)u_+$,其中 u_+ 为一阶 RC 低通滤波器的输出,而且根据运放"虚断"的特性,同相比例放大电路的输入端注入电流几乎为零,因此,根据式(7.4.1)可知,

该滤波器的正弦稳态响应如下

$$\dot{A}_u(\omega) = \frac{\dot{U}_o(\omega)}{\dot{U}_i(\omega)} = \left(1 + \frac{R_f}{R_1}\right)\dot{U}_+(\omega) = \left(1 + \frac{R_f}{R_1}\right)\frac{1}{1 + j\omega RC} \quad (7.4.5)$$

根据上式可见,在该电路中,起滤波作用的仍然是一阶无源 RC 低通滤波电路,因此其频率特性与一阶无源 RC 低通滤波器相同;但同时,该电路具有同相比例放大电路,因此在滤波的同时具有放大的功能;由于运放引入了电压串联负反馈,其输出电阻为零,负载对滤波性能没有任何影响,能起到很好的隔离作用。

同理,如果在图 7.4.8 基础上,以一阶无源 RC 高通滤波电路代替一阶无源 RC 低通滤波电路,运放构成同相比例放大器不变,则整体电路构成有源一阶高通滤波器,其滤波特性与一阶无源 RC 高通滤波器相同;同时运放能起到很好的隔离作用,负载对滤波性能没有任何影响。

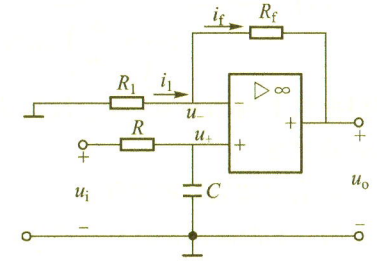

2. 二阶有源滤波器

一阶有源滤波器的阻带衰减率只有 $-20\text{ dB}/$ 十倍频,阻带衰减太慢,一般多用于对滤波要求不太高的场合。此外,简单的一阶电路不能实现带通和带阻滤波器。为此,可采用二阶滤波器。

图 7.4.8 有源一阶低通滤波器

令 $s = j\omega = j2\pi f$,则对于二阶滤波器电路,其传递函数的一般表达式为

$$A_u(s) = \frac{b_0 + b_1 s + b_2 s^2}{a_0 + a_1 s + a_2 s^2} \quad (7.4.6)$$

当分子多项式的所有系数不为 0,而分母多项式的系数取不同值时,可以构成不同的二阶滤波器:

当 $b_0 \neq 0, b_1 = b_2 = 0$ 时,为二阶低通滤波器;

当 $b_2 \neq 0, b_1 = b_0 = 0$ 时,为二阶高通滤波器;

当 $b_1 \neq 0, b_2 = b_0 = 0$ 时,为二阶带通滤波器;

当 $b_1 = 0, b_2 = b_0 \neq 0$ 时,为二阶带阻滤波器。

如图 7.4.9 所示滤波器,由同相比例放大电路和 RC 滤波电路构成。通过电路分析的方法,可以得到该滤波器的传递函数为

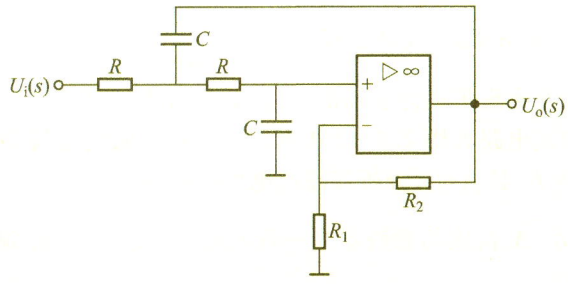

图 7.4.9 有源二阶低通滤波器

$$A_u(s) = \frac{U_o(s)}{U_i(s)} = \frac{1+\dfrac{R_2}{R_1}}{1+\left(2-\dfrac{R_2}{R_1}\right)sCR+(sCR)^2}$$

则根据以上判断依据,该示波器为有源二阶低通滤波器。

如图 7.4.10 所示滤波器,同理可以得到该滤波器的传递函数为

$$A_u(s) = \frac{U_o(s)}{U_i(s)} = \frac{\left(1+\dfrac{R_2}{R_1}\right)(sRC)^2}{1+\left(2-\dfrac{R_2}{R_1}\right)sRC+(sRC)^2}$$

则根据以上判断依据,该示波器为有源二阶高通滤波器。

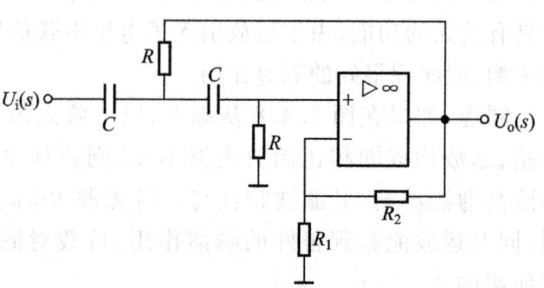

图 7.4.10 有源二阶高通滤波器

3. 有源滤波器的级联

由于有源滤波器具有隔离作用,滤波器级联不影响前后级的滤波特性。根据数学理论可知任意高阶有理多项式均可分解为一阶和二阶多项式之积,即任意高阶传递函数都可以分解为一阶传递函数和二阶传递函数之积。因此,任意高阶有源滤波器都可以采用多个一阶和二阶滤波器级联得到。

例 7.4.1 某级联滤波电路如图 7.4.11 所示,如果第一级滤波器的截止频率为 f_1,第二级滤波器的截止频率为 f_2,且 $f_1 > f_2$,分析该滤波电路的功能。

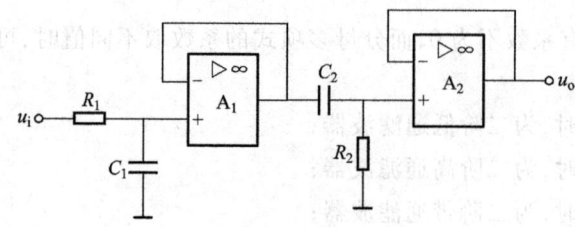

图 7.4.11 例 7.4.1 图

解:如图 7.4.11 所示,第一级为有源一阶低通滤波器,其截止频率为 $f_1 = \dfrac{1}{2\pi R_1 C_1}$;

第二级为有源一阶高通滤波器,其截止频率为 $f_2 = \dfrac{1}{2\pi R_2 C_2}$;

若 $f_1 > f_2$,则该滤波电路实现带通滤波器的功能,其通带为 $f_2 < f < f_1$。

例 7.4.2 某级联滤波电路如图 7.4.12 所示,如果 A_1 构成的滤波器的截止频率为 f_1,A_2 构成的滤波器的截止频率为 f_2,且 $f_1 < f_2$,分析该滤波电路的功能。

解:如图 7.4.12 所示,A_1 构成的滤波器为一阶低通滤波器,其截止频率为 $f_1 = \dfrac{1}{2\pi R_1 C_1}$;

A_2 构成的滤波器为有源一阶高通滤波器,其截止频率为 $f_2 = \dfrac{1}{2\pi R_2 C_2}$;

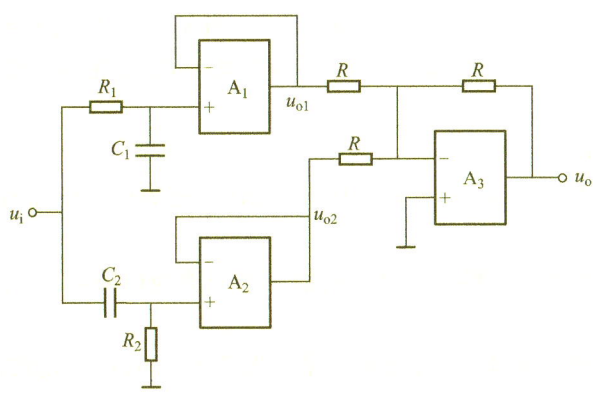

图 7.4.12 例 7.4.2 图

A_3 构成反相加法电路,即 $u_o = -(u_{o1}+u_{o2})$,由于 $f_1<f_2$,则该滤波的通带为 $0<f<f_1$ 和 $f_2<f<\infty$,因此电路实现带阻滤波器的功能,阻带为 $f_1<f<f_2$。

7.5 运放的非线性应用
7.5 Non-Linear Operational Amplifier Applications

授课视频-
集成运放非
线性电路的
分析方法

在 7.3 节中,本书讨论了当运放引入深度负反馈之后,工作在线性区域,可以构成各种运算电路。当运放开环工作或将输出引入到同相输入端形成正反馈时,运放工作在非线性区;本节将着重讨论运放工作在非线性区时的特性及电路分析方法。

7.5.1 单门限电压比较器

比较器是运放工作于非线性区的最基本电路。比较器是指对输入信号进行鉴别和比较的电路,根据输入信号是大于参考值还是小于参考值来决定输出状态。

1. 单门限电压比较器

单门限电压比较器电路如图 7.5.1(a)所示,该比较器的作用是将输入信号电压 u_i 与参考电压 U_R 作比较,比较结果用输出电压的正、负极性(或有与无)来显示。由于运放开环,工作在非

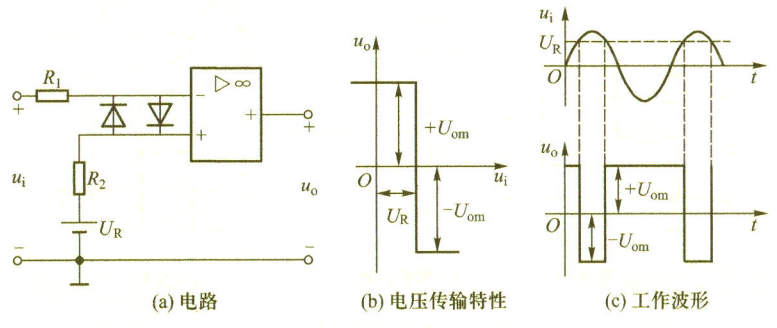

(a) 电路　　(b) 电压传输特性　　(c) 工作波形

图 7.5.1 单门限电压比较器

线性状态,运放除了满足"虚断"之外,还有如下特性:当 $u_+>u_-$ 时,则 $u_o=+U_{om}$,当 $u_->u_+$ 时,则 $u_o=-U_{om}$。信号 u_i 加在运放的反相端,即 $u_-=u_i$;参考电压 U_R 加在同相端,即 $u_+=U_R$;因此

当 $u_i>U_R$ 时,$u_o=-U_{om}$

当 $u_i<U_R$ 时,$u_o=+U_{om}$

画出比较器输出电压 u_o 与输入电压 u_i 的关系曲线,即为电压传输特性。电压传输特性曲线的三要素为:

① 门限电压:输出状态发生跳变时对应的输入信号即为门限电压,记为 U_T;对单门限电压比较器有 $U_T=U_R$。

② 输出电压:指比较器输出高低电平的取值。图 7.5.1(a)所示比较器,输出高低电平分别为 $+U_{om}$ 和 $-U_{om}$。

③ 跳变方向:是指在门限电压处输出电平的跳变方向。此时从反相端输入,当输入信号由小变大时,跳变方向为从高电平跳变到低电平。

根据三要素画出比较器的电压传输特性如图 7.5.1(b)所示,u_i 和 u_o 的单位均为 V。当输入信号 u_i 为正弦波时,设 $U_R>0$,比较器输出波形如图 7.5.1(c)所示,其正、负波的宽度是不相等的,即输出为矩形波。

运放作比较器时,要在两输入端之间并联接入两个相反的二极管作限幅保护,以防止 u_i 与 U_R 差值过大烧坏运放。为配合二极管工作,还需同时串入两个限流电阻 R_1 和 R_2。由于比较器灵敏度是 μV 数量级,硅二极管死区电压为 0.5 V,故正常工作时二极管无电流,R_1 和 R_2 亦无电流,不影响电压的传递。当 u_i 与 U_R 差值超过 0.5 V 时,运放两输入端之间的电压限制在 0.5 V 以内。为简化电路图,以后出现的比较器电路均省略保护环节。

图 7.5.1(a)中,输入信号加在反相端,称为反相比较器。若输入信号加在同相端,参考电压加在反相端,则称同相比较器。请自行分析同相比较器的电压传输特性。

2. 过零比较器

过零比较器是单门限电压比较器的一个特例。参考电压 $U_R=0$ 时的单门限电压比较器称为过零比较器,图 7.5.2(a)是反相过零比较器,u_i 信号接在运放反相端,其门限电压 $U_T=U_R=0$ V,图 7.5.2(b)是其电压传输特性。图 7.5.2(c)是输入信号为正弦波时输出电压 u_o 的波形,过零比较器把输入的正弦波变换为方波输出。另外,当过零比较器的输入信号穿过零值时,其输出状态就会改变一次,因此常用于信号的正负值检测。

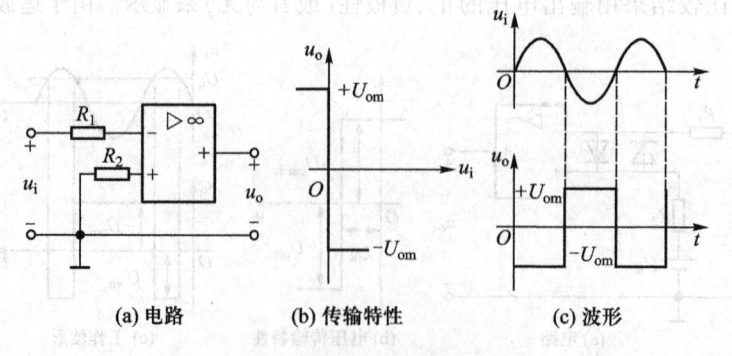

(a) 电路　　(b) 传输特性　　(c) 波形

图 7.5.2　过零比较器

例 7.5.1 有一电压比较器如图 7.5.3(a)所示，试画出其传输特性，并画出输入信号为正弦波时的输出波形。

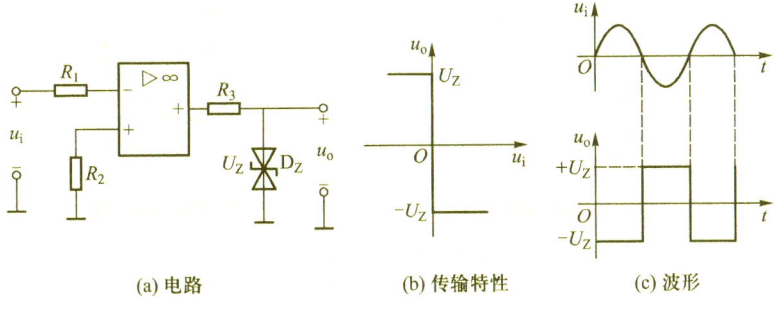

(a) 电路　　　　　　(b) 传输特性　　　　(c) 波形

图 7.5.3　例 7.5.1 图

解：根据三要素画电压比较器的传输特性。

门限电压：该比较器为过零比较器，因此 $U_T = 0$ V。

输出电压：图 7.5.3(a)所示比较器电路中，D_Z 是双向稳压二极管（相当于两个稳压二极管反极性串联），R_3 为限流电阻，构成一个稳压电路。当输入电压不等于零时，运放的输出为 $±U_{om}$，总能使双向稳压二极管中的其中一个处于稳压状态，其稳压值为 U_Z，另一个稳压二极管处于正向导通状态，其正向导通压降为 U_D，则输出电压 u_o 被限幅在 $±(U_D+U_Z)$ 上，忽略稳压二极管正向导通压降为 U_D 的情况下，输出电压幅度视为 $±U_Z$。

跳变方向：比较器输入接反相输入端，即是反相比较器，当输入信号由小变大时，输出从高电平跳变到低电平。

根据以上分析，画出该比较器的传输特性如图 7.5.3(b)所示，与 7.5.2(b)相比，其输出高低电平由原来的 $±U_{om}$ 限幅到 $±U_Z$，其余特性不变。

图 7.5.3(c)是输入信号为正弦波时输出电压 u_o 的波形，由图可见，该比较器把输入的正弦波变换成幅度为 $±U_Z$ 的方波输出。

大多数电路中，输入电压都不能太高，通常比较器的后接电路不希望比较器输出电压值高达 $+U_{om}$，而是输出电压稳定在某一个数值即可，为此，广泛采用本例所示的方法用稳压二极管对输出进行限幅即可。

7.5.2　滞回比较器

单门限电压比较器在应用时，由于零点漂移的存在或无规则的干扰、噪声等因素的影响，若 u_i 值在门限值附近波动时，u_o 将不断地在 $±U_{om}$ 之间跳变，可能引起输出的误动作。为了防止这种现象的发生，可以利用正反馈来改变比较器的传输特性，电路如图 7.5.4(a)所示，将输出电压通过电阻 R_F 反馈到同相输入端，这时比较器的传输特性曲线具有迟滞回线形状，如图 7.5.4(b)所示，这种比较器就称为滞回比较器（又称施密特 Schmidt 触发器）。

在这个电路中，输入信号加在反相输入端，$u_- = u_i$；输出电压经反馈电阻 R_F 送到比较器的同相输入端，因此电阻 R_F 引入了正反馈，使运放工作在非线性状态，反馈电压的表达式为

$$u_+ = u_f = \frac{R_2}{R_F + R_2} u_o$$

239

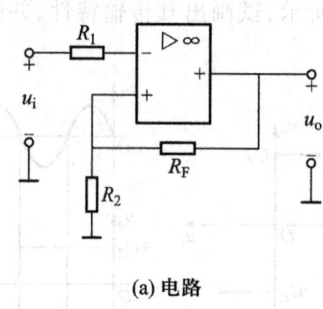
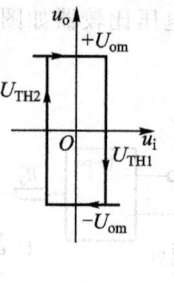

(a) 电路 (b) 电压传输特性

图 7.5.4 滞回比较器

下面通过三要素法来分析其传输特性。

① 门限电压：当运放两个输入端的电压有 $u_+ = u_-$ 时，运放的输出处于临界跳变。即 $u_i = u_f = \frac{R_2}{R_F+R_2}u_o$，此时 u_i 的取值对应为门限电压，即 $U_T = \frac{R_2}{R_F+R_2}u_o$。由于输出电压 u_o 的取值有两种情况，则对应门限电压有两个，即

$$\begin{cases} U_{TH} = +\frac{R_2}{R_F+R_2}U_{OM}, \text{当} u_o = +U_{OM} \\ U_{TL} = -\frac{R_2}{R_F+R_2}U_{OM}, \text{当} u_o = -U_{OM} \end{cases}$$

其中，U_{TH} 为上门限电压，U_{TL} 为下门限电压，二者之差称为回差电压。

② 输出电压：输出高低电平分别为 $-U_{om}$ 和 $+U_{om}$。

③ 跳变方向：是指在门限电压处输出电平的跳变方向，有以下两种情况：

第一种情况，假设初始时输入信号 u_i 很小，使 $u_-<u_+$，则输出电压 $u_o = +U_{om}$，此时门限电压为 U_{TH}，当输入信号 u_i 由小变大并达到 U_{TH} 时，输出电压将由 $+U_{om}$ 跳变到 $-U_{om}$；

第二种情况，假设初始时输入信号 u_i 很大，使 $u_->u_+$，则输出电压 $u_o = -U_{om}$，此时门限电压为 U_{TL}，当输入信号 u_i 由大变小并达到 U_{TL} 时，输出电压将由 $-U_{om}$ 跳变到 $+U_{om}$。

根据以上三要素，画出比较器的电压传输特性如图 7.5.4(b)所示。当输入信号超过上门限电压时，滞回比较器的输出就会翻转到低电平，这时，即使由于干扰而使输入信号小于上门限电压 U_{TH}，但只要输入信号不低于下门限电压 U_{TL}，输出信号就不会发生错误翻转。同理，在下门限电压附近也是如此。

例 7.5.2 如果在图 7.5.4 所示的滞回比较器的输入端输入如图 7.5.5(a)所示的波形，试画出对应的输出波形。

解：根据滞回比较器的电压传输特性，输入信号 u_i 很小时，输出电压 $u_o = +U_{om}$；当输入信号 u_i 由小变大并达到 U_{TH} 时，输出电压将由 $+U_{om}$ 跳变到 $-U_{om}$，此时门限电压为 U_{TL}；由于干扰的存在使输入信号 u_i 在 U_{TH} 附件波动时，只

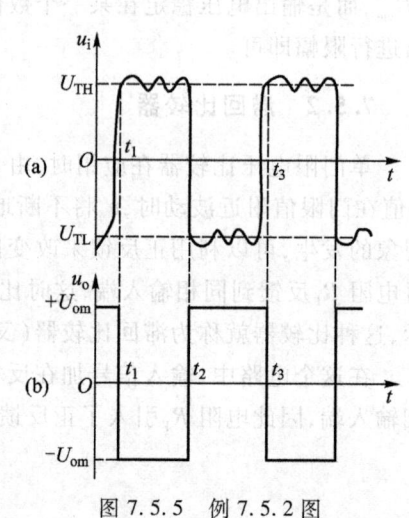

图 7.5.5 例 7.5.2 图

要其幅值没有减小到门限电压 U_{TL} 之下，比较器的输出状态都不会改变，一直保持输出为 $-U_{om}$；当输入信号 u_i 由大变小并达到 U_{TL} 时，输出电压将由 $-U_{om}$ 跳变到 $+U_{om}$，此时门限电压为 U_{TH}，只要 u_i 的波动没有增大到 U_{TH} 之上，输出状态就不会改变。因此，得到输出波形如图 7.5.5(b) 所示。

可见滞回比较器有较强的抗干扰能力，该电路还具有波形"整形"功能。同样，滞回比较器的输出端也可采用稳压二极管对输出进行限幅，原理同上，在这里不再赘述。

7.6 信号产生电路
7.6 Function Generator

在工业、农业、生物医学等领域广泛需要使用各种类型的信号产生电路，就波形而言，信号被分为正弦波和非正弦波（例如矩形波、三角波和锯齿波等），因此，信号产生电路可分为正弦波产生电路和非正弦波产生电路两大类，它们无需外加输入信号即可产生各种周期性的波形，通常也称为振荡电路。本节将分别介绍其中的典型电路。

7.6.1 方波产生电路

前面讲到电压比较器能起到波形变换的功能，可以将正弦波转变为方波输出；电压比较器同样可以直接构成方波产生电路。下面我们就来分析方波是如何产生的。

1. 电路组成

方波产生电路（Square Wave Generator）如图 7.6.1 所示，该电路主要由两部分构成：首先是运放构成的滞回比较器，该比较器在输出端连接了由限流电阻 R_3 和双向稳压二极管 D_Z 组成了双向限幅电路；其次，R 和 C 构成反馈支路，把输出电压经反馈到运放的反相输入端。

2. 工作原理

设电容的初始电压为零，在接通电源的瞬间，运放的输出电压究竟是正饱和电压还是负饱和电压，纯属偶然。设运放的初始输出电压为正饱和值，则 $u_o = +U_Z$，滞回比较器的门限电压为 $U_{TH} = +\dfrac{R_1}{R_1+R_2}U_Z$；此时电容充电，电容 C 的电压 u_C 由零逐渐增大；在 u_C 增大到 U_{TH} 之前，$u_o = +U_Z$ 保持不变；直到 $u_C > U_{TH}$，u_o 从 $+U_Z$ 跳变到 $-U_Z$，与此同时

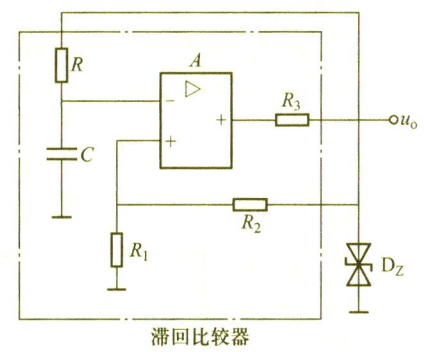

图 7.6.1 方波产生电路

比较器的门限电压变为 $U_{TL} = -\dfrac{R_1}{R_1+R_2}U_Z$；当 $u_o = -U_Z$ 时，电容放电，电容 C 的电压 u_C 不断减小，在 u_C 减小到 U_{TL} 之前，$u_o = -U_Z$ 保持不变；直到 $u_C < U_{TL}$，u_o 从 $-U_Z$ 跳变到 $+U_Z$。如此循环不已，产生振荡，在输出端得到矩形波输出。电容上的电压 u_C 和输出电压 u_o 的波形如图 7.6.2 所示。由于电容的充放电路径完全一样，输出波形的高低电平持续时间相同，为振荡周期的一半，因此输出波形的占空比为 0.5，实际为方波。下面采用一阶 RC 电路的三要素法计算该方波的周期 T。

由三要素法可知电容电压 u_C 的动态响应为

$$u_C(t) = u_C(\infty) + [u_C(t_0) - u_C(\infty)] e^{-\frac{1}{\tau}(t-t_0)} \quad t > t_0 \tag{7.6.1}$$

由图 7.6.2 可知,在放电期间,电容电压 u_C 从 t_1 时刻的 U_{TH} 开始下降,因此 u_C 的初始值为 $u_C(t_1) = U_{TH}$,电容放电到电压最低为 $-U_Z$,因此 u_C 的终值 $u_C(\infty) = -U_Z$,充放电时间常数均为 $\tau = RC$。

将 u_C 的三要素代入式(7.6.1),得

$$u_C(t) = -U_Z + [U_{TH} - (-U_Z)] e^{-\frac{t}{RC}} \quad t > t_1 \tag{7.6.2}$$

从 t_1 时刻到 t_2 时刻,经过时间 $\frac{T}{2}$,电容电压 u_C 从 U_{TH} 下降到 U_{TL},因此当 $t = \frac{T}{2}$ 时,$u_C\left(\frac{T}{2}\right) = U_{TL}$,带入式(7.6.2),有

$$U_{TL} = -U_Z + [U_{TH} - (-U_Z)] e^{-\frac{T}{2RC}} \tag{7.6.3}$$

解上式得

$$T = 2RC \ln\left(1 + \frac{2R_1}{R_2}\right) \tag{7.6.4}$$

在图 7.6.1 基础上,利用二极管 D_1 和 D_2 的通断选择电容的充放电路径,使用可变电阻器 R_P 改变充放电的时间常数,就能获得占空比可调的矩形波发生器,如图 7.6.3 所示。除了电容的充放电路径不同外,其他工作情况与方波产生电路完全相同,在此不再赘述。

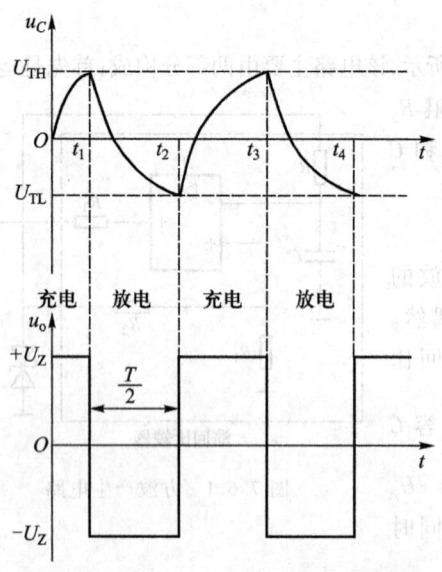

图 7.6.2 方波产生电路的工作波形

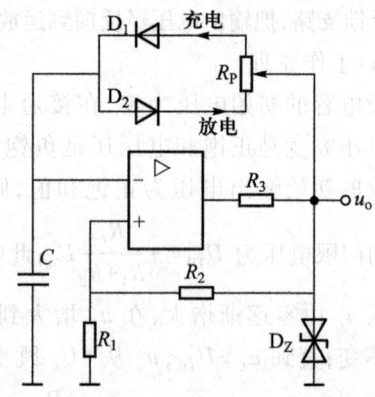

图 7.6.3 占空比可调的矩形波振荡器

本节介绍的波形产生电路是一种能够直接产生矩形波或方波的非正弦信号发生电路,由于矩形波包含极丰富的谐波,因此,这种电路又称为多谐振荡器。其组成部分主要有:(1) 具有开关特性的器件,例如电压比较器、晶体管等;(2) 反馈网络,将输出电压适当地反馈给开关器件使之改变输出状态;(3) 延时环节,实现延时以获得所需要的振荡频率。

7.6.2 锯齿波产生电路

在示波器、电视机等设备的显示器中,为了驱动阴极射线管,使电子按照一定轨迹运动以显示图像,常用锯齿波产生电路作为时基电路。例如,要在示波器荧光屏上观察被测信号的波形,要求在水平偏转板加上随时间作线性变化的电压——锯齿波电压,使电子束沿水平方向匀速扫过荧光屏上的光点,需要锯齿波电流来控制偏转磁场。锯齿波产生电路的种类很多,这里仅以图 7.6.4 所示电路为例,讨论其组成及工作原理。

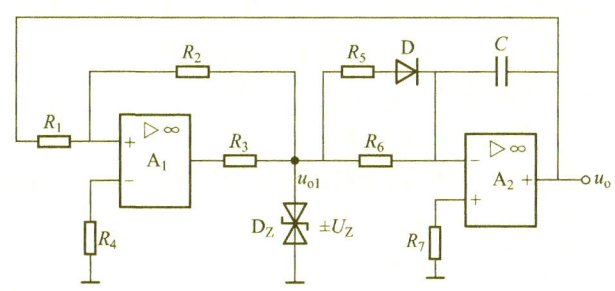

图 7.6.4 锯齿波产生电路

1. 电路组成

由图 7.6.4 可见,该电路包括同相滞回比较器(A_1)和充放电时间常数不等的积分器(A_2)两部分,共同组成锯齿波产生电路。

2. 门限电压的估算

为便于讨论,单独画出图 7.6.4 中由 A_1 组成的同相滞回比较器,如图 7.6.5 所示。

输出电压:输出端接双向稳压二极管稳压,因此,输出高低电平分别为 $\pm U_Z$。

门限电压:运放的同相输入端,$u_+ = u_i - \dfrac{u_i - u_{o1}}{R_1 + R_2} R_1$,$u_- = 0$,因比较器输出状态临界翻转时对应的输入电压即为门限电压,则有 $u_+ \approx u_- \Rightarrow u_i - \dfrac{u_i - u_{o1}}{R_1 + R_2} R_1 = 0$,解出此时的 u_i 就是门限电压,所以 $U_T = u_i = -\dfrac{R_1}{R_2} u_{o1}$,根据输出的高低电平不同,得到上下门限电压如下。

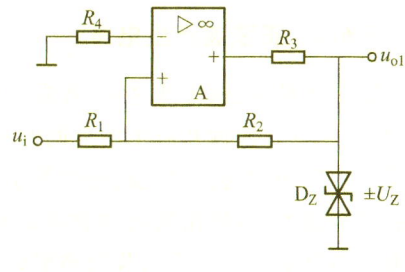

图 7.6.5 同相滞回比较器

当 $u_{o1} = +U_Z$ 时,$U_{TL} = -\dfrac{R_1}{R_2} u_{o1} = -\dfrac{R_1}{R_2} U_Z$;

当 $u_{o1} = -U_Z$ 时,$U_{TH} = -\dfrac{R_1}{R_2} u_{o1} = +\dfrac{R_1}{R_2} U_Z$。

回差电压(即门限宽度)为

$$\Delta U_T = U_{TH} - U_{TL} = 2\dfrac{R_1}{R_2} U_Z$$

在进行完整的电路(图7.6.4所示)分析时,应注意到图7.6.5中的u_i即为电路的输出电压u_o。

3. 工作原理

设$t=0$时接通电源,$u_{o1}=-U_Z$,此时门限电压为U_{TH},则u_{o1}经R_6、C反相积分,使输出电压u_o按线性规律增大。当u_o增大到门限电压U_{TH}时,比较器输出u_{o1}由$-U_Z$跳变到$+U_Z$,同时,门限电压变为U_{TL}。以后u_{o1}经R_5、D和R_6两并联支路对电容C反相积分,使输出电压u_o按线性规律减小,直到u_o减小到门限电压U_{TL}时,比较器输出u_{o1}由$+U_Z$跳变到$-U_Z$,门限电压再次变为U_{TL}。如此,周而复始,形成振荡输出。

当$u_{o1}=-U_Z$时,积分电路时间常数为$\tau_1=R_6C$;当$u_{o1}=+U_Z$时,积分电路时间常数为$\tau_2=(R_5/\!/R_6)C$,即电容C正向与反向充电时间常数不相等,在A_1输出端得到矩形波u_{o1},在A_2输出端得到矩形波u_o,如图7.6.6所示。该电路实际为矩形波-锯齿波产生电路。

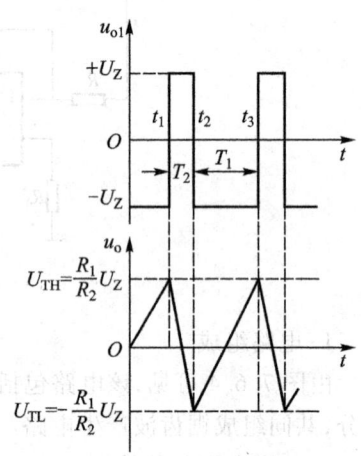

图7.6.6 工作波形

可以证明,忽略二极管的正向电阻时,电路的振荡周期为

$$T=T_1+T_2=\frac{2R_1R_6C}{R_2}+\frac{2R_1(R_6/\!/R_5)C}{R_2}$$
$$=\frac{2R_1R_6C(R_6+2R_5)}{R_2(R_6+R_5)} \quad (7.6.5)$$

显然,在图7.6.4所示电路中,当R_5、D支路开路时,电容C的正反向充电时间常数相等,此时,输出u_{o1}由矩形波变为方波,u_o由锯齿波变为三角波,构成方波(u_{o1})-三角波(u_o)产生电路,其振荡周期为$T=\dfrac{4R_1R_6C}{R_2}$。

7.6.3 正弦波产生电路

除了矩形波、锯齿波之外,常常用到的信号形式还有正弦波信号。工频50 Hz交流电也是正弦波,它是电能传输和使用的常见形式,但是,很多系统中所使用的正弦信号并不是50 Hz的工频信号。比如在通信、广播、电视等系统中,为实现信号的远距离发送,一般采用射频调制把信号调制到载波上,所使用的射频载波的频率远远高于50 Hz,甚至高达GHz,因此,需要专门的正弦波振荡电路来产生。下面我们简单讨论正弦波振荡电路及其工作原理。

1. 产生正弦波的条件

(1) 原理框图

负反馈放大电路的方框图如图7.2.1所示,如果引入的反馈为正反馈,则得到如图7.6.7(a)所示的正反馈放大电路方框图,$\dot{X}_i$为外部输入信号,$\dot{X}_d$为基本放大电路的净输入信号,$\dot{X}_f$为反馈信号。由图7.6.7(a)可知,$\dot{X}_d=\dot{X}_i+\dot{X}_f$,如果$\dot{X}_f$与$\dot{X}_d$的大小和相位完全一致,则可将$\dot{X}_f$直接输入$\dot{X}_d$端,此时即使外部输入信号$\dot{X}_i=0$,依然能维持输出$\dot{X}_o$,称此时电路产生了自激。图7.6.7(b)所示的闭环系统称为自激振荡电路。

从结构上看,正弦波振荡电路就是一个没有外部输入信号的正反馈放大电路,因此,正弦波振荡电路的组成必须具备放大电路和正反馈电路。正弦波振荡电路能产生单一频率的正弦波,

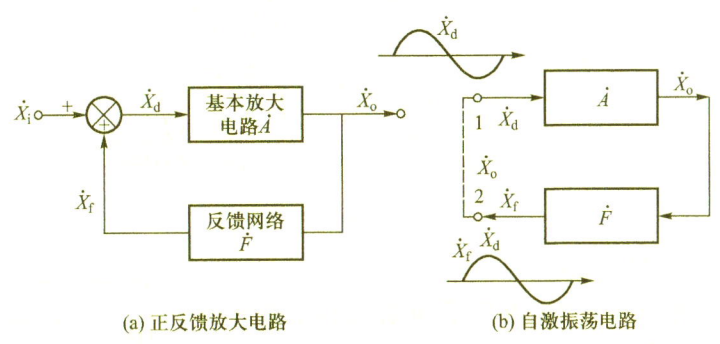

(a) 正反馈放大电路　　(b) 自激振荡电路

图 7.6.7　正弦波振荡电路的原理框图

这个频率就是该电路的振荡频率 f_0,这就要求在放大或反馈环节中包含一个具有选频特性的电路,简称选频电路。通常选频电路由 RC 元件或 LC 元件组成。

(2) 自激振荡的平衡条件

根据以上框图,在自激振荡时,有 $\dot{X}_f = \dot{X}_d$,则 $\dfrac{\dot{X}_f}{\dot{X}_d} = \dfrac{\dot{X}_o}{\dot{X}_d} \cdot \dfrac{\dot{X}_f}{\dot{X}_o} = 1$,即

$$\dot{A}\dot{F} = 1 \tag{7.6.6}$$

上式中,设 $\dot{A} = A\underline{/\varphi_A}$, $\dot{F} = F\underline{/\varphi_F}$,带入式(7.6.6),得 $\dot{A}\dot{F} = |\dot{A}\dot{F}|\underline{/\varphi_A+\varphi_F} = 1$,即得自激振荡的幅度平衡条件和相位平衡条件分别为

幅度平衡条件　　　　　　　　$|\dot{A}\dot{F}| = AF = 1$ 　　　　　　　　(7.6.7)

相位平衡条件　　　　　　$\varphi_A + \varphi_F = 2n\pi \quad n = 0,1,2,\cdots$ 　　　　　(7.6.8)

(3) 自激振荡的建立过程

既然振荡电路无须外接信号源,那么起始信号从何而来呢? 一种情况是,当振荡电路接通直流电源时,因存在着环境噪声,而噪声中的频谱成分丰富,在信号被放大器放大过程中,选频电路选择出某一特定频率成分的信号,随着"放大-选频-正反馈……"这一不断循环往复的过程,该频率的信号逐渐加强,其他成分不断衰减,最终该频率信号成为振荡信号输出。另一种情况是,电路中由于电感、电容元件的存在出现暂态过程,激起微小的扰动信号;该扰动信号是非正弦量,含有很宽的频谱,经"放大-选频-正反馈……"这一不断循环往复的过程,某一特定频率的信号成为自激振荡信号输出。

前面所讲的自激振荡的幅度平衡条件是指振荡电路已进入稳定状态时,维持稳定输出的幅度条件。欲使振荡电路自行建立振荡,还必须满足幅度**起振条件** $|\dot{A}\dot{F}| > 1$。振荡建立的过程如图 7.6.8 所示,具体如下:① 在接通电源后,电路首先进入起振阶段,此时由于电路的环路增益满足 $|\dot{A}\dot{F}| > 1$,则由选频网络选出的特定频率信号的幅度将快速增大;② 起振后,输出信号在经过一段时间的增长后,需要自动稳定到一定幅度而不是持续增长,这个环节称为稳幅环节;一般通过外加元件或利用放大电路的非线性特性,使振荡电路自动达到幅度平衡条件 $|\dot{A}\dot{F}| = 1$;③ 最后,振荡电路满足稳定振荡条件,输出幅度稳定的单一频率正弦信号。

综上可知,正弦波振荡电路必须包含放大电路、正反馈电路、选频电路和稳幅电路四个环节。

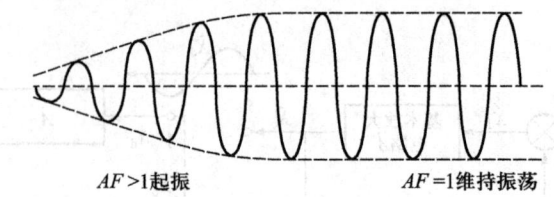

$AF>1$ 起振　　　　　　　$AF=1$ 维持振荡

图 7.6.8　自激振荡的建立

2. RC 桥式正弦波振荡电路

RC 正弦波振荡电路如图 7.6.9 所示,电路由两个部分组成,R_F、R_1 和运放构成同相比例放大电路,RC 串并联电路构成正反馈电路。两个 $R-C$ 支路和 R_1、R_F 形成一个四臂电桥,因此这种振荡电路又称为文氏桥振荡电路或 RC 桥式振荡电路。

(1) RC 电路的选频特性

为便于分析 RC 电路的频率特性,我们把图 7.6.9 中 RC 串并联电路部分单独画出来,如图 7.6.10(a) 所示。

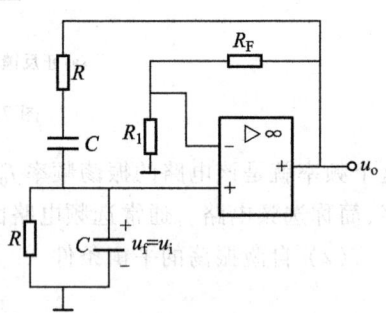

图 7.6.9　RC 桥式正弦振荡电路

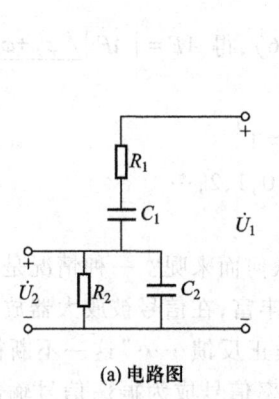

(a) 电路图

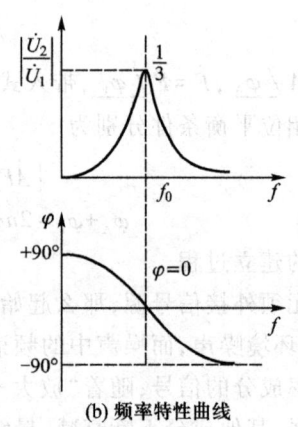

(b) 频率特性曲线

图 7.6.10　RC 串并联电路及其频率特性

设图 7.6.10(a) 的 RC 串并联电路中,$Z_1=R_1+\dfrac{1}{j\omega C_1}$ 和 $Z_2=R_2 /\!/ \dfrac{1}{j\omega C_2}$,令 $R_1=R_2=R$,$C_1=C_2=C$,$\dot{F}=\dfrac{\dot{U}_2}{\dot{U}_1}$,则得

$$\dot{F}=\dfrac{\dot{U}_2}{\dot{U}_1}=\dfrac{Z_2}{Z_1+Z_2}=\dfrac{j\omega RC}{(1-\omega^2 R^2 C^2)+3j\omega RC}=\dfrac{1}{3+j\left(\omega RC-\dfrac{1}{\omega RC}\right)} \quad (7.6.9)$$

画出 RC 串并联电路的幅频特性和相频特性如图 7.6.10(b) 所示。

由式 (7.6.9) 可见,当分母中虚部系数为零时,$\dot{U}_2$ 与 $\dot{U}_1$ 同相,即 $\omega RC-\dfrac{1}{\omega RC}=0$,解得

$$\omega_0 = \frac{1}{RC} \quad \text{或} \quad f_0 = \frac{1}{2\pi RC} \tag{7.6.10}$$

此时,对应图 7.6.10(b)幅频特性中的幅值为最大,即

$$F_{\max} = \frac{1}{3} \tag{7.6.11}$$

而相频特性的相位为零,即 $\dot{U}_2$ 与 $\dot{U}_1$ 同相

$$\varphi_F = 0 \tag{7.6.12}$$

从图 7.6.10(b)所示的频率特性可见,RC 串并联电路具有与滤波器电路相似的幅频特性,可以把频率为 f_0 的信号选择出来,而把其他频率成分的信号削弱衰减掉,因此 RC 串并联电路具有选出特定频率成分的作用,又称为选频电路。

(2) RC 振荡电路的工作原理

图 7.6.9 所示电路中,运放构成同相比例放大电路,其增益为 $\dot{A}_u = \frac{\dot{U}_o}{\dot{U}_i} = \left(1 + \frac{R_F}{R_1}\right)\underline{/0}$;RC 串并联电路构成正反馈电路,反馈系数为 $\dot{F} = F\underline{/\varphi_F}$;运放满足"虚断"特性,同相输入端注入电流可忽略不计,起着隔离作用,因此,RC 串并联电路的特性不变,其幅频特性中幅值最大点对应的频率仍为 $f_0 = \frac{1}{2\pi RC}$。

从相位条件来看,当 $\omega = \omega_0 = 2\pi f_0 = \frac{1}{RC}$ 时,经 RC 反馈网络传输到运放同相端的电压 $\dot{U}_f$(即 $\dot{U}_i$)与 $\dot{U}_o$ 同相,即有 $\varphi_F = 0$,同时 $\varphi_A = 0$,因此 $\varphi_A + \varphi_F = 0$。这样,放大电路和由 Z_1、Z_2 构成的正反馈满足相位条件。

从幅度条件来看,$f = f_0 = \frac{1}{2\pi RC}$ 时,$F = \frac{U_f}{U_o} = \frac{U_i}{U_o} = \frac{1}{3}$;若 $R_F = 2R_1$ 时,$|A_u| = 1 + \frac{R_F}{R_1} = 3$,则 $|A_u F| = 1$,满足稳定振荡的幅值条件。

当然,起振时要求 $|A_u F| > 1$,即 $A_u = 1 + \frac{R_F}{R_1} > 3$,即 $\frac{R_F}{R_1} > 2$。稳幅的实现方法是使 $\frac{R_F}{R_1}$ 的值随输出电压幅度的增大而逐渐减小,直到达到稳定振荡的条件 $|A_u F| = 1$。例如,R_F 由一个具有**负温度系数**的热敏电阻 R_T 代替,如图 7.6.11(a)所示。当输出电压 u_o 增大使电阻 R_T 的功耗增大时,热敏电阻 R_F 值减小,电路的放大倍数下降,使 u_o 的幅值下降。如果参数选择合适,可使输出电压幅值基本恒定,且波形失真较小。

采用二极管稳幅的 RC 振荡电路如图 7.6.11(b)所示,稳幅环节由电阻 R_{22} 和正反向并联的两个二极管 D_1、D_2 构成。在起振之初,由于输出电压 u_o 幅值很小,尚不足以使二极管导通,近似于开路状态,此时,电阻值 $R_{22} + R_{21} > 2R_1$,即 $|A_u F| > 1$,电路起振。随着振荡的快速建立,输出电压幅度增大,正反向二极管 D_2、D_1 在输出电压 u_o 的正负半周内分别导通,根据二极管的正向导通特性曲线,二极管的等效导通电阻 $R'_{22} < R_{22}$ 且随着正向电流的增大而减小,直到 $R'_{22} + R_{21} = 2R_1$,振荡稳定。

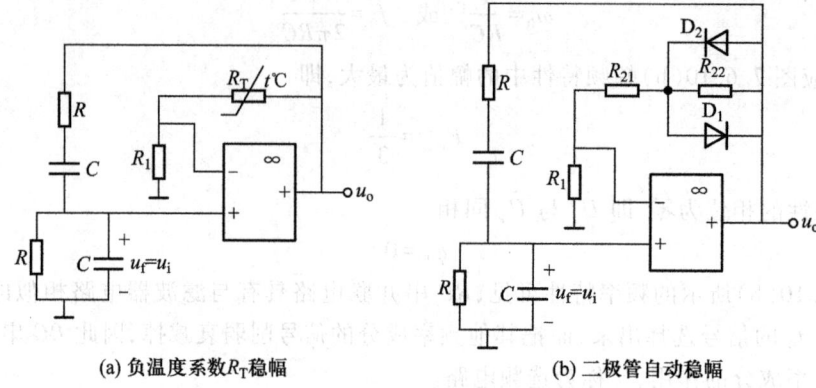

(a) 负温度系数R_T稳幅   (b) 二极管自动稳幅

图 7.6.11 具有稳幅环节的 RC 振荡电路

图 7.6.12 所示为频率可调的 RC 振荡电路,改变开关 S 的位置可改变选频电路的电阻,实现振荡频率的粗调;改变双联电容 C 的大小则可实现振荡频率的细调。

综上,由 RC 元件组成选频电路的振荡电路称为 RC 振荡电路,一般用来产生低于 1 MHz 的低频信号。

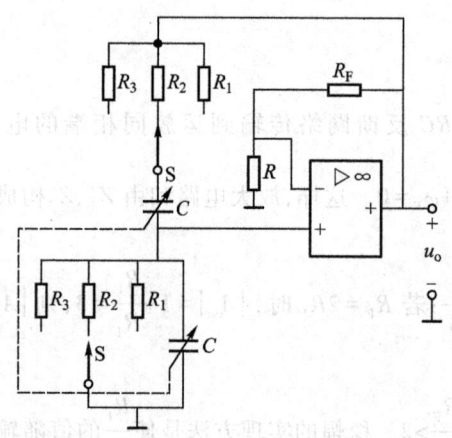

图 7.6.12 频率可调的 RC 正弦波振荡电路

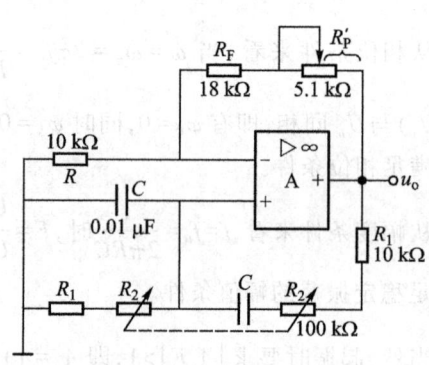

图 7.6.13 例 7.6.1 图

例 7.6.1 RC 振荡电路如图 7.6.13 所示。试求:(1) 满足振荡条件时 R_P 的下限值;(2) 振荡频率的调节范围。

解:(1) 根据起振条件 $R_F + R_P' > 2R$,$R_P' > 2$ kΩ。故 R_P 的下限值为 2 kΩ。

(2) 振荡频率的最大值和最小值分别为

$$f_{0\max} = \frac{1}{2\pi R_1 C} \approx 1.6 \text{ kHz}$$

$$f_{0\min} = \frac{1}{2\pi (R_1 + R_2) C} \approx 145 \text{ Hz}$$

*3. LC 正弦波振荡电路

除了 RC 正弦振荡电路之外,常常由 L、C 并联谐振电路实现选频功能,这种振荡电路称为

LC 振荡电路，一般用来产生 1 MHz 以上的高频信号。由于高频运放的价格较高、工作频率有限，多采用分立元件组成放大电路。为了保持教学内容的延续性，本书把基于分立元件的振荡电路内容也放在本节介绍，了解常见的 LC 振荡电路，包括变压器反馈式、电感三点式和电容三点式正弦振荡电路等。

LC 并联谐振电路的频率特性详见第 2 章内容，在此简单复习 LC 并联选频电路的频率特性。LC 并联谐振电路如图 7.6.14 所示，其中 R 表示回路的等效损耗电阻。

考虑到 $R \ll \omega L$，电路的复阻抗为 $Z = \dfrac{1}{\dfrac{RC}{L} + j\left(\omega C - \dfrac{1}{\omega L}\right)}$。LC 并联谐振电路具有以下特点：

① 电路的谐振频率为

$$\omega_0 = \frac{1}{\sqrt{LC}} \quad \text{或} \quad f_0 = \frac{1}{2\pi\sqrt{LC}} \tag{7.6.13}$$

② 谐振时，电路为纯电阻性质，并且等效阻抗达到最大值，即

$$Z_0 = \frac{L}{RC} = Q\omega_0 L = \frac{Q}{\omega_0 C} \tag{7.6.14}$$

式中，$Q = \omega_0 \dfrac{L}{R} = \dfrac{1}{\omega_0 RC} = \dfrac{1}{R}\sqrt{\dfrac{L}{C}}$，称为回路品质因数，其值一般在 100 以内。

画出电路阻抗的频率特性和相频特性如图 7.6.15 所示。可见，当 f_0、L、C 值不变时，R 值越小，Q 值越大，阻抗的频率特性越陡，选频效果越好。

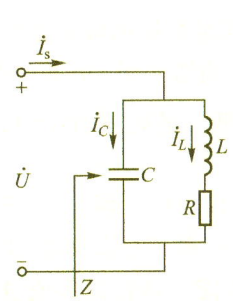

图 7.6.14　LC 并联谐振电路

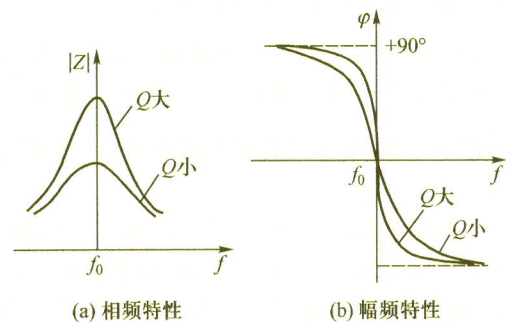

(a) 相频特性　　(b) 幅频特性

图 7.6.15　LC 谐振电路阻抗的频率特性

③ 并联谐振亦称电流谐振，此时，图 7.6.14 中 $I_C \approx I_L \gg I_s$，此结论对于分析 LC 振荡电路的相位关系非常有意义。

(1) 变压器反馈式 LC 振荡电路

图 7.6.16 为变压器反馈式 LC 振荡电路。该电路包括放大电路、反馈电路和选频电路等基本组成部分，其中反馈电路由变压器二次绕组 N_2 实现，LC 并联谐振电路作为三极管的集电极负载，起选频作用，即对频率为 $f_0 = \dfrac{1}{2\pi\sqrt{LC}}$ 的信号，LC 电路等效为纯电阻 $R_c = \dfrac{L}{RC}$，实现单频信号的正常放大；而对于偏离 f_0 的信号，LC 电路具有电容性或电感性，其品质因数锐减，不仅放大倍数降低，而且相位偏移，无法构成正反馈电路。

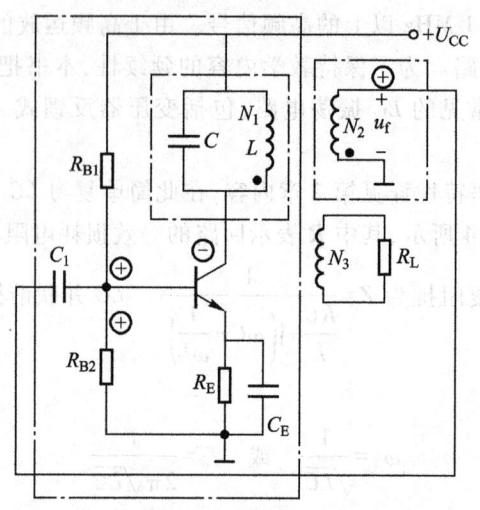

图 7.6.16 变压器反馈式 LC 振荡电路

下面用瞬时极性法来分析振荡电路的相位条件。

设基极电位的瞬时极性为正,则

$$基极\ B(+) \to 集电极\ C(-) \to u_f\ 上端(+)$$

反馈提高了基极电位,使净输入信号 $u_{be}(=u_f)$ 增大,故为正反馈。

只要变压器的变比和放大电路的参数选择适当,一般都可以满足起振的幅值条件 $|\dot{A}\dot{F}|>1$。而振荡的稳定是利用放大器件三极管的非线性特性来实现的,当振幅增大到一定程度时,三极管进入非线性区工作,电流放大系数逐渐减小,电压放大倍数随之降低。最后,$|\dot{A}\dot{F}|=1$,振荡幅度逐渐稳定。

此类电路的优缺点如下:易起振,输出电压幅度较大;由于采用变压器耦合,易满足阻抗匹配的要求;调频方便,一般采用在 LC 回路中接入可变电容器的方法,调频范围较宽;工作频率的范围受限,体积大,输出波形不太理想。由于铁心的存在,变压器不能工作在高频或过低频率的状态,体积也笨重。另一方面,由于反馈电压取自变压器二次绕组,因此对高次谐波的阻抗大,反馈也强,在输出波形中含有较多高次谐波成分。但 LC 并联谐振电路具有良好的选频作用,因此输出电压的正弦波形一般失真不大。

(2) 电感三点式 LC 振荡电路

如图 7.6.17 所示,LC 并联谐振电路中的电感(或电容)有首端、中间端和尾端三个端点,分别与放大器件的三端相连,因此称为三点式结构。

前面讨论 LC 并联谐振电路时已得出结论:谐振时,电感或电容支路的电流远大于 LC 电路的总电流。电感中间抽头电位的瞬时极性可按下述方法确定,即:

① 若电感的中间抽头交流接地,则首端与尾端的电位极性相反。

② 若电感的首端或尾端交流接地,则电感其他两个端点的电位极性相同。

图 7.6.18 所示的电感三点式 LC 振荡电路又称哈特莱振荡电路。LC 并联谐振电路中电感

的首端、中间抽头和尾端三个端点分别与三极管的集电极、发射极(交流接地)和基极相连,反馈信号取自电感 L_2 上的电压。

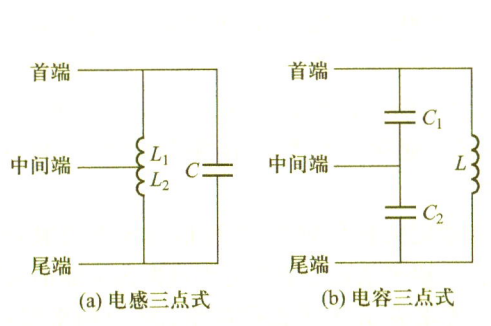

(a) 电感三点式 (b) 电容三点式

图 7.6.17 不同结构形式的 LC 选频电路

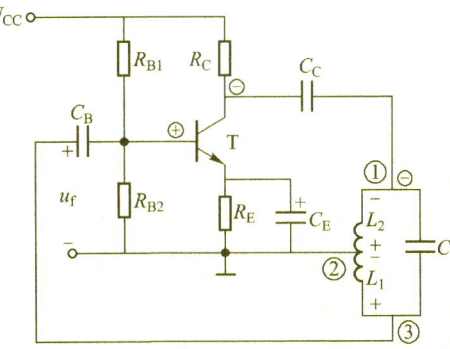

图 7.6.18 电感三点式 LC 振荡电路

图 7.6.18 中,三极管是共射极接法,根据瞬时极性分析,电路构成正反馈,满足相位平衡条件。

基极 B(+) → 集电极 C(−) → L_2 下端(+)

适当选择三极管的参数,可调节电压放大倍数;而改变中间抽头的位置,即改变 L_2/L_1 的比值,从而改变反馈电压的大小,可以满足起振条件。考虑到 L_1、L_2 之间的互感 M,电路的振荡频率可近似表示为

$$f = f_0 = \frac{1}{2\pi\sqrt{(L_1 + L_2 + 2M)C}} \tag{7.6.15}$$

该电路的优缺点如下:由于 L_1 和 L_2 之间耦合紧密,故电路易起振,输出信号幅度大;电容 C 若采用可变电容器,能在较宽的范围内调节振荡频率,其工作频率可以从数百千赫至数十兆赫,所以常见于频率改变频繁的收音机、信号发生器等;由于反馈电压取自电感,电感对高次谐波(相对于 f_0 而言)的阻抗较大,反馈也较强,因此在输出波形中含有较多高次谐波成分,输出波形较差。

(3) 电容三点式 LC 振荡电路

电容三点式 LC 振荡电路如图 7.6.19 所示,其工作原理类似于电感三点式,电容中间端(2 端)电位的瞬时极性可按下述方法确定,即:

① 若 2 端交流接地,则 1 端和 3 端的瞬时电位极性相反。

② 若 1 端或 3 端交流接地,则其余两端点的瞬时电位极性相同。

图 7.6.19 所示电路又称为考毕兹振荡电路,其中三极管是共射极接法。根据瞬时极性分析,电路构成正反馈,满足相位平衡条件。

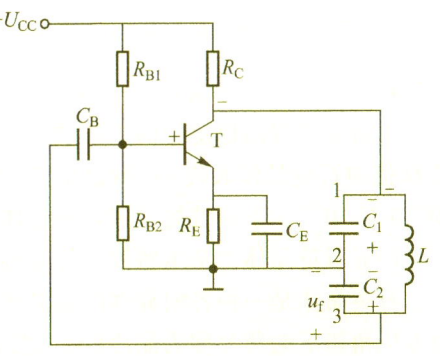

图 7.6.19 电容三点式 LC 振荡电路

$$\text{基极 B}(+) \to \text{集电极 C}(-) \to C_2 \text{下端}(+)$$

该电路的优缺点如下:容易起振,振荡频率高,可达 100 MHz 以上;输出波形较好,因为电容 C 对高次谐波的阻抗小,反馈电压中的高次谐波成分少;频率调节不方便,因为 C_1、C_2 的大小既与振荡频率有关,也与反馈量有关,改变 C_1(或 C_2)时会影响反馈系数,即影响反馈电压的大小,造成电路工作性能不稳定,可采用席勒电路弥补此不足。通常用于调幅和调频接收机中,利用同轴电容器在小范围内调频,频率稳定度可达到 0.01%。

在工程应用中常常要求正弦波振荡电路具有十分稳定的振荡频率,如通信系统中的射频振荡电路、数字系统的时钟产生电路等。因此,有必要引入频率稳定度来作为衡量振荡电路的质量指标之一。频率稳定度一般用频率的相对变化量 $\Delta f/f_0$ 来表示,f_0 为振荡频率,Δf 为频率偏移。频率稳定度有时附加时间条件,如一小时或一日内的频率相对变化量。影响 LC 振荡电路振荡频率稳定度的主要因素是 LC 并联谐振回路的 Q 值,可以证明,Q 值越大,频率稳定度越高。由电路理论分析知道,为了提高 Q 值,应尽量减小回路的损耗电阻 R 并加大 L/C 值,但一般 LC 振荡电路的 Q 值只可达到 100 以上。因此,在要求频率稳定度高的场合往往采用石英晶体振荡电路。

例 7.6.2 改正图 7.6.20 中电路的错误,使之有可能产生正弦波振荡。

解:应在图 7.6.20 所示电路的输入端(基极)加耦合电容 C_b,否则,直流通路将不能保证静态工作点的合理设置。而且,将变压器的同名端改为一次侧的上端和二次侧的上端为同名端,或它们的下端为同名端,否则会构成负反馈电路,不满足振荡的相位平衡条件。修改之后的电路如图 7.6.21 所示。

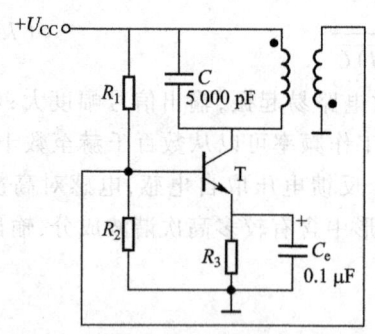
图 7.6.20 例 7.6.2 错误的振荡电路

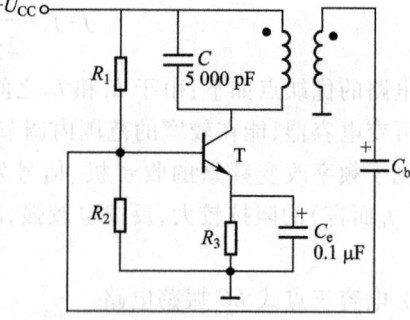
图 7.6.21 例 7.6.2 改正的振荡电路

*4. 石英晶体正弦波振荡电路

当需要获得高稳定度的正弦波信号源时,往往采用石英晶体振荡电路来实现。也就是用极高 Q 值的石英晶体取代 LC 振荡电路中的 L、C 元件所组成的谐振电路,其频率稳定度可高达 10^{-9} 甚至 10^{-11}。下面首先了解石英晶体的构造及其基本特性,然后再分析具体的振荡电路。

(1) 石英晶体的基本特性与等效电路

石英晶体是一种各向异性的结晶体,其化学成分是二氧化硅(SiO_2)。从一块晶体上按一定的方位角切下的薄片称为晶片(常见为正方形、矩形或圆形等),然后在晶片的两个对应表面上涂敷银层并装上一对金属板,就构成石英晶体产品,如图 7.6.22 所示,一般用金属外壳密封。

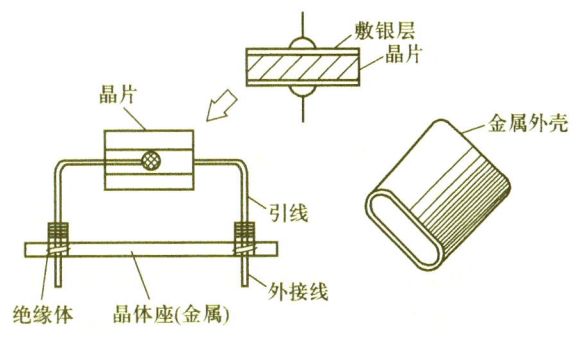

图 7.6.22 石英晶体产品的结构

从物理学中知道,若在晶片的两个极板间加一电场,会使晶体产生机械变形;反之,若在极板间施加机械力,又会在相应的方向上产生电场,这种现象称为压电效应。基于压电效应,石英晶片能组成振荡电路,即在极板间施加交变电压,产生机械变形振动,继而产生交变电场。通常,这种机械振动的振幅比较小,其振动频率却非常稳定。一旦外加交变电压的频率与晶片的固有频率(决定于晶片的尺寸)相等时,机械振动的幅度将急剧增加,这种现象称为压电谐振,因此石英晶体可构成谐振电路,又称为石英晶振。

石英晶体的符号如图 7.6.23(a)所示,其压电谐振现象由图 7.6.23(b)等效电路来模拟。等效电路中的 C_0 为切片与金属板构成的静电电容,L 和 C 分别模拟晶体的质量(惯性)和弹性,而晶片振动时,因摩擦而造成的损耗则用电阻 R 来等效。由于晶片的等效电感 L 很大,而 C 和 R 很小,因此品质因数 Q 很大,可达 $10^4 \sim 5 \times 10^5$。

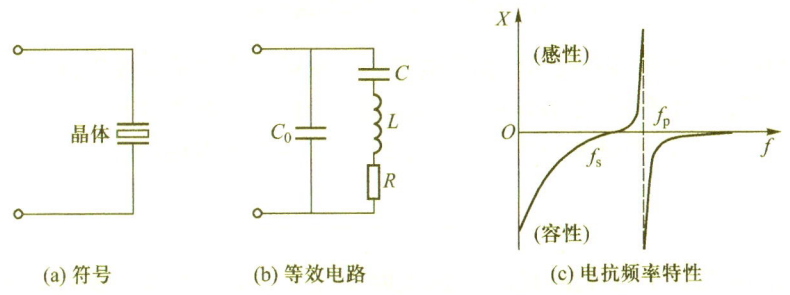

(a) 符号   (b) 等效电路   (c) 电抗频率特性

图 7.6.23 石英晶体的等效电路和频率特性

由等效电路可知,石英晶体有两个谐振频率,即:

① 当 R、L、C 支路发生串联谐振时,串联谐振频率 $f_s = \dfrac{1}{2\pi\sqrt{LC}}$,由于静电电容 C_0 很小,其容抗比 R 大得多,可视作开路。因此,串联谐振电路呈纯阻性,等效阻抗近似于 R,阻值极小。

② 当频率高于 f_s 时,R、L、C 支路呈感性,可能与 C_0 产生并联谐振,并联振荡频率

$$f_p = \dfrac{1}{2\pi\sqrt{LC}}\sqrt{1+\dfrac{C}{C_0}} = f_s\sqrt{1+\dfrac{C}{C_0}}$$

由于 $C \ll C_0$,因此 f_s 与 f_p 非常接近,但 $f_s < f_p$。

如图 7.6.24 所示,通常石英晶体与小电容 C_s 串接,使振荡频率 f_s' 在 f_s 与 f_p 之间的一个狭窄范

围内变动,因此石英晶体产品所给出的标称频率并非 f_s 或者 f_p,而是 f'_s。C_s 是一个微调电容,其值比 C 大,但并不影响并联谐振频率 f_p。

（2）石英晶体振荡电路

石英晶体振荡电路的形式是多种多样的,但基本电路只有并联型和串联型。对于前者,石英晶体工作在接近并联谐振状态,而后者则工作在串联谐振状态。

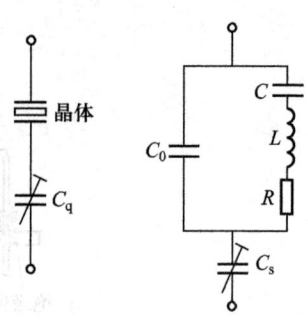

图 7.6.24 石英晶体的谐振频率的调整

图 7.6.25(a)为一并联型石英晶体振荡电路。此电路的振荡频率在石英晶体的 f_s 与 f_p 之间,即晶体在电路中起电感作用,组成电容三点式电路。考虑到通常 $C_1 \gg C_s$, $C_2 \gg C_s$, 因此,振荡频率主要取决于石英晶体与微调电容 C_s 的谐振频率。

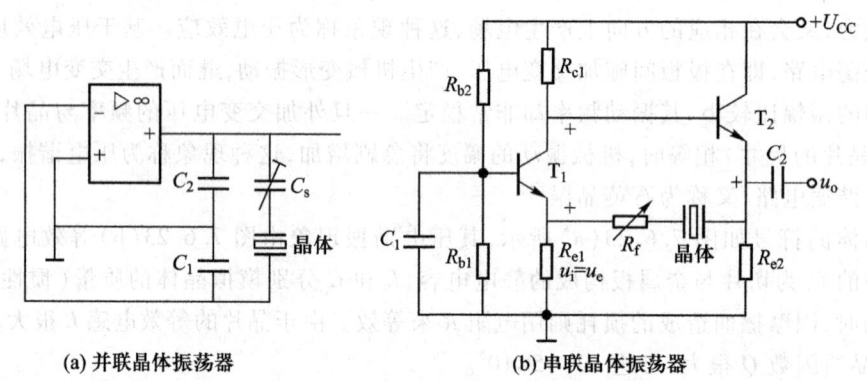

图 7.6.25 石英晶体振荡电路

图 7.6.25(b)为一串联型石英晶体振荡电路。三极管 T_1 为共基极接法,T_2 为共集电极接法。根据瞬时极性分析,可判断电路是否构成正反馈,满足相位平衡条件如下：

T_1 发射极(+)→T_1 集电极 C(−)→T_2 发射极(+)

当 $f=f_s$ 时,石英晶体呈纯阻性,相位为零,此时 u_o 经 R_f 和石英晶体反馈到 T_1 发射极,电压 u_f 与 u_e 为正极性,满足正反馈的相位条件。至于幅值条件可通过调节电阻 R_f 的大小得到满足。

可见,利用石英晶体的频率特性可构成两种不同类型的频率高度稳定的正弦波振荡电路。

学 习 指 导

【本 章 重 点】

1. 本章主要介绍了运放的特性、运放的线性应用和非线性应用三个问题。运放是由集成工艺制成的集成电路组件,学习时,可将其视为一个具有特定特性的器件看待,重在理解其特性,掌握其应用。

2. 运放的传输特性。运放的传输特性曲线如图 7.1 所示,实际运放的参数指标很接近理想化条件,故在分析运放构成的应用电路时,将运放参数理想化引起的误差并不严重,在工程上是允许的。运放主要参数理想化为:开环电压放大倍数 $A_{uo}=\infty$,差模输入电阻 $r_{id}=\infty$,开环输出电阻 $r_o=0$,共模抑制比 $K_{CMR}=\infty$,其线性区输入输出关系可表示为 $u_o=A_{uo}(u_+-u_-)=A_{uo}u_i$。

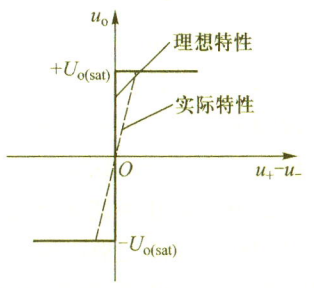

图 7.1 运放的传输特性

3. 为确保运放工作在线性区,在电路中引入深度负反馈,对单运放而言,是指把输出信号引入到反相输入端;当运放工作在线性区时,一定满足"虚短"和"虚断"特性,即 $u_+\approx u_-$ 和 $i_+=i_-\approx0$。根据这两个特性,可分析运放构成的各种线性电路。熟悉由运放构成的比例、加法、减法、微分和积分等基本运算电路,如表 7.1 所示。

表 7.1 基本运算电路的输入输出关系

反相比例运算电路	同相比例运算电路	差分比例运算电路
(电路图)	(电路图)	(电路图)
$u_o=-\dfrac{R_f}{R_1}u_i$	$u_o=\left(1+\dfrac{R_f}{R_1}\right)u_i$	$u_o=\dfrac{R_f}{R_1}(u_{i2}-u_{i1})$
加法运算电路	积分电路	微分电路
(电路图)	(电路图)	(电路图)
$u_o=-\dfrac{R_f}{R_1}(u_{i1}+u_{i2})$	$u_o=-\dfrac{1}{R_1C}\int_{-\infty}^{t}u_i dt$	$u_o=-R_fC\dfrac{du_i}{dt}$

4. 运放在开环或正反馈的情况下,工作在非线性状态,此时运放满足"虚断"特性,即 $i_+=i_-\approx0$;同时"虚短"不成立,但输入输出满足:当 $u_+>u_-$ 时,$u_o=+U_{om}$,当 $u_->u_+$ 时,$u_o=-U_{om}$。利用运放工作在非线性状态的特性,构成比较器电路,通过门限电压、高低电平、跳变方向三要素确定比较器的传输特性,分析比较器电路的功能。

【本章难点】

1. 掌握运放构成的线性运算电路分析方法。了解以下两种常见情况：其一，运放引入深度负反馈之后工作在线性区，因此在有多个输入的情况下，可应用叠加定理进行分析；其二，对多个运放构成的复杂运算电路，可分别观察各个运放的功能，然后根据各运放的连接关系，分析整个电路的运算功能。具体见 7.3 节中的例题以及典型例题分析。

2. 在自动化系统中常遇到信号处理问题，比如改善已知的输入信号质量、信号幅度的比较等，因此，运放广泛地应用于构成有源滤波电路、比较电路、信号发生电路。熟悉各种应用电路，并了解其工作原理，能够应用仿真软件分析各种应用电路的性能。

【典型例题】

例 7.1 由理想运放组成增益可以调节的反相比例运算电路如例 7.1 图所示。已知电路最大输出为 $U_{om} = \pm 15$ V, $R_1 = 100$ kΩ, $R_F = 200$ kΩ, $R_P = 5$ kΩ, $u_i = 2$ V，在下述三种情况下，u_o 各为多少伏？

(1) R_P 滑动触头在顶部位置；
(2) R_P 滑动触头在正中位置；
(3) R_P 滑动触头在底部位置。

【分析】该电路通过调节 R_P 的大小以调节反相比例运算电路的增益，当 R_P 滑动触头在顶部位置时，电路为反相比例放大电路；当 R_P 滑动触头在正中位置时，需要根据"虚短"和"虚断"的定义进行分析；当 R_P 滑动触头在底部位置时，R_P 接地，电路工作在开环状态，为比较器。

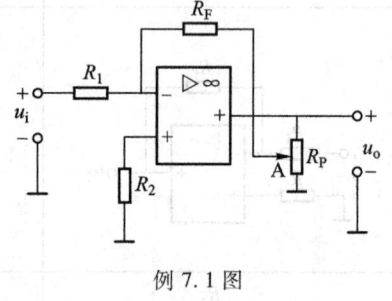

例 7.1 图

【解】(1) 当 R_P 滑动触头在顶部位置时，输出电压为

$$u_o = -\frac{R_F}{R_1}u_i = -\frac{200}{100} \times 2 = -4 \text{ V}$$

(2) 当 R_P 滑动触头在正中位置时，设该点电位为 V_A，则 $V_A = -\frac{R_F}{R_1}u_i$。分析 A 点电流关系得

$$u_o = u_A + \left(\frac{u_A}{0.5R_P} - \frac{u_i}{R_1}\right) \cdot (0.5R_P) = 2u_A - \frac{0.5R_P}{R_1}u_i = -8.05 \text{ V}$$

(3) 当 R_P 滑动触头在底部位置时，该电路为一比较器，当 $u_i = 2$ V 接反相输入时，$u_- > u_+$，因此输出电压为 $u_o = -U_{om} = -15$ V。

例 7.2 理想运放组成电路如例 7.2 图所示。

(1) 写出 $u_o = f(u_i)$ 的关系式。
(2) 若 $R_1 = 100$ kΩ, $R_2 = 100$ kΩ, $R_3 = 100$ kΩ，电路的闭环增益值为 $|A_{uf}| = 100$ 时，R_4 应取多大？

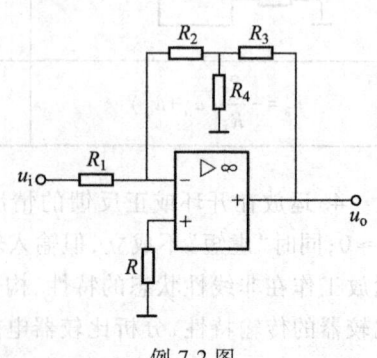

例 7.2 图

【解】(1) 令 A 点电位为 V_A，根据"虚断"，$i_- = 0$，所以

$$\frac{u_i - u_-}{R_1} = \frac{u_- - u_A}{R_2}$$

根据"虚短"，$u_- = u_+ = 0$，所以 $\frac{u_i}{R_1} = -\frac{u_A}{R_2}$，即

$$u_A = -\frac{R_2}{R_1} u_i$$

分析 A 点的电流关系有

$$\frac{0 - u_A}{R_2} + \frac{u_o - u_A}{R_3} = \frac{u_A}{R_4}$$

由上面两式可得

$$u_o = -\left(\frac{R_2}{R_1} + \frac{R_3}{R_1} + \frac{R_2 R_3}{R_1 R_4}\right) u_i$$

(2) $R_1 = R_2 = R_3 = 100 \text{ k}\Omega$，若 $|A_{uf}| = 100$，则有

$$|A_{uf}| = \left|-\left(\frac{R_2}{R_1} + \frac{R_3}{R_1} + \frac{R_2 R_3}{R_1 R_4}\right)\right| = 100$$

解得 $R_4 \approx 1 \text{ k}\Omega$。

说明：根据 7.3 节的分析，我们知道可以直接采用图 7.3.1 所示的反相比例放大电路来实现增益为 $A_{uf} = -100$ 的放大器，此时考虑到放大器的输入电阻 $R_i = R_1$ 不宜过小，取 $R_1 = 100 \text{ k}\Omega$，则 $R_f = 100 \times 100 \text{ k}\Omega = 10 \text{ M}\Omega$，即反馈电阻是阻值为 $10 \text{ M}\Omega$ 的大电阻。由于工艺的原因，大电阻的稳定性差，且噪声大，反相比例电路的性能下降。因此，在这种情况下，采用本例所示的 T 形网络反相比例电路，能很好地避免该问题。

例 7.3 理想运放组成电路如例 7.3 图所示，试写出 u_o-u_i 的表达式。

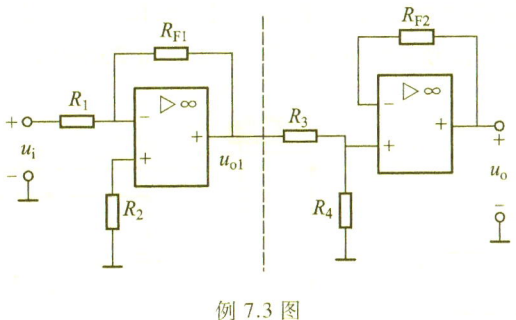

例 7.3 图

【分析】该电路由两级运放电路级联得到，第一级构成反相比例放大电路，第二级构成电压跟随器，第一级的输出为第二级的输入。

【解】第一级电路为反相比例放大器，所以第一运放的输出与输入的关系为

$$u_{o1} = -\frac{R_{F1}}{R_1} u_i$$

第二级为电压跟随器，且第一级电路的输出做第二级运放的输入。根据虚断 $i_+ = 0$，输入端

R_3 和 R_4 具有串联分压的关系,所以 $u_+ = \dfrac{R_4}{R_3+R_4}u_{o1}$,因此

$$u_o = u_+ = \dfrac{R_4}{R_3+R_4}u_{o1} = -\dfrac{R_{F1}}{R_1} \cdot \dfrac{R_4}{R_3+R_4}u_i$$

例 7.4 由运放构成的电路如例 7.4(a)图所示,试分析其功能并画出传输特性曲线。

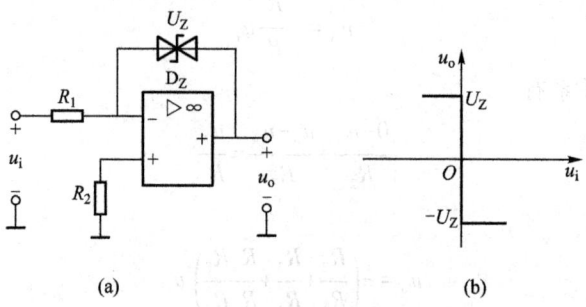

例 7.4 图

【**分析**】例 7.4(a)图所示电路中,双向稳压二极管跨接于输出和反相输入端之间,R_1 为限流电阻。假设双向稳压二极管 D_Z 截止,则运放没有引入负反馈,处于开环状态,因此构成过零比较器,当输入电压不等于零时,运放的输出电压为 $\pm U_{om}$。此时,输出电压的幅值总是大于双向稳压二极管中任意一个的稳压值 $|U_Z|$,而使之处于稳压状态,则该电路具有了负反馈,使运放工作在线性区。限流电阻 R_1 和双向稳压二极管 D_Z 构成稳压电路,输出电压被双向稳压二极管限制在 $\pm U_Z$ 上。

解:当 $u_i < 0$ 时,$u_o > +U_Z$,双向稳压二极管稳压,输出电压被限制在 $u_o = +U_Z$;

当 $u_i > 0$ 时,$u_o < -U_Z$,双向稳压二极管稳压,输出电压被限制在 $u_o = -U_Z$。

因此,其传输特性如例 7.4(b)图所示。

例 7.5 一带通滤波器电路如例 7.5(a)图所示,电路由 ±12 V 电源供电。$R_1 = 200$ kΩ,$R_2 = 400$ kΩ,$R_P = 1$ kΩ,$C = 0.22$ μF,若输入信号 $u_i = (0.5\sin 2\pi t + 0.5\sin 2\pi 50t)$ V,试完成以下仿真分析。

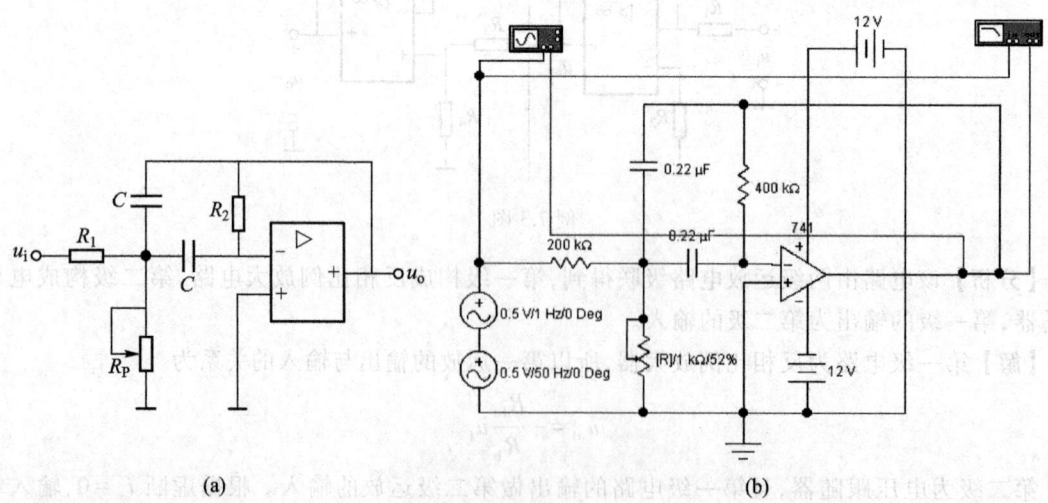

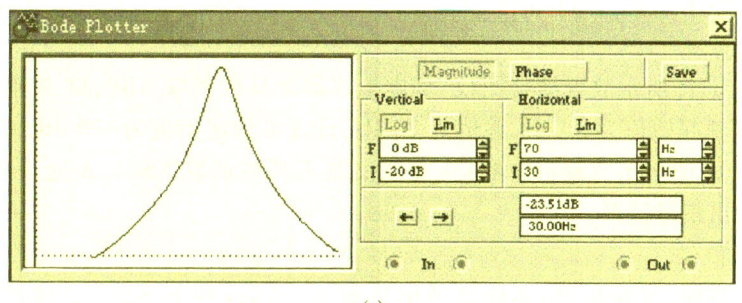

(c)

(d)

例 7.5 图

(1) 调节电位器 R_P，使中心频率 $f_0 = 50$ Hz；

(2) 用示波器观察输入、输出波形；

(3) 用波特图仪测量该滤波器的幅频特性、相频特性、带宽及 Q 值。

【分析】(1) 画电路图，如例 7.5(b) 图所示。

① 运放：Place Analog→OPAMP→μA741

② 直流电压源：Place Source→POWER_SOURCES→DC_POWER，选取电压源并依据给定条件设置参数。

③ 接地：Place Source→POWER_SOURCES→GROUND，运放同相端接地。

④ 电阻：Place Basic→RESISTOR，分别设置阻值为 400 kΩ 和 200 kΩ 的电阻。

⑤ 电容：Place Basic→CAPACITOR，选取电容值为 0.22 μF 的电容，2 个。

⑥ 电位器：Place Basic→potentiometer，设置电位器的参数。

⑦ 输入信号：Place Source→POWER_SOURCES→AC_POWER，选取电压源并依据给定条件设置参数。

（2）设置仪表：采用波特图仪观察滤波器的幅频特性、相频特性，采用示波器观察输入、输出信号的波形。

① 如例 7.5(b)图所示放置波特图仪：从虚拟仪器工具栏调取 XBP，IN 接输入信号，OUT 接输出信号，设置横轴起始值为 30 Hz，终值为 70 Hz，设置纵轴起始值为-20 dB，终值为 0 dB。

② 如例 7.5(b)图所示放置示波器：从虚拟仪器工具栏调取 XSC1，A 通道观察输入信号波形，B 通道观察输出信号波形。

（3）仿真分析

① 按下仿真按钮，开始仿真；不断调节电位器 R_P 参数（按下字母"a"键增大电阻值，按下"Shift+a"则减小电阻值），观察波特图中心频率的值，使 $f_0 = 50$Hz；单击仿真暂停按钮，停止仿真。

② 观察该滤波器的波特图如例 7.5(c)图所示，利用波特图可以观测滤波器的各参数。

③ 滤波器的输入、输出波形如例 7.5(d)图所示，可见输出波形中低频率的成分被滤掉了。

习 题

【基本概念题】

7.1 思考题

（1）为什么工程上在分析运放构成的电路时可以把运放参数理想化？

（2）放大器是为了放大信号，但引入负反馈后却使电压放大倍数减小，为什么在放大器中还要采用负反馈？

（3）运放的工作状态怎样判别？

（4）运放工作在线性区的主要特点是什么？

（5）基本运算电路中的运放是工作在哪个区？

（6）与无源滤波器相比较，有源滤波器有什么特点？

（7）运放工作在非线性区的主要特点是什么？

（8）与单门限比较器相比较，滞回比较器为什么有较强的抗干扰能力？

（9）简述正弦波振荡电路的建立过程和幅度稳定过程。

（10）图 7.6.11(a)中电路采用热敏电阻实现稳幅振荡，若热敏电阻具有正温度系数，应怎么办？

7.2 单项选择题

（1）运放引入深度负反馈之后，两个输入端的电位近似相等，可将其近似视为短路，即运放的（　　）特性。

① 虚短　　　　　② 虚断　　　　　③ 短路　　　　　④ 断路

（2）运放引入深度负反馈之后，两个输入端输入电流近似为零，可将其近似视为开路，即运放的（　　）特性。

① 虚短　　　　　② 虚断　　　　　③ 短路　　　　　④ 断路

（3）表示输出电压与输入电压之间关系的特性曲线称为（　　）曲线。

① 伏安特性　　　② 传输特性　　　③ 输入特性　　　④ 输出特性

（4）当运放引入反馈支路到反相输入端时，运放形成负反馈，当形成深度负反馈时，此时运放工作在( )。
① 非线性区　　② 饱和区　　③ 线性区　　④ 截止区

(5) 在运放电路中,引入深度负反馈的目的之一是使运放( )。
① 工作在线性区,降低稳定性　　② 工作在非线性区,提高稳定性
③ 工作在线性区,提高稳定性　　④ 工作在非线性区,降低稳定性

(6) 在放大电路中,为了稳定静态工作点,可以引入_____;若要稳定放大倍数,应引入_____;希望展宽频带,可以引入_____;如要改变输入或输出电阻,可以引入_____;为了抑制零漂,可以引入_____。
① 直流负反馈　　② 交流负反馈　　③ 直流和交流负反馈

(7) 如希望减小放大电路从信号源索取的电流,则可采用_____;如希望取得较强的反馈作用而信号源内阻很大,则宜采用_____;如希望负载变化时输出电压稳定,则应引入_____;如希望负载变化时输出电流稳定,则应引入_____。
① 电压负反馈　　② 电流负反馈　　③ 串联负反馈　　④ 并联负反馈

(8) 运放电路如题7.2(8)图所示,u_i为恒压信号源。欲引入负反馈,则A应与( )。
① B点连接　　② C点连接　　③ D点连接　　④ 不和任何点连接

(9) 题7.2(9)图所示的4个电路中,符合电压跟随器电路条件的是( )。
① 图a　　② 图b　　③ 图c　　④ 图d

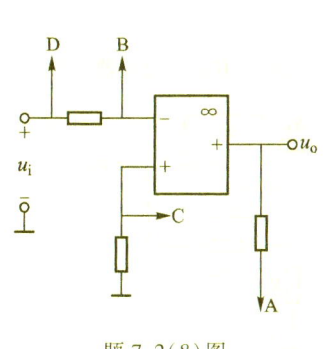

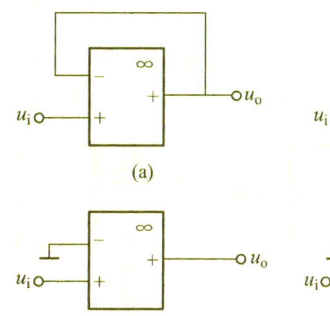

题7.2(8)图　　　　　　　　　　题7.2(9)图

(10) 微分电路如题7.2(10)图所示,若输入$u_i = \sin \omega t$ V,则输出u_o为( )。
① $\omega R_F C \cos \omega t$ V　② $-\omega R_F C \cos \omega t$ V　③ $-\omega R_F C \sin \omega t$ V　④ 不确定

(11) 电路如题7.2(11)图所示,该电路为( )。
① 积分电路　　② 微分电路　　③ 比例积分电路　　④ 比例微分电路

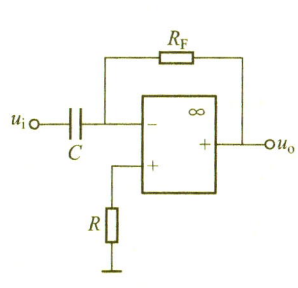

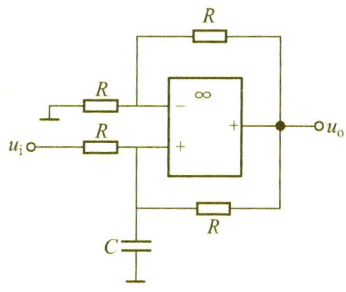

题7.2(10)图　　　　　　　　　　题7.2(11)图

(12) 要从输入信号中提取 20 Hz~20 kHz 的音频信号,应采用(　　)滤波器;要抑制 1 MHz 以上的高频噪声信号,应采用(　　)滤波器;要抑制 50 Hz 的工频干扰,应采用(　　)滤波器;通过数据采集系统采集到人的心电信号出现了较严重的基线漂移,消除该基线漂移应采用(　　)滤波器。
① 低通　　　　　② 高通　　　　　③ 带通　　　　　④ 带阻

(13) 某一理想运放开环工作,其所接电源电压为 $\pm U$,当输入对地电压 $u_+>u_-$ 时,输出电压 u_o 为(　　)。
① $-2U$　　　　　② $-U$　　　　　③ $+2U$　　　　　④ $+U$

(14) 比较器电路如题 7.2(14)左图所示,其传输特性应为题 7.2(14)图中的(　　)。
① (a)　　　　　② (b)　　　　　③ (c)　　　　　④ 都不是

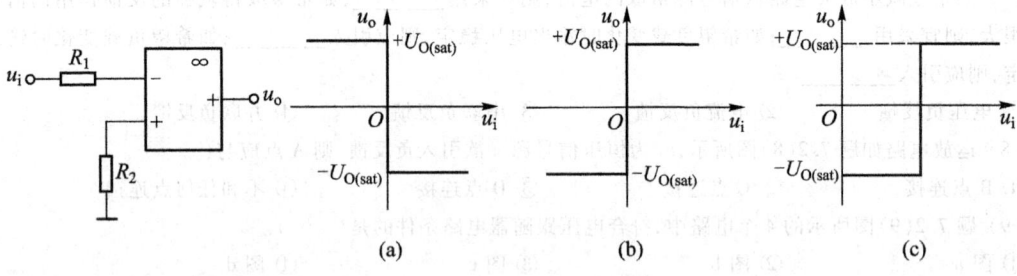

题 7.2(14)图

(15) 电路如题 7.2(15)图所示,过零比较器为(　　)。
① (a)　　　　　② (b)　　　　　③ (c)　　　　　④ 没有过零比较器

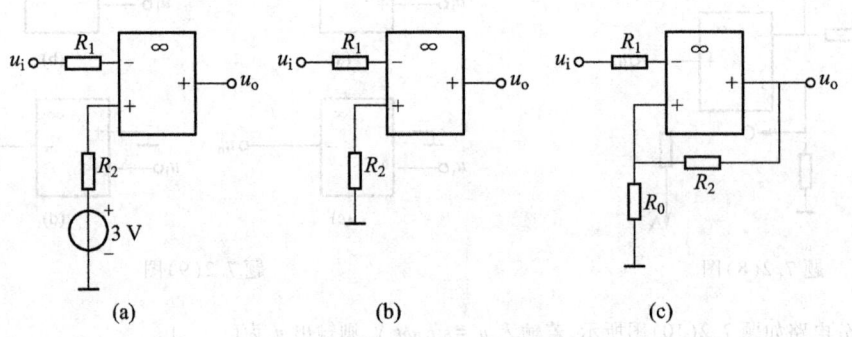

题 7.2(15)图

(16) 题 7.2(16)图所示电路中,已知运放的电源电压为 ± 12 V,其稳压二极管的稳定电压 $U_{Z1}=U_{Z2}=6$ V,正向压降为零,输入电压 $u_i=5\sin\omega t$ V,参考电压 $U_R=4$ V,那么输出电压 u_o 的最大值为(　　)。
① 4 V　　　　　② 6 V　　　　　③ 5 V　　　　　④ 3 V

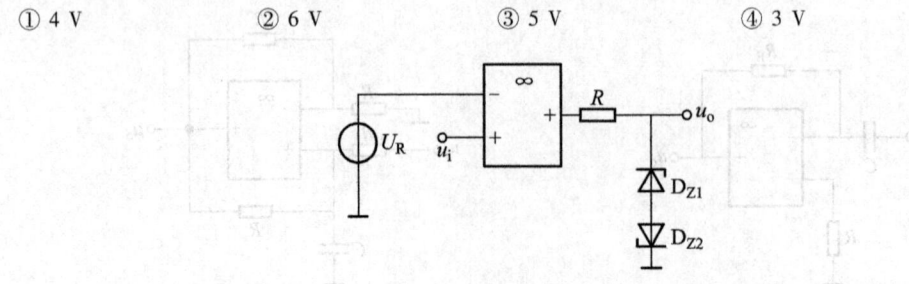

题 7.2(16)图

(17) 在 RC 桥式正弦波振荡电路中,若 RC 串并联选频网络中的电阻均为 R,电容均为 C,则其振荡频率 f_0 = (   )。

① $\dfrac{1}{RC}$ ② $\dfrac{1}{2\pi RC}$ ③ $2\pi RC$ ④ $\dfrac{1}{2\pi\sqrt{RC}}$

(18) 现有三类电路如下,请选择合适答案填入空内:(a) 制作频率为 20 Hz~20 kHz 的音频信号发生电路,应选用(   )电路;(b) 制作频率为 2 MHz~20 MHz 的接收机的本机振荡器,应选用(   )电路;(c) 制作频率非常稳定的测试用信号源,应选用(   )电路。

① RC 桥式正弦波振荡电路   ② LC 正弦波振荡电路   ③ 石英晶体正弦波振荡电路

(19) LC 并联网络在谐振时呈(   ),在信号频率大于谐振频率时呈(   ),在信号频率小于谐振频率时呈(   )。

① 容性   ② 阻性   ③ 感性

(20) 当信号频率 $f=f_0$ 时,RC 串并联网络呈(   )。

① 容性   ② 阻性   ③ 感性

【简单计算题】

7.3 试判断题 7.3 图所示电路中标有 R_F 的反馈电阻所形成的反馈(正、负、串联、并联、电压、电流),并写出对应的输出电压表达式。

7.4 理想运放组成电路如题 7.4 图所示,试判断 R_{F1} 和 R_{F2} 所引入的反馈类型(正、负、串联、并联、电压、电流),并写出 U_o 的表达式。

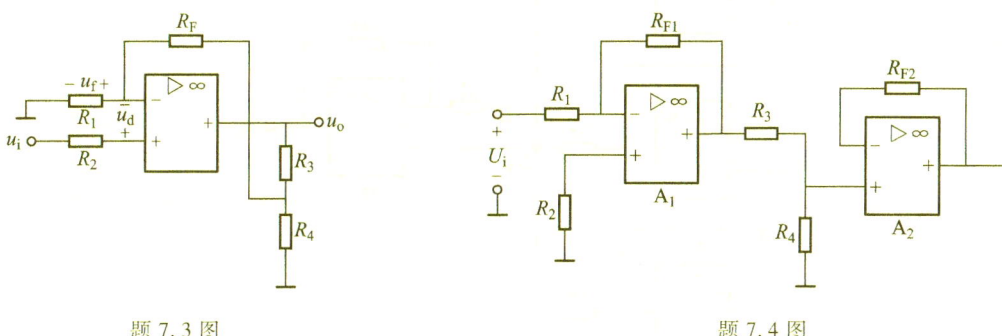

题 7.3 图   题 7.4 图

7.5 电路如题 7.5 图所示,$R_1 = 10\ \text{k}\Omega$,$R_2 = 20\ \text{k}\Omega$,$R_F = 100\ \text{k}\Omega$,$u_{i1} = 0.2\ \text{V}$,$u_{i2} = -0.5\ \text{V}$,求输出电压 u_o。

7.6 电路如题 7.6 图所示,已知 $u_{i1} = -0.1\ \text{V}$,$u_{i2} = -0.8\ \text{V}$,$u_{i3} = 0.2\ \text{V}$,$R_{11} = 60\ \text{k}\Omega$,$R_{12} = 30\ \text{k}\Omega$,$R_{13} = 20\ \text{k}\Omega$,$R_F = 200\ \text{k}\Omega$,并且运放是理想的。试计算图示电路的输出电压 U_o 及平衡电阻 R_2。

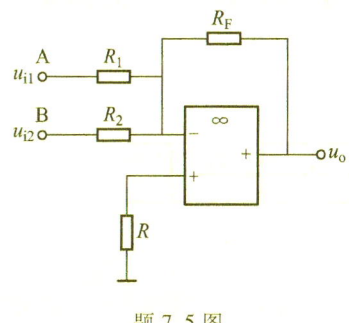   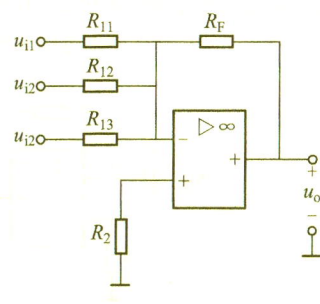

题 7.5 图   题 7.6 图

7.7 如题 7.7 图所示电路中的运放满足理想化条件。若 $\dfrac{R_2}{R_1}=\dfrac{R_4}{R_3}$，试证明流过负载电阻 R_L 的电流 I_L 与 R_L 值的大小无关。

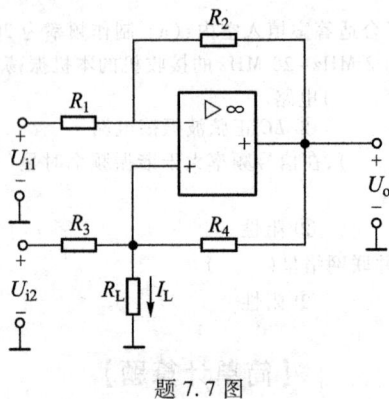

题 7.7 图

7.8 理想运放构成如题 7.8 图所示电路。试写出输出 $U_o = f(U_1, U_2, U_3)$ 的表达式。

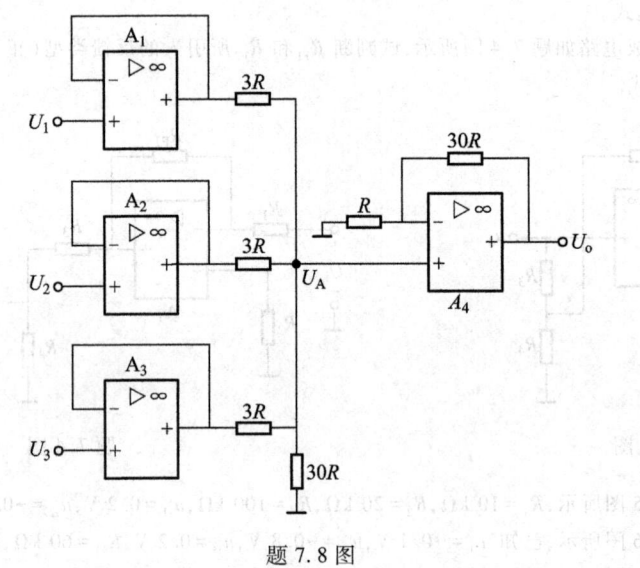

题 7.8 图

7.9 理想运放组成电路如题 7.9(a) 图所示，题 7.9(b) 图为输入电压 u_i 的波形。试写出输入与输出的关系式。如果 $T_1, T_2 \gg RC$，试定性画出输出电压波形 $u_o(t)$。

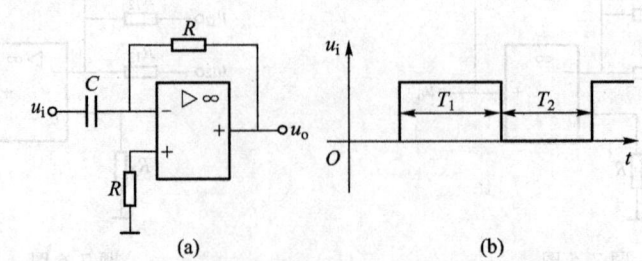

题 7.9 图

7.10 理想运放组成如题 7.10 图所示电路,试求输出电压的数学表达式。

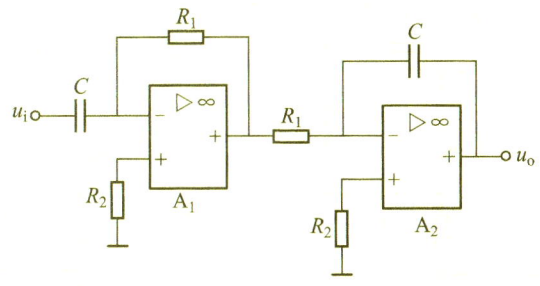

题 7.10 图

7.11 理想运放组成电路如题 7.11 图(a)所示。
(1) 已知 $R_1 = 20\ \text{k}\Omega, R_2 = 50\ \text{k}\Omega, \pm U_Z = \pm 10\ \text{V}$,试写出输入输出的关系式并画出输入输出关系曲线。
(2) 若要实现题 7.11(b)图所示特性曲线,电路应如何改动,画出相应的电路图,并标明元件参数。

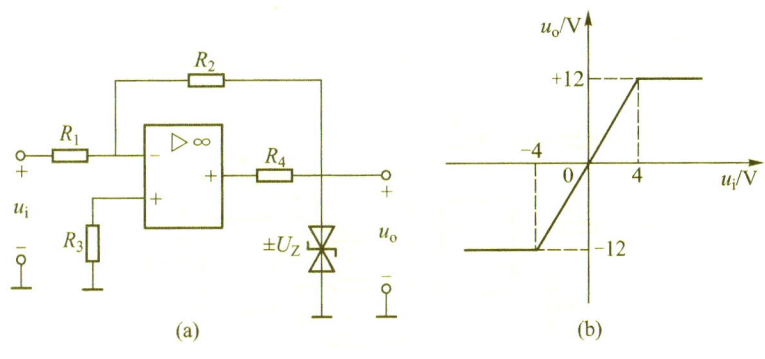

题 7.11 图

7.12 由运放和 RC 并联谐振电路组成的振荡器如题 7.12 图所示,已知 $R = 160\ \text{k}\Omega, C = 0.01\ \mu\text{F}$。试问:
(1) 若 $R_1 = 3\ \text{k}\Omega$,求满足振荡幅值条件的 R_F 值;(2) 为了使电路可靠起振,起振时 R_F 应比计算值大一些还是小一些?为什么?(3) 估算振荡频率 f_0。

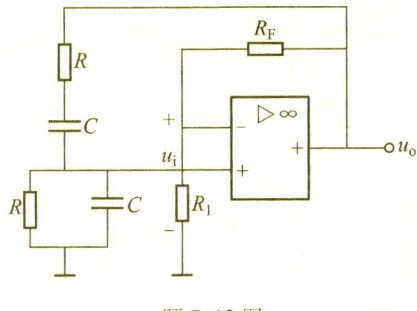

题 7.12 图

7.13 用相位条件判断题 7.13(a)、(b)图各电路能否起振。若能,写出振荡频率表达式。

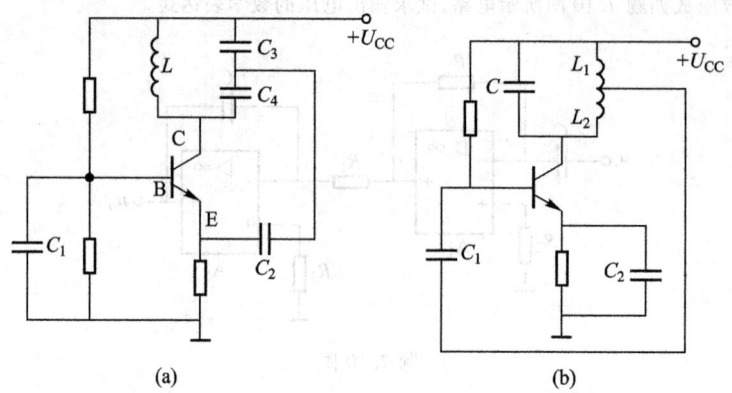

题 7.13 图

【综合应用题】

7.14 理想运放组成电路如题 7.14 图所示，写出 $U_o = f(U_1, U_2, U_3, U_4)$ 的关系式。

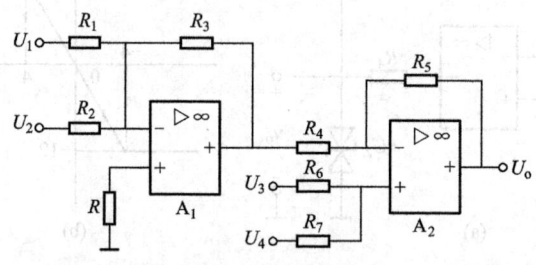

题 7.14 图

7.15 理想运放组成如题 7.15 图所示电路，求输出电压 U_o。

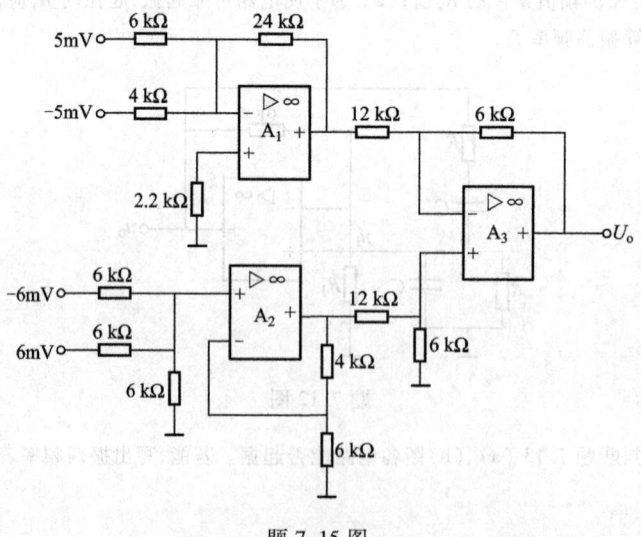

题 7.15 图

266

7.16 理想运放组成电路如题 7.16 图所示,改变可调电阻 bR_1,就可以调节电路增益。试计算该电路总增益 $A_u = \dfrac{U_o}{U_1 - U_2}$。

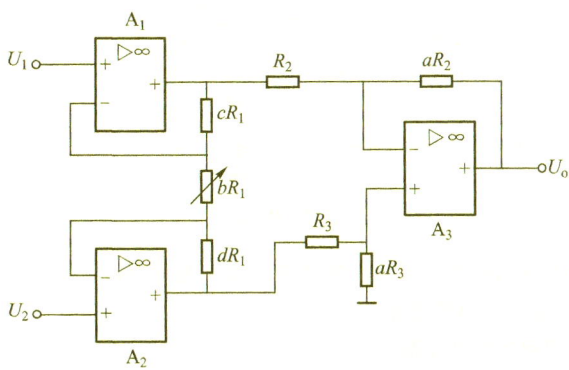

题 7.16 图

7.17 电路如题 7.17 图所示,试写出 $u_o = f(u_{i1}、u_{i2})$ 的关系式。

7.18 理想运放组成电路如题 7.18 图所示,求 $u_o = f(u_{i1}、u_{i2})$ 的表达式。

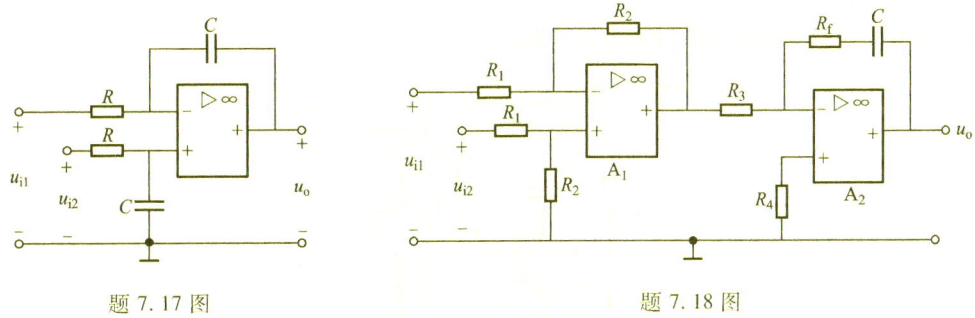

题 7.17 图   题 7.18 图

7.19 理想运放组成电路如题 7.19(a) 图所示,已知 $R_1 = 20 \text{ k}\Omega, R_3 = 2 \text{ k}\Omega, R_4 = 8 \text{ k}\Omega, \pm U_{Z1} = \pm 6 \text{ V}, \pm U_{Z2} = \pm 10 \text{ V}$;题 7.19(b) 图为输入波形。试说明运算放大器 A_1、A_2 构成何种电路并画出 u_{o1}、u_{o2} 的波形。

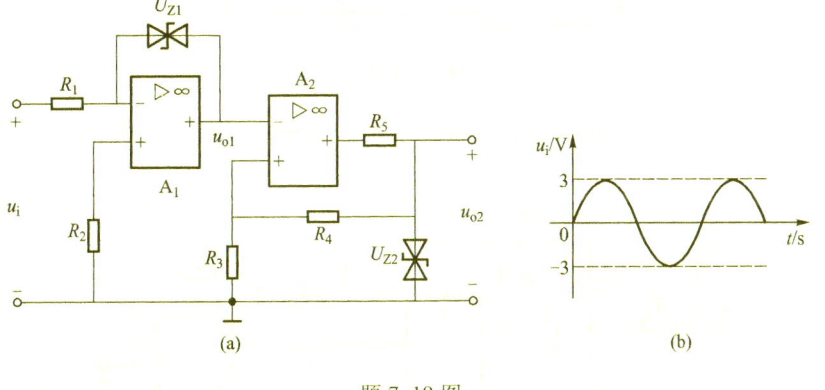

题 7.19 图

7.20 理想运放组成如题 7.20 图所示的监控报警装置,u_i 是监控信号,U_R 是参考电压。当监控信号 u_i 超过正常值时,报警灯亮,试说明其工作原理。二极管 D 和电阻 R_3 在此起何作用?

267

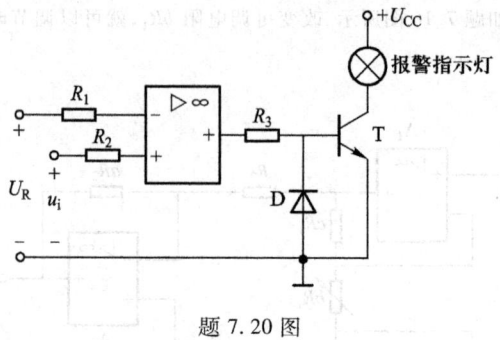

题 7.20 图

7.21 在调节题 7.21 图变压器反馈式振荡电路中,试解释下列现象:
(1) 对调反馈线圈的两个接头后就能起振;
(2) 调 R_{B1}、R_{B2} 或 R_E 的阻值后即可起振;
(3) 改用 β 较大的晶体管后就能起振;
(4) 适当增加反馈线圈的圈数后就能起振;
(5) 适当增加 L 值或减小 C 值后就能起振;
(6) 反馈太强,波形变坏;
(7) 调整 R_{B1}、R_{B2} 或 R_E 的阻值后可使波形变好;
(8) 负载太大不仅影响输出波形,有时甚至不能起振。

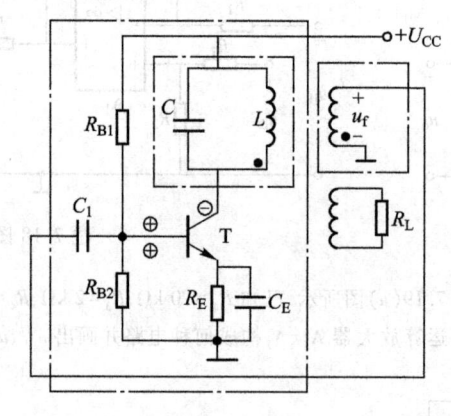

题 7.21 图

7.22 仿真习题:在例 7.5(a)图所示带通滤波器的基础上,级联一级加法器电路,如题 7.22 图所示,其中 $R_3 = 10\ \text{k}\Omega$,试仿真分析:

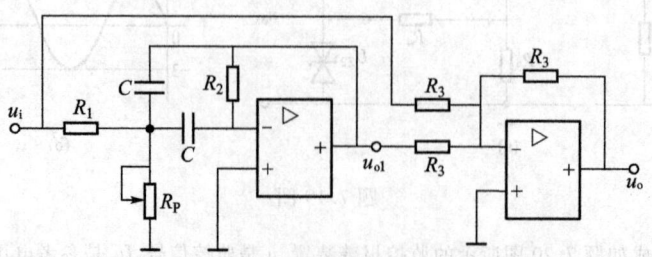

题 7.22 图

268

(1) 通过波特图仪观察该电路的幅频特性和相频特性;
(2) 观察输入及输出波形,分析该电路完成什么样的滤波器功能。

7.23 仿真习题:某信号发生电路如题 7.23 图所示,其中运放为 LM324,±15 V 供电,$R_1=1\ \text{k}\Omega,R_2=10\ \text{k}\Omega,$ $R_3=10\ \text{k}\Omega,R_4=1\ \text{k}\Omega,R_5=1\ \text{k}\Omega,R_6=1\ \text{k}\Omega,C_1=1\ \mu\text{F},C_2=1\ \mu\text{F},C_3=0.33\ \mu\text{F}$,试完成以下仿真分析。

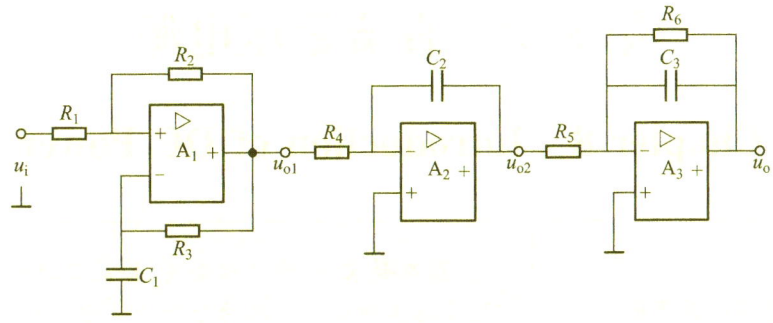

题 7.23 图

(1) 运放 A_1 构成多谐振荡电路,试证明方波的周期为:$T=2R_3C_1\ln\left(\dfrac{1+\beta}{1-\beta}\right)$,其中 $\beta=\dfrac{R_1}{R_1+R_2}$;并进行瞬态仿真分析(Transient Analysis:开始时间 0 秒,结束时间约 15 ms,最大步长是 5 μs),测试当参数改变时输出信号 u_{o1} 的频率并完成题 7.23 表。

题 7.23 表

R_3	C_1	f_0(计算值)	f_0(仿真值)
10 kΩ	1 μF		
9 kΩ	1 μF		
7 kΩ	1 μF		
10 kΩ	2 μF		
10 kΩ	3 μF		

注意:在实际电路中,由于噪声和干扰信号的存在,电路不需要外加信号就能起振,因此输入端 U_i 只需要接地。在仿真电路中,如果电路不能自行起振,则需在输入端接一脉冲信号(高电平 10 V,低电平 0 V,脉冲宽度 0.1 μs,上升沿 0.1 μs,下降沿 0.1 μs)。

(2) 运放 A_1 构成积分电路,试求该积分电路的表达式 $u_{o2}=f(u_{o1})$;通过仿真观察:若 u_{o1} 分别为 ±15 V 时,输出 u_{o2} 如何变化?

(3) 运放 A_3 构成低通滤波电路,试求运放 A_3 的输出表达式 $u_o=f(u_{o2})$;采用波特图仪观测该电路的幅频特性、相频特性、带宽及 Q 值。

(4) 采用(1)中相同的参数,观察 u_{o1}、u_{o2} 和 u_o 的波形;改变参数 $R_3=7\ \text{k}\Omega$,观察波形有什么变化;试简单描述该电路的工作原理。

第 8 章 直流稳压电源

Chapter 8　Introduction of DC Power

本章内容	基本要求：理解单相全波、桥式整流电路的工作原理，掌握各种整流电路的分析计算方法；了解三相整流电路的工作原理；了解滤波电路的工作原理；理解简单稳压二极管稳压电路以及串联型线性稳压电路的结构与工作原理；了解集成线性稳压电源的分类、外形及基本应用电路，并能分析计算由三端稳压器构成的简单稳压电路；了解开关型稳压电源的工作原理。
8.1　直流稳压电源简介	
8.2　整流电路	
8.3　滤波电路	
8.4　稳压电路	
*8.5　开关电源	
学习指导	
习题	

8.1　直流稳压电源简介

8.1　Introduction of DC Power

在社会生产、生活中，电子设备均需要一稳定的直流电源供电，以满足静态工作点的设置和能量转换的需要，通常采用干电池、蓄电池或其他直流能源供电，但这些电源成本高、容量有限因而供电时间短。采用直接将 220 V、50 Hz 的交流电转换为幅值稳定的直流电的方式供电，能弥补上述电源的不足。常用电子仪器或设备的直流电源输出功率一般小于 1 kW，属于单相小功率直流稳压电源，其组成框图如图 8.1.1 所示。

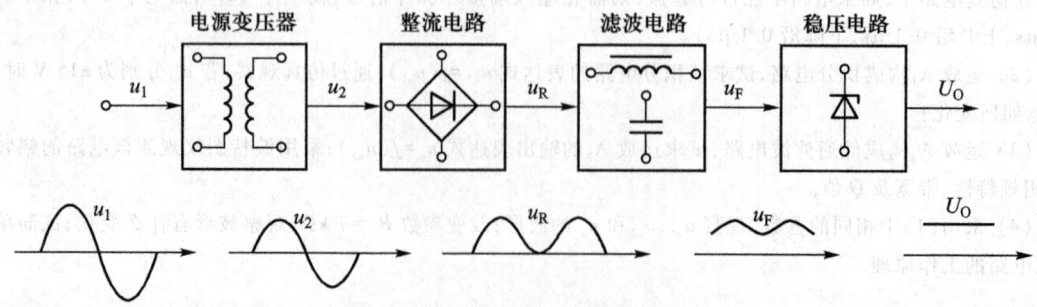

图 8.1.1　小功率稳压电源的组成

单相小功率直流电源一般由电源变压器、整流、滤波和稳压电路四部分组成,如图 8.1.1 所示,图中各部分的功能描述如下:

电源变压器将电网供给的 220 V 交流电压 u_1 变换为符合整流电路需要的交流电压 u_2,从变压器的二次绕组输出;

整流电路利用二极管的单向导电性将变压器二次绕组输出的交流电压 u_2 整流为单向脉动的直流电压 u_R;

滤波电路将脉动的直流电压 u_R 变换为平滑的直流电压 u_F,但易受电网波动及负载变化的影响;

稳压电路采用稳压元件和负反馈电路等措施输出稳定的直流电压 U_O。

本章将逐一介绍整流电路、滤波电路和稳压电路的组成及其工作原理。

8.2 整 流 电 路

8.2 Rectifier Circuits

8.2.1 单相整流电路

二极管是构成整流电路的关键元件(常称之为整流管),利用二极管的单向导电性将交流电变换成脉动直流电。在例 5.2.1 中,我们分析了二极管构成半波整流电路(Half-wave Rectifier Circuit)的工作原理,并计算了半波整流输出电压的平均值,发现半波整流电路效率较低,因此本节将重点介绍单相全波和桥式整流电路。

1. 单相全波整流电路

图 8.2.1(a)中,Tr 为中间均匀抽头的电源变压器,将 220 V、50 Hz 的电网电压变换为合适的交流电压;D_1、D_2 为整流二极管,通常视作理想元件,即正向导通电阻为零,反向电阻为无穷大;电阻 R_L 表示负载。设变压器二次电压 $u_2 = \sqrt{2} U_2 \sin \omega t$,在电源的正半周,由于二极管 D_1、D_2 共阴极连接,因此 D_1 导通、D_2 截止,$u_O = u_2$。二极管 D_1 上的压降 $u_{D1} = 0$,二极管 D_2 两端的压降 $u_{D2} = -2u_2$。在电源的负半周,D_2 导通、D_1 截止,$u_{D2} = 0$,$u_{D1} = 2u_2$,$u_O = -u_2$。变压器二次电压 u_2,整流电路输出波形 u_O 及二极管 D_1 两端的波形 u_{D1},如图 8.2.1(b)所示。从图中可见,与半波整流电路相比较,该整流电路采用了两个二极管进行整流,因此是全波整流电路(Full-wave Rectifier Circuit)。

从输出电压 u_O 的波形图可知,输出电压 u_O 的平均值 $U_{O(AV)}$ 为

$$U_{O(AV)} = \frac{1}{2\pi} \int_0^{2\pi} u_O \mathrm{d}\omega t = \frac{1}{\pi} \int_0^{\pi} \sqrt{2} U_2 \sin \omega t \mathrm{d}\omega t = \frac{2\sqrt{2}}{\pi} U_2 \approx 0.9 U_2 \tag{8.2.1}$$

整流输出平均电流 $I_{O(AV)}$ 为

$$I_{O(AV)} = \frac{U_{O(AV)}}{R_L} = 0.9 \frac{U_2}{R_L} \tag{8.2.2}$$

二极管承受的最大反向电压为

$$U_{DRM} = 2\sqrt{2}\,U_2 \tag{8.2.3}$$

从以上分析可知,全波整流电路的输出电压 u_O 的平均值是半波整流电路的 2 倍,整流效率提高了;同时二极管承受的最大反向电压也是半波整流电路中二极管所承受的最大反向电压的 2 倍,因此对器件的要求提高了。而且从图 8.2.1(a)可见,该整流电路采用了中间抽头的变压器,相对于半波整流电路中的变压器,其体积及成本都将显著提高。

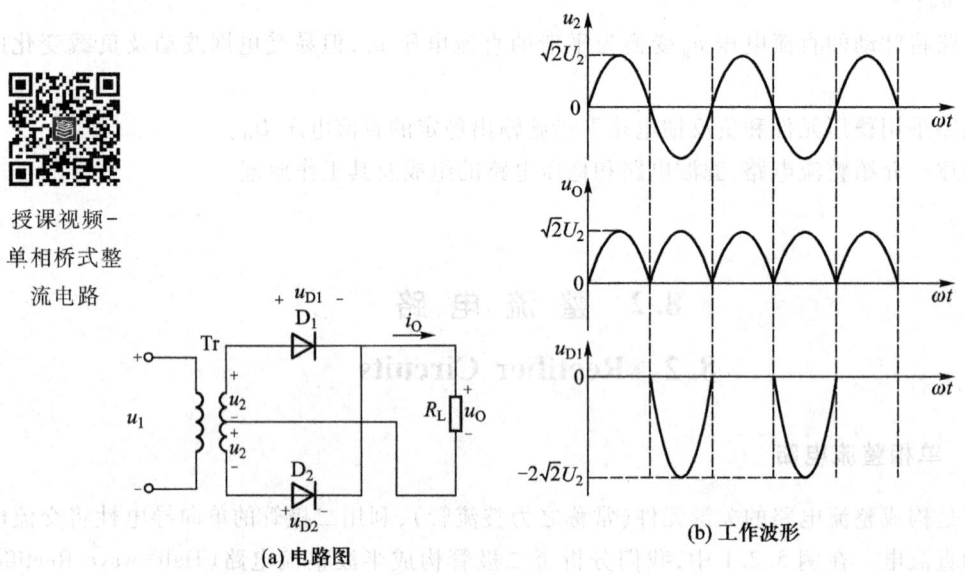

图 8.2.1 单相全波整流电路

2. 单相桥式整流电路

如图 8.2.2(a)所示,该整流电路中采用 4 只整流二极管 $D_1 \sim D_4$ 接成电桥的形式,故又称为桥式整流电路(Bridge Rectifier)。

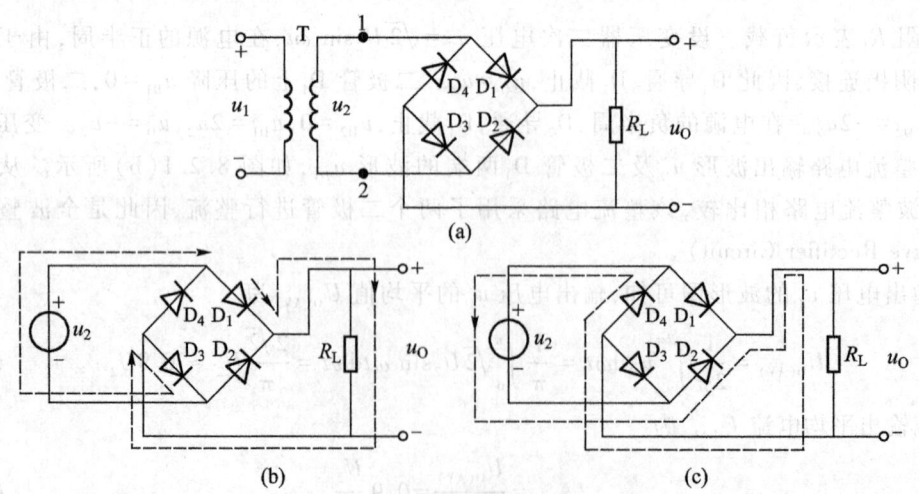

图 8.2.2 桥式整流电路的结构和工作原理

(1) 工作原理

在 u_2 的正半周,电流从变压器二次绕组的上端流出,只能经过二极管 D_1 流向 R_L,再由二极管 D_3 流回变压器下端,其电流通路如图 8.2.2(b)中虚线箭头表示。可见,D_1、D_3 正向导通,D_2、D_4 反偏截止,在负载 R_L 上产生极性为上正下负的输出电压 u_O。在 u_2 的负半周,其电流通路如图 8.2.2(c)中虚线箭头所示,电流从变压器二次绕组的下端流出,只能经过二极管 D_2 流向 R_L,再由二极管 D_4 流回变压器上端。可见,D_1、D_3 反偏截止,D_2、D_4 正向导通,电流流过 R_L 产生的电压极性仍是上正下负。由此可见,桥式整流电路中的 4 个二极管被分为两组,根据变压器二次电压的极性不同分别导通,在负载上产生一个单方向的脉动电压。

根据负载 R_L 上输出电压的极性,可简化桥式整流电路如图 8.2.3(a)所示,其中二极管的方向表示输出电压的极性为上正下负,其工作波形如图 8.2.3(b)所示,通过负载 R_L 的电流 i_O 以及电压 u_O 波形均为单方向的脉动波形,u_{D1}、u_{D3} 的波形相同。

(2) 整流元件参数的计算

在选择整流二极管时主要考虑两个参数,即最大整流电流 I_{OM} 和反向击穿电压 U_{BR}。

在桥式整流电路中,输出电压波形同全波整流波形一样,因此输出电压的平均值为

$$U_{O(AV)} = \frac{1}{2\pi}\int_0^{2\pi} u_O \, d\omega t \approx 0.9 U_2$$

在此整流电路中,两组二极管 D_1、D_3 和 D_2、D_4 轮流导通,因此流经每个二极管的平均电流为输出平均电流的一半,即

$$I_{D(AV)} = \frac{1}{2} I_{O(AV)} = \frac{1}{2} \times \frac{U_{O(AV)}}{R_L} = \frac{1}{2} \times \frac{0.9 U_2}{R_L} = 0.45 \times \frac{U_2}{R_L} \quad (8.2.4)$$

在选择整流管时应保证其最大整流电流 $I_F > I_{D(AV)}$。

如图 8.2.3(b)所示,二极管在截止时承受的最大反向电压为

$$U_{DRM} = \sqrt{2} U_2 \quad (8.2.5)$$

考虑到整流管的长期安全工作,在选择整流管时通常选择其最高反向击穿电压 $U_{RM} \approx 2 U_{DRM}$。

单相半波整流、全波整流、桥式整流的性能比较见表 8.2.1。

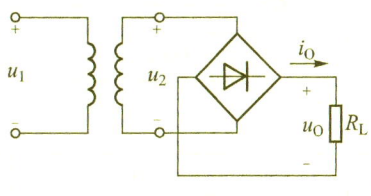

(a) 简化电路

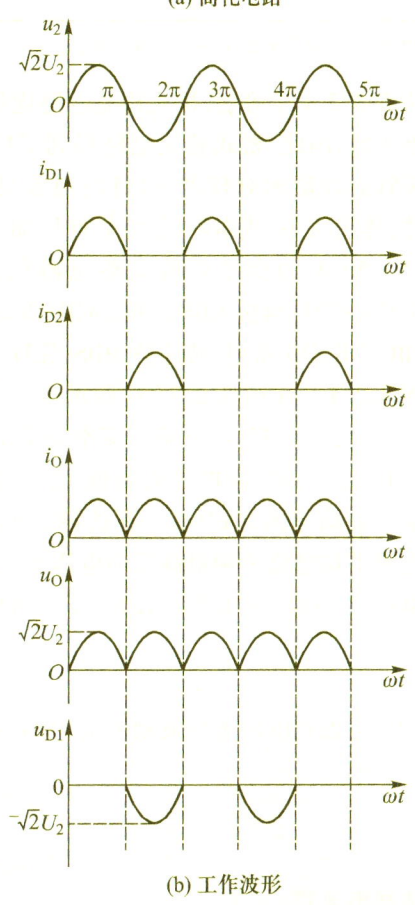

(b) 工作波形

图 8.2.3 桥式整流电路及工作波形

表 8.2.1 常见整流电路的性能比较

	半波整流	全波整流	桥式整流
电路图			
整流电压 u_O 波形			
U_O	$0.45U_2$	$0.9U_2$	$0.9U_2$
I_D	I_O	$\dfrac{1}{2}I_O$	$\dfrac{1}{2}I_O$
U_{DRM}	$\sqrt{2}U_2 = 1.41U_2$	$2\sqrt{2}U_2 = 2.83U_2$	$\sqrt{2}U_2 = 1.41U_2$
I_2	$1.57I_O$	$0.79I_O$	$1.11I_O$

表中：U_O——输出电压，I_O——负载电流，I_D——二极管电流，U_{DRM}——二极管反向电压，I_2——变压器二次电流有效值。

从表 8.2.1 中可见，桥式整流电路优势明显：输出平均电压高、脉动小，整流管所承受的最大反向电压低，因此，桥式整流电路得到了广泛的应用。虽然二极管的数量相对较多，但目前通常用整流桥替代分立元件，体积减小，成本降低，可靠性增加。如图 8.2.4 所示，$0.5 \sim 50$ A 的全系列桥式整流器包含：圆桥 WOB、2WOB、RB 系列；扁桥 KBP、KBL、KBU、KBJ、GBU 系列；方桥 KPBC、BR、DB 系列；贴片桥 MBS 系列。

例 8.2.1 在图 8.2.3(a) 所示电路中，已知输出电压平均值 $U_{O(AV)} = 15$ V，负载电流平均值 $I_{L(AV)} = 100$ mA。试求：(1) 变压器二次电压有效值 U_2 应选多大？(2) 设电网电压波动范围为 ±10%。在选择二极管的参数时，其最大整流平均电流 I_F 和最高反向电压 U_{RM} 的下限值约为多少？

图 8.2.4 常用的整流桥元件

解：(1) 输出电压平均值 $U_{O(AV)} \approx 0.9U_2$，因此，变压器二次电压有效值

$$U_2 \approx \frac{U_{O(AV)}}{0.9} \approx 16.7 \text{ V}$$

(2) 考虑到电网电压波动范围为 ±10%，整流二极管的参数为

$$I_{D(AV)} = 1.1 \times \frac{I_{L(AV)}}{2} = 55 \text{ mA}$$

$$U_{DRM} = 1.1\sqrt{2}U_2 \approx 26 \text{ V}$$

选择整流管

$$I_F > I_{D(AV)} = 55 \text{ mA}, \quad U_{RM} \approx 2U_{DRM} = 52 \text{ V}$$

参看二极管型号与参数，选择 2CP11(100 mA, 50 V) 作为该电路的整流管。

8.2.2 三相整流电路

在工业设备上常需要输出高电压、大电流的大功率整流电源,则需要采用三相交流电源,其整流电路为如图 8.2.5 所示的三相桥式整流电路(Three-Phase Bridge Rectifier)。相对于单相桥式整流电路而言,三相桥式整流电路的优点为:输出平均电压更高,电压脉动更小。

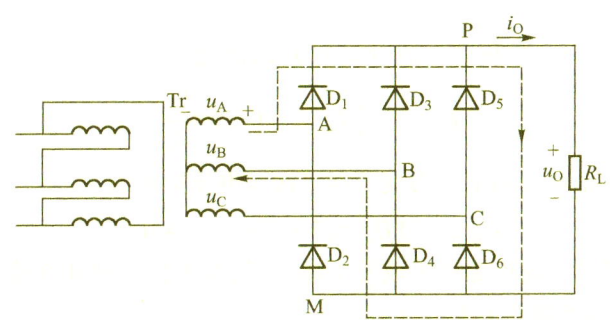

图 8.2.5 电阻负载的三相桥式整流电路

图 8.2.5 是一个电阻负载的三相桥式整流电路,六个二极管被分为两组,D_1、D_3、D_5 接成共阴极形式,共阴极端用 P 表示;D_2、D_4、D_6 接成共阳极形式,共阳极端用 M 表示。

共阴极组二极管,阳极电位高的优先导通;共阳极组二极管,阴极电位低的优先导通。为了便于分析,根据各相波形相交的情况,把三相正弦波形的一个周期划分为 6 个时间段,每个时段相位角为 60°,如图 8.2.6 所示,在图的最下方用数字 1~6 分别表示各时间段。从图 8.2.6 中可见,在第 1 个时间段,A、B、C 三点的电位关系为 $V_A > V_C > V_B$,根据二极管的导通规则,D_1 导通、D_3 和 D_5 截止,电流流经负载电阻 R_L,然后 D_4 导通、D_2 和 D_6 截止,则输出电压 $u_O = u_{AB}$,u_{AB} 为此时间段 AB 之间的线电压;同理,在第 2 个时间段,$V_A > V_B > V_C$,D_1 导通、D_3 和 D_5 截止,电流流经负载电阻 R_L,然后 D_6 导通、D_2 和 D_4 截止,则输出电压 $u_O = u_{AC}$,u_{AC} 为此时间段的 AC 之间的线电压;以此类推,可得整流之后的完整波形如图 8.2.6 所示。即在一个工频周期内,输出电压由六个线电压波形的波头组成,输出波形的频率增至 300 Hz。相比单相桥式整流电路而言,三相桥式整流电路输出电压的脉动程度大大减小。

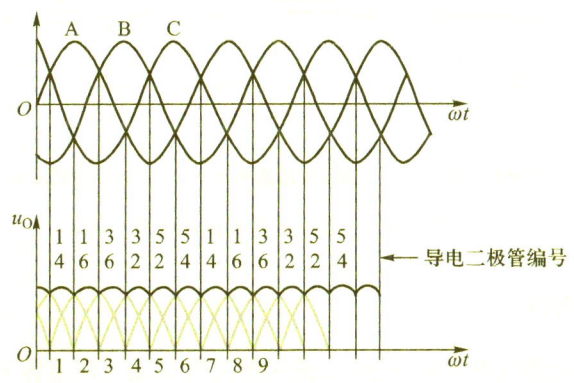

图 8.2.6 三相桥式整流电路的工作波形

令共阳极端 M 为参考地电位,求第 1 个时间段输出电压的平均值(积分从 30°到 90°),其结果乘以 6 即可得到输出平均电压

$$U_{O(AV)} = \frac{6}{2\pi}\int_{\frac{\pi}{6}}^{\frac{\pi}{2}} U_{AB} d\omega t = \frac{3}{\pi}\int_{\frac{\pi}{6}}^{\frac{\pi}{2}} \sqrt{2}\sqrt{3} U_2 \sin\left(\omega t + \frac{\pi}{6}\right) d\omega t = \frac{3\sqrt{6}}{\pi} U_2 \approx 2.34 U_2 \quad (8.2.6)$$

$$I_{O(AV)} = 2.34 \times \frac{U_2}{R_L} \quad (8.2.7)$$

由于在一个周期中,每个二极管导通时间为 $T/3$,因此

$$I_{D(AV)} = \frac{1}{3} I_{O(AV)} = 0.78 \times \frac{U_2}{R_L} \quad (8.2.8)$$

每个二极管承受的最高反向电压为变压器二次线电压的幅值

$$U_{DRM} = \sqrt{3} U_m = \sqrt{3} \times \sqrt{2} U_2 = 2.45 U_2 \quad (8.2.9)$$

本节仅介绍三相桥式整流电路的组成及工作波形,对工作原理和性能指标等不做详细介绍和分析,有兴趣的读者可参阅相关参考资料。

8.3 滤波电路

8.3 Low-pass Filter Circuits

滤波电路用于滤去整流输出电压中高频成分。电容 C 与电感 L 具有存储和释放能量的作用,从暂态响应角度分析,u_C 和 i_L 不能跃变,因而能使负载电压或电流的变化趋于平滑。另外,电容 C 与电感 L 是电抗元件,对不同频率信号的电抗值不同,与负载 R_L 适当组合可以实现滤除高频信号的功能。可见,电容 C 与电感 L 具有滤波的作用。

事实上,电感应与负载 R_L 串联,电容应与负载 R_L 并联才能实现低通滤波(滤除高频信号)的功能。滤波电路的形式很多,常见的结构如图 8.3.1 所示,分为电容滤波电路、Γ 型滤波电路和 π 型滤波电路。本节重点分析在小功率直流电源中应用较多的电容滤波电路。

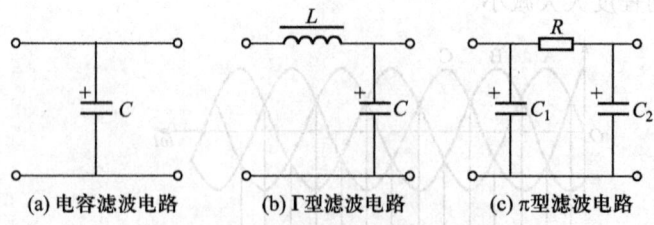

(a) 电容滤波电路　(b) Γ型滤波电路　(c) π型滤波电路

图 8.3.1　常见的各种滤波电路

8.3.1 电容滤波电路

图 8.3.2 为单相桥式整流电容滤波电路,桥式整流输出端并联电容 C,以滤除高频成分。在分析电路的工作原理时,应注意电容两端电压 u_C 变化对整流元件导电性能的影响。

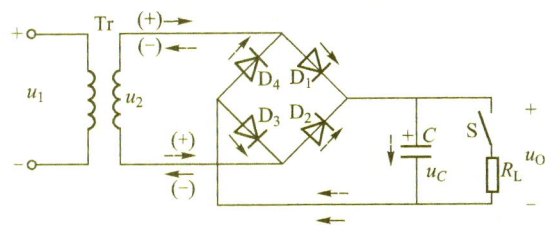

图 8.3.2 电容滤波电路

1. 工作原理

设电容 C 初始电压为零,在开关 S 断开、空载工作状态下接入交流电源。当 u_2 为正半周时,u_2 通过 D_1、D_3 向电容器 C 充电;u_2 为负半周时,经 D_2、D_4 向电容 C 充电,电容很快就充电到交流电压 u_2 的最大值 $\sqrt{2}U_2$,极性如图 8.3.2 所示。由于电容无放电回路,故输出电压 $u_O = u_C = \sqrt{2}U_2$,输出为恒定直流电压,如图 8.3.3 中纵坐标左侧($t<0$)所示波形。在 $t=0$ 时合上开关 S,接入负载 R_L,电路工作在有载状态。电容在负载未接入前已充电,$u_O(0_+) = u_C(0_+) = \sqrt{2}U_2$,必然 $u_2 < u_C$,二极管截止,电容 C 经 R_L 放电,放电时间常数为 $\tau = R_L C$。

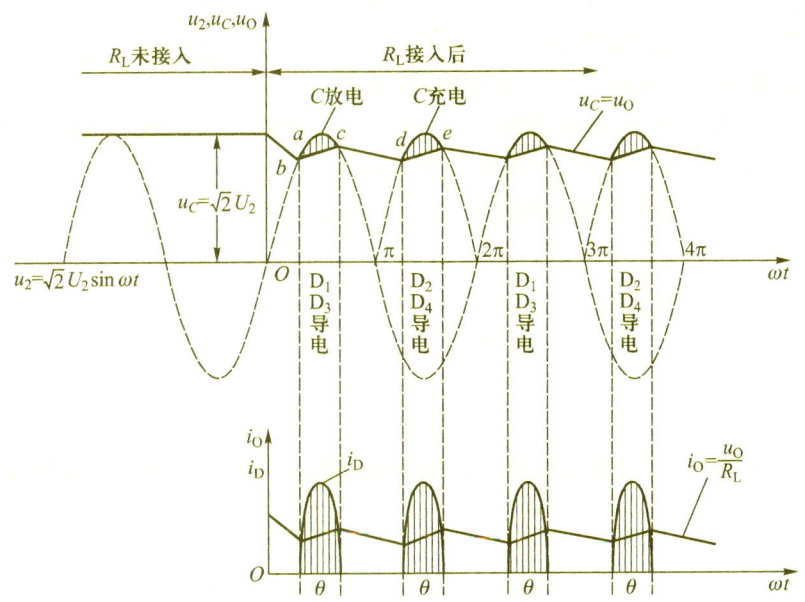

图 8.3.3 桥式整流滤波电路工作波形

u_C 按指数规律下降,τ 值通常较大,下降平缓,输出电压 $u_O = u_C$ 的波形如图 8.3.3 的 ab 段所示。与此同时,交流电压 u_2 按正弦规律上升,当 u_2 上升到 $u_2 > u_C$ 时,二极管 D_1、D_3 导通,u_2 经二极管 D_1、D_3 一方面向负载 R_L 提供电流,另一方面向电容 C 充电,u_C 随着交流电压 u_2 升高到接近最大值 $\sqrt{2}U_2$,输出电压 u_O 的波形如图 8.3.3 中的 bc 段。注意:如果忽略电容 C 的充电时间常数 τ_D,则充电期间输出电压 $u_O = u_2$。

接下来,u_2 按正弦规律下降,当 $u_2 < u_C$ 时,二极管又反偏截止,电容 C 又经 R_L 放电,u_C 波形如

图 8.3.3 中的 cd 段。电容 C 如此周而复始地进行充放电,负载上便得到如图 8.3.3 所示的一个近似锯齿波的电压 u_O,负载电压的脉动大为减小。

2. 电路的特点

(1) 电路简单,输出电压平均值 $U_{O(AV)}$ 较高,脉动较小。且 R_LC 越大,电容放电速度越慢,则负载电压中的脉动越小,滤波效果越明显。

为了得到平滑的负载电压,一般取放电时间常数

$$\tau = R_LC \geqslant (3 \sim 5)\frac{T}{2} \tag{8.3.1}$$

式中,T 为工频交流电压的周期。

(2) 外特性差,且有电流冲击。输出平均电压 $U_{O(AV)}$ 与输出电流 I_O 的关系称为输出特性或外特性。如图 8.3.4 所示,$U_{O(AV)}$ 随负载电流的增加而减小,因而外特性差。从图 8.3.3 中 i_D 的波形来看,在一个周期内电容的充电电荷等于放电电荷,即通过电容的电流平均值为零,则二极管的平均电流 $I_{D(AV)}$ 等于负载的平均电流 $I_{O(AV)}$,但二极管的导通时间短(小于半个周期),因此,流过二极管的瞬时电流必然很大,产生电流冲击,容易损坏二极管,对二极管的性能要求有所提高。

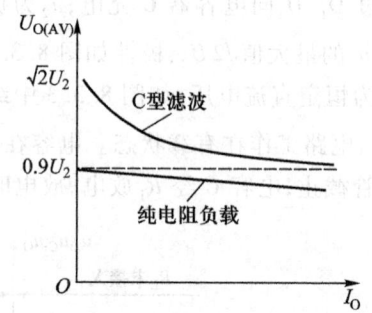

图 8.3.4 单相桥式电容滤波电路的外特性

电流的有效值和平均值的关系与波形有关,在平均值相同的情况下,波形越尖,有效值越大。一般工程上采用如下关系,在纯电阻负载时,变压器二次电流的有效值 $I_2 = 1.11I_{O(AV)}$,而有电容滤波时 $I_2 = (1.5 \sim 2)I_{O(AV)}$。

3. 参数计算

(1) 输出平均电压 $U_{O(AV)}$

$$空载(R_L = \infty)时,\quad U_{O(AV)} = \sqrt{2}U_2 \approx 1.41U_2 \tag{8.3.2}$$

无电容滤波、有载时

$$U_{O(AV)} = 0.9U_2$$

有电容滤波、有载时,不计整流电路的内阻(约几欧),则当放电时间常数满足式 $\tau = R_LC \geqslant (3 \sim 5)\frac{T}{2}$,近似估算取

$$U_{O(AV)} = 1.2U_2 \quad (桥式、全波整流滤波) \tag{8.3.3}$$

$$U_{O(AV)} = 1.0U_2 \quad (半波整流滤波) \tag{8.3.4}$$

注意:半波整流滤波电路的输出电压平均值并非全波或桥式整流滤波电路的一半。

(2) 滤波电容的选择

常用的滤波电容有电解电容、涤纶电容和独石电容等。电解电容(即极性电容)的容量大、体积大、耐压较高、稳压范围宽,当要求整流输出电流大时,多采用电解电容进行滤波。涤纶电容和独石电容的体积小、耐压高,但容量小,滤波效果略差,多用于整流输出电流较小的场合。

总之,电容滤波电路简单,负载直流电压 $U_{O(AV)}$ 较高,纹波也较小。缺点是负载特性较差,即输出电压受负载变化的影响较大。因此电容滤波适合于要求输出电压较高、负载电流较小且负

载变化较小的场合。

例 8.3.1 整流滤波电路如图 8.3.3 所示,已知 u_1 是 220 V、频率 50 Hz 的交流电源,在负载工作时,要求直流电压 $U_{O(AV)} = 30$ V,负载电流 $I_{O(AV)} = 50$ mA。试求电源变压器二次电压 u_2 的有效值 U_2,并选择整流二极管及滤波电容。

解: (1) 变压器二次电压的有效值

取 $U_{O(AV)} = 1.2 U_2$,则 $\quad U_2 = \dfrac{U_{O(AV)}}{1.2} = \dfrac{30}{1.2}$ V $= 25$ V

(2) 选择整流二极管

流经整流二极管的平均电流为 $\quad I_D = \dfrac{I_{O(AV)}}{2} = \dfrac{50}{2}$ mA $= 25$ mA

二极管承受的最大反向电压为 $\quad U_{DRM} = \sqrt{2} U_2 = 35$ V

根据手册,可选用整流二极管 2CP12,其最大整流电流为 100 mA,最大反向工作电压为 100 V。

(3) 选择滤波电容

因为负载电阻 $\quad R_L = \dfrac{U_{O(AV)}}{I_{O(AV)}} = \dfrac{30}{50}$ kΩ $= 0.6$ kΩ

根据 $R_L C \geqslant (3 \sim 5)\dfrac{T}{2}$,取 $\quad R_L C = 4 \dfrac{T}{2} = 4 \times 0.01$ s $= 0.04$ s

由此得滤波电容 $\quad C = \dfrac{0.04}{R_L} = \dfrac{0.04}{600}$ F $= 66.6$ μF

考虑到电网电压波动 ±10%,则电容所承受的最高电压为

$$U_{CM} = \sqrt{2} U_2 (1+10\%) = 38.885 \text{ V}$$

因此,选用标称值为 68 μF/50 V 的电解电容。

8.3.2 其他滤波电路

在桥式整流电路和负载电阻 R_L 之间串入一个电感 L,如图 8.3.5(a) 所示,即电感滤波电路。利用电感的储能作用减小输出电压的纹波,从而得到比较平滑的直流。

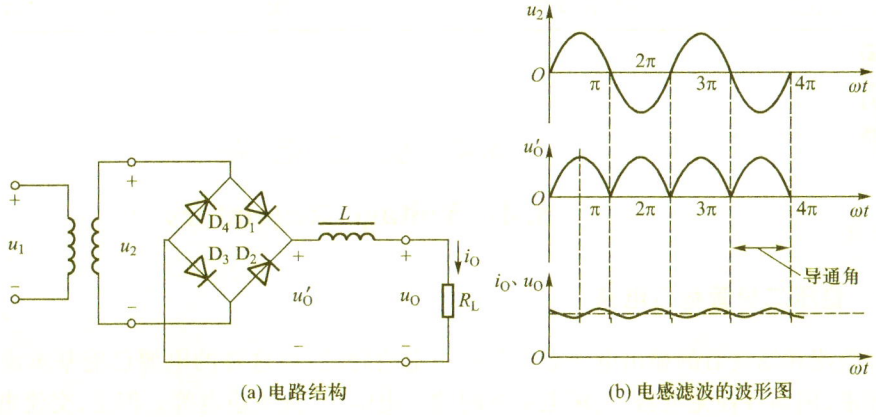

(a) 电路结构   (b) 电感滤波的波形图

图 8.3.5 电感滤波电路

在 u_2 的正半周时，D_1、D_3 导电，当 u_2 增大时，电感 L 的感应电动势阻止电流增加；当 u_2 减小时，电感 L 的感应电动势阻止电流减小，电感电流滞后 u_2，且 $i_0 = i_L$。在 u_2 的负半周时，D_2、D_4 导电，工作原理同正半周时相似。接纯电阻负载时，桥式整流电路的输出电压 u'_0 不变，但由于电感电流不能突变，使输出电流被平滑，滤波波形如图 8.3.5(b) 所示。

电感滤波的优点：电感 L 的感应电动势使整流管的导通时间延长，因而整流管的导通角增大，峰值电流较小，输出特性比较平坦。频率越高，电感越大，滤波效果越好。其缺点是：① 由于铁心的存在，电感笨重、体积大，易引起电磁干扰；② 通常线圈的电感量较大，直流电阻也较大，会造成输出电压的下降，因此，电感滤波电路通常适用于大电流场合。

此外，为了进一步减小负载电压的脉动，还可构成复杂的滤波电路，例如 LC Γ 型滤波电路[如图 8.3.1(b) 所示]、π 型 LC [如图 8.3.6(a) 所示]或 π 型 RC 滤波电路[如图 8.3.6(b) 所示]，其性能和应用场合分别与电感滤波电路及电容滤波电路相似，如表 8.3.1 所示，这里不再详细介绍。

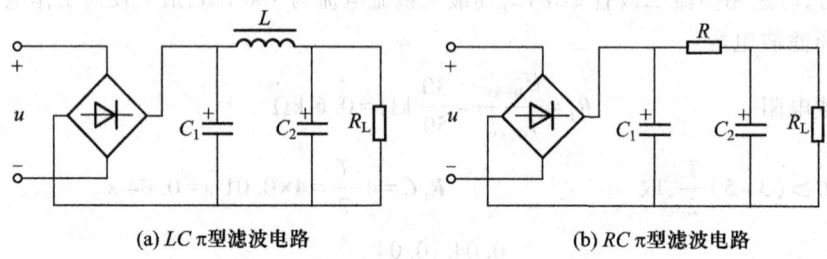

(a) LC π型滤波电路 (b) RC π型滤波电路

图 8.3.6 π 型滤波电路

表 8.3.1 常用平滑(低通)滤波器的性能比较

类型	滤波效果	对整流管的冲击电流	带负载能力
电容滤波电路	对小电流输出较好	大	差
电感滤波电路	对大电流输出较好	小	强
LC Γ 型滤波电路	适应性较强	小	强
RC π 型滤波电路	对小电流输出较好	大	差
LC π 型滤波电路	适应性较强	大	较差

授课视频-二极管稳压电路

8.4 稳 压 电 路
8.4 Voltage Regulators

8.4.1 稳压二极管稳压电路

虽然经整流和滤波后的输出电压波形仍有一定的脉动，但这样的电源已能基本满足某些应用领域的需求，例如各种充电器、电解电镀车间的供电电源、直流输电等。但是，交流电源电压波动和负载变化会引起输出电压的不稳定，进而产生测量和计算的误差，引起控制装置的不稳定；

精密电子电路等也要求由非常稳定的直流电源供电,因此,在这些场合,经整流和滤波后的输出电压需要再增加稳压电路环节。

稳压电路为负载提供稳定的输出电压。在直流电路分析中已讨论过,电压源的内阻越小,其输出电压的稳定性越好;理想的稳压电源是输出阻抗为零的恒压源,输出电压基本与电网电压、负载及环境温度的变化无关。最简单的稳压电路为稳压二极管稳压电路(Zener Diode Voltage Regulator)。

1. 电路结构

基本稳压二极管稳压电路如图8.4.1所示。在5.2.3节中已经详细讨论了稳压二极管稳压的工作原理。值得注意的是,在应用中必须有限流电阻R与稳压二极管串联,使稳压二极管工作在稳压区(即反向击穿区)内,则输出电压U_O基本稳定于稳定电压U_Z。

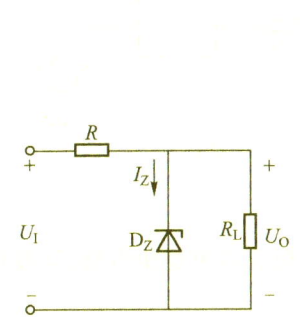

图8.4.1 稳压二极管稳压电路

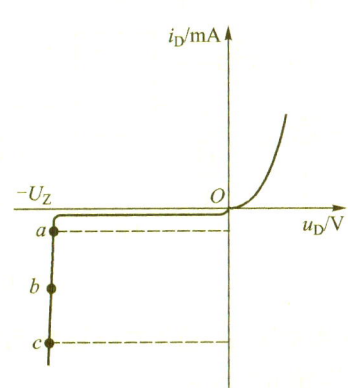

图8.4.2 稳压二极管特性曲线

2. 稳压过程

引起输出电压不稳定的原因有交流电源(或电网)电压波动和负载(电流)变化等。下面分别讨论这两个因素影响下稳压电路的作用。

当电网电压U_I升高时,可能引起输出电压U_O(即U_Z)升高,则稳压二极管电流I_Z显著增加,引起电阻R上的电流I_R和电压降$I_R R$增大。这部分增量抵消了电网电压的增量,因而使输出电压基本不变,稳压原理如图8.4.3(a)所示。由图8.4.2特性曲线可知,工作点由b点移到c点,此时输出电压$U_O \approx U_Z$基本保持不变。

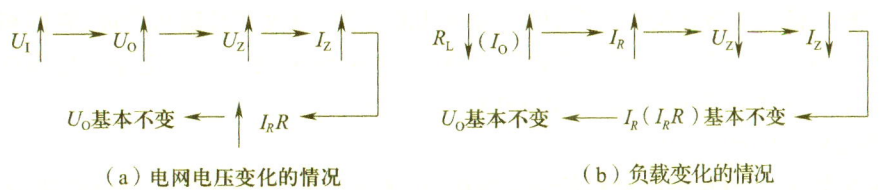

(a) 电网电压变化的情况　　　　(b) 负载变化的情况

图8.4.3 稳压管稳压电路的工作原理

若负载电阻R_L变小,则负载电流I_O可能变大,引起电阻R上的电流I_R和电压降$I_R R$增大。由于U_I保持不变,可能导致输出电压U_O减小。但是,U_O(U_Z)减小引起I_Z显著减小,这部分减量抵消了电流I_R的增量,因而使输出电压U_O基本不变,稳压原理如图8.4.3(b)所示,此时工作点由b点移到a点。可见,稳压二极管稳压电路的输出电压U_O基本不变是因为利用稳压二极管调

节流过自身的电流 I_Z 大小,并与限流电阻 R 配合,将电流的变化转化为电压的变化以适应电网电压或负载的变化。

很明显,稳压二极管稳压电路结构简单,但也存在如下缺陷,即:① I_Z 的调节范围仅仅几十毫安,当电网电压不变时,I_Z 大大限制了负载电流 I_0 的变化范围;② 输出电压 $U_0 \approx U_Z$,因此受到稳压二极管性能的影响,输出电压的稳定性不高,且输出电压不可调。

例 8.4.1 稳压电路如图 8.4.4 所示,输入电压 U 和运放的工作电源均为稳压环节之前的整流滤波电路提供的直流脉动电压,试求输出电压的表达式。

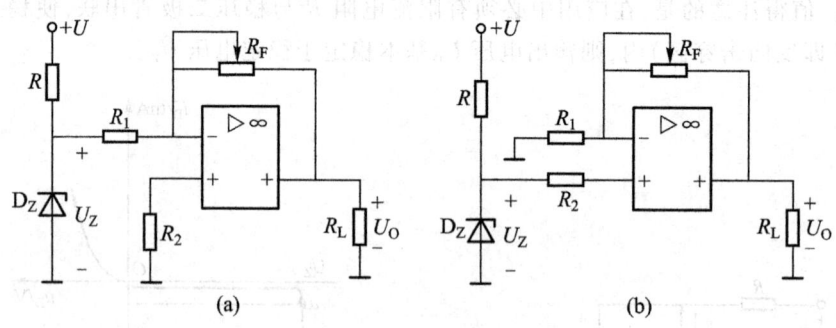

图 8.4.4 例 8.4.1 题电路

解:图 8.4.4(a)中,稳压二极管 D_Z 与限流电阻 R 串联构成简单稳压电路,运放构成反相比例放大电路,则输出电压为

$$U_0 = -\frac{R_F}{R_1} U_Z$$

图 8.4.4(b)与图(a)类似,运放构成同相比例放大电路,可得

$$U_0 = \left(1 + \frac{R_F}{R_1}\right) U_Z$$

在该例中,电阻 R_F 引入了电压负反馈,使输出电压更稳定,同时改变 R_F 的值可以调节输出电压,因此是输出电压可调的恒压电源电路。

8.4.2 串联线性稳压电路

稳压二极管稳压电路结构最简单,但是带负载能力差,为改善其稳压性能,将同相输入电路改变为图 8.4.5(a)所示的串联型线性稳压电路,图 8.4.5(b)为该稳压电路的原理框图。因电压调整元件 T 与负载 R_L 串联,故称为串联线性稳压电路。

1. 电路结构及特点

图 8.4.5 中,U_I 是整流滤波电路的输出电压,有脉动或纹波;三极管 T 为调整管;运放 A 构成比较放大电路;由稳压二极管 D_Z 与限流电阻 R 串联构成的简单稳压电路提供基准电压 U_{REF},即 $U_{REF} = U_Z$;R_1、R_2 与 R_P 组成电阻反馈网络,是反映输出电压变化的采样环节,使 $U_F = FU_0$,F 为反馈系数,即

$$U_F = FU_0 = \frac{R_2 + R_{P2}}{R_1 + R_2 + R_P} U_0$$

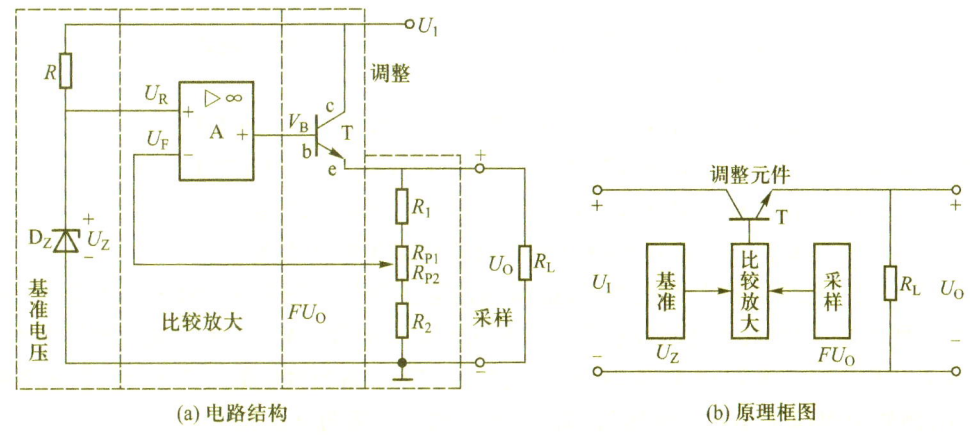

图 8.4.5 串联型稳压电路及原理框图

2. 稳压原理

假设输入电压 U_1 增加(或负载电流 I_0 减小),导致输出电压 U_0 增加,随之反馈电压 $U_F = FU_0$ 也增加。U_F 与基准电压 U_R 相比较,其差值电压经比较放大电路放大后使 V_B 减小,则调整管 T 的基极电流 I_B 减小,集电极电流 I_C 随之减小,调整管 T 的 c-e 极间电压 U_{CE} 增大,抵消了 U_1 增加导致的 U_0 增加($U_0 = U_1 - U_{CE}$),从而维持 U_0 基本恒定。同理,当输入电压 U_1 减小(或负载电流 I_0 增加)时,亦能使输出电压基本保持不变。

调整管 T 连接成电压跟随器。从反馈放大电路的角度来看,这种电路属于电压串联负反馈电路,$U_0 = U_1 - U_{CE}$,故称为串联式稳压电路。当反馈越深时,调整作用越强,输出电压 U_0 也越稳定。在深度负反馈条件下,运放的虚短成立,即 $u_+ \approx u_-$,有

$$U_Z \approx U_F = \frac{R_2 + R_{P2}}{R_1 + R_P + R_2} U_0 \tag{8.4.1}$$

即

$$U_0 = U_F \left(1 + \frac{R_1 + R_{P1}}{R_2 + R_{P2}}\right) \tag{8.4.2}$$

上式表明,输出电压 U_0 与反馈电压 U_F 成正比,这是设计稳压电路的基本关系式。当变阻器 R_P 的滑动端移至最下端和最上端时,输出电压 U_0 分别达到最大值和最小值

$$U_{0\max} = \frac{R_1 + R_P + R_2}{R_2} U_Z \qquad U_{0\min} = \frac{R_1 + R_P + R_2}{R_2 + R_P} U_Z \tag{8.4.3}$$

8.4.3 三端集成稳压器

采用运放的串联型稳压电路需要大量的分立元件,因而接线复杂。目前,广泛使用的是线性集成稳压器。由于该类集成稳压器只有输入、输出和公共引出端 3 个引脚,故称之为三端集成稳压器(3 Terminal voltage regulator),简称三端稳压器。其外形如图 8.4.6 所示。

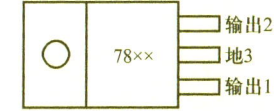

图 8.4.6 三端集成稳压器的外形图

1. 三端稳压器的分类与型号

按照输出电压固定或可调,稳压器可分为固定式三端稳压器和可调式三端稳压器;按照输出电压的极性和输出值又可细分为不同的类别:

（1）三端固定正输出稳压器:CW78H××/CW78××/CW78M××/CW78L
（2）三端固定负输出稳压器:CW79H××/CW79××/CW79M××/CW79L
（3）三端可调正输出稳压器:CW117××/CW117M××/CW117L 等
（4）三端可调负输出稳压器:CW137××/CW137M××/CW137L 等

78×× 系列三端稳压器输出为正电压,根据输出电流等级不同分为 78L××、78M××、78×× 和 78H×× 等系列产品,输出最大电流分别为 0.1 A、0.5 A、1 A 和 5 A。稳压器输出电压由 ×× 表示,有 5 V、6 V、9 V、12 V、15 V、18 V 和 24 V 共 7 挡。与 78×× 系列对应的为 79×× 系列,该系列输出为负电压,例如 79M12 表示输出电压为 -12 V,最大输出电流为 0.5 A。

2. 三端固定式稳压器及其应用

（1）典型电路结构

以具有正电压输出的 78L×× 系列为例,电路组成如图 8.4.7 所示,输出固定电压 $U_\text{O} = U_{\times\times}$。

授课视频-
三端集成稳
压器

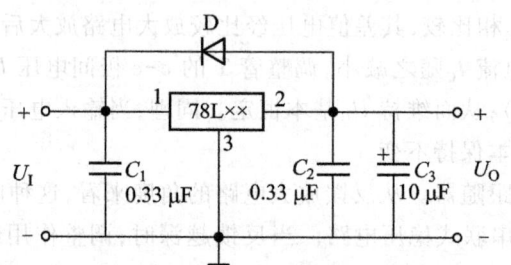

图 8.4.7 三端稳压器接线图

正常工作时,输入 U_I 与输出电压 U_O 之差应大于 $2\sim 3$ V。电路中接入电容 C_1、C_2 实现频率补偿,可防止稳压器产生高频自激振荡,并抑制电路引入的高频干扰。C_3 是电解电容,以减小稳压电源输出端由输入电源引入的低频干扰。D 是保护二极管,当输入端意外短路时,给输出电容器 C_3 提供一个放电通路,防止 C_3 两端电压作用于集成电路内部调整管的 be 结,造成 be 结击穿而损坏。

例 8.4.2 稳压电源电路如图 8.4.8 所示,若静态电流 I_Q 可以忽略,试求输出电压 U_O 的表达式。

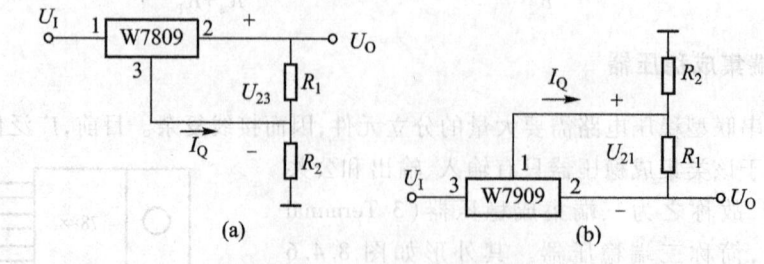

图 8.4.8 输出扩展电路

解：图 8.4.8(a)中，三端稳压器 W7809 的标称输出电压为 9 V，即 $U_{23}=9$ V，若静态电流 I_Q 可以忽略，则流过电阻 R_1、R_2 的电流 $I_1=I_2$，电阻 R_1、R_2 串联分压，电阻 R_1 上分到的电压是 $\dfrac{R_1}{R_1+R_2}\cdot U_O = U_{23}$，那么

$$U_O = U_{23}\left(1+\dfrac{R_2}{R_1}\right) \tag{8.4.4}$$

同理，图 8.4.8(b)中，三端稳压器 W7909 的标称输出电压为 -9 V，即 $U_{21}=-9$ V，若静态电流 I_Q 可以忽略，则电阻 R_1 上分到的电压是 $\dfrac{R_1}{R_1+R_2}\cdot U_O = U_{21}$，那么

$$U_O = U_{21}\left(1+\dfrac{R_2}{R_1}\right) \tag{8.4.5}$$

图 8.4.8 所示稳压电源电路具有如下特点：

① I_Q 为静态工作电流，通常三端稳压器的 I_Q 大约几毫安，当电阻 R_1、R_2 阻值较小时，$I_1 \approx I_2 \gg I_Q$，则静态电流 I_Q 可以忽略；

② 该电路能使输出电压高于固定输出电压，有扩展输出电压的作用；

③ R_1 一定，R_2 为可变变阻时，调节 R_2 的值可使输出电压可调。

*(2) 扩展输出电流电路

与扩展输出电压作用类似的电路，还有扩展 78M×× 输出电流的电路，如图 8.4.9 所示，图中功率三极管 T_1 在导通状态下向输出端提供额外的电流 I_C，从而增大输出电流，使 $I_O = I_C + I_2$。

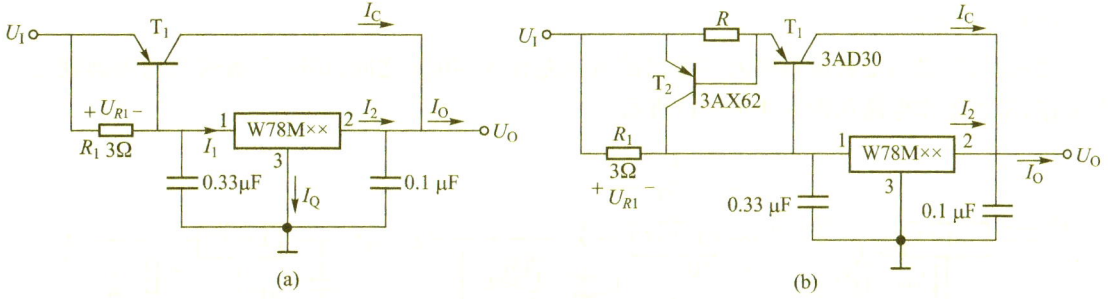

图 8.4.9 输出电流扩展电路

在图 8.4.9(a)所示电路中，当输出电流 I_O 较小时，$U_{EB1}=U_{R1}<U_{on}=0.3$ V，此时 T_1 管截止，$I_C=0$，$I_O=I_2$，无扩流的必要。负载过载时，R_L 减小，因输出电压 U_O 基本不变，导致负载电流 I_O 和稳压器的输出电流 I_2 增大。静态工作电流 I_Q 值非常小，因此，$I_1 \approx I_2$ 也增大。此时，电阻 R_1 的端电压 U_{R1} 增大，$U_{EB1}=U_{R1}=U_{on}$，因此 T_1 管导通，$I_C>0$，使输出电流 I_O 增加为 $I_O=I_C+I_2>I_2$。

在图 8.4.9(b)电路中除了扩流功能外，还具有过流保护的功能：正常扩流状态下 T_2 截止，电阻 R_1 上的电流产生压降使 T_1 导通，$I_O=I_2+I_C$。若 I_O 过流（即超过某个限额），则 I_C 增加，电流检测电阻 R 上的压降增大，使 T_2 导通并趋于饱和，限制了功率管 T_1 的电流 I_C，保护功率管不致因过流而损坏。

3. 三端可调式稳压器及其应用

78××和79××系列为输出电压固定的三端稳压器，LM117和LM137系列是输出电压可调的三端稳压器，其三个接线端分别为输入端U_I、输出端U_O和调整端ADJ，能满足调节输出电压的要求，下面就简单介绍这种三端可调式稳压器。

（1）电路结构

以LM117为例，其外形和内部结构如图8.4.10所示。内部电路有比较放大器、恒流源电路和基准电压U_{REF}（图中未画出）、偏置电路（图中未画出）等，器件本身无接地端，其公共端接到输出端，所以，消耗的电流都从输出端流出；内部基准电压介于1.2~1.3 V之间，一般取1.25 V，接至比较放大器的同相端和调整端之间。

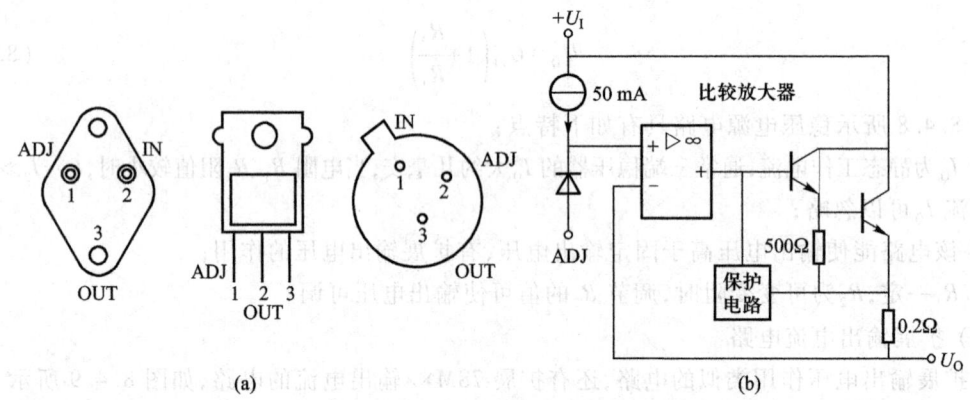

图8.4.10 三端可调式稳压器的符号、引脚和内部结构

（2）应用举例

使用时，只要满足稳压器输入与输出的电压差在3~40 V之间，LM117系列的稳压器就能正常工作，基本工作电路如图8.4.11(a)所示。

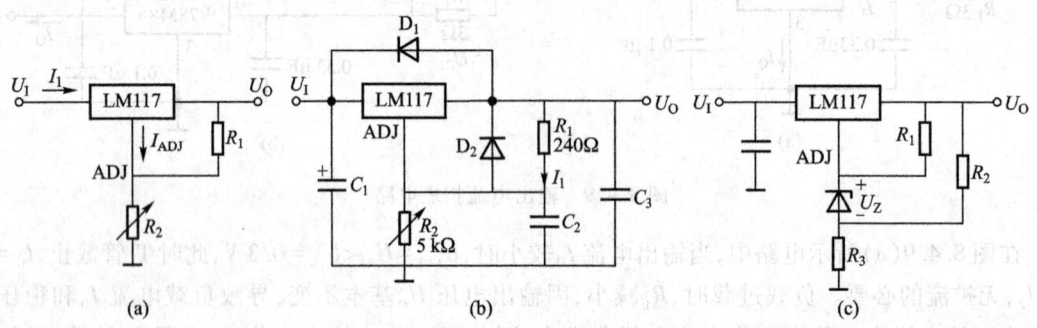

图8.4.11 LM117稳压器的应用电路

典型应用电路如图8.4.11(b)所示。工作中LM117的$I_{ADJ}=50$ mA，由于调整端电流I_{ADJ}远小于电流I_1，可以忽略，输出和调节端之间形成1.25 V的基准电压U_{REF}，该基准电压加在电阻R_1上，产生恒定电流，再流过输出电阻R_2，得到的输出电压为

$$U_O = U_{REF}\left(1+\frac{R_2}{R_1}\right)+I_{ADJ}R_1 \approx U_{REF}\left(1+\frac{R_2}{R_1}\right) \tag{8.4.6}$$

LM117 系列稳压器本身具有较高的稳压精度,但调整端通过电阻 R_2 接地,这样输出电压的精度会受到 R_2 的变化和调整端电流变化的影响。为消除电阻 R_2 的影响,可以采用高精度稳压二极管代替电阻 R_2,电路如图 8.4.11(c)所示,电阻 R_3 可以对输出电压微调,输出电压为

$$U_\mathrm{O} = (U_\mathrm{REF} + U_Z)\left(1 + \frac{R_3}{R_2}\right) \tag{8.4.7}$$

图 8.4.12 为三端可调式稳压器的典型应用电路,由 LM117 和 LM137 组成正、负输出电压可调的稳压器。为保证空载情况下输出电压稳定,R_1 和 R_1' 的功率不宜高于 240 W,典型值为 120~240 W。电路中 R_1、R_1' 两端的电压即 $U_\mathrm{REF} \approx 1.2$ V,R_2 和 R_2' 的大小根据输出电压调节范围确定。该电路输入电压 U_I 分别为 ±25 V,则输出电压可调范围为 ±(1.2~20) V。

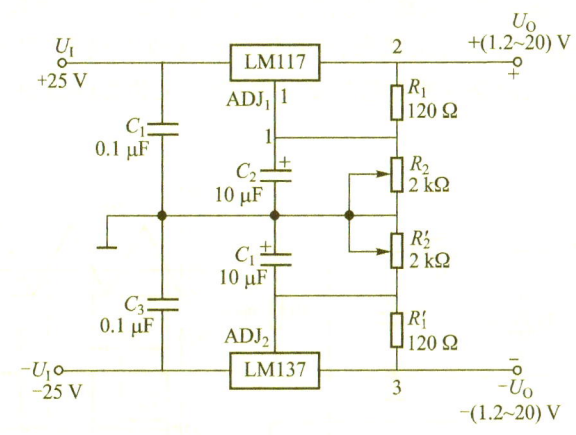

图 8.4.12 输出正、负电压可调的稳压电路

注意:这类稳压器是依靠外接电阻来调节输出电压的,为保证输出电压的精度和稳定性,要选择精度高的电阻,同时电阻要紧靠稳压器,防止输出电流在连线电阻上产生误差电压。

*8.5 开 关 电 源
*8.5 Switched Mode Power Supplies

任何电子设备的工作都离不开电源。如 8.4 节中所述的稳压电源,在稳压环节其调整管 T 工作在线性区,因此此类电源称为线性电源(Linear Power Supply)。这种电源技术成熟,稳定性好,可靠性高。但是,线性电源功耗大,转换效率低,为了稳定输出电压,常常需要大体积的变压器和散热装置,不能满足现代电子设备的要求。与线性电源相比,开关电源(Switched Mode Power Supplies,SMPS)的调整管工作在非线性区,或者饱和导通或者截止,处于开关工作状态;调整管可由脉冲宽度调制(PWM)控制其开关状态。由于调整管饱和导通时,电流很大,电压很小;关断时,电流很小,电压很大,因此调整管的功耗很小,散热器也随之减小,效率较高。

开关电源自 20 世纪 60 年代提出,70 年代应用于民用电气设备中,90 年代进入高速发展时期,在电子、电气设备、检测设备中得到广泛应用。开关电源的种类很多,可分为交流开关电源

(AC/DC)和直流开关电源(DC/DC)两大类。交流开关电源核心是 AC/DC 变换器,其作用是将交流变换为直流,所以必须通过整流、滤波电路才能进行电能转换。由于整流和滤波元件要符合电磁兼容(EMC)的相关标准,使得 AC/DC 变换器的体积较大,同时,AC/DC 变换器的电压、电流较大,电磁干扰(EMI)严重,使得开关电源的能耗较大。直流开关电源的核心是 DC/DC 变换器,DC/DC 变换器的技术已经相当成熟,目前已经模块化。下面我们简单介绍 AC/DC 类型开关电源的工作原理。

1. 结构及工作原理

图 8.5.1(a)所示为开关型稳压电路,输入信号 U_I 为整流滤波后的输出,整流滤波电路的工作原理如本章 8.2 节和 8.3 节所述。从图中可见,开关型稳压电路由调整管 T、滤波电路(LC 滤波)、采样电路(R_1 和 R_2)、基准电压电路(U_{REF})、三角波发生器(u_S)、比较放大器 A_1 和比较器 A_2 等部分构成。此时,调整管工作在开关状态,或者饱和导通或者截止,调整管的饱和压降 U_{CES} 和截止时的穿透电流 I_{CEO} 极小,调整管的管耗主要发生在开、关状态的转换过程中,所以管耗很小,可大大提高电源效率。

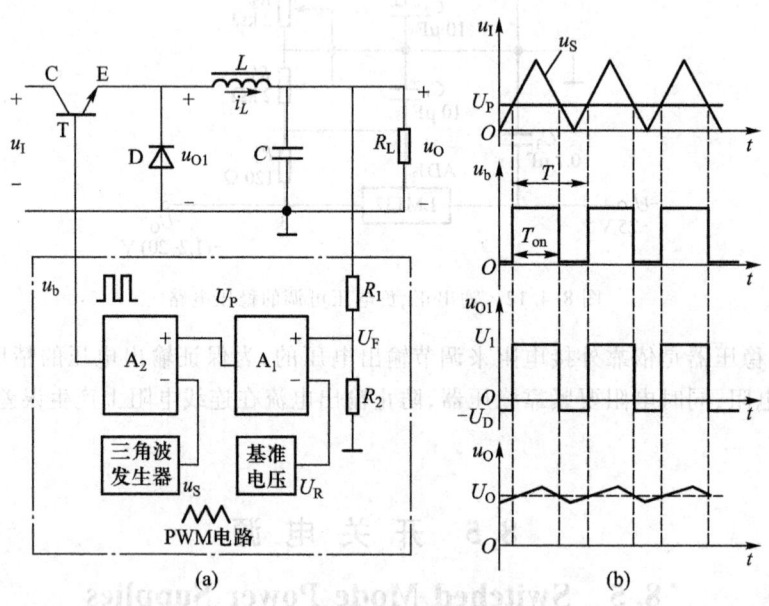

图 8.5.1 开关稳压电路

如图 8.5.1(a)所示,采样电压 U_F 与基准电压 U_{REF} 在 A_1 相比较,其差值被放大为 U_P 输入到比较器 A_2 的同相端,三角波发生器产生的三角波信号 u_S 与 U_P 相比较产生一个方波 u_b,去控制调整管 T 的通断。如图 8.5.1(b)所示电路,当三角波 u_S 的幅度小于 A_1 的输出 U_P 时,比较器 A_2 输出 u_b 为高电平,调整管 T 导通,$u_{O1} = U_I$;反之,输出 u_b 为低电平,调整管 T 截止,$u_{O1} = -U_D$。调整管导通时,电感 L 充电。当调整管截止时,必须给电感中的电流提供一个泄放通路,续流二极管 D 起到这个作用,有利于保护调整管。虽然调整管处于开关状态,但由于二极管 D 的续流作用和 L、C 的滤波作用,输出电压是平稳的。设调整管的导通时间为 T_{on},截止时间为 T_{off},$T = T_{on} + T_{off}$ 为开关转换周期。开关动作频率越大,电感电容的滤波效果越好。

假设由于外部因素导致输出电压 U_O 增加时,采样 $U_F = FU_O$ 增加,比较放大器 A_1 的输出 U_P

减小；而比较器 A_2 输出方波的 T_{off} 增加，调整管导通时间减小，输出电压下降，电路起到了稳压作用，构成电压负反馈方式。

开关稳压电路的各点电压波形如图 8.5.1(b)所示。由于调整管发射极 e 输出为方波，Γ 型 LC 滤波电路使输出趋于平滑，因此，输出为带纹波的直流电压。

忽略电感的直流电阻，输出电压 U_O 即为 u_{O1} 的平均分量。于是有

$$U_O = \frac{1}{T}\int_0^{t_1} u_{O1} dt + \frac{1}{T}\int_{t_1}^{T} u_{O1} dt$$
$$= \frac{1}{T}(-U_D)T_{off} + \frac{1}{T}(U_I - U_{CES})T_{on} \approx U_I \frac{T_{on}}{T} = U_I q$$

方波高电平的时间占整个周期的百分比称为占空比，用 q 表示。可见，在输入电压 U_I 一定时，输出电压 U_O 与占空比 q 成正比，这种控制方式称为脉冲宽度调制（PWM）。换句话说，当输入电压 U_I 或负载 R_L 变化可能导致输出电压 U_O 变化时，电路将自动调整脉冲波形的占空比，维持输出电压 U_O 的稳定。另一方面，当输入电压 U_I 一定时，通过改变比较器输出方波的宽度（或占空比）可以改变输出电压值 U_O，这种控制方式称为电压-脉宽调制。

2. 电路特点

(1) 调整管工作在开关状态，功耗大大降低，电源效率大为提高。
(2) 调整管在开关状态下工作，为得到直流输出，必须在输出端加滤波器。
(3) 可通过控制脉冲宽度方便地改变输出电压值。
(4) 在许多场合可以省去电源变压器，减小体积和电磁干扰，减轻重量。
(5) 由于开关频率较高，滤波电容和滤波电感的体积可大大减小。

3. 器件的选择

为了提高开关稳压电源的效率，开关调整管应选取饱和压降 U_{CES} 及穿透电流 I_{CEO} 均小的高频功率管；续流二极管 D 选择正向压降小、反向电流小及存储时间短的开关二极管，一般选用肖特基二极管；输出端的滤波电容选用高频电解电容。开关稳压电源的控制电路通常用电压-脉宽调制器，目前产品种类多，典型产品有 CW3420/CW3520、CW296 和 X63 等。实际的开关电源电路通常还有过流、过压等保护电路，并备辅助电源为控制电路提供低压电源等。

新型功率器件的开发促进了开关电源的高频化，软开关技术使高频开关电源的实现有了可能，它不仅能减小电源体积和重量，而且能提高电源效率；控制技术的发展以及专业控制芯片的开发不仅简化了电源电路，而且提高了开关电源的动态性能和可靠性。目前，开关电源已经向高频化、小型化、模块化发展。

学 习 指 导

【本 章 重 点】

1. 多种整流电路的分析计算，正确地选择二极管型号。各种单相整流电路的性能如表 8.2.1 所示，能根据二极管的平均电流 I_D 和二极管承受的最高反向电压 U_{DRM} 来合理

选择二极管的型号。

2. 理解简单稳压二极管稳压电路、串联线性稳压电路、三端稳压器的结构和工作原理,了解其基本应用电路的分析计算。

【本章难点】

1. 串联型线性稳压电路的电路机构:包括采样、基准电压、比较放大、调整4个环节;利用电压串联负反馈作用使输出电压稳定,调整管工作在线性放大区;电路稳定输出时,比较器一定有 $u_+ \approx u_-$。

2. 三端稳压器的应用。理解基本应用电路,了解具有扩展输出电压或扩展输出电流功能的应用电路。

【典型例题】

例 8.1 测量桥式整流电路的输出直流电压为 9 V,此时发现有一只二极管已经断开,其变压器二次电压为( )。

(a) 10 V   (b) 15 V   (c) 20 V   (d) 25 V

【分析】有一只二极管断开的桥式整流电路工作在半波整流状态下,输出直流电压 $U_0 = 0.45U_2 = 9$ V,因此 $U_2 = 20$ V。本题选(c)。

例 8.2 桥式整流电容滤波电路中,若 C = 15 μF 的滤波电容被击穿,今换用一只容量为 25 μF、其他参数不变的电容代替,则输出电压 u_0 的平均值( )。

(a) 不变   (b) 增加   (c) 减小   (d) 为零

【分析】更换容值更大的电容之后,滤波效果更好,输出电压脉动更小,因而输出直流电压值更大。本题选(b)。

例 8.3 直流稳压电源如例 8.3 图所示。要求:(1) 说明电路的整流电路、滤波电路、调整管、基准电压电路、比较放大电路、采样电路等部分各由哪些元件组成;(2) 标出运放的同相输入端和反相输入端;(3) 写出输出电压的表达式。

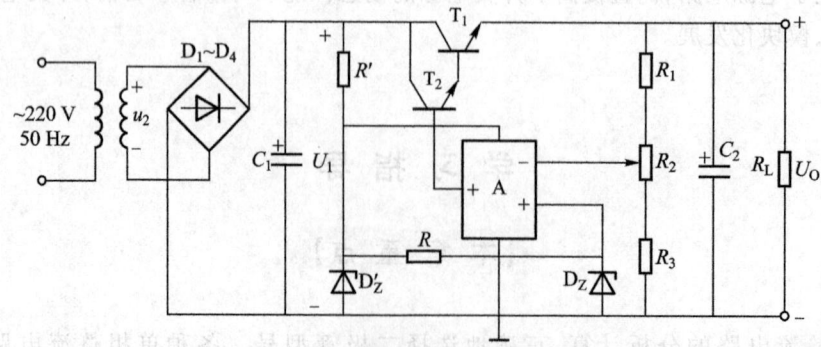

例 8.3 图

【分析】这是一个由运放构成的串联型线性稳压电路,为了使其性能更好,采用了复合三极管作为调整管,基准电压电路部分由两个稳压二极管组成。

【解】(1) 整流电路:$D_1 \sim D_4$;电容滤波电路:C_1、C_2;调整管:T_1、T_2;基准电压电路:R'、D'_Z、R、D_Z;比较放大电路:A;采样电路:R_1、R_2、R_3。

(2) 为了使电路引入负反馈,运放的输入端上为"−",下为"+"。

(3) 输出电压的表达式为

$$\frac{R_1+R_2+R_3}{R_2+R_3} \cdot U_Z \leqslant U_0 \leqslant \frac{R_1+R_2+R_3}{R_3} \cdot U_Z$$

例 8.4 例 8.4 图所示为一实际电源电路,问:(1) 该电源包含几种供电方式? 分别描述其电路组成;(2) 变压器二次绕组 N_3 的电压有效值为多少伏?(3) 电容 C_2 的功能;(4) 接入电池时,是否考虑极性的判断?

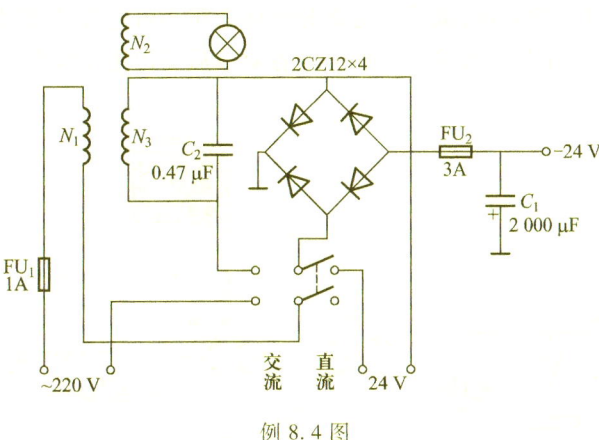

例 8.4 图

【分析】(1) 该电源包含两种供电方式,即电池(直流 24 V)供电和交流供电(经整流滤波电路输出平滑电压,输出电压平均值为 −24 V);

(2) 变压器二次绕组 N_3 的电压有效值约为 24/1.2 V = 20 V;

(3) 电容 C_2 起着抑制高频干扰作用;

(4) 直流 24 V 电池无须判断极性,可任意接入,输出负电压为 24 V。

例 8.5 电路如例 8.5 图所示,7805 为三端稳压器,2-3 端输出固定直流电压为 5 V;运放在单电源供电条件下,输出最低电平为 2 V。7805 的 1-2 端电压最小为 3 V,试导出输出电压 U_0 与 R_B、R_A 的关系,并求 U_0 的可调范围。

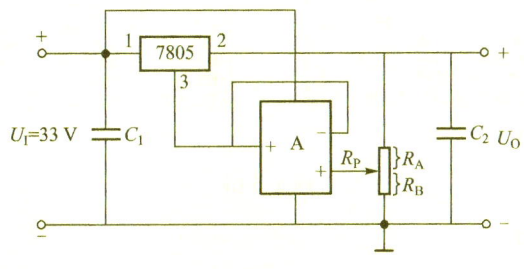

例 8.5 图

【分析】在三端稳压器中接入一个运放和滑动变阻器,可以使输出电压高于固定输出电压,并能使输出电压可调。

【解】(1)由于运放接成电压跟随器,7805 的 2-3 端电压与电阻 R_A 上的压降相等,因此有

$$U_{23} = U_{R_A} = 5 \text{ V}$$

$$\frac{U_{R_A}}{R_A}(R_A + R_B) = U_O$$

因此

$$U_O = 5\left(1 + \frac{R_B}{R_A}\right)$$

(2)运放的最低输出电压 $U_3 = 2$ V,所以 U_O 最低电压为 $U_3 + 5 = 7$ V;又由于 U_{1-2} 最低电压为 3 V,则 U_O 的最高电压为 $U_1 - 3 = 30$ V。所以 U_O 的可调范围为 7 V $\leq U_O \leq$ 30 V

例 8.6 桥式整流滤波电路如例 8.6(a)图所示,其中,$u_2 = 20\sin100\pi t$ V,采用 MDA2501 型整流桥整流,$R_L = 1$ kΩ,$C = 220$ μF,试采用仿真分析该电路不带电容滤波时电阻性负载输出电压平均值与输入电压有效值存在什么关系?加上电容滤波后输出电压波形有什么变化?直流输出电压有什么变化?

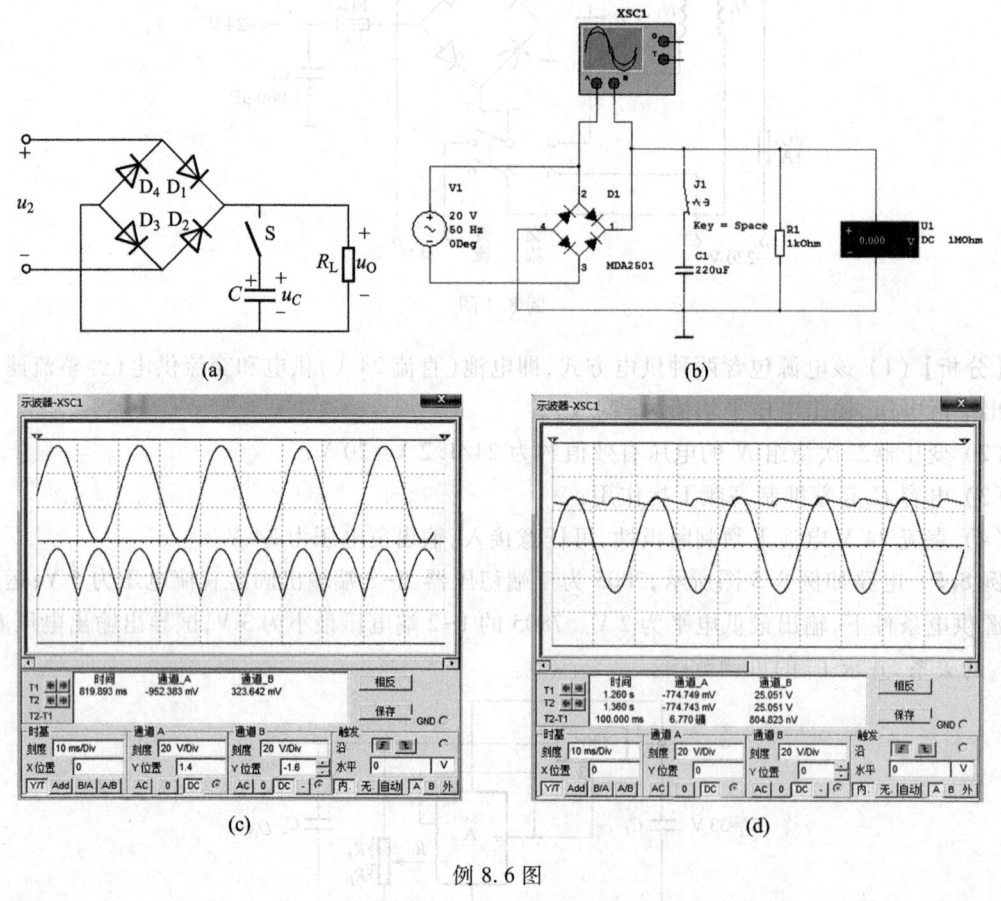

例 8.6 图

【分析】(1)画电路图

① 交流电压源:Place Source→POWER_SOURCES→AC_POWER,选取电压源并依据给定条

件设置参数。

② 接地:Place Source→POWER_SOURCES→GROUND,选取负载下端接地。

③ 电阻:Place Basic→RESISTOR,选取负载为阻值 1 kΩ 的电阻。

④ 整流桥:Place Diodes→FWB,选取 MDA2501 型整流桥。

⑤ 电容:Place Basic→CAPACITOR,选取电容值为 220 μF 的电容。

⑥ 开关:Place Elector_Mechanical→SENSING_SWITCHES→LIMIT_NO,选取开关 S。

(2) 设置仪表:采用电压表测试输出端电压,采用示波器观察输出信号 u_0 的波形。

① 如例 8.6(b)图放置电压表:Place Indicators→VOLTMETER,选取电压表并设置为直流挡。

② 如例 8.6(b)图放置示波器:从虚拟仪器工具栏调取 XSC1,A 通道观察输入信号波形,B 通道观察输出信号波形。

(3) 仿真分析

① 点击仿真按钮,开始仿真;点击开关 S,在开关断开时,观察电压表读数和示波器波形,波形图如例 8.6(c)图所示;单击仿真暂停按钮,停止仿真。

② 点击开关 S,在开关接通时,观察电压表读数和示波器波形,波形图如例 8.6(d)图所示。

③ 根据示波器显示的波形,可以看出滤波后的输出波形中交流成分显著减少,根据记录的电压表读数可以分析出输出电压平均值与输入电压有效值的关系。

习 题

【基本概念题】

8.1 思考题

(1) 与全波整流电路相比,桥式整流电路有什么优点?

(2) 分别判断题 8.1(2)图各电路能否作为滤波电路,简述理由。

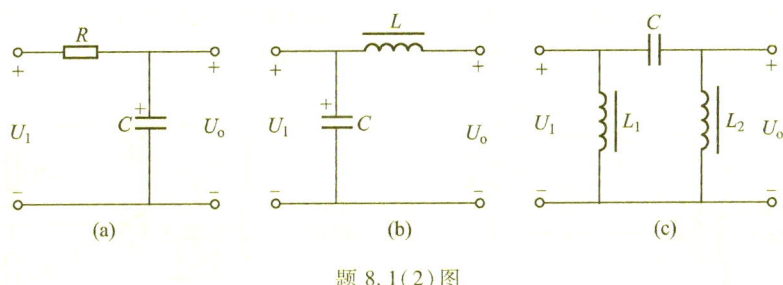

题 8.1(2)图

(3) 若要组成输出电压可调、最大输出电流为 3 A 的直流稳压电源,则应采用何种滤波电路更合适?

(4) 工频电网电压为 50 Hz、220 V,则经过半波和桥式整流后的电压平均值为多少?经过滤波环节后的电压平均值如何估算?

(5) 图 8.4.4 中运放需要的工作电源取自哪里？与反相输入形式而言，同相输入形式的恒压源电路带负载能力更佳，为什么？

(6) 为什么说稳压二极管稳压电路的带负载能力差？

(7) 串联型稳压电路中的放大环节所放大的对象是什么？

(8) 在串联型线性稳压电路中，作为电压调整器的三极管工作于何种状态？

8.2 选择题

(1) 下列(　　)整流电路输出波形品质较佳。

① 桥式　　　　　② 全波　　　　　③ 半波　　　　　④ 三相

(2) 下列(　　)整流电路之电源变压器需要中间抽头。

① 全波　　　　　② 半波　　　　　③ 桥式

(3) 电路如题 8.2(3) 图所示，U_Z 为稳压二极管 D_Z 的稳定电压，当 $U_I > U_Z$ 时，能保持 R_L 两端电压为 U_Z 的电路为(　　)。

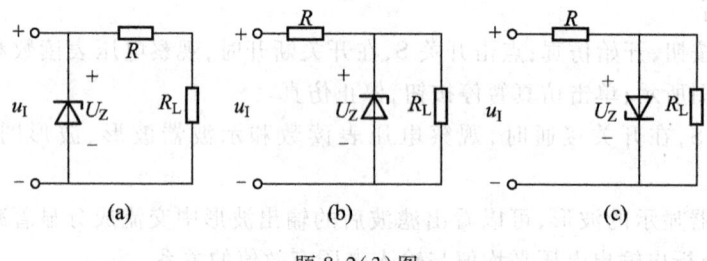

题 8.2(3) 图

8.3 判断题

(1) 整流电路可将正弦电压变为脉动的直流电压。　　　　　　　　　　　　　　　(　　)

(2) 电容滤波电路适用于小负载电流，而电感滤波电路适用于大负载电流。　　　　(　　)

(3) 在单相桥式整流电容滤波电路中，若有一只整流管断开，则输出电压平均值变为原来的一半。(　　)

【简单计算题】

8.4 电路如题 8.4 图所示，变压器的二次电压有效值为 $2U_2$。

(1) 画出 u_2、u_{D1} 和 u_O 的波形；(2) 求出输出电压平均值 $U_{O(AV)}$ 和输出电流平均值 $I_{L(AV)}$ 的表达式；(3) 求出二极管的平均电流 $I_{D(AV)}$ 和所承受的最高反向电压 U_{DRM} 的表达式。

8.5 电路如题 8.5 图所示，变压器二次电压有效值 $U_{21} = 50$ V，$U_{22} = 20$ V。试问：(1) 输出电压平均值 $U_{O1(AV)}$ 和 $U_{O2(AV)}$ 各为多少？(2) 各二极管承受的最大反向电压为多少？

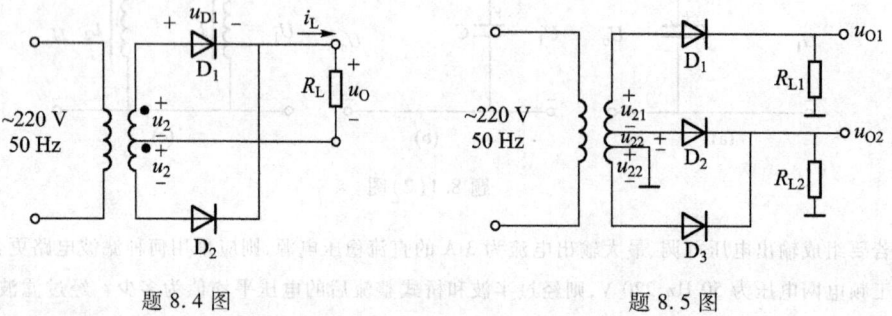

题 8.4 图　　　　　　　　　　　　　　题 8.5 图

8.6 试分析题 8.6 图所示电路中负载电压 u_O 的波形。若二极管 D_2 断开时, u_O 的波形如何？如果 D_2 接反,结果如何？如果 D_2 被短路,结果又如何？

8.7 单相桥式整流滤波电路如题 8.7 图所示,变压器二次电压 $u_2 = 20\sqrt{2}\sin\omega t$ V, $R_L C = 5T/2$, $C = 250$ μF。求：(1) 负载电流 I_O,每个二极管的平均电流 I_D,二极管承受的反向峰值电压 U_{DRM};(2) 当 D_1 管发生短路时的负载电流 I_O, D_4 管的电流 I_{D4};

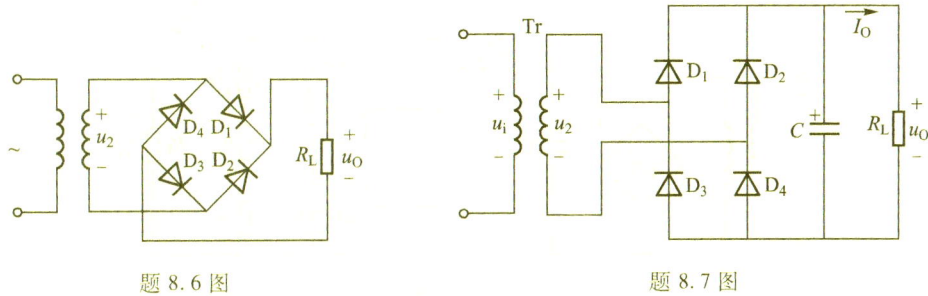

题 8.6 图   题 8.7 图

8.8 简单稳压二极管稳压电路如题 8.8 图所示, $U_1 = 16$ V, $U_Z = 6$ V。当稳压二极管的电流 I_Z 的变化范围为 5~40 mA 时,问 R_L 的变化范围为多大？

8.9 电路如题 8.9 图所示,负载两端电压 $U_O = 5$ V,稳压二极管的稳定电流 $I_Z = 10$ mA,限流电阻 $R = 0.7$ kΩ,负载电阻 $R_L = 500$ Ω。求：(1) 电压 U' 及变压器二次电压有效值 U_2。(2) 流过整流二极管的平均电流 I_D 及二极管所承受的反向峰值电压 U_{DRM}。

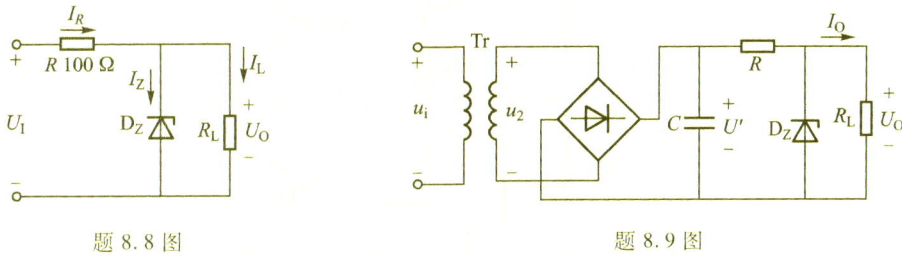

题 8.8 图   题 8.9 图

8.10 电路如题 8.10 图所示,假设 $I_Q = 0$,问：(1) U_O 值为多少？(2) 电路是否具有电压源的特性？

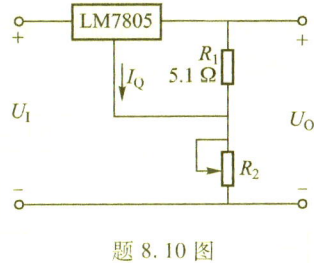

题 8.10 图

【综合应用题】

8.11 有一单相桥式整流电容滤波电路,已知其变压器二次电压 $U_2 = 20$ V,现在分别测得直流输出电压为 28 V、24 V、20 V、18 V、9 V,试判断说明每种电压所示的工作状态是正常还是故障。

8.12 设计单相桥式整流电容滤波电路,其输出平均电压为 $U_O = 30$ V,平均电流为 $I_O = 150$ mA,电源频率 $f = 50$ Hz,考虑电网电压波动范围±10%,请选择合适的整流二极管和滤波电容;与单相半波整流电容滤波电路相比,整流二极管和滤波电容的参数有何不同?

8.13 运放构成的串联型稳压电路如题 8.13 图所示,问:(1) 在该电路中,若测得 $U_I = 30$ V,试求变压器二次电压有效值 U_2;(2) 在 $U_I = 30$ V,$U_Z = 6$ V,$R_1 = 2$ kΩ,$R_2 = 1$ kΩ,$R_3 = 1$ kΩ 的条件下,求输出电压 U_O 的调节范围。

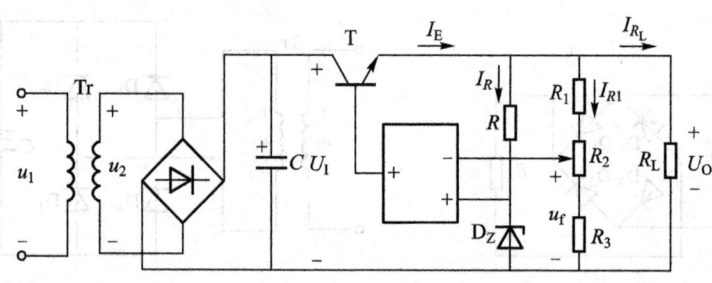

题 8.13 图

8.14 利用 W7805 固定输出稳压器,通过外接电路来改变输出电压值,电路如题 8.14 图所示,试验证关系 $U_O = 5 \times \left(\dfrac{R_1}{R_2+R_1} \right) \left(1+\dfrac{R_4}{R_3} \right)$ 并按图中所给数据计算输出电压 U_O 的范围。

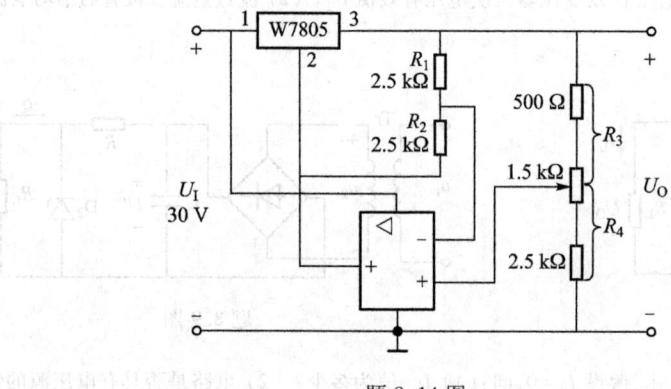

题 8.14 图

8.15 如题 8.15(a)、(b)图分别为三端固定式稳压器与运放构成的输出电压扩展电路及恒流源电路。试计算题 8.15(a)图的输出电压和题 8.15(b)图的输出电流值。

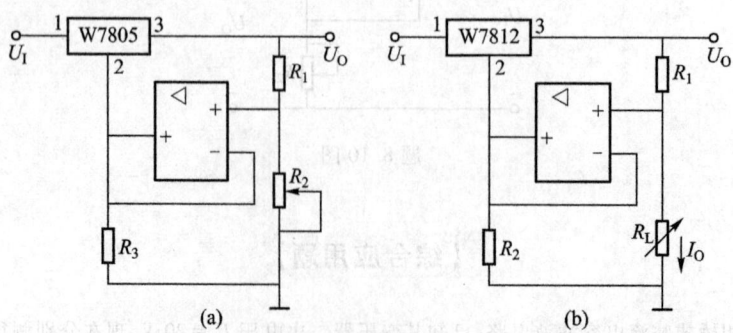

题 8.15 图

8.16 题 8.16 图所示电路为输出电压可调电路,当 $U_{31}=1.2$ V 时,流过 R_1 的最小电流 I_{Rmin} 为 5~10 mA,调整端 1 输出的电流 I_{ADJ} 远小于 I_{Rmin},$U_I-U_O=2$ V。(1)求 R_1 的取值范围;(2)当 $R_1=210$ Ω,$R_2=3$ kΩ 时,求输出电压 U_O;(3)调节 R_2 从 0~6.2 kΩ 时,求输出电压的调节范围。

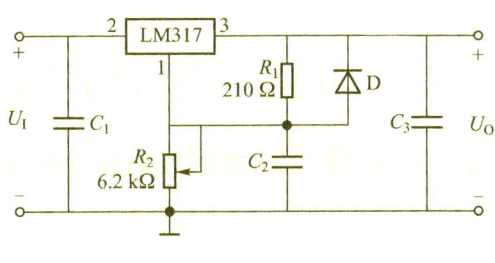

题 8.16 图

8.17 仿真分析:题 8.17 图是二倍压整流电路,$u_i=220\sqrt{2}\sin 100\pi t$ V,变压器 Tr 的变比为 5,试用 Multisim 软件仿真观察该电路中电容 C_1、C_2 的电压波形,分析输出电压 u_O 的值,并简述电路的工作原理。

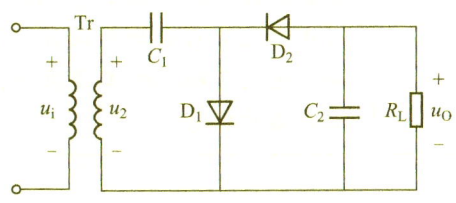

题 8.17 图

8.18 仿真分析:手提式粉末静电喷涂设备所用高压发生器是利用恒压变压器、高压调压器来实现由零至全电压供电的。其电气原理图如题 8.18 图所示,正常工作时,其最大静电电压高达 100 kV。如果该设备发生故障,发现调节到最大输出时,静电电压表指示接近 45 kV,静态电压低,喷涂效果差。设变压器 T 的二次电压为 $u_2=\sqrt{2}U_2\sin 100\pi t$ V,采用 Multisim 软件进行仿真分析:(1)分析该电路的功能;(2)试分析结点 1、3、5 和输出电压 U_O 的电压值;(2)试分析故障点及可能的原因。

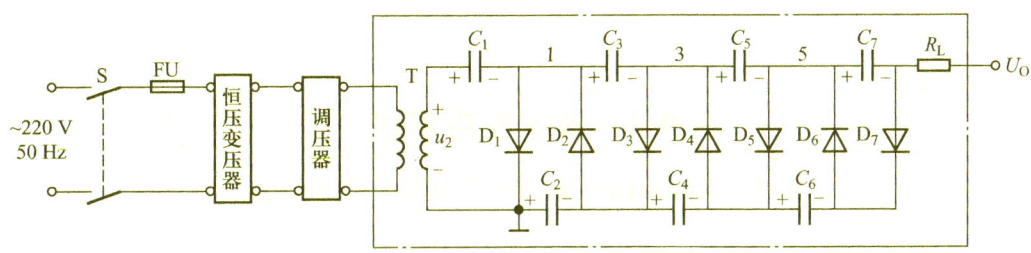

题 8.18 图

第9章 门电路与组合逻辑电路
Chapter 9　Gates and Combinatorial Logic Circuits

本章内容 9.1　数字电路基础 9.2　组合逻辑电路的分析和设计 9.3　常用的组合逻辑电路 学习指导 习题	基本要求：了解数制与码制，掌握与门、或门、非门、与非门、异或门的逻辑功能，了解三态门的概念。了解逻辑代数的基本运算法则和逻辑函数的化简，掌握逻辑函数的真值表、表达式、卡诺图等表示方法，掌握简单组合逻辑电路的分析和设计。了解加法器、8421 编码器和二进制译码器的工作原理，了解七段 LED 显示译码驱动器的功能。

在前面几章，本书着重讲了模拟电子技术的基础知识，从本章开始将介绍数字电子技术的相关知识。模拟电路实现对幅度随时间连续变化的模拟信号的产生和处理，而数字电路主要是对在时间和大小上都是离散的数字信号进行存储、变换和运算等处理。

数字电路按其完成的逻辑功能的不同分为组合逻辑电路和时序逻辑电路两大类。组合逻辑电路的特点是：在任意时刻的稳定状态仅取决于这一时刻的输入信号，而与输入信号作用前电路的状态无关。本章讨论组合逻辑电路，其中，门电路是组合逻辑电路的基本单元器件，逻辑代数则是分析和设计组合逻辑电路的数学工具。

9.1　数字电路基础
9.1　Foundation of Digital Circuits

9.1.1　数字逻辑基础

1. 脉冲信号

数字电路中的被处理信号以及时钟脉冲多为矩形波脉冲，用来表示二进制数的 **0** 和 **1** 反映在电路上就是脉冲信号的高、低电平。

实际脉冲与理想脉冲的波形分别如图 9.1.1(a)、(b)所示。

从图 9.1.1(a)可见，实际的矩形波脉冲由低电平变化到高电平或由高电平变化到低电平时不会发生突变，存在一定的上升时间或下降时间。

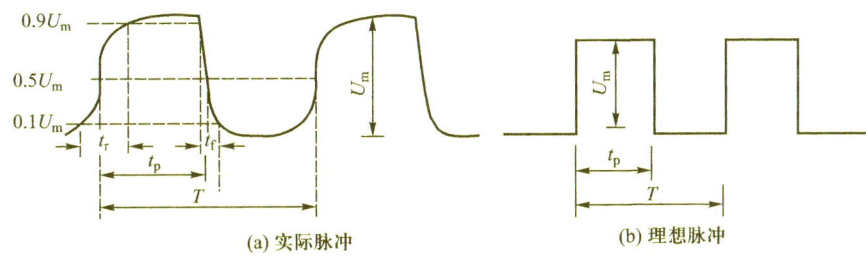

图 9.1.1 矩形波脉冲波形

脉冲信号的主要参数有：

(1) 脉冲幅度 A——脉冲信号变化的最大值。

(2) 脉冲上升时间 t_r——从脉冲幅度的 10% 上升到 90% 所需的时间。

(3) 脉冲下降时间 t_f——从脉冲幅度的 90% 下降到 10% 所需的时间。

(4) 脉冲宽度 t_p——从上升沿脉冲幅度的 50% 到下降沿脉冲幅度的 50% 所需的时间，也称为脉冲持续时间。

(5) 脉冲周期 T——周期性脉冲信号中相邻的两个脉冲前沿（或后沿）的 10% 两点之间的时间间隔。

(6) 脉冲频率 f——单位时间内的脉冲个数，与脉冲周期 T 成反比。

(7) 占空比 δ——矩形波脉冲宽度 t_p 与脉冲周期 T 的百分比值。

一般情况下脉冲波形的上升或下降时间都很小（μs 甚至 ns 数量级），因此，本书中所用的脉冲波形均采用理想波形，忽略了脉冲上升和下降时间，只关注逻辑电平的高低。

2. 逻辑电平

逻辑电平是指电压范围，对于 TTL（transistor-transistor Logic 三极管-三极管逻辑）电路和 CMOS（complementary Metal-oxide-semiconductor，互补场效应管）电路的高电平（U_H）和低电平（U_L）的电压范围有所不同，如图 9.1.2 所示。图 9.1.2(a)、(b) 中的高低电平范围之外都存在中间未定义区域，如 TTL 电路的电压在 0.8 V<U<2 V 之间的区域。未定义区作为区分高、低电平的界限，如果取值太小，则噪声更容易影响逻辑运算的值或使得电路的逻辑功能含混不清。在数字系统中，只要输出电压值在允许范围内即可，因此数字电路的元器件值无需达到与模拟电路相同的精度。

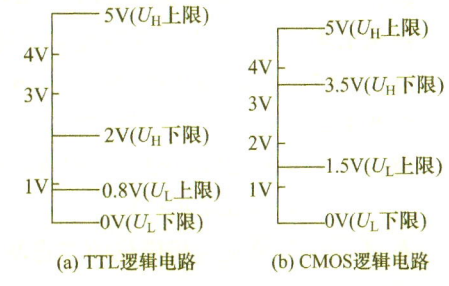

图 9.1.2 逻辑电路中高低电平的电压范围

随着现代集成电路制造技术的发展，复杂数字逻辑电路（可集成上百万个元件）的生产成本大大降低；而模拟电路需要大容量电容器和高精度元件，难以进行大规模集成化生产。因此，数字电子技术与系统在过去数十年内得到充分发展，而未来仍然会继续。

如果用逻辑 1 表示高电平，用逻辑 0 表示低电平，这种赋值方式就称为正逻辑；反之，若用逻辑 1 表示低电平，用逻辑 0 表示高电平，则为负逻辑。在本书中均采用正逻辑赋值。

3. 数制

数制是进位计数制的简称。在日常生活中，人们习惯采用十进制计数，在数字电路中常用二进制计数，而在计算机系统中则常用十六进制计数。

一个任意进制数可以表示为
$$(N)_R = \sum k_i \times R^i \tag{9.1.1}$$
式中,下角标 R 表示括号里的数 N 为任意进制数,当 R 为 2、8、10 和 16 时,分别表示二进制数、八进制数、十进制数和十六进制数。k_i 是第 i 位的系数,若为二进制数,则 k_i 是 0 或 1;若为八进制数,则 k_i 是 0~7 这 8 个数中的任何一个;若为十进制数,则 k_i 是 0~9 这 10 个数中的任何一个;若为十六进制数,则 k_i 是 0~9 和 A~F 中的任何一个。R^i 为第 i 位的权。若整数部分的位数是 n,小数部分的位数为 m,则 i 包含从 $n-1$ 到 0 的所有整数和从 -1 到 $-m$ 的所有负整数。

由于目前在微型计算机中普遍采用 8 位、16 位和 32 位甚至 64 位二进制并行运算,而它们都可分别用 2 位、4 位、8 位和 16 位的十六进制数表示,因而用十六进制符号编写程序十分方便。一般二进制数、八进制数、十进制数和十六进制数用下标 B(binary)、O(octal)、D(decimal) 和 H(hexa-decimal) 表示。

各种数制之间进行相互转换,就是将一个数值从一种进制表示为另一种进制。

例 9.1.1 将一个 8 位二进制数 1100 0101 转换成 2 位十六进制数。

解:将此二进制数从最低位开始,按照每四位分组,分为两组,分别表示为十六进制数。即
$$(1100)_2 = (C)_{16};\quad (0101)_2 = (5)_{16}$$
合并得到
$$(1100\ 0101)_2 = (C5)_{16}$$
可见,十六进制表示法比二进制表示法更精简。

例 9.1.2 将一个二进制数 1011.101 转换成十进制数。

解:$(1011.101)_2 = 1\times 2^3 + 0\times 2^2 + 1\times 2^1 + 1\times 2^0 + 1\times 2^{-1} + 0\times 2^{-2} + 1\times 2^{-3}$
$= (11.625)_{10}$

例 9.1.3 将一个八进制数 705 转换为十进制数。

解:$(705)_8 = 7\times 8^2 + 0\times 8^1 + 5\times 8^0 = (453)_{10}$

例 9.1.4 将一个十六进制数 4F7 转换为十进制数。

解:$(4F7)_{16} = 4\times 16^2 + 15\times 16^1 + 7\times 16^0 = (1271)_{10}$

例 9.1.5 将一个十进制数 29 转换成为二进制数。

解:$(29)_{10} = d_4\times 2^4 + d_3\times 2^3 + d_2\times 2^2 + d_1\times 2^1 + d_0\times 2^0$
$= (d_4 d_3 d_2 d_1 d_0)_2$

d_3、d_2、d_1、d_0 分别为相应位的二进制数码 1 或 0。求法如下:

```
2 | 29 …… 余1(d₀)低位
2 | 14 …… 余0(d₁)
2 |  7 …… 余1(d₂)
2 |  3 …… 余1(d₃)
2 |  1 …… 余1(d₄)高位
```

$$(29)_{10} = (d_4 d_3 d_2 d_1 d_0)_2 = (11101)_2$$

整数部分的各位转换数据是通过不断地除 2,取余数而获得,顺序是由低位到高位;而小数部分的各位转化数据则是通过不断地乘 2,取整数而获得,顺序是由高位到低位。例如:
$$(0.675)_{10} = (0.d_{-1}d_{-2}d_{-3}d_{-4}d_{-5}d_{-6}\cdots)_2$$

求法如下:

$$0.675 \times 2 = 1.35 \quad \cdots\cdots \quad 取整数1(d_{-1}) \quad 高位$$
$$0.35 \times 2 = 0.7 \quad \cdots\cdots \quad 取整数0(d_{-2})$$
$$0.7 \times 2 = 1.4 \quad \cdots\cdots \quad 取整数1(d_{-3})$$
$$0.4 \times 2 = 0.8 \quad \cdots\cdots \quad 取整数0(d_{-4})$$
$$0.8 \times 2 = 1.6 \quad \cdots\cdots \quad 取整数1(d_{-5})$$
$$0.6 \times 2 = 1.2 \quad 取整数1(d_{-6}) \quad 低位$$

$$(0.675)_{10} = (0.d_{-1}d_{-2}d_{-3}d_{-4}d_{-5}d_{-6}\cdots)_2$$
$$= (0.101011\cdots)_2$$

为方便起见,本文对于十进制数不再加下标 10,其余进制则加下标以示区别。

4. 码制

在数字电路中信息除了用数制表示外,还经常用码制来表示。用一定规则组合而成的多位二进制码来表示数或字符(包括字母和符号),这种二进制数叫代码,给每个代码赋予一定含义的过程叫编码。如果需要编码的信息数量为 N,则用作代码的二进制数的位数 n 应该满足

$$2^n \geqslant N \tag{9.1.2}$$

如果某一种编码的二进制码的每一位都有一固定的权值,这类编码称为有权码;反之,则为无权码。

(1) 常见的二进制编码

几种常见的二进制编码如表 9.1.1 所示。8421 码(也称自然码)、2421 码、5421 码为有权码,余 3 码和格雷码为无权码。

表 9.1.1　几种常见的编码方式

数、权 \ 常见编码	8421 码	2421BCD 码	5421BCD 码	余 3 码 BCD 码	格雷码
0	0000	0000	0000	0011	0000
1	0001	0001	0001	0100	0001
2	0010	0010	0010	0101	0011
3	0011	0011	0011	0110	0010
4	0100	0100	0100	0111	0110
5	0101	1011	1000	1000	0111
6	0110	1100	1001	1001	0101
7	0111	1101	1010	1010	0100
8	1000	1110	1011	1011	1100
9	1001	1111	1100	1100	1101
…	…	—	—	—	…
15	1111				1000
权	8421	2421	5421	无权码	无权码

(2) BCD 码

如果简单地用 4 位二进制数码表示每一位十进制数,则十进制数可用二进制数形式来表示,称为二进制编码的十进制数(binary coded decimal,简称 BCD)。

表 9.1.1 中的 8421BCD 码(本书以后简称为 BCD 码)有 6 种二进制数组合 1010、1011、1100、1101、1110 和 1111 不会出现(除非出错)。

计算器内部数据采用了 BCD 码。当按下按键时,对应的 BCD 码就被存储下来。如计算 $(9)_{10} \times (3)_{10} = (27)_{10}$ 时,对应的 BCD 码形式为

$$(1001)_2 \times (0011)_2 = (00100111)_{BCD}$$

再如:$53.2 = (01010011.0010)_{BCD}$

虽然计算器使用二进制代码表示十进制整数,但是其内部数据仍然以十进制数形式进行计算。而在计算机中的数据则是使用二进制数形式进行计算。

(3) 格雷码

在表 9.1.1 的最右列为格雷码,其编码特点是:相邻的两个格雷码之间只有一位码发生变化。在本章下一节绘制卡诺图时,对逻辑变量的编码即采用了格雷码方式。

不同位数的格雷码形式如图 9.1.3 所示,注意格雷码的连续变化规律。

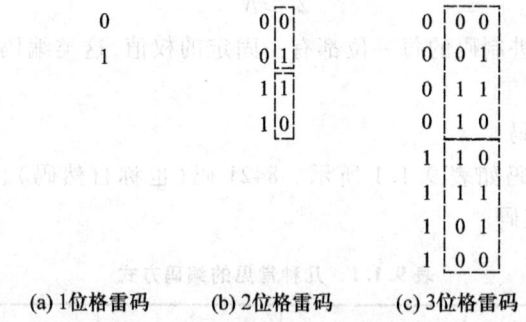

(a) 1位格雷码　　(b) 2位格雷码　　(c) 3位格雷码

图 9.1.3　不同位数的格雷码

图 9.1.3(a)中,一位格雷码仅包括两个字 0 和 1。如图 9.1.3(b)、(c)所示,n 位格雷码的列写规律如下:将 $n-1$ 位格雷码组成首阵列,其逆序形式组成第二阵列;同时,在首阵列的每组编码的左端加 0;而在第二阵列的每组编码的左端加 1。

格雷码非常适用于对位置进行编码的数字系统。设有一个具有黑白色带的机器臂,如图 9.1.4 所示。光电传感器通过黑白色带来确定机器臂的位置,这里假定光敏二极管将黑色带读为逻辑 **1**,白色带读为逻辑 **0**。

如果以图 9.1.4(a)中 8421 二进制码来判断移动中机器臂的位置,则可能出现错误。例如,当机器臂从 0011 代表的位置移动到 0100 代表的位置时,二进制码中有三位代码变动。如果光电传感器的反应速度不一致,则 0011 可能先变为 0001,再变为 0000,最后才变为 0100。这样会造成传感器显示的位置不稳定或者与实际位置的不符。如图 9.1.4(b)所示,由于相邻的两个格雷码之间只有一位码发生变化,避免了传感器测得位置与实际位置不符的情况。

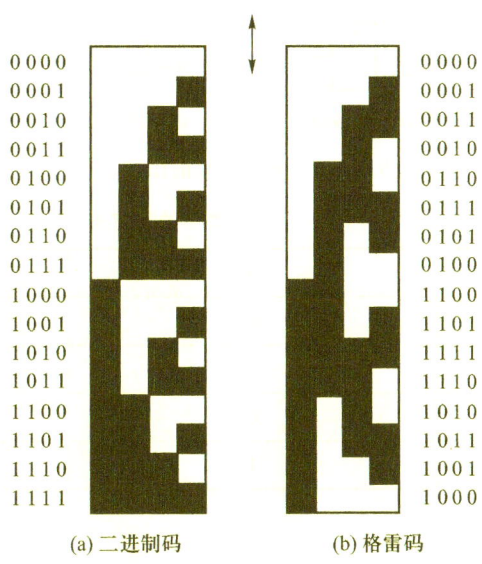

(a) 二进制码　　　　　(b) 格雷码

图 9.1.4　机器臂上的黑白色带

格雷码也被用于对转轴角度的编码,因为在转轴旋转一圈结束的最后一个字应与第一个字相邻。例如图 9.1.4(b)中,代表第一个字的编码为 0000,最后一个字为 1000,二者仍然只有一个代码发生改变,称为 0000 与 1000 几何相邻。

为了使每一个格雷码(字)所代表的角度小于 1°,可使用 9 位格雷码,这样总共有 $2^9=512$ 个字(代码),每一个字(代码)代表的角度为 $360°/512=0.703°$。

例 9.1.6　将 197 表示为 8421BCD 码形式。

解:$197_{10} = 000110010111_{BCD}$

例 9.1.7　设一机器臂长 20 in(英寸),为了达到 0.01 in 的位置分辨率,需要用多少位的格雷码对该机器臂的位置进行编码?

解:$\dfrac{20}{2048} < 0.01$,$2^{11}=2048$,可见 $n=11$。

至少需要 11 位格雷码来编码。

9.1.2　逻辑运算与逻辑门电路

本节介绍与、或、非基本逻辑运算和与非、或非等复合运算,以及相应的门电路。

1. 逻辑运算

(1) 逻辑与

逻辑关系:只有决定事物结果的全部条件同时具备时,结果才发生。这种因果关系叫做逻辑与,或者叫逻辑乘。

逻辑与运算表达式为

$$Y = A \cdot B = AB \qquad (9.1.3)$$

逻辑与运算的图形符号如图 9.1.5 所示,真值表如表 9.1.2 所示。

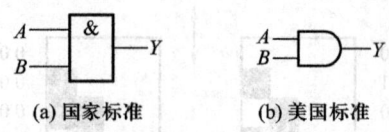

(a) 国家标准　　　(b) 美国标准

图 9.1.5　逻辑与运算的图形符号

表 9.1.2　逻辑与关系的真值表

A	B	Y
0	0	0
0	1	0
1	0	0
1	1	1

(2) 逻辑或

逻辑关系：在决定事物结果的诸条件中，只要有任何一个满足，结果就会发生。这种因果关系叫做逻辑**或**，也叫做逻辑**加**。

逻辑或运算表达式为

$$Y = A + B \tag{9.1.4}$$

逻辑或运算的图形符号如图 9.1.6 所示，真值表如表 9.1.3 所示。

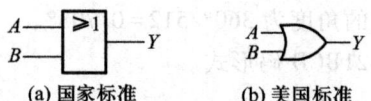

(a) 国家标准　　　(b) 美国标准

图 9.1.6　逻辑或运算的图形符号

表 9.1.3　逻辑或关系的真值表

A	B	Y
0	0	0
0	1	1
1	0	1
1	1	1

(3) 逻辑非

逻辑关系：只要条件具备了，结果便不会发生；而条件不具备时，结果一定发生。这种因果关系叫做逻辑**非**，也叫做逻辑**求反**。

逻辑非运算表达式为

$$Y = \overline{A} \tag{9.1.5}$$

逻辑非运算的图形符号如图 9.1.7 所示，真值表如表 9.1.4 所示。

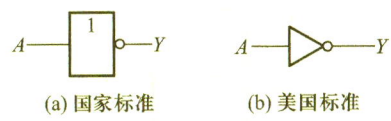

(a) 国家标准　　　　(b) 美国标准

图 9.1.7　逻辑非运算的图形符号

表 9.1.4　逻辑非关系的真值表

A	Y
0	1
1	0

(4) 复合逻辑

一个比较复杂的逻辑电路,往往不只有与、或、非逻辑运算,还包括其他的复合逻辑运算,最常见的复合逻辑运算有与非、或非、异或、同或等,写出对应的逻辑表达式如下:

与非逻辑表达式: $Y = \overline{AB}$　　　　　　　　　　　　　　　　　　　(9.1.6)

或非逻辑表达式: $Y = \overline{A+B}$　　　　　　　　　　　　　　　　　　(9.1.7)

异或逻辑表达式: $Y = \overline{A}B + A\overline{B} = A \oplus B$　　　　　　　　　　　　(9.1.8)

同或逻辑表达式: $Y = AB + \overline{A}\overline{B} = A \odot B$　　　　　　　　　　　　(9.1.9)

可见,同或与异或互为反运算,即 $A \odot B = \overline{A \oplus B}$　　　　　　　　　(9.1.10)

表 9.1.5 分别给出了上述复合逻辑运算的真值表。

表 9.1.5　复合逻辑运算的真值表

A	B	Y(与非)	Y(或非)	Y(异或)	Y(同或)
0	0	1	1	0	1
0	1	1	0	1	0
1	0	1	0	1	0
1	1	0	0	0	1

图 9.1.8 中分别给出了上述复合逻辑运算的图形符号,符号上的小圆圈表示非运算。

例 9.1.8　用任意门电路实现下列逻辑函数:

(1) $Y_1 = AB + C$

解: 根据逻辑表达式分别使用与门、或门来实现逻辑函数,逻辑电路如图 9.1.9(a)所示。

(2) $Y_2 = \overline{A+B} \oplus C$

解: 根据逻辑表达式分别使用或非门、异或来实现逻辑函数,如图 9.1.9(b)所示。

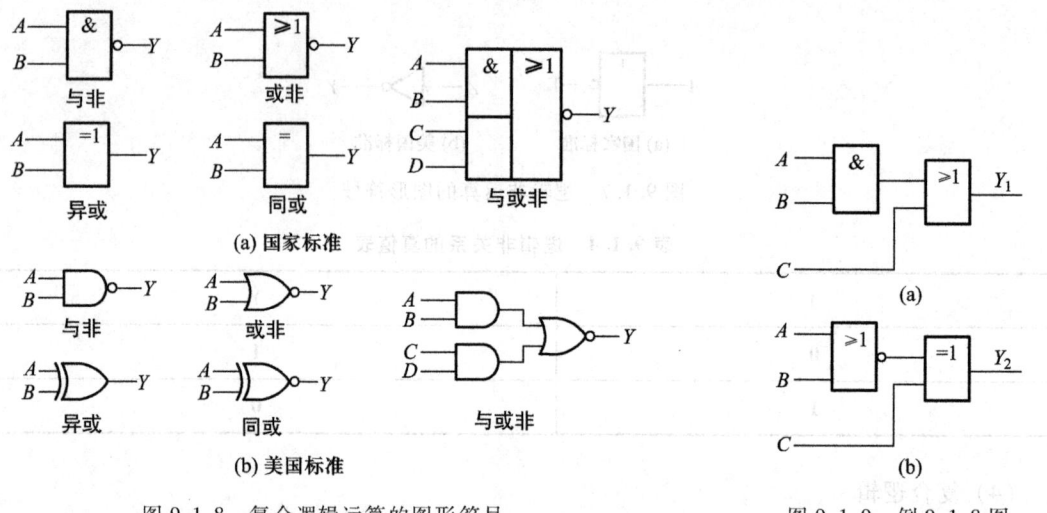

图 9.1.8　复合逻辑运算的图形符号　　　　　图 9.1.9　例 9.1.8 图

2. 逻辑门电路

能够实现基本逻辑运算和复合逻辑运算的单元电路称为逻辑门电路,简称门电路。

门电路的种类很多:① 按照逻辑关系的不同,分为与门、或门、非门、与非门、或非门、与或非门、异或门和同或门等;② 按照电路元件的结构形式不同分为分立元器件门电路和集成门电路,集成门电路按照集成度(即每一片硅片中所含逻辑门或元器件数)又分为小规模集成门电路(Small Scale Integration,SSI),集成度为 1~10 个门/片;中规模集成门电路(Medium Scale Integration;MSI),集成度为 10~100 个门/片;大规模集成门电路(Large Scale Integration,LSI),集成度为大于 100 个门/片;超大规模集成门电路(Very Large Scale Integration,VLSI),集成度为超过 10 万个门/片;③ 按照制造工艺的不同,分为 TTL(Transistor-Transistor Logic)门电路和 CMOS(Complementary Metal-Oxide Semiconductor)门电路。

TTL 门电路是目前双极型数字集成电路中应用最多的一种,主要有 74 系列、74L 系列、74H 系列、74S 系列、74LS 系列等,主要在功耗、速度和电源电压范围方面有所不同。TTL 门电路存在的一个缺点是功耗较大,所以仅在中、小规模集成电路方面应用广泛。

CMOS 门电路是单极型数字集成电路,其优点是功耗很小,适合于制作大规模和超大规模集成电路。随着 CMOS 制作工艺的不断进步,CMOS 门电路逐渐超越 TTL 门电路而成为数字集成电路的主流产品。

(1) 非门

非门是构成与非门、或非门等 TTL 门电路的基本电路,本书主要介绍非门电路的组成结构与电压传输特性以及主要参数。

① TTL 非门

TTL 非门电路是结构最简单的一种 TTL 门电路。典型的 TTL 非门电路如图 9.1.10 所示。电路的输入端为 A,输出端为 F。电路内部的 5 个三极管均为 BJT,TTL(TransistorTransistor Logic)门因此而得名。TTL 门电路由输入级、中间级和输出级组成,输入级通常是单发射极或者多发射极三极管,输出级则是推拉式输出电路。这里省略对电路工作原理的介绍,表 9.1.6 中仅列出其中 5 个三极管的工作状态以及输入输出电压值。

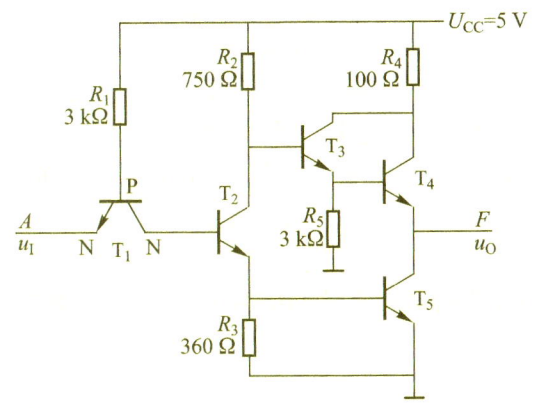

图 9.1.10 TTL 非门

表 9.1.6 三极管的工作状态以及输入输出电压

三极管状态		T_1	T_2	T_3	T_4	T_5	输出 F/V
输入 A/V	0.3	深度饱和	截止	临界饱和	放大	截止	3.6
	3.6	倒置	饱和	放大	截止	饱和	0.3

可见,当电路输入低电平时,输出为高电平;输入高电平时,输出为低电平,实现了逻辑非,即 $F=\overline{A}$。

TTL 非门输出电压 u_O 随输入电压 u_I 的变化曲线,叫做电压传输特性,如图 9.1.11 所示。特性曲线分成 ab、bc、cd、de 四段,分别为截止区、线性区、转折区和饱和区。

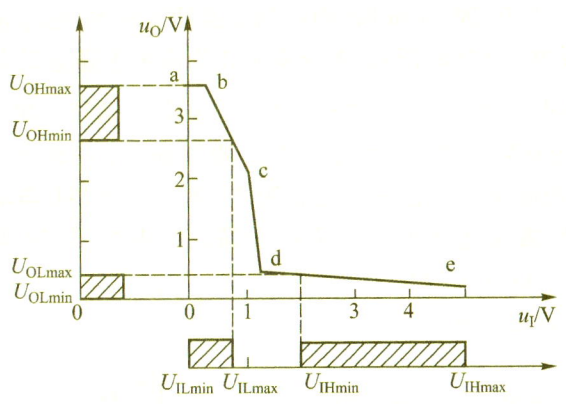

图 9.1.11 TTL 非门的电压传输特性

由传输特性确定输出高电平值域为:[U_{OHmin}, 3.6 V],$U_{OHmin}>2$ V;输出低电平值域为:[0.1 V, U_{OLmax}],$U_{OLmax}<0.5$ V。其中,U_{OHmin} 是规定的输出高电平最小值,称为标准输出高电平;U_{OLmax} 是规定的输出低电平最大值,称为标准输出低电平。继而确定输入低电平值域为:[0, U_{ILmax}],输入高电平值域为:[U_{IHmin}, 5 V]。其中,U_{ILmax} 是对应于输出电平为 U_{OHmin} 的输入电平,亦称为关门电平(T_5 截止);U_{IHmin} 是对应于输出电平为 U_{OLmax} 的输入电平,亦称为开门电平(T_5 饱和)。

在 TTL 非门电路中，由于各三极管从截止变为导通或从导通变为截止都需要一定的时间，且三极管内部结电容对输入信号波形的传输也有影响。非门电路输入信号和输出信号波形示意图如图 9.1.12 所示。可见，输出信号波形延迟输入信号波形一段时间，描述这种延迟特征的参数有导通（输出电压从高电平跳变到低电平）传输时间 t_{PHL} 和截止（输出电压从低电平跳变到高电平）传输时间 t_{PLH}。在集成电路手册上通常给出平均传输延迟时间 t_{pd}，计算公式为

$$t_{pd}=\frac{t_{PHL}+t_{PLH}}{2} \tag{9.1.11}$$

图 9.1.13 所示为有 14 个引脚的六非门 74LS04 集成电路，例如 1A、1Y 分别为一个非门的输入与输出引脚。

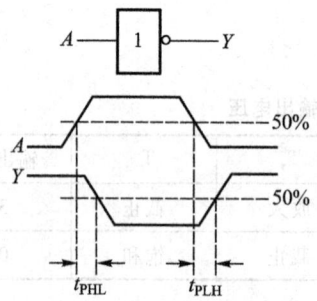

图 9.1.12 非门的传输延迟时间

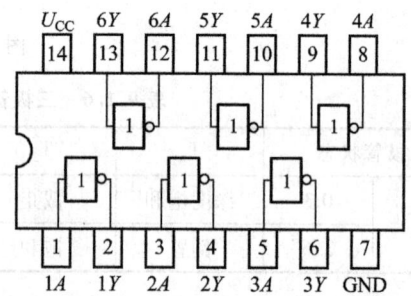

图 9.1.13 74LS04 引脚图

② CMOS 非门

同时包含 NMOS 管和 PMOS 管的门电路称为互补对称 MOS 门电路，即 CMOS 门电路。同时包含有双极型三极管、NMOS 管和 PMOS 管的门电路称为双极型 CMOS 门电路，即 BiCMOS（Bipolar CMOS）门电路。由于 CMOS 和 BiCMOS 门电路性能优秀，是门电路的主流产品。

CMOS 非门电路如图 9.1.14(a)所示，无论输入 A 为高电平还是低电平，NMOS 和 PMOS 管总是一个导通，另一个截止，因而实现逻辑非，即 $Y=\overline{A}$。电压传输特性如图 9.1.14(b)所示，输入电压和输出电压值或者为 0 V，或者为电源电压 U_{DD}，电源输出电流极小，因此电路功耗极小。

另外，CMOS 门的电源电压工作范围宽，通常为 3~18 V。与 TTL 与非门比较，CMOS 与非门的元件非常少，故 CMOS 集成电路比 TTL 集成度高。CD4049 是 16 脚的六非门集成电路。74LS04（TTL 集成电路）是 14 脚六非门，只能够在 5 V 电源工作，但工作速度较快。

(2) 与非门

图 9.1.15(a)是 TTL 与非门的电路原理图。同 TTL 非门电路（见图 9.1.10）比较可知，T_1 改为了多发射极三极管，其等效为 2 个三极管，等效电路如图 9.1.15(b)所示，基极、集电极分别连在一起，每个发射极作为输入端。输入级等效电路如图 9.1.15(c)所示，输入级等效为二极管与门，即 $X=AB$。

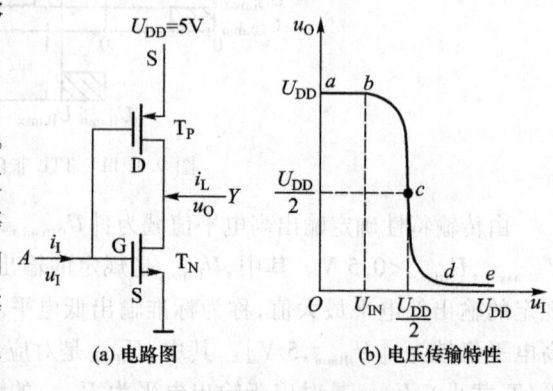

图 9.1.14 CMOS 非门

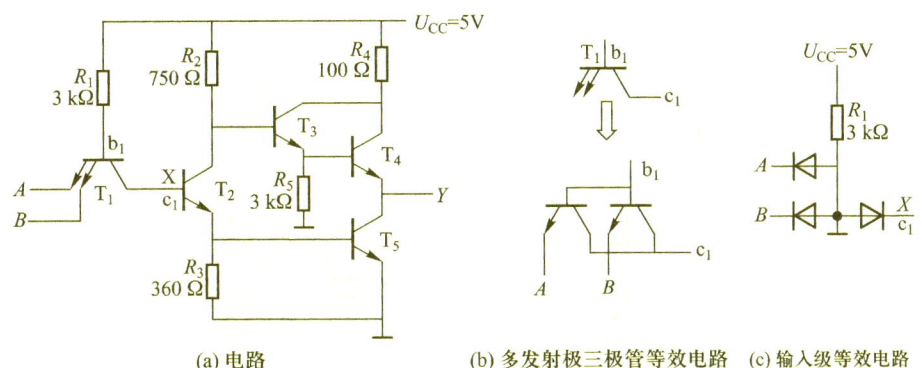

(a) 电路　　　　　　　(b) 多发射极三极管等效电路　(c) 输入级等效电路

图 9.1.15　TTL 与非门

当 A、B 都是高电平时，T_1 的 2 个发射结都截止，T_2、T_5 饱和，输出低电平；当 A、B 中任何一个为低电平时，T_1 中与低电平相连的发射结导通，T_2、T_5 截止，输出高电平；电路实现与非逻辑，即 $Y=\overline{AB}$。

增减多发射极三极管 T_1 的发射极数可增减与非门的输入信号数。如果 T_1 有三个发射极，则电路变化为 3 输入 TTL 与非门，即 $Y=\overline{ABC}$。

如图 9.1.16 所示，74LS00 是常用的四 2 输入与非门集成电路。

（3）或非门

图 9.1.17 是 TTL 或非门的电路原理图。与 TTL 非门电路（见图 9.1.10）比较，增加了一组元件 R_1'、T_1' 和 T_2'，作用与元件 R_1、T_1 和 T_2 的功能相同。

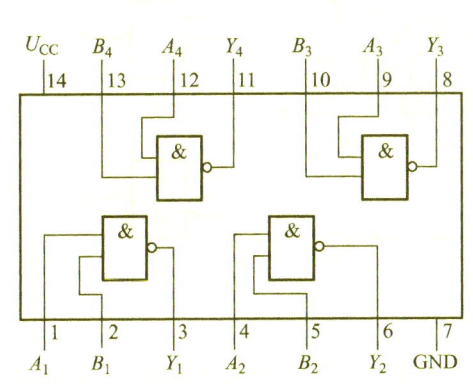

图 9.1.16　74LS00 与非门集成电路的引脚图

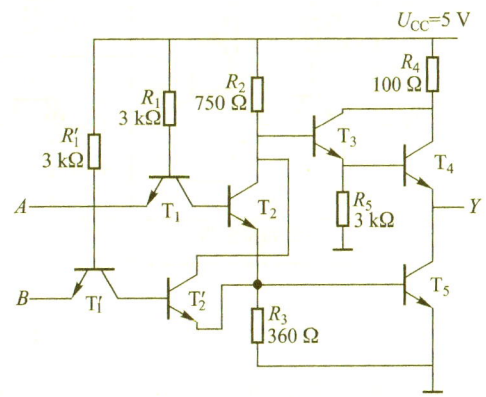

图 9.1.17　TTL 或非门

当 A、B 都是低电平时，T_1 和 T_1' 的发射结都导通，T_2、T_2' 和 T_5 截止，输出高电平；当 B 为高电平时，T_1' 的发射结截止，T_2'、T_5 饱和，输出低电平；当 A 为高电平时，T_1 的发射结截止，T_2、T_5 饱和，输出低电平；当 A 和 B 都为高电平时，T_1 和 T_1' 的发射结都截止，T_2、T_2'、T_5 饱和，输出低电平。电路实现或非逻辑，即 $Y=\overline{A+B}$。

同理，CMOS 与非门 $Y=\overline{AB}$ 和或非门 $Y=\overline{A+B}$ 的电路如图 9.1.18(a)、(b)所示，工作原理不再赘述。

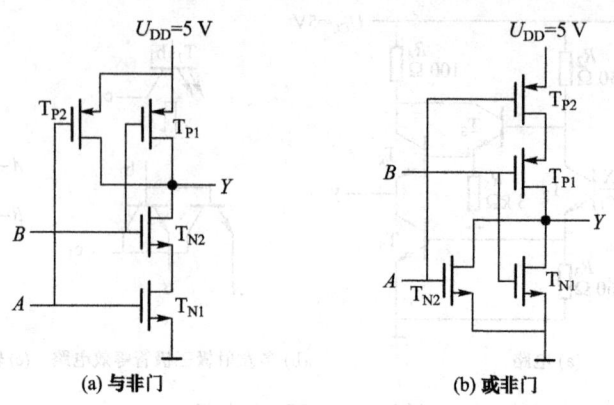

图 9.1.18 CMOS 门电路

(4) 三态门

三态门简称 TSL 门(Tristate Logic)。输出除了常规的高电平、低电平外,还有高阻抗状态,因而允许多个 TSL 门输出端并联。

TSL 与非门电路如图 9.1.19(a)所示,工作原理简述如下。

当 $EN=1$(高电平)时,三极管 T_7 饱和,T_8 截止,与非门输出

$$Y=\overline{AB\cdot EN}=\overline{AB\cdot 1}=\overline{AB}$$

称为**与非门使能**(enable,工作态),故输入端 EN 叫做使能输入端。

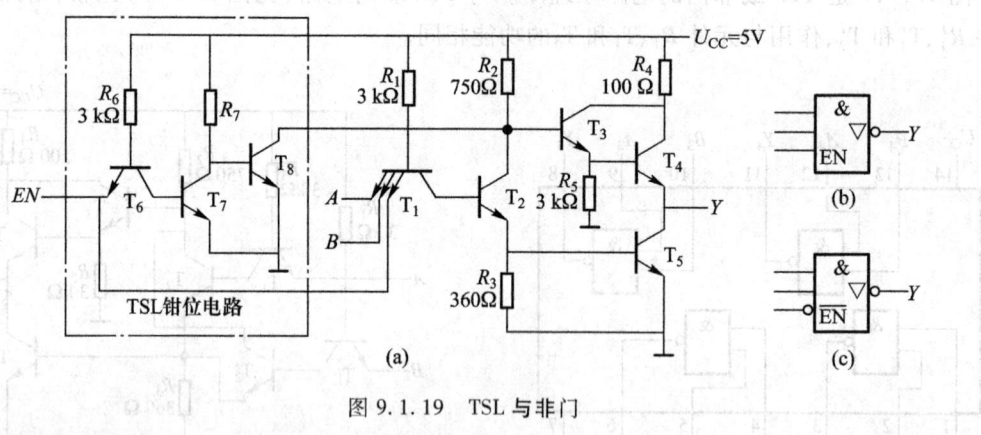

图 9.1.19 TSL 与非门

当 $EN=0$(低电平)时,三极管 T_7 截止,T_8 饱和,导致与非门的 T_3、T_4 和 T_5 均截止,输出电阻大,即为高阻态。

TSL 与非门的逻辑符号如图 9.1.19(b)所示,符号"▽"表示三态输出端。图 9.1.19(c)中使能端的小圆圈表示 $EN=0$(低电平)使能,则 $EN=1$ 时,电路为高阻态。

在复杂数字系统(例如数字计算机)中,为了减少功能电路间的互连信号线数目,常在同一组信号线(简称总线)上分时传输信号。可采用 TSL 门功能电路驱动总线,如图 9.1.20 所示。为了避免总线冲突,如图 9.1.20(a)的总线仲裁电路保证任何时刻只能有一个使能信号有效(高电平),使能信号有效的电路向总线传输信息。

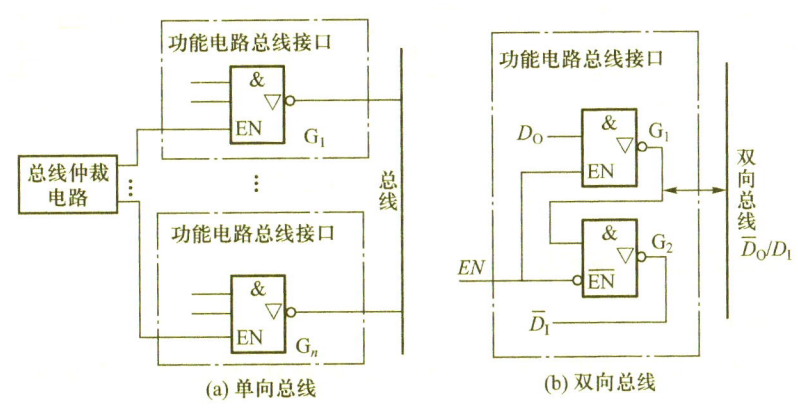

图 9.1.20 TSL 与非门驱动总线

某些总线是双向的(例如数字计算机的数据总线),既可以接收功能电路的信息,也可以向功能电路输入信息。采用 TSL 门可以实现双向总线的功能,如图 9.1.20(b)所示,当 $EN=1$ 时,总线接收功能电路的信息;当 $EN=0$ 时,总线向功能电路输入信息。

在用集成门电路组成数字系统时,经常会遇到引脚有多余的问题。多余的输入端一般不任其悬空,因为可能引入干扰信号,导致逻辑出错。处理方法如图 9.1.21 所示,具体如下:

① 如图 9.1.21(a)所示,将多余端与要使用的输入端连在一起。

② 如图 9.1.21(b)所示,将多余端与恒定逻辑值相连,不用的**与**门或者**与非**门输入端与逻辑 **1** 相连。

③ 如图 9.1.21(c)所示,将不用的**或**门或者**或非**门的输入端与逻辑 **0** 相连。

注意,对于 CMOS 门电路,无论电阻大小,接地输入端始终视为逻辑 **0**;但是,对于 TTL 门电路,如果电阻值过大(通常为 2 kΩ 以上),则应视为逻辑 **1**。另外,也可以将不用的输入端直接连接到电源或地上。在高速电路设计中通常不用图 9.1.21(a)所示方法,因为这会增加驱动信号的电容负载,使运行变慢。

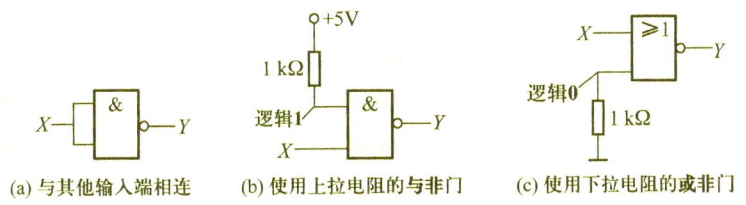

图 9.1.21 引脚多余输入端的处理方法

例 9.1.9 三态门的输出有哪三种状态?

解:分别是 **0** 态、**1** 态和高阻态。

例 9.1.10 分析图 9.1.22 所示门电路的输出状态,u_{IL} 表示低电平输入,即 **0**;u_{IH} 表示高电平输入,即 **1**。

解:$Y_1 = \overline{1 \cdot 0} = 1$;$Y_2 = \overline{1+1+0} = 0$;$Y_3 = 1+0 = 1$;
$Y_4 = \overline{1 \cdot 1 \cdot 0} = 1$;$Y_5 = \overline{1 \cdot 0 \cdot 0} = 1$

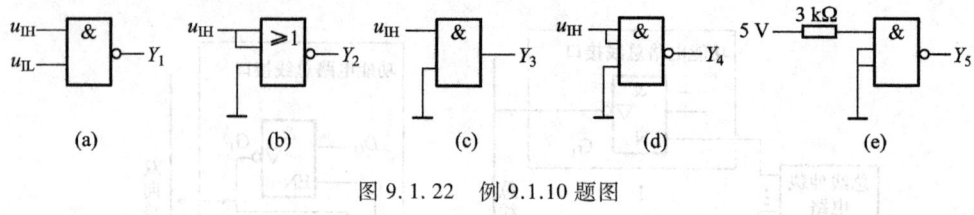

图 9.1.22 例 9.1.10 题图

9.1.3 逻辑代数的公式与定理

1. 逻辑运算顺序

在第 9.1.2 节介绍了基本逻辑运算与复合逻辑运算,将运算符号与运算顺序归纳于表 9.1.7 中。

表 9.1.7 基本逻辑运算、复合逻辑运算和逻辑运算顺序

基本逻辑运算	常用复合逻辑运算	运算顺序
与:$Y=AB$ 或:$Y=A+B$ 非:$Y=\overline{A}$	与非:$Y=\overline{AB}$ 或非:$Y=\overline{A+B}$ 异或:$Y=A\oplus B$ 同或:$Y=A\odot B$ 与或非:$Y=\overline{AB+CD}$	1. 单个逻辑变量的非运算"—",如 $\overline{A},\overline{B}$ 2. 逻辑与"·" 3. 异或"$\oplus$"、同或"$\odot$" 4. 逻辑或"+" 5. 表达式的非运算"—",如与或非 $\overline{AB+CD}$ 中的表达式 $AB+CD$ 6. 使用括号"( )"可改变运算顺序

2. 逻辑代数中的基本定律

根据逻辑与、或、非三种基本运算法则可得到逻辑运算的一些基本定律与公式,见表 9.1.8。

表 9.1.8 基本定律与恒等式

序号	名称	恒等式	
0		$\overline{0}=1$	$\overline{1}=0$
1	自等律	$A+0=A$	$A\cdot 1=A$
2	0-1 律	$A+1=1$	$A\cdot 0=0$
3	重叠律	$A+A=A$	$A\cdot A=A$
4	互补律	$A+\overline{A}=1$	$A\cdot \overline{A}=0$
5	吸收律	$A+AB=A$	$A(A+B)=A$
6	交换律	$A+B=B+A$	$AB=BA$
7	结合律	$(A+B)+C=A+(B+C)$	$(AB)C=A(BC)$
8	分配律	$A(B+C)=AB+AC$	$A+BC=(A+B)(A+C)$
9	反演律	$\overline{AB}=\overline{A}+\overline{B}$	$\overline{A+B}=\overline{A}\cdot\overline{B}$
10	非非律	$\overline{\overline{A}}=A$	

以上等式可以用列真值表的方法加以验证。如果等式成立,那么将任何一组变量的取值代入公式两边所得的结果应该相等。因此,等式两边所对应的真值表也必然相同。

例 9.1.11 证明反演律(亦称为摩根定理)$\overline{AB}=\overline{A}+\overline{B}$。

解:将变量的各种取值组合分别代入等式的左边和右边进行计算,列出真值表见表 9.1.9。由表可知:$\overline{AB}=\overline{A}+\overline{B}$。

表 9.1.9　证明 $\overline{AB}=\overline{A}+\overline{B}$

A	B	$\overline{AB}$	$\overline{A}+\overline{B}$
0	0	1	1
0	1	1	1
1	0	1	1
1	1	0	0

3. 逻辑代数的常用恒等式

表 9.1.10 是常用恒等式,直接应用这些等式可极大地方便逻辑函数的化简。它们既可用基本公式导出,也可用真值表证明。

表 9.1.10　常用恒等式

序号	名称	恒等式	
1	吸收式 1	$A+AB=A$	$A(A+B)=A$
2	吸收式 2	$A+\overline{A}B=A+B$	$A(\overline{A}+B)=AB$
3	合并式	$AB+A\overline{B}=A$	$(A+B)(A+\overline{B})=A$
4	配项式 1	$AB+\overline{A}C+BC=AB+\overline{A}C$	$(A+B)(\overline{A}+C)(B+C)=(A+B)(\overline{A}+C)$
5	配项式 2	$AB+\overline{A}C+BCD=AB+\overline{A}C$	$(A+B)(\overline{A}+C)(B+C+D)=(A+B)(\overline{A}+C)$
6		$A\overline{AB}=A\overline{B}$	$\overline{A}+\overline{A+B}=\overline{A}+\overline{B}$
7		$\overline{A}\cdot\overline{AB}=\overline{A}$	$\overline{A}+\overline{\overline{A}+B}=\overline{A}$

注意:由于逻辑代数中没有减法及除法,故初等代数中的移项规则(移加作减,移乘作除)不适用。

例 9.1.12 证明吸收式:$A+\overline{A}B=A+B$

证明:由分配律得到

$$A+\overline{A}B=(A+\overline{A})(A+B)=A+B$$

上式表明:两个乘积项相加时,如果一项取反后是另一项的因子,则此因子是多余的,可以消去。

例 9.1.13 证明配项式:$AB+\overline{A}C+BC=AB+\overline{A}C$

证明：

$$AB+\overline{A}C+BC = AB+\overline{A}C+(A+\overline{A})BC$$
$$=AB+\overline{A}C+ABC+\overline{A}BC$$
$$=AB(1+C)+\overline{A}C(1+B)$$
$$=AB+\overline{A}C$$

4. 逻辑运算的基本规则

（1）代入规则

将一个逻辑函数代替逻辑等式两边的某一逻辑变量，新的等式仍然成立，这个规则称为代入规则。逻辑函数 Y 与逻辑变量 A 一样仅有 **1**、**0** 两种值，也是一种逻辑变量，如果对逻辑变量 A 成立的等式，则用逻辑变量 Y 代替逻辑变量 A 后的新等式仍然成立。

例 9.1.14 在 $\overline{AB}=\overline{A}+\overline{B}$ 中，用 BC 代替等式两边的 B，求新等式。

解：左边 $=\overline{AB\overline{C}}$　　右边 $=\overline{A}+\overline{BC}=\overline{A}+\overline{B}+\overline{C}$

得
$$\overline{ABC}=\overline{A}+\overline{B}+\overline{C}$$

可见，代入规则可将逻辑代数的基本定律（见表 9.1.8）和常用恒等式（表 9.1.10）推广到多变量的情况。

（2）反演规则

将单个变量的反（例如 $\overline{A}$）称为反变量，而变量本身（A）称为原变量。

在任何一个逻辑函数 Y 中，同时进行下述三种变换后产生的新函数就是原函数 Y 的反函数 $\overline{Y}$：
① 所有的"·"换成"+"，所有的"+"换成"·"；
② 所有的"**0**"换成"**1**"，所有的"**1**"换成"**0**"；
③ 所有的原变量换成反变量，所有的反变量换成原变量。

注意：不属于单个变量上的反号应该保留，并保持原表达式中变量间的运算顺序（添加括号"（）"）。

例 9.1.15 已知 $Y=AB+\overline{B}(C+\overline{D})$，求 $\overline{Y}$。

解：$\overline{Y}=(\overline{A}+\overline{B})(B+\overline{C}D)$

（3）对偶规则

将一个逻辑表达式 Y 的左右式同时进行下述对偶变换，产生的新表达式称为原式 Y 的对偶式 Y'：
① 所有的"·"换成"+"，所有的"+"换成"·"；
② 所有的"**0**"换成"**1**"，所有的"**1**"换成"**0**"。

注意：进行对偶变换时必须保持原表达式中变量间的运算顺序。

对照表 9.1.8 和表 9.1.10 中同一行的两个等式，它们互为对偶式。可见，对偶规则使要证明、要记忆的公式减少了一半。

例 9.1.16 若 $Y=AB(C+\overline{D})$，求其对偶式 Y'。

解：根据对偶规则，直接写出
$$Y'=A+B+C\overline{D}$$

9.1.4 逻辑函数的表示与化简

1. 逻辑函数的表示方法

授课视频-
组合逻辑电
路实例

在逻辑电路中,如果把条件(A、B、C、$\cdots$)视为逻辑自变量,结果 F 视为逻辑因变量,那么两者之间有确定的逻辑关系,称为逻辑函数,写作:

$$Y = F(A, B, C, \cdots)$$

常用的逻辑函数表示方法有真值表、逻辑函数式(与或式、或与式等)、卡诺图、波形图和逻辑电路等。

列出函数 $F = \overline{A}\,\overline{B}\,\overline{C} + A\overline{B}\,\overline{C} + ABC$ 的三变量真值表,见表 9.1.11。

表 9.1.11 三变量全部最小项的真值表

A	B	C	$m_0=$ $\overline{A}\,\overline{B}\,\overline{C}$	$m_1=$ $\overline{A}\,\overline{B}C$	$m_2=$ $\overline{A}B\overline{C}$	$m_3=$ $\overline{A}BC$	$m_4=$ $A\overline{B}\,\overline{C}$	$m_5=$ $A\overline{B}C$	$m_6=$ $AB\overline{C}$	$m_7=$ ABC	F
0	0	0	1	0	0	0	0	0	0	0	1
0	0	1	0	1	0	0	0	0	0	0	0
0	1	0	0	0	1	0	0	0	0	0	0
0	1	1	0	0	0	1	0	0	0	0	0
1	0	0	0	0	0	0	1	0	0	0	1
1	0	1	0	0	0	0	0	1	0	0	0
1	1	0	0	0	0	0	0	0	1	0	0
1	1	1	0	0	0	0	0	0	0	1	1

此为标准与或式(也称为最小项)表示法。在标准与或式中每一个乘积项都包含函数 F 的全部变量,每个变量以原变量因子或反变量因子仅出现一次,这种包含函数全部变量的乘积项叫做最小项,常用 m_i 表示,i 是最小项的编号。n 个变量的逻辑函数有 2^n 个最小项。最小项的编号方法是:最小项的原变量用 **1** 替代,反变量用 **0** 替代,按一定的变量排列顺序构成的二进制数转换为十进制数就是最小项的编号。例如,$A\overline{B}C \rightarrow (101)_2 = (5)_{10}$,记作 m_5。

标准与或式是函数值为 **1** 所对应的最小项之和,如表 9.1.11 中,有

$$F = \overline{A}\,\overline{B}\,\overline{C} + A\overline{B}\,\overline{C} + ABC = m_0 + m_4 + m_7 = \sum m(0,4,7)$$

例 9.1.17 将逻辑函数 $Y = \overline{(AB + \overline{A}\,\overline{B} + \overline{C})\overline{AB}}$ 化为最小项表达式。

解:方法一:

$$\begin{aligned}
Y &= \overline{(AB + \overline{A}\,\overline{B} + \overline{C})\overline{AB}} = \overline{AB + \overline{A}\,\overline{B} + \overline{C}} + AB \\
&= (\overline{AB} \cdot \overline{\overline{A}\,\overline{B}} \cdot \overline{\overline{C}}) + AB = (\overline{A} + \overline{B})(A + B)C + AB \\
&= \overline{A}BC + A\overline{B}C + AB = \overline{A}BC + A\overline{B}C + AB(C + \overline{C}) \\
&= \overline{A}BC + A\overline{B}C + ABC + AB\overline{C} \\
&= \sum m(3,5,6,7)
\end{aligned}$$

方法二：
$$\overline{Y}=(AB+\overline{A}\,\overline{B}+\overline{C})(\overline{A}+\overline{B})$$
$$=\overline{A}\,\overline{B}+\overline{B}\,\overline{C}+\overline{A}\,\overline{C}=\sum m(0,1,2,4)$$

因此，$Y=\overline{\overline{Y}}=\sum m(3,5,6,7)$

2. 逻辑函数的化简

(1) 逻辑函数最简的标准

逻辑函数有不同的逻辑表达式，例如与或、或与、与非与非、或非或非、与或非。借助于反演律和分配律，这五种通用表达式之间可以相互转换。例如：

$$Y=A\overline{B}+BC \qquad 与或式：乘积项之和$$
$$=(A+B)(\overline{B}+C) \qquad 或与式：和项之积$$
$$=\overline{\overline{A\overline{B}}\cdot\overline{BC}} \qquad 与非与非式$$
$$=\overline{\overline{A+B}+\overline{B+C}} \qquad 或非或非式$$
$$=\overline{\overline{A}\,\overline{B}+\overline{BC}} \qquad 与或非式$$

不同类型的逻辑表达式总存在最简式，但最简的标准却是不一样的。由于**与或**表达式容易从具体的逻辑问题导出，并转化为其他形式，故给出最简**与或**表达式的标准：

① 乘积项的个数最少；

② 在满足①的条件下，每个乘积项中变量的个数也最少。

(2) 公式法化简

运用逻辑代数基本公式与运算规则可以化简逻辑表达式。

公式法化简没有固定的步骤，现将经常使用的方法归纳如下：

① 并项法

利用公式 $A+\overline{A}=1$ 将两项合并为一项，并消去一个变量。

例 9.1.18 将逻辑函数 $Y=\overline{A}B+AC+\overline{A}\,\overline{B}+A\overline{C}$ 化成最简与或式。

解：$Y=\overline{A}(B+\overline{B})+C(A+\overline{A})=\overline{A}+C$

② 吸收法

利用公式 $A+AB=A$，消去多余的项。

例 9.1.19 将逻辑函数 $Y=AC+A\overline{B}C+ACD+AC(\overline{B}+D)$ 化成最简与或式。

解：$Y=AC(1+\overline{B}+D+\overline{B}+D)=AC$

利用公式 $A+\overline{A}B=A+B$，消去多余的因子。

例 9.1.20 将逻辑函数 $Y=AB+\overline{A}C+BC$ 化成最简与或式。

解：$Y=AB+(\overline{A}+B)C=AB+\overline{AB}C=AB+C$

利用公式 $AB+\overline{A}C+BCD=AB+\overline{A}C$ 消去多余的乘积项。

例 9.1.21 将逻辑函数 $Y=AC+\overline{AB}+\overline{B}+\overline{C}$ 化成最简与或式。

解：$Y=AC+\overline{AB}+\overline{BC}=AC+\overline{BC}$

③ 配项法

a. 利用公式 $A+\overline{A}=1$，将它作配项，消去更多的项。

例 9.1.22 将逻辑函数 $Y=AB+\overline{A}\,\overline{C}+B\overline{C}$ 化成最简与或式。

解：$Y=AB+\overline{A}\,\overline{C}+(A+\overline{A})B\overline{C}=AB+\overline{A}\,\overline{C}+AB\overline{C}+\overline{A}B\overline{C}$
$=(AB+AB\overline{C})+(\overline{A}\,\overline{C}+\overline{A}B\overline{C})=AB+\overline{A}\,\overline{C}$

b. 利用公式 $A+A=A$，在逻辑函数式中重复写入某一项，然后消去更多的项。

例 9.1.23 将逻辑函数 $Y=\overline{A}B\overline{C}+\overline{A}BC+AB C$ 化成最简与或式。

解：在式中重复写入 $\overline{A}BC$，则可得到

$$Y=(\overline{A}B\overline{C}+\overline{A}BC)+(\overline{A}BC+ABC)$$
$$=\overline{A}B(\overline{C}+C)+BC(\overline{A}+A)$$
$$=\overline{A}B+BC$$

在化简复杂的逻辑函数时，往往需要灵活、交替地综合运用上述方法，才能得到最后的化简结果。

(3) 卡诺图化简

代数法可以化简任意的逻辑函数，但逻辑表达式是否达到最简却较难判断。采用卡诺图法可以直观、方便地得到最简逻辑表达式。

逻辑函数可以用卡诺图表示，卡诺图是由许多方格组成的阵列图，每个方格表示输入变量的一种组合状态，即最小项。把输入变量的状态分别写在卡诺图的左方和上方，对应输出变量的状态(即最小项的取值)填入方格中，就构成了卡诺图。

当卡诺图左方为一个变量 A 时，遵循上 **0** 下 **1** 的规律；卡诺图上方为一个变量 B 时，遵循左 **0** 右 **1** 的规律。二变量卡诺图包含 4 个方格，即 4 个最小项，如图 9.1.23 所示。

当增加一个变量 C，例如卡诺图上方变量为 BC 时，按格雷码的规律作四列。三变量卡诺图如图 9.1.24 所示，包含 8 个最小项，编号如图中所示。

若再增加一个变量为四变量 $ABCD$ 时，仍然按格雷码的规律作卡诺图，如图 9.1.25 所示，包含 16 个最小项。

B\A	0	1
0	m_0	m_1
1	m_2	m_3

图 9.1.23 二变量卡诺图

A\BC	00	01	11	10
0	m_0	m_1	m_3	m_2
1	m_4	m_5	m_7	m_6

图 9.1.24 三变量卡诺图

AB\CD	00	01	11	10
00	m_0	m_1	m_3	m_2
01	m_4	m_5	m_7	m_6
11	m_{12}	m_{13}	m_{15}	m_{14}
10	m_8	m_9	m_{11}	m_{10}

图 9.1.25 四变量卡诺图

在卡诺图中,几何上相邻的方格所代表的最小项在逻辑上也相邻,包括:① 边相邻(具有公共边);② 对称相邻。

例如:三变量卡诺图中,$m_2(=A\bar{B}C)$的三个相邻项,分别是$m_0(=\bar{A}\bar{B}\bar{C})$(对称相邻)、$m_3(=\bar{A}BC)$(边相邻)、$m_6(=AB\bar{C})$(边相邻)。又如在四变量卡诺图中的$m_2(\mathbf{0010})$有四个相邻项,分别是对称相邻$m_0(\mathbf{0000})$和$m_{10}(\mathbf{1010})$,边相邻$m_3(\mathbf{0011})$和$m_6(\mathbf{0110})$。

卡诺图化简法是对合律$A\bar{B}+AB=A$的直接应用,当相邻方格都标为**1**时应用上述对合律的公式可将取值相异的输入变量吸收。重复这一步骤,便可将逻辑函数化到最简的**与或**表达式。

例 9.1.24 函数F取值如图 9.1.26 所示,试求最简的函数表达式。

解:卡诺图中有四个方格为**1**,最小项分别为m_0、m_2、m_5、m_7,其中方格 5 和 7 边相邻,通过对合律吸收了变量B,化简的结果是**与**项AC。另外,方格 0 和 2 对称相邻,通过对合律吸收了变量$\bar{B}$,化简结果是**与**项$\bar{A}\bar{C}$。所以,逻辑函数简化后的结果为

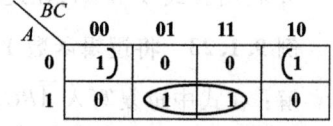

图 9.1.26　例 9.1.24 题图

$$F=\bar{A}\bar{B}\bar{C}+\bar{A}B\bar{C}+AB\bar{C}+ABC$$
$$=AC+\bar{A}\bar{C}$$

通过上例,得到卡诺图化简的几条规则:

① 将卡诺图中的2^n个($n=1,2,3,4,\cdots$)相邻为**1**的方格圈起来,形成(2、4、8、…个)矩形或正方形的集合,分别吸收 1、2、3、4 个变量。注意不要遗漏边相邻或对称相邻。

② 集合中的方格数要尽可能多,集合越大,消去的变量数目就越多。

③ 集合的数目要尽可能少。每画一个圈一定要至少包括一个未被圈过的新方格。集合数目越少,化简后的**与或**表达式中的项数就越少。

④ 当所有为**1**的单元都被圈过后,化简过程完成。化简结果是**与或**表达式。

⑤ 任何一个逻辑函数的卡诺图是唯一的,但化简后的逻辑函数表达式有时不是唯一的。

*(4) 具有无关项的逻辑函数化简

在n个变量的逻辑函数中,如果对变量的每个取值组合(共有2^n个取值组合),函数均有确定的值(**0**或**1**)与之对应,则这样的函数称为确定的逻辑函数,否则,称为不完全确定的逻辑函数或具有无关项的逻辑函数。

不完全确定的逻辑函数有两层含义:① 对某些逻辑问题,自变量的一些特定取值组合是不允许出现的,相应的最小项称为约束项,其函数的取值无定义,可能是**0**,也可能是**1**,在真值表中用"d"或"×"表示。② 对某些逻辑问题,自变量的一些特定取值组合的函数取值无关紧要(**0**或**1**都可以,在真值表中也用"d"或"×"表示),对逻辑功能没有任何影响。对应这些特定取值组合的最小项称为任意项。

约束项和任意项统称为无关项,因此,不完全确定的逻辑函数也称为具有无关项的逻辑函数。全部无关项之和等于**0**的方程称为约束方程。

对于无关项的函数为任意值 d(**0**或**1**),意味着在函数表达式中可以包含或者去掉无关项;在卡诺图中,无关项对应的方格可为**0**也可为**1**。因此,对不完全确定的逻辑函数化简时,可根据需要使用部分甚至全部无关项,使不完全确定的逻辑函数最简。

例 9.1.25 用代数法化简函数

$$\begin{cases} Y = \overline{A}B\overline{C} + \overline{B}\,\overline{C} \\ AB = 0 \quad \text{约束方程} \end{cases}$$

解：

$$\begin{aligned}
Y &= \overline{A}B\overline{C} + \overline{B}\,\overline{C} + AB \quad \text{加无关项} \\
&= (\overline{A}\,\overline{C} + A)B + \overline{B}\,\overline{C} \\
&= AB + B\overline{C} + \overline{B}\,\overline{C} \\
&= AB + \overline{C} \quad \text{去掉无关项} \\
&= \overline{C}
\end{aligned}$$

$$\begin{cases} Y = \overline{C} \\ AB = 0 \end{cases}$$

例 9.1.26 用卡诺图化简逻辑函数

$Y(A,B,C,D) = \sum m(1,2,5,6,9) + \sum d(10,11,12,13,14,15)$

解：函数 Y 的卡诺图如图 9.1.27 所示，将无关项用"×"表示。在卡诺圈中的无关项的函数值视为 **1**，卡诺圈外的无关项的函数值视为 **0**。

化简得到最简与或式为

$$\begin{cases} Y(A,B,C,D) = \overline{C}D + C\overline{D} \\ \sum d(10,11,12,13,14,15) = \mathbf{0} \end{cases}$$

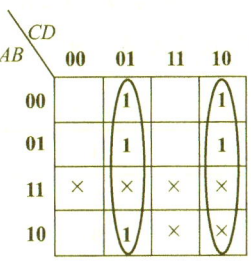

图 9.1.27 例 9.1.26 题图

授课视频-三人表决器

9.2 组合逻辑电路的分析和设计
9.2 Analyzing and Designing Combinatorial Logic Circuits

组合逻辑电路是由多个逻辑门电路组成的电路，由于电路中没有反馈，因此任一时刻的输出状态仅取决于该时刻各输入的状态组合，与时间变量无关，也没有记忆功能。

图 9.2.1 是多输入多输出组合逻辑电路的方框图，其中 $A_1, A_2, \cdots, A_n$ 是输入逻辑变量，$Y_1, Y_2, \cdots, Y_m$ 是输出逻辑变量。输入与输出之间的逻辑关系可用逻辑函数表示

$$Y_i = F_i(A_1, A_2, \cdots, A_n) \quad i = 1, 2, \cdots, m \quad (9.2.1)$$

图 9.2.1 组合逻辑电路的方框图

9.2.1 组合逻辑电路的分析

组合逻辑电路分析的任务是根据给定的逻辑电路图，分析其逻辑功能。分析步骤一般为：

（1）根据逻辑电路图写出逻辑表达式；

(2) 化简逻辑式；
(3) 由化简的逻辑式列出真值表；
(4) 根据真值表分析其逻辑功能。

组合逻辑电路的分析流程图如图 9.2.2 所示。

图 9.2.2 组合逻辑电路的分析流程图

下面通过具体的例子说明组合逻辑电路分析的方法。

例 9.2.1 分析图 9.2.3 所示电路的逻辑功能。

解：由逻辑电路写出逻辑表达式

$$F = \overline{\overline{\overline{ABA} \cdot \overline{ABB}}} = \overline{\overline{ABA}} + \overline{\overline{ABB}}$$
$$= (\overline{A} + \overline{B}) \cdot A + (\overline{A} + \overline{B}) \cdot B$$
$$= A\overline{B} + \overline{A}B = A \oplus B$$

列出真值表见表 9.2.1。

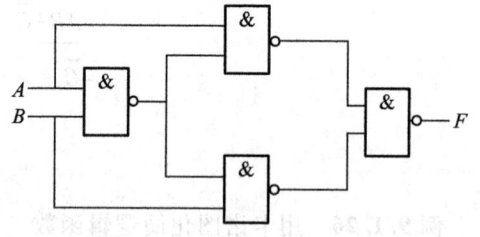

图 9.2.3 例 9.2.1 的逻辑电路图

表 9.2.1 例 9.2.1 的真值表

A	B	F
0	0	0
0	1	1
1	0	1
1	1	0

由化简的逻辑表达式和真值表可知,图 9.2.3 所示电路实现的是**异或**逻辑关系。可以证明,仅由 4 个 2 输入与非门构成的异或门是最简的电路结构。

9.2.2 组合逻辑电路的设计

组合逻辑电路的设计任务是根据给定的要求,画出逻辑图。组合逻辑电路的设计是组合逻辑电路分析的逆过程,图 9.2.4 是组合逻辑电路设计的流程图。

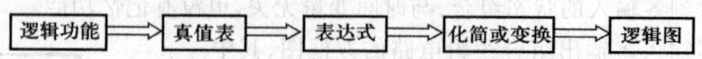

图 9.2.4 组合逻辑电路设计的流程图

表 9.2.2 例 9.2.2 的真值表

A	B	C	F
0	0	0	1
0	0	1	0
0	1	0	0

续表

A	B	C	F
0	1	1	0
1	0	0	0
1	0	1	1
1	1	0	1
1	1	1	1

组合逻辑电路的设计过程一般是：

(1) 根据逻辑要求列出真值表；
(2) 由真值表写出逻辑表达式，并化简或者变换；
(3) 由化简或者变换的逻辑式画出逻辑图。

例 9.2.2 某十字路口交通管制灯需一报警电路，当红、黄、绿三种信号灯单独亮或者黄、绿灯同时亮时为正常情况，其他均为非正常。发生非正常情况时，报警电路的输出端应为高电平报警信号。试用**与非门**实现这一要求。

解：根据题中给定的逻辑要求填写真值表，如表 9.2.2 所示。设红、黄、绿三种灯分别为信号 A、B、C，亮为逻辑 **1**，不亮为逻辑 **0**，F 为输出信号，非正常需报警的情况为逻辑 **1**，正常情况时为逻辑 **0**。

在真值表中 F 为 1 有四种情况，其标准**与或**（最小项）表达式为

$$F = \bar{A}BC + A\bar{B}C + AB\bar{C} + ABC$$

化简为**与非**表达式

$$F = \bar{A}BC + AC(B+\bar{B}) + AB(C+\bar{C}) = \bar{A}BC + AB + AC$$
$$= \overline{\overline{\bar{A}BC + AB + AC}} = \overline{\overline{\bar{A}BC} \cdot \overline{AB} \cdot \overline{AC}} \tag{9.2.2}$$

画出由**与非门**构成的逻辑电路图，如图 9.2.5 所示。

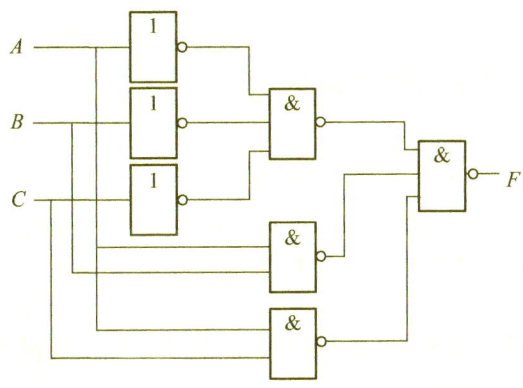

图 9.2.5 例题 9.2.2 设计的逻辑电路图

通常组合逻辑电路的设计结果都要求用单一门电路构成，以便充分利用同一片数字集成电路的所有门电路。例如图 9.2.5 中实现式(9.2.2)的逻辑电路需要 7 个与非门，恰好可采用 1 个

四 2 输入与非门（74LS00）和 1 个三 3 输入与非门（74LS10）实现。

*9.2.3 竞争-冒险现象

在图 9.2.6(a)所示电路中，当不考虑门电路的传输延迟时间时，输出恒为 $Y=A\bar{A}=0$。实际上，由于非门的传输延迟时间 t_{pd}，与门的两个输入信号状态变化存在微小的时间差 t_{pd}。如果输入 A 从逻辑 **0** 跳变至逻辑 **1**，在非门的传输延迟时间 t_{pd} 内出现 $\bar{A}=1$，使输出 $Y=A\bar{A}=1 \cdot 1=1$，偏离稳态值 **0**，产生的正脉冲波形如图 9.2.6(b)所示。

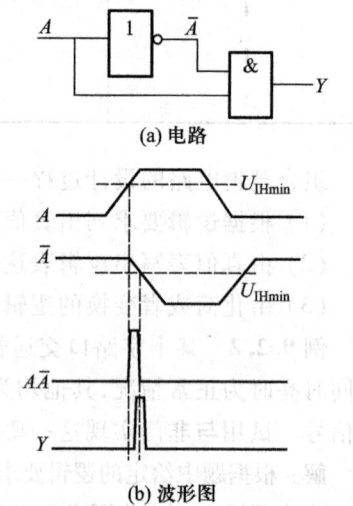

(a) 电路

(b) 波形图

图 9.2.6 组合逻辑电路的竞争-冒险

由于同一信号经过不同路径传输到门电路的不同输入端而使门的输出产生偏离稳态值，这种现象称为竞争-冒险。通常，竞争-冒险产生宽度为 ns 级的窄脉冲。当组合电路的工作频率低（<1 MHz）时，由于竞争-冒险时间很短，基本不影响电路的功能；但在工作频率高（>10 MHz）时，必须考虑竞争-冒险对电路的影响。

1. 竞争-冒险的判断

在一定条件下，输出逻辑函数等于原变量与其反变量之积（$Y=A\bar{A}$）时，电路将产生竞争-冒险。由对偶规则，在一定条件下输出逻辑函数等于原变量与其反变量之和（$Y=A+\bar{A}$）时，电路也将产生竞争-冒险。

例 9.2.3 设电路的输出逻辑函数

$$Y=(A+C)(\bar{A}+B)(B+\bar{C})$$

试判断该电路是否产生竞争-冒险。

解：当 $B=0, C=0$ 时，$Y=A\bar{A}$，电路产生竞争-冒险；当 $A=0, B=0$ 时，$Y=C\bar{C}$，电路也产生竞争-冒险。

2. 竞争-冒险的消除

消除逻辑竞争-冒险常用的三种方法如下。

(1) 增加冗余项

在逻辑函数中增加冗余项，避免出现 $Y=A\bar{A}$ 或 $Y=A+\bar{A}$。

例如函数 $Y=\bar{B}C+AB$ 会产生竞争-冒险，如果增加冗余项 AC，函数变为 $Y=\bar{B}C+AB+AC$，不会改变逻辑关系。而当 $A=1, C=1$ 时，保证 $Y=1$，不产生竞争-冒险。

(2) 并联电容

竞争-冒险产生 ns 级的窄脉冲，可以在电路的输出端并联一个 pF 级的电容，抑制冒险脉冲，消除竞争-冒险对电路的不利影响。

(3) 增加集成电路的选通（使能）控制端

采用使能信号来控制集成电路工作的时间顺序，可以确保来自不同路径的信号均已经达到输入端，电路再开始工作。

9.3 常用的组合逻辑电路
9.3 Common Combinatorial Logic Circuits

上一节介绍了组合逻辑电路的分析和设计方法,本节将介绍数字电路中常用的组合逻辑电路,例如加法器、编码器、译码器和数据选择器。

9.3.1 加法器

算术运算是数字系统的重要功能之一。由于二进制数的四则运算均可转化为加法运算,因此加法器是运算电路的核心。

1. 1 位全加器

2 个二进制数 A、B 相加是按位进行的,即第 i 位被加数 A_i、加数 B_i 和第 $i-1$ 位的进位 C_{i-1} 共同确定第 i 位的和(Sum) S_i 及进位(Carry) C_i。实现按位相加的数字电路称为一位全加器。

根据二进制加法规则,列出一位全加器的真值表见表 9.3.1。

表 9.3.1 全加器的真值表

A_i	B_i	C_{i-1}	S_i	C_i
0	0	0	0	0
0	0	1	1	0
0	1	0	1	0
0	1	1	0	1
1	0	0	1	0
1	0	1	0	1
1	1	0	0	1
1	1	1	1	1

分别写出输出函数的逻辑表达式

$$S_i = \overline{A}_i \overline{B}_i C_{i-1} + \overline{A}_i B_i \overline{C}_{i-1} + A_i \overline{B}_i \overline{C}_{i-1} + A_i B_i C_{i-1}$$

$$C_i = \overline{A}_i B_i C_{i-1} + A_i \overline{B}_i C_{i-1} + A_i B_i \overline{C}_{i-1} + A_i B_i C_{i-1}$$

化简得到:(1) 本位和

$$\begin{aligned} S_i &= \overline{A}_i \overline{B}_i C_{i-1} + \overline{A}_i B_i \overline{C}_{i-1} + A_i \overline{B}_i \overline{C}_{i-1} + A_i B_i C_{i-1} \\ &= \overline{A}_i (\overline{B}_i C_{i-1} + B_i \overline{C}_{i-1}) + A_i (\overline{B}_i \overline{C}_{i-1} + B_i C_{i-1}) \\ &= \overline{A}_i (B_i \oplus C_{i-1}) + A_i (\overline{B_i \oplus C_{i-1}}) \\ &= A_i \oplus B_i \oplus C_{i-1} \end{aligned} \quad (9.3.1)$$

向高位进位

$$C_i = \bar{A_i}B_iC_{i-1} + A_i\bar{B_i}C_{i-1} + A_iB_i\bar{C_{i-1}} + A_iB_iC_{i-1}$$
$$= (\bar{A_i}B_i + A_i\bar{B_i})C_{i-1} + A_iB_i(\bar{C_{i-1}} + C_{i-1}) \quad (9.3.2)$$
$$= (A_i \oplus B_i)C_{i-1} + A_iB_i$$

得到 1 位全加器的逻辑图和逻辑符号分别如图 9.3.1(a)、(b)所示。

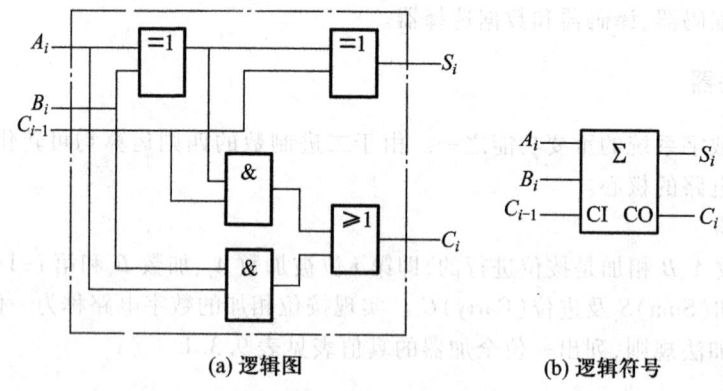

(a) 逻辑图　　　　　　　　(b) 逻辑符号

图 9.3.1　1 位全加器

2. 多位加法器

(1) 串行进位加法器

将两个多位二进制数相加,可采用串行进位相加的方式实现。例如图 9.3.2 是两个 4 位二进制数 $A=A_3A_2A_1A_0$、$B=B_3B_2B_1B_0$ 相加的电路,利用 4 个 1 位全加器模仿人工计算的过程完成 4 位加法,即从最低位开始相加,并向高位产生进位。这种加法器的优点是电路结构简单;缺点是工作速度较慢,因为进位信号从低位到高位是逐级传送的,完成一次加法的时间等于 n(本例为 4)个 1 位加法器的延迟时间之和。位数越多,时间越长。

*(2) 超前进位加法器

为了提高多位加法器的工作速度,可采用超前进位加法器,其内部电路复杂,本书不做介绍。图 9.3.3 中,74LS283 为 4 位超前进位加法器,输入两个 4 位二进制数,即被加数 A、加数 B 和 1 个低位进位数 C,输出 4 位本位和 S 以及 1 个高位进位数 C。完成一次加法只需三级门的传输时间(几十纳秒),工作速度很快。不过,其缺点是电路较为复杂,位数增加,复杂程度显著增加。

例 9.3.1　使用 2 片超前进位加法器 74LS283 实现 8 位二进制加法运算。

解:用 2 片 74LS283 可实现 8 位二进制加法运算,电路如图 9.3.3 所示。每片均完成快速的超前进位加法,通过低位片 U1 的最高位进位 C_3 作为高位片 U2 的最低位进位,两片之间则是串行进位方式,最终结果为 9 位二进制数 $(C_7S_7\cdots S_0)_2$。

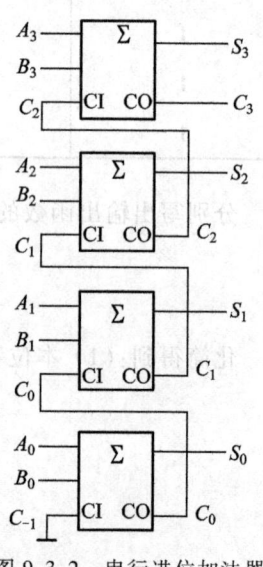

图 9.3.2　串行进位加法器

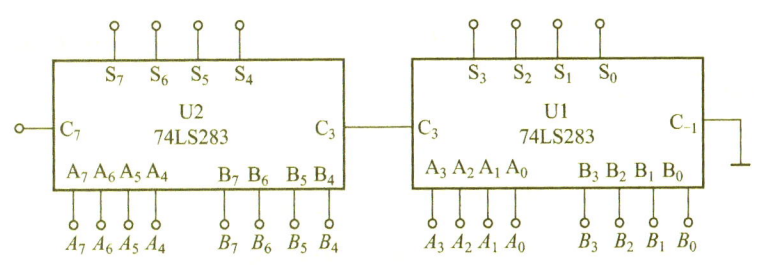

图 9.3.3　8 位二进制加法器

9.3.2　编码器

用文字、符号或数码表示特定对象的过程称为编码,实现编码操作的电路就是编码器。在数字电路中通常用二进制数进行编码。根据被编码信号的不同特点和要求,可以将编码器分为二进制编码器、二-十进制编码器等;也可分为普通编码器和优先编码器。

1. 普通编码器

在任何时刻只有一个对象要求编码的编码器称为普通编码器。可见,其输入信号是相互排斥的变量。这里仅以二进制编码器为例介绍普通编码器。

数字电路只能处理二进制信号。为了用数字电路处理信息,必须把待处理的信息表示为特定的二进制代码,所以,编码器是数字系统的信息输入电路,例如计算机的键盘电路。

用二进制代码表示特定信息对象的过程称为二进制编码,图 9.3.4 是 n 位二进制编码器的框图,用 n 位二进制代码可对小于等于 2^n 个信号进行编码。

例如 $n=3$ 的编码器,最多可以对 8 个信号进行编码,其输入变量是 $D_0 \sim D_7$,输出变量为 $A_2 \sim A_0$,也称为 8 线-3 线编码器。其输入和输出均为高电平有效,列写真值表见表 9.3.2。

图 9.3.4　N 线-n 线编码器原理框图

表 9.3.2　3 位二进制普通编码器的真值表

输入								输出		
D_0	D_1	D_2	D_3	D_4	D_5	D_6	D_7	A_2	A_1	A_0
1	0	0	0	0	0	0	0	0	0	0
0	1	0	0	0	0	0	0	0	0	1
0	0	1	0	0	0	0	0	0	1	0
0	0	0	1	0	0	0	0	0	1	1
0	0	0	0	1	0	0	0	1	0	0
0	0	0	0	0	1	0	0	1	0	1
0	0	0	0	0	0	1	0	1	1	0
0	0	0	0	0	0	0	1	1	1	1

根据真值表写出逻辑函数的**与或**表达式,然后进行化简。

$$A_2 = \overline{D_7}\,\overline{D_6}\,\overline{D_5}\,D_4\,\overline{D_3}\,\overline{D_2}\,\overline{D_1}\,\overline{D_0} + \overline{D_7}\,\overline{D_6}\,D_5\,\overline{D_4}\,\overline{D_3}\,\overline{D_2}\,\overline{D_1}\,\overline{D_0} + \overline{D_7}\,D_6\,\overline{D_5}\,\overline{D_4}\,\overline{D_3}\,\overline{D_2}\,\overline{D_1}\,\overline{D_0} +$$
$$D_7\,\overline{D_6}\,\overline{D_5}\,\overline{D_4}\,\overline{D_3}\,\overline{D_2}\,\overline{D_1}\,\overline{D_0}$$

输入信号是相互排斥的变量,有

$$\begin{aligned}D_4 &= D_4\,\overline{D_7}\,\overline{D_6}\,\overline{D_5}\,\overline{D_3}\,\overline{D_2}\,\overline{D_1}\,\overline{D_0}\\ D_5 &= D_5\,\overline{D_7}\,\overline{D_6}\,\overline{D_4}\,\overline{D_3}\,\overline{D_2}\,\overline{D_1}\,\overline{D_0}\\ D_6 &= D_6\,\overline{D_7}\,\overline{D_5}\,\overline{D_4}\,\overline{D_3}\,\overline{D_2}\,\overline{D_1}\,\overline{D_0}\\ D_7 &= D_7\,\overline{D_6}\,\overline{D_5}\,\overline{D_4}\,\overline{D_3}\,\overline{D_2}\,\overline{D_1}\,\overline{D_0}\end{aligned} \quad (9.3.3)$$

即

$$A_2 = D_4 + D_5 + D_6 + D_7 = \overline{\overline{D_4}\,\overline{D_5}\,\overline{D_6}\,\overline{D_7}}$$
$$A_1 = D_2 + D_3 + D_6 + D_7 = \overline{\overline{D_2}\,\overline{D_3}\,\overline{D_6}\,\overline{D_7}}$$
$$A_0 = D_1 + D_3 + D_5 + D_7 = \overline{\overline{D_1}\,\overline{D_3}\,\overline{D_5}\,\overline{D_7}}$$

最后,根据逻辑函数表达式画出逻辑电路图,如图 9.3.5 所示。请注意到 $\overline{D_0}$ 信号线与三个输出与非门均无连接,因此,当 $D_0 = 1$、$D_1 \sim D_7$ 均为 **0** 时,输出 $A_2 A_1 A_0 = \mathbf{000}$,即 D_0 的二进制编码。

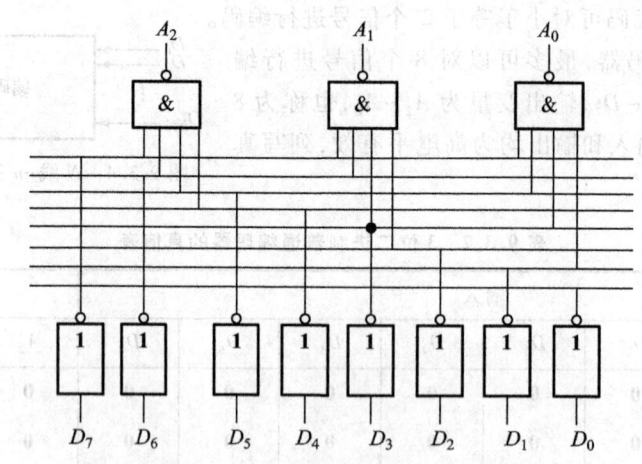

图 9.3.5 3 位二进制编码器逻辑电路图

*2. 优先编码器

普通编码器存在一个缺点,即任何时刻只允许输入一个有效信号,如果同时出现两个或两个以上的有效信号,输出将发生混乱。为此,在实际应用中通常规定输入信号的优先级,这样的编码器称为优先编码器。当几个输入信号同时输入时,只对优先级最高的那个信号进行编码。

下面仅介绍 8 线-3 线优先编码器 74LS148 的功能,略去电路图以及函数的逻辑表达式变换与简化。其输入变量是 $D_0 \sim D_7$,规定 D_7 优先权最高,D_6 优先权次之,以此类推,D_0 优先权最低;输出变量为 $A_2 \sim A_0$。输入变量和输出变量均为低电平有效,则列写出功能表如表 9.3.3 所示。在集成电路中增加了 $\overline{EI}$ 选通输入端、$\overline{EO}$ 选通输出端和 $\overline{GS}$ 扩展输出端,使其应用更加灵活。

表 9.3.3　8 线 -3 线优先编码器 74LS148 的功能表

输入变量									输出变量				
$\overline{EI}$	$\overline{D_7}$	$\overline{D_6}$	$\overline{D_5}$	$\overline{D_4}$	$\overline{D_3}$	$\overline{D_2}$	$\overline{D_1}$	$\overline{D_0}$	$\overline{A_2}$	$\overline{A_1}$	$\overline{A_0}$	$\overline{EO}$	$\overline{GS}$
1	×	×	×	×	×	×	×	×	1	1	1	1	1
0	1	1	1	1	1	1	1	1	1	1	1	0	1
0	0	×	×	×	×	×	×	×	0	0	0	1	0
0	1	0	×	×	×	×	×	×	0	0	1	1	0
0	1	1	0	×	×	×	×	×	0	1	0	1	0
0	1	1	1	0	×	×	×	×	0	1	1	1	0
0	1	1	1	1	0	×	×	×	1	0	0	1	0
0	1	1	1	1	1	0	×	×	1	0	1	1	0
0	1	1	1	1	1	1	0	×	1	1	0	1	0
0	1	1	1	1	1	1	1	0	1	1	1	1	0

由表可见:① 当所有的编码输入都为高电平 1,选通输入端 $\overline{EI}$ 为低电平 0 时,选通输出端 $\overline{EO}$ 为低电平 0,说明电路处于正常工作,但是没有编码输入信号;② 当 $\overline{EI}$ 为低电平 0,且有编码信号 0 输入时,$\overline{EO}$ 为高电平,$\overline{GS}$ 为低电平,说明此时电路工作,且有编码输入。

注意,表中出现三种 $\overline{A_2}\overline{A_1}\overline{A_0}$ 输出为 111 的情况,即:① $\overline{EI}$ 为高电平,即电路不工作;② 电路工作,且输入的编码信号为 $\overline{D_0}$;③ 电路工作,但没有编码输入。

由表 9.3.3 写出 74LS148 的输出表达式为

$$\overline{A_2} = \overline{(D_7 + D_6 + D_5 + D_4)EI} \tag{9.3.4}$$

$$\overline{A_1} = \overline{(D_7 + D_6 + D_5 D_4 D_3 + D_5 D_4 D_2)EI} \tag{9.3.5}$$

$$\overline{A_0} = \overline{(D_7 + D_6 D_5 + D_6 D_4 D_3 + D_6 D_4 D_2 D_1)EI} \tag{9.3.6}$$

$$\overline{EO} = \overline{\overline{D_7}\overline{D_6}\overline{D_5}\overline{D_4}\overline{D_3}\overline{D_2}\overline{D_1}\overline{D_0}EI} \tag{9.3.7}$$

$$\overline{GS} = \overline{EI\overline{D_7}\overline{D_6}\overline{D_5}\overline{D_4}\overline{D_3}\overline{D_2}\overline{D_1}\overline{D_0} + \overline{EI}}$$

$$= \overline{EI\overline{D_7}\overline{D_6}\overline{D_5}\overline{D_4}\overline{D_3}\overline{D_2}\overline{D_1}\overline{D_0}}EI = \overline{EO}EI \tag{9.3.8}$$

8 线 -3 线优先编码器 74LS148 的逻辑符号以及引脚排列如图 9.3.6 所示。

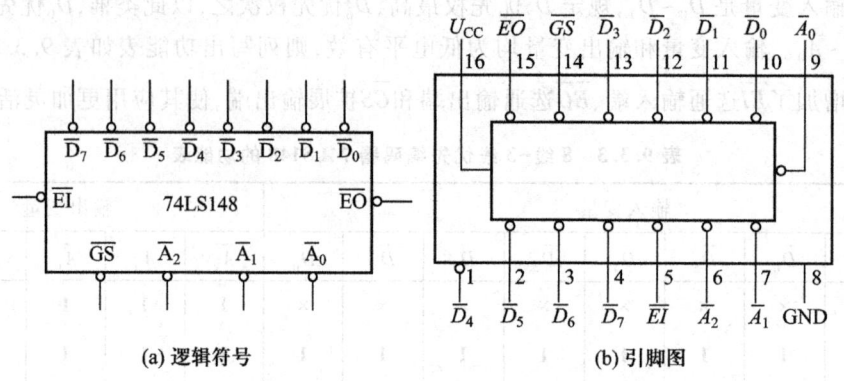

图 9.3.6 8线-3线优先编码器 74LS148

*3. 优先编码器的应用

灵活使用 74LS148 的关键是扩展控制端和选通输出端的合理连接,下面举例说明。

例 9.3.2 试用 8线-3线优先编码器 74LS148 设计一个 16线-4线的优先编码器,要求将 $\overline{B}_0 \sim \overline{B}_{15}$ 这 16 个低电平输入信号编为 **0000～1111** 输出。其中 $\overline{B}_{15}$ 的优先级最高,$\overline{B}_0$ 的优先级最低。

解:由于每片 74LS148 只有 8 个编码输入,需要两片 74LS148,分别标记为(1)号和(2)号。将 $\overline{B}_{15} \sim \overline{B}_8$ 优先权高的输入信号接到(1)号的 $\overline{D}_7 \sim \overline{D}_0$ 输入端上,$\overline{B}_7 \sim \overline{B}_0$ 优先权低的输入信号接到(2)号的 $\overline{D}_7 \sim \overline{D}_0$ 输入端,如图 9.3.7 所示。

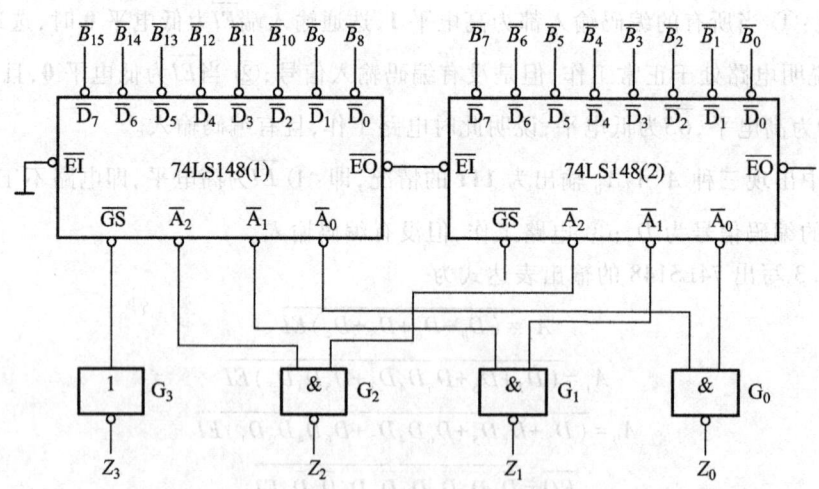

图 9.3.7 用两片 74LS148 组成的 16线-4线优先编码器

由于(1)号编码器的输入信号 $\overline{B}_{15} \sim \overline{B}_8$ 为高优先权,在任何时候都应处在被选通待命编码的状态,因此将 $\overline{EI}$ 端始终接地。按照优先级顺序的要求,只有在 $\overline{B}_{15} \sim \overline{B}_8$ 均无输入信号时才对 $\overline{B}_7 \sim \overline{B}_0$ 进行编码。而当(1)号无输入信号时,$\overline{EO} = 0$,可以利用此信号作为(2)号的选通输入端 $\overline{EI}$ 的输入信号,选通(2)号。

另外,该设计将输出 4 位二进制代码 $Z_3Z_2Z_1Z_0 = \mathbf{0000 \sim 1111}$,而 74LS148 正常的输出端有 3 个,只能输出 3 位二进制数,必须利用扩展输出端新增 1 位输出端,具体方法如下:

当输入为 $\overline{B}_{15} \sim \overline{B}_8$ 时,输出的 4 位二进制代码的最高位 $Z_3 = \mathbf{1}$,而当输入为 $\overline{B}_7 \sim \overline{B}_0$ 时,总有 $Z_3 = \mathbf{0}$,因此,将(1)号的扩展输出端 $\overline{GS}$ 取反后作为 Z_3。这样,当(1)号有输入信号时,$\overline{GS} = \mathbf{0}$,$Z_3 = \mathbf{1}$,而(1)号优先编码器无输入信号时,$\overline{GS} = \mathbf{1}$,$Z_3 = \mathbf{0}$。

注意到,$\overline{B}_{15} \sim \overline{B}_8$ 和 $\overline{B}_7 \sim \overline{B}_0$ 的输出代码对应的低 3 位相同,且这两个编码器不是同时编码,因此,将两个优先编码器的输出信号 $\overline{A}_2\overline{A}_1\overline{A}_0$ 通过**与非门**合并起来,作为编码器的低 3 位输出信号 $Z_2Z_1Z_0$。

例如,当 74LS148(1) 输入 $\overline{B}_{14} = \mathbf{0}$ 时,输出 $\overline{A}_2\overline{A}_1\overline{A}_0 = \mathbf{001}$,而此时 74LS148(2) 的输出 $\overline{A}_2\overline{A}_1\overline{A}_0 = \mathbf{111}$,有 $Z_3Z_2Z_1Z_0 = \mathbf{1110}$;又如,当 74LS148(2) 输入信号 $\overline{B}_6 = \mathbf{0}$ 时,输出 $\overline{A}_2\overline{A}_1\overline{A}_0 = \mathbf{001}$,而此时 74LS148(1) 一定没有输入信号,输出 $\overline{A}_2\overline{A}_1\overline{A}_0 = \mathbf{111}$,输出 $Z_3Z_2Z_1Z_0 = \mathbf{0110}$。

依照上面的分析,得到逻辑图如图 9.3.7 所示。

除了 8 线-3 线优先编码器 74LS148 外,常见的还有 10 线-4 线(二-十进制)优先编码器 74LS147,能将 $\overline{D}_0 \sim \overline{D}_9$ 这 10 个输入信号分别编成 10 个 8421BCD 码,其中 $\overline{D}_9$ 的优先权最高,$\overline{D}_0$ 优先权最低。

9.3.3 译码器

译码是编码的逆过程,在编码时,对每一种二进制代码都赋予了特定的含义,表示一个确定的信号或者对象。把代码状态的特定含义"翻译"出来的过程叫做译码,实现译码操作的电路称为译码器(Decoder)。常用的译码器有二进制译码器、二-十进制译码器和显示译码器三种。

1. 二进制译码器

二进制译码器输入为二进制码,输出为与输入代码一一对应的高、低电平信号。3 位二进制译码器示意图如图 9.3.8(a)所示,输入 3 位二进制码,可以译出 8 种状态,故又称 3 线-8 线译码器。

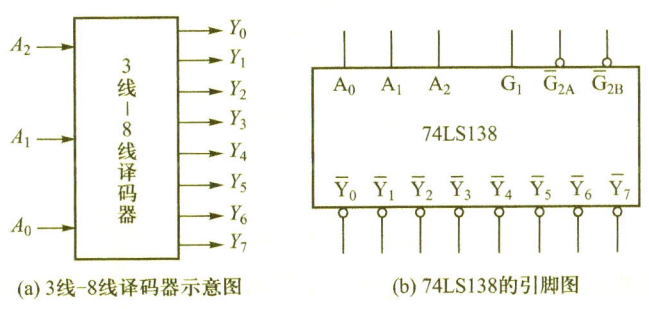

(a) 3 线-8 线译码器示意图 (b) 74LS138 的引脚图

图 9.3.8 3 位二进制译码器

图 9.3.8(b)为 3 线-8 线译码器 74LS138 的引脚图,图 9.3.9 为其逻辑电路,表 9.3.4 是功能表。输入变量为 A_2、A_1、A_0,高电平有效;输出变量为 $\overline{Y}_7 \sim \overline{Y}_0$,低电平有效。

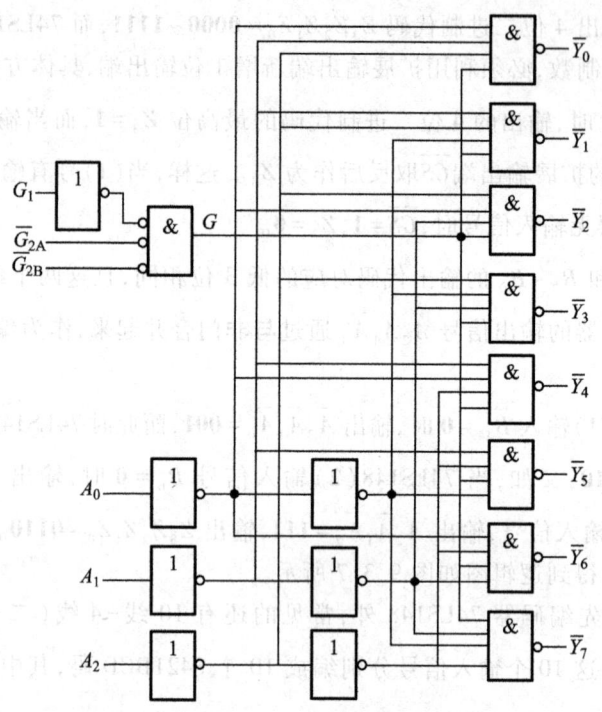

图 9.3.9　3 线-8 线译码器的逻辑电路

为了应用灵活方便，3 线-8 线译码器 74LS138 增加了三个附加的控制端 G_1、$\overline{G}_{2A}$ 和 $\overline{G}_{2B}$，所以，74LS138 的输出表达式为

$$\begin{cases} \overline{Y}_0 = \overline{\overline{A}_2 \overline{A}_1 \overline{A}_0 G} \\ \overline{Y}_1 = \overline{\overline{A}_2 \overline{A}_1 A_0 G} \\ \overline{Y}_2 = \overline{\overline{A}_2 A_1 \overline{A}_0 G} \\ \overline{Y}_3 = \overline{\overline{A}_2 A_1 A_0 G} \\ \overline{Y}_4 = \overline{A_2 \overline{A}_1 \overline{A}_0 G} \\ \overline{Y}_5 = \overline{A_2 \overline{A}_1 A_0 G} \\ \overline{Y}_6 = \overline{A_2 A_1 \overline{A}_0 G} \\ \overline{Y}_7 = \overline{A_2 A_1 A_0 G} \end{cases} \quad (9.3.9)$$

由上述表达式可见，每个输出函数都是输入变量的一个最小项。对应每个输入状态仅有一个输出为 0，其余为 1，因此，3 线-8 线译码器又称为最小项译码器。

另外，只有当 $G_1 = 1$，$\overline{G}_{2A} = \overline{G}_{2B} = 0$ 时，74LS138 才可以正常译码，所以这 3 个控制端又称为片选输入端，其功能表如表 9.3.4 所示。

表 9.3.4 3 线-8 线译码器 74LS138 的功能表

输入					输出							
G_1	$\bar{G}_{2A}+\bar{G}_{2B}$	A_2	A_1	A_0	$\bar{Y}_7$	$\bar{Y}_6$	$\bar{Y}_5$	$\bar{Y}_4$	$\bar{Y}_3$	$\bar{Y}_2$	$\bar{Y}_1$	$\bar{Y}_0$
×	1	×	×	×	1	1	1	1	1	1	1	1
0	×	×	×	×	1	1	1	1	1	1	1	1
1	0	0	0	0	1	1	1	1	1	1	1	0
1	0	0	0	1	1	1	1	1	1	1	0	1
1	0	0	1	0	1	1	1	1	1	0	1	1
1	0	0	1	1	1	1	1	1	0	1	1	1
1	0	1	0	0	1	1	1	0	1	1	1	1
1	0	1	0	1	1	1	0	1	1	1	1	1
1	0	1	1	0	1	0	1	1	1	1	1	1
1	0	1	1	1	0	1	1	1	1	1	1	1

译码器在计算机系统扩展中应用很普遍,例如,开发单片机系统经常需要扩展程序存储器、数据存储器、A/D 转换器、可编程的并行接口等,这就需要占用大量的地址总线,而单片机地址总线的数量是有限的,因此需要用译码器对有限的地址译码,拓展出更多的地址线,以扩展更多的外围芯片。

2. 二-十进制译码器

二-十进制译码器是将输入的 BCD 码译成 10 个输出信号。常用的二-十进制译码器 74LS42 的功能表如表 9.3.5 所示,读者可以自行写出逻辑表达式。画出逻辑图和逻辑符号如图 9.3.10(a)、(b)所示。

表 9.3.5 二-十进制译码器 74LS42 的功能表

序号	输入				输出									
	A_3	A_2	A_1	A_0	$\bar{Y}_0$	$\bar{Y}_1$	$\bar{Y}_2$	$\bar{Y}_3$	$\bar{Y}_4$	$\bar{Y}_5$	$\bar{Y}_6$	$\bar{Y}_7$	$\bar{Y}_8$	$\bar{Y}_9$
0	0	0	0	0	0	1	1	1	1	1	1	1	1	1
1	0	0	0	1	1	0	1	1	1	1	1	1	1	1
2	0	0	1	0	1	1	0	1	1	1	1	1	1	1
3	0	0	1	1	1	1	1	0	1	1	1	1	1	1
4	0	1	0	0	1	1	1	1	0	1	1	1	1	1
5	0	1	0	1	1	1	1	1	1	0	1	1	1	1
6	0	1	1	0	1	1	1	1	1	1	0	1	1	1
7	0	1	1	1	1	1	1	1	1	1	1	0	1	1
8	1	0	0	0	1	1	1	1	1	1	1	1	0	1
9	1	0	0	1	1	1	1	1	1	1	1	1	1	0

续表

序号	输入				输出									
	A_3	A_2	A_1	A_0	$\overline{Y}_0$	$\overline{Y}_1$	$\overline{Y}_2$	$\overline{Y}_3$	$\overline{Y}_4$	$\overline{Y}_5$	$\overline{Y}_6$	$\overline{Y}_7$	$\overline{Y}_8$	$\overline{Y}_9$
位码	1	0	1	0	1	1	1	1	1	1	1	1	1	1
	1	0	1	1	1	1	1	1	1	1	1	1	1	1
	1	1	0	0	1	1	1	1	1	1	1	1	1	1
	1	1	0	1	1	1	1	1	1	1	1	1	1	1
	1	1	1	0	1	1	1	1	1	1	1	1	1	1
	1	1	1	1	1	1	1	1	1	1	1	1	1	1

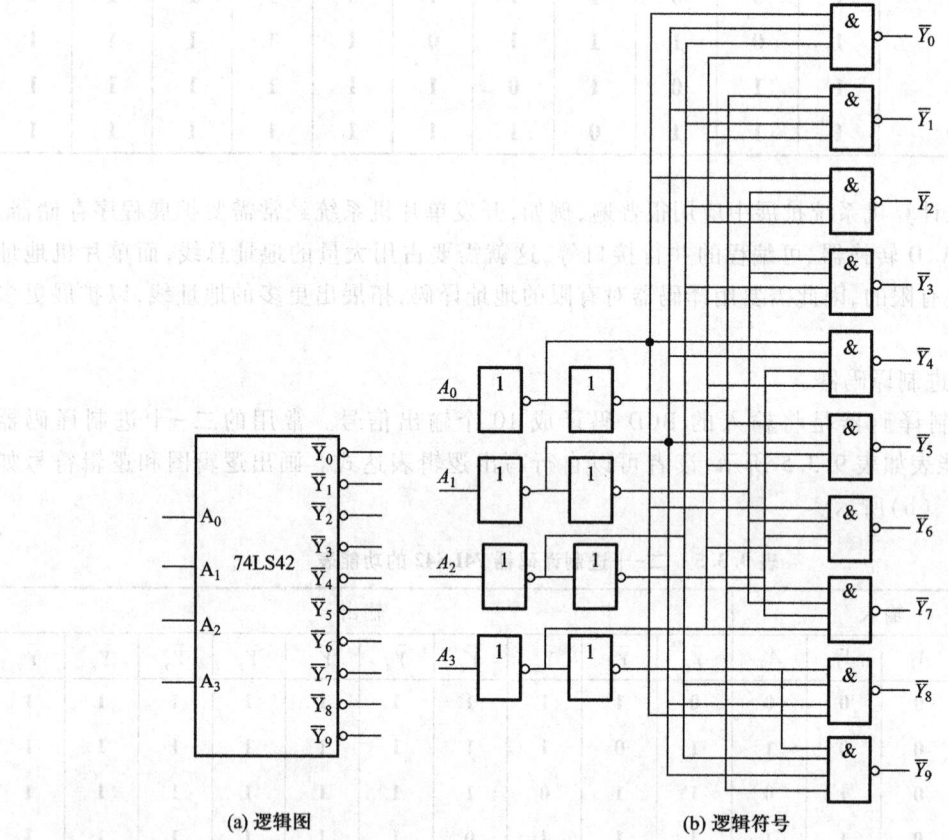

(a) 逻辑图　　　　　　　　　　　(b) 逻辑符号

图 9.3.10　二-十进制译码器 74LS42

如表 9.3.5 所示,对于 BCD 码以外的伪码(即 **1010~1111**) $\overline{Y}_0 \sim \overline{Y}_9$ 均无低电平信号产生,译码器拒绝翻译,表明 74LS42 具有拒绝伪码的功能。

3. 显示译码器

在数字系统中,经常需要将数字、文字或符号的二进制编码翻译成人们习惯的形式直观地显示出来,供人们读取或监视系统的工作情况。能够把二进制代码翻译并显示出来的电路叫做显示译码器,它包括译码驱动电路和数码显示器两部分。

(1) 数码显示器

常用的数码显示器有两种,特点如下:

① 液晶(LCD)显示器,特点是驱动电压低(1 V 以下)、工作电流非常小、功耗极小(1 μW/cm² 以下),配合 CMOS 电路可以组成微功耗系统。缺点是亮度差、响应速度低(在 10～200 ms 范围),限制了在快速系统中的应用。

② 发光二极管(LED)显示器,具有清晰醒目、工作电压低(1.5～3 V)、体积小、寿命长、可靠性高等优点,而且响应时间短(1～100 ns),颜色丰富(有红、绿、黄等颜色),亮度高。缺点是工作电流比较大,每段的工作电流在 10 mA 左右,因此功耗较大。

图 9.3.11(a) 中的七段半导体数码管是将 7 个发光二极管(编号为 a、b、c、d、e、f、g)连接在一起,7 个笔画段在同一平面上形成"8"字型分布。若设定了显示字型,则相应段的 LED(Light Emitting Diode)发光。有些数码管的右下角还增设一个小数点,如图 9.3.12(a) 所示,形成八段数码管。LED 在作用反向电压时不发光,因此数码管按连接方式不同,分为共阳极和共阴极两种,分别如图 9.3.11(b)、(c) 所示。共阳极接法是指 7 个 LED 管的阳极接在一起,每个管的阴极经限流电阻接到显示译码器的输出端(即译码器输出为低电平有效),例如数码管 BS211/212;共阴极是指 7 个 LED 管的阴极连接在一起,每个管的阳极经限流电阻接到显示译码器的输出端(即译码器输出为高电平有效),例如数码管 BS201/202;改变限流电阻大小,可改变二极管中电流大小,从而控制发光亮度。

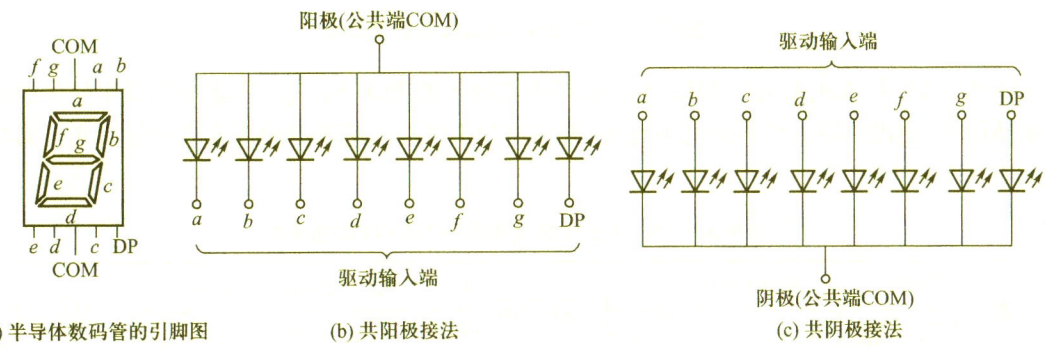

图 9.3.11　数码管的连接方式

BS201 数码管的外形和等效电路如图 9.3.12 所示。

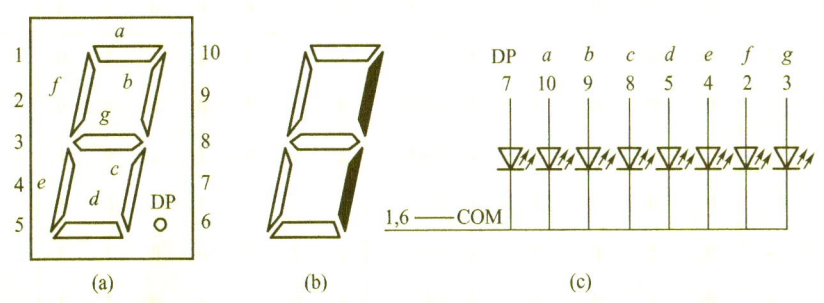

图 9.3.12　半导体数码管 BS201 的外形图和等效电路

（2）BCD 七段显示译码器

半导体数码管和液晶显示器都可以用 TTL 或 CMOS 集成电路直接驱动。为了使七段数码管显示 0~9 十个数字，需要使用 BCD 七段译码器将 BCD 码翻译成数码管所要求的驱动信号。

最常用的 BCD 七段显示译码器 74LS48 驱动数码管 BS201 的逻辑图如图 9.3.13 所示。流过发光二极管的电流由电源电压经 1 kΩ 上拉电阻提供，选取合适的电阻值使电流大于数码管所需要的电流。

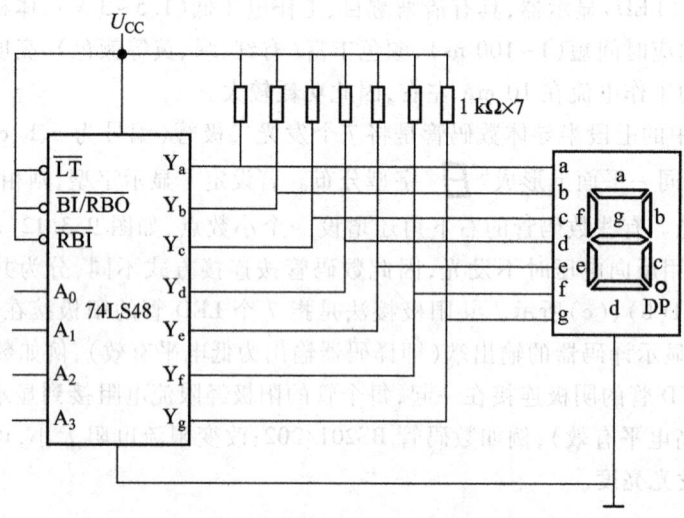

图 9.3.13　74LS48 驱动数码管 BS201

图 9.3.13 中，$A_3A_2A_1A_0$ 是 74LS48 显示译码器输入的 BCD 码，$Y_a \sim Y_g$ 表示七段半导体数码管的驱动信号，输出和输入均为高电平有效，即输出为 **1** 时相应笔画段的发光二极管发光。其功能表见表 9.3.6。

表 9.3.6　BCD 七段显示译码器 74LS48 的功能表

功能		控制输入		8421BCD 码输入				$\overline{BI/RBO}$	输出（数码管笔画段）							显示字符
		$\overline{LT}$	$\overline{RBI}$	A_3	A_2	A_1	A_0		a	b	c	d	e	f	g	
消影		×	×	×	×	×	×	0(BI)	0	0	0	0	0	0	0	
灯测试		0	×	×	×	×	×	1(RBO)	1	1	1	1	1	1	1	8
灭零		1	0	0	0	0	0	0(RBO)	0	0	0	0	0	0	0	
显示	0	1	1	0	0	0	0	1(RBO)	1	1	1	1	1	1	0	0
	1	1	×	0	0	0	1	1(RBO)	0	1	1	0	0	0	0	1
	2	1	×	0	0	1	0	1(RBO)	1	1	0	1	1	0	1	2
	3	1	×	0	0	1	1	1(RBO)	1	1	1	1	0	0	1	3
	4	1	×	0	1	0	0	1(RBO)	0	1	1	0	0	1	1	4
	5	1	×	0	1	0	1	1(RBO)	1	0	1	1	0	1	1	5

续表

功能		控制输入		8421BCD 码输入				$\overline{BI/RBO}$	输出（数码管笔画段）							显示字符
		$\overline{LT}$	$\overline{RBI}$	A_3	A_2	A_1	A_0		a	b	c	d	e	f	g	
显示	6	1	×	0	1	1	0	1(RBO)	0	0	1	1	1	1	1	b
	7	1	×	0	1	1	1	1(RBO)	1	1	1	0	0	0	0	⁊
	8	1	×	1	0	0	0	1(RBO)	1	1	1	1	1	1	1	8
	9	1	×	1	0	0	1	1(RBO)	1	1	1	0	0	1	1	9
显示伪码		1	×	1	0	1	0	1(RBO)	0	0	0	1	1	0	1	c
		1	×	1	0	1	1	1(RBO)	0	0	1	1	0	0	1	⊃
		1	×	1	1	0	0	1(RBO)	0	1	0	0	0	1	1	⊔
		1	×	1	1	0	1	1(RBO)	1	0	0	1	0	1	1	⊐
		1	×	1	1	1	0	1(RBO)	0	0	0	1	1	1	1	㇄
		1	×	1	1	1	1	1(RBO)	0	0	0	0	0	0	0	

从表中可见，输入为 **1010~1111** 这 6 个状态的输出显示字形为异形码。

另外，在逻辑电路中增加了三个附加控制变量，其功能和用法如下：

① 灯测试输入 $\overline{LT}$

当 $\overline{LT}=0$ 时，$Y_a \sim Y_g$ 均输出高电平，七段半导体数码管全部亮，显示"8"字形，用来测试数码管的好坏；当 $\overline{LT}=1$ 时，显示译码器按输入 BCD 码正常显示。

② 灭零输入端 $\overline{RBI}$

当 $\overline{RBI}=0$ 时，若输入端 $A_3A_2A_1A_0=0000$，则 $Y_a \sim Y_g$ 均输出低电平，无字形显示，实现灭零；若输入端为其他的 BCD 码，则正常显示。设置灭零输入端 $\overline{RBI}$ 的目的是为了把不希望显示的零熄灭。例如有一个 5 位的数码管显示"003.40"时，整数部分最前面两位以及小数部分最后一位的 0 是无需显示的，可以在对应位的灭零输入端加入灭零信号，使 $\overline{RBI}=0$，则只显示出"3.4"。对不需要灭零的位则应使 $\overline{RBI}=1$。

③ 灭灯输入 $\overline{BI}$/灭零输出端 $\overline{RBO}$

当 $\overline{BI/RBO}$ 作为输入端使用时，称为灭灯输入端。若 $\overline{BI}=0$，则无论输入为何种状态，$Y_a \sim Y_g$ 输出均为 0，七段半导体数码管全部熄灭；若 $\overline{BI}=1$ 时，正常译码显示。当 $\overline{BI/RBO}$ 作为输出端使用时，称为灭零输出端，其表达式为

$$\overline{RBO} = \overline{\overline{A_3 A_2 A_1 A_0} \cdot \overline{LT} \cdot \overline{RBI}} \tag{9.3.10}$$

由上式可知，当 $A_3A_2A_1A_0=0000$ 而且有灭零输入信号 $\overline{RBI}=0$ 和灭零灯输入 $\overline{LT}=1$ 时，输出

$\overline{RBO}=\mathbf{0}$,该信号既可以使本位灭零,又同时输出低电平信号,为相邻位灭零提供条件。

例 9.3.3 试用显示译码器 74LS48 和数码管实现多位数码显示系统。

解：将灭零输入端和灭零输出端配合使用,可以实现对多位数码显示器整数前和小数后的灭零控制,连接方法如图 9.3.14 所示。接法如下：将整数部分的高位 $\overline{RBO}$ 和相邻低位的 $\overline{RBI}$ 相连,最高位 $\overline{RBI}$ 接 **0**,但是个位的 $\overline{RBI}$ 悬空；小数部分低位的 $\overline{RBO}$ 和相邻高位的 $\overline{RBI}$ 相连,最低位 $\overline{RBI}$ 接 **0**,最高位 $\overline{RBI}$ 接 **1**。这样,整数部分只有高位为 **0** 而且被熄灭的情况下,相邻低位才有灭零输入信号；小数部分只有低位为 **0** 而且被熄灭的情况下,相邻高位才有灭零输入信号,从而实现了对多位十进制数码的灭零控制。

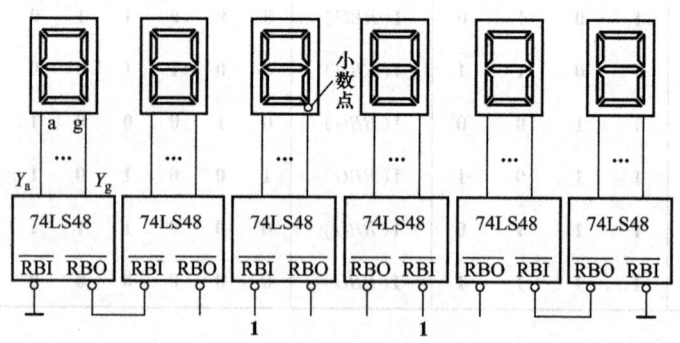

图 9.3.14 例 9.3.3 的电路图

*9.3.4 数据选择器

在数字系统中,通常需要从多路数据中选择一路进行传输,执行这种功能的电路称为数据选择器(Multiprexer),或称为多路开关。

1. 8 选 1 数据选择器 74LS151

图 9.3.15(a)和图 9.3.15(b)分别为 TTL 中规模集成 8 选 1 数据选择器 74LS151 的逻辑图和逻辑符号,其中 $D_7 \sim D_0$ 为输入数据,$A_2A_1A_0$ 为地址输入端,$\overline{S}$ 为控制端,用于控制电路的工作状态和扩展功能,Y 和 $\overline{W}$ 为一对互补输出端。

由图可写出 74LS151 的输出表达式

$$Y = (\overline{A_2}\overline{A_1}\overline{A_0}D_0 + \overline{A_2}\overline{A_1}A_0D_1 + \overline{A_2}A_1\overline{A_0}D_2 + \overline{A_2}A_1A_0D_3 + \\ A_2\overline{A_1}\overline{A_0}D_4 + A_2\overline{A_1}A_0D_5 + A_2A_1\overline{A_0}D_6 + A_2A_1A_0D_7)\overline{S} \quad (9.3.11)$$

可见,通过给定不同的地址代码(即 $A_2A_1A_0$ 的状态),即可从 8 个输入数据中选择一个输出。例如,当 $\overline{S}=\mathbf{0}$,$A_2A_1A_0=\mathbf{101}$ 时 $Y=D_5$,故输入数据 D_5 被选中,出现在输出端。

2. 双 4 选 1 数据选择器 74LS153

双 4 选 1 数据选择器 74LS153 的逻辑图和逻辑符号分别如图 9.3.16(a)和图 9.3.16(b)所示,其中 A_1A_0 为公用的地址输入端,而数据输入端和数据输出端是各自独立的,控制端 $\overline{S_1}$、$\overline{S_2}$ 分别控制 $D_{10} \sim D_{13}$ 以及 $D_{20} \sim D_{23}$ 的工作状态和扩展功能,低电平时数据选择器工作,高电平时数据选择器被禁止,输出为低电平 **0**。

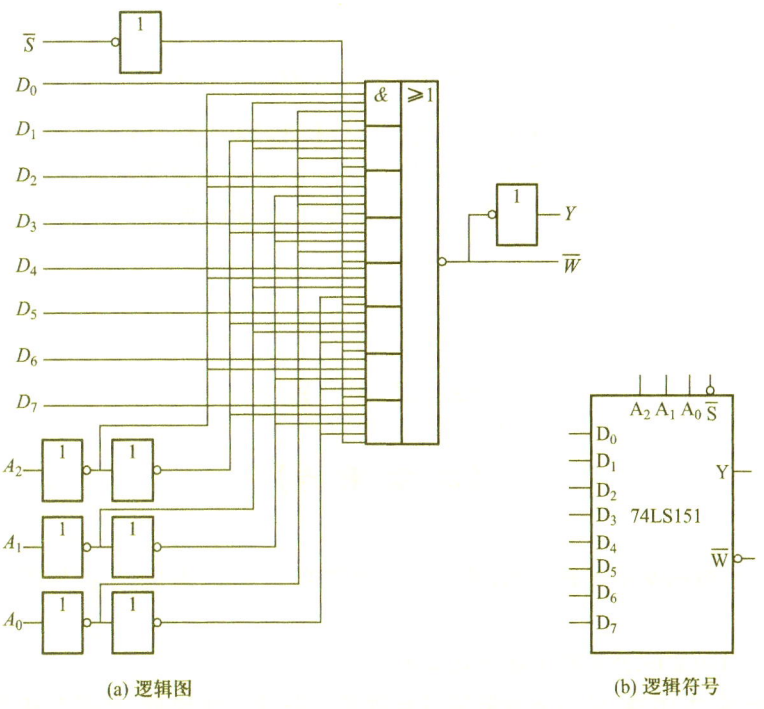

图 9.3.15 8 选 1 数据选择器 74LS151

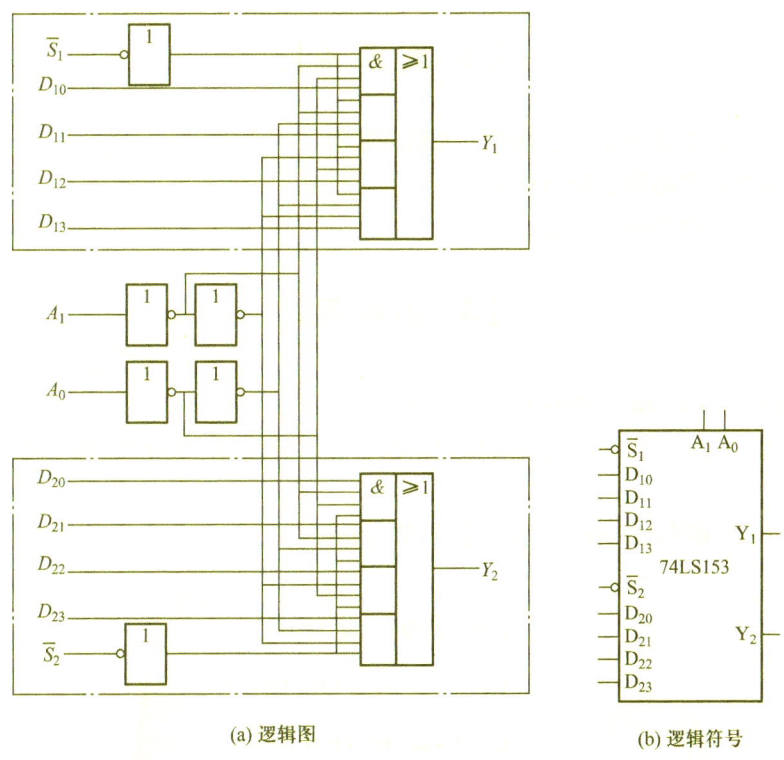

图 9.3.16 双 4 选 1 数据选择器 74LS153

74LS153 的输出表达式如下

$$Y_1 = (\bar{A}_1\bar{A}_0D_{10} + \bar{A}_1A_0D_{11} + A_1\bar{A}_0D_{12} + A_1A_0D_{13})S_1 \qquad (9.3.12)$$

$$Y_2 = (\bar{A}_1\bar{A}_0D_{20} + \bar{A}_1A_0D_{21} + A_1\bar{A}_0D_{22} + A_1A_0D_{23})S_2 \qquad (9.3.13)$$

受到电路芯片面积和外部封装大小的限制,目前生产中规模数据选择器的最大数据通道为 16。当有较多的数据源需要选择时,可以用多片小容量的数据选择器组合来进行容量的扩展。

学 习 指 导

【本 章 重 点】

1. 掌握逻辑代数的基本运算法则,掌握逻辑函数的真值表、表达式、波形图与卡诺图等表示方法。
2. 掌握用逻辑函数的公式和卡诺图化简的方法。
3. 理解加法器、编码器、译码显示器等组合逻辑电路的工作原理,掌握对基本组合逻辑电路的分析与设计。

【本 章 难 点】

1. 应用逻辑代数的基本运算法则对逻辑函数化简。
2. 对逻辑函数的卡诺图绘制与化简。
3. 对组合逻辑电路的分析与设计。

【典 型 例 题】

例 9.1 化简式 $F = ABC + ABD + \bar{A}B\bar{C} + CD + B\bar{D}$

【分析】方法一、采用公式法化简函数需要综合应用分配律、吸收律、同一律、分配律等规则进行消项和化简。

方法二、采用卡诺图化简函数需要留意出现冗余项。

【解一】

$$F = ABC + ABD + \bar{A}B\bar{C} + CD + B\bar{D}$$
$$= ABC + \bar{A}B\bar{C} + CD + B(AD + \bar{D}) \qquad \text{(分配律)}$$
$$= ABC + \bar{A}B\bar{C} + CD + B(A + \bar{D}) \qquad \text{(吸收律)}$$
$$= ABC + \bar{A}B\bar{C} + CD + AB + B\bar{D}$$

$$= AB + \bar{A}BC + CD + B\bar{D} \qquad \text{(同一律)}$$
$$= B(A + \bar{A}C) + CD + B\bar{D}$$
$$= B(A + \bar{C}) + CD + B\bar{D}$$
$$= AB + B\bar{C} + CD + B\bar{D} \qquad \text{(吸收律)}$$
$$= AB + CD + B(\bar{C} + \bar{D})$$
$$= AB + CD + \overline{BCD} \qquad \text{(分配律)}$$
$$= AB + CD + B \qquad \text{(吸收律)}$$
$$= B(A + 1) + CD$$
$$= B + CD$$

【解二】 根据逻辑式,通过配项($A + \bar{A} = 1$)填写卡诺图如例 9.1 图所示。

采用尽量大的卡诺圈去圈住 **1** 的方格,做到化简得到的**与或**式中与项变量最少,和项最少。

可见,化简的逻辑式为 $Y = B + CD$,与解法一获得的结果一致。

例 9.2 用卡诺图表示逻辑函数 $F = \bar{A}BCD + \bar{A}B\bar{C}D + \bar{A}\bar{B}\bar{C}D + \bar{A}\bar{B}\bar{C}\bar{D} + \bar{A}BC\bar{D} + \bar{A}\bar{B}C\bar{D} + ABC\bar{D} + ABCD$,并化简表达式。

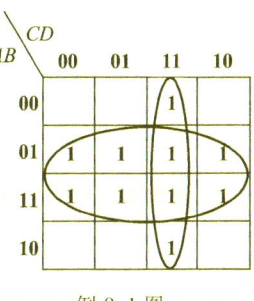

例 9.1 图

【分析】 首先画出四变量的卡诺图,然后在卡诺图上与函数式中最小项对应的方格内填入 **1**,在其余位置上填入 **0**(也可以不填),得到两个不同圈法的卡诺图,如例 9.2(a)、(b)图所示。

【解】 例 9.2(a)图所示第一种化简后的表达式为

$$F = \bar{A}B\bar{C} + \bar{A}\bar{B}\bar{D} + \bar{A}BD + BC$$

例 9.2(b)图所示第二种化简后的表达式为 $F = \bar{A}BD + \bar{A}\bar{C}\bar{D} + BC$

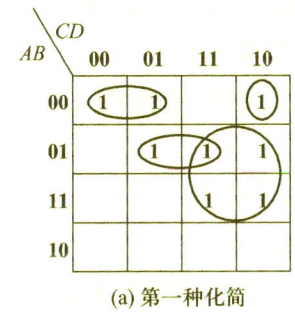
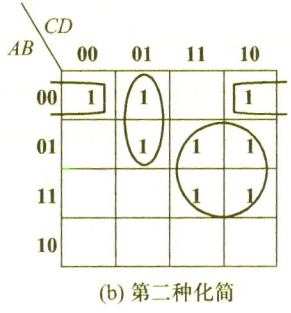

(a) 第一种化简 　　　(b) 第二种化简

例 9.2 图

很显然,第二种化简得到的与项仅三项,比第一种化简更精简。

注意:对于同一个函数(最小项)卡诺图,化简的逻辑函数式可能唯一,但也可能有两种或者多种。

例 9.3 已知逻辑函数 $Y(A, B, C, D) = \sum m(0, 1, 2, 8, 9, 10, 11, 13, 15)$。求:(1) 函数 Y 的

最简与或式;(2)反函数 $\overline{Y}$ 的最简与或式;(3)函数 Y 的最简或与式。

【分析】通过画出函数 $Y=1$ 的卡诺图进行卡诺圈化简,得到函数 Y 的最简与或式。其次,由于在函数 Y 的卡诺图中,分别将 **0** 换为 **1**、**1** 换为 **0**,就是反函数 $\overline{Y}$ 的卡诺图。因此,对函数 $Y=0$ 的卡诺图进行化简,可得到反函数 $\overline{Y}$ 的最简与或式。最后,对反函数 $\overline{Y}$ 的逻辑式求反,可得到函数 Y 的最简或与式。

【解】画出如例9.3图所示函数 Y 的卡诺图和卡诺圈。

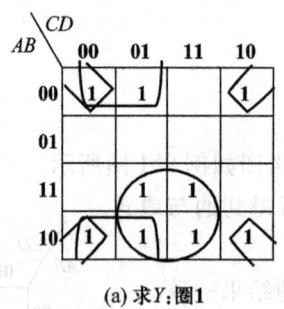
(a) 求Y:圈1

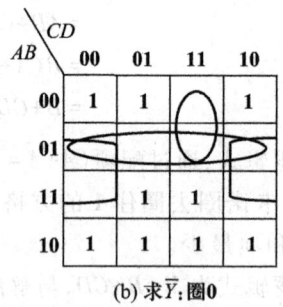
(b) 求$\overline{Y}$:圈0

例9.3图

如例9.3(a)图所示,函数 Y 的最简与或式为

$$Y = AD + \overline{B}\,\overline{C} + \overline{B}\,\overline{D}$$

在 Y 的卡诺图中圈 **0**,如例9.3(b)图所示,可求解 $\overline{Y}$ 的最简与或式

$$\overline{Y} = \overline{A}B + B\overline{D} + \overline{A}CD$$

接下来,对反函数 $\overline{Y}$ 求反,获得函数 Y 的最简或与式

$$Y = \overline{\overline{Y}} = \overline{\overline{A}B + B\overline{D} + \overline{A}CD} = (A+\overline{B})(\overline{B}+D)(A+\overline{C}+\overline{D})$$

从本例可知,在函数的卡诺图中,圈 **1** 可求函数的最简与或式;圈 **0** 可求反函数的最简与或式;对反函数的最简与或式再取反,可求得函数 Y 的最简或与式。

例9.4 通过适当的方法将与非门、或非门连接成反相器,实现 $Y=\overline{A}$。

【分析】分别利用以下布尔代数式来实现:

$$Y_{11} = \overline{1 \cdot A} = \overline{A},\ Y_{12} = \overline{\overline{A} \cdot A} = \overline{A}$$

$$Y_{21} = \overline{0+A} = \overline{A},\ Y_{22} = \overline{A+A} = \overline{A}$$

【解】根据上式分别绘制由与非门、或非门连成的反相器,如例9.4(a)~(d)图所示。

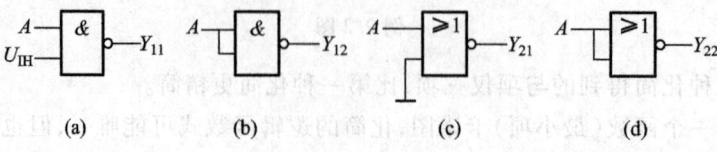

例9.4图

例 9.5 试用 3 线-8 线译码器 74LS138 设计一个多输出的组合逻辑电路,要求输出的逻辑函数式为

$$\begin{cases} Z_1 = \bar{A}BC + A\bar{C} + \bar{B}C \\ Z_2 = AB + \bar{B}\bar{C} \end{cases}$$

【分析】 由式(9.3.9)看到,当控制端 $G=1$ 时,若将 A_2、A_1、A_0 作为 3 个输入逻辑变量,则 8 个输出端对应值就是这 3 个输入变量的全部最小项 $\bar{m}_0 \sim \bar{m}_7$ 的取值。若利用附加的门电路将这些最小项适当地组合起来,便可以产生任何形式的三变量组合逻辑函数。

【解】 首先将上式给定的逻辑函数化为最小项表达式,得到

$$\begin{cases} Z_1 = \bar{A}BC + AB\bar{C} + A\bar{B}\bar{C} + A\bar{B}C + \bar{A}BC = m_1 + m_3 + m_4 + m_5 + m_6 \\ Z_2 = ABC + AB\bar{C} + A\bar{B}\bar{C} + \bar{A}\bar{B}\bar{C} = m_0 + m_4 + m_6 + m_7 \end{cases}$$

即

$$\begin{cases} Z_1 = \overline{\bar{m}_1 \bar{m}_3 \bar{m}_4 \bar{m}_5 \bar{m}_6} \\ Z_2 = \overline{\bar{m}_0 \bar{m}_4 \bar{m}_6 \bar{m}_7} \end{cases}$$

令 74LS138 的输入 $A_2 = A$、$A_1 = B$、$A_0 = C$,则输出 $\bar{Y}_0 \sim \bar{Y}_7$ 就是式中的 $\bar{m}_0 \sim \bar{m}_7$。在片选端有效的情况下,只需要在 74LS138 的输出端附加两个**与非门**,即可得到 Z_1 和 Z_2 的逻辑电路,如例 9.5 图所示。

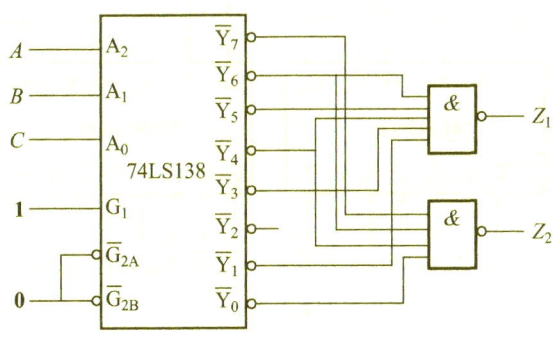

例 9.5 图

综上,3 位二进制译码器能实现输入变量不大于 3 的组合逻辑函数,同理,n 位二进制译码器能实现输入变量不大于 n 的组合逻辑函数。

例 9.6 利用两片 74LS138 组成 4 线-16 线译码器,将输入的 4 位二进制代码 $D_3 D_2 D_1 D_0$ 译成 16 个独立的低电平信号 $\bar{Z}_0 \sim \bar{Z}_{15}$。

【分析】 由图 9.3.8 可见,74LS138 仅有 3 个地址输入端 A_2、A_1、A_0,如果想对 4 位二进制代码进行译码,只能利用控制端作为第 4 个地址输入端。

【解】 按照 3 线-8 线译码器 74LS138 的输出函数式,写出 4 线-16 线译码器的输出函数式

$$\begin{cases} \overline{Z}_0 = \overline{\overline{D}_3 \overline{D}_2 \overline{D}_1 \overline{D}_0} \\ \overline{Z}_1 = \overline{\overline{D}_3 \overline{D}_2 \overline{D}_1 D_0} \\ \cdots \\ \overline{Z}_7 = \overline{\overline{D}_3 D_2 D_1 D_0} \end{cases} \quad (9.1)$$

$$\begin{cases} \overline{Z}_8 = \overline{D_3 \overline{D}_2 \overline{D}_1 \overline{D}_0} \\ \overline{Z}_9 = \overline{D_3 \overline{D}_2 \overline{D}_1 D_0} \\ \cdots \\ \overline{Z}_{15} = \overline{D_3 D_2 D_1 D_0} \end{cases} \quad (9.2)$$

将式(9.1)与式(9.3.9)比较可知,若令 $A_2=D_2$、$A_1=D_1$、$A_0=D_0$,则 $G=\overline{G}_1 \overline{G}_{2A} \overline{G}_{2B}=\overline{D}_3$,可以令 G_1 为高电平,令 $\overline{G}_{2A}=\overline{G}_{2B}=D_3$。同理,将式(9.2)与式(9.3.9)相比较,若令 $A_2=D_2$、$A_1=D_1$、$A_0=D_0$,则 $G=\overline{G}_1 \overline{G}_{2A} \overline{G}_{2B}=D_3$,令 $G_1=D_3$,$\overline{G}_{2A}$ 和 $\overline{G}_{2B}$ 为低电平。按此方法连接的电路如例9.6图所示。

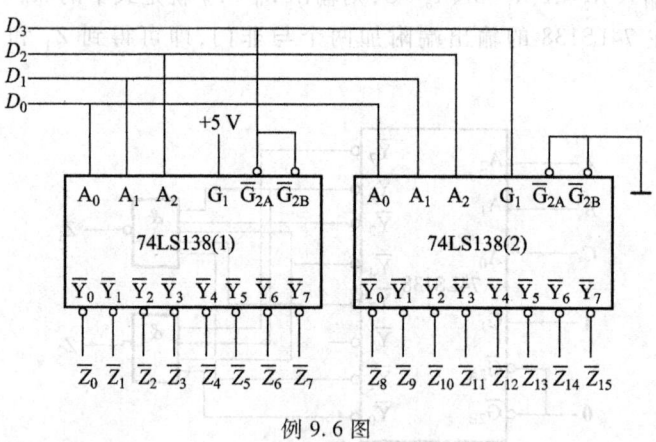

例9.6图

例9.6图中,当 $D_3=\mathbf{0}$ 时,第(1)片74LS138能正常译码而第(2)片则不能,从而将 $D_3 D_2 D_1 D_0$ 的 **0000~0111** 这8个代码分别译成 $\overline{Z}_0 \sim \overline{Z}_7$ 的8个低电平信号。

当 $D_3=\mathbf{1}$ 时,第(1)片74LS138不能译码而第(2)片能正常译码,将 $D_3 D_2 D_1 D_0$ 的 **1000~1111** 这8个代码分别译成 $\overline{Z}_8 \sim \overline{Z}_{15}$ 的8个低电平信号。这样,实现了将两个3线-8线译码器扩展成一个4线-8线译码器。

例9.7 分别用8选1数据选择器74LS151和双4选1数据选择器74LS153实现逻辑函数 $Y=\overline{A}\overline{B}\overline{C}+\overline{A}BC+A\overline{B}C+AB\overline{C}+ABC$。

【分析】分别将74LS151和74LS153的输出逻辑函数表达式与上述目标逻辑函数相对比,即可得到对应的输入值或者表达式。

【解】(1)在控制端有效的情况下,74LS151输出逻辑函数表达式为

$$Y = \bar{A}_2\bar{A}_1\bar{A}_0 D_0 + \bar{A}_2\bar{A}_1 A_0 D_1 + \bar{A}_2 A_1 \bar{A}_0 D_2 + \bar{A}_2 A_1 A_0 D_3$$
$$+ A_2\bar{A}_1\bar{A}_0 D_4 + A_2\bar{A}_1 A_0 D_5 + A_2 A_1 \bar{A}_0 D_6 + A_2 A_1 A_0 D_7$$

目标逻辑函数

$$Y = \bar{A}\bar{B}\bar{C} + \bar{A}BC + A\bar{B}C + AB\bar{C} + ABC$$

比较两式可知：若令 $A_2 A_1 A_0 = ABC$，则 $D_0 = D_3 = D_5 = D_6 = D_7 = 1$ 且 $D_1 = D_2 = D_4 = 0$，因此，数据选择器输入采用置 **1**、置 **0** 方法即可实现要求的逻辑函数，如例 9.7(a)图所示。

(2) 在控制端有效的情况下，74LS153 输出逻辑函数表达式为

$$Y = \bar{A}_1\bar{A}_0 D_0 + \bar{A}_1 A_0 D_1 + A_1 \bar{A}_0 D_2 + A_1 A_0 D_3$$

目标逻辑函数

$$Y = \bar{A}\bar{B}\bar{C} + \bar{A}BC + A\bar{B}\bar{C} + A\bar{B}C + ABC$$

比较两式可知：若令 $A_1 A_0 = AB$，则

$$Y = \bar{A}\bar{B}\bar{C} + \bar{A}BC + A\bar{B}\bar{C} + A\bar{B}C + ABC = \bar{A}_1\bar{A}_0\bar{C} + \bar{A}_1 A_0 C + A_1 \bar{A}_0 C + A_1 A_0$$

因此 $D_0 = \bar{C}, D_1 = D_2 = C, D_3 = 1$，如例 9.7(b)图所示。

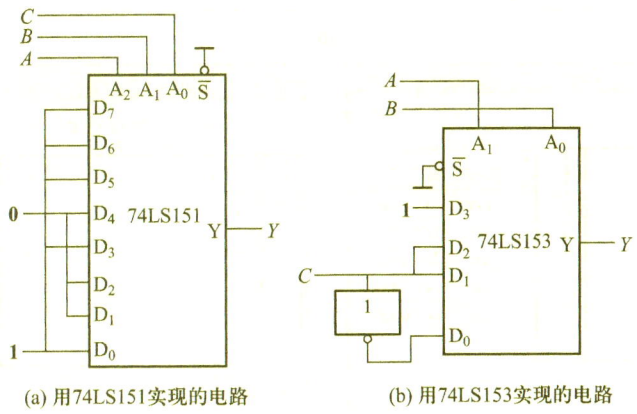

(a) 用74LS151实现的电路 (b) 用74LS153实现的电路

例 9.7 图

例 9.8 Multisim 中逻辑转换器的使用。

【分析】Multisim 中的 Logic converter(逻辑转换器)功能强大，如例 9.8(a)图中六个控制条所示，具备了六种功能：① 逻辑电路转换为真值表；② 真值表转化为逻辑表达式；③ 真值表转化为化简的逻辑表达式；④ 逻辑表达式转换为真值表；⑤ 逻辑表达式转化为逻辑电路；⑥ 逻辑表达式转化为仅由与非门构成的逻辑电路。

举例如下：首先，选用 TTL74 系列门电路创建数字电路，如例 9.8(b)图所示。然后，将电路的输入和输出端分别连接到逻辑转换仪的前面引脚以及最后的引脚。通过逻辑转换仪实现由逻辑图得到真值表，如例 9.8(c)图所示。

还可以向下点击功能键，从真值表转换为最小项表达式，如例 9.8(d)图所示。继续使用逻辑转换仪的功能，可实现从真值表转换为最简表达式，如例 9.8(e)图所示。

最后，还能够得到仅由二输入与非门构成的逻辑电路，如例 9.8(f)图所示。

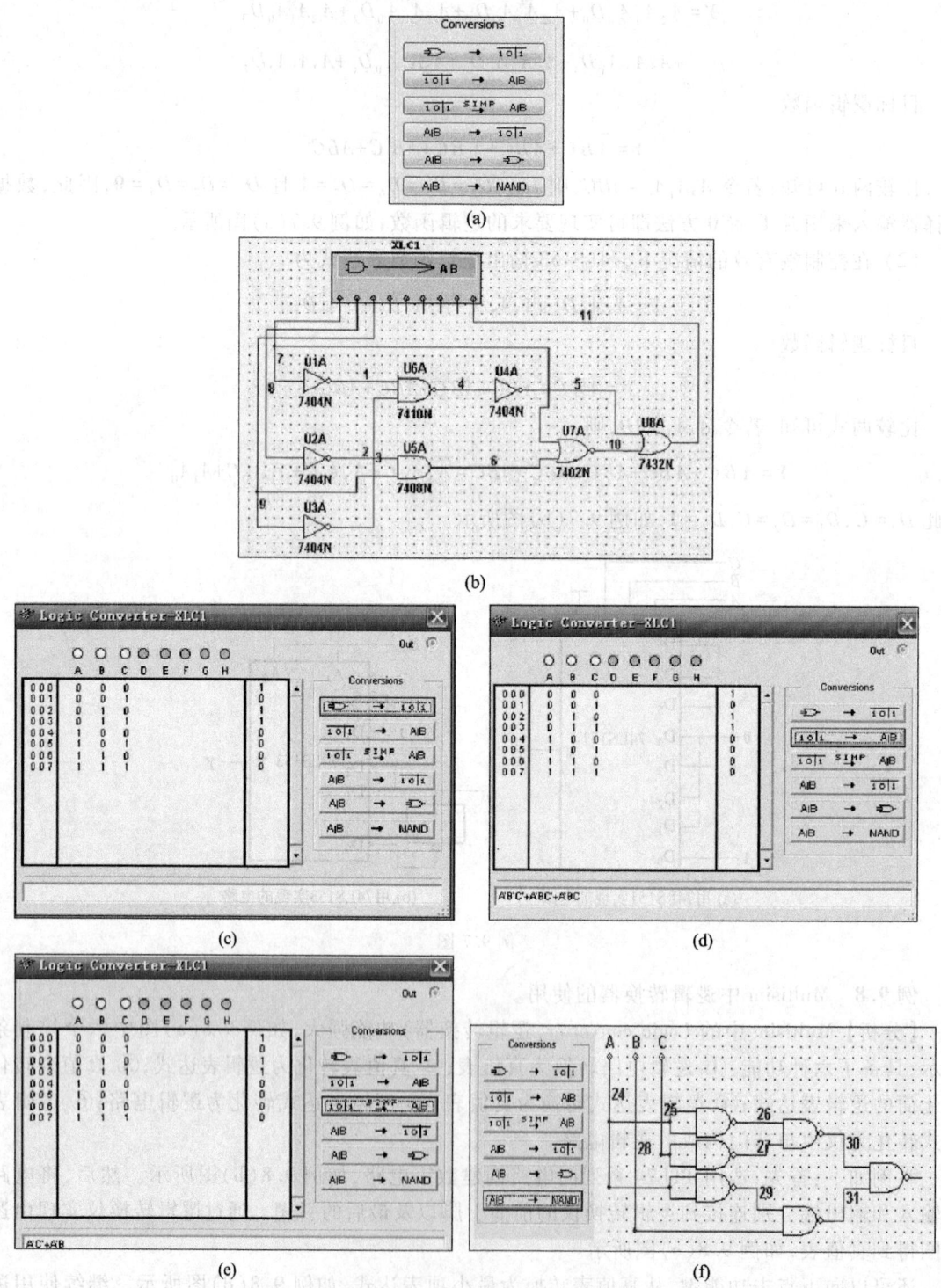

例9.8图

习 题

【基本概念题】

9.1 选择题

(1) 在时间上和数值上都是连续变化的信号是_____信号;在时间上和数值上都是离散的信号是_____信号。
① 模拟信号 ② 数字信号 ③ 采样信号

(2) 脉冲的宽度 t_W 与脉冲周期 T 的比值称为_____。
① 占空比 ② 脉宽 ③ 持续时间

(3) 下列一组数据中,最大的数是_____。
① $(10011001)_2$ ② $(25)_{10}$ ③ $(3BF)_{16}$

(4) 已知 $F=ABC+CD$。下列选项中_____一定使 $F=1$。
① $BC=1, D=1$ ② $B=1, C=1$ ③ $A=0, BC=1$

(5) 已知某电路的真值表如题 9.1(5)表所示,该电路的逻辑表达式为_____。
① $F=C$ ② $F=ABC$ ③ $F=AB+C$

题 9.1(5)表

A	B	C	F	A	B	C	F
0	0	0	0	1	0	0	0
0	0	1	1	1	0	1	1
0	1	0	0	1	1	0	1
0	1	1	1	1	1	1	1

(6) 将 8421BCD 码 100101110100 转换为八进制数为_____。
① 974 ② 1716 ③ 479

(7) 下列各式中为四变量 $A、B、C、D$ 的最小项的是_____。
① $A+\bar{B}+\bar{C}+\bar{D}$ ② $AB\bar{C}D$ ③ $\bar{A}+B\bar{C}+\bar{D}$

(8) 一个 8 位二进制计数器,对输入脉冲进行计数,设计数器的初始状态为 0,则计入 75 个脉冲后,计数器的状态是_____。
① 01001011 ② 10011010 ③ 01001010

(9) 要表示所有 3 位十进制数,至少需要用_____位二进制数。
① 12 ② 11 ③ 10

(10) _____电路在任何时刻只能有一个输入信号有效。
① 二进制译码器 ② 二进制编码器 ③ 优先编码器

(11) 若所设计的编码器是将 60 种状态转换成不同的二进制代码,则输出的一组二进制代码的位数应是_____。
① 4 ② 5 ③ 6

（12）十六路数据选择器,其地址输入端的个数应为_____。
① 16　　　　　　　　　② 2　　　　　　　　　③ 4

（13）用显示译码器 74LS48 可以直接驱动共阴极的半导体数码管。现在欲测试七段数码管每一个显示段的好坏,则加低电平给控制端_____。
① $\overline{LT}$　　　　　　　② $\overline{RBI}$　　　　　　　③ $\overline{RBO}$

（14）n 位二进制译码器的输出端共有_____个。
① 2^n　　　　　　　　② $2n$　　　　　　　　③ 16

（15）若使 3 线-8 线译码器 74LS138 正常工作,控制端 G_1、$\overline{G_{2A}}$ 和 $\overline{G_{2B}}$ 的电平信号为_____。
① 010　　　　　　　　② 011　　　　　　　　③ 100

（16）8 选 1 数据选择器 74LS151 在使能端有效时,若想选择数据 D 输出,则地址输入端 $A_2A_1A_0$ 应该为_____。
① 011　　　　　　　　② 110　　　　　　　　③ 101

【简单计算题】

9.2　将下列二进制数转换成十进制数和十六进制数。
(1) 11010111　　　　　　(2) 1100100　　　　　　(3) 10011110.110101

9.3　将下列 8421BCD 码与十进制数相互转换。
(1) $(001010010100 0011)_{8421BCD}$　　　　(2) $(92.75)_{10}$

9.4　在门电路中有时采用题 9.4 图所示的方法扩展输入端。试分析电路的逻辑功能,写出输出表达式。

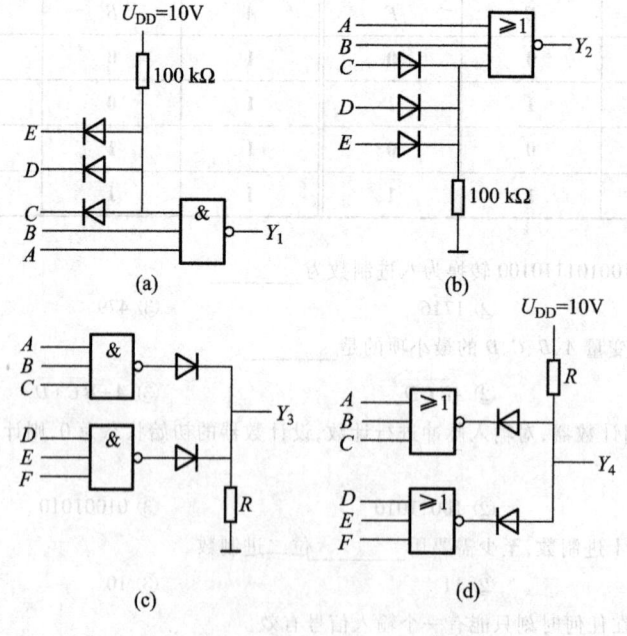

题 9.4 图

9.5　TTL 三态门组成如题 9.5(a)图电路,题 9.5(b)图为输入 A、B、C 的电压波形。
(1) 写出电路输出 Y 的逻辑表达式。
(2) 在如题 9.5(b)图所示输入波形时,画出 Y 的波形。

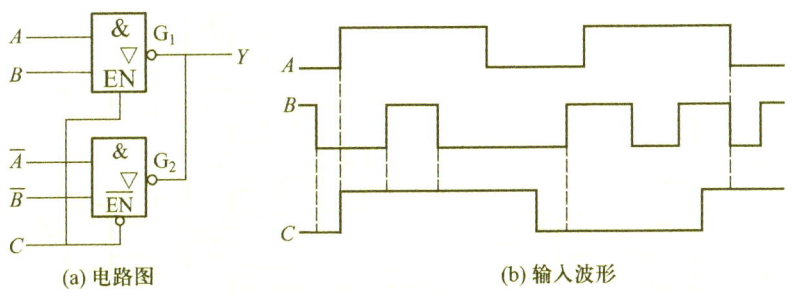

(a) 电路图   (b) 输入波形

题 9.5 图

9.6 TTL 三态门组成如题 9.6(a)图所示电路,题 9.6(b)图为输入信号的电压波形。
(1) 写出输出 Y 的逻辑表达式。
(2) 对应输入波形画出输出 Y 的波形。

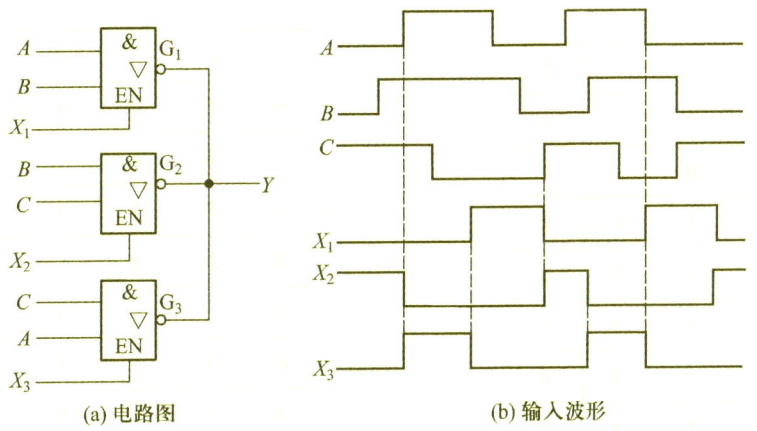

(a) 电路图   (b) 输入波形

题 9.6 图

9.7 用公式或者卡诺图证明下列等式:

(1) $ABC+A\bar{B}C+AB\bar{C} = AB+AC$

(2) $A\bar{B}+BD+\bar{A}D+DC = A\bar{B}+D$

(3) $A\bar{B}+B\bar{C}+C\bar{A} = \bar{A}B+\bar{B}C+\bar{C}A$

(4) $A \oplus B \oplus C = A \odot B \odot C$

(5) $A \oplus \bar{B} = A \odot B$

(6) 若 $A \oplus B = C$ 则 $B \oplus C = A, A \oplus C = B$

9.8 求下列函数的反函数

(1) $F = A\bar{B}+C(\bar{A}+D)$

(2) $Y = A(\bar{B}+C\bar{D}+\bar{C}D)$

9.9 试写出题 9.9 图所示电路的逻辑函数表达式。

9.10 根据题 9.10 表写出逻辑函数的标准与或式(或最小项式),画出函数的卡诺图,并化简。

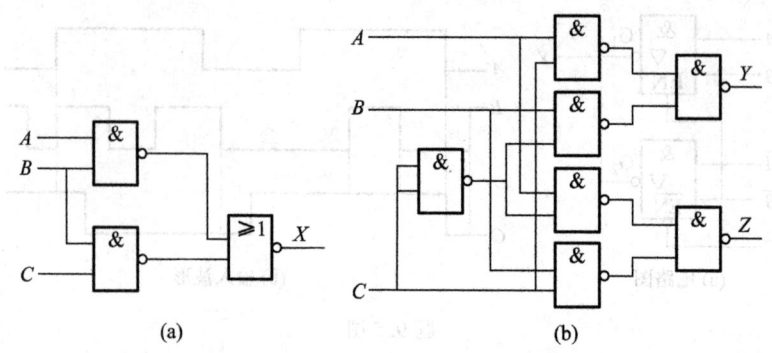

题 9.9 图

题 9.10 表

(a)				(b)				
A	B	C	Y	A	B	C	D	Y
0	0	0	0	0	0	0	0	0
0	0	1	1	0	0	0	1	0
0	1	0	1	0	0	1	0	0
0	1	1	0	0	0	1	1	0
1	0	0	1	0	1	0	0	0
1	0	1	0	0	1	0	1	0
1	1	0	0	0	1	1	0	0
1	1	1	1	0	1	1	1	1
				1	0	0	0	0
				1	0	0	1	0
				1	0	1	0	0
				1	0	1	1	1
				1	1	0	0	0
				1	1	0	1	1
				1	1	1	0	1
				1	1	1	1	1

9.11 画出下列函数的卡诺图，写出其最小项表达式。

(1) $Y = AB + \bar{A}\bar{B} + C\bar{D}$

(2) $Y = A(\bar{B} + CD) + \bar{A}BCD$

(3) $Y = \overline{\overline{A}(B+\overline{C})}$

9.12 分别用公式法和卡诺图将下列函数化简为最简与或表达式。

(1) $Y = A\overline{B} + B + \overline{A}B$

(2) $Y = \overline{A}\,\overline{B}\,\overline{C} + A + \overline{B} + C$

(3) $Y = \overline{\overline{A} + B + C} + A\overline{B}\,\overline{C}$

(4) $Y = A\overline{B}CD + ABD + A\overline{C}D$

(5) $Y = A\overline{C} + ABC + AC\overline{D} + CD$

9.13 用卡诺图将下列函数化简为最简与或表达式。

(1) $Y(A,B,C) = \sum m(0,1,2,4,5)$

(2) $Y(A,B,C,D) = \sum m(4,8,9,10)$

(3) $Y(A,B,C,D) = \sum m(0,2,8,12)$

(4) $Y(A,B,C,D) = \sum m(2,3,7,10,11,14) + \sum d(5,15)$

(5) $Y(A,B,C,D) = \sum m(0,1,4,7,13) + \sum d(3,12)$

*9.14 化简下列带有约束条件的逻辑函数。

(1) $\begin{cases} F(A,B,C) = \sum m(0,2,3,5,7) \\ AB = 0 \end{cases}$

(2) $\begin{cases} F(A,B,C) = \sum m(0,2,3) \\ AB + AC = 0 \end{cases}$

(3) $\begin{cases} F = \overline{A}\cdot\overline{B}\cdot C + A\overline{B}\cdot\overline{C} \\ AB + AC + BC = 0 \end{cases}$

9.15 分析题9.15图所示电路,写出Y_1、Y_2的逻辑表达式,列出真值表,指出电路完成什么逻辑功能。

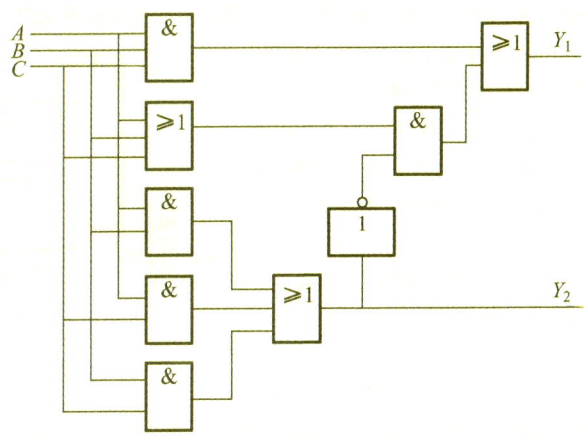

题9.15图

9.16 题9.16图是一个多功能逻辑函数发生器电路。试写出当S_0、S_1、S_2、S_3为**0000~1111**共16种不同状态时输出Y的逻辑函数式。

9.17 试分析题9.17图所示电路的功能。

9.18 用与非门设计一个3变量表决电路。其功能是:3个变量中有多个变量为**1**时,输出为**1**,否则为**0**。

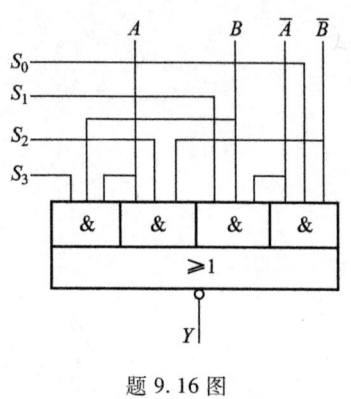

题 9.16 图

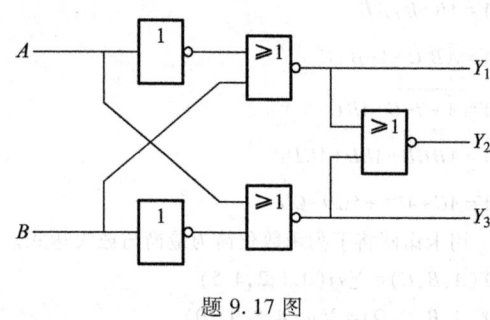

题 9.17 图

【综合应用题】

9.19 用指定的单一类型门电路实现下列函数的逻辑图。

（1）$Y = \overline{A\overline{AB} \cdot B\overline{AB}}$（与非门）

（2）$Y = \overline{\overline{A+B}+\overline{C+D}}$（或非门）

（3）$Y = (AB+\overline{C})(D+\overline{E})$（与非门）

9.20 某设备由开关 A、B、C 控制，要求：只有开关 A 接通的条件下，开关 B 才能接通；开关 C 只有在开关 B 接通的条件下才能接通。违反这一规程，则发出报警信号。设计一个用与非门组成的能实现这一功能的报警控制电路。

9.21 有一水箱由大小两台水泵 M_L 和 M_S 供水，水箱中设置了 3 个水位检测元件 A、B、C，如题 9.21 图所示。水面低于检测元件时，检测元件给出高电平；水面高于检测元件时，检测元件给出低电平。现要求当水位高于 C 点时水泵停止工作；水位高于 B 点而低于 C 点时 M_S 单独工作；水位低于 B 点而高于 A 点时 M_L 单独工作；水位低于 A 点时 M_L 和 M_S 同时工作。试用门电路设计一个控制两台水泵的逻辑电路。

9.22 试用与非门设计一个 8421 BCD 码检测电路，功能：当电路的输入不是 8421 BCD 码时，输出为 **1**；否则，输出为 **0**。

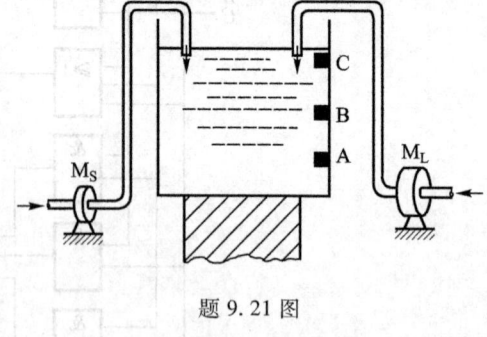

题 9.21 图

9.23 某车间有 A、B、C、D 四台电动机。要求（1）A 机开机；（2）或者其他三台电动机至少有两台开机。若不满足上述要求，指示灯熄灭。试用与非门组成指示灯亮的逻辑电路图。

*9.24 试用代数法判断由下列逻辑函数构成的逻辑电路是否有冒险。

（1）$Y = \overline{A}B + A\overline{B}$

（2）$Y = \overline{A}(A+B)$

（3）$Y = \overline{B}C + AB$

*9.25 试分析题 9.25 图所示电路的功能（74LS148 为 8 线 -3 线优先编码器）。

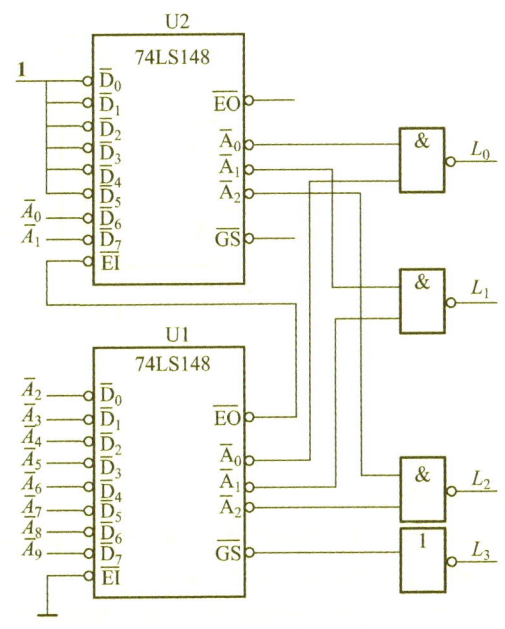

题 9.25 图

*9.26 分析题 9.26 图所示电路的功能（74LS148 为 8 线-3 线优先编码器）。

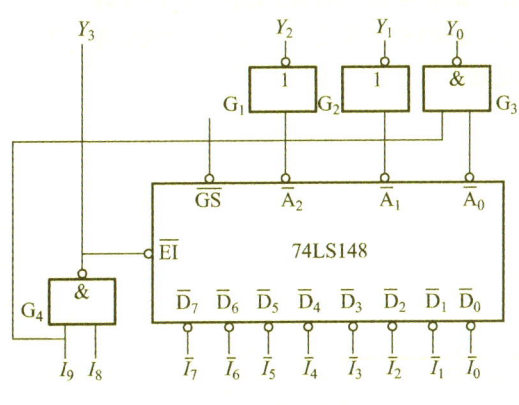

题 9.26 图

9.27 设计一个编码转换器，将 3 位二进制码转换为循环码。

9.28 某医院的某层有 6 个病房和一个大夫值班室，每个病房有一个按钮，在大夫值班室有一个优先编码器电路，该电路可以用数码管显示病房的编码。各个房间按病人病情严重程度不同分类，1 号房间病人病情最重，病情按房间号依次降低，6 号房间病情最轻。试设计一个呼叫装置，该装置按病人的病情严重程度呼叫大夫，若两个或两个以上的病人同时呼叫大夫，则只显示病情最重病人的呼叫。

9.29 某一个 8421BCD 码七段荧光数码管译码电路的 e 段部分出了故障，为使数码管能正确地显示 0～9 十种状态，现要求单独设计一个用与非门组成的 e 段译码器。已知共阳极数码管如题 9.29 图所示。

9.30 分析题 9.30 图所示的工作原理，说明电路的功能。

9.31 试用一片 3 线-8 线译码器 74LS138 实现下列逻辑函数（可使用必要的门电路）：

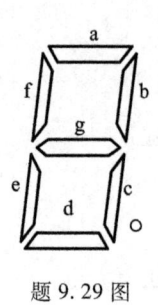

题 9.29 图

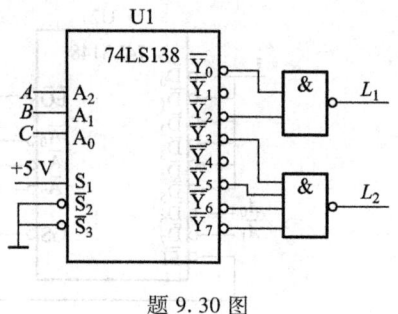

题 9.30 图

(1) $L_1 = \sum m(0,3,5,6)$

(2) $L_2 = AB + \bar{A}\bar{B}$

(3) $L_3 = A \oplus B \oplus C$

9.32 利用 3 线-8 线译码器 74LS138 设计一个 1 位全加器。

*9.33 试用一片 3 线-8 线译码器 74LS138 和两个四输入与非门构成一位全减器。

9.34 用 4 位加法器 74LS283 和必要的门电路，实现 4 位减法器。

9.35 已知输入为 8421BCD 码，要求当输入小于 6 时，输出为输入数加 5，当输入大于、等于 6 时，输出为输入数加 2。试用一片中规模集成 4 位二进制全加器 74LS283（如题 9.35 图所示）及与或非门、非门实现电路。请画出逻辑图。

9.36 试用一片 4 位二进制全加器 74LS283 将余 3 码转换成 8421 码。

*9.37 将两片 8 选 1 数据选择器 74LS151 组成一个 16 选 1 的数据选择器。

*9.38 分析题 9.38 图所示电路的功能。

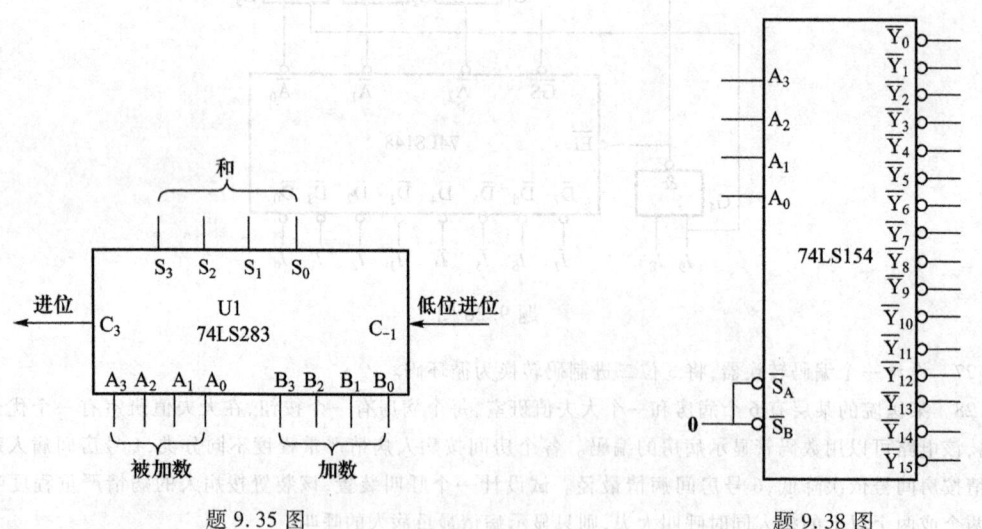

题 9.35 图　　　　　　　　题 9.38 图

*9.39 用 4 路数据选择器实现下列函数：

(1) $L_1(A,B) = \sum m(0,2,3)$

(2) $L_2(A,B) = A\bar{B} + \bar{A}B$

(3) $L_3(A,B,C) = \sum m(0,2,5,7)$

(4) $L_4(A,B,C) = A\overline{B} + \overline{A}B\overline{C} + \overline{A}C$

*9.40 分析题 9.40 图所示电路的工作原理,说明电路的功能。

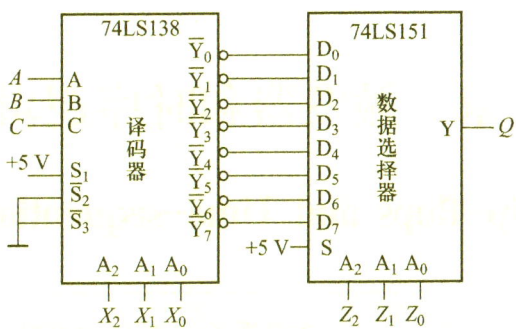

题 9.40 图

9.41 用 Multisim 中的逻辑转换器完成题 9.9 的要求。

9.42 用 Multisim 中的逻辑转换器完成题 9.13 的要求。

第 10 章 触发器和时序逻辑电路

Chapter 10 Flip-flops and Time-sequential Logic Circuits

本章内容	本章要求:掌握 RS 触发器、JK 触发器、D 触发器的逻辑功能;了解触发器逻辑功能的转换方法;理解二进制和十进制计数器以及寄存器的工作原理;掌握同步和异步时序逻辑电路的分析方法;了解 555 集成定时器的工作原理,了解用 555 集成定时器组成的施密特触发器、单稳态触发器和多谐振荡器的工作原理。
10.1 双稳态触发器	
10.2 时序逻辑电路的分析	
10.3 计数器	
10.4 寄存器	
10.5 集成 555 定时器	
学习指导	
习题	

除了前一章介绍的门电路和组合逻辑电路之外,数字电路还包括触发器(Flip-flop,简称 FF)和时序逻辑电路。后者的输出不仅与当前的输入信号有关,还与之前的输出状态有关,电路因引入了反馈而具有记忆功能。完成这一功能的基本电路是触发器,是构成时序逻辑电路的基本单元。

为了实现记忆 1 位二值数字信号的功能,触发器必须具备以下两个基本特点:(1) 具有两个能自行保持的稳定状态,即 **0** 态和 **1** 态。**0** 态表示触发器的两个互补输出端 $Q=0,\bar{Q}=1$;**1** 态表示触发器的两个互补输出端 $Q=1,\bar{Q}=0$。因为触发器具有两个稳定状态,又称其为双稳态触发器。(2) 根据不同的输入信号可以将触发器置成 **1** 态或 **0** 态。

10.1 双稳态触发器

10.1 Bistable Flip-flops

根据触发器逻辑功能的不同,分为 RS 触发器、JK 触发器、T 触发器、T′触发器和 D 触发器;根据触发方式的不同,又分为电平触发、主从触发和边沿触发等类型。

除基本 RS 触发器以外的所有触发器都是在时钟脉冲 CP(clock pulse)作用期间输入触发信号才产生作用,时间点可以是脉冲的上升沿、下降沿或高电平、低电平期间。通常将 CP 作用前的输出状态定义为"现态",用 Q^n 表示,将 CP 作用后的触发器输出状态定义为"次态",用 Q^{n+1} 表示。

本节主要介绍各类触发器的电路结构、触发方式、逻辑功能及描述方法。

10.1.1 不同触发方式的触发器

根据触发方式的不同,触发器分为电平触发、主从触发和边沿触发等类型。

1. 电平触发的触发器

当触发器的控制信号为约定 **1** 或 **0** 电平时,触发器接收输入数据,从而影响输出端 Q 和 $\overline{Q} = 1$ 的状态;当控制信号并非约定电平时,触发器状态保持不变。这样的触发器称为电平触发方式触发器,常见为同步 RS 触发器。

同步 RS 触发器的电路图如图 10.1.1(a)所示,虚线右侧电路为基本 RS 触发器。触发器仅在时钟脉冲 CP 出现时,才能接收信号 R、S,其逻辑符号如图 10.1.1(b)所示。

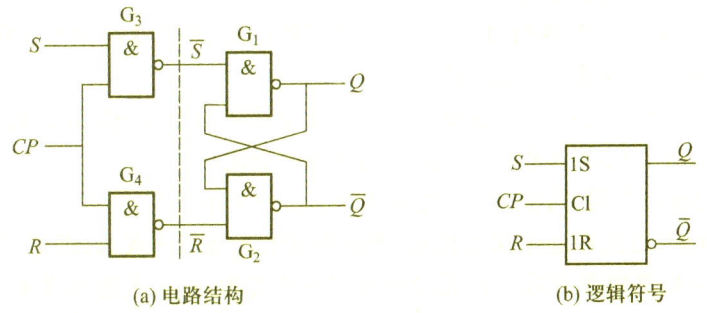

(a) 电路结构　　　　　　　　　(b) 逻辑符号

图 10.1.1　同步 RS 触发器

(1) 基本 RS 触发器的工作原理

① 当 $\overline{S} = \overline{R} = 1$ 时,触发器处于保持状态,即触发器的次态等于现态,即 $Q^{n+1} = Q^n$,$\overline{Q}^{n+1} = \overline{Q}^n$。

② 当 $\overline{S} = 0$ (低电平有效)、$\overline{R} = 1$ 时,无论触发器的现态为何值,次态都置 **1**(S,set),即 $Q^{n+1} = 1$,$\overline{Q}^{n+1} = 0$。

③ 当 $\overline{S} = 1$、$\overline{R} = 0$ (低电平有效)时,无论触发器的现态为何值,次态都置 **0**(R,reset),即 $Q^{n+1} = 0$,$\overline{Q}^{n+1} = 1$。

④ 当 $\overline{S} = \overline{R} = 0$ 时,则有 $Q^{n+1} = \overline{Q}^{n+1} = 1$。此既非 **0** 态也非 **1** 态,因此称为不定状态。如果 $\overline{S}$、$\overline{R}$ 仍保持 **0** 信号,触发器状态尚可确定;但若 $\overline{S}$ 与 $\overline{R}$ 同时由 **0** 变为 **1**,触发器的状态取决于两个与非门的翻转速度或传输延迟时间,Q^{n+1} 可能为 **0**,也可能为 **1**。在实际应用中,不允许出现 $\overline{S} = \overline{R} = 0$,即 $\overline{S}$、$\overline{R}$ 应满足约束条件:$SR = 0$。

可见,基本 RS 触发器有四种工作状态,其特性表如表 10.1.1 所示。

表 10.1.1　基本 RS 触发器的真值表

$\overline{S}$	$\overline{R}$	Q^n	Q^{n+1}	备注
1	1	0	0	状态保持
1	1	1	1	

续表

$\bar{S}$	$\bar{R}$	Q^n	Q^{n+1}	备注
0	1	0	1	置1
0	1	1	1	
1	0	0	0	置0
1	0	1	0	
0	0	0	1*	状态不定
0	0	1	1*	

表中 * 号表示 $SR=1$，不满足约束条件。

(2) 同步 RS 触发器的工作原理

如图 10.1.1 所示，当 $CP=0$ 时，门 G_3 和 G_4 被封锁（输出均为 **1**），输入信号 R、S 不会影响触发器的输出状态，故触发器保持原来的状态。

在 $CP=1$ 期间，R 和 S 端的信号通过 G_3、G_4 门反相后加到由 G_1 和 G_2 组成的基本 RS 触发器的输入端，S 和 R 信号变化将引起触发器输出端状态的变化。

根据 S 与 R 的状态不同，同步 RS 触发器有以下四种工作状态：

① 当 $R=S=0$ 时，触发器处于保持状态，即触发器的次态等于现态，即 $Q^{n+1}=Q^n$。

② 当 $R=0$，$S=1$（高电平有效）时，无论触发器的现态为何值，次态都置 **1**，即 $Q^{n+1}=1$。

③ 当 $R=1$（高电平有效）、$S=0$ 时，无论触发器的现态为何值，次态都置 **0**，即 $Q^{n+1}=0$。

④ 当 $R=S=1$ 时，则有 $Q^{n+1}=\bar{Q}^{n+1}=1$。输出既非 **0** 态也非 **1** 态，即不确定状态，仍然要求触发器输入满足约束条件：$SR=0$。

得到同步 RS 触发器的真值表见表 10.1.2。

表 10.1.2 同步 RS 触发器的真值表

CP	S	R	Q^n	Q^{n+1}	备注
0	×	×	0	0	保持原来状态
0	×	×	1	1	
1	0	0	0	0	状态保持
1	0	0	1	1	
1	0	1	0	0	置0
1	0	1	1	0	
1	1	0	0	1	置1
1	1	0	1	1	
1	1	1	0	1*	状态不定
1	1	1	1	1*	

表中 * 号表示 $SR=1$，不满足约束条件。

由真值表画出 Q^{n+1} 的卡诺图如图 10.1.2 所示,经化简得到特性方程

$$\begin{cases} Q^{n+1} = S + \bar{R}Q^n \\ RS = 0(约束条件) \end{cases} \quad (CP=1 \text{ 期间有效}) \quad (10.1.1)$$

为简便起见,S、R 的下标没有添加上标 n 表示现态。

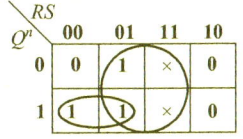

图 10.1.2 Q^{n+1} 的卡诺图

例 10.1.1 在如图 10.1.1(a)所示的同步 RS 触发器中,已知时钟脉冲 CP、输入信号 R 与 S 的波形如图 10.1.3(a)所示,试画出 Q 和 $\bar{Q}$ 端的波形。假设触发器的初状态为 **0**。

解: 根据表 10.1.2 或者特性方程画出 Q 和 $\bar{Q}$ 端的波形如图 10.1.3(a)、(b)所示。注意: 图(a)中,在 $t_4 \sim t_5$ 期间,$S=R=1$,$Q=\bar{Q}=1$,但是在 t_5 时刻之后,R 先回到低电平,所以触发器的次态是可以确定的。图(b)中,在 t_5 时刻之后,R、S 同时回到低电平,则触发器的次态是不定的,如图 10.1.3(b)所示。直到 t_6 时刻,$S=1$,$R=0$,$Q=1$,$\bar{Q}=0$,触发器的状态才再次确定。

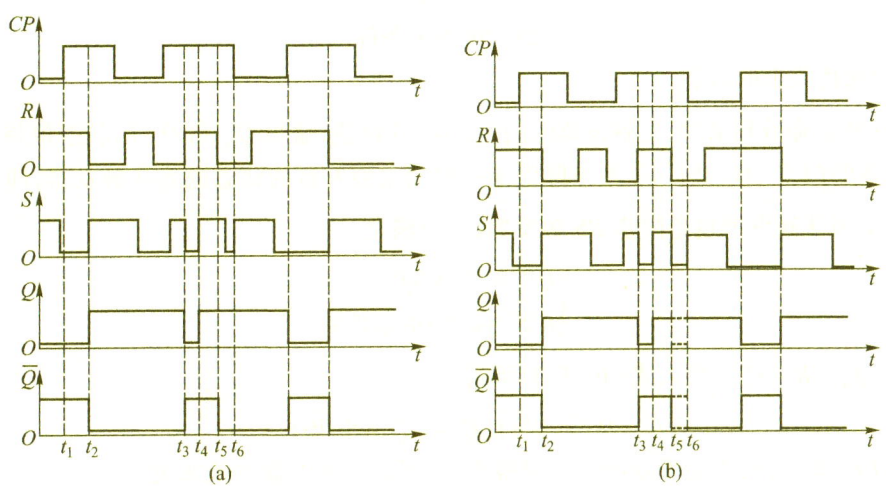

图 10.1.3 例 10.1.1 的时序图

2. 主从触发的触发器

同步(电平)RS 触发器在 $CP=1$ 期间,如果输入信号多次发生变化,则触发器的状态也会发生多次变化,这就降低了电路的抗干扰能力。为了提高触发器工作的可靠性,希望在每个 CP 周期里输出端的状态只能改变一次,为此,设计了主从触发器。

主从 RS 触发器由两个同步 RS 触发器组成。其中一个同步 RS 触发器接收输入信号 R、S,结合现态来改变这个同步 RS 触发器的输出状态,称为主触发器(Master,M)。将主触发器的输出和另一个同步 RS 触发器的输入连接,该触发器为从触发器(Slave,S),其状态由主触发器的状态决定。两个同步 RS 触发器的时钟信号反相,主从 RS 触发器的逻辑图和逻辑符号如图 10.1.4 所示。

(1) 工作原理

① 在 $CP=1$ 期间,$CP'=0$,所以门 G_7、G_8 被打开,门 G_3、G_4 被封锁。故主触发器接收输入信号 R 和 S,主触发器的输出端 Q_m 和 $\bar{Q}_m$ 随着 R、S 的变化而变化,Q_m 的状态满足同步 RS 触发器的特性方程

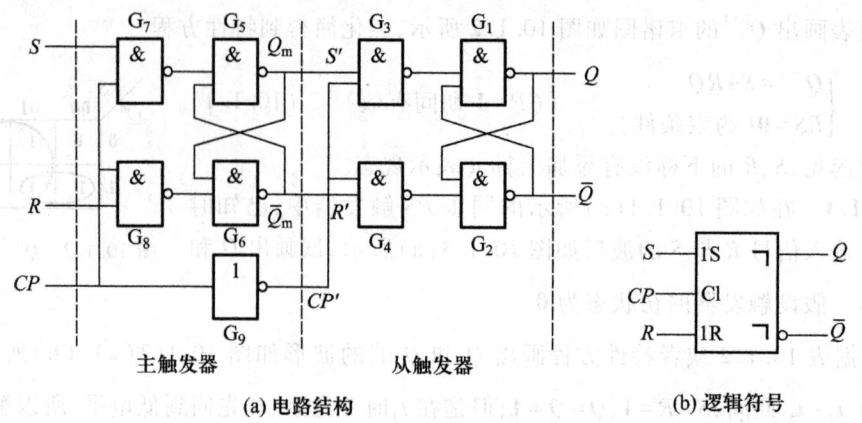

(a) 电路结构   (b) 逻辑符号

图 10.1.4   主从 RS 触发器

$$\begin{cases} Q_m^{n+1} = S + \bar{R}Q_m^n \\ RS = \mathbf{0}(约束条件) \end{cases} \tag{10.1.2}$$

而从触发器保持原来的状态。

② 当 CP 下降沿到来时，主触发器的门 G_7、G_8 被封锁，输出 Q_m 和 $\bar{Q}_m$ 的状态保持不变。同时，从触发器的门 G_3、G_4 被打开，在下降沿前一时刻主触发器的状态送入从触发器，即 $S' = Q_m^{n+1}$，$R' = \bar{Q}_m^{n+1}$。又因从触发器也是同步 RS 触发器，所以满足

$$\begin{cases} Q^{n+1} = S' + \bar{R}'Q^n \\ R'S' = \mathbf{0}(约束条件) \end{cases} \tag{10.1.3}$$

将 $S' = Q_m^{n+1}$，$R' = \bar{Q}_m^{n+1}$ 代入式(10.1.3)可得

$$Q^{n+1} = S' + \bar{R}'Q^n = Q_m^{n+1} = S + \bar{R}Q^n$$

③ 在 CP = 0 期间，主触发器的状态保持不变，因此从触发器的状态也不变。

通过以上分析，主从 RS 触发器的特性方程为从触发器的输出

$$\begin{cases} Q^{n+1} = S + \bar{R}Q^n \\ SR = \mathbf{0}(约束条件) \end{cases} \quad (CP 下降沿有效) \tag{10.1.4}$$

主从 RS 触发器的特性表如表 10.1.3 所示。

表 10.1.3   主从 RS 触发器的特性表

CP	S	R	Q^n	Q^{n+1}	备注
×	×	×	0 1	0 1	状态保持
⊓	0	0	0 1	0 1	保持
⊓	0	1	0 1	0 0	置 0

续表

CP	S	R	Q^n	Q^{n+1}	备注
⊓↓	1	0	0	1	置1
			1	1	
⊓↓	1	1	0	1*	不定
			1	1*	

可见,主从 RS 触发器具有保持、置 **0** 和置 **1** 功能,但是存在一种不确定的状态(如表 10.1.3 中 * 号所示)。

(2) 动作特点

综上,在 $CP=1$ 期间,主触发器接收输入信号,其状态随着输入信号而变化,从触发器的状态保持不变;在 CP 下降沿到来时,主触发器的状态保持不变,从触发器接收主触发器在下降沿前一时刻的状态,按照主触发器的状态翻转。在 $CP=0$ 期间,主从触发器均保持原来的状态。因此,在 CP 的一个变化周期内,触发器输出端的状态只可能改变一次。

如图 10.1.4(b)所示,主从 RS 触发器的逻辑符号中的"⌐"表示延迟输出的意思,即在 CP 下降沿前一时刻接收的信号,在 CP 返回 **0** 态以后输出状态才改变。

例 10.1.2 在图 10.1.4(a)所示的主从 RS 触发器中,若 CP、S 和 R 的电压波形如图 10.1.5 所示,试绘出 Q 和 $\bar{Q}$ 端的电压波形。设触发器的初始状态为 **0**。

解:首先根据 $CP=1$ 期间 R、S 的状态确定 Q_m 和 $\bar{Q}_m$ 的电压波形,然后根据 CP 下降沿到达时 Q_m 和 $\bar{Q}_m$ 的状态即可画出 Q 和 $\bar{Q}$ 的电压波形。

在第一个 CP 期间,S、R 的信号变化为 **10—00—10**,根据特性表 10.1.3,Q_m 置 **1** 之后就保持为 **1** 态。但是,在第六个 CP 期间,S、R 的信号变化为 **10—00—01**,根据特性表 10.1.3,Q_m 会分别经历置 **1**、保持和置 **0**,发生了一次变化。

3. 边沿触发的触发器

虽然主从触发器在每个 CP 周期里输出端的状态只改变一次,但是仍然易受到外界干扰而影响触发器的输出状态。为了进一步增强抗干扰能力,可使触发器的次态仅取决于 CP 上升沿或下降沿到达时刻的输入信号状态,而其余时间触发器均保持状态不变,边沿触发器由此而生。

边沿触发器主要分为维持-阻塞结构型和传输延迟型,以下分别简要介绍传输延迟型 JK 触

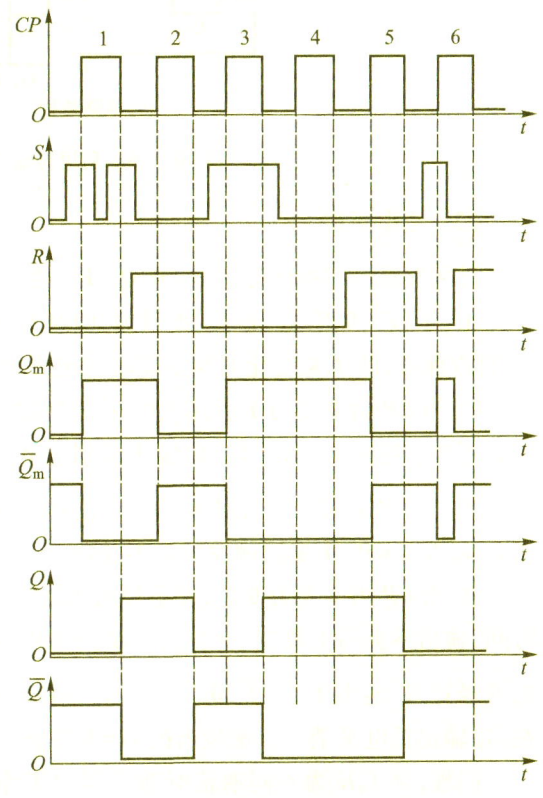

图 10.1.5 例 10.1.2 的时序图

发器和维持-阻塞结构型 D 触发器。

10.1.2 不同功能的触发器

1. JK 触发器

JK 触发器是利用传输延迟时间的边沿触发器。

（1）电路结构

边沿触发器的一种电路结构是利用门电路的传输延迟时间 t_{pd} 来实现边沿触发。图 10.1.6(a) 所示为下降沿触发的 JK 触发器，由两部分组成：即两个**与或非**门组成的基本 RS 触发器和两个输入控制门 G_7、G_8。时钟信号 CP 经 G_7、G_8 延时，所以到达 G_2、G_6 的时间比到达 G_3、G_5 的时间晚一个 t_{pd}，这就保证了触发器的动作对应 CP 的下降沿。下降沿触发的 JK 触发器的逻辑符号如图 10.1.6(b) 所示。图中，">"结合小圆圈"○"表示下降沿触发。

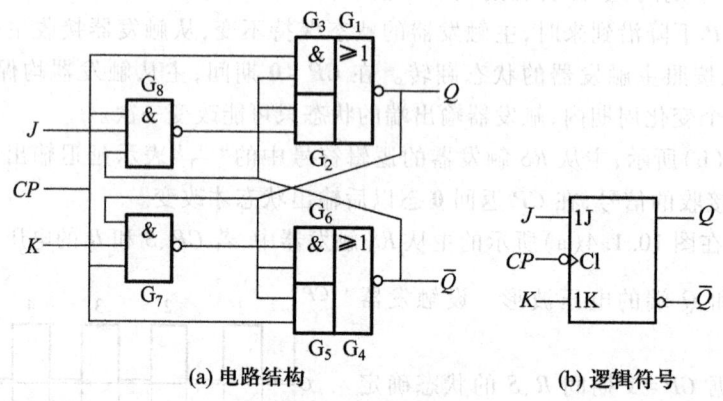

图 10.1.6 利用传输延迟时间的边沿 JK 触发器

（2）工作原理

设触发器的初始状态为 $Q=0$、$\overline{Q}=1$。接下来，以 $J=1$、$K=0$ 为例进行电路分析：

① 当 $CP=0$ 时，G_3 和 G_5 被封锁，同时 G_7、G_8 输出为 1，所以基本 RS 触发器的状态通过 G_2、G_6 得以保持，即 J、K 变化对触发器状态无影响。

② 当 CP 由 0 变为 1 后，G_3、G_5 首先解除封锁，基本 RS 触发器状态通过 G_3、G_5 继续保持原状态不变。经过 G_7、G_8 延迟后输出分别为 0 和 1，G_2、G_6 被封锁，所以对基本 RS 触发器状态没有影响。$Q=0$ 封锁了 G_7，阻塞了 K 变化对触发器状态影响，又因 $\overline{Q}=1$，故 G_3 输出为 1，使 Q 保持为 0，所以 $CP=1$ 期间触发状态不变化。

③ 当 CP 由 1 变为 0 后，即下降沿到达时，G_3、G_5 立即被封锁，但由于 G_7、G_8 存在传输延迟时间，输出不会马上改变。因此，在瞬间出现 G_2、G_3 两个**与**门输入端各有一个为低电平，使 $Q=1$，并经过 G_6 输出 1，使 $\overline{Q}=0$。由于 G_8 的传输延迟时间足够长，可以保证 $\overline{Q}=0$ 反馈到 G_2，所以在 G_8 输出低电平消失后触发器的 $Q=1$ 态仍然保持下去。

同理，对 J、K 为不同取值时触发器的工作过程进行分析，得到边沿 JK 触发器的特性表如表 10.1.4 表示。

表 10.1.4　下降沿触发的 JK 触发器的特性表

CP	J	K	Q^n	Q^{n+1}	状态
×	×	×	0 1	0 1	保持
↘	0	0	0 1	0 1	保持
↘	0	1	0 1	0 0	置0
↘	1	0	0 1	1 1	置1
↘	1	1	0 1	1 0	翻转

将表 10.1.4 与表 10.1.3 对照，相比 RS 触发器，JK 触发器没有不确定的状态，即当 $J=K=1$ 时，输出翻转，也称为计数。

由此写出 JK 触发器的特性方程如下

$$Q^{n+1} = J\overline{Q^n} + \overline{K}Q^n \tag{10.1.5}$$

可见，JK 触发器具有 4 个不同的功能，比 RS 触发器更常用。

（3）动作特点

由上述分析可知，触发器的次态仅取决于下降沿前一时刻 J、K 的状态，在时钟周期的其他时间 J、K 值对触发器的状态没有影响。

（4）集成边沿 JK 触发器。

74LS112 是常用的集成下降沿双 JK 触发器，特性表如表 10.1.5 所示，逻辑符号如图 10.1.7 所示。

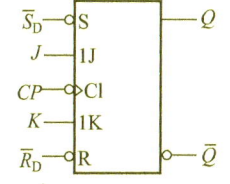

图 10.1.7　74LS112 的逻辑符号

表 10.1.5　74LS112 的特性表

CP	$\overline{S}_D$	$\overline{R}_D$	J	K	Q^n	Q^{n+1}	状态
×	0	0	×	×	×	1*	状态不定
×	0	1	×	×	×	1	异步置1
×	1	0	×	×	×	0	异步置0
↘	1	1	0	0	0 1	0 1	保持
↘	1	1	0	1	0 1	0 0	置0
↘	1	1	1	0	0 1	1 1	置1
↘	1	1	1	1	0 1	1 0	翻转

从特性表和逻辑符号可见,触发器增加了异步置位端 $\bar{S}_D$(Set directly)和异步复位端 $\bar{R}_D$(Reset directly)的功能:无论输入端 J、K 和时钟脉冲 CP 为何种状态,当 $\bar{S}_D=0,\bar{R}_D=1$ 时,都会使触发器输出置 **1**;而当 $\bar{S}_D=1,\bar{R}_D=0$ 时,触发器输出置 **0**。注意:$\bar{S}_D$ 和 $\bar{R}_D$ 不能同时有效(低电平);在触发器按照输入信号 J、K 改变状态时,应使 $\bar{S}_D=1,\bar{R}_D=1$。

例 10.1.3 已知下降沿 JK 触发器的 CP、$\bar{S}_D$、$\bar{R}_D$ 及 J、K 端的波形如图 10.1.8 所示,试画出输出端 Q 的波形。

解:由于 JK 触发器的 $\bar{S}_D$、$\bar{R}_D$ 为异步控制端,不受控于时钟脉冲 CP,所以在 $\bar{R}_D=0(t<t_1)$ 时,无条件地将触发器的状态置 **0**,而当 $\bar{S}_D=0(t=t_5)$ 时,无条件地将触发器的状态置 **1**。当 $\bar{R}_D=1$ 且 $\bar{S}_D=1$ 时,触发器的状态 Q 取决于 CP 下降沿到达时刻 J、K 端的状态,例如:

当 $t=t_1$ 时,由 $J=K=1$,输出 Q 从 **0** 态翻转为 **1** 态;

当 $t=t_2$ 时,由 $J=K=0$,输出保持为 **1** 态;

当 $t=t_3$ 时,由 $J=0,K=1$,输出从 **1** 态置为 **0** 态;

当 $t=t_4$ 时,$J=0,K=1$,输出保持 **0** 态不变;

当 $t=t_5$ 时,$\bar{S}_D$ 从 **1** 变为 **0**,输出 Q 被直接置 **1**(从 **0** 跃变为 **1**),与 CP、J、K 值无关。

于是得到对应的输出波形如图 10.1.8 所示。

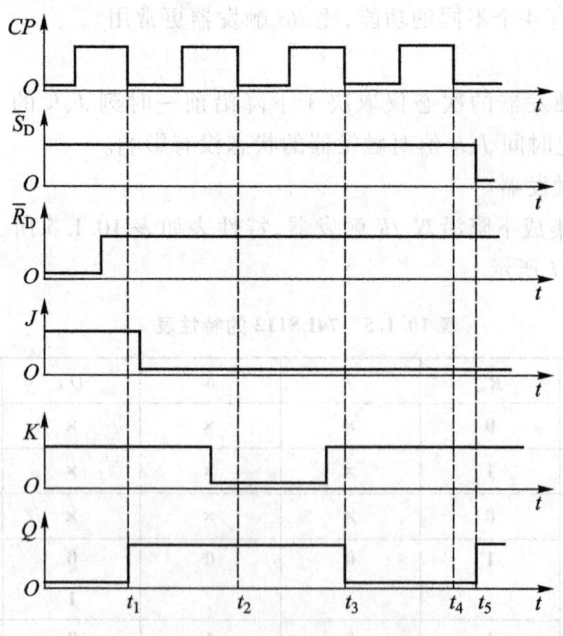

图 10.1.8 例 10.1.3 的波形图

2. D 触发器

D 触发器是维持-阻塞结构的边沿触发器。

(1) 电路结构

图 10.1.9(a) 所示为维持-阻塞结构的上升沿 D 触发器。电路由 6 个**与非门**组成,G_1、G_2 门

构成基本 RS 触发器，$G_3 \sim G_6$ 组成维持-阻塞电路。逻辑符号如图 10.1.9(b)所示，时钟输入端加入符号">"，表示触发器仅在 CP 上升沿时响应输入而动作。

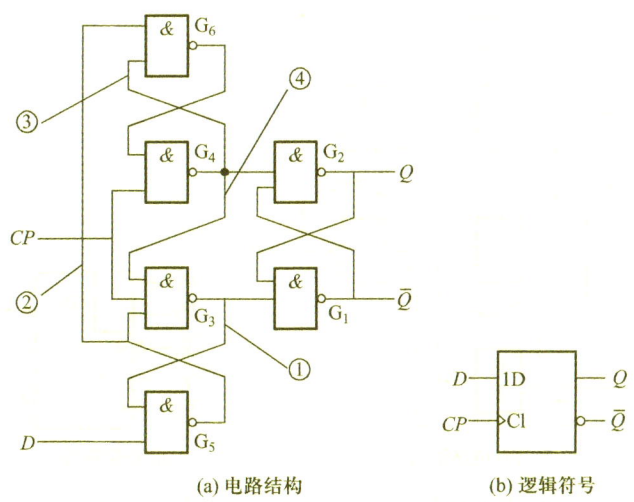

(a) 电路结构　　　　　(b) 逻辑符号

图 10.1.9　维持-阻塞 D 触发器

（2）工作原理

① 当 CP=0 时，门 G_3 和 G_4 被封锁，输出均为 1，基本 RS 触发器保持原状态不变。

② 当时钟脉冲 CP 上升沿到达时，触发器状态取决于此时的输入信号 D 的状态。

若 D=0，G_5 输出为 1，G_6 输出为 0。在 CP 上升沿到来时，G_3 输出变为 0，使基本 RS 触发器置 0。在 CP=1 期间，若 D 由 0 变为 1，由于 G_3 输出 0 反馈到 G_5 输入端，使得 G_5 输出继续保持为 1，称线①为置 0 维持线。同时，G_5 输出 1 反馈到 G_6 输入端，使 G_6 输出仍为 0，G_4 输出仍为 1，称线②为置 1 阻塞线，所以基本 RS 触发器仍输出为 0。

反之，若 D=1，G_5 输出为 0，G_6 输出为 1。在 CP 上升沿到来时，G_4 输出变为 0，使基本 RS 触发器置 1。在 CP=1 期间，若 D 由 1 变为 0，尽管 G_5 输出由 0 变为 1，但由于 G_4 输出 0 反馈到 G_6 输入端，使 G_6 输出仍为 1，称线③置 1 维持线。同时 G_4 输出 0 反馈到 G_3 输入端，使 G_3 输出仍为 1，称线④置 0 阻塞线，所以基本 RS 触发器仍输出为 1。

（3）动作特点

由上述分析可知，维持-阻塞 D 触发器在 CP 上升沿时，触发器接收 D 输入端信号并发生相应的状态变化，而其余时间里输入信号 D 的变化对触发器的状态没有影响。

D 触发器特性方程为

$$Q^{n+1}=D(CP\uparrow) \tag{10.1.6}$$

注意，D 端信号必须在 CP 上升沿之前来临，以保证在门 G_5 和 G_6 建立相应的状态，即 $D_n=D$，本书省去下角 n。

（4）带有异步置位、复位端的边沿 D 触发器

类似于图 10.1.7，在如图 10.1.10(a)所示电路输入端的边沿 D 触发器中增加了异步置位端 $\overline{S}_D$ 和异步复位端 $\overline{R}_D$ 的连线，其逻辑符号如图 10.1.10(b)所示。注意：$\overline{S}_D$ 和 $\overline{R}_D$ 不能同时有效（低电平）；在触发器按照输入信号 $D=D_1D_2$ 改变状态时，应使 $\overline{S}_D=1,\overline{R}_D=1$。

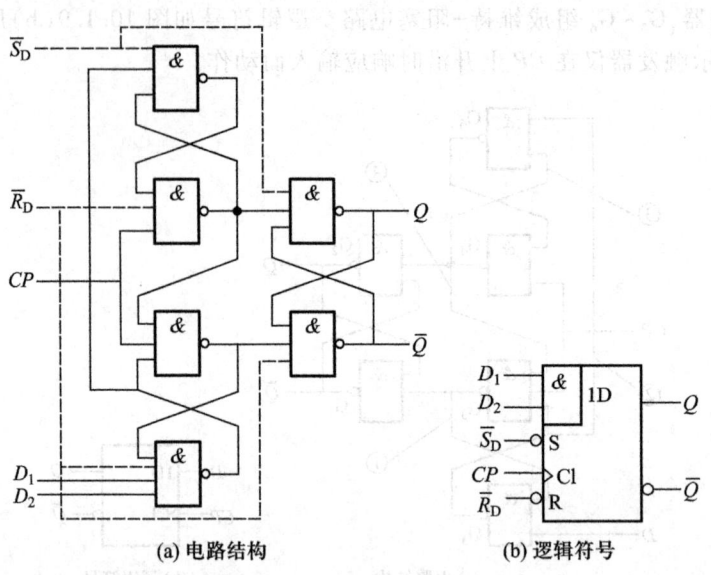

图 10.1.10 具有异步置位、复位端的双输入维持-阻塞 D 触发器

在时序逻辑功能器件中常设有异步置位端和异步复位端,其作用就是给时序逻辑功能器件设置初始状态。

(5) 集成维持-阻塞 D 触发器

74LS74 是常用的集成维持-阻塞双 D 触发器,其特性表见表 10.1.6。

表 10.1.6 74LS74 D 触发器的特性表

CP	$\overline{S}_D$	$\overline{R}_D$	D	Q^{n+1}	状态
×	0	0	×	1	不定
×	0	1	×	1	异步置 1
×	1	0	×	0	异步置 0
↑	1	1	0	0	$Q^{n+1}=D$
↑	1	1	1	1	

例 10.1.4 已知 74LS74 双 D 触发器的 CP、$\overline{S}_D$、$\overline{R}_D$ 及 D 端波形如图 10.1.11 所示,试画出输出端 Q 的波形。

解:$\overline{S}_D$、$\overline{R}_D$ 不受 CP 控制,在 $t=t_1$ 时虽然是触发脉冲的上升沿,但由于 $\overline{R}_D=0$,因此触发器状态为 **0**。在 $t=t_5$ 时 $\overline{S}_D=0$,触发器的状态变为 **1**。当 $\overline{S}_D$、$\overline{R}_D$ 均无效时,触发器的状态取决于 $CP\uparrow$ 和输入信号 D,即特性方程式(10.1.6)。对应的输出波形如图 10.1.11 所示。

3. T 触发器

T 触发器定义为:当输入 $T=1$ 时,每来一个时钟 CP,触发器的状态翻转一次;而当 $T=0$ 时,触发器的状态保持不变。

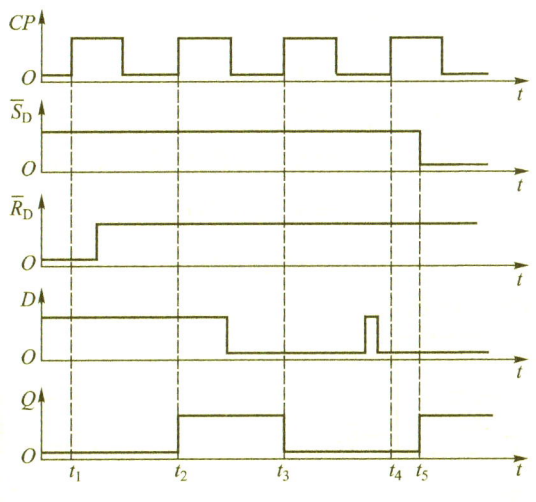

图 10.1.11　例 10.1.4 的波形图

特性方程为

$$Q^{n+1} = T\overline{Q^n} + \overline{T}Q^n = T \oplus Q^n \tag{10.1.7}$$

特性表见表 10.1.7。

表 10.1.7　T 触发器的特性表

T	Q^n	Q^{n+1}	状态
0	0	0	保持
0	1	1	
1	0	1	翻转
1	1	0	

4. T' 触发器

T' 触发器定义为：每来一个时钟 CP，触发器的状态就翻转一次。

特性方程为

$$Q^{n+1} = \overline{Q^n} \tag{10.1.8}$$

10.1.3　触发器的逻辑转换

在实际使用中，JK 触发器是逻辑功能最强的，而仅需要单端输入时，则采用 D 触发器。因此，目前的触发器产品只有 JK 触发器和 D 触发器两大类，其他类型的触发器可以由 JK 触发器和 D 触发器转换得到。

触发器的逻辑转换就是将一种类型的触发器通过外接一定的逻辑电路后转换成另一类型的触发器。转换步骤如下：

（1）写出已有触发器和待求触发器的特性方程。

（2）变换待求触发器的特性方程，使之形式与已有触发器的特性方程一致。

（3）根据两个特性方程相等的原则求出转换逻辑。

(4) 根据转换逻辑画出逻辑电路图。

例 10.1.5　将 JK 触发器转换为 D 触发器。

重写 JK 触发器的特性方程：$Q^{n+1} = J\bar{Q}^n + \bar{K}Q^n$

将 D 触发器的特性方程变换为与 JK 触发器特性方程一致的形式

$$Q^{n+1} = D = D(\bar{Q}^n + Q^n)$$

比较系数可得 $\qquad J = D, K = \bar{D}$

最后,绘制转换电路如图 10.1.12 所示。

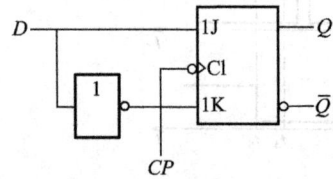 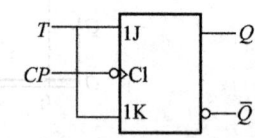

图 10.1.12　将 JK 触发器转换为 D 触发器　　　图 10.1.13　将 JK 触发器转换为 T 触发器

例 10.1.6　将 JK 触发器转换为 T 触发器。

将 JK 触发器的特性方程 $Q^{n+1} = J\bar{Q}^n + \bar{K}Q^n$ 与 $Q^{n+1} = T\bar{Q}^n + \bar{T}Q^n$ 相比较,得

$$J = K = T$$

如图 10.1.13 所示,只要将 JK 触发器的两个输入端连在一起,就构成 T 触发器。

例 10.1.7　将 D 触发器转换为 JK 触发器。

分析：等值比较 D 触发器和 JK 触发器的特性方程,如下：

$$D = J\bar{Q}^n + \bar{K}Q^n = \overline{\overline{J\bar{Q}^n} \cdot \overline{\bar{K}Q^n}}$$

最后,绘制转换电路如图 10.1.14 所示。

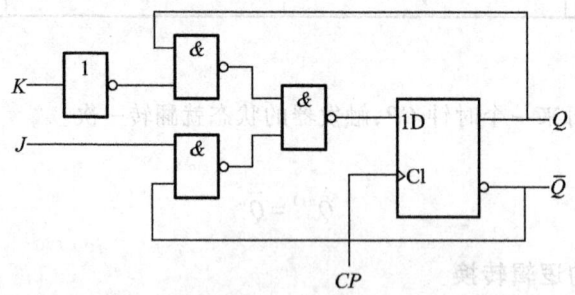

图 10.1.14　将 D 触发器转换为 JK 触发器

授课视频-
时序逻辑电
路分析

10.2　时序逻辑电路的分析
10.2　Analyzing Sequential Logic Circuits

数字电路分为两大类,即组合逻辑电路和时序逻辑电路。组合逻辑电路在任意时刻的输出状态仅取决于该时刻的输入信号,而与电路原来的状态无关,因此不需要记忆元件,输出与输入

之间无反馈。而时序逻辑电路在任一时刻的输出信号不仅取决于该时刻的输入信号,还取决于电路原来的状态。因此,在时序逻辑电路中,必须具有能够记忆过去状态的存储电路,即触发器,还要具有反馈通路,使得记忆下来的状态能在下一个时刻影响电路的状态。

按照电路的工作方式不同,分为同步时序逻辑电路和异步时序逻辑电路。在同步时序逻辑电路中,所有触发器状态的变化都是在同一时钟 CP 作用下发生。而异步时序逻辑电路中的各触发器没有统一的时钟脉冲,触发器的状态变化不一定同时发生。

10.2.1 时序逻辑电路的分析方法

分析时序逻辑电路,就是已知一个逻辑电路,找出电路的状态和输出信号在输入信号和时钟 CP 作用下的变化规律,判断其实现的功能。

时序逻辑电路的分析步骤如下:

(1) 从已知电路写出每个触发器的驱动方程(亦即触发器输入信号的逻辑式),得到整个电路的驱动方程。如果时序逻辑电路是异步触发方式,要求写出时钟方程,即每个触发器的驱动时钟 CP 以及边沿触发时刻(如果没有特别说明,本书中的触发器均视为边沿型)。

(2) 将驱动方程代入触发器的特性方程,得到时序电路的状态方程。

(3) 从已知电路写出输出方程(除触发器输出之外,电路可能有其他输出变量)。

(4) 分析得到状态转换表。状态转换表是表示时序逻辑电路的输出信号 Y(可能没有)、各触发器的次态 Q^{n+1} 与输入信号 X(可能没有)、现态 Q^n 之间逻辑关系的真值表。注意,状态转换表中必须包含电路所有可能出现的状态,例如 $Q_2Q_1Q_0$ 具有八种可能的状态,即 **000~111**。

*(5) 根据状态转换表画出状态转换图,可更加直观地观察电路的状态转换关系和输出变化情况。此步可以不做。

(6) 如果时序逻辑电路是异步触发方式,则建议画出时序图,这样,观察状态转换关系更直观、方便。时序图就是在一系列时钟脉冲 CP 的作用下,输出信号、电路状态随着输入信号及时钟脉冲 CP 变化的波形图。

(7) 判断电路的逻辑功能以及能否自启动。

10.2.2 分析同步时序逻辑电路

例 10.2.1 分析如图 10.2.1 所示时序逻辑电路。写出电路的驱动方程、状态方程和输出方程,填写状态转换表,画出状态转换图和时序图,说明电路的功能,并判断电路能否自启动。

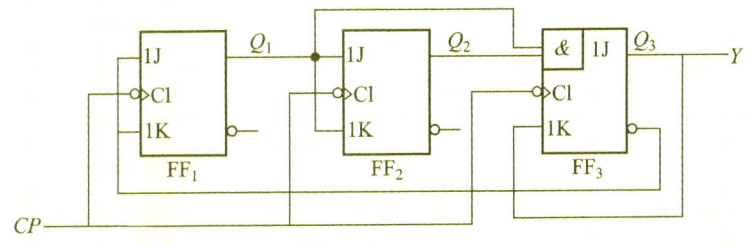

图 10.2.1 例 10.2.1 的逻辑电路

解：从图 10.2.1 中可知，三个触发器均是 $CP\downarrow$ 触发的边沿 JK 触发器，故该电路为同步时序逻辑电路。

（1）写出触发器的驱动方程

$$\begin{cases} J_1 = K_1 = \overline{Q}_3^n \\ J_2 = K_2 = Q_1^n \\ J_3 = Q_1^n Q_2^n; K_3 = Q_3^n \end{cases} \tag{10.2.1}$$

（2）写出电路的状态方程

$$\begin{cases} Q_1^{n+1} = \overline{Q}_3^n \overline{Q}_1^n + Q_3^n Q_1^n = Q_1^n \odot Q_3^n \\ Q_2^{n+1} = Q_1^n \overline{Q}_2^n + \overline{Q}_1^n Q_2^n = Q_1^n \oplus Q_2^n \\ Q_3^{n+1} = Q_1^n Q_2^n \overline{Q}_3^n \end{cases} \tag{10.2.2}$$

（3）写出电路的输出方程

$$Y = Q_3^n \tag{10.2.3}$$

（4）填写状态转换表。

一般情况下，均假设电路各触发器的初态为 **0**。将任何一组输入信号及电路初态的取值代入状态方程和输出方程，即可算出电路的次态和现态下的输出值；以得到的次态作为新的初态，和这时的输入信号取值一起再代入状态方程和输出方程进行计算，又得到一组新的次态和输出值。如此继续下去，就可以填写出状态转换表。

本例题没有输入信号，因此电路的次态和输出只取决于电路的初态。

假设电路的初态为 $Q_3^n Q_2^n Q_1^n = $ **000**，代入式（10.2.2）和式（10.2.3），得到，$Q_3^{n+1} Q_2^{n+1} Q_1^{n+1} = $ **001**，$Y = $ **0**；将这一结果作为新的初态，即 $Q_3^n Q_2^n Q_1^n = $ **001**，再代入式（10.2.2）和式（10.2.3），得到 $Q_3^{n+1} Q_2^{n+1} Q_1^{n+1} = $ **010**，$Y = $ **0**；如此继续下去，直到当 $Q_3^n Q_2^n Q_1^n = $ **100** 时，次态 $Q_3^{n+1} Q_2^{n+1} Q_1^{n+1} = $ **000**，$Y = $ **1**，即返回到了初态。到此为止，电路状态形成了一个循环。具体数据如表 10.2.1 所示。

表 10.2.1 例 10.2.1 的状态转换表

CP	Q_3^n	Q_2^n	Q_1^n	Q_3^{n+1}	Q_2^{n+1}	Q_1^{n+1}	Y
1	0	0	0	0	0	1	0
2	0	0	1	0	1	0	0
3	0	1	0	0	1	1	0
4	0	1	1	1	0	0	0
5	1	0	0	0	0	0	1
×	1	0	1	0	1	1	1
×	1	1	0	0	1	0	1
×	1	1	1	0	0	1	1

注：×表示无效状态。

可见，状态转换表中只有 5 种状态形成一个循环。$Q_1Q_2Q_3$ 的状态组合共有 8 种，发现缺少了 **101**、**110**、**111** 这 3 种状态。将这 3 种现态分别代入式(10.2.2)和式(10.2.3)进行计算，并将次态列入表 10.2.1 中。至此，才得到完整的状态转换表。

(5) 画出状态转换图。

以圆圈表示电路的各个状态，以箭头表示状态转换的方向，同时，在箭头旁注明在状态转换前的输入信号的取值和输出值，这样便得到了时序逻辑电路的状态转换图。通常将输入信号的取值写在斜线之上，将输出值写在斜线以下。本例题没有输入信号，状态转换图如图 10.2.2 所示。

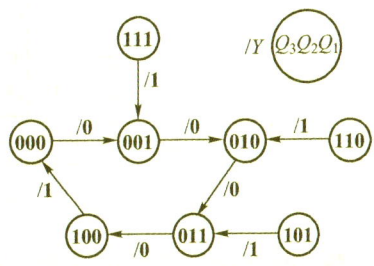

图 10.2.2 例 10.2.1 的状态转换图

从图中看出，**000**、**001**、**010**、**011**、**100** 这 5 种状态形成了一个循环，称这 5 个状态为有效状态，构成的循环称为有效循环，将触发器清零后就进入该循环工作。从二-十进制转换来看，每经过一个时钟 CP，次态按照现态数值加 **1** 的顺序递增，因此该电路的功能为同步五进制加法计数器。

另外，有 3 种状态 **101**、**110**、**111** 不在该循环中，称为无效状态。如果开始工作或工作中由于某种原因进入到这 3 种无效状态后，电路还能自动地进入有效循环，称该电路可以自启动。从图 10.2.2 可见，此电路具有自启动能力。如果无效状态又组成自循环，则称为无效循环，此时电路不能自启动。因此，检验一个存在无效输出状态的时序逻辑电路是否能够自启动，必须将所有的无效输出状态代入状态方程进行验算，检验经历一定数量的"次态"(这些次态也是无效状态)后是否进入有效循环。

(6) 画出电路的时序图

注意，时钟脉冲的个数必须不小于有效状态的个数，才能在实验中对时序逻辑电路的逻辑功能进行全面观察。时序图如图 10.2.3 所示，共计 7 个脉冲。

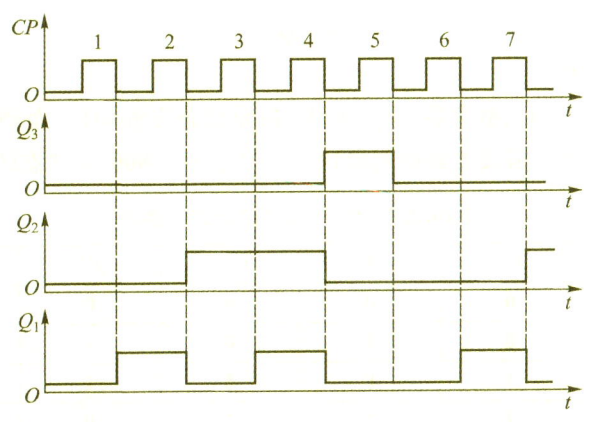

图 10.2.3 例 10.2.1 的时序图

10.2.3 分析异步时序逻辑电路

异步时序逻辑电路中的触发器并不都在同一个时钟 CP 作用下动作，因此在分析电路时，只有时钟有效的触发器才用状态方程去计算次态,而时钟无效的触发器则保持原态不变。

例 10.2.2 分析如图 10.2.4 所示时序逻辑电路的逻辑功能。写出电路的驱动方程、状态方程和输出方程,计算出状态转换表,画出状态转换图,说明电路能否自启动。

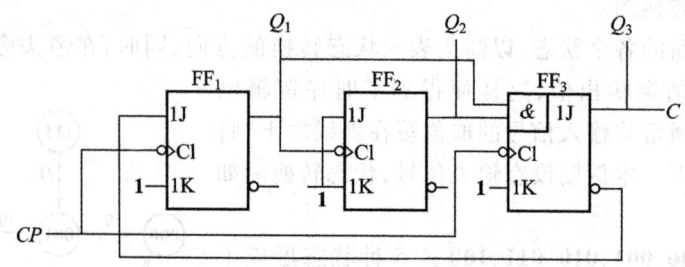

图 10.2.4 例 10.2.2 的逻辑电路

解:由图 10.2.4 可知,3 个触发器的时钟信号是不同的,因此该电路为异步时序逻辑电路。

(1) 写出触发器的驱动方程

$$\begin{cases} J_1 = \overline{Q_3^n}, K_1 = 1 \\ J_2 = K_2 = 1 \\ J_3 = Q_2^n Q_1^n, K_3 = 1 \end{cases}$$

(2) 写出状态方程

$$\begin{cases} Q_1^{n+1} = \overline{Q_3^n}\,\overline{Q_1^n} & CP_1 = CP \\ Q_2^{n+2} = \overline{Q_2^n} & CP_2 = Q_1^n \\ Q_3^{n+1} = \overline{Q_3^n} Q_2^n Q_1^n & CP_3 = CP \end{cases}$$

(3) 写出电路的输出方程

$$C = Q_3$$

(4) 计算状态转换表

由方程式可知,当 $CP\downarrow$ 时,触发器 FF_1 和 FF_3 按照状态方程动作,而触发器 FF_2 则仅当 $Q_1\downarrow$ 时,才能按照状态方程动作。假设电路的初始状态为 $Q_3^n Q_2^n Q_1^n = 000$,则状态转换表见表 10.2.2。

表 10.2.2 例 10.2.2 的状态转换表

CP	Q_3^n	Q_2^n	Q_1^n	Q_3^{n+1}	Q_2^{n+1}	Q_1^{n+1}	C
1	0	0	0	0	0	1	0
2	0	0	1	0	1	0	0
3	0	1	0	0	1	1	0
4	0	1	1	1	0	0	0
5	1	0	0	0	0	0	1
×	1	0	1	0	1	0	1
×	1	1	0	0	1	1	1
×	1	1	1	0	0	0	1

（5）画出状态转换图。

根据表 10.2.2 画状态转换图如图 10.2.5 所示。

可见，电路状态从 $Q_3^n Q_2^n Q_1^n = 000$ 开始，每经过一个 CP 脉冲，电路状态加 **1**，直至 $Q_3^n Q_2^n Q_1^n = 100$。若再经过一个时钟 CP，电路状态又回到 **000** 状态，构成了一个循环，合计经历了 5 个 CP 脉冲。所以，该电路的功能是异步五进制加法计数器，当输出跳变为 **100** 时，计数器产生进位信号 C。表 10.2.2 中的 3 个状态 **101**、**110**、**111** 都是无效状态，但是在时钟作用下，都能自动地回到有效循环中去，因此，该电路可以自启动。

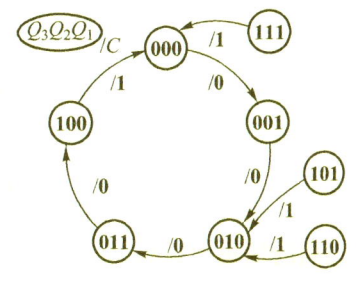

图 10.2.5　例 10.2.2 的状态转换图

10.3　计　数　器
10.3　calculator

数字系统中经常用到计时和计数功能，完成这些功能的器件就是计数器。计数器记录输入的脉冲个数，而计时功能则是记录单位时间内的脉冲个数。计数器还可用作顺序脉冲发生器、分频器、程序计数器等。

计数器的种类繁多。根据多个触发器的时钟脉冲触发方式，分为同步计数器和异步计数器两种；按照计数过程中数值的增减，分为加法计数器、减法计数器和可逆计数器（也称为加/减计数器）；按数值的编码方式，分成二进制计数器、二-十进制计数器、循环码计数器等；按计数容量，又分为十进制计数器、十六进制计数器、六十进制计数器等。

本节以二进制计数器为例，分别介绍同步、异步和集成 4 位二进制计数器。

10.3.1　同步计数器

图 10.3.1 为由 T 触发器构成的 4 位同步二进制加法计数器的逻辑电路。

可知，各个触发器的时钟 CP_n 均为 $CP\downarrow$，是同步计数器。

驱动方程为

$$\begin{cases} T_0 = 1 \\ T_1 = Q_0^n \\ T_2 = Q_1^n Q_0^n \\ T_3 = Q_2^n Q_1^n Q_0^n \end{cases} \quad (10.3.1)$$

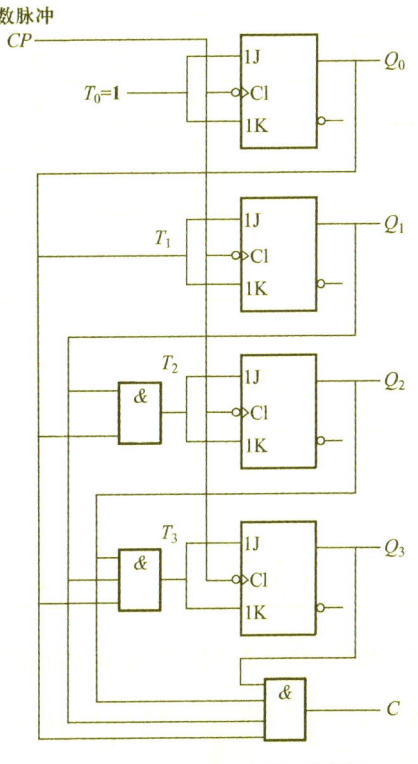

图 10.3.1　T 触发器构成的 4 位同步二进制加法计数器

371

将式(10.3.1)代入 T 触发器的特性方程得到电路的状态方程

$$\begin{cases} Q_0^{n+1} = \overline{Q_0^n} \\ Q_1^{n+1} = \overline{Q_1^n}Q_0^n + Q_1^n\overline{Q_0^n} \\ Q_2^{n+1} = \overline{Q_2^n}Q_1^nQ_0^n + Q_2^n\overline{Q_1^nQ_0^n} \\ Q_3^{n+1} = \overline{Q_3^n}Q_2^nQ_1^nQ_0^n + Q_3^n\overline{Q_2^nQ_1^nQ_0^n} \end{cases} \quad (10.3.2)$$

电路的输出方程为

$$C = Q_3^n Q_2^n Q_1^n Q_0^n \quad (10.3.3)$$

根据式(10.3.2)和式(10.3.3)求出电路的状态转换表见表 10.3.1,状态转换图和时序图分别如图 10.3.2(a)、(b)所示。

表 10.3.1 图 10.3.1 电路的状态转换表

计数顺序	电路状态				等效十进制数	进位输出 C
	Q_3	Q_2	Q_1	Q_0		
0	0	0	0	0	0	0
1	0	0	0	1	1	0
2	0	0	1	0	2	0
3	0	0	1	1	3	0
4	0	1	0	0	4	0
5	0	1	0	1	5	0
6	0	1	1	0	6	0
7	0	1	1	1	7	0
8	1	0	0	0	8	0
9	1	0	0	1	9	0
10	1	0	1	0	10	0
11	1	0	1	1	11	0
12	1	1	0	0	12	0
13	1	1	0	1	13	0
14	1	1	1	0	14	0
15	1	1	1	1	15	1
16	0	0	0	0	0	0

由图 10.3.2(b)可以看出,若输入脉冲 CP 的频率为 f_0,则 Q_0、Q_1、Q_2、Q_3 端输出脉冲的频率将依次为 $\frac{1}{2}f_0$(即二分频)、$\frac{1}{4}f_0$(即四分频)、$\frac{1}{8}f_0$(即八分频)和 $\frac{1}{16}f_0$(即十六分频),因此,把这种计数器称为分频器。此外,每输入 16 个 CP 脉冲计数器循环工作一次,并在输出端 C 产生一个进位输出信号,所以又把这个电路称为十六进制计数器。

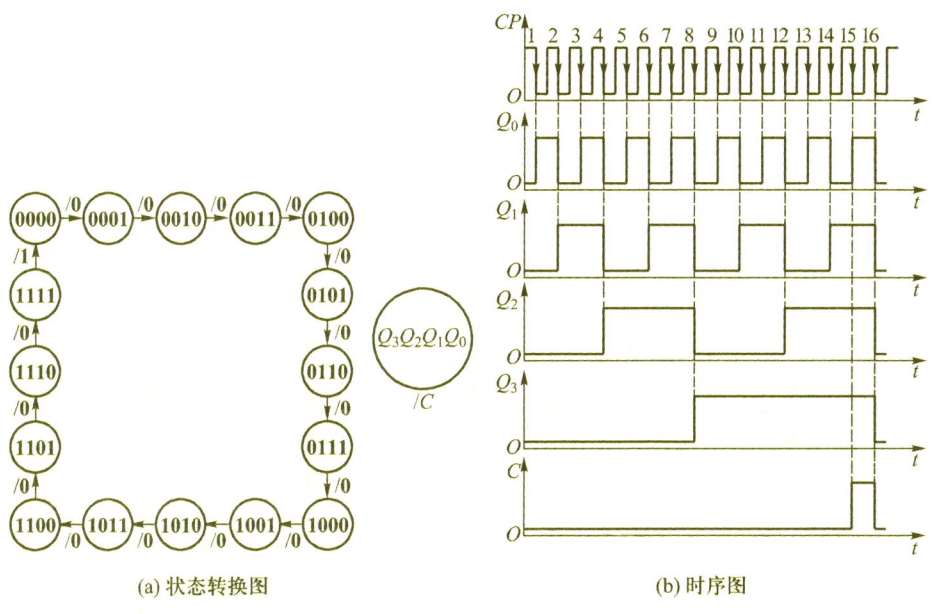

(a) 状态转换图　　　　　　　　　　　(b) 时序图

图 10.3.2　图 10.3.1 电路的状态转换图和时序图

10.3.2　异步计数器

图 10.3.3 为采用下降沿触发的 T' 触发器组成的 4 位异步二进制加法计数器。

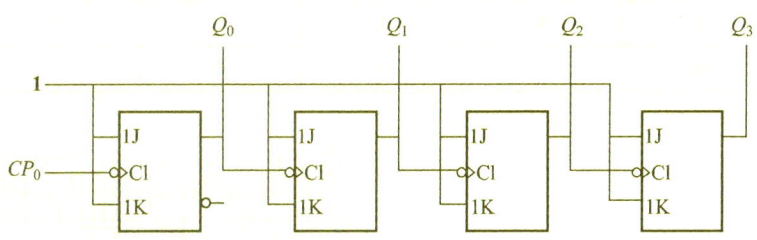

图 10.3.3　4 位异步二进制加法计数器

列出各级 T' 触发器的特性方程和时钟

$$\begin{cases} Q_0^{n+1} = \overline{Q}_0^n, CP \downarrow \\ Q_1^{n+1} = \overline{Q}_1^n, Q_0^n \downarrow \\ Q_2^{n+1} = \overline{Q}_2^n, Q_1^n \downarrow \\ Q_3^{n+1} = \overline{Q}_3^n, Q_2^n \downarrow \end{cases} \tag{10.3.4}$$

电路的输出方程为

$$C = Q_3 Q_2 Q_1 Q_0 \tag{10.3.5}$$

根据式(10.3.5)求出电路的状态转换表如表 10.3.2 所示,状态转换图和时序图分别如图 10.3.4(a)、(b)所示。

表 10.3.2 图 10.3.3 电路的状态转换表

计数顺序	电路状态				等效十进制数	进位输出 C
	Q_3	Q_2	Q_1	Q_0		
0	0	0	0	0	0	0
1	0	0	0	1	1	0
2	0	0	1	0	2	0
3	0	0	1	1	3	0
4	0	1	0	0	4	0
5	0	1	0	1	5	0
6	0	1	1	0	6	0
7	0	1	1	1	7	0
8	1	0	0	0	8	0
9	1	0	0	1	9	0
10	1	0	1	0	10	0
11	1	0	1	1	11	0
12	1	1	0	0	12	0
13	1	1	0	1	13	0
14	1	1	1	0	14	0
15	1	1	1	1	15	1
16	0	0	0	0	0	0

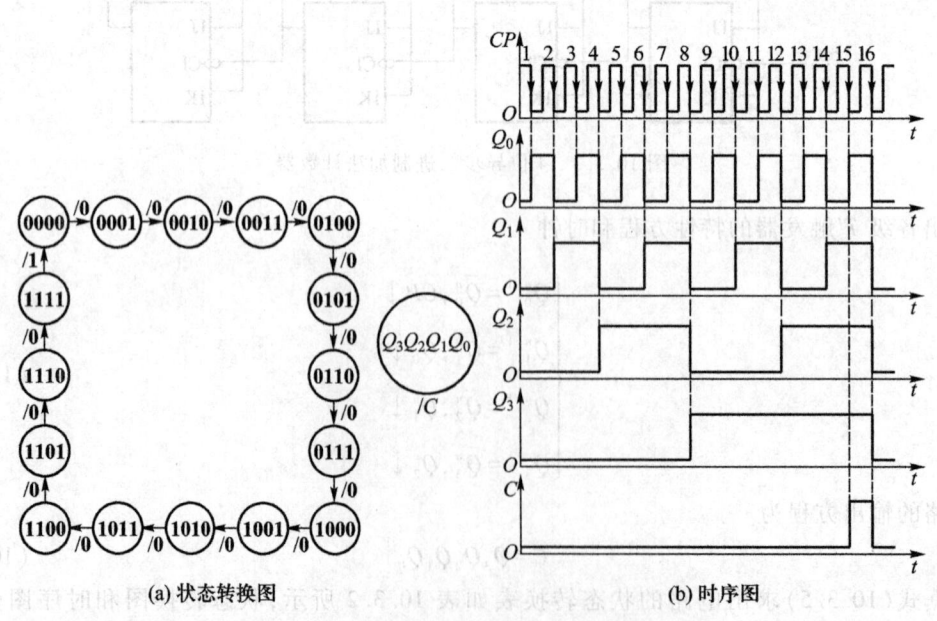

图 10.3.4 图 10.3.3 电路的状态转换图和时序图

对比图 10.3.4 与图 10.3.2 可见，两种不同类型的电路实现了相同的功能，即 4 位二进制加法计数器。

10.3.3 集成计数器

为了增加计数器芯片的功能和使用的灵活性，通常在电路中附加有扩展功能的控制端。4 位同步二进制加法计数器 74LS161 就是在如图 10.3.1 所示的 4 位同步二进制加法计数器的基础上增加了预置数、保持和异步置零等附加功能。其逻辑图如图 10.3.5(a)所示。图中 $\overline{LD}$ 为预置数控制端，$D_3 \sim D_0$ 为数据输入端，C 为进位输出端，$\overline{R}_D$ 为异步置零(复位)端，EP 和 ET 为工作状态控制端。

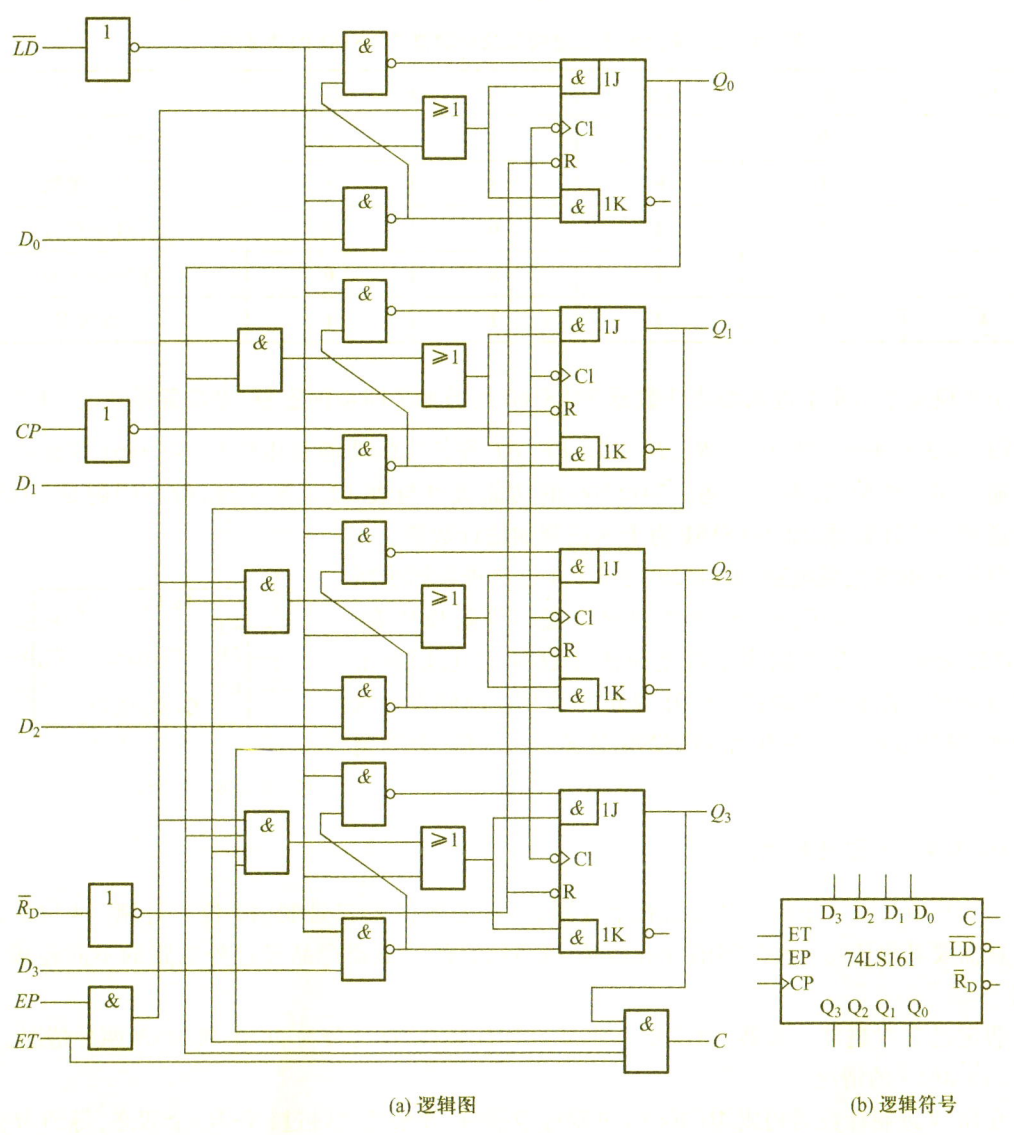

(a) 逻辑图   (b) 逻辑符号

图 10.3.5 4 位同步二进制加法计数器 74LS161

由图 10.3.5(a)可见,$\overline{R}_D$ 为异步置零控制端。当 $\overline{R}_D = 1, \overline{LD} = 0$ 时,电路工作在预置数(load data)状态,也即预置计数器的初始状态。例如,若 $D_0 = 1$,则 $J_0 = 1, K_0 = 0$,当 CP 上升沿到达后,$Q_0 = 1$;同理,若 $D_3D_2D_1D_0 = 0001$,则当 $CP \uparrow$ 到达,$Q_3Q_2Q_1Q_0 = 0001$。因为其需要时钟 CP 的配合,称 $\overline{LD}$ 为同步预置数控制端。

当 $\overline{R}_D = \overline{LD} = 1, EP = 0, ET = 1$ 时,4 个触发器的输入信号 $J = K = 0$,所以 CP 信号到达时,触发器保持原态不变,同时 C 的状态也保持不变。如果 ET(串联使能控制)= 0,无论 EP(并联使能控制)为何种状态,计数器的状态始终保持不变,但此时的进位输出 C 的状态为 0;而当 $\overline{R}_D = \overline{LD} = EP = ET = 1$ 时,电路的工作状态同图 10.3.1 所示电路,电路工作在计数状态。

4 位同步二进制加法计数器 74LS161 的功能表见表 10.3.3,逻辑符号如图 10.3.5(b)所示。

表 10.3.3　4 位同步二进制加法计数器 74LS161 的功能表

CP	$\overline{R}_D$	$\overline{LD}$	EP	ET	工作状态
×	0	×	×	×	异步置零
↑	1	0	×	×	同步预置数
×	1	1	0	1	保持(包括 C)
×	1	1	×	0	保持($C=0$)
↑	1	1	1	1	计数状态

中规模集成同步十进制加法计数器 74LS160 也增加了同步预置数、异步置零功能,其逻辑符号如图 10.3.6 所示。图中 $\overline{LD}$、$\overline{R}_D$、$D_3 \sim D_0$、EP、ET 等各端的功能和用法与 74LS161 逻辑图中对应的输入端用法相同,不再赘述。74LS160 的功能表也与表 10.3.3 一致,所不同的是 74LS160 为十进制加法计数器,而 74LS161 为十六进制加法计数器。

另外,CMOS 集成电路 CC14526 构成了 4 位二进制同步减法计数器,并且增加了同步预置数和异步置零等附加功能。CC14522 是中规模集成同步十进制减法计数器,并且增加了预置数和异步置零控制端;74LS191 是单时钟驱动的同步十六进制加/减计数器。集成电路 74LS290 是异步二-五-十进制计数器。

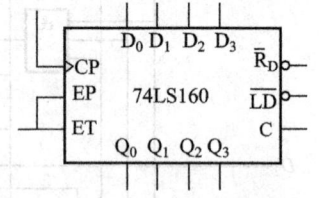

图 10.3.6　74LS160 的逻辑符号

10.3.4　任意进制计数器

目前集成计数器电路产品主要有十进制、十六进制、7 位二进制、12 位二进制、14 位二进制等。在需要其他任意一种进制的计数器时,可将已有的计数器产品经过外电路的不同连接方式得到。

假定已有 N 进制计数器,而需要一种 M 进制计数器,这时分为 $M<N$ 和 $M>N$ 两种情况。

(1) $M<N$ 的情况

在用 N 进制计数器构成 $M(M<N)$ 进制计数器时,设法使之跳过 $(N-M)$ 个状态,得到 M 进制计数器。构成方法又分为置零法(或称为复位法)和置数法(或称置位法)两种。

① 置零法。置零法适用于有异步置零输入端的计数器。其工作原理是：N 进制计数器 $0 \sim (N-1)$ 的计数过程中，当计数器的值计到 M 时立即返回 0，所以计数器为 M 值的状态只是瞬间出现，在稳定的循环状态中只包含 $0 \sim (M-1)$ 个状态。

例 10.3.1 利用置零法将同步十进制计数器 74LS160 接成六进制计数器。

分析：计数器处于计数状态时应使计数控制端 EP 和 ET 接成高电平 **1**，而且将不用的预置数控制端 $\overline{LD}$ 接高电平 **1**。

令计数器从 **0000** 开始计数，当计数到 $Q_3Q_2Q_1Q_0 =$ **0101** 时，通过与门译码输出一个高电平的进位输出。当计到 $Q_3Q_2Q_1Q_0 =$ **0110** 状态时，通过与非门将 **0110** 译码输出低电平信号给异步置零端 $\overline{R_D}$，立即将计数器置成 **0000** 状态，因此状态 **0110** 只是瞬间状态。综上，电路的稳定循环状态为 **0000~0101** 共 6 个状态，为六进制计数器。因为该六进制计数器的最大计数状态为 **0101**，而 74LS160 的最大计数状态为 **1001**，故需重新设计进位输出端，将 Q_2 与 Q_0 相与作为进位输出端 C_O，当计数状态为 **0101** 时有进位输出。

解：集成计数器电路改装图如图 10.3.7(a)所示，其状态转换图如图 10.3.7(b)所示。

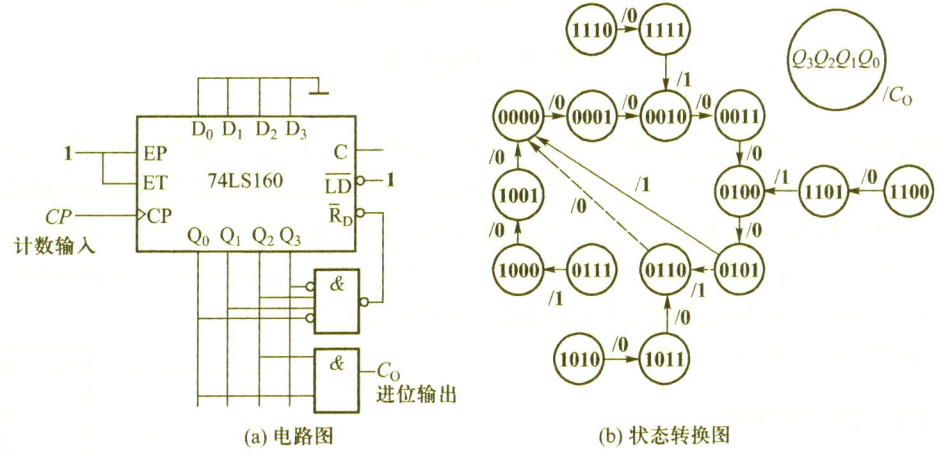

(a) 电路图　　　　　　　　(b) 状态转换图

图 10.3.7　用置零法将 74LS160 接成六进制计数器

注意：置零信号随着计数器置零而立即消失，所以置零信号持续时间很短。如果计数器中触发器的复位速度有快有慢，则可能出现动作慢的触发器还未来得及复位而置零信号已经消失，导致电路误动作。因此，采用门电路输出直接接到置零端不可靠。

为了克服这个缺点，可以采用置数法进行电路连接。

② 置数法。适合于有预置数功能的计数器。其工作原理是通过给计数器置入某个数值的方法跳过 $(N-M)$ 个状态。

对于带有同步预置数功能的计数器（如 74LS160、74LS161 等），$\overline{LD} = 0$ 的置数命令只有在下一个 CP 到来时，才将要置入的数据置入计数器，因此稳定状态包含置入的状态。

用置数法将 74LS161 接成六进制计数器详见本章的典型例题例 10.2。

（2）$M>N$ 的情况

当用 N 进制计数器构成 $M(M>N)$ 进制计数器时，需要多片 N 进制计数器组合而成。多片 N

进制计数器的连接方式有串行进位、并行进位、整体置零和整体置数 4 种连接方式。

① 串行进位方式是低位片的进位输出信号作为高位片的时钟输入信号。

② 并行进位方式是以低位片的进位输出信号作为高位片的工作状态控制信号，两个芯片的 CP 输入端同时接计数输入信号。

③ 整体置零法是在计数器为 M 状态时译码出异步置零信号，将两片 N 进制计数器同时置零。

④ 整体置数法是在选定的某一个状态下译码出预置数控制信号，将两个 N 进制计数器同时置入初始值，跳过多余的状态，获得 M 进制计数器。

若 M 可以分解为两个小于 N 的因数相乘，即 $M=N_1 \times N_2$，则采用串行进位方式或并行进位方式将一个 N_1 进制计数器和一个 N_2 进制计数器连接起来，构成 M 进制计数器，也可以用整体置零法或整体置数法构建计数器。对于 M 不能分解成 $N_1 \times N_2$ 时，则必须用整体置零法或整体置数法。

10.4 寄 存 器

10.4 Register

寄存器是数字系统和计算机系统中用于存储二进制代码等运算数据的一种逻辑器件。通常称仅有并行输入与输出数据功能的寄存器为锁存器。具有串行输入或者输出数据功能或者同时具有串行和并行输入、输出数据功能的寄存器称为移位寄存器。根据移位寄存器存入数据的移动方向，又分为左移寄存器和右移寄存器；同时具有右移和左移存入数据功能的寄存器称为双向移位寄存器。移位寄存器根据输出方式的不同，有串行输出移位寄存器和并行输出移位寄存器。

10.4.1 数码寄存器

触发器是构成寄存器的主要逻辑部件，每个触发器可以存储 1 位二进制数码，因此，要存储 N 位二进制数码，必须用 n 个触发器来构成。对寄存器中的触发器只要求它们具有置 **1**、置 **0** 的功能即可。

图 10.4.1 是用维持-阻塞 D 触发器组成的 4 位寄存器 74LS175 的逻辑图，其动作特点是触发器输出端的状态仅仅取决于 CP 上升沿到达时刻 D 端的状态。

为了增加使用的灵活性，在有些寄存器电路中还附加了一些控制电路。如 CMOS 电路 CC4076 就是带有附加控制端的 4 位寄存器，如图 10.4.2 所示。CC4076 增添了异步置零、输出三态控制和"保持"功能。这里所说的"保持"是指 CP 信号到达时触发器不随输入信号 D 改变状态，而保持原来的状态。

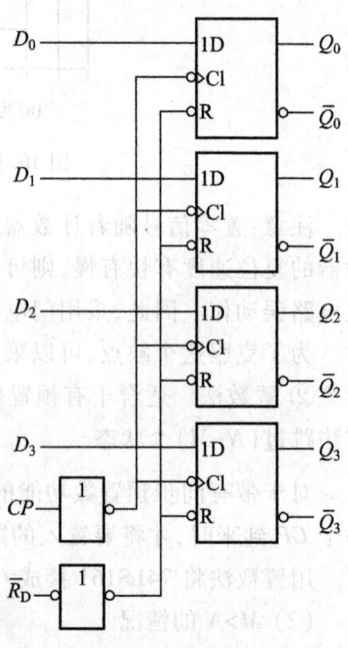

图 10.4.1 4 位寄存器 74LS175

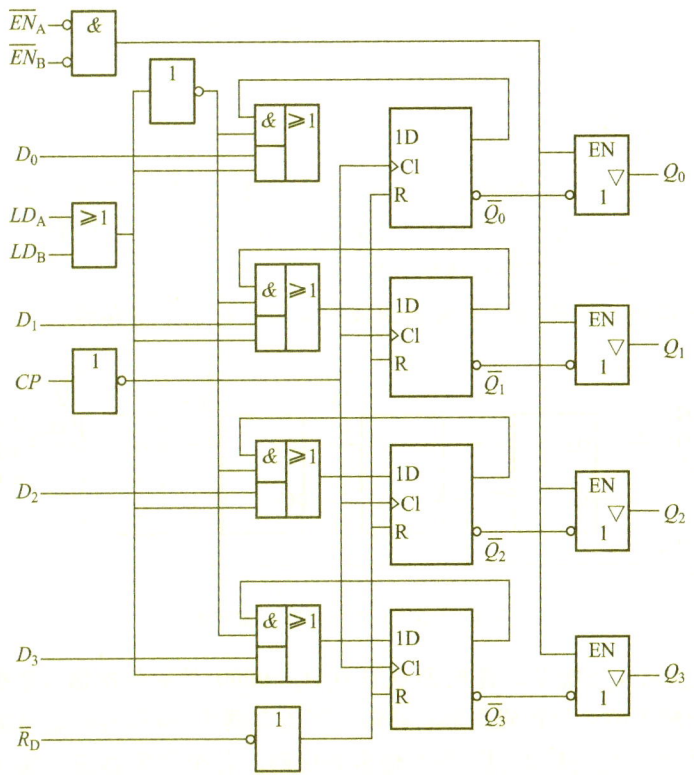

图 10.4.2 4 位寄存器 CC4076

电路中的 $\overline{R}_D$ 是异步复位控制端，当 $\overline{R}_D=0$ 时寄存器中的数据直接清除，不受时钟信号的控制。

$\overline{EN_A}$ 和 $\overline{EN_B}$ 为寄存器的使能端。当 $\overline{EN_A}=\overline{EN_B}=0$ 时，寄存器处于正常工作状态，而当 $\overline{EN_A}+\overline{EN_B}=1$ 时，寄存器处于高阻状态。

在电路使能端有效的情况下，当 $LD_A+LD_B=1$ 时，电路处于装入数据的工作状态，输入数据 D_3、D_2、D_1、D_0，在 CP 信号的下降沿到达后，将输入数据存入对应的触发器中。当 $LD_A+LD_B=0$ 时，电路处于保持状态。即 CP 信号下降沿到达后触发器接收的是原来 Q 端的状态。

CC4076 的工作状态表见表 10.4.1。

表 10.4.1 4 位寄存器 CC4076 的工作状态表

$\overline{R}_D$	$\overline{EN_A}$	$\overline{EN_B}$	LD_A	LD_B	状态
0	×	×	×	×	异步复位
1	0	0	0	0	保持
1	0	0	0	1	$CP\downarrow$ 时，将输入数据存入对应触发器中
			1	0	
			1	1	
1	0	1	×	×	高阻状态
	1	0	×	×	
	1	1	×	×	

以上两个寄存器电路接收数据时所有各位代码是同时输入的,而且触发器中的数据是并行地出现在输出端,因此称为并行输入、并行输出方式。

10.4.2 移位寄存器

移位寄存器除了具有存储代码的功能以外,还具有移位功能。移位功能是指寄存器存储的代码能在移位脉冲作用下依次左移或右移,因此,移位寄存器不但用于寄存代码,还用来实现数据的串行-并行转移、数值的运算以及数据处理等。

图 10.4.3 所示电路是由边沿 D 触发器组成的 4 位右移移位寄存器。

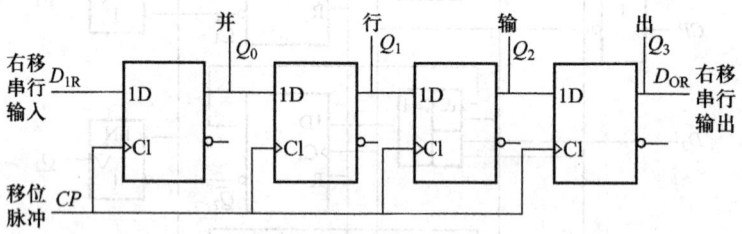

图 10.4.3 4 位右移移位寄存器

在输入数据之前将 4 个触发器置 **0**,即 $Q_0Q_1Q_2Q_3 =$ **0000**;然后依次输入数据 **1011**。经过 4 个脉冲 CP 以后,串行输入的 4 位代码全部右移移入了寄存器中,寄存器的输出状态为 $Q_0Q_1Q_2Q_3 =$ **1101**,即在 4 个触发器的输出端得到了并行输出的代码。各个触发器输出端在移位过程中的电压波形如图 10.4.4 所示。因此,利用移位寄存器可以实现代码的串行-并行转移。

如果首先将 4 位数据并行地置入移位寄存器 4 个触发器中,然后连续施加 4 个移位脉冲,则寄存器里的 4 位代码将从串行输出端 D_{OR} 依次右移送出,从而实现了数据的并行-串行转移。同样地,也可以用 4 个边沿 D 触发器组成 4 位左移移位寄存器。

为了便于扩展逻辑功能和增加使用的灵活性,移位寄存器集成电路上还附加了左移、右移控制、数据并行输入、保持、异步置零(复位)等功能。例如 74LS194,一个 4 位双向移位寄存器,其逻辑图如图 10.4.5(a)所示,逻辑符号如图 10.4.5(b)所示。

在图 10.4.5(a)中,74LS194 的 4 个触发器都是 CP 上升沿触发。其中,D_{IR} 为数据右移串行输入端,D_{IL} 为数据左移串行输入端,$D_0 \sim D_3$ 为数据并行输入端,$Q_0 \sim Q_3$ 为数据并行输出端。$\overline{R}_D$ 为异步清零端,低电平有效。S_1 和 S_0 为移位寄存器的工作状态控制端。74LS194 的功能见表 10.4.2。

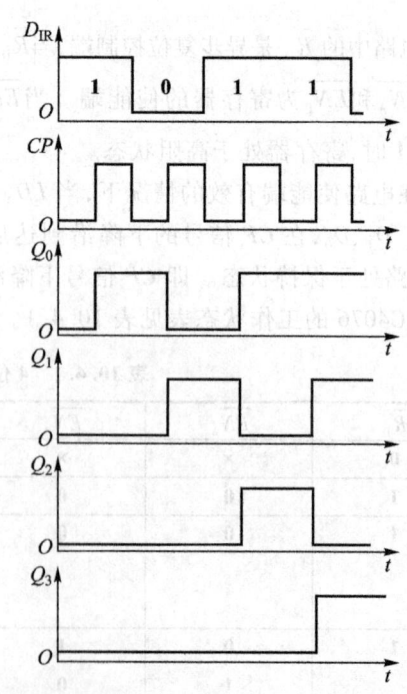

图 10.4.4 4 位右移寄存器的时序图

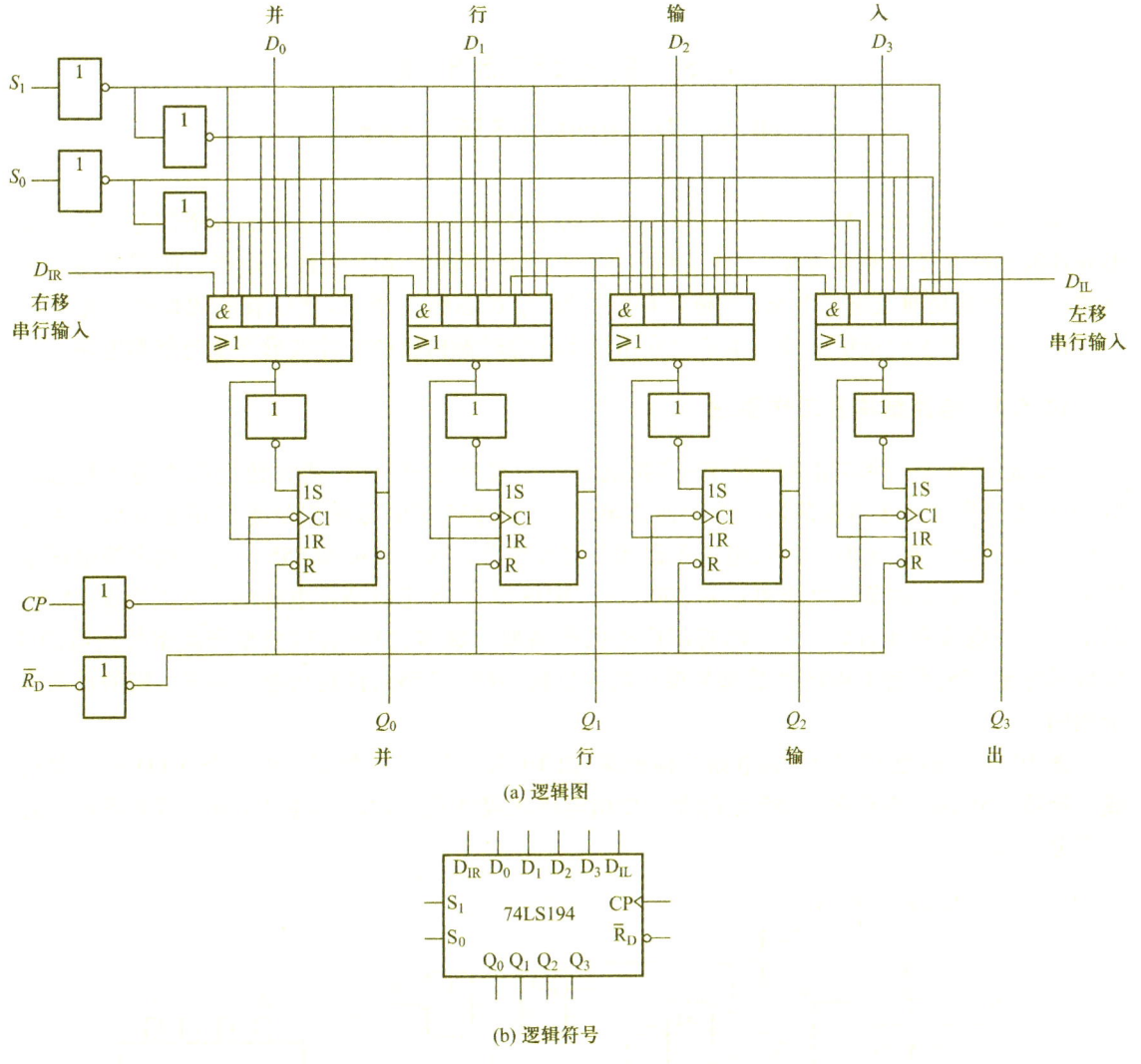

图 10.4.5 74LS194 双向移位寄存器

表 10.4.2 双向移位寄存器 74LS194 的功能表

$\overline{R}_D$	S_1	S_0	工作状态
0	×	×	异步清零
1	0	0	保持状态
1	0	1	右移
1	1	0	左移
1	1	1	CP 上升沿时并行置入数据

10.5 集成555定时器
10.5 Integrated 555 timer

矩形脉冲常常用作数字系统的命令信号或同步时钟信号,作用于系统的各个部分。产生矩形脉冲波形的途径主要有两种:一种是利用各种形式的多谐振荡器电路直接产生所需要的矩形脉冲;另一种则是通过整形电路(如施密特触发器、单稳态触发器等)把已有的周期性变化的波形变换为符合要求的矩形脉冲。本节仅介绍以555定时器构成的脉冲波形产生与整形电路。

10.5.1 电路结构及工作原理

555定时器是一种多用途的数字-模拟混合的中规模集成电路,能方便地构成施密特触发器、单稳态触发器和多谐振荡器。由于使用灵活、方便,555定时器被广泛地应用在波形产生与变换、工业自动控制、定时、仿声、电子乐器和防盗报警等方面。双极型555定时器的电源电压范围为5~16 V,最大的负载电流可达到200 mA,CMOS型7555定时器的电源电压范围为3~18 V,但最大负载电流在4 mA以下。尽管国内外的产品型号繁多,但所有双极型产品型号最后的3位数码都是555,所有CMOS产品型号最后的4位数码都是7555,且其功能和外部引脚的排列完全相同。

图10.5.1(a)是CH7555的电路结构框图,图10.5.1(b)是引脚图。由三个5 kΩ的电阻构成分压器,555因此而得名。555定时器主要由电压比较器C_1和C_2、基本RS触发器和场效应管三部分组成。

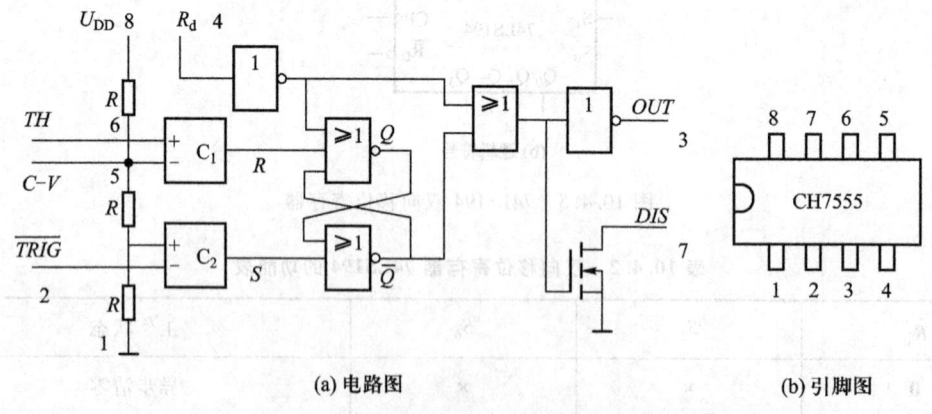

(a) 电路图　　　　　　　　　　　　　　　(b) 引脚图

图10.5.1　CMOS集成定时器(CH7555)

由原理图可知,3个相等的电阻R(5 kΩ)分压,分别为同相比较器C_1、反相比较器C_2提供参考电压$2U_{DD}/3$和$U_{DD}/3$。同相比较器C_1的输入称为高电位触发端(又称阈值端,TH,Threshold);反相比较器C_2的输入称为低电位触发端($\overline{TRIG}$,Trigger);2个触发端的输入电流近似为零,且可以是模拟输入电压。如果在电压控制端($C-V$端)作用控制电压U_{CO},则可改变比较器的参考电

压分别为 U_{CO} 和 $U_{CO}/2$；若不使用 C-V 端，通常用一个 0.01 μF 的电容接地。

由于使用单电源，比较器 C_1、C_2 的输出低电平为 0 V、高电平为 U_{DD}。比较器 C_1、C_2 输出分别接**或非**门基本 RS 触发器的置 **0** 端 R 和置 **1** 端 S。该触发器的状态经**或**门和反相器缓冲输出到 OUT 端，并控制 NMOS 管的通断。当 NMOS 管饱和时为外电路提供电流通路，所以称 NMOS 管的漏极为放电端，记为 DIS(Discharge)。如果 DIS 端外接上拉电阻，则 DIS 端与 OUT 端的逻辑状态相同。

当异步复位端 $\overline{R_d}=0$ 时，无论 TH、$\overline{TRIG}$ 为何值，输入端 3 为低电平，NMOS 管导通。

当 $\overline{R_d}=1$ 时，如果 $TH>2U_{DD}/3$、$\overline{TRIG}>U_{DD}/3$，则 RS 触发器为 **0** 态，输出 3 端为低电平，NMOS 管导通；

如果 $TH<2U_{DD}/3$、$\overline{TRIG}>U_{DD}/3$，则 RS 触发器状态保持不变，输出和 NMOS 管状态亦保持不变；

如果 $\overline{TRIG}<U_{DD}/3$，则无论 TH 为何值，RS 触发器的 Q 总为 **0** 态，输出高电平，NMOS 管截止。

综上所述，CH7555 的功能表见表 10.5.1。

表 10.5.1　CH7555 功能表

TH(电位)	$\overline{TRIG}$(电位)	$\overline{R_d}$(逻辑电平)	OUT(逻辑电平)	DIS(NMOS 管)
×	×	低电平	低电平	导通
$>2U_{DD}/3$	$>U_{DD}/3$	高电平	低电平	导通
$<2U_{DD}/3$	$>U_{DD}/3$	高电平	保持	保持
×	$<U_{DD}/3$	高电平	高电平	截止

注："×"表示任意电位。

10.5.2　用 555 定时器构成施密特触发器

1. 电路结构

将 CH7555 的高电位触发端 TH 和低电位触发端 $\overline{TRIG}$ 并联即可构成施密特触发器，电路如图 10.5.2 所示，$u_{TH}=u_{\overline{TRIG}}=u_I$。DIS 端外接上拉电阻，则 DIS 端与 OUT 端的逻辑状态相同。

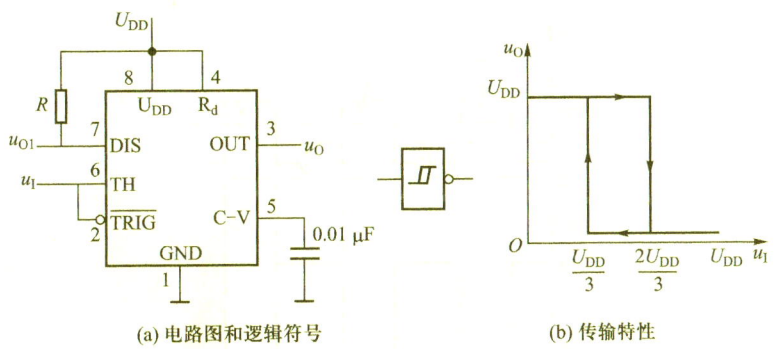

(a) 电路图和逻辑符号　　　(b) 传输特性

图 10.5.2　施密特触发器

在输入电压由低电平(0 V)上升至高电平(U_{DD})的过程中，由表 10.5.1 可知，如果输入 $u_I<U_{DD}/3$，则 $u_O=U_{OH}=U_{DD}$；如果输入 $U_{DD}/3<u_I<2U_{DD}/3$，则输出保持前述状态，即 $u_O=U_{OH}=U_{DD}$；如

果输入 $u_I > 2U_{DD}/3$,则 $u_O = U_{OL} = \mathbf{0}$。

上限转换电平为

$$U_{T+} = 2U_{DD}/3 \qquad (10.5.1)$$

在输入电压由高电平(U_{DD})下降至低电平(0 V)的过程中,由表10.5.1可知,如果输入 $u_I > 2U_{DD}/3$,则 $u_O = U_{OL} = \mathbf{0}$;如果输入 $U_{DD}/3 < u_I < 2U_{DD}/3$,则输出保持前述状态,即 $u_O = U_{OL} = \mathbf{0}$;如果输入 $u_I < U_{DD}/3$,则 $u_O = U_{OH} = U_{DD}$。

下限转换电平为

$$U_{T-} = U_{DD}/3 \qquad (10.5.2)$$

输入电压上升和下降传输特性形成滞环,回差电压为

$$\Delta U_T = U_{T+} - U_{T-} = U_{DD}/3 \qquad (10.5.3)$$

如果在电压控制端(C-V端)加控制电压 U_{C-V},则可改变转换电平和回差电压。

2. 施密特触发器的应用

施密特触发器具有回差特性,所以可用于脉冲整形、波形变换和脉冲鉴幅。

(1) 脉冲整形

在数字通信系统中,脉冲信号在传输过程中经常发生畸变,如传输线上电容较大,会使波形的上升沿、下降沿明显变坏,如图10.5.3(a)所示的 u_I。当传输线较长,而且阻抗不匹配时,在波

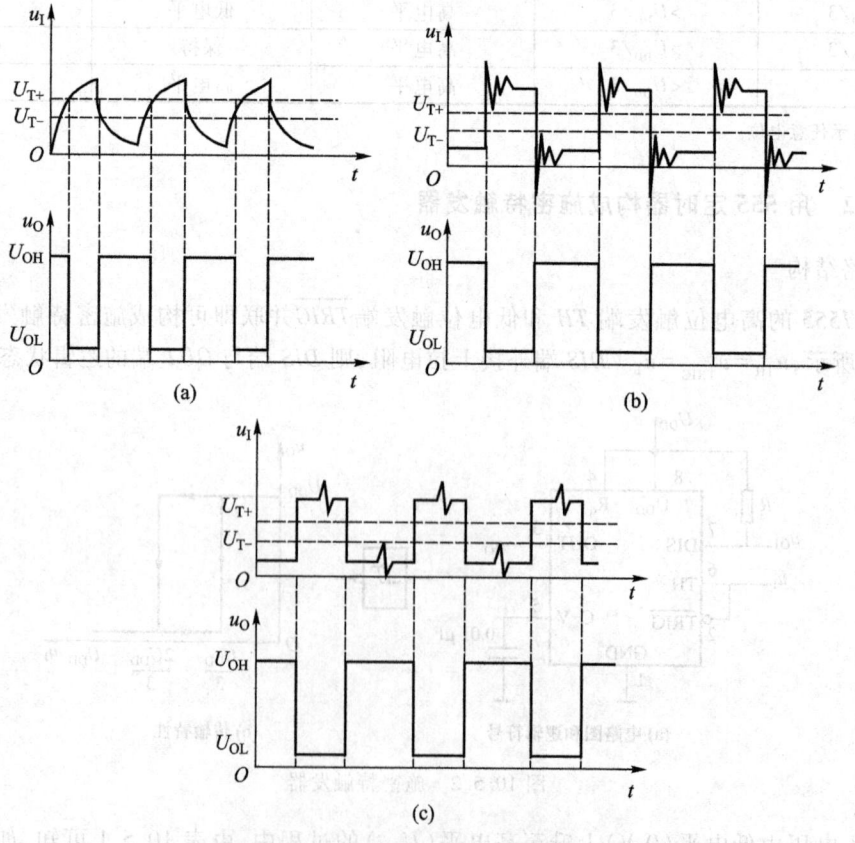

图 10.5.3 用施密特触发器对脉冲整形

形的上升沿和下降沿产生振荡,如图 10.5.3(b)所示的 u_1。当其他脉冲信号通过导线间的分布电容或公共电源线叠加到矩形脉冲信号时,信号将出现附加噪声,如图 10.5.3(c)所示的 u_1。为此,必须对发生畸变的脉冲波形进行整形。采用反相施密特触发器对畸变了的矩形脉冲进行整形可以取得较为理想的效果。

（2）波形变换

施密特触发器可以把边沿变化缓慢的周期性信号变换为边沿很陡的矩形脉冲信号。

在图 10.5.4 中,输入信号为正弦波,只要输入信号的幅度大于 U_{T+},即可在施密特触发器的输出端得到同频率的矩形脉冲信号。

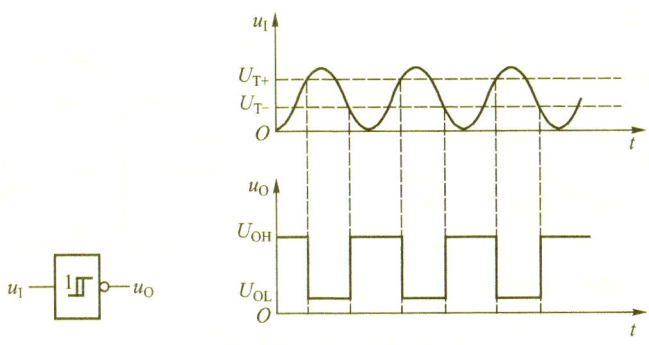

图 10.5.4 用施密特触发器实现波形变换

（3）脉冲鉴幅

若将图 10.5.5 中一系列幅度不等的脉冲信号加到施密特触发器的输入端,施密特触发器能将幅度大于 U_{T+} 的脉冲选出,具有脉冲鉴幅的功能。

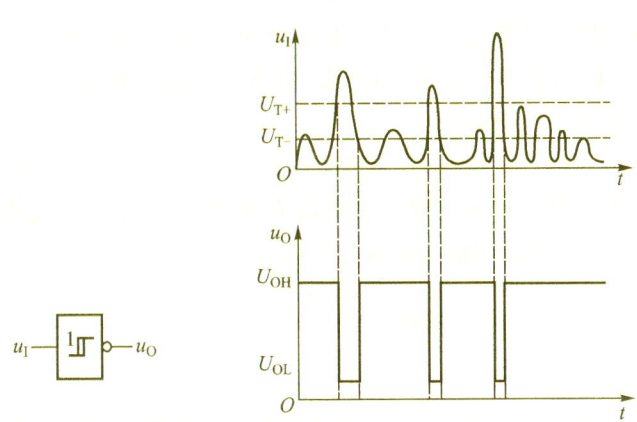

图 10.5.5 用施密特触发器鉴别脉冲幅度

10.5.3 用 555 定时器构成单稳态触发器

1. 电路结构与工作原理

单稳态触发器具有一个稳态和一个暂稳态。当输入信号无触发时,电路处于稳态;当输入信号触发时,电路由稳态翻转至暂稳态,经过一定时间后,电路会自动地返回到稳态。暂稳态的持续时间与输入信号无关,仅取决于电路本身的参数。

(1) 电路结构

图 10.5.6(a) 是一个单稳态触发器,低电位触发端 $\overline{TRIG}$ 是触发脉冲输入端,高电位触发端 TH 与放电端 DIS 并联,R、C 是定时元件,OUT 是脉冲输出端。

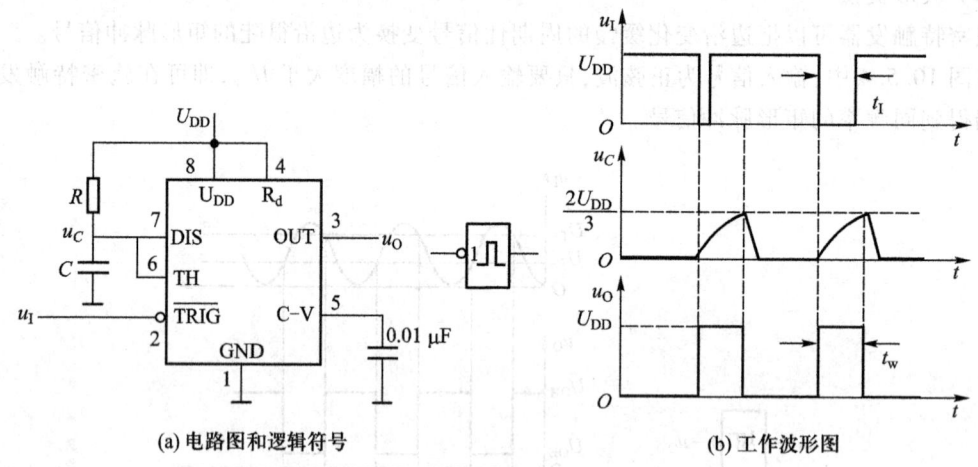

(a) 电路图和逻辑符号   (b) 工作波形图

图 10.5.6 单稳态触发器

(2) 工作原理

当没有低电平触发脉冲($u_I = U_{DD}$)输入时,电路处于稳态 $u_O = 0$,$u_C = 0$,NMOS 管导通。

当输入负跳变窄脉冲时,电路进入暂稳态,即电路输出高电平($u_O = U_{DD}$),NMOS 管截止,R 和 C 组成一阶暂态电路。刚开始对电容充电,电压 u_C 上升。在 $u_C = 2U_{DD}/3$ 之前输入负窄脉冲消失,即 $u_I = U_{DD}$;在 $u_C > 2U_{DD}/3$ 后,由表 10.5.1 可知,电路输出低电平($u_O = 0$),NMOS 管导通,电容向 NMOS 管放电至 0 V,暂态($u_O = U_{DD}$)结束,电路自动返回到稳态($u_O = 0$,$u_C = 0$,NMOS 管导通)。图 10.5.6(b) 是其工作波形图。

必须强调,无论什么原因进入暂稳态,正常工作的电路都会自动返回到稳态 $u_O = 0$。

在暂态时,电容的充电时间常数为 RC,初始值为 0,稳态值为 U_{DD},充电终值为 $2U_{DD}/3$。根据一阶 RC 电路的三要素法,可求出输出脉冲的宽度

$$t_w = RC\ln\frac{U_{DD} - 0}{U_{DD} - \frac{2}{3}U_{DD}} = 1.1RC \tag{10.5.4}$$

应当指出,这种电路要求输入脉冲宽度 t_I 小于输出脉冲宽度 t_w,否则,电路转化为反相器。

2. 单稳态触发器的应用

单稳态触发器被广泛地应用于脉冲整形、延时(产生滞后于触发脉冲的输出脉冲)以及定时(产生固定时间宽度的脉冲信号)的脉冲电路。

(1) 脉冲整形

单稳态触发器输出脉冲的宽度 t_w 取决于电路自身的参数,输出脉冲幅度 U_m 取决于输出高、低电平之差。因此,在电路参数不变的情况下,单稳态触发器输出脉冲波形的宽度和幅度是一致

的。若某个脉冲波形不符合要求时,可以用单稳态触发器进行整形,得到宽度与幅度一定的脉冲波形,如图 10.5.7 所示。

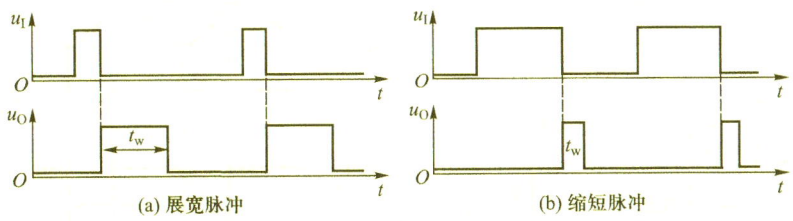

图 10.5.7　单稳态触发器的脉冲整形

图 10.5.7(a)的功能是将触发脉冲展宽。不过,脉冲宽度 t_w 应小于触发脉冲的间歇时间,否则会丢失脉冲。也可以缩短脉冲的宽度,如图 10.5.7(b)所示。

(2) 定时

利用单稳态触发器输出脉冲宽度一定的特点,可以实现定时,如图 10.5.8 所示。

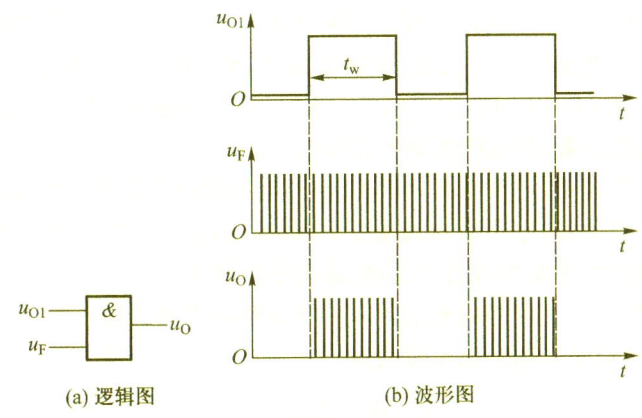

图 10.5.8　单稳态触发器用于定时

若 u_{O1} 为单稳态触发器的输出端,当触发器处于稳定状态时,其输出 $u_{O1} = 0$,将输入信号 u_F 封锁。当单稳态触发器有触发信号作用时,单稳态触发器进入暂态,其输出为 $u_{O1} = 1$,与门被打开,允许输入信号 u_F 通过。若与门输出端接一个计数器,则可以知道在 t_w 时间内输出的脉冲个数(即可求得脉冲的频率)。

10.5.4　用 555 定时器构成多谐振荡器

多谐振荡器是能产生矩形脉冲波的自激振荡器。在接通电源后,不需外加触发信号,它便能自动产生矩形脉冲波。由于矩形脉冲包含丰富的高次谐波分量,所以产生矩形脉冲波的振荡器称为多谐振荡器,也称为无稳态触发器。

用 555 定时器构成的多谐振荡器电路如图 10.5.9(a)所示,低电位触发端 $\overline{TRIG}$ 与高电位触发端 TH 并联,放电端 DIS 外接上拉电阻 R_1,则 DIS 端与 OUT 端的逻辑状态相同,因此,$\overline{TRIG}$ 和 DIS 端构成施密特触发器;R_2 和 C 形成施密特触发器的正反馈,产生矩形脉冲,从 OUT 端输出。图 10.5.9(b)是多谐振荡器的工作波形图。

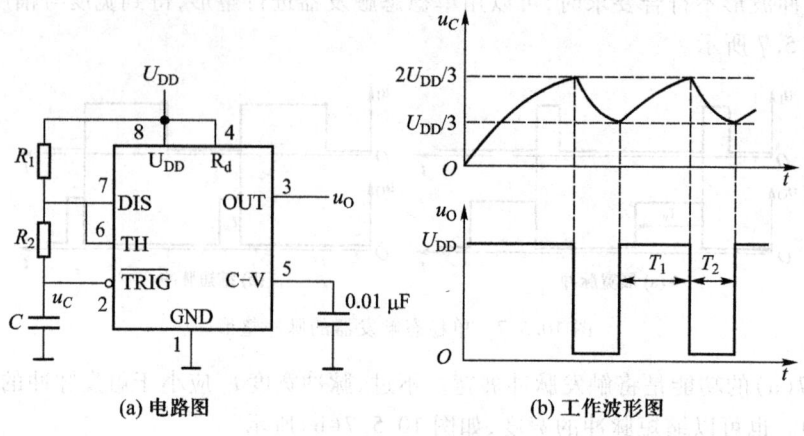

(a) 电路图　　　　　　　　(b) 工作波形图

图 10.5.9　多谐振荡器

工作原理如下：

设接通电源时电容电压 $u_C = 0$，由功能表 10.5.1 可知，输出高电平，NMOS 管截止。因此，R_1、R_2 和 C 组成一阶暂态电路。电容充电，时间常数为 $(R_1+R_2)C$，电容电压的稳态值为 U_{DD}。随着充电过程的进行，电容电压上升；当 $u_C > 2U_{DD}/3$ 时，由功能表 10.5.1 可知，电路输出低电平，NMOS 管导通，电容充电结束，改为向 NMOS 管放电。

电容从 $2U_{DD}/3$ 开始放电，时间常数为 R_2C，电容电压的稳态值为 0 V，电容电压随之下降；当 $u_C < U_{DD}/3$ 时，查表 10.5.1 知，电路输出高电平，NMOS 管截止。之后，电容开始充电，重复前述充电过程。如此周而复始，电路形成自激振荡，输出矩形脉冲。

输出矩形脉冲的周期等于电容的充电时间和放电时间之和。用一阶 RC 电路的三要素法可求出电容的充电时间和放电时间。充电时间为

$$T_1 = (R_1+R_2)C\ln\frac{U_{DD}-\frac{1}{3}U_{DD}}{U_{DD}-\frac{2}{3}U_{DD}} = 0.7(R_1+R_2)C \qquad (10.5.5)$$

放电时间为

$$T_2 = R_2C\ln\frac{0-\frac{2}{3}U_{DD}}{0-\frac{1}{3}U_{DD}} = 0.7R_2C$$

$$\qquad\qquad\qquad\qquad\qquad (10.5.6)$$

因此，振荡周期 T 为

$$T = T_1 + T_2 = 0.7(R_1+2R_2)C \qquad (10.5.7)$$

图 10.5.10 是占空比可调的多谐振荡器。电路中，当 NMOS 管截止时，电源通过等效电阻 R_1 和二极管 D_1 向电容充电，时间常数为 R_1C，充电时间为 $T_1 = 0.7R_1C$；当 NMOS 管导通

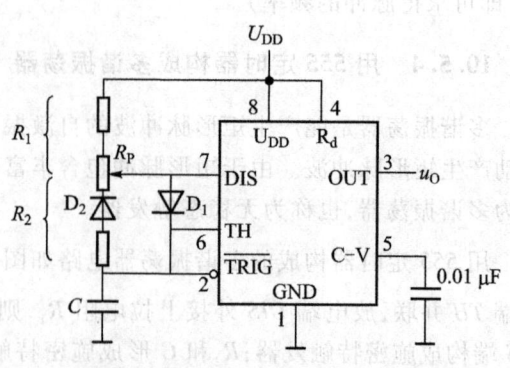

图 10.5.10　占空比可调的多谐振荡器

时,电容通过等效电阻 R_2 和二极管 D_2 放电,时间常数为 R_2C,放电时间为 $T_2=0.7R_2C$。

定义占空比 δ 为脉冲高电平持续时间与脉冲周期之比,则

$$\delta = \frac{T_1}{T_1+T_2} = \frac{R_1}{R_1+R_2} \tag{10.5.8}$$

改变电位器 R_P 的活动端即可调节占空比,但不改变脉冲周期。

学 习 指 导

【本 章 重 点】

1. JK 触发器、D 触发器、T 触发器、T′触发器的功能与相互转换。
2. 同步时序逻辑电路和异步时序逻辑电路的分析,集成计数器的任意进制实现。

【本 章 难 点】

1. 同步时序逻辑电路和异步时序逻辑电路的分析,包括状态转换表、状态转换图与时序图的绘制和自启动的检验。
2. 应用集成计数器 74LS161 与 74LS160 实现任意进制计数器。

【典 型 例 题】

例 10.1 分析例 10.1(a)图所示的逻辑功能。写出电路的驱动方程、状态方程和输出方程,计算出状态转换表,画出状态转换图,说明电路能否自启动。

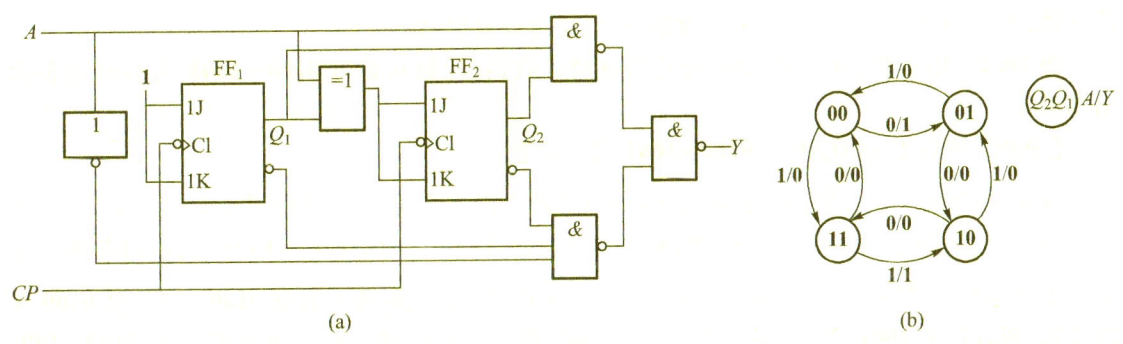

例 10.1 图

【分析】由例图可见,该电路有输入信号 A,两个触发器的时钟均为 CP,因此该电路是同步时序逻辑电路。

【解】(1)写出两个触发器的驱动方程

$$\begin{cases} J_1 = K_1 = \mathbf{1} \\ J_2 = K_2 = A \oplus Q_1 \end{cases} \tag{10.1}$$

（2）写出电路的状态方程

$$\begin{cases} Q_1^{n+1} = \overline{Q}_1 \\ Q_2^{n+1} = (A \oplus Q_1)\overline{Q}_2 + \overline{A \oplus Q_1}\,Q_2 = A \oplus Q_1 \oplus Q_2 \end{cases} \tag{10.2}$$

（3）写出电路的输出方程

$$Y = \overline{\overline{AQ_1Q_2}\ \overline{\overline{A}\ \overline{Q}_1\overline{Q}_2}} = AQ_1Q_2 + \overline{A}\ \overline{Q}_1\overline{Q}_2 \tag{10.3}$$

（4）计算状态转换表。

根据式（10.2）和式（10.3）计算的状态转换表如表 10.1 所示。

表 10.1 例 10.1 的状态转换表

CP	$A = 0$					$A = 1$				
	Q_2^n	Q_1^n	Q_2^{n+1}	Q_1^{n+1}	Y	Q_2^n	Q_1^n	Q_2^{n+1}	Q_1^{n+1}	Y
1	0	0	0	1	1	0	0	1	1	0
2	0	1	1	0	0	0	1	1	0	1
3	1	0	1	1	0	1	0	0	1	0
4	1	1	0	0	0	1	1	0	0	0

可见，输出 Q_2Q_1 的 4 种状态均为有效状态。

（5）画出状态转换图。

根据表 10.1 所画的状态转换图如例 10.1(b)图所示。由图可知，当 $A = 0$ 时，为二进制加法计数器；当 $A = 1$ 时，为二进制减法计数器，且电路可以自启动。

例 10.2 用置数法将 74LS161 接成六进制计数器，计数状态为 **0100～1001**，并设计进位输出端 C_0。

【分析】选取 $Q_DQ_CQ_BQ_A$ 为 **0100～1001** 有效状态。

首先，将 74LS161 计数器的控制端 EP 和 ET 接成高电平 **1**，将不用的异步置零端 $\overline{R}_D$ 接高电平 **1**，并且使数据输入端 $D_3D_2D_1D_0 = \mathbf{0100}$。当计数器计数到 $D_3D_2D_1D_0 = \mathbf{1001}$ 时，通过与非门输出一个低电平信号给预置数控制端 $\overline{LD}$；当下一个 CP 信号到达时置入数据 **0100**，之后，从 **0100** 开始计数，所以状态 **1001** 可以稳定保持一个时钟周期。因此电路的稳定循环状态为 **0100～1001** 共 6 个状态，构成六进制计数器。

该六进制计数器的最后一个状态为 **1001**，而 74LS161 的最大计数状态为 **1111**，所以不可以利用 74LS161 的进位端 C 作为进位输出，可以将 Q_3 与 Q_0 相与作为输出端 C_0。

【解】按照以上思路，构成六进制计数器电路如例 10.2(a)图所示，其状态转换图如例 10.2(b)图所示。

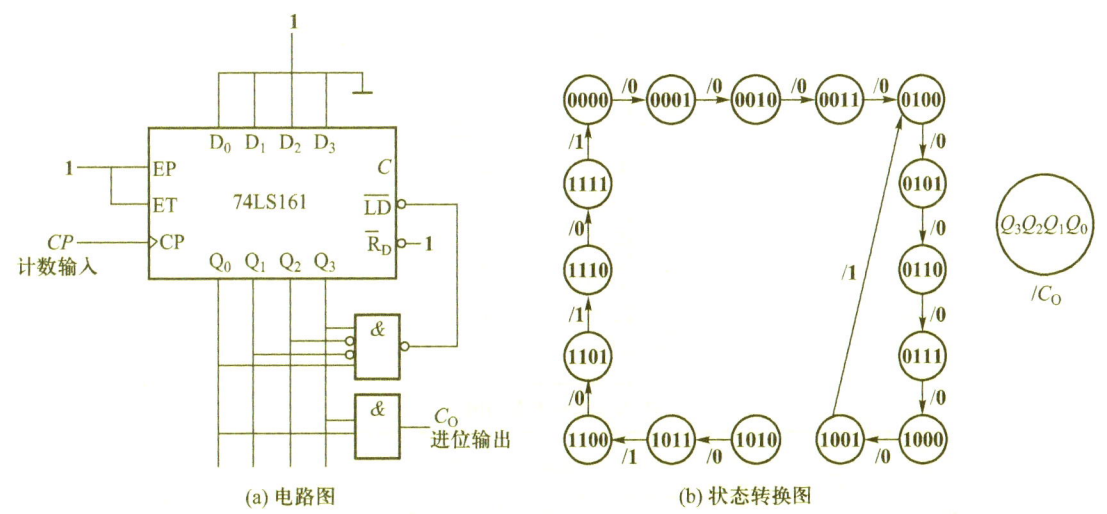

例 10.2 图

例 10.3 用 74LS160 设计一个模 8 计数器。

【分析】 74LS160 是同步十进制计数器,其引脚排列如例 10.3(a)图所示:其中 A、B、C、D 为预置数输入端,$LOAD$ 为预置数控制端,CLR 为异步清零端,ENP 和 ENT 为计数器允许端,CP 为上升沿触发时钟端,RCO 为输出的进位信号,Q_A、Q_B、Q_C、Q_D 为十进制输出端。当 ENP、ENT 和 $LOAD$ 端均置为高电平时,工作在计数器状态。

本例采用清零法设计任意进制的计数器。在 CP 端输入 1 Hz 的脉冲信号,令计数器的计数范围为 **0000~0111**,所以将 **1000** 信号作为清零信号,然后将 Q_D 通过一个非门接到芯片的清零端 CLR 即可以完成设计一个模 8 计数器的任务。

(1) 画电路图

① 脉冲电压源:Place Sources→ SIGNAL VOLTAGE SOURCES→CLOCK_VOLTAGE,选取脉冲电压源并设置频率为 1Hz。

② 直流电压源:Place Sources→POWER_SOURCES→DC POWER。

③ 接地:Place Sources→POWER_SOURCES→DGND,将脉冲电压源下端接地。

④ 放置计数器:Place TTL→74LS160N。

⑤ 放置非门:Place TTL→74LS00N,选取其中一个非门即可。

⑥ 将 Q_D 接至 74LS00N 输入端,经非门输出之后接至 74LS160N 的 CLR 端。

例 10.3(b)、(c)图为仿真电路与仿真结果。

(2) 设置仪表

① 采用(四代码输入的)七段数码管观察输出 $Q_D Q_C Q_B Q_A$ 对应的二-十进制数码。

放置数码管:Place Indicators→DCD_HEX_DIG_BLUE。将 74LS160N 的 4 个输出变量 $Q_D Q_C Q_B Q_A$ 分别依序连接 DCD_HEX_DIG_BLUE 的 4 个输入端。

② 采用逻辑分析仪观察输出 $Q_D Q_C Q_B Q_A$ 的波形变化。

放置逻辑分析仪:Place Instruments →LOGIC ANALYZER。将脉冲电压源接逻辑分析仪标志为 1 的引脚,然后将 74LS160N 的 4 个输出变量 $Q_D Q_C Q_B Q_A$ 分别依序连接逻辑分析仪的第 2~5 脚。

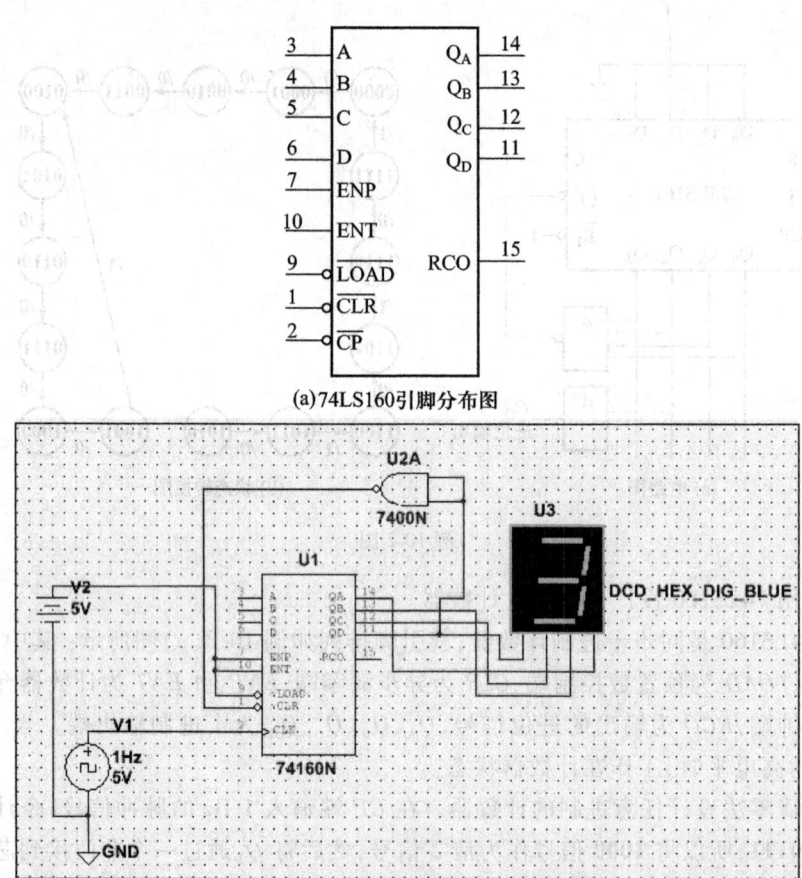

(a) 74LS160引脚分布图

(b) 仿真电路

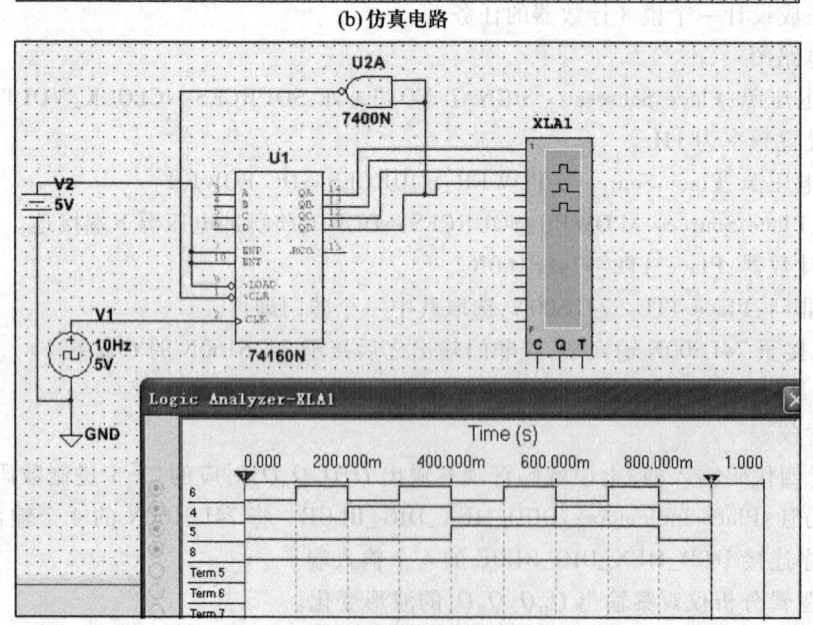

(c) 模8计数器的仿真结果

例 10.3 图

(3) 仿真分析

① 点击仿真按钮,开始仿真;观察七段数码管的数字变化为 0-1-…-7-0,实现了模 8 计数器,截图为显示数字 3,即此刻 $Q_DQ_CQ_BQ_A = \mathbf{0011}$,如例 10.3(b)图所示。

② 点击仿真按钮,开始仿真;观察逻辑分析仪的 $Q_DQ_CQ_BQ_A$ 多个波形,如例 10.3(c)图所示。$Q_DQ_CQ_BQ_A$ 的值从 **0000** 递增至 **0111**,然后清零至 **0000**,再次循环,与设计要求完全一致。

例 10.4 将 555 定时器构成多谐振荡器。

【**分析**】在 Multisim 软件中按照例 10.4(a)图建立电路图。

(1) 画电路图

① 放置 555 定时器:Place mixed→ 555_virtual

② 直流电压源:Place Sources→POWER_SOURCES→DC POWER;

③ 接地:Place Sources→POWER_SOURCES→DGND,将电压源下端接地。

④ 放置电阻 R_1、R_2:Place Basic→ resistor。

⑤ 放置电容器 C_1、C_2:Place Basic→ capacitor。

⑥ 按例 10.4(a)图连接各元件以及电源。

(2) 设置仪表

采用双踪示波器同时观察输出电压 u_O 以及电容电压 u_C 的波形。

(3) 仿真分析

点击仿真按钮,开始仿真,观察示波器的两个波形,如例 10.4(b)图所示。

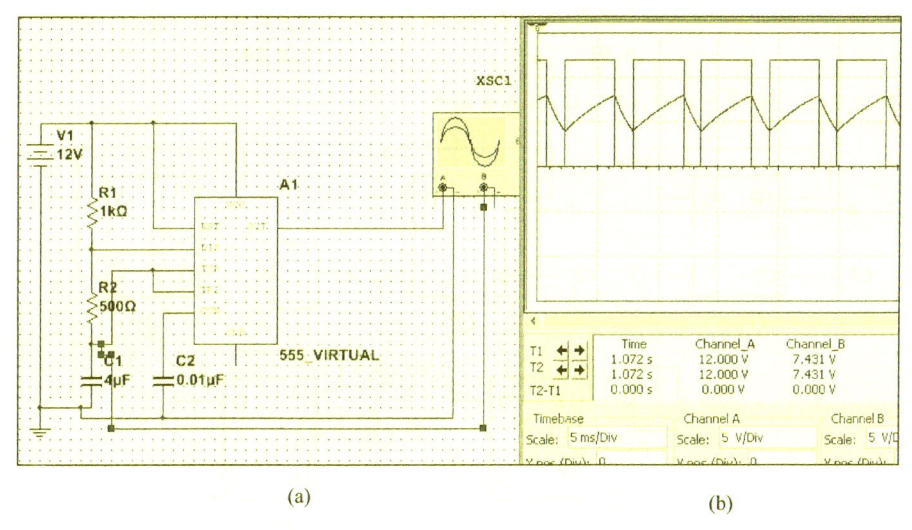

例 10.4 图

可见:

(1) 输出电压 u_O 为占空比>0.5 的矩形波,最大电压值为电源电压 12 V。

(2) 电容电压 u_C 按照指数规律充电、放电,放电时间常数小于充电时间常数,并且 u_C 的最大值为 8 V,最小值为 4 V,分别是 12 V 的 2/3 和 1/3 倍,与理论分析一致。

习 题

【基本概念题】

10.1 填空题

(1) 触发器具有两个能自行保持的稳定状态,即( )态和( )态。正因为触发器具有两个稳定状态,所以又称其为( )触发器。

(2) 根据触发器逻辑功能的不同特点,可将触发器分为( )、( )、( )和( )等几种类型。

(3) 描述触发器的逻辑功能的方法有三种,它们是( )、( )和( )。

(4) JK 触发器是触发器中功能最全的一种,其具有( )、( )、( )和( )功能。

10.2 选择题

(1) 下列触发器中,存在约束条件的是( )。

① D 触发器   ② JK 触发器   ③ RS 触发器

(2) 在连续时钟脉冲作用下,只具有翻转功能的触发器是( )。

① T′触发器   ② JK 触发器   ③ RS 触发器

(3) 在连续时钟脉冲的作用下,欲使 D 触发器按 $Q^{n+1} = \overline{Q}^n$ 工作,应使输入 D=( )。

① T′   ② Q   ③ $\overline{Q}^n$

(4) 经 CP 脉冲作用后,下列选项中能使 JK 触发器的输出 Q 从 **0** 变 **1** 的 JK 信号是( )。

① **00**   ② **01**   ③ **10**

(5) 在题 10.2(5)图所示电路中,$Q^{n+1} = \overline{Q}^n + A$ 的电路为( )。

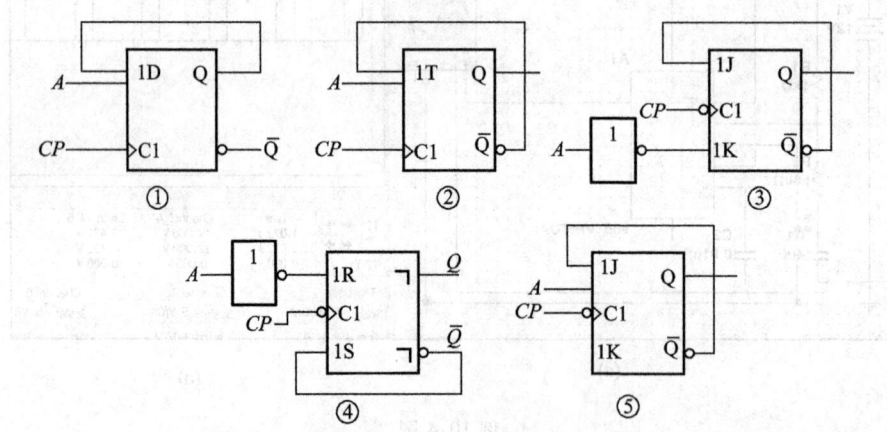

题 10.2(5)图

【简单计算题】

10.3 同步 RS 触发器的逻辑符号和输入波形如题 10.3(a)图所示。设初始状态 $Q=0$。在题 10.3(b)图中画出 Q 和 $\overline{Q}$ 端的波形。

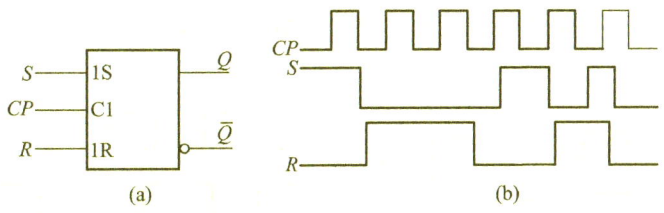

题 10.3 图

10.4 基本 RS 触发器经常被用在消抖电路中,如题 10.4(a)图为一个防抖动输出的开关电路。当拨动开关 S 时,由于开关触点接触瞬间发生颤动,S 和 R 的电压波形如题 10.4(b)图所示,试画出 Q 和 $\overline{Q}$ 端的电压波形。

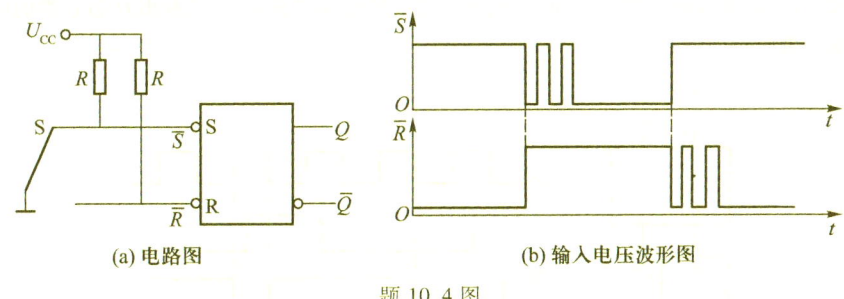

(a) 电路图   (b) 输入电压波形图

题 10.4 图

10.5 在题 10.5(a)图所示电路中,若 CP、R、S 的电压波形如题 10.5(b)图所示,试画出 Q 和 $\overline{Q}$ 端的电压波形。设触发器的初始状态为 **0**。

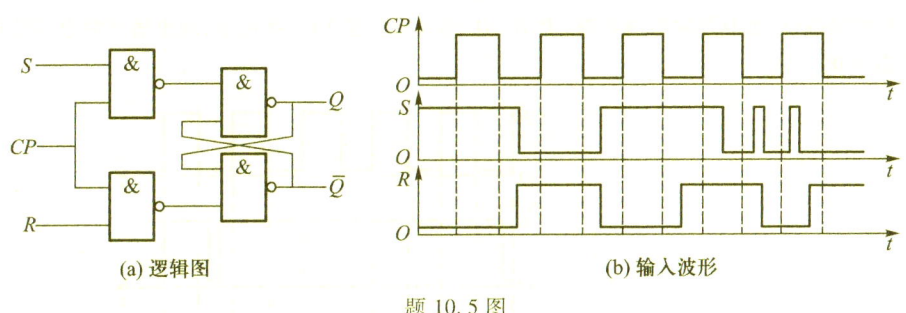

(a) 逻辑图   (b) 输入波形

题 10.5 图

10.6 若主从 JK 触发器的 J、K、CP 端输入的电压波形如题 10.6 图所示,试画出 Q 和 $\overline{Q}$ 端的电压波形。设触发器的初始状态为 **0**。

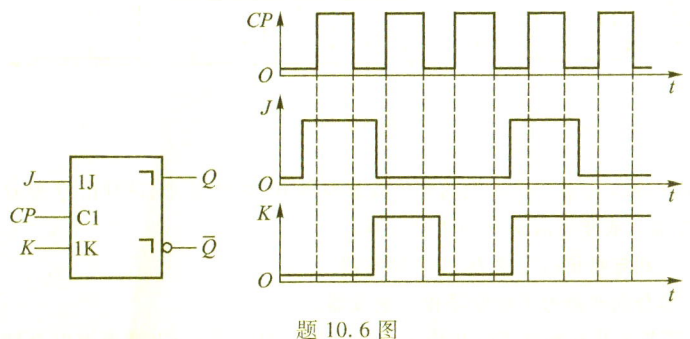

题 10.6 图

10.7 若主从 JK 触发器的 A、B、CP 端输入的电压波形如题 10.7 图所示,试画出 Q 和 $\bar{Q}$ 端的电压波形。设触发器的初始状态为 **0**。

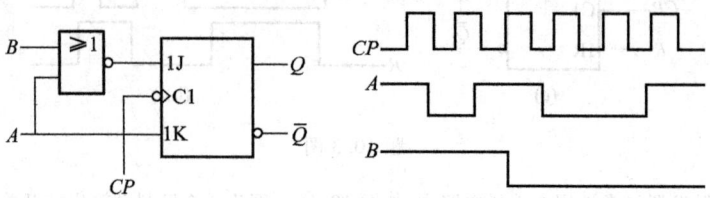

题 10.7 图

10.8 已知维持-阻塞 D 触发器的 D 和 CP 的电压波形如题 10.8 图所示,试画出 Q 和 $\bar{Q}$ 端的电压波形。设触发器的初始状态为 **0**。

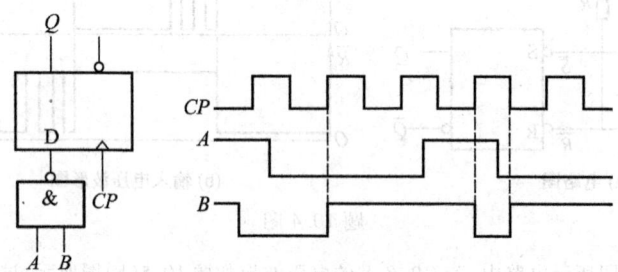

题 10.8 图

10.9 已知维持-阻塞 D 触发器输入端 CP、D_1、D_2 的波形如题 10.9 图所示,画出输出端 Q 的波形(设触发器的初始状态为 **0**)。

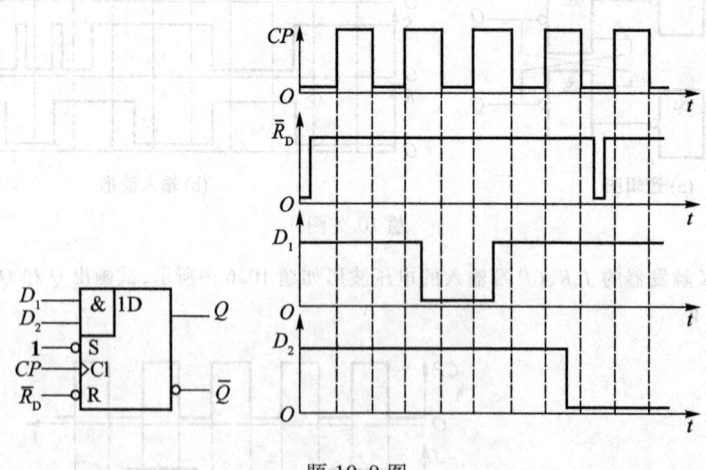

题 10.9 图

10.10 已知边沿 JK 触发器各个输入端的电压波形如题 10.10 图所示,试画出 Q 和 $\bar{Q}$ 端的电压波形。

10.11 用 JK 触发器和或非门构成 D 和 T 触发器。

10.12 用 D 触发器和与或非门构成 JK 和 T 触发器。

10.13 将 D 触发器分别转换为 T 触发器和 T' 触发器。

10.14 题 10.14 图各边沿 D 触发器的初始状态都为 **0**,试对应输入 CP 波形画出 Q 端的输出波形。

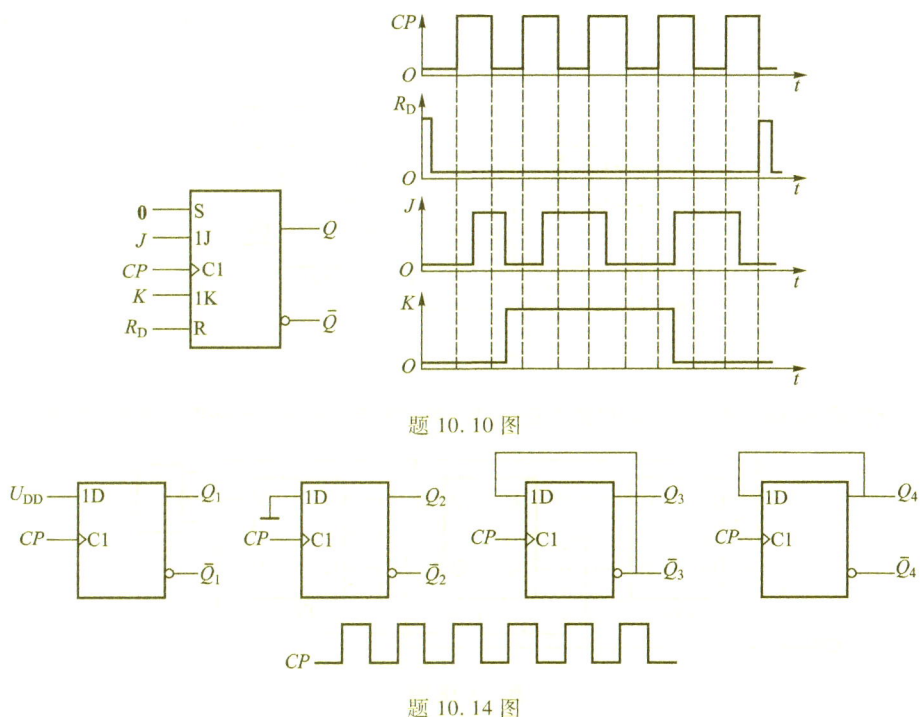

题 10.10 图

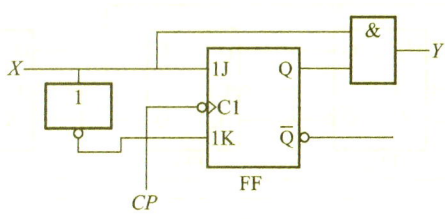

题 10.14 图

10.15 电路如题 10.15 图所示。试分析电路逻辑功能,画出状态转换图。

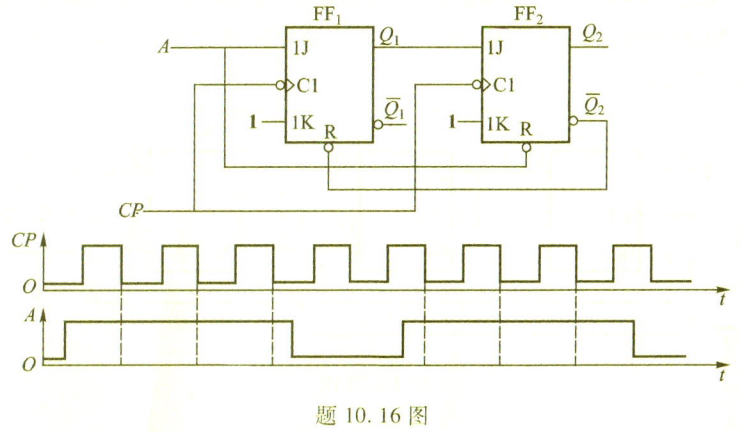

题 10.15 图

10.16 已知边沿 JK 触发器组成的电路及输入波形如题 10.16 图所示。画出输出端 Q_1 和 Q_2 波形。设 Q_1 的初始状态为 **0**。

题 10.16 图

10.17 已知 D 触发器组成的电路及输入波形如题 10.17 图所示。画出 Q_1 和 Q_2 波形。设 Q_1 和 Q_2 的初始状态为 **0**。

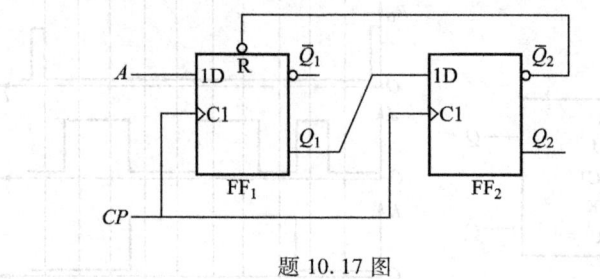

题 10.17 图

10.18 分析题 10.18 图所示电路的逻辑功能,画出电路的状态转换图和时序图。说明电路能否自启动。

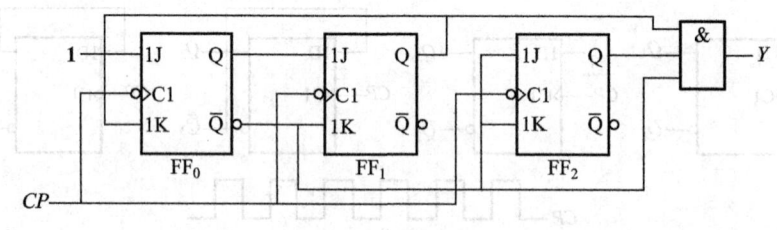

题 10.18 图

10.19 分析题 10.19 图所示电路,画出电路的状态转换图。

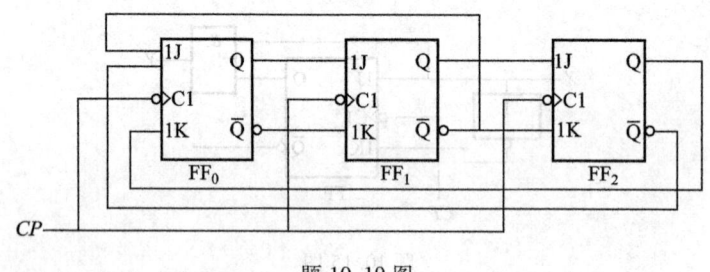

题 10.19 图

10.20 如何采用上升沿触发的 D 触发器分别构成同步二进制加法和减法计数器?如何采用上升沿触发的 D 触发器或者下降沿触发的 JK 触发器分别构成异步二进制加法计数器和异步二进制减法计数器?

10.21 分析题 10.21 图所示电路的功能,写出电路的驱动方程、状态方程和输出方程,画出电路的状态转换图,并说明该电路能否自启动。

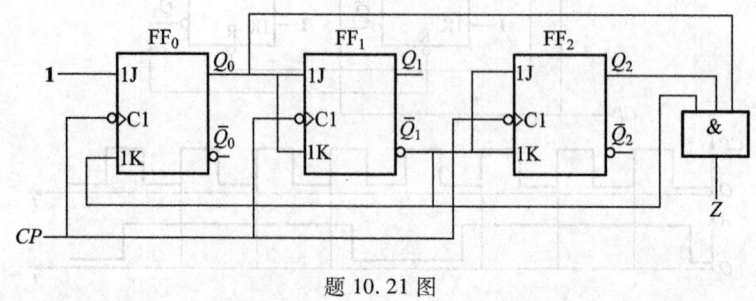

题 10.21 图

10.22 分析题 10.22 图所示电路的功能,写出电路的驱动方程和状态方程,画出电路的状态转换图,并说明电路能否自启动。

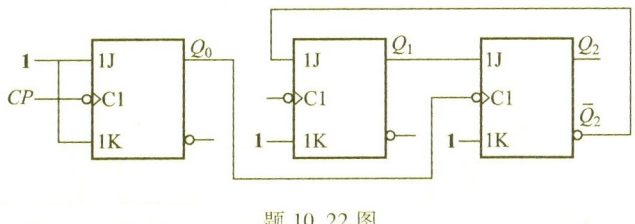

题 10.22 图

10.23 分析题 10.23 图所示电路的功能,写出电路的驱动方程、状态方程和输出方程,画出电路状态转换图。其中 X、Y 为输入量,Z 为输出量。

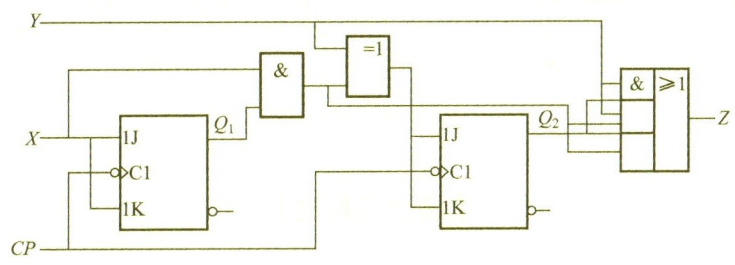

题 10.23 图

10.24 题 10.24 图是用 JK 触发器组成的数码寄存器,试分析电路的工作原理。

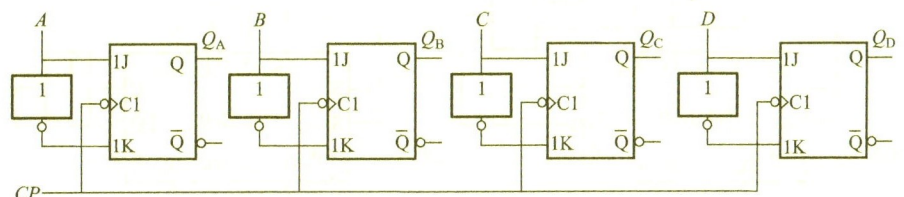

题 10.24 图

10.25 在题 10.25 图所示电路中,若两个移位寄存器中的原始数据分别为 $A_3A_2A_1A_0 = \mathbf{1001}$、$B_3B_2B_1B_0 = \mathbf{0011}$,试问经过 4 个 CP 信号作用后两个寄存器中的数据如何?这个电路完成什么功能?

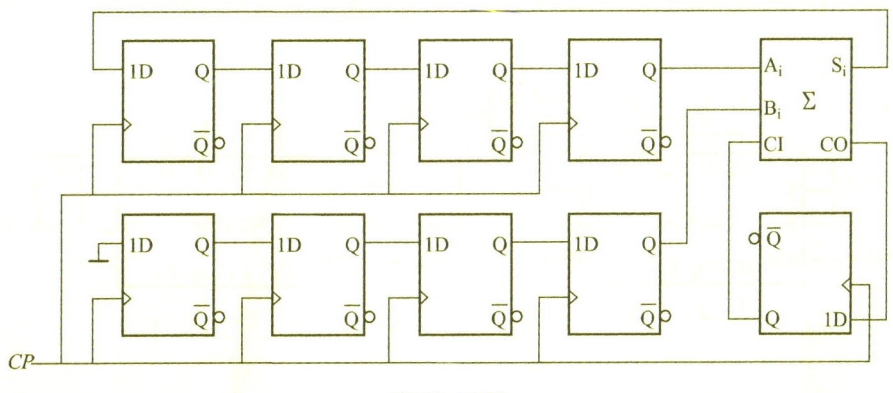

题 10.25 图

399

10.26 用555集成定时器组成的单稳态触发器如题10.26(a)图所示。

(1) $R=50\ \text{k}\Omega$,$C=2.2\ \mu\text{F}$,计算输出脉冲宽度 t_w。

(2) u_I 波形如题10.26(b)图所示,$t_1>t_w$,对应画出 u_C、u_O 的波形。

(3) u_I 的波形如题10.26(c)图所示,$t_1<t_w$,对应画出 u_C、u_O 的波形。

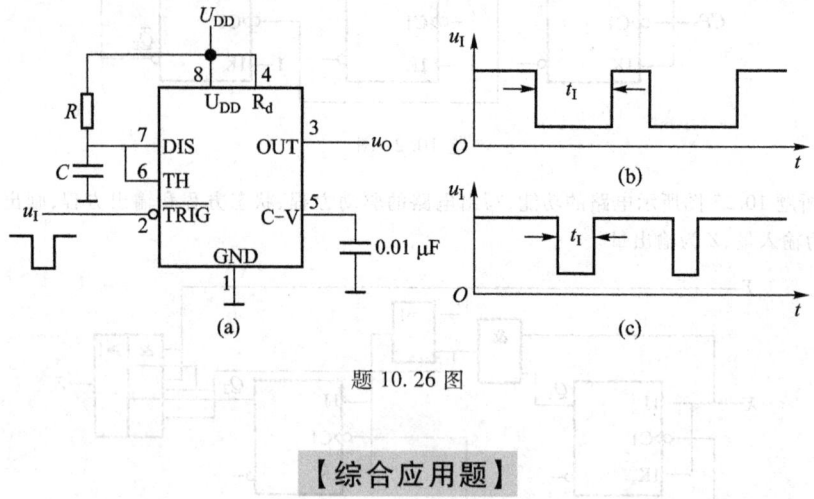

题10.26图

【综合应用题】

10.27 用74LS160构成的计数器如题10.27(a)、(b)图所示,试画出电路的状态图,并指出是几进制计数器。

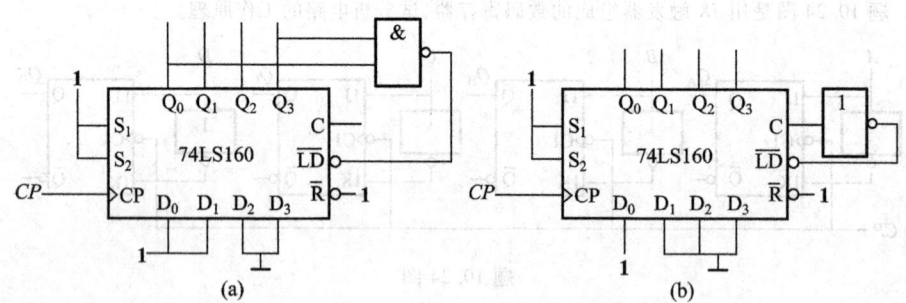

题10.27图

10.28 用74LS161构成的计数器如题10.28(a)、(b)图所示,试画出电路的状态图,并指出是几进制计数器。

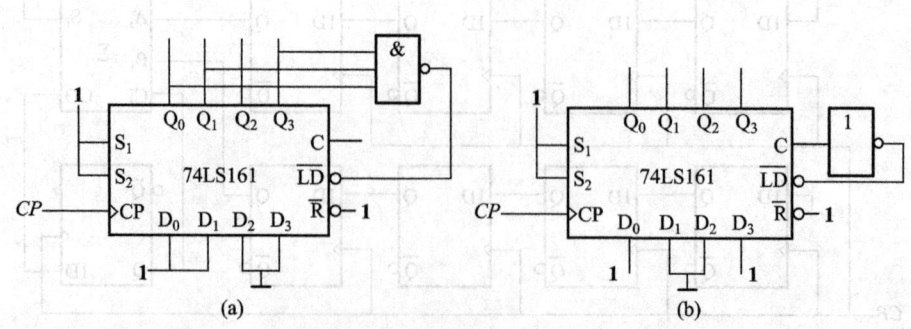

题10.28图

10.29 用 74LS160 构成计数器。

(1) 利用 R 端构成八进制计数器；

(2) 利用 LD 端构成五进制计数器。

10.30 用 74LS161 构成计数器。

(1) 利用 LD 端构成七进制计数器；

(2) 利用 R 端构成十三进制计数器。

*10.31 用 74LS161 构成二十四进制计数器。

*10.32 分别用并行进位、串行进位、整体置零法或整体置数法方式将两片 74LS160 接成六十进制计数器。

*10.33 如题 10.33 图所示，由两片 4 位双向移位寄存器 74LS194 组成 7 位串行-并行变换电路，试分析其工作过程。

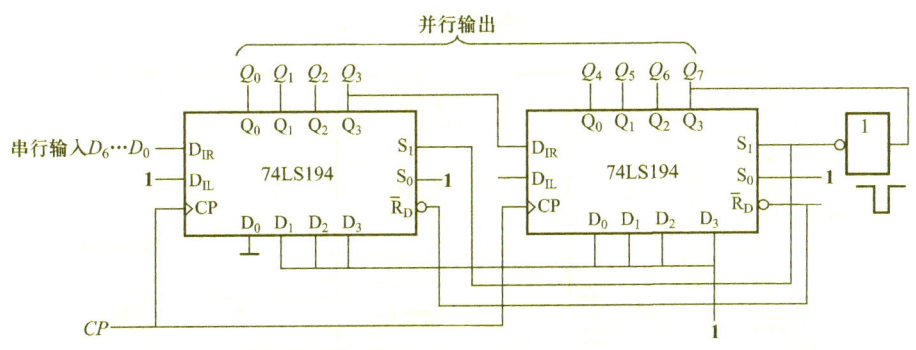

题 10.33 图

10.34 题 10.34 图是用 555 定时器构成的压控振荡器，试求输入控制电压和振荡频率之间的关系式。当 u_1 升高时，振荡频率是升高还是降低？

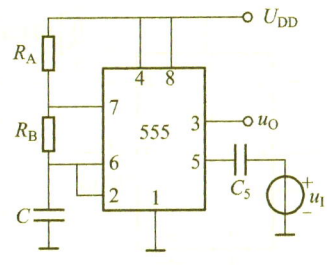

题 10.34 图

10.35 分析题 10.35 图所示的电子门铃电路，当按下按钮 SB 时可使门铃鸣响。

(1) 说明门铃鸣响时 555 定时器的工作方式。

(2) 改变电路中什么参数能改变铃响持续时间？

(3) 改变电路中什么参数能改变铃响的音调高低？

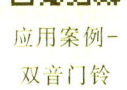

应用案例-双音门铃

10.36 题 10.36 图是救护车扬声器发声电路。在图中给定的电路参数下，设 U_{CC} = 12 V 时，555 定时器输出的高、低电平分别为 11 V 和 0.2 V，输出电阻小于 100 Ω，试分析电路的工作原理，计算扬声器发声的高、低音的持续时间。

10.37 题 10.37 图是一个由 555 定时器构成的防盗报警电路，a、b 两端被一细铜丝接通，此铜丝置于认为盗窃者必经之处。当盗窃者闯入室内将铜丝碰断后，扬声器即发出报警声(扬声器电压为 1.2 V，通过电流为 40 mA)。(1) 555 定时器接成何种电路？(2) 说明本报警电路的工作原理。

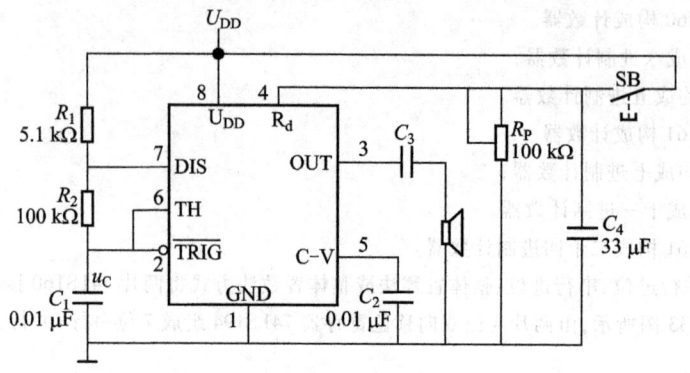

题 10.35 图

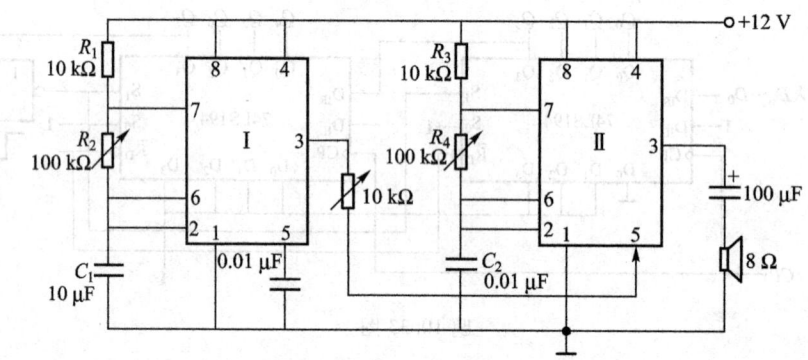

题 10.36 图

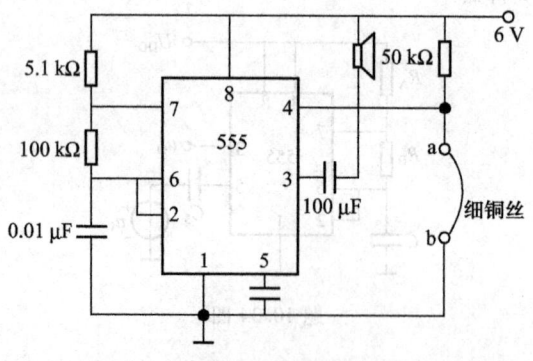

题 10.37 图

10.38 若反相输出的施密特触发器输入信号波形如题 10.38 图所示，试画出输出信号的波形。施密特触发器的上限阈值电压 U_{T+} 和下限阈值电压 U_{T-} 已在输入信号波形图上标出。

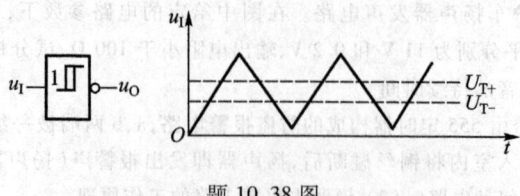

题 10.38 图

第 11 章　可编程逻辑器件

Chapter 11　Programmable Logic Device

本章内容 11.1　PLD 简介 11.2　低密度可编程逻辑器件 11.3　高密度可编程逻辑器件 11.4　可编程逻辑器件的编程 学习指导 习题	基本要求:了解可编程逻辑器件技术及发展;了解 PLD 的各种产品与特点;了解 PLD 的编程软件与实现过程。

数字电子系统领域存在三种基本的器件类型:存储器、微处理器和逻辑器件。存储器用于存储随机信息,如数据表或者数据库的内容。微处理器执行软件指令,完成范围广泛的任务,例如运行字处理程序或者视频游戏。逻辑器件提供特定的功能,包括器件与器件之间的接口、数据通信、信号处理、数据显示等。

可编程逻辑器件(Programmable Logic Device,PLD)是 20 世纪 80 年代发展起来的有划时代意义的新型逻辑器件,其内部集成了大量的门电路和触发器等基本逻辑单元电路,用户通过编程来改变 PLD 内部电路的逻辑关系或连线,就可以得到所需要的设计电路。可编程逻辑器件具有集成度高、可靠性好、工作速度快、系统设计灵活、设计周期短、系统的保密性能好、成本低等优点,给数字系统的设计带来了很多方便。

11.1　PLD 简介

11.1　Introduction of PLD

11.1.1　PLD 的发展史

70 年代:出现熔丝编程的只读存储器 PROM (Programmable Read Only Memory),可编程逻辑阵列器件 PLA (Programmable Logic Array)。

70 年代末:AMD 公司推出了可编程阵列逻辑 PAL (Programmable Array Logic)。

80 年代:Lattice 公司推出了通用阵列逻辑 GAL（Generic Array Logic）。

80 年代中:Xilinx 公司推出了现场可编程门阵列 FPGA（Field Programmable Gate Array）。Altera 公司推出了可擦除的可编程逻辑器件 EPLD（Erasable Programmable Logic Device），集成度高,设计灵活,可多次反复编程。

90 年代初:Lattice 公司又推出了在系统可编程概念 ISP（In System Programmable）及其在系统可编程大规模集成器件 ispLSI。

目前,可编程逻辑器件正朝着更高速、更高集成度、更强功能、更灵活的方向发展。同时,以 Xilinx、Altera、Lattice 为主要厂商,生产的 FPGA 单片可达上千万门、速度可实现 550 MHz,采用 65 nm 甚至更高的光刻技术。

11.1.2 电路表示法

PLD 采用先进的集成电路技术制造,内部结构复杂。包含许多逻辑门、缓冲器、存储器、编程元件等。为了简化逻辑图,常用图 11.1.1 所示的逻辑符号表示逻辑关系。以逻辑与为例,行线与列线的连接方式有:不相连,固定连接用"·"（用户不可改变）,可编程连接用"×"（用熔丝或浮栅管等相连）。"·"和"×"表示相应的输入项是乘积项的因子,不相连的输入项则不是乘积项的因子。

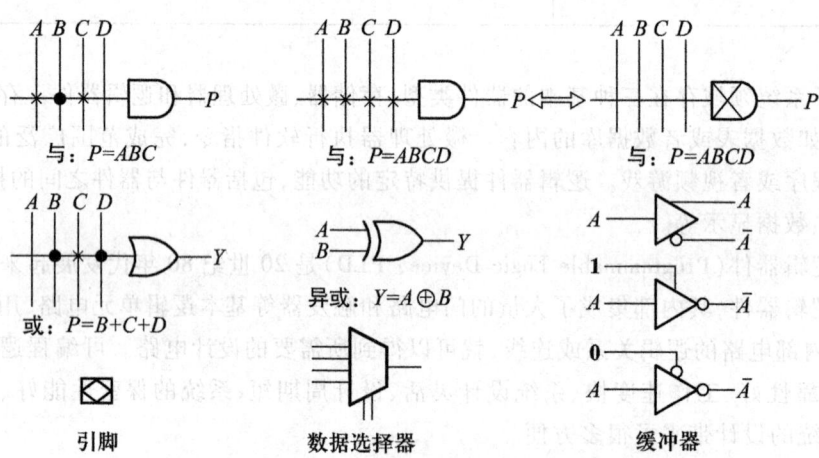

图 11.1.1　PLD 的常用逻辑符号

与、或阵列是 PLD 中的基本逻辑阵列,它们由若干个与门和或门组成,每个门都是多输入、多输出的形式。PLD 或门的表示法如图 11.1.2(a)所示。图 11.1.2(b)中与或阵列表示的逻辑函数为

$$Y_1 = \overline{A}\,\overline{B}\,C + \overline{A}\,B\,\overline{C} + A\,\overline{B}\,\overline{C}$$

$$Y_2 = \overline{A}\,\overline{B}\,C + \overline{A}\,\,\overline{B}\,C$$

$$Y_3 = \overline{A}\,\overline{B}\,\overline{C} + \overline{A}\,\overline{B}\,C$$

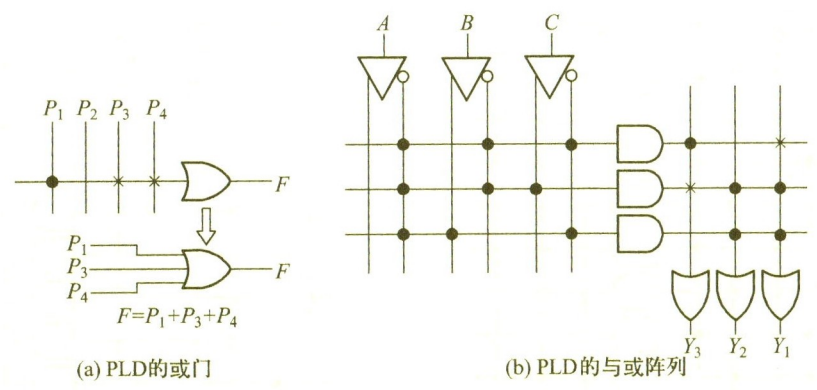

图 11.1.2 PLD 的与或阵列表示法

11.2 低密度可编程逻辑器件
11.2 Introduction of Low Density PLD

低密度可编程逻辑器件(Low Density PLD,LDPLD)通常是集成密度小于 1 000 门/片的 PLD,例如可编程只读存储器(PROM)、可编程逻辑阵列(PLA)、可编程阵列逻辑(PAL)和通用阵列逻辑(GAL)。

11.2.1 可编程只读存储器 PROM

PROM 最初是作为计算机存储器设计和使用的,其具有 PLD 的功能是后来发现的。PROM 的内部结构是由固定的**与**阵列和可编程的**或**阵列组成,如图 11.2.1 所示。因为与阵列是固定的,输入信号的每个可能组合是由连线接好的,而不管此组合是否会被使用。因为每个输入信号组全都被译码,所以 PROM 的输入阵列结构可以为要求小数量的输入和许多组合项的逻辑应用很好地工作。PROM 是一种速度快、成本低、编程容易的 PLD。但是它的缺点是,PROM 的规模随输入信号数量的增加按照 2^n 成指数增长。所以当输入信号的数据变得较大时,阵列规模越来越大,从而导致器件成本升高、功耗增加、可靠性降低等问题。

11.2.2 可编程逻辑阵列 PLA

可编程逻辑阵列 PLA 芯片是由可编程**与**阵列和可编程**或**阵列组成,可以实现任意逻辑函数。图 11.2.2 所示的 PLA 结构图可以实现下列逻辑函数

$$Y_2 = ABC + \bar{A}B\bar{C} + \bar{A}\,\bar{B}C$$

$$Y_1 = BC + \bar{B}\,\bar{C} + A\bar{B}\,\bar{C}$$

$$Y_0 = B\bar{C} + \bar{B}C + \bar{B}\,\bar{C}$$

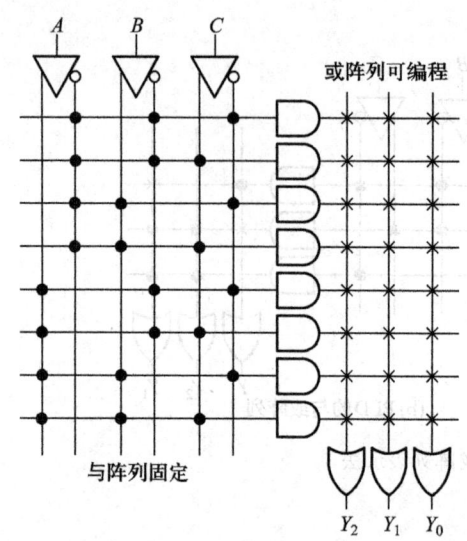

图 11.2.1 PROM 阵列结构　　　　图 11.2.2 编程后的 PLA 结构图

PLA 的内部结构提供了在可编程逻辑器件中最高的灵活性。其与阵列是可编程的,不需要包含输入信号每个可能的组合,只需通过编程产生函数所需的乘积项。但是 PLA 器件制造工艺复杂,工作速度低。

11.2.3　可编程阵列逻辑 PAL 和通用阵列逻辑 GAL

可编程阵列逻辑 PAL 芯片的**与**阵列是可编程的,而**或**阵列是固定的。图 11.2.3 乘积项的数目是固定的。图中的每个输出对应的乘积项数为两个,典型的逻辑函数要求三四个乘积项,在现有产品中,最多的乘积项数通常都可达 8 个。PAL 的这种结构对于大多数逻辑函数是很有效的,因为大多数逻辑函数都可以方便地化简为若干个乘积项之和,即**与或**表达式,同时这种结构也提供了最高的性能和速度,故一度成为 PLD 发展史上的主流。

PAL 有几种固定的输出结构,不同的输出结构对应不同的型号。PAL 采用的是 PROM 编程工艺,只能一次性编程,而且由于输出方式是固定的,不能重新组态,因而编程灵活性较差。

GAL 的基本结构与 PAL 一样,是由一个可编程的**与**阵列驱动一个固定的**或**阵列。但是每个输出引脚上都集成了一个输出逻辑宏单元(Output Logic Macro-Cell,OLMC)结构。图 11.2.4 是 GAL16V8 的逻辑图,由一个 64×32 位的可编程与阵列、8 个 OLMC、8 个三态输出缓冲器和 8 个反馈/输入缓冲器组成。引脚 2~9 是输入端,1 和 11 是专用输入端,12~19 是 I/O 端,可以根据需要用作输入端或是输出端。

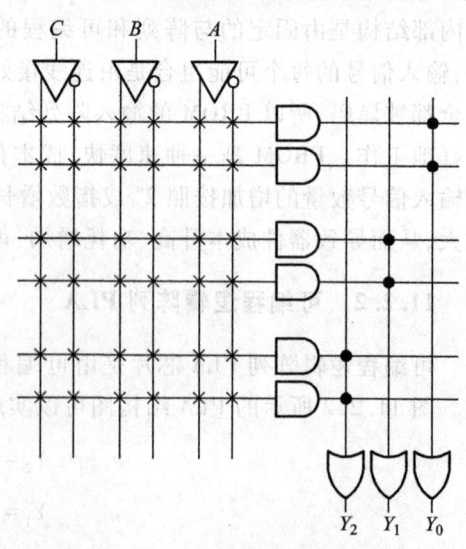

图 11.2.3　PAL 的基本结构图

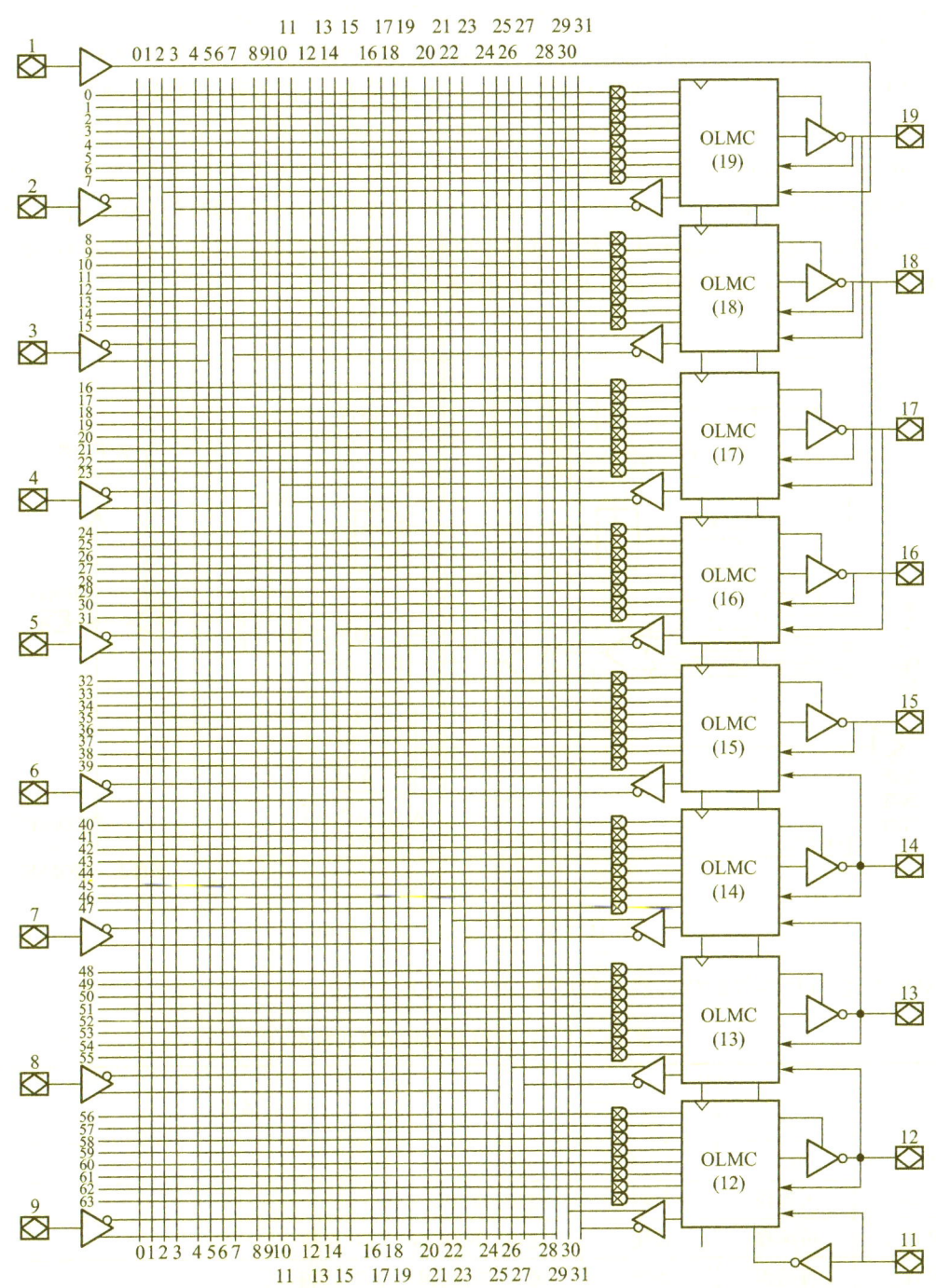

图 11.2.4 GAL16V8 的逻辑图

8 个输入缓冲器 (第 2~9 脚) 和 8 个反馈缓冲器的输出作为与阵列的输入 (与阵列的 32 条列线)。

与阵列有 64 个乘积项输出 PT0~PT63 (标有数字的行线), 64 行 × 32 列 = 2 048 个可编程单元构成与阵列。行号(0~63)和列号(0~31)共同确定一个唯一的编程单元。

8个输出逻辑宏单元(第12~19脚)以引脚编号,并分为两组:OLMC(12)~OLMC(15)组和OLMC(19)~OLMC(16)组。特别指出:OLMC中有8输入或门,作为固定的或阵列。

有1个时钟输入端(第1脚)和1个三态使能输入端OE(第11脚),也可作为数据输入端。

输出逻辑宏单元OLMC的结构如图11.2.5所示。其中包括一个D触发器,可以产生8项与或逻辑函数的8输入端或门,可以控制或门输出逻辑函数极性的一个异或门(XOR)和4个多路选择器(MUX)。这些选择器的状态都是可编程控制的,通过编程改变其连线可以使OLMC配置成多种不同的输出结构,完全包含了PAL的几种输出结构。

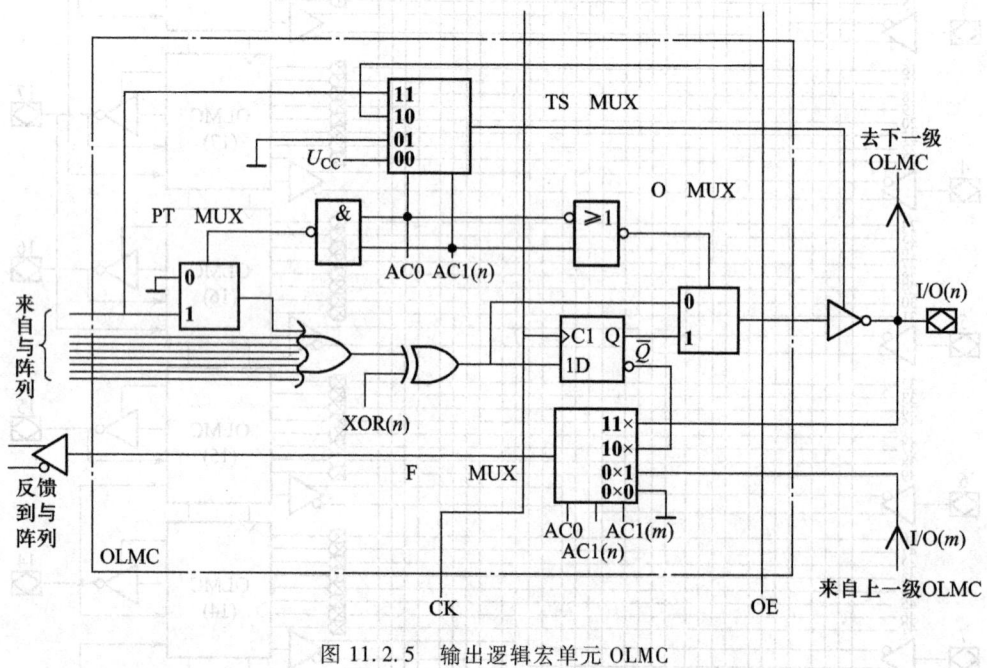

图11.2.5 输出逻辑宏单元OLMC

对比上述PLD器件的结构特点和功能,列于表11.2.1中。

表11.2.1 各种PLD器件的结构特点

PLD	阵列		输入/输出
	与	或	
PROM	固定	可编程	输出:TS(三态)、OC
PLA	可编程	可编程	输出:TS、OC、H、L
PAL	可编程	固定	输出:TS、OC、寄存器、互补
GAL	可编程	固定	输入/输出:用户定义五种模式
CPLD	可编程	固定	多个逻辑阵列块和可编程I/O块

PLA的总体结构与PROM类似,也由与门阵列、或门阵列和输出缓冲器组成;它的与门阵列是可编程的。在产生同样的组合逻辑函数时,使用PLA比使用PROM节省与门阵列和或门阵列中的单元数。

有的 PAL 器件为寄存器输出结构,所以用 PAL 不仅能构成组合逻辑电路,也能构成时序逻辑电路。GAL 的输出宏逻辑单元有不同的工作模式,并允许通过编程选定。这些工作模式包括了 PAL 的各种输出结构。GAL 更具通用性。PAL 和 GAL 的编程工作比较复杂,需使用专门的开发工具(包括编程器和编程语言)进行。

*11.3　高密度可编程逻辑器件
*11.3　Introduction of High Density PLD

高密度可编程逻辑器件(High Density PLD, HDPLD)一般是指集成密度大于 1 000 门/片甚至上万门/片的 PLD,具有更多的输入/输出信号端、更多的乘积项和宏单元,HDPLD 的内部包含许多逻辑宏单元块,这些块之间还可以利用内部的可编程连线实现相互连接,具有在系统可编程或现场可编程特性,可用于实现较大规模的逻辑电路。HDPLD 包括可擦除可编程逻辑器件(EPLD)、复杂可编程逻辑器件(CPLD)和现场可编程门阵列(FPGA)。HDPLD 的编程方式有两种,一种是使用编程器编程的普通编程方式,另一种是在系统可编程(ISP)方式。

11.3.1　CPLD 的结构特点

CPLD 是从 PAL、GAL 发展起来的阵列型高密度 PLD 器件,大多数采用了 CMOS 的光可擦除可编程 ROM(Erasable Programmable Read Only Memory, EPROM)、电可擦除可编程 ROM(Electrically Erasable Programmable Read Only Memory, E^2PROM)和快闪存储器(Flash)等编程技术,具有高密度、高速度和低功耗等特点。CPLD 的基本结构如图 11.3.1 所示。尽管与其他类型 PLD 的结构各有其特点和长处,但概括起来,CPLD 是由逻辑阵列模块(Logic Array Block, LAB)、I/O 控制模块(I/O Control Block)和可编程连线阵列(Programmable Interconnect Array, PIA)三大部分组成。

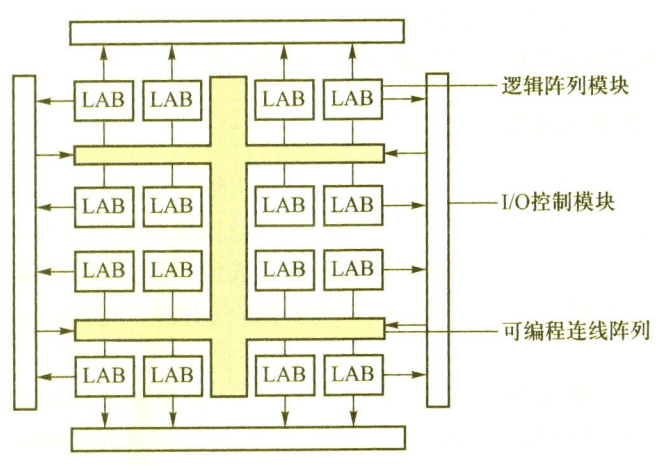

图 11.3.1　CPLD 的基本结构

1. 逻辑阵列模块

逻辑阵列模块是器件的逻辑组成核心，由许多宏单元组成，宏单元内部主要包括或阵列、可编程触发器和多路选择器等电路，能独立地配置为时序逻辑或组合逻辑工作方式。CPLD 器件内部集成了多个比 GAL 功能更完善的通用逻辑块 GLB（Generic Logic Block），可以实现较复杂的数字系统。CPLD 器件的宏单元在芯片内部，称为内部逻辑宏单元。CPLD 的逻辑宏单元主要有以下特点：

（1）多触发器结构和"隐埋"触发器结构。GAL 器件每个输出宏单元只有一个触发器，而 EPLD 和 CPLD 的宏单元内通常含有两个以上的触发器，其中只有一个触发器与输出端相连，其余触发器不与输出端相连，但可以通过相应的缓冲电路反馈到与阵列，从而与其他触发器一起构成较复杂的时序电路。

（2）乘积项共享结构。在 PAL 与 GAL 的与或阵列中，每个或门的输入乘积项最多为 8 个，当要实现多于 8 个乘积项的与-或逻辑函数时，必须将与-或函数表达式进行逻辑变换。在 CPLD 的宏单元中，如果输出表达式的与项较多，对应的或门输入端不够用，可以借助可编程开关将同一单元（或其他单元）中的其他或门合起来使用，或者在每个宏单元中提供未使用的乘积项为其他宏单元共享和使用，从而提高了资源利用率，实现快速复杂的逻辑函数。

（3）异步时钟和时钟选择。与 PAL 和 GAL 相比，CPLD 的触发器时钟既可以同步工作，也可以异步工作，甚至有些器件的触发器时钟还可以通过数据选择器或时钟网络进行选择。此外，逻辑宏单元内触发器的异步清零和异步置位也可以用乘积项进行控制，因而使用起来更加灵活。

2. I/O 控制模块

I/O 控制模块是芯片内部信号到 I/O 引脚的接口部分。由于阵列型 HDPLD 通常只有少数几个专用输入端，大部分端口均为 I/O 端，而且系统的输入信号常常需要锁存，因此 I/O 常作为一个独立单元来处理。

3. 可编程连线阵列

CPLD 器件提供丰富的可编程内部连线资源。可编程连线阵列的作用是给各逻辑宏单元之间以及逻辑宏单元与 I/O 单元之间提供互联网络。各逻辑宏单元通过可编程内部连线接收来自专用输入端或通用输入端的信号，并将宏单元的信号反馈到目的地。这种互联机制有很大的灵活性，它允许在不影响引脚分配的情况下改变器件内部的设计。

11.3.2 FPGA 的结构特点

现场可编程门阵列 FPGA 是美国 Xilinx 公司于 1984 年首先推出的大规模可编程集成逻辑器件。它由许多独立的可编程逻辑模块组成，用户可以通过编程将这些模块连接起来实现不同的设计功能。与 CPLD 相比，一般 FPGA 具有更高的集成度、更高的逻辑功能和更大的灵活性，它由可编程逻辑芯片逐步演变成系统级芯片，是可编程的专用集成电路（Applications Specific Integrated Circuit，ASIC）。

FPGA 器件采用逻辑单元阵列结构，它主要由可配置逻辑块（Configurable Logic Block，CLB）、输入/输出模块（I/O Block，IOB）、互连资源（Interconnect Resource，IR）和一个用于存放编程数据的静态随机存储器（Static Random Access Memory，SRAM）组成。FPGA 的基本结构如图 11.3.2 所示。

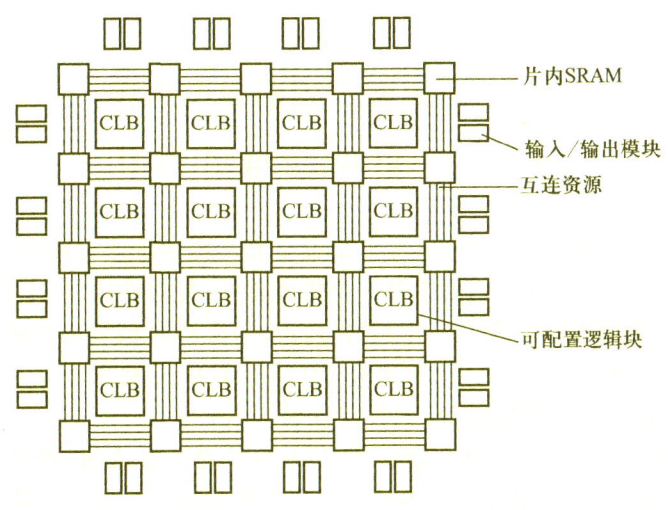

图 11.3.2 FPGA 的基本结构框图

1. 可配置逻辑块

可配置逻辑块(CLB)是实现逻辑功能的基本单元,它们通常规则地排列成一个阵列,散布于整个芯片。

2. 输入/输出模块

输入/输出模块(IOB)主要完成芯片上的逻辑与外部封装引脚的接口,它们通常排列在芯片的四周。每个 IOB 对应一个封装引脚,通过对 IOB 编程,可以把引脚定义为输入、输出或双向 I/O 功能等。

3. 互连资源

互连资源(IR)包括各种长度的连接线和一些可编程连接开关,连通 FPGA 内部的所有单元,用来提供高速可靠的内部连线。它们将 CLB 之间、CLB 和 IOB 之间以及 IOB 之间连接起来,构成特定功能的电路。连线的长度和工艺决定了信号在连线上的驱动能力和传输速度。

4. 片内 SRAM

在进行数字信号处理、数据加密或数据压缩等复杂数字系统设计时,芯片内都要用到中小规模存储器如单口或多口 RAM、FIFO 缓冲器等。如果将存储模块集成到 PLD 芯片内,则不仅可以简化系统的设计,提高系统的工作速度,而且还可以减少数据存储的成本,使芯片内外数据的交换更可靠。

由于半导体工艺已进入亚微米和纳米时代,目前新一代的 FPGA 都提供片内 SRAM。这种片内 SRAM 的速度非常快,存取速度可以达到 5~20 ns,比任何芯片外解决方案都要快很多倍。

FPGA 的功能由逻辑结构的配置数据决定。工作时,这些配置数据存放在片内的 SRAM 上。基于 SRAM 的 FPGA 器件,在工作前需要从芯片外部加载配置数据。配置数据可以存储在片外的 EPROM、E^2PROM 或其他存储体上。用户可以控制加载过程,在现场修改器件的逻辑功能,即所谓现场编程。

11.4 可编程逻辑器件的编程
11.4 Programming of PLD

PLD 是大规模集成电路,包含成千上万个编程单元。将其设计成特定的逻辑功能,只能借助于专门的开发软件实现。开发软件通常是一个集成软件,包含设计输入、设计处理、设计校验和器件编程。通过开发软件在计算机上进行逻辑设计,生成 PLD 的编程数据,然后,在计算机的并口或专门的编程器对 PLD 进行编程。对于 CPLD 器件来说,是将 JED 文件下载到 CPLD 器件中去;对于 FPGA 来说,是将位流数据 BG 文件配置到 FPGA 中去。

由于 PLD 具有在系统下载或重新配置功能,因此在电路设计之前,就可以把其焊接在印制电路板(PCB)上,并通过并口下载电缆 ByteBlaster 与计算机连接。并口下载电缆与计算机连接示意图如图 11.4.1 所示,具体的操作过程如图 11.4.2 所示。

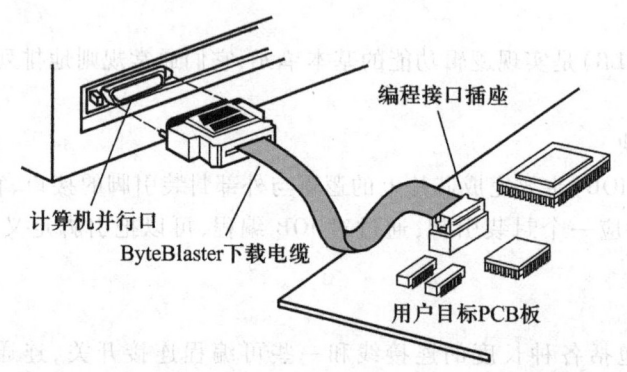

图 11.4.1　编程电缆与计算机连接示意图

(a) 将PLD焊接在PCB板上　　(b) 接好编程电缆　　(c) 现场烧写PLD芯片

图 11.4.2　PLD 的编程操作过程示意图

目前多采用硬件描述语言 VHDL 或 Verilog HDL 进行程序设计,广泛使用 Altera 公司推出的功能强大的可编程逻辑器件设计开发工具 MAX+PLUS Ⅱ 或 Quartus Ⅱ 进行程序仿真、调试,并将程序下载到 PLD 中,来改变 PLD 的内部逻辑关系,达到设计逻辑电路的目的。

11.4.1　软件设计流程

图 11.4.3 是 Altera 公司的开发软件 MAX+PLUS Ⅱ 的设计流程。

1. 设计输入

将所设计的逻辑电路或系统以一定形式输入计算机。MAX+PLUS Ⅱ 支持原理图输入、硬件描述语言输入和波形输入。

原理图输入：用 MAX+PLUS Ⅱ 的原理图编辑器输入电路原理图。

硬件描述语言输入：用 MAX+PLUS Ⅱ 的文本编辑器输入硬件描述语言程序。这是一种高效、功能强的输入方式。所谓硬件描述语言是指可以描述硬件电路的功能、信号连接关系及定时关系的语言。一个硬件描述语言程序就是一个反映逻辑电路功能的仿真模型/设计模型。

波形输入：用 MAX+PLUS Ⅱ 的波形编辑器输入反映逻辑电路功能的输入信号、输出信号波形图。设计软件将其自动转换为输入/输出逻辑关系。

2. 设计编译

用 MAX+PLUS Ⅱ 的编译程序对设计输入自动进行语法和设计规则检查、逻辑优化和综合、逻辑分割和适配、生成编程数据文件和仿真网表文件。

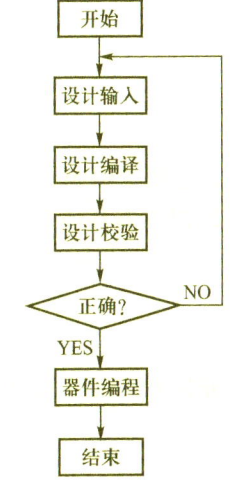

图 11.4.3　MAX+PLUS Ⅱ 的设计流程

如果逻辑综合表明所需资源超过所选器件的资源，则必须用多个器件实现，因此，需要做适当的逻辑分割。适配则是指将分割后的逻辑综合模拟装入所选器件中，并生成编程数据文件和仿真网表文件。

3. 设计校验

根据网表文件和输入激励，MAX+PLUS Ⅱ 完成功能仿真、时序仿真和时序分析，以校验设计的正确性。

4. 器件编程

对于在系统编程器件，用编程电缆连接计算机的并口和器件的编程接口（如图 11.4.1 所示）。调用器件编程程序，将编程数据文件写入器件中。

11.4.2　硬件描述语言

由于超大规模集成电路和软件技术的快速发展，使数字系统集成到单片集成电路内成为可能。Altera、Xilinx、AMD 等公司为此推出了 CPLD 和 FPGA 产品，并为这些产品的设计配备了相应的设计和下载软件。这些软件除了支持用图形方式设计数字系统外，还支持用硬件描述语言设计数字系统。硬件描述语言 HDL(Hardware Description Language)用文本形式描述硬件电路的逻辑功能和连接关系，它比电原理图能更有效、更方便和简洁地表达硬件电路的特征。随着 EDA(Electronic Design Automation)技术的发展，使用硬件语言设计 CPLD/FPGA 成为一种趋势。

目前，有很多种形式的硬件描述语言，但是，只有 VHDL 和 Verilog HDL 被 IEEE 标准化组织定为标准的 HDL。VHDL 发展的较早，语法严格，是由美国国防部在 1980 年研究制定的，经修改完善后于 1993 年被 IEEE 标准化组织定为 ANSI/IEEE STD 1076—1993 标准。而 Verilog HDL 是在 C 语言的基础上发展起来的一种硬件描述语言，语法较自由，是由 GDA 公司在 1983 年首先推出，经修改完善后于 1999 年被 IEEE 定为 IEEE STD 1364—1999 标准。有兴趣的读者请参阅相关的教材。

学习指导

【本章重点】

1. 了解 PROM、PAL、GAL、PLA 等 PLD 器件的电路结构与编程方式。
2. PLD 器件的分类与特点。

【本章难点】

分析 PROM、PAL、GAL、PLA 等逻辑电路。

【典型例题】

例 11.1 分析例 11.1 图中 3×3 PROM 电路实现的功能,列写输出 Y_1、Y_2 的函数表达式。

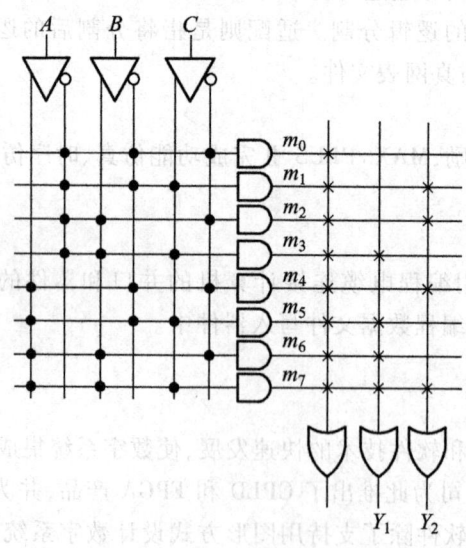

例 11.1 图

【分析】PROM 是由固定的**与**阵列和可编程的**或**阵列组成,根据图中的符号列写输出函数 Y_1,Y_2 的逻辑表达式。

【解】
$$Y_1 = m_3 + m_5 + m_6 + m_7 = AB + AC + BC$$
$$Y_2 = m_1 + m_2 + m_4 + m_7 = A \oplus B \oplus C$$

可见,3×3 PROM 电路编程后实现一位全加器,Y_1 即高位进位,Y_2 即和。

习 题

【基本概念题】

11.1 思考题
（1）简述 PROM 和 EPROM 的最大区别。
（2）分别说明可编程逻辑器件 PROM、PLA、PAL、GAL、CPLD 及 FPGA 各自的特点。
（3）FPGA 和 CPLD 有何不同？它的基本结构包含哪些方面？

11.2 单项选择题
（1）MAX+PLUS Ⅱ 的设计文件不能直接保存在（　　）。
① 硬盘　　② 根目录　　③ 文件夹　　④ 工程目录
（2）MAX+PLUS Ⅱ 是哪个公司的软件（　　）。
① Altera　　② Atmel　　③ Lattice　　④ Xilinx
（3）MAX+PLUS Ⅱ 不支持的输入方式是（　　）。
① 文本输入　　② 原理图输入　　③ 波形输入　　④ 矢量输入

【简单计算题】

11.3 用 PLA（与、或阵列均可编程的可编程逻辑器件）实现的组合逻辑电路如题 11.3 图所示，分析电路的逻辑功能。

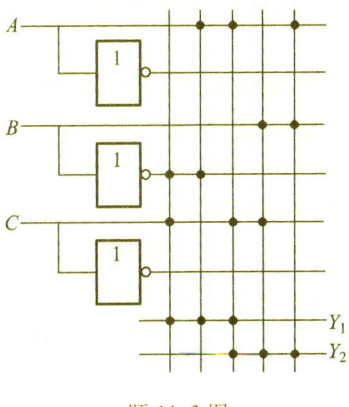

题 11.3 图

11.4 用 PROM 实现下列逻辑函数：
（1）$F_1 = \overline{A}\,\overline{B} + A\overline{B} + \overline{A}BC$；　（2）$F_2 = \sum m(0,2,4,7,12)$；　（3）$F_3 = \sum m(4,7,9,11,15)$。

【综合应用题】

11.5 试用 PROM 器件设计一个 3 位二进制同步加法计数器。

第 12 章 数模和模数转换

Chapter 12 Analog–Digital & Digital–Analog Conversion

本章内容	基本要求:了解数模转换器 DAC 和模数转换器 ADC 的工作原理、常用集成器件和应用。
12.1 数模转换器 12.2 模数转换器 学习指导 习题	

将数字信号转换为模拟信号的电路称为数模转换器(DAC or D/A—Digital to Analog Converter),而将模拟信号转换为数字信号的电路则称为模数转换器(ADC or A/D-Analog to Digital Converter)。相比模拟系统,数字系统的信息处理能力强、精度高,稳定可靠、抗噪声和抗干扰能力强,而且具有灵活的可编程性,在国防、工业和文化生活中得到广泛的应用,成为现代电子技术应用的主流。

图 12.0.1 是一个工业控制系统的结构框图。输入信息是生产过程中的各种物理量,例如,电压、电流、功率以及压力、流量、速度、温度、转角等模拟电量,通常还有开关状态和其他数据源的数字量。变换器将电量变换为数值适当的电量,传感器则将非电量转换为电量。经低通滤波器消除高频干扰和噪声后,送模数转换器转换为数字量。数字处理子系统根据生产过程的要求,采取适当的控制策略对各种输入量进行数学运算和逻辑运算,输出满足控制要求的数字量,直接控制数字执行机构,或者通过数模转换器转换成模拟量,经重构低通滤波器平滑滤波后控制模拟执行机构。最后,由执行机构调整生产过程的物理量,形成闭环控制系统(也可以是开环系统),满

授课视频-
D/A 和 A/D
转换概述

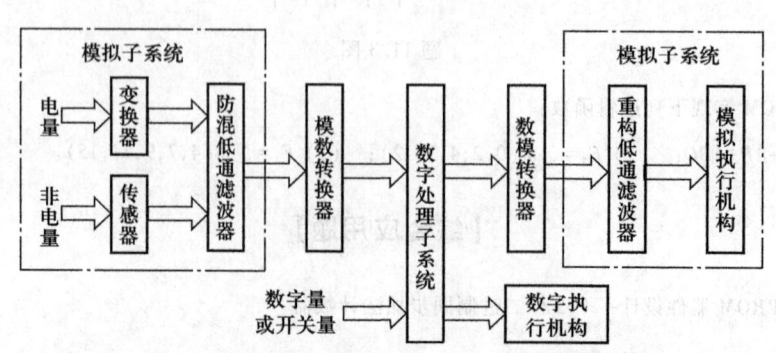

图 12.0.1 工业控制系统的结构框图示例

足生产要求。数字处理子系统可以是工业控制计算(IPC,Industrial Programmable Calculation)、单片机(Micro-chip Unit,MCU)、数字信号处理器(Digital Signal Processor,DSP)和可编程逻辑控制器(Programmable Logic Controller,PLC),甚至扩展到计算机网络。除了执行控制策略外,数字处理子系统还有各种物理量的显示(测量)、手动控制和报警等功能。

综上所述,数模转换器和模数转换器是模拟系统与数字系统的桥梁,称为接口电路,是用数字系统处理模拟信号所必需的电子电路。

本章介绍 DAC 和 ADC 的电路组成、工作原理以及常用集成器件与应用。

12.1 数模转换器

12.1 Digital-Analog Converter

DAC 的输入是二进制数字量,其输出是与输入数字量成比例的模拟电压或电流。可见,D/A转换的实质是将每一位代码按其"权"的数值变换成相应的模拟量,然后将代表各位的模拟量相加,从而获得与数字量成正比的模拟量。DAC 电路的核心是由开关网络和解码网络组成的变换网络。根据变换网络的结构,DAC 分为倒 T 型电阻网络 DAC、权电流型 DAC、T 型电阻网络DAC、权电阻网络 DAC、权电容网络 DAC 和开关树型 DAC。本节仅介绍倒 T 型电阻网络 DAC。

12.1.1 倒 T 型电阻网络 DAC

4 位倒 T 型电阻网络 DAC 电路如图 12.1.1 所示,其工作原理如下。

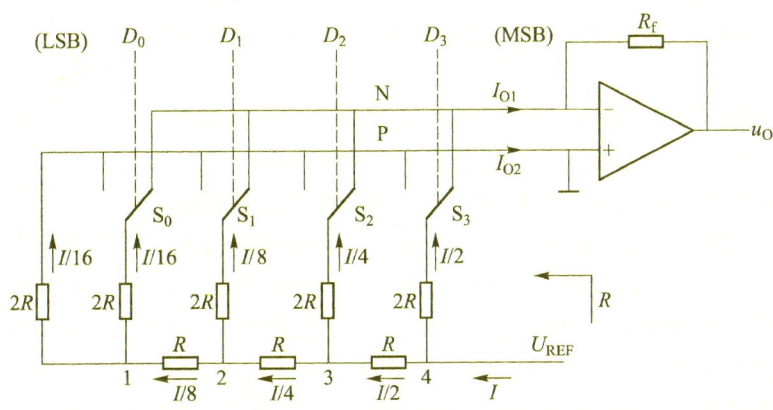

图 12.1.1 4 位倒 T 型电阻网络 DAC

输入数字量控制单刀双置开关(模拟电子开关 S_i)。如果 $D_i = 1$,开关与运放的反相输入端 N 相连;如果 $D_i = 0$,开关与运放的同相输入端 P 相连。由于运放为深度负反馈,其反相输入端为虚地,故开关的 3 个触点电位近似为 0。解码网络是电阻 R 和 2R 组成的倒 T 型电阻网络,其每个结点(1、2、3、4)对地的并联支路等效电阻均为 R。基准电压 U_{REF} 输出电流为 $I = U_{REF}/R$,并在电阻 2R 上产生按 2^{-n} 递减的权电流:$I/2$、$I/4$、$I/8$、$I/16$ 和 $I/16$(终端电流)。通过单刀双置开关

将并联电阻上的电流引导到运放的反相输入端,产生输出电压。即

$$I = \frac{U_{REF}}{R} \quad (12.1.1)$$

$$I_{O1} = D_3 \frac{I}{2} + D_2 \frac{I}{4} + D_1 \frac{I}{8} + D_0 \frac{I}{16}$$

$$= \frac{I}{2^4}(2^3 D_3 + 2^2 D_2 + 2^1 D_1 + 2^0 D_0) = \frac{I}{2^4} \sum_{i=0}^{4-1} 2^i D_i \quad (12.1.2)$$

$$u_O = -R_f I_{O1} = -\frac{R_f}{R} \cdot \frac{U_{REF}}{2^4} \sum_{i=0}^{4-1} 2^i D_i \quad (12.1.3)$$

所以,输出电压与输入数码的十进制数值成正比,实现数模转换。注意,基准电压 U_{REF} 可正可负,则改变输出电压的极性。

推广到一般情况,n 位倒 T 型电阻网络 DAC 的输出电压为

$$u_O = -\frac{R_f}{R} \cdot \frac{U_{REF}}{2^n} \sum_{i=0}^{n-1} 2^i D_i = -K \sum_{i=0}^{n-1} 2^i D_i \quad (12.1.4)$$

$$K = \frac{R_f}{R} \cdot \frac{U_{REF}}{2^n} \quad (12.1.5)$$

K 是 1 个单位数字量对应的电压的绝对值,称为单位电压,即数字信号为最小值 **1** 时的电压值,常记为 LSB(Least Significant Bit)。二进制位数 n 越多,单位电压 LSB 越小,逼近模拟信号的精度越高。

单刀双置开关可用三极管或 MOS 管实现。图 12.1.2 是 CMOS 模拟电子开关,由 1 个 CMOS 反相器和 2 个 NMOS 开关管组成。数字量 D_i 控制 NMOS 开关管 T_{N1} 和 T_{N2}。如果 $D_i = \mathbf{1}$,T_{N1} 导通,T_{N2} 截止,固定端 A 与 N(运放的反相端)相连;如果 $D_i = \mathbf{0}$,T_{N1} 截止,T_{N2} 导通,固定端 A 与 P(运放的同相端)相连。

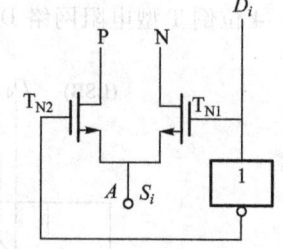

倒 T 型 D/A 转换器是目前广泛使用的 D/A 转换器中速度较快的一种。要使其具有较高的精度,对电路中的参数有以下要求:① 基准电压稳定性好;② 倒 T 型电阻网络中 R 和 $2R$ 电阻比值的精度要高;③ 每个模拟开关的开关电压降要相等。为实现电流从

图 12.1.2 CMOS 模拟开关

高位到低位按 2 的整数倍递减,模拟开关的导通电阻也相应地按 2 的整数倍递增。

但是,由于电阻网络 DAC 的模拟电子开关的导通电阻不等,电阻网络不能准确地按 $R-2R$ 构成,导致并联电阻的电流偏离权电流值($I/2$、$I/4$、$I/8$、$I/16$,$\cdots$),输出产生误差。为克服这一缺点,可用多路电流源产生准确的权电流,构成权电流型 DAC,本书不再详述。

12.1.2 集成 DAC 及其应用

单片集成倒 T 型电阻网络 DAC 芯片有 AD7520(10 位 DAC)、DAC1210H(12 位 DAC)和 AK7546(16 位 DAC)等。

AD7520 的引脚如图 12.1.3 所示,其模拟电子开关是 CMOS 型,集成在芯片上,但运算放大器是外接的。

AD7520 共有 16 个引脚,各引脚的功能如下:

1——模拟电流输出端,接到运放的反相输入端。

2——模拟电流输出端,接到运放的同相输入端,一般接"地"。

3——接"地"端。

4~13——10 位数字量的输入端。

14——CMOS 模拟开关的 $+U_{DD}$ 电源接线端。

15——参考电压电源接线端,可为正值或负值。

16——芯片内部电阻 R_f 的引出端,反馈电阻 R_f 的另一端在芯片内部,接运算放大器的反相输入端。

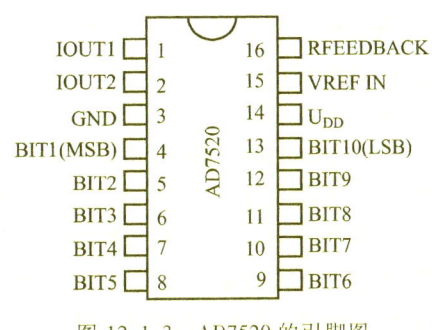

图 12.1.3 AD7520 的引脚图

AD7520 内部集成 10 位倒 T 型电阻网络 DAC 和 CMOS 模拟开关网络,外部只需连接 1 个运放即可构成 10 位数模转换器,如图 12.1.4 所示。

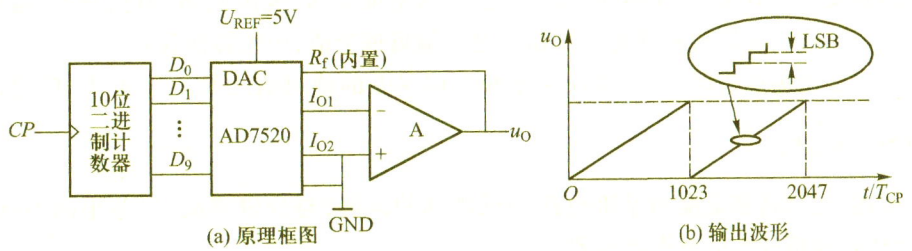

图 12.1.4 斜坡电压发生器

AD7520 的反馈电阻 R_f 与倒 T 型电阻网络的 R 相等,因此,输出电压为

$$u_O = -\frac{U_{REF}}{2^{10}}\sum_{i=0}^{10-1} 2^i D_i = -\frac{U_{REF}}{1\,024}\sum_{i=0}^{9} 2^i D_i$$

与输入 10 位自然二进制数换算的十进制数成正比。

DAC 的应用很广泛,例如,产生斜坡(阶梯)电压发生器。

例 12.1.1 AD7520 的应用电路如图 12.1.4(a)所示,试分析工作原理,并绘制输出波形。

解:10 位二进制计数器对周期脉冲 CP 计数,输出自然二进制码。可见,DAC 将其转换为阶梯电压,近似线性电压输出,如图 12.1.4(b)所示。

由式(12.1.4)可知阶梯高度为单位电压 LSB

$$LSB = \frac{U_{REF}}{2^{10}} = \frac{5}{2^{10}}V = 4.88 \text{ mV}$$

单位电压 LSB 越小,阶梯电压近似线性电压的精度越高,电路功能为斜坡电压发生器。

$$最大值 \quad MSB = (2^{10}-1)\frac{U_{REF}}{2^{10}} \approx 5 \text{ V}$$

为了消除阶梯跳变,DAC 输出还可增加 RC 低通滤波器。

12.1.3 转换精度与转换速度

为了保证控制系统的准确性和快速性,DAC 必须有非常好的转换精度和转换速度。因此,转换精度和转换速度是评价其性能的主要技术指标。

1. 转换精度

通常用分辨率和转换误差综合描述 DAC 的转换精度。

输出电压范围可能被等分的数目定义为 DAC 的分辨率。一个 n 位二进制码 DAC 理论上可将输出电压范围分为 2^n-1 个等份,故分辨率为 2^n-1,简称为 n 位分辨率。

分辨率还可定义为最小输出电压与最大输出电压之比的绝对值。一个 n 位二进制码 DAC 的最大输出电压与输入最大数字量(2^n-1)成正比,最小输出电压与输入最小数字量即 1 个单位成正比。所以,分辨率也可表达为

$$\text{分辨率} = \left|\frac{\text{最小输出电压}}{\text{最大输出电压}}\right| = \frac{1}{2^n-1} \tag{12.1.6}$$

这样,在输出电压幅度一定的情况下,分辨率表示 DAC 的最小输出值(即单位电压)。因此,分辨率表示 DAC 在理论上可能达到的精度。

实际的精度与 DAC 的元件参数值等有关,包括基准电压、电阻网络、模拟开关、运放的特性和工作温度等。这些元件的非理想性使输出电压偏离理论值,产生转换误差。

转换误差是比例系数误差、非线性误差和失调误差的绝对值之和。通常,DAC 的转换误差小于 $\pm\frac{1}{2}\text{LSB} = \pm\frac{1}{2}K$。

综上所述,选择高稳定度的基准电压和低漂移的运放,与分辨率高、误差小的 DAC 芯片配合,才能组成转换精度高的数模转换器。

2. 转换速度

DAC 的转换速度是指完成一次数模转换所需的时间。常用于建立时间和转换速率的描述。

建立时间 t_s 定义为从输入数字量突变开始到输出达到稳定值规定的误差带之内所需的最大时间。规定的误差带一般为 $\pm 1/2 \cdot LSB$,输入数字量突变通常是由全 **0** 变全 **1**。目前,在不包含运放的单片集成 DAC 中,建立时间最短可达 $0.1~\mu s$ 以内;在包含运放的集成 DAC 中,建立时间最短可达 $1.5~\mu s$ 以内。

转换速率 SR(Slew Rate)是指单位时间内输出电压的最大变化率。在外接运放的 DAC 中,完成一次数模转换的最大时间为

$$T_{TR(\max)} = t_s + MSB/SR \tag{12.1.7}$$

式中,MSB 是最大输出电压值。

此外,DAC 的技术指标还有线性度、输出范围、功率损耗、温度系数等。

例 12.1.2 一个 4 位 R-$2R$ 倒 T 型电阻 D/A 转换器,当输入数字量为 **0001** 时,对应的输出模拟电压为 0.02 V,试计算当数字量为 **1101** 时输出电压为多少伏?

解: 由题可知,LSB = 0.02 V。

当数字量为 **1101** 时

$$(1101)_2 = (13)_{10}$$

$$U_0 = \text{LSB} \times 13~\text{V} = 0.02 \times 13~\text{V} = 0.26~\text{V}$$

因此,输出电压为 0.26 V。

例 12.1.3 一个 R-$2R$ 倒 T 型 D/A 转换器可分辨 0.002 5 V 电压,其满刻度输出电压为

10 V,求该转换器至少是多少位。

解:由分辨率的定义 $\dfrac{1}{2^n-1} \leqslant \dfrac{0.0025}{10}$ 求得

$$n = 14$$

则该转换器至少是 14 位。

12.2 模数转换器
12.2 Analog-Digital Converter

与数模转换器相反,模数转换器的输入是时间和幅值均连续的模拟信号,输出是模拟信号所对应的数字量。因此,模数转换首先通过采样和保持电路完成对模拟信号时间的离散化,通过量化和编码完成对模拟信号幅值的离散化。图 12.2.1 所示为 ADC 电路的结构与工作波形,包含采样与保持电路、量化与编码电路。

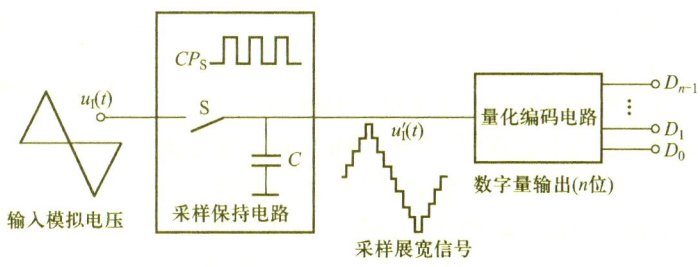

图 12.2.1 ADC 电路的结构与工作波形

12.2.1 采样和保持

采样保持电路取出模拟信号(通常是电压信号)的样值,并保持一定时间供量化和编码电路将其转换为数字量。

采样保持电路的原理图如图 12.2.1 所示,周期性为 T_S 的时钟脉冲信号 $CP_S(t)$ 控制采样和保持电路。

当 $CP_S(t) = 1$ 时,电子模拟开关 S(通常为 NMOS 开关管)导通。u_I 对电容充电,充电时间常数近似为 0,则 $u_C(t) = u_I(t)$,实现对模拟输入信号的采样。

当 $CP_S(t) = 0$ 时,模拟开关 S 断开,电容保持采样阶段的终值电压,称为采样电压。在保持期内,$u'_I(t) = u_I(nT_S)$。同时,量化和编码电路将采样电压 $u'_I(t) = u_I(nT_S)$ 转换为数字量 $(D_{n-1}\cdots D_0)$。

采样和保持电路的工作波形如图 12.2.2 所示。理论上,将采样保持电路的输出等效为离散的采样序列 $u_I(nT_S)$,作为原始的数字信号,T_S 称为采样周期,$f_S = 1/T_S$ 称为采样频率,nT_S 称为采样时刻。

采样定理:设原始模拟信号具有频带有限的频谱,即频谱集中在 $[-f_{Imax}, f_{Imax}]$ 之内,在 $[-f_{Imax}, f_{Imax}]$ 之外频谱为 0。如果采样频率大于等于原始模拟信号最高频率的 2 倍,则可用采样序列完全恢复原始的模拟信号,即当 $f_s \geq 2f_{imax}$ 时,采样序列的频谱包含原始模拟信号的频谱。例如,对于频率 20 Hz 的信号,采样频率必须达到至少 40 Hz 以上。

注意,如果采样频率过低,模拟信号的某些信息会被丢失;如果采样频率过高,则保持时间短,不利于量化和编码,而且采集的数据数量剧增,占用内存。通常取 $f_s = (3\sim5)f_{imax}$ 可满足工程要求。

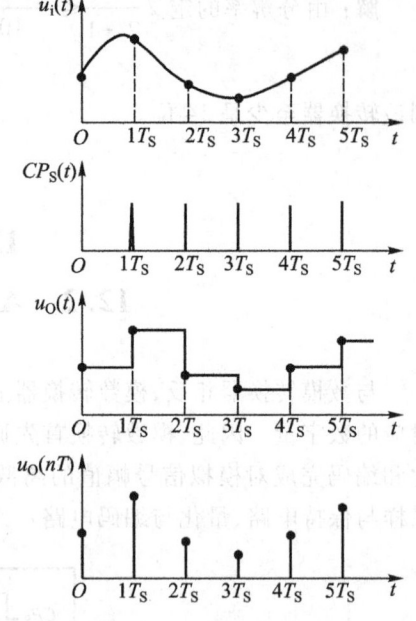

12.2.2 量化和编码

量化过程是把原来幅值连续变化的采样模拟信号变成了幅值为有限序列的信号,将采样保持的离散电压归化为最小量化单位 LSB(即最低有效位 1)的整数倍,这个过程称为量化过程。把量化的结果用二进制或二-十进制数表示出来,称为编码。

$$量化误差\ e = x_S(nT_S) - x_q(nT_S) \quad (12.2.1)$$

式中,前者为采样信号,后为量化信号。量化误差是一种原理性误差,只能减小而无法完全消除。

图 12.2.2 采样和保持波形

量化的方法有两种,如下:

(1) "只舍不入":将信号幅值小于量化单位 LSB 的部分一律舍去。量化误差 e 只能是正误差,取 $0\sim$LSB 之间的任意值。

$$最大量化误差\ e_{max} = \text{LSB} \quad (12.2.2)$$

(2) "四舍五入":将采样信号幅值小于 LSB/2 的部分舍去,大于 LSB/2 的部分计入。

$$最大量化误差\ e_{max} = \text{LSB}/2 \quad (12.2.3)$$

例 12.2.1 分别采用两种量化方式将 $0\sim1$ V 电压转换为 3 位二进制代码,进行对比分析。

解:(1) 只舍不入量化,如图 12.2.3(a) 所示。

最小量化单位: $\Delta = 1\ \text{LSB} = 1/8$ V,最大量化误差: $|e_{max}| = 1\ \text{LSB} = 1/8$ V。

(2) 四舍五入量化,如图 12.2.3(b) 所示。

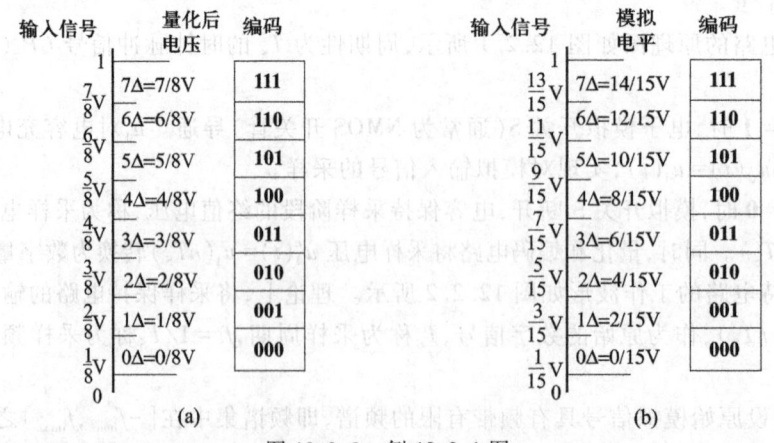

图 12.2.3 例 12.2.1 图

最小量化单位：Δ = 1 LSB = 2/15 V，最大量化误差：$|e_{max}|$ = LSB/2 = 1/15 V。

将采样电压 0.225 V 的量化结果分析如下：① 如果按照只舍不入量化方法，1/8 V<0.225 V<2/8 V，其转换的数字信号为 **001**，误差为 0.225-1/8 = 0.1 V；② 如果按照四舍五入的量化方法，0.225 V<LSB，即 3/15 V<0.225 V<5/15 V，其转换的数字信号为 **010**，误差为 0.225 V-2/15 V = 0.06 V，相比前者误差更小。

综上，相比较而言："四舍五入"的方法比较好，因为最大量化误差只有"只舍不入"的 1/2。目前大部分 A/D 转换器都是采用"四舍五入"的量化方法，但也有少数价格低廉的 A/D 转换器，采用"只舍不入"的方法。

增加 A/D 转换器的位数 n 能减小量化误差。

按照量化和编码电路的工作原理不同，ADC 分为直接型和间接型。直接型 ADC 将模拟信号（通常是电压）直接转换为数字信号，模数转换速度较快。典型电路有并行比较 ADC、逐次比较 ADC 等。而间接型 ADC 则是先将模拟信号转变为中间电量（例如时间或频率），然后再将中间电量转换为数字信号，转换速度比直接型 ADC 慢。典型电路有双积分 ADC、电压频率转换 ADC。

下面介绍逐次比较 ADC 和双积分 ADC。

12.2.3 逐次比较 ADC

逐次比较 ADC 原理与天平称量重物的方法类似。图 12.2.4 表示称量重物的示意图。将重物置于天平的一个盘内，多个砝码由重到轻依次试放入天平的另一个盘内（砝码盘），重则取出，轻则保留，直到最小的砝码试放完毕。0 表示取出，1 表示保留，得到一组二进制数，该数乘以各砝码的重量（即权）并求和即是物重。在此过程中，砝码试放顺序是关键，即依权重顺序试放。

1. 工作原理

逐次比较 ADC 原理框图如图 12.2.5 所示。电压比较器相当于天平，采样电压 $u_1(nT_S)$ 相当于待称重的重物。数模转换器 DAC 将寄存器的二进制数转换为权重电压（各砝码重量）之和，相当于砝码盘。逐次比较控制逻辑依权重顺序（最高有效位 MSB 到最低有效位 LSB）和比较结果设置寄存器的二进制数，直到最低有效位比较结束，寄存器保存的即是与采样电压对应的数字量。

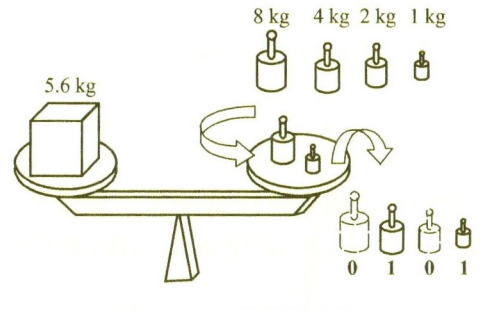

图 12.2.4 天平称量重物

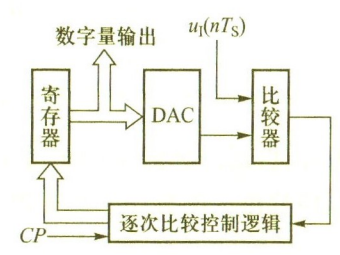

图 12.2.5 逐次比较原理

逐次比较控制逻辑是典型的顺序控制逻辑。第一步设置寄存器的最高有效位 1；第二步根据比较结果取舍比较位，并设置相邻低位为 1；重复第二步，直到最低有效位。因此，逐次比较控制逻辑可以采用顺序脉冲发生器和取舍组合逻辑电路实现。

图 12.2.6 是一个 4 位逐次比较 ADC 的电路原理图。4 个下降沿触发的 JK 触发器作为寄存器。除寄存器、4 位 DAC 和电压比较器(Comparator,C)外,逐次比较控制逻辑由顺序脉冲发生器和取舍组合逻辑实现。

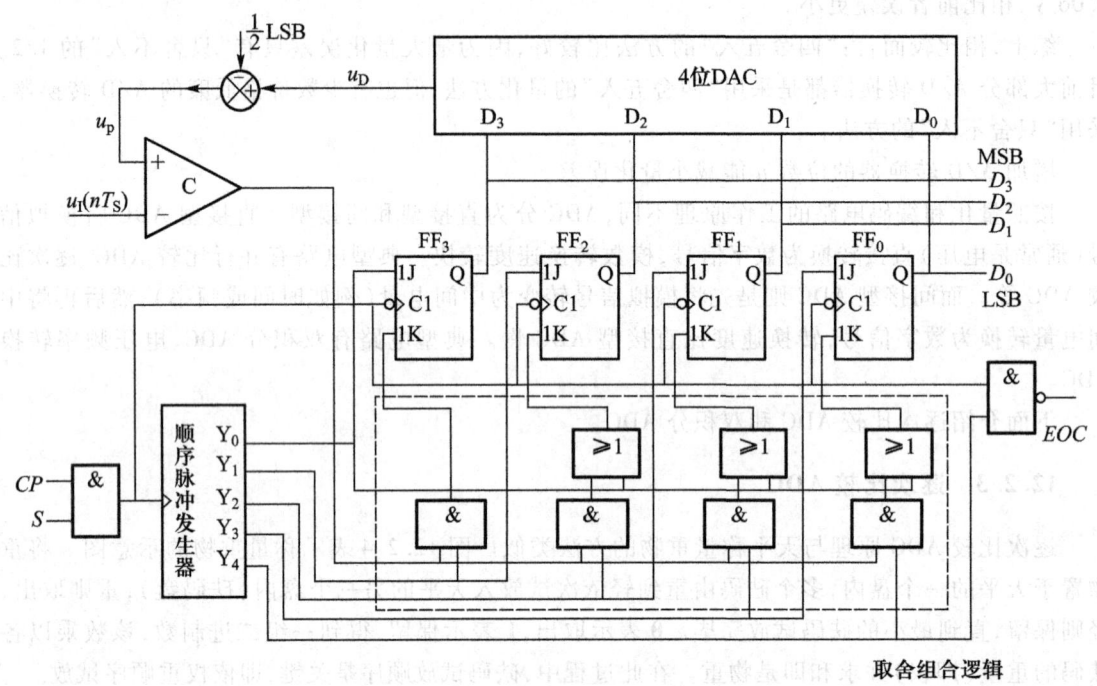

图 12.2.6　4 位逐次比较 ADC

2. 工作过程

设采样电压的满刻度电压 $U_{FSR} = 7.75$ V,$u_I(nT_S) = 6.2$ V,采用四舍五入量化方式,有

$$LSB = \frac{2}{2^{n+1}-1}U_{FSR} = \frac{15.5}{31} \text{ V} = 0.5 \text{ V}, \quad e_{max} = \frac{1}{2}LSB = 0.25 \text{ V}$$

则比较器 C 的同相端电压

$$u_p = u_D - \frac{1}{2}LSB = 0.5 \times (8D_3 + 4D_2 + 2D_1 + D_0) - 0.25$$

上式中的电压偏移量 $-\frac{1}{2}LSB$ 是为了减小转换误差而引入的。

$S = 1$ 时,启动逐次比较 ADC 工作。CP 脉冲的上升沿使顺序脉冲发生器按 Y_0、Y_1、Y_2、Y_3 和 Y_4 顺序输出宽度为一个时钟周期 T_{CP} 的高电平脉冲。在其控制下,ADC 按 CP 驱动顺序工作。

第一个 CP 脉冲到来,$Y_0 = 1$、$Y_1 = Y_2 = Y_3 = Y_4 = 0$,$CP$ 脉冲的下降沿使寄存器输出 $Q_3Q_2Q_1Q_0 = $ **1000**。经 DAC 和电压偏移,得比较器 C 的同相端电压 $u_p = 3.75$ V。与采样电压 $u_I(nT_S) = 6.2$ V 比较,$u_p < u_I(nT_S)$,比较器输出为 **0**;经取舍组合逻辑电路,有 $J_3 = 1$,$K_3 = 0$,故 Q_3 保持 **1** 态;另外,

误差$|u_D-u_1(nT_s)|=2.2$ V$>\dfrac{\text{LSB}}{2}=0.25$ V。

第二个 CP 脉冲到来，$Y_0=\textbf{0}$、$Y_1=\textbf{1}$、$Y_2=Y_3=Y_4=\textbf{0}$，CP 脉冲的下降沿使 $Q_3Q_2Q_1Q_0=\textbf{1100}$。比较器 C 的同相端电压 $u_p=5.75$ V。与采样电压 $u_1(nT_s)=6.2$ V 比较，$u_p<u_1(nT_s)$，比较器输出为 **0**；经取舍组合逻辑电路，有 $J_2=\textbf{1}$，$K_2=\textbf{0}$，故 Q_2 保持 **1** 态；另外，误差$|u_D-u_1(nT_s)|=0.2$ V$<\dfrac{\text{LSB}}{2}=0.25$ V。

第三个 CP 脉冲到来，$Y_0=Y_1=\textbf{0}$、$Y_2=\textbf{1}$、$Y_3=Y_4=\textbf{0}$，CP 脉冲的下降沿使 $Q_3Q_2Q_1Q_0=\textbf{1110}$。比较器 C 的同相端电压 $u_p=6.75$ V。与采样电压 6.2 V 比较，$u_p>u_1(nT_s)$，比较器输出为 **1**；经取舍组合逻辑电路，有 $J_1=\textbf{1}$，$K_1=\textbf{1}$，故 Q_1 翻转为 **0** 态；另外，误差$|u_D-u_1(nT_s)|=0.8$ V$>\dfrac{\text{LSB}}{2}=0.25$ V。

第四个 CP 脉冲到来，$Y_0=Y_1=Y_2=\textbf{0}$、$Y_3=\textbf{1}$、$Y_4=\textbf{0}$，CP 脉冲的下降沿使 $Q_3Q_2Q_1Q_0=\textbf{1101}$。比较器 C 的同相端电压 $u_p=6.25$ V。与采样电压 6.2 V 比较，$u_p>u_1(nT_s)$，比较器输出为 **1**，经取舍组合逻辑电路，有 $J_0=\textbf{1}$，$K_0=\textbf{1}$，故 Q_0 翻转为 **0** 态；另外，误差$|u_D-u_1(nT_s)|=0.3$ V$>\dfrac{\text{LSB}}{2}=0.25$ V。对比第一个脉冲至第四个脉冲的输出数字信号 $Q_3Q_2Q_1Q_0$，输出为 **1100** 的误差最小。

第五个 CP 脉冲到来，$Y_0=Y_1=Y_2=Y_3=\textbf{0}$、$Y_4=\textbf{1}$，CP 脉冲的下降沿使 $Q_3Q_2Q_1Q_0=\textbf{1100}$，比较器输出为 **0**，经取舍组合逻辑电路，有 $J_0=\textbf{0}$，$K_0=\textbf{0}$，故 Q_0 保持为 **0** 态。转换结束信号 $EOC=\textbf{1}$，输出数字量 $D_3D_2D_1D_0=\textbf{1100}$，是自然二进制码。

数字量（**1100**）与单位电压 LSB 之积为 12×0.5 V$=6$ V，与采样电压 $u_1(nT_s)=6.2$ V 的误差为最小值 0.2 V。所以，ADC 的输出数字量（**1100**）代表了采样电压。

推广到一般情况，逐次比较 ADC 的输出数字量表示的采样电压

$$u_1(nT_s)=\text{LSB}\cdot\sum_{i=0}^{n-1}D_i2^i\pm e=\text{LSB}\cdot B_Z\pm e$$

$$e_{\max}=\dfrac{1}{2}\text{LSB} \tag{12.2.4}$$

式中，e 是误差，$e_{\max}$ 是最大误差，B_Z 是自然二进制数。

*12.2.4 双积分 ADC

双积分 ADC 是间接型 ADC，将采样电压转换为与之成正比的时间宽度，在此期间允许计数器对周期脉冲进行计数。计数器的二进制数就是采样电压对应的数字量。

图 12.2.7 是双积分 ADC 的电路原理图。电路主要由积分器、比较器、计数器、JK 触发器和控制开关组成。由 JK 触发器的输出 Q_s 控制单刀双掷开关选择积分器的输入电压。当 $Q_s=\textbf{0}$ 时，开关 S_1 向上闭合，积分器对采样电压 $u_1(nT_s)$ 做定时积分；当 $Q_s=\textbf{1}$ 时，开关 S_1 向下闭合，积分器对基准电压 $-U_{\text{REF}}$ 做定压积分。$u_1(nT_s)$ 与 $-U_{\text{REF}}$ 电压极性相反，这里设采样电压 $u_1(nT_s)$ 为正，则 $-U_{\text{REF}}$ 为负。

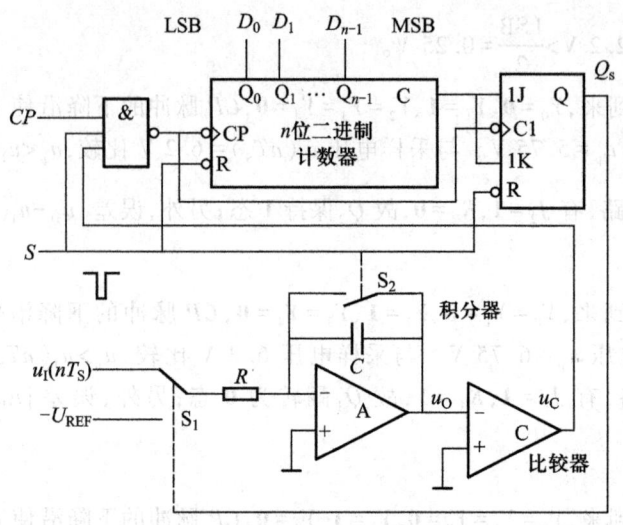

图 12.2.7 双积分 ADC 电路原理图

1. 定时积分

在确定的时间内对采样电压进行积分即定时积分。

启动信号 S 输入负窄脉冲($S=\mathbf{0}$),使计数器、JK 触发器 Q_S 清零,开关 S_1 向上闭合,选择采样电压作积分器输入。同时开关 S_2 闭合,使积分电容放电,$u_O=\mathbf{0}$。负脉冲消失后($S=\mathbf{1}$),开关 S_2 断开,积分器对采样电压积分,积分器输出电压线性下降,$u_O<0$,比较器输出逻辑 $\mathbf{1}$,允许 n 位二进制计数器对周期脉冲 CP 计数。积分器的输出电压

$$u_O(t)=-\frac{1}{RC}\int_0^t u_I(nT_S)\mathrm{d}\tau+u_O(0)=-\frac{u_I(nT_S)}{RC}t \qquad (12.2.5)$$

积分器输出电压与时间呈线性关系,与采样电压 $u_I(nT_S)$ 和积分器的时间常数 RC 有关。采样电压 $u_I(nT_S)$ 越大,负斜率也越大。定时积分的工作波形如图 12.2.8 中 ab 段所示,图中绘出了 2 个采样电压的情况。

当进位 $C=\mathbf{1}$ 时,下一个 CP 脉冲使计数器复零、JK 触发器 $Q_S=\mathbf{1}$,第一阶段定时积分结束,第二阶段定压积分开始。定时积分结束时,积分器输出电压

$$|u_{O\,(\max)}|=\frac{2^n T_{CP}}{RC}u_I(nT_S) \quad u_O(T_1)=-\frac{u_I(nT_S)}{RC}T_1=-\frac{2^n T_{CP}}{RC}u_I(nT_S) \qquad (12.2.6)$$

2. 定压积分

在定时积分期间,当计数器的进位 $C=\mathbf{1}$ 时,下一个 CP 脉冲使计数器复零和 JK 触发器 $Q_S=\mathbf{1}$,开关 S_1 选择基准电压 $-U_{REF}$,积分器开始对基准电压 $-U_{REF}$ 做定压积分。此时,计数器从 0 计数,积分器输出电压上升

$$u_O(t)=-\frac{1}{RC}\int_{T_1}^t(-U_{REF})\mathrm{d}\tau+u_O(T_1)=\frac{U_{REF}}{RC}(t-T_1)-\frac{2^n T_{CP}}{RC}u_I(nT_S)$$

积分器输出电压同样与时间呈线性关系,与基准电压 U_{REF} 和积分器的时间常数 RC 有关。定压积分的工作波形如图 12.2.8 中 bc 段所示。当 $u_O(t)>0$ 时,比较器输出逻辑 $\mathbf{0}$,计数器停止计数,并保持计数结果 B_Z(通常为自然二进制数)。从定压积分开始到计数器停止计数的时间

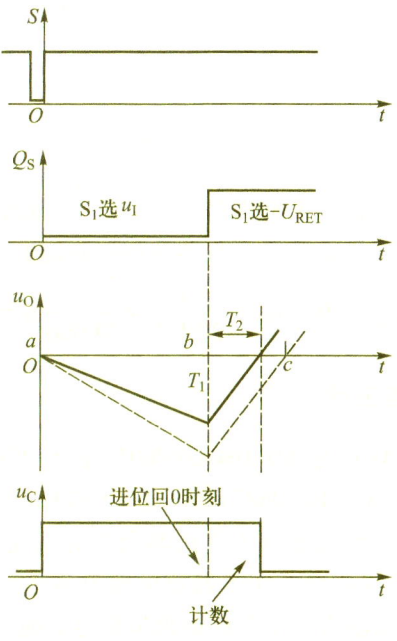

图 12.2.8 双积分 ADC 工作波形

$$T_2 = B_Z T_{CP}$$

则

$$T_{2max} = (2^n - 1) T_{CP} < T_1 = 2^n T_{CP}$$

在计数器停止计数时刻,积分器输出电压为 0,即

$$u_O(T_1+T_2) = \frac{U_{REF}}{RC}T_2 - \frac{2^n T_{CP}}{RC}u_I(nT_S) = 0$$

所以

$$T_2 = \frac{2^n T_{CP}}{U_{REF}} u_I(nT_S) \tag{12.2.7}$$

定压积分时间 T_2 与采样电压成正比。在此期间,计数器从 0 开始对周期脉冲 CP 计数,直到停止并保持计数值 B_Z。

$$B_Z = \frac{T_2}{T_{CP}} = \frac{2^n}{U_{REF}} u_I(nT_S) \tag{12.2.8}$$

计数器的二进制数与采样电压成正比,是采样电压对应的数字量。

双积分 ADC 的转换过程中有 2 次积分,相互抵消了同一个积分器的误差,包括时间常数 RC 和运放的误差。所以,双积分 ADC 的转换精度高。此外,噪声是平均值为 0 的随机电压,积分器可以极大地抑制噪声的影响。同样,短时脉冲干扰电压对积分器输出影响也极小。因此,双积分 ADC 抗干扰和噪声能力强。

但是双积分 ADC 的模数转换时间长,最长转换时间 T_{TR} 为

$$T_{TR} = T_1 + T_2 = (2^n + 2^n - 1) T_{CP} = (2^{n+1} - 1) T_{CP} \tag{12.2.9}$$

一般达到几十毫秒以上。由于有上述特点,双积分 ADC 常用于测量仪器中,如数字万用表。

例 12.2.2 10 位 ADC 的分辨率为多少?

解:10 位 ADC 的百分分辨率为

$$\frac{1}{2^{10}} \times 100\% = 0.0977\%$$

例 12.2.3 若 A/D 转换器(包括采样保持电路)输入模拟信号的最高变化频率为 10 kHz,试说明采样频率的下限是多少。完成一次 A/D 转换所用时间的上限应为多少?

解: $f_S \geq 2f_{imax} = 20 \text{ kHz}$, $\frac{1}{20 \text{ kHz}} = \frac{1}{20\ 000} \text{s} = 50\ \mu\text{s}$

*12.2.5 集成 ADC 及其应用

常用的单片集成逐次比较 ADC 有 ADC0808/0809(8 位)、AD575(10 位)和 AD574A(12 位)等,典型的单片集成双积分 ADC 有 CB7106/7126、CB7107/7127。ADC 0808 和 ADC 0809 除精度略有差别外(前者精度为 8 位、后者精度为 7 位),其余各方面完全相同:它们都是 CMOS 器件,包括一个 8 位的逐次比较 ADC,还提供一个 8 通道的模拟多路开关和通道寻址逻辑,因此,可作为简单的"数据采集系统"。直接输入 8 个单端的模拟信号分时进行 A/D 转换,在多点巡回检测和过程控制、运动控制中应用十分广泛。

1. 内部结构和外部引脚

ADC0808/0809 的内部结构和外部引脚分别如图 12.2.9 和图 12.2.10 所示。对各引脚定义分述如下:

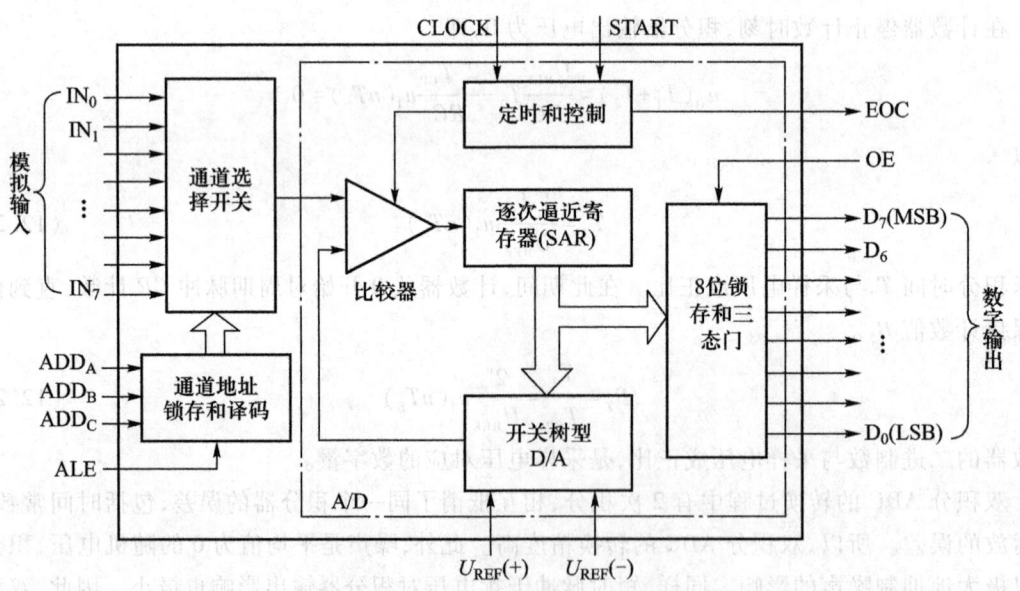

图 12.2.9 ADC0808/0809 内部结构

(1) ADD_A、ADD_B、ADD_C——模拟通道选择地址信号,ADD_A 为低位,ADD_C 为高位。

(2) $IN_0 \sim IN_7$——8 路模拟输入,通过 3 根地址译码线 ADD_A、ADD_B、ADD_C 来选通一路。

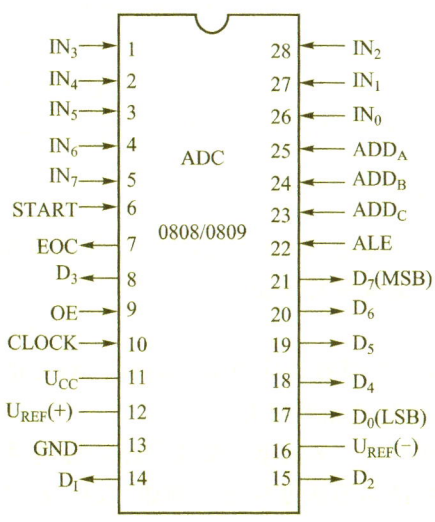

图 12.2.10 ADC0808/0809 外部引脚

(3) $D_7 \sim D_0$——A/D 转换后的数据输出端，为三态可控输出，故可直接和微处理器数据线连接。8 位排列顺序是 D_7 为最高位，D_0 为最低位。

(4) $U_{REF}(+)$、$U_{REF}(-)$——正、负参考电压输入端，用于提供片内 DAC 电阻网络的基准电压。在单极性输入时，$U_{REF}(+) = 5$ V，$U_{REF}(-) = 0$ V；双极性输入时，$U_{REF}(+)$、$U_{REF}(-)$ 分别接正、负极性的参考电压。

2. 主要技术指标和特性

(1) 分辨率：ADC0808 是 8 位；ADC0809 是 7 位。

(2) 总的不可调误差：ADC0808 为 $\pm \frac{1}{2}$LSB，ADC0809 为 ± 1 LSB。

(3) 转换时间：取决于芯片时钟频率，如 $CP = 500$ kHz 时，$T_{CONV} = 128$ μs。

(4) 单一电源：+5 V。

(5) 模拟输入电压范围：单极性 0~5 V；双极性 ±5 V，±10 V（需外加一定电路）。

(6) 使用时不需进行零点和满刻度调节。

12.2.6 转换精度与转换速度

与数模转换器（DAC）一样，模数转换器（ADC）的主要技术指标是转换精度和转换速度。

1. 转换精度

通常用分辨率和转换误差描述 ADC 的转换精度。

输入电压范围可能被等分的数目定义为 ADC 的分辨率。一个 n 位二进制码 ADC 理论上可将输入电压范围分为 2^n 个等份，故分辨率为 2^n，简述为 n 位分辨率。设输入电压的满量程为 U_{FSR}，则每个等份的电压宽度为 $U_{FSR}/2^n$（1 个 LSB），即可以区分的最小输入电压为 $U_{FSR}/2^n$。分辨率也可用十进制数表示。例如，$3\frac{1}{2}$ 分辨率表示可将输入电压分为 $2 \times 10^3 = 2\,000$ 个等份。如果满量程输入电压是 2 V,则最小可分辨的输入电压为 1 mV。因此,分辨率表示 ADC 在理论上可能达到的精度。

实际的精度与 ADC 的元件参数有关,例如基准电压、电阻网络、模拟开关、运放的特性和工作温度等。这些元件的非理想性使输出数字量偏离理论值,产生转换误差。逐次比较 ADC 和并行比较 ADC 的最大转换误差通常是 $\pm\frac{1}{2}$LSB。

综上所述,选择高稳定度的基准电压和低漂移的运放和比较器,与高分辨率、误差小的 ADC 芯片配合,才能组成高转换精度的模数转换器。

2. 转换速度

ADC 的转换速度是指完成一次模数转换所需的时间。ADC 的转换速度主要取决于转换电路的类型,不同类型的 ADC 转换速度相差很大。

逐次比较 ADC 的转换速度较快。多数单片集成产品的转换时间在 10~100 μs 之间,个别的产品可达到 1 μs。间接型 ADC 的转换速度较慢。例如,双积分 ADC 的转换时间在几十至几百毫秒之间。但间接型 ADC 抗干扰能力强。

前述的 ADC 电路仅完成量化和编码,一次完整的模数转换包括采样、保持、量化和编码。所以,实现一次完整的模数转换时间应包括采样和保持电路的采样时间和孔径时间(采样保持电路由采样到保持的转换时间),以及 ADC 的转换时间。

学 习 指 导

【本章重点】

理解数模转换器与模数转换器的种类、电路组成、工作原理。

【本章难点】

1. 分析倒 T 型电阻网络 DAC 的输出模拟电压值以及分辨率、转换误差等指标。
2. 分析逐次比较 ADC 的输出代码以及分辨率、转换误差等指标。

【典型例题】

例 12.1 一个 4 位 R-$2R$ 倒 T 型电阻 D/A 转换器,$U_{REF}=5$ V,$R_f=30$ kΩ,$R=10$ kΩ,求其分辨率;若对应输入二进制数码 $D_3D_2D_1D_0$ 分别为 **0101**、**0110** 和 **1101**,求三种情况下的输出电压 U_o。

【分析】分别采用式(12.1.6)即 $\frac{1}{2^n-1}$ 计算 D/A 转换器分辨率,以及式(12.1.4),即 $u_o = -\frac{U_{REF}}{2^n} \cdot \frac{R_f}{R} \left[\sum_{i=0}^{n-1} (2^i D_i) \right]$ 计算输出电压值。

【解】由式(12.1.6)得

$$\frac{1}{2^n-1} = \frac{1}{15} = 0.067$$

将 $U_{REF} = 5$ V, $R_f = 30$ kΩ, $R = 10$ kΩ 代入式(12.1.4),得

$$u_O = -\frac{15}{16}\left(\sum_{i=0}^{3} D_i \times 2^i\right)$$

因此,$D_3D_2D_1D_0$ 为 **0101**、**0110**、**1101** 三种情况下,输出电压分别为

$$-75/16 \text{ V}, \quad -90/16 \text{ V}, \quad -195/16 \text{ V}。$$

例 12.2 在例 12.2 图所示的 D/A 转换电路中,$U_{REF} = 10$ V, $R = 10$ kΩ, $R_f = 20$ kΩ,试求:

(1) D/A 转换器的输出电压的最大值 U_{omax} 和最小值 U_{omin}。

(2) 当 $D_3D_2D_1D_0$ 为 **0110** 和 **1101** 时,u_o 为多少?

(3) 若某系统中要求 D/A 转换器的精度小于 0.25%,试问这一 D/A 转换器能否使用?

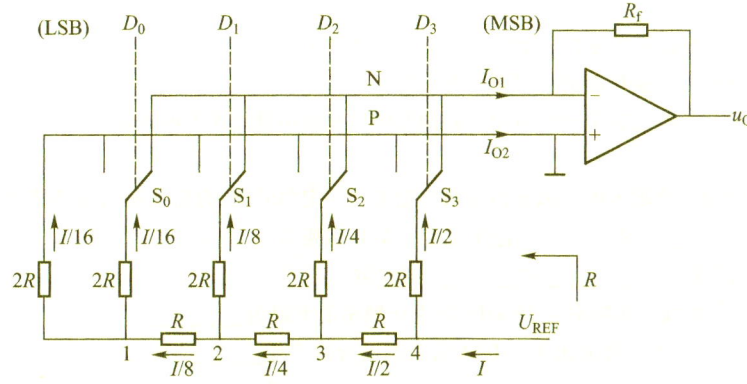

例 12.2 图 4 位倒 T 型电阻网络 DAC

【分析】根据式(12.1.4)计算输出电压值,根据式(12.1.6)计算 D/A 转换器的分辨率(即精度)。

【解】例 12.2 图中电路为 4 位 DAC,即 $n=4$。

将 $D_3D_2D_1D_0$ 为 **1111** 和 **0001** 分别代入式(12.1.4),可计算得到输出电压的最大值 $U_{omax} = -18.75$ V 和最小值 $U_{omin} = -1.25$ V;

当 $D_3D_2D_1D_0$ 为 **0110**(6)时,输出电压 $U_o = -7.5$ V;当 $D_3D_2D_1D_0$ 为 **1101**(13)时,输出 $U_o = -16.25$ V。

根据式(12.1.6)计算 D/A 转换器的分辨率(即精度),$\frac{1}{2^n-1} = 6.67\% \gg 0.25\%$,因此,不满足系统的精度要求,必须提高电阻网络的级数即增大位数 n。

例 12.3 对于一个 3 位逐次比较 ADC,参考电压为 10 V,试问电路的最小量化单位是多少?当输入电压为 6.3 V 时,输出数字量 $D_2D_1D_0 = ?$ 此时的转化误差 e 为多少?

【分析】根据式(12.2.2)计算四舍五入量化方式的最小量化单位 LSB。

另外,对比输入电压落在四舍五入量化的哪两个相邻模拟电平以内,即可确定其编码值。

【解】由式(12.2.2)可知，最小量化单位 $\text{LSB} = \frac{2}{15}U_{\text{REF}} = \frac{20}{15}$ V；当采样电压为 6.3 V 时，$\frac{90}{15}$ V = 6 V<6.3 V<$\frac{110}{15}$ V = 7.33 V，因此输出数字量 $D_2D_1D_0 = \mathbf{101}$，此时的转化误差 $e = \left|\frac{2}{15}U_{\text{REF}} \times 5 - 6.3\right| = \frac{11}{30}$ V = 36.7%。

习　题

【基本概念题】

12.1　思考题

(1) 基准电压 U_{REF} 的稳定度与 D/A 转换器的误差有无关系？

(2) 影响 D/A 转换器转换精度的主要原因有哪些？

(3) 试说明在 A/D 转换过程中产生量化误差的原因以及减小量化误差的方法。

12.2　填空题

(1) 由于 A/D 转换器将输入的模拟量换为数字量需要一定的时间，为保证给后续环节提供稳定的输入值，输入信号通常要经过_____和_____电路再送入 A/D 转换器。

(2) A/D 转换器通常分为_____和_____两大类。

(3) 若模拟信号的最高工作频率为 10 kHz，则采样频率的下限为_____。

(4) 10 位 D/A 转换器的分辨率比 8 位 D/A 转换器的分辨率要_____。

12.3　选择题

(1) 如果要将一个最大幅度为 5.1 V 的模拟信号转换为数字信号，要求模拟信号每变化 20 mV 能使数字信号最低有效位发生变化(即最低有效位 **1** 时的模拟电压值)，所用得 A/D 转换器至少需要(　　)位。

① 8　　　　　　　　　② 7　　　　　　　　　③ 6

(2) 一个 8 位 D/A 转换器的最小输出电压增量为 0.02 V，当输入代码为 **01001101** 时，输出电压 $u_0 =$ _____。

① 1.53 V　　　　　　② 1.54 V　　　　　　③ 2.54 V

(3) 在若想对 ADC0809 的 IN_4 通道输入的模拟信号进行 A/D 转换，则应使其地址 CBA 为_____。

① 001　　　　　　　② 010　　　　　　　③ 100

(4) 某 8 位 ADC 输入电压范围为 0~10 V，当输入下列电压值时，转换成多大的二进制数字量(　　)。

① 39.3 mV　　　　　② 4.48 V　　　　　　③ 7.81 V

【简单计算题】

12.4　如图 12.1.1 所示 R-$2R$ 倒 T 型电阻 D/A 转换器，已知其最小输出电压为 5 mV，满刻度输出电压为 10 V，计算该 D/A 转换器的分辨率。

12.5　若倒 T 型 DAC 的全量程为 10 V。为了获得分辨率 1 mV，数字量应该是几位？

12.6　在逐次比较 4 位 ADC 中，若要求产生 8 位二进制数码，试按工作顺序列表说明输入电压为 20.5 V 时的转换过程。假设 DAC 输出电压的最小量为 0.1 V(列表项目:时钟顺序、寄存器输出、D/A 转换器输出、比较器输出)。

*12.7 在双积分 ADC 中,输入电压 u_I 和参考电压 U_{REF} 在极性和数值上应满足什么关系?如果 $|u_I| > |U_{REF}|$,电路能完成模数转换吗?

*12.8 在双积分 ADC 中,若时钟频率为 100 kHz,分辨率为 10 位,问:
(1) 当输入模拟电压 u_I = 5 V,参考电压 U_{REF} = 10 V 时,输出二进制代码是多少?
(2) 第一次积分时间为多少?第二次积分时间为多少?
(3) 转换所需时间与输入模拟电压的大小是否有关?

【综合应用题】

12.9 分析题 12.9 图所示波形发生器的工作原理,画出输出电压 u_O 的波形图。图中 AD7520 是 10 位 D/A 转换芯片,其输出 $u_O = \dfrac{U_{REF}}{2^{10}} \sum_{i=0}^{9} 2^i D_i$,且 $D_5 \cdots D_1 D_0$ 都接地,U_{REF} 接 10 V。

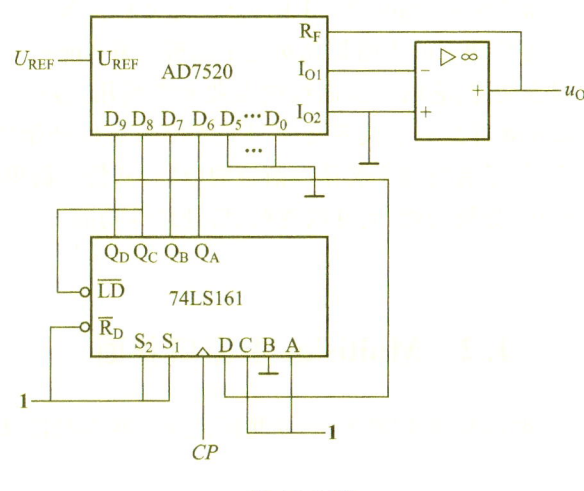

题 12.9 图

*12.10 某温度控制电路中测试的温度信号经采样、放大、整流后,成为低压模拟信号,其最大幅值不超过 5 V,为了将此信号转换成计算机能识别的数字信号,并要求模拟信号每变化 20 mV(相当于温度 1 ℃)能使数字信号最低位发生变化,那么应选几位的转换器?若温度传感器输出的信号为(0~50 mV),放大器的放大倍数应为多大?画出信号采样、放大、转换的原理图。当 ADC 的输入信号为 1.2 V 时,问:
(1) 输出端的二进制数是多少?
(2) 转换误差为多少伏?
(3) 如何提高转换精度?

附录 Multisim 使用说明

1.1 Multisim 介绍

Multisim 是加拿大 ⅡT（Interactive Image Technologies）出品的电路仿真软件，V5 以前的版本称为 Electronics Workbench，从 V6 开始软件名称改为 Multisim，目前 Multisim 的最新版本是 V2015，常用的教学版本是 Multisim10，本附录以 Multisim V7 为基础介绍其基本功能及应用，更高版本软件的新增功能，请读者自行了解学习。

Multisim 的内核是在标准 XSpice/Spice3f5 上的扩充，完全兼容 XSpice/Spice3f5，具有强大的混合电路仿真功能，同时也为其功能的不断扩充奠定了基础。Multisim 的特点是界面友好、图形输入易学易用、具有虚拟仪表功能，它既适合高级的专业开发使用，也适合 EDA 初学者使用，是目前世界上最为流行的 EDA 软件之一。读者在学习完本书后可以开始使用 Multisim 进行电路仿真，由于此软件功能很多，初学者应该本着循序渐进的原则，从仿真简单电路开始，逐步掌握电路图的编辑、虚拟仪表的使用、分析功能、元件的建模、后处理等功能。

1.2 Multisim 主窗口界面

Multisim 的主窗口与一般的应用软件有很多共同之处，参考附图 1-1，各部分功能介绍如下：

(1) 主菜单里包含了所有的操作命令。

(2) 项目条完成设计项目管理功能。

(3) 标准工具栏和电路标注工具栏里是一些常用的工具条命令，这些工具条命令都可以在主菜单里找到。

(4) 元件工具栏里有一系列的元件组，通过单击相应的元件工具条可以方便快速地选择和放置元件。

(5) 仪表工具栏里包含了可能用到的所有电子仪器，可以完成对电路的测试。

(6) 表格视图显示了电路中的元件信息。

(7) 已使用元件列表以下拉列表的形式中列出了电路中所有的元件，利用它可以快速选择已经使用过的元件。

(8) 在电路窗口中完成电路的编辑和测试、分析。单击活动电路标签可以交替显示已经打开的电路。状态条里是电路和鼠标位置信息。

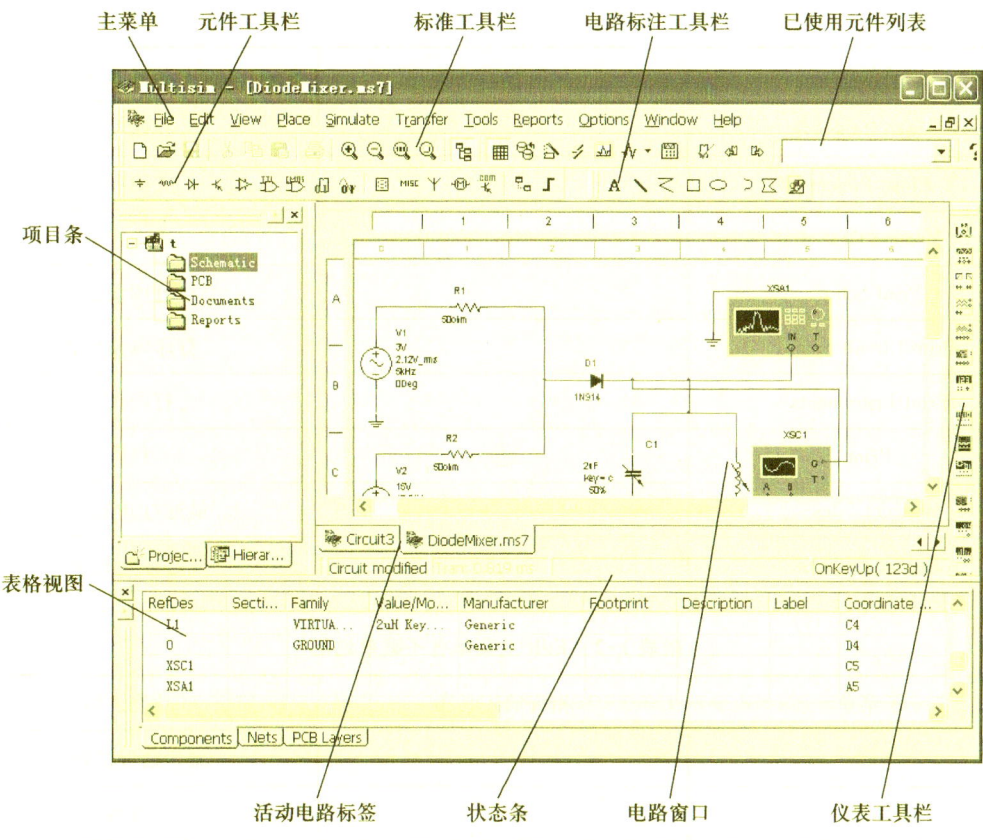

附图 1-1　Multisim 窗口界面

1.3　主菜单及工具条功能介绍

1. 菜单和工具条功能列表（见附表 1-1~附表 1-9）

附表 1-1　File 主菜单各子菜单说明

子菜单	相应的工具条	功能说明
New		建立新文件
Open		打开旧文件
Close		关闭文件
Save		存储文件
Save As		存储为
New Project		建立新项目
Open Project		打开旧项目

435

续表

子菜单	相应的工具条	功能说明
Save Project		存储项目
Close Project		关闭项目
Version Control		版本控制
Print Setup		打印设置
Print Circuit Setup		打印电路设置
Print Instruments		打印仪表
Print	🖨	打印
Recent Files		最近打开的文件
Recent Projects		最近打开的项目

附表 1-2 Edit 主菜单各子菜单说明

子菜单	相应的工具条	功能说明
Undo		撤消最近的操作
Redo		重做
Cut	✂	剪切
Copy	📋	复制
Paste	📋	粘贴
Paste Special		特殊粘贴（可选择粘贴方式）
Delete		删除
Delete Multi-Page		删除多页
Select All		选择全部
Find		查找
Flip Horizontal		水平翻转
Flip Vertical		垂直翻转
90 Clockwise		顺时针转动 90°
90 CounterCW		逆时针转动 90°
Properties		打开特性窗口

附表 1-3 View 主菜单各子菜单功能说明

子菜单		相应的工具条	功能说明
Toolbars	Standard Toolbar		显示标准工具栏
	Component Toolbar		显示元件工具栏
	Graphic Annotation Toolbar		显示图形反注工具栏
	Instrument Toolbar		显示仪表
	Project Bar	🗂	显示项目条
	Spreadsheet View	▦	显示表格
	Customize		定制
Show Grid			显示格点
Show Page Bounds			显示页边
Show Title Block			显示标题框
Show Border			显示边界
Show Ruler			显示标尺
Zoom In		🔍	放大
Zoom Out		🔍	缩小
Zoom Area		🔍	按 100% 比例显示
Zoom All		🔍	显示全部
Grapher		📊	图表
Hierarchy		🗂	层次
Circuit Description Box			显示电路描述窗口

附表 1-4 Place 主菜单各子菜单功能介绍

子菜单	相应的工具条	功能说明
Component		放置元件(打开选择元件窗口)
Junction		放置结点
Bus	⌐	放置总线
Bus Vector Contact		放置总线连接器
HB/SB Connect		放置 HB/SB(用于层次化管理)连接
Hierarchical Block	🗂	放置层次化模块

续表

子菜单		相应的工具条	功能说明
Create New Hierarchical Block			创建层次化模块
Subcircuit			放置子电路
Replace by Subcircuit			用子电路取代
Off-Page Connector			放置离页连接器
Multi-Page			放置多页
Text		A	放置文本
Graphics	Line	\	放置直线
	Multiline		放置折线
	Rectangle	□	放置矩形
	Ellipse	○	放置椭圆
	Arc		放置圆弧
	Polygon		放置多边形
	Piture		放置图像
Title Block			放置标题块

附表 1-5 Simulate 主菜单各子菜单介绍

子菜单	相应的工具条	功能说明
Run		运行
Pause		暂停
Instruments		选择仪表(后面将详细说明)
Default Instruments Setting		默认仪表设置
Digital Simulation Setting		数字仿真设置
Analysis		选择分析种类(后面将详细说明)
Postprocessor		进行数据的后处理
Simulation Error Log/Audit Trail		错误记录与检查跟踪
Xspice Command Line interface		打开 Xspice 命令行界面窗口
VHDL Simulation		运行 VHDL 仿真模块
Verilog HDL Simulation		运行 Verilog HDL 仿真模块
Global Component Tolerances		设置全局元件误差

附表 1-6　Transfer 主菜单各子菜单功能介绍

子菜单	相应的工具条	功能说明
Transfer to Ultiboard V7		传输到 Ultiboard V7
Transfer to Ultiboard Ultiboard 2001		传输到 Ultiboard Ultiboard 2001
Transfer to Other PCB Layout		传输到其他 PCB 布线软件
Forward Annotate to Ultiboard	▯	前注到 Ultiboard
Backannotate from Ultiboard	▯	从 Ultiboard 反注
Highlight selection in Ultiboard		高亮显示在 Ultiboard 的选择区域
Export Simulation Result to MathCad		将仿真结果导出到 MathCad
Export Simulation Result to Excel		将仿真结果导出到 Excel
Export Nelist		导出网表(netlist)文件

附表 1-7　Tools 主菜单各子菜单功能介绍

子菜单	相应的工具条	功能说明
Component Wizard	▯	元件向导
Symbol Editor		符号编辑器
Database Management	▯	数据库管理
555 Time Wizard		555 电路设计向导
Filter Wizard		滤波器设计向导
Electrical Rules Check	▯	电器规则检查
Renumber Componnets		重新为元件编号
Replace Component		取代元件
Update Hb/Sb Symbols		更新 Hb/Sb 符号
Covert V6 Datebase		转换 V6 版本的数据库(元件库)
Modify Title Block Data		调整标题块数据
Title Block Editor		标题块编辑器
Internet Design Sharing		Internet 设计共享
EDAparts.com	.com	连接到 EDAparts.com 网站

附表 1-8 Reports 主菜单各子菜单功能介绍

子菜单	相应的工具条	功能说明
Bill of Material		材料表报告
Component Detail report		元件详细报告
Netlist report		网表报告
Schematic Statistics		原理图统计
Spare Gates Report		没有用到的门报告
Cross Reference Report		交叉参考报告

附表 1-9 Options、Windows 和 Help 主菜单

子菜单	相应的工具条	功能说明
Preferences		选项
Customize		定制窗口
Cascade		重叠窗口
Tile		排列窗口
Arrange Icons		安排图标位置
Multisim V7 Help	?	Multisim V7 帮助
Multisim V7 Reference		Multisim V7 参考
Release Notes		软件发布说明
About Multisim 7		关于 Multisim 7

2. 分析功能（见附表 1-10）

附表 1-10 分析功能列表

分析种类	对应的 Spice 分析语句	说明
DC Operating Point Ananlysis...	.OP	静态分析
AC Analysis	.AC	交流分析
Transient Analysis...	.TRAN	瞬态分析
Fourier Analysis...	.FOURIER	傅里叶分析
Nosie Figure Analysis...	.NOISE	噪声指数分析
Distortion Analysis...	.DISTO	畸变分析

续表

分析种类	对应的 Spice 分析语句	说明
DC Sweep…	.DC	直流扫描分析
Parameter Sweep…		参数扫描分析
Temperature Sweep…		温度扫描分析
Pole-Zero…	.PZ	极点零点分析
Transfer Functure…	.TF	传输函数分析
Worst Case…		最坏状况分析
Monte Carlo…		Monte Carlo 分析
Trace Width Analysis…		线宽分析
Batch Analysis…		批处理分析
User Defined Analysis…		用户自定义分析
Stop Analysis		停止
RF Analysis		射频分析

3. 仪表介绍(见附图 1-2)

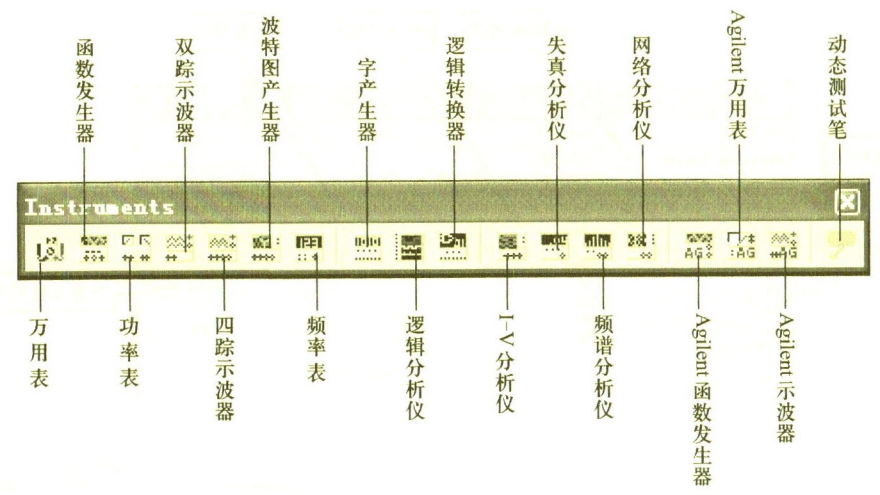

附图 1-2　仪表

4. 元件数据库介绍

Multisim 中元件数据库分为三部分,分别是 Multisim Master 数据库、Corporate Library 数据库和 User 数据库。Multisim Master 数据库是主数据库,其内部元件是不能改动的。Corporate Library 数据库是共享设计专用的数据库。User 数据库是用户自定义的数据库,用户可以将常用的器件和自己编辑的器件放在此数据库中。

441

在 Multisim 主数据库中,元件被分成 13 个组(Group),每一个组中又包含数个元件族(Family),同一类型的元件放在同一个族中。附图 1-3 是主数据库元件工具栏。

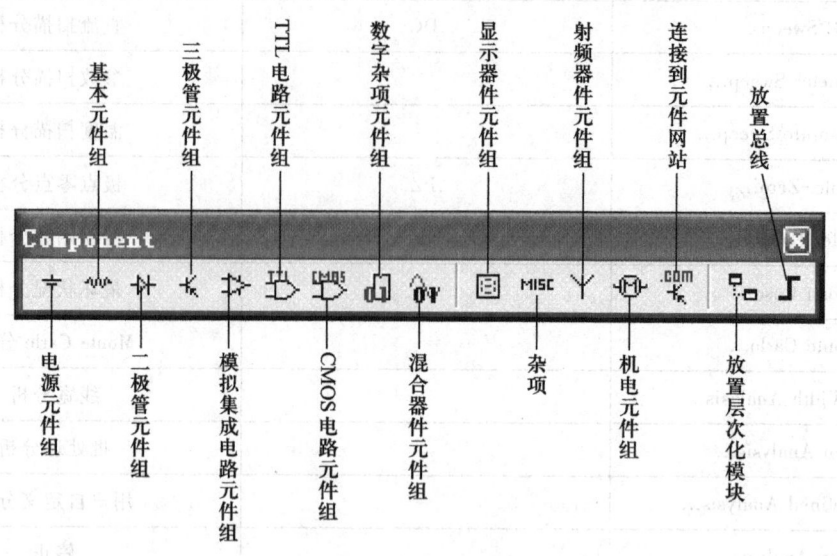

附图 1-3　元件工具栏

单击元件组相应的工具条打开选择元件弹出式窗口,如附图 1-4 所示。由此窗口可以选择要放置的器件。

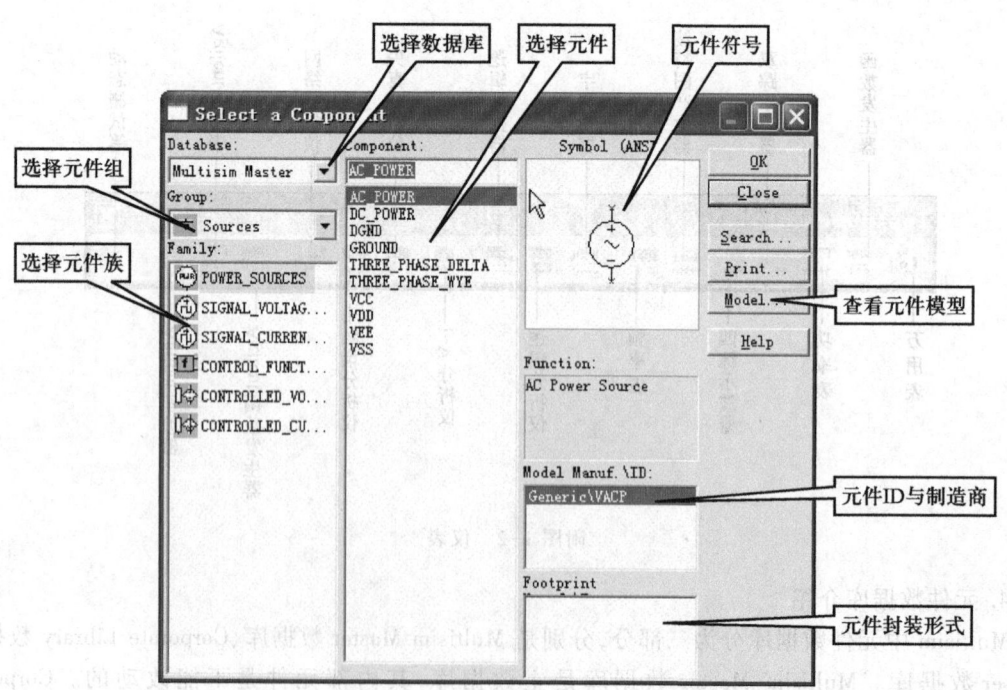

附图 1-4　选择元件弹出式窗口

1.4 Multisim 的基本使用步骤

Multisim 的功能强大,要熟练使用需要经过不断学习和摸索,电路分析的实战练习对于掌握其使用方法是很重要的。建议读者使用 Multisim 对本书上感兴趣的电路进行分析和仪表测试。限于篇幅,这里只介绍初步的使用步骤如下:

(1) 打开 Multisim,首先进行简单的设置。选择 Options/Preferences 菜单命令打开选择(Preferences)窗口,可以进行各种选择设置。例如,在 Component Bin 窗口可以将符号系统改成 DIN;在 Circuit 窗口中可以改变电路图编辑窗口和器件、线条的颜色。

(2) 编辑电路图。首先选择电路元件,Multisim 的元件分成 13 个组,每个组中又分成不同的族。元件族中才是单一的元件。Multisim 将元件分成实际元件(具有布线信息)和虚拟元件(只有仿真信息)两种,选择元件时注意区分。如果只用于仿真可以使用虚拟元件。如果仿真后还要进行布线并制作 PCB 板,要使用实际元件。

(3) 连线。只需连续单击要连接的元件引脚端点(出现 ✈ 时表示鼠标已经对准引脚)即可自动完成连线。

(4) 放置要使用的仪表并进行相应的设置。与使用实际的仪表非常相似,放置仪表后要进行测试线的连接。

(5) 运行。单击 ⚡ 工具条。调节仪表设置,直至观察到合适的波形。

(6) 利用分析功能。也可以不使用仪表测试,而使用分析功能对电路进行分析。选择需要的分析功能后要输入相应的分析参数,与 Spice 中分析语句后面的参数设置基本相同。Multisim 以图表(Grapher)的形式显示输出结果。

(7) 后处理和传输。后处理功能可以对分析的数据结果进行各种运算处理。可以将已经设计好的电路传输到布线软件进行 PCB 设计,也可以导出各种电路数据等。

1.5 Multisim 的分析功能介绍

Multisim 是基于 Spice3F5/XSpice 的电路仿真软件,其所有的数据结果都源自于 Spice3F5/XSpice 内核的分析结果。利用独特的虚拟仪表可以像在实验室里做实验一样观察数据,方便直观。然而,过多使用虚拟仪表会耗费大量计算机资源,降低仿真速度。另外,虚拟仪表对数据的观察和处理方式受到很大限制,不方便数据的输出。而利用 Multisim 的分析功能可以灵活定义分析要求,并且可以直接输出仿真结果,大大提高了仿真速度。Multisim 的分析功能命令都在 Simulate/Analysis 菜单下,如附图 1-5 所示。

使用分析功能时要注意,分析中有关信号源的设置是在信号源本身的特性窗口中设置的。因此,应该首先对电路中的信号源进行设置。附图 1-6 是交流信号源及其特性设置窗口(双击电源符号即可打开特性设置窗口)。

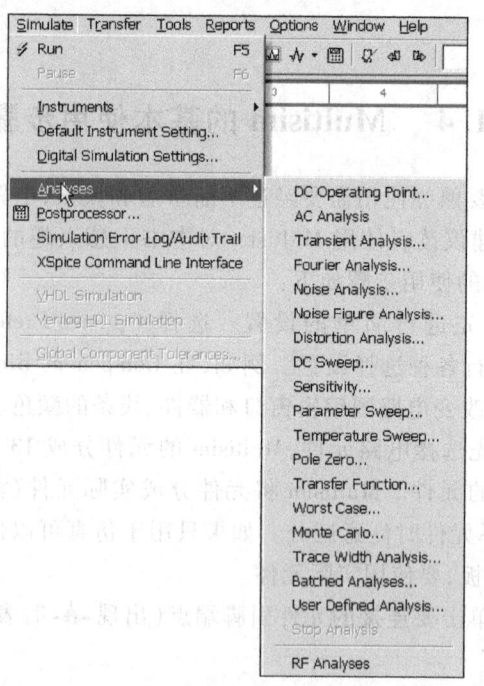

附图 1-5 Multisim 的分析功能

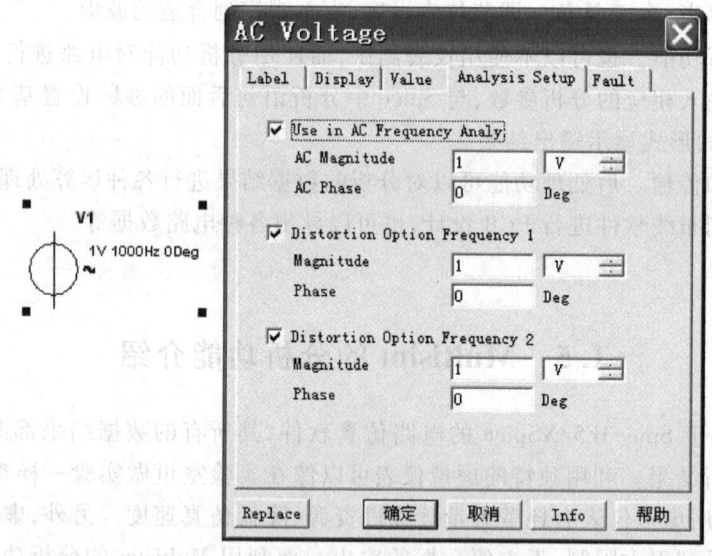

附图 1-6 交流信号源及其特性设置窗口

在此对话窗口中的 Value 标签中可以设置信号源的频率、电压等参数,这些参数都是针对瞬态分析有效的,用虚拟仪表测试时也使用这些参数。在 Analysis Setup 标签中进行与其他分析有关的参数设置,只有当进行相应的分析时才会用到这些参数。对于附图 1-6 中的交流信号源,与分析有关的参数有三种,分别是进行交流分析时要用到的参数(Use in AC Frequency Analy)和进行失真分析时要用到的参数(Distortion Option Frequency1 和 Distortion Option Frequency2)。它们的默认值均为:电压幅度为1V、初相为0。因此,不管在Value标签中对参数进行了何种设置,当进行交流分析和失真分析时,所使用的参数都是在Analysis标签中设置的参数。

信号源不同,与其相关的分析也可能不同,因此在Analysis Setup标签中的设置内容也不同。熟悉Spice的读者很容易了解这些参数设置,因此,此处不再赘述。

在Simulate主菜单中选择相应的子菜单,将弹出分析设置窗口,进行适当的设置后单击Simulate按钮开始分析。下面对各种分析功能及其参数设置进行简单介绍。

1.5.1 直流分析(DC Operating Point…)

直流分析的特性设置窗口如附图1-7所示,选中左边窗口中要输出的参数,单击Plot during simulation按钮即可将其放在右边要输出的菜单中。单击左下部的Add device/model parameter按钮,可以往参数列表中添加"器件/模型参数"。

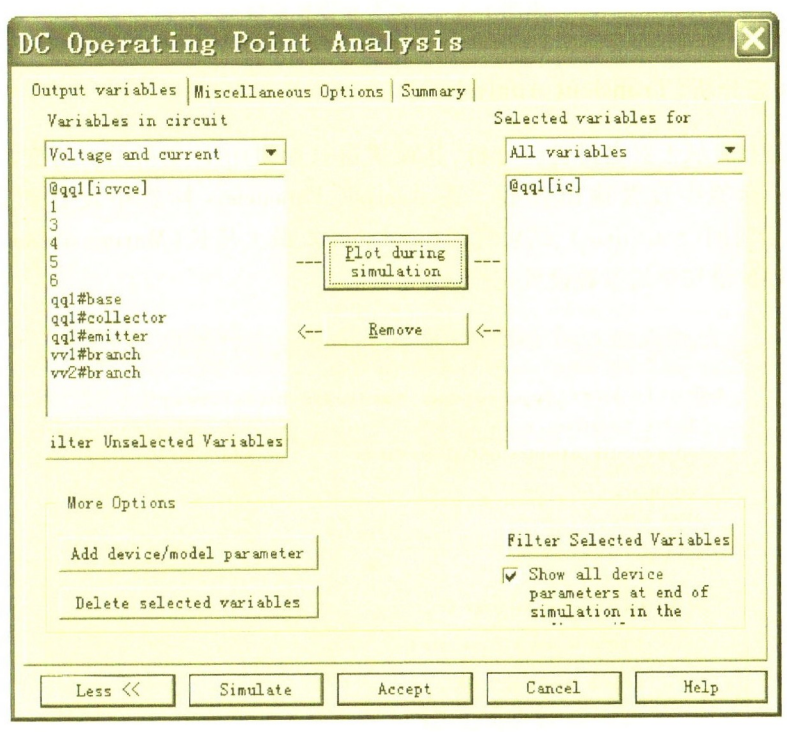

附图1-7 直流分析设置窗口

1.5.2 交流分析(AC Analysis)

交流分析的特性设置窗口如附图1-8所示。在Output variables标签中选择输出参数,在Frequency Parameters标签中设置开始频率(Start frequency)、结束频率[Stop frequency (FSTOP)]、扫描形式(Sweep type)、扫描点数(Number of points per decade)和纵坐标的形式(Vertical scale)。这些都是与.AC语句的参数设置相对应的。

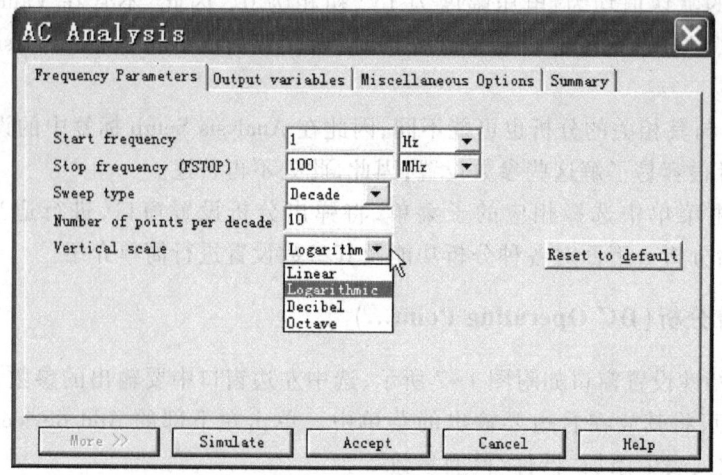

附图1-8　交流分析设置窗口

1.5.3　瞬态分析(Transient Analysis…)

瞬态分析是在时域上对电路进行分析,其设置窗口如附图1-9所示。与交流分析相同,在Output variables 标签中设置输出参数。在 Analysis Parameters 标签中设置初始条件(Initial Conditions)、开始时间(Start time)、结束时间(End time)、最大步长(Maximum time step settings)等。这些与.TRAN 语句中的参数设置完全一样。

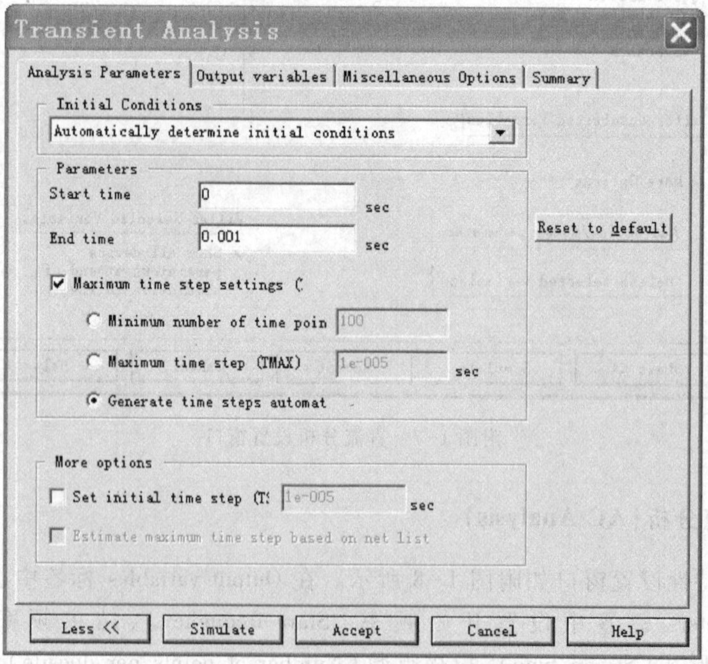

附图1-9　瞬态分析设置窗口

1.5.4 傅里叶分析(Fourier Analysis…)

傅里叶分析的设置窗口如附图1-10所示,在Analysis Parameters标签中可以进行采样设置等内容,如基波频率。因为傅里叶分析是在瞬态分析的基础上进行的,所以,还需要对瞬态分析进行设置。单击Edit transient analysis按钮即可打开瞬态分析设置窗口。

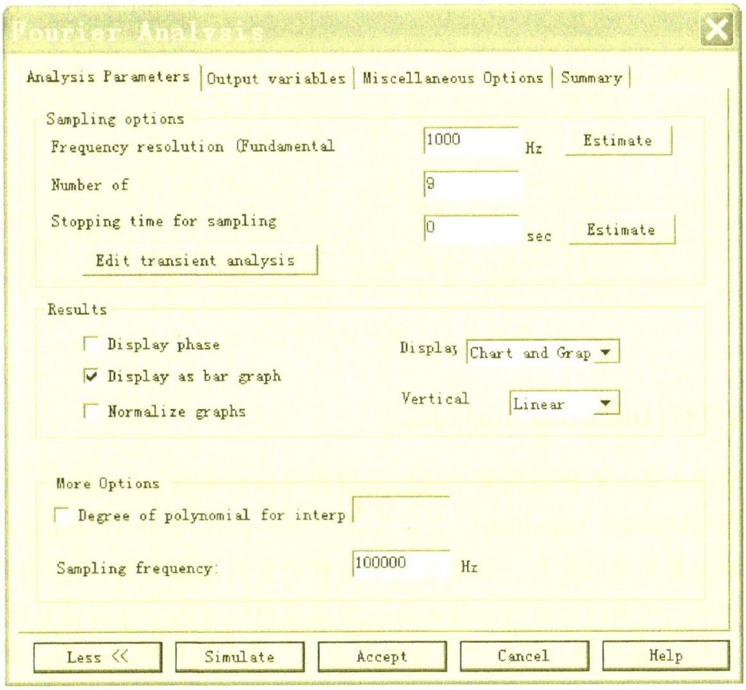

附图1-10 傅里叶分析设置窗口

1.5.5 噪声分析(Noise Analysis…)

Multisim中的噪声分析是计算电路中每一个电阻和半导体器件对指定输出结点的噪声贡献。输出结点的总噪声是各个分噪声的均方根和。总噪声除以输入源和输出之间的增益得出等价输入噪声。例如,如果选择V1作为输入噪声参考源,N4作为输出结点,则电路中所有的噪声源部将其噪声贡献等价到N4结点,产生总输出噪声。该值除以从输入源V1到输出结点N4的增益,得到等价输入噪声。

在进行噪声分析之前,应先确定输入噪声参考源、输出结点和参考结点。噪声分析与.NOISE语句对应,其设置完全相同。在Analysis Parameters标签中设置输入噪声参考源(Input noise reference source)、输出结点、参考结点。在Frequency Parameters标签中设置开始频率(Start frequency)、结束频率(Stop frequency)、扫描形式(Sweep type)、扫描点数(Number of points per decade)和纵坐标的形式(Vertical scale)。如附图1-11所示,如果选中Set points per summary,则产生一个所选元件的噪声贡献记录。

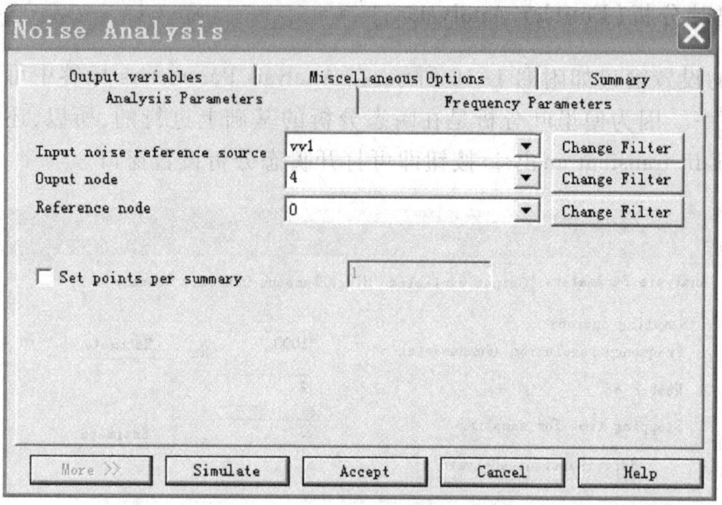

附图 1-11　噪声分析设置窗口

1.5.6　失真分析(Distortion Analysis…)

信号失真的原因很多。有因电路频率特性不理想导致的幅度、相位失真。也有因电路非线性导致的谐波失真(Harmonic Distortion)、交调失真(Inter-modulation Distortion)等。Multisim 可以分析小信号谐波失真和交调失真。如果电路中只有一个交流信号源,失真分析将确定电路中每一点的第二次和第三次谐波造成的谐波失真。如果电路中有两个交流信号源(假设频率分别是 F1 和 F2,且 F1>F2),那么该分析将寻找电路变量在三个不同频率上的谐波失真,这三个频率分别是:F1+F2、F1-F2 和 2F1-F2。

失真分析参数设置窗口如附图 1-12 所示。在 Analysis 标签中设置频率参数。如果要分析交调失真,需要选中 F2/F1 并设置此比值大小。

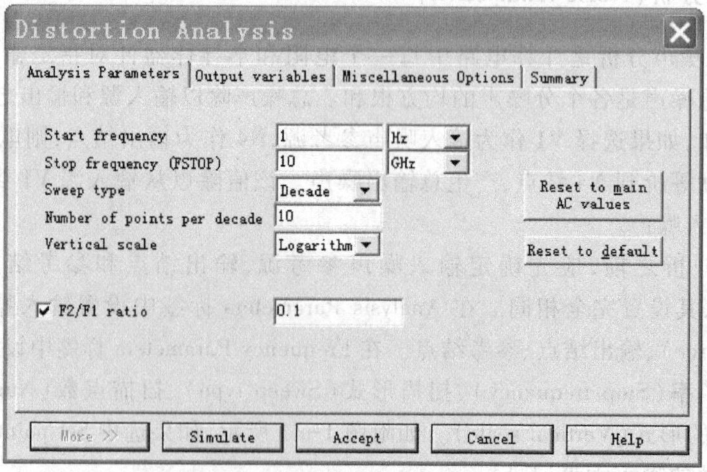

附图 1-12　失真分析设置窗口

1.5.7 直流扫描分析(DC Sweep…)

执行菜单命令 Simulate/DC Sweep 进行直流扫描分析。直流扫描分析是计算电路在不同直流电源下的静态工作点。相当于多次模拟同一个电路,每次模拟时直流电源取不同的值。与.DC 语句相对应,其参数设置也完全相同。如附图 1-13 所示,要设置的参数包括选择输出参数、选择要扫描的直流电源(Source)、开始值(Start value)、结束值(Stop value)和步长(Increment)。

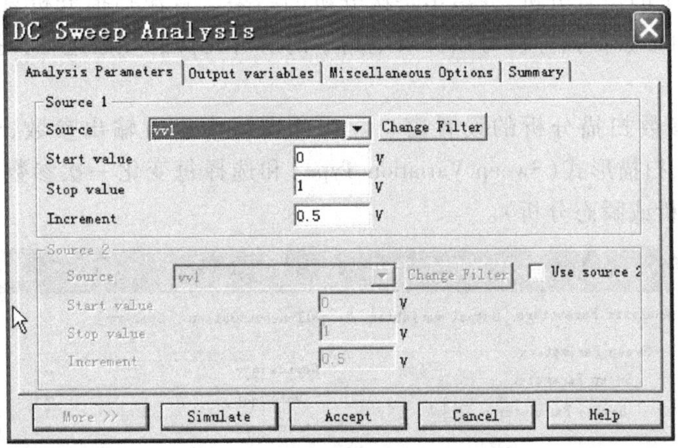

附图 1-13　直流扫描分析设置窗口

1.5.8 灵敏度分析(Sensitivity…)

灵敏度分析包括 DC 灵敏度和 AC 灵敏度分析,该分析的目的是为了减少电路对元件参数变化或温度漂移的敏感程度。灵敏度分析计算输出结点电压或电流对所有元件(DC 灵敏度)或一个元件(AC 灵敏度)的灵敏度。灵敏度以数值或百分比的形式表示,当电路中每个元件独立变化时,输出电压和电流也将随之变化。DC 灵敏度的计算结果保存在一个表格中,而 AC 灵敏度的分析则绘出相应的曲线。

灵敏度分析与 Splce 中的.SENS 语句对应,附图 1-14 是灵敏度分析设置窗口。参数设置包

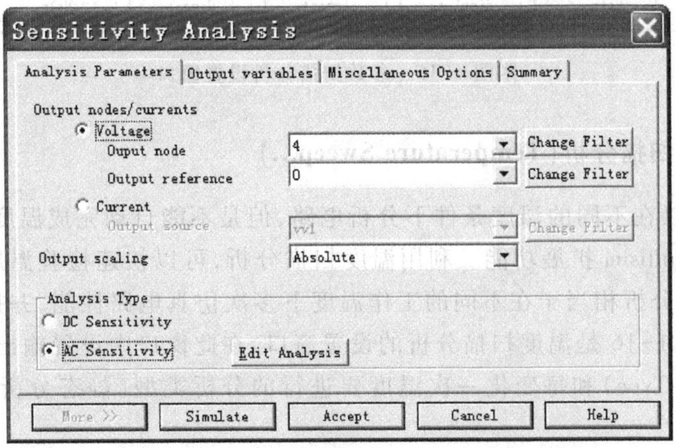

附图 1-14　灵敏度分析设置窗口

括输出结点(Output node)及其电压或电流的参考值(Output reference),如果进行 AC 灵敏度分析,还需要对交流分析进行设置(单击 Edit Analysis 按钮即可打开交流分析设置窗口)。

1.5.9　参数扫描分析(Parameter Sweep…)

参数扫描分析是 Multisim 的扩展功能,在标准 Spice 中没有此项分析功能。参数扫描分析是将电路参数值设置为一定的变化范围,以分析参数变化对电路性能的影响,其作用相当于对电路进行多次不同参数下的仿真分析,并给出每次分析的结果。直流扫描分析只能针对电路中的电源进行扫描分析,而参数扫描分析可以针对电路中的所有元件的参数进行扫描分析,对产品设计很有意义。

附图 1-15 是参数扫描分析的设置窗口。在此窗口中设置输出参数、要扫描的器件参数(Sweep Parameter)、扫描形式(Sweep Variation Type)和选择每变化一次参数要进行的分析类型(静态分析、交流分析或瞬态分析)。

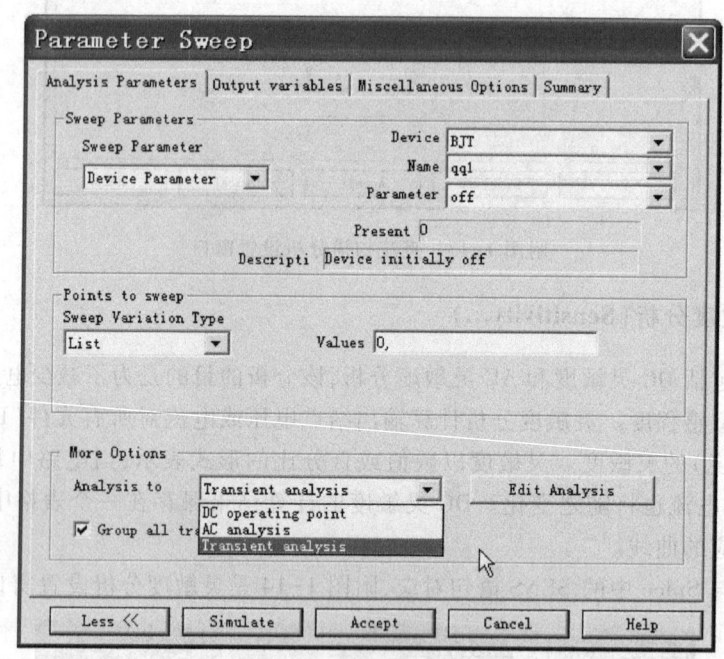

附图 1-15　参数扫描分析设置窗口

1.5.10　温度扫描分析(Temperature Sweep…)

标准 Spice 可以在不同的温度条件下分析电路,但是不能自动完成温度扫描分析,因此温度扫描分析也是 Multisim 扩展功能。利用温度扫描分析,可以快速检验温度变化对电路性能的影响。温度扫描分析相当于在不同的工作温度下多次仿真电路性能,并按照一定的形式给出分析结果。附图 1-16 是温度扫描分析的设置窗口,在此窗口中设置输出参数、温度扫描形式(Sweep Variation Type)和每变化一次温度要进行的分析类型(静态分析、交流分析或瞬态分析)。

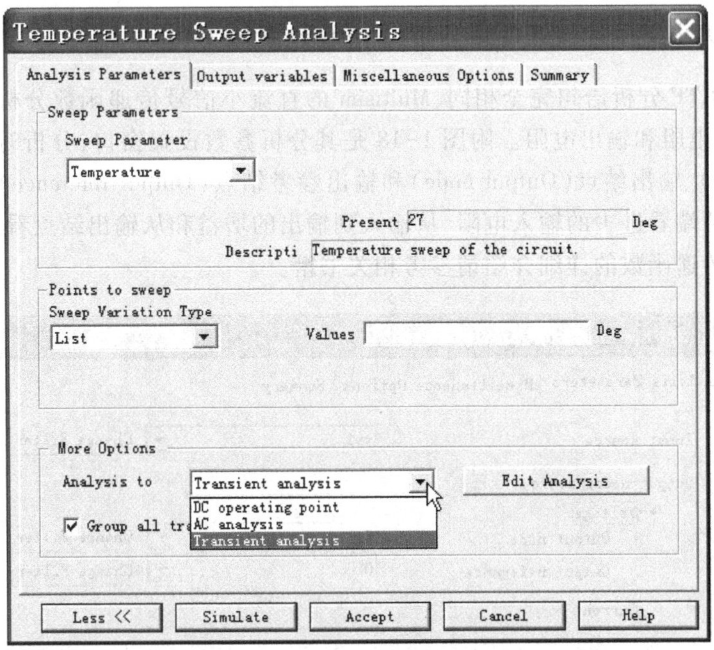

附图1-16　温度扫描分析设置窗口

1.5.11　极点零点分析(Pole-Zero…)

与 Spice 中的 .PZ 语句对应。极点零点分析用来分析电路的小信号交流传递函数的极点和零点。极点和零点对于决定电路的稳定性非常有用。所设计的电路必须具有负实数的极点,否则,电路可能在某个频率下出现预期不到的后果,如产生自激振荡等。附图1-17是极点零点分析的参数设置窗口,需要设置的参数包括:分析类型(增益分析 Gain Analysis、转移阻抗分析 Impedance Analysis、输入阻抗 Input Impedance、输出阻抗 Output Impedance 分析),输入结点正、负端(Input(+)和 Input(-)),输出结点正、负端(Output(+)和 Output(-))。

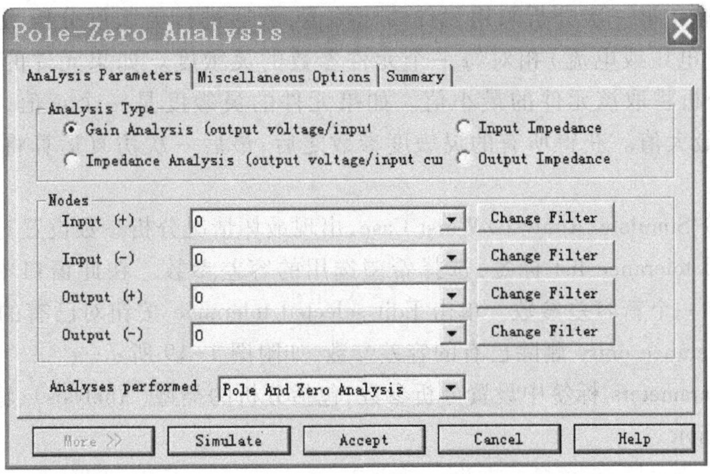

附图1-17　极点零点分析设置窗口

1.5.12 直流小信号的传递函数分析(Transfer Function…)

与 Spice 中的.TF 分析语句完全相同,Multisim 的直流小信号传递函数分析计算电路的直流小信号增益、输入电阻和输出电阻。附图 1-18 是其分析参数设置窗口,分析时需要设置输入信号源(Input source)、输出结点(Output node)和输出参考结点(Output reference)。分析结果将给出从输入信号源两端看进去的输入电阻、从输入到输出的增益和从输出结点看进去的输出电阻。有关直流小信号传递函数的详细介绍请参考相关书籍。

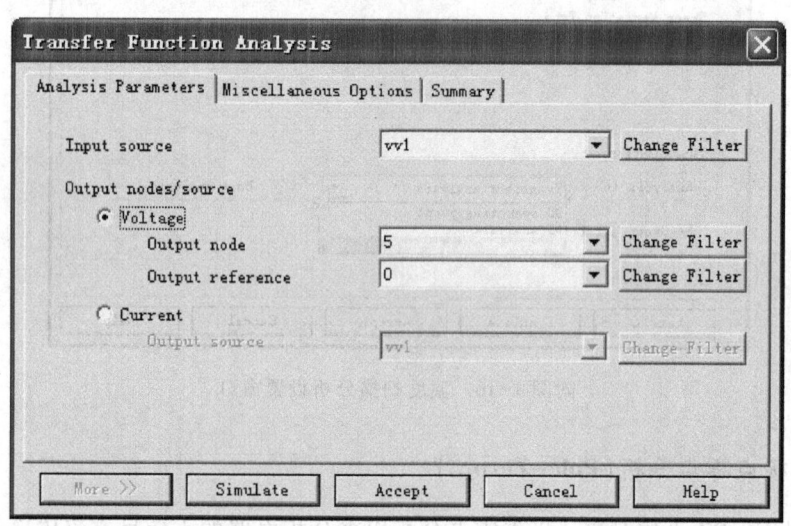

附图 1-18 直流小信号传递函数分析的设置窗口

1.5.13 最坏状况分析(Worst Case…)

最坏情况分析是一种统计分析,它有助于电路设计者研究元件参数的变化对电路性能的最坏影响。最坏情况分析相当于在容差范围内多次运行指定的分析,给出元件参数变化对电路性能的最坏影响。第一次分析采用元件的标称值,然后进行灵敏度分析,这样,仿真器可以计算出输出变量(电压或电流)相对每一个元件参数的灵敏度。如果元件的灵敏度是一个负值,则最坏情况分析将取该元件的最小值。如果元件的灵敏度是一个正值,那么最坏情况分析将取该元件的最大值。获得所有的灵敏度参数之后,最后一次仿真运算将给出最坏情况分析结果。

执行菜单命令 Simulate/Analysis/Worst Case,出现最坏情况分析参数设置对话窗口。首先单击对话框的 Model tolerance list 标签,选择希望选用的容差参数。在此窗口中,单击 Add a new tolerance 按钮增加一个新容差参数。单击 Edit selected tolerance 按钮对已有的容差参数进行修改,单击 Delete tolerance entry 删除已有的容差参数,如附图 1-19 所示。

在 Analysis Parameters 标签中设置分析参数,包括分析的类型(Analysis)、输出参数(Output)等,如附图 1-20 所示。

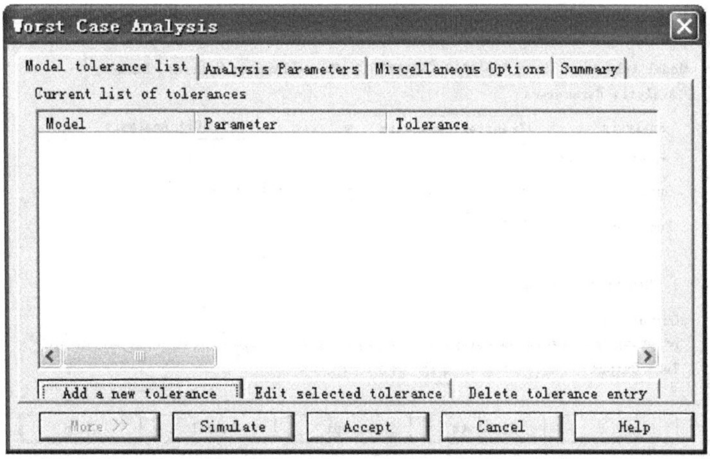

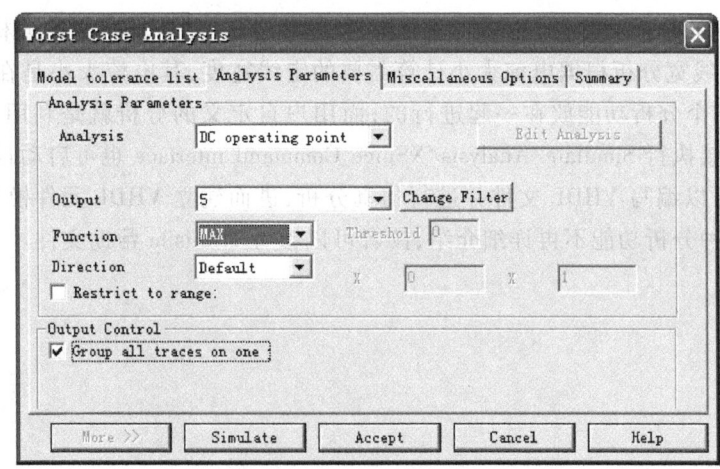

附图1-19 选择容差参数

附图1-20 设置最坏状况分析的分析参数

1.5.14 蒙特卡罗分析(Monte Carlo...)

蒙特卡罗分析是一种常用的统计分析方法。在蒙特卡罗分析中,多次运行指定的分析,每一次元件参数都在指定的容差范围内,按照指定容差分布随机取值。第一次运行仿真分析是按元件标称值进行的,其余各次运行则将设置的标偏差值(σ)随机地加到标称值中或从标称值中减掉,该偏差值可以是标准容差内的任意数值。

Multisim 有两种容差分布函数,均匀分布和高斯分布。均匀分布是在容差范围内均匀地产生偏差(σ)值,在容差范围内的任何值都有相同的概率成为偏差值,而高斯分布较为复杂,这里不做介绍。

在附图1-21中,蒙特卡罗分析参数设置包括分析类型(Analysis)、运行次数(Number of runs,应大于2)、输出结点(Output)、比较函数(Function)等。

453

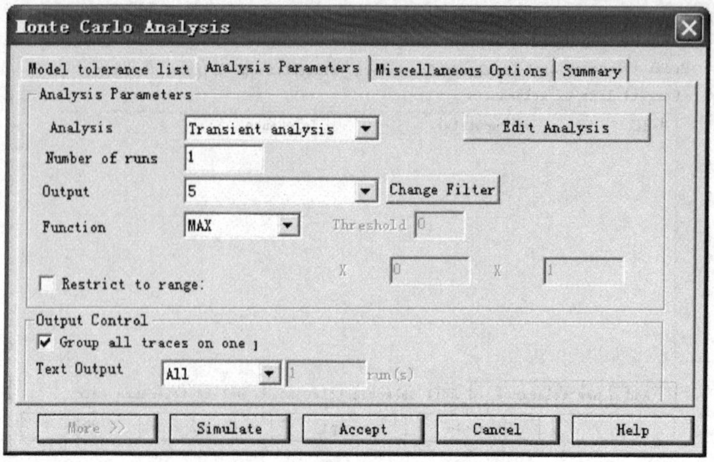

附图 1-21 蒙特卡罗分析的参数设置

除了上面介绍的分析功能外,还有线宽分析、批处理分析、用户自定义的分析、VHDL 仿真分析和 RF 分析等。线宽分析根据电流大小计算需要的走线宽度,其电流大小是在仿真时确定的;批处理分析是将多个分析功能放在一起进行的;而用户自定义的分析就是利用 Spice/XSpice 命令行进行分析,直接执行 Simulate/Analysis/XSpice Command interface 也可启动自定义分析功能。利用 VHDL 分析可以编写 VHDL 文件并进行仿真分析,进而建立 VHDL 元件模型。限于本书的应用范围,对这几种分析功能不再详细介绍,读者可以参考 Multisim 帮助文件。

主要参考书目

[1] 侯世英.电工学Ⅰ(电路与电子技术)[M].北京:高等教育出版社,2007.
[2] 侯世英.电工学Ⅱ(电机与电气控制)[M].北京:高等教育出版社,2008.
[3] 秦曾煌.电工学[M].6版.北京:高等教育出版社,2005.
[4] 唐介.电工学[M].北京:高等教育出版社,2005.
[5] 殷瑞祥.电路与模拟电子技术[M].2版.北京:高等教育出版社,2009.
[6] 刘润华.电工电子学[M].北京:石油大学出版社,2003.
[7] 朱承高等.电工学概论[M].2版.高等教育出版社,2008.
[8] 唐治德,申利平.模拟电子技术基础[M].2版.北京:科学出版社,2014.
[9] 唐治德.数字电子技术基础[M].北京:科学出版社,2009.
[10] 康华光.电子技术基础(数字部分)[M].6版.北京:高等教育出版社,2014.
[11] 秦玉龙.MultiSIM 9在数字电路教学中的应用[J].甘肃科技,2008,24(9):35-37.
[12] Allan R.Hambley. Electrical Engineering: principles and applications, fifth edition, Prentice Hall , 2010.
[13] 王志功.电路与电子线路基础:电路部分[M].北京:高等教育出版社,2012.
[14] J.J.卡西,S.A.纳萨尔著.阚继泰译.电气工程基础[M].北京:科学出版社,2002.
[15] Anant Agarwal and Jeffrey H.Lang. Foundations of Analog and Digital Electronic Circuits. San Francisco USA:MORGAN KAUFMANN PUBLISHERS(AN IMPRINT OF ELSEVIER),2005.
[16] 高有华,李忠波.电工技术试题题型精选汇编[M].北京:机械工业出版社,2002.
[17] 龚淑秋,李忠波.电子工技术试题题型精选汇编[M].北京:机械工业出版社,2002.
[18] 姜三勇.电工学电工技术习题全解[M].北京:高等教育出版社,2006.
[19] 姜三勇.电工学电子工技术习题全解[M].北京:高等教育出版社,2006.
[20] Muhammad H.Rashid.微电子电路分析与设计(英文影印版)[M].北京:科学出版社,2002.
[21] 杨有启,钮英建.电气安全工程[M].北京:首都经济贸易大学出版社,2000.
[22] 颜伟中.建筑电工技术[M].北京:高等教育出版社,2000.
[23] 段玉生等.电工电子技术与EDA基础[M].北京:清华大学出版社,2004.
[24] 孙骆生.电工学基本教程[M].北京:高等教育出版社,2003.
[25] 朱建堑.电工技术(电工学Ⅰ)[M].西安:西北工业大学出版社,1999.
[26] 杜清珍,朱建堑.电子技术(电工学Ⅱ)[M].西安:西北工业大学出版社,1999.
[27] 李守成.电子技术[M].北京:高等教育出版社,2000.

郑重声明

高等教育出版社依法对本书享有专有出版权。任何未经许可的复制、销售行为均违反《中华人民共和国著作权法》，其行为人将承担相应的民事责任和行政责任；构成犯罪的，将被依法追究刑事责任。为了维护市场秩序，保护读者的合法权益，避免读者误用盗版书造成不良后果，我社将配合行政执法部门和司法机关对违法犯罪的单位和个人进行严厉打击。社会各界人士如发现上述侵权行为，希望及时举报，我社将奖励举报有功人员。

反盗版举报电话　　（010）58581999　58582371
反盗版举报邮箱　　dd@hep.com.cn
通信地址　　北京市西城区德外大街4号　高等教育出版社法律事务部
邮政编码　　100120

防伪查询说明

用户购书后刮开封底防伪涂层，使用手机微信等软件扫描二维码，会跳转至防伪查询网页，获得所购图书详细信息。

防伪客服电话　　（010）58582300

网络增值服务使用说明

一、注册/登录

访问http://abook.hep.com.cn/，点击"注册"，在注册页面输入用户名、密码及常用的邮箱进行注册。已注册的用户直接输入用户名和密码登录即可进入"我的课程"页面。

二、课程绑定

点击"我的课程"页面右上方"绑定课程"，正确输入教材封底防伪标签上的20位密码，点击"确定"完成课程绑定。

三、访问课程

在"正在学习"列表中选择已绑定的课程，点击"进入课程"即可浏览或下载与本书配套的课程资源。刚绑定的课程请在"申请学习"列表中选择相应课程并点击"进入课程"。

如有账号问题，请发邮件至：abook@hep.com.cn。